Wärmeübertragung

Heinz Herwig · Andreas Moschallski

Wärmeübertragung

Physikalische Grundlagen und ausführliche
Anleitung zum Lösen von Aufgaben

4., überarbeitete und erweiterte Auflage

Heinz Herwig
Institut für Technische Thermodynamik
Technische Universität Hamburg
Hamburg, Deutschland

Andreas Moschallski
Institut für Technische Thermodynamik
Technische Universität Hamburg
Hamburg, Deutschland

ISBN 978-3-658-26400-0   ISBN 978-3-658-26401-7   (eBook)
https://doi.org/10.1007/978-3-658-26401-7

Die Deutsche Nationalbibliothek verzeichnet diese Publikation in der Deutschen Nationalbibliografie; detaillierte bibliografische Daten sind im Internet über http://dnb.d-nb.de abrufbar.

Springer Vieweg
© Springer Fachmedien Wiesbaden GmbH, ein Teil von Springer Nature 2006, 2009, 2014, 2019

Verantwortlich im Verlag: Thomas Zipsner

Springer Vieweg ist ein Imprint der eingetragenen Gesellschaft Springer Fachmedien Wiesbaden GmbH und ist ein Teil von Springer Nature
Die Anschrift der Gesellschaft ist: Abraham-Lincoln-Str. 46, 65189 Wiesbaden, Germany

Vorwort zur 1. Auflage

Das Fachgebiet der Wärmeübertragung gehört zu den klassischen Teilgebieten einer Ingenieurausbildung im Bereich Maschinenbau/Verfahrenstechnik. Entsprechend viele Lehrbücher sind auf dem Markt und es bedarf deshalb schon einer guten Begründung, warum ein weiteres hinzukommen soll.

Die kritische Durchsicht vorhandener Lehrbücher und die Erfahrung mit ihrem Einsatz in der Ingenieurausbildung an verschiedenen Universitäten haben die Autoren des vorliegenden Lehrbuches zu der Überzeugung geführt, dass ein in mehreren Aspekten „anderes" Lehrbuch zur Wärmeübertragung geschrieben werden kann und sollte.

Die besonderen Merkmale dieses Buches sollen sein (und es ist der Beurteilung der Leserinnen und Leser vorbehalten, zu entscheiden, ob dies tatsächlich der Fall ist):

* *Eine konsequente Beschreibung und Erklärung des physikalischen Hintergrundes der jeweils betrachteten Wärmeübertragungs-Situationen.* In diesem Sinne geht es nicht primär darum, Berechnungsformeln bereitzustellen, sondern zu erklären, welcher physikalische Prozess bei der jeweiligen speziellen Wärmeübertragung abläuft und daraus Möglichkeiten der Berechnung abzuleiten.
* *Eine inhaltliche Verbindung zum Fachgebiet der Thermodynamik überall dort, wo dies von der Sache her als sinnvoll erscheint.* Es ist sehr erstaunlich, wie wenige Querverbindungen zwischen der Wärmeübertragung und der Thermodynamik in den Standard-Lehrbüchern vorhanden sind. Dies führt z. B. dazu, dass die physikalische Größe Entropie und ihre Vermehrung, die sog. Entropieproduktion, in vielen Lehrbüchern zur Wärmeübertragung gar nicht vorkommen, obwohl mit ihrer Hilfe erst bestimmte wichtige Teilaspekte der Physik der Wärmeübertragung beschrieben und erklärt werden können.
* *Eine Beschränkung auf die grundlegenden und wichtigsten Mechanismen der Wärmeübertragung, die eine Behandlung im Rahmen einer einsemestrigen Vorlesung gestattet.* Dies erfordert eine sorgfältige Auswahl der für das generelle Verständnis entscheidenden Aspekte und verbietet eine umfangreiche „Faktensammlung" zu im Detail verschiedenen, aber doch ähnlichen Fällen. Die in begrenzter Anzahl aufgenommenen sog. ILLUSTRIERENDEN BEISPIELE sind sorgfältig danach ausgewählt worden, dass sie zum weiteren physikalischen Verständnis der Vorgänge beitragen können. Arbeitsblätter am Ende des Buches sollen den schnellen Einstieg in die Lösung konkreter Probleme erleichtern.

Das vorliegende Buch wendet sich an Studierende der Fachrichtungen Maschinenbau, Verfahrenstechnik und Physik an Universitäten und Fachhochschulen sowie an Ingenieurinnen und Ingenieure in der industriellen Praxis, die ihr Fachwissen auffrischen oder erweitern wollen.

Erkenntnisgewinn unterschiedlichster Art, so auch in Bezug auf die Physik der Wärmeübertragung, kann Freude bereiten oder sogar Spaß machen! Versuchen Sie es einmal, liebe Leserinnen und Leser!

Heinz Herwig und Andreas Moschallski   Hamburg, Sommer 2006

Vorwort zur 4. Auflage

In der 4. Auflage werden die Inhalte mit Teil A bis Teil G deutlicher gegliedert. Dabei ist mit dem Teil D unter der Überschrift „Wärmeübertragung aus thermodynamischer Sicht" eine sonst unübliche Betrachtungsweise hinzugenommen worden, die den Entropiebegriff in die Beschreibung und insbesondere auch in die Bewertung von Wärmeübergangsprozessen einbezieht.

Den größten neuen Teil nimmt das SMART-Konzept ein, das eine systematische Vorgehensweise zur Lösung von Aufgaben anbietet. Zudem sind zu den Kapiteln 4 bis 7, 9 und 12 jeweils drei Aufgaben angegeben, von denen immer die erste nach dem SMART-Konzept gelöst wird. Zu den anderen Aufgaben gibt es jeweils eine ausführliche Lösung.

Wir hoffen, dass dieses Buch nun noch attraktiver ist und zum besseren Verständnis der Wärmeübertragung beiträgt.

Heinz Herwig und Andreas Moschallski   Hamburg, Frühjahr 2019

Danksagung

Dieses Buch konnte in der vorliegenden Form nur entstehen, weil wir die tatkräftige Unterstützung mehrerer Studenten hatten, die mit großem Einsatz zum Gelingen beigetragen haben.

Die Hauptlast hat bei der 1. Auflage Herr Eike Wolgast getragen, der LATEX geradezu „virtuos" beherrschte. Zusätzliche Unterstützung kam von Herrn Henning Olbert, der maßgeblich die Bilder erstellte.

Bezüglich der 2. Auflage gilt der Dank Herrn Fabian Brandes, der sich hervorragend in ein nicht von ihm gestaltetes Dokument eingearbeitet hat und alle anstehenden Änderungen ohne ein „geht nicht" realisieren konnte.

Darüber hinaus ist Frau Moldenhauer zu nennen, die auch die unleserlichste Handschrift stets in einen sinnvollen Text verwandeln kann. Der Verlag hat uns bei der Erstellung des Manuskriptes bei allen vier Auflagen tatkräftig unterstützt.

Allen sei herzlich gedankt!

Formale Besonderheiten in diesem Buch

Auf folgende Besonderheiten bei der Gestaltung des Buches soll an dieser Stelle hingewiesen werden:

- Alle dimensionsbehafteten Größen sind konsequent mit einem * versehen worden. Größen ohne * sind dimensionslos.

- Bei der Angabe von Dimensionen bedeutet ein schräger Bruchstrich, dass alle folgenden Größen im Nenner stehen. In diesem Sinne hat also z. B. [kg/m s] die Bedeutung von [kg/(m s)].

- Für Temperaturangaben gilt folgende Vereinbarung:
  - absolute (thermodynamische) Temperatur: T^* in K (Kelvin),
  - Celsius-Temperatur: t^* in °C; mit $t^* = (T^* - 273{,}15\,\text{K})\,°\text{C}/\text{K}$.

- Die weiterführenden Literaturangaben sind in Form von Fußnoten angegeben.

- In den einzelnen Kapiteln sind ILLUSTRIERENDE BEISPIELE aufgeführt, bei denen das Hauptaugenmerk auf der Beschreibung der physikalischen Zusammenhänge und nicht auf der konkreten Berechnung liegt.

- In Kapitel 14 werden zehn Verständnisfragen, alle beginnend mit „Warum ..." gestellt, und auch beantwortet.

- Im Teil G des Buches sind *Arbeitsblätter* zu den einzelnen Themengebieten zusammengestellt, die den schnellen Einstieg in die Lösung von Aufgaben ermöglichen sollen. Zusätzlich finden sich dort Angaben zu den Stoffwerten von Luft und Wasser, Hinweise auf Standardwerke zur Wärmeübertragung sowie eine Zusammenstellung wichtiger Fachbegriffe mit ihren englischsprachigen Synonymen.

Inhaltsverzeichnis

Teil D   Wärmeübertragung aus thermodynamischer Sicht

Teil E   Anwendungsaspekte

Teil F   Aufgabenteil

Teil G   Materialien und Anwendungshilfen

Verzeichnis der illustrierenden Beispiele

Formelzeichen

Lateinische Buchstaben

Symbol	Einheit	Bedeutung
a^*	m^2/s	Temperaturleitfähigkeit
$\dot{a}^*$	W/m^2	spezifische Einstrahlung
$\dot{a}_\lambda^*$	$W/m^3\,sr$	spezifische spektrale Einstrahlung
$\dot{a}_{\lambda,Abs}^*$	$W/m^3\,sr$	spezifische spektrale Einstrahlung, Absorption
$\dot{a}_{\lambda,Ref}^*$	$W/m^3\,sr$	spezifische spektrale Einstrahlung, Reflexion
$\dot{a}_{\lambda,Trans}^*$	$W/m^3\,sr$	spezifische spektrale Einstrahlung, Transmission
$\dot{a}_{\lambda,s}^*$	$W/m^3\,sr$	spezifische spektrale Einstrahlung des Schwarzen Strahlers
$\dot{a}_s^*$	W/m^2	hemisphärische spektrale Einstrahlung des Schwarzen Strahlers
$\dot{a}_{\lambda\omega}^*$	$W/m^3\,sr$	spezifische spektrale Einstrahlungsdichte
$\dot{a}_{\lambda\omega,s}^*$	$W/m^3\,sr$	spezifische spektrale Einstrahlungsdichte des Schwarzen Strahlers
A^*	m^2	wärmeübertragende Fläche
B^*	m	Breite
Bi	-	Biot-Zahl
Bo	-	Bond-Zahl
C_D	-	Widerstandsbeiwert
$\tilde{C}_D$	-	Alternativer Widerstandsbeiwert
$\tilde{C}_D^E$	-	Exergieverlustzahl
c_1^*	W/m^2	Schwarzkörper-Konstante
c_2^*	$m\,K$	Schwarzkörper-Konstante
c_3^*	$m\,K$	Konstante
c^*	$kJ/kg\,K$	spezifische Wärmekapazität
c_S^*	m/s	Schallgeschwindigkeit
c_0^*	m/s	Lichtgeschwindigkeit
D^*	m	Durchmesser
$\dot{e}^*$	W/m^2	Energiestrom pro Fläche
$\dot{e}^*$	W/m^2	spezifische Ausstrahlung
$\dot{e}_\lambda^*$	$W/m^3\,sr$	spezifische spektrale Ausstrahlung
$\dot{e}_{\lambda,s}^*$	$W/m^3\,sr$	spezifische spektrale Ausstrahlung des Schwarzen Strahlers
$\dot{e}_s^*$	W/m^2	hemisphärische spezifische Ausstrahlung des Schwarzen Strahlers
$\dot{e}_{\lambda\omega}^*$	$W/m^3\,sr$	spezifische spektrale Ausstrahlungsdichte
$\dot{e}_V^{E*}$	W/m^2	Exergieverluststrom pro Fläche
E_0^*	W/m^2	Solarkonstante
Ec	-	Eckert-Zahl
$\dot{E}^*$	W	Energiestrom

Symbol	Einheit	Bedeutung
$\dot{E}_V^{E*}$	W	Exergieverluststrom
f^*	1/s	Frequenz
F_{12}	-	Sichtfaktor
F_{21}	-	Sichtfaktor
Fr	-	Froude-Zahl
g^*	m/s^2	Erdbeschleunigung
Gr	-	Grashof-Zahl
$\hat{\mathrm{Gr}}$	-	Grashof-Zahl
Δh_V^*	kJ/kg	spezifische Verdampfungsenthalpie
H	-	dimensionslose Höhe
H^*	m	Höhe
$\dot{I}^*$	W	Einstrahlungsleistung
Ja	-	Jacobs-Zahl
K	-	Widerstandszahl
$\tilde{K}$	-	Alternative Widerstandszahl
$\tilde{K}^E$	-	Exergieverlustzahl
K_S	-	dimensionslose Rauheit
k^*	W/m^2 K	Wärmedurchgangskoeffizient
k^*	m	charakteristische Rauheitshöhe
k_G^*	1/m	spektraler Absorptionskoeffizient
$\dot{k}_{\lambda\omega}^*$	W/m^3 sr	normal-spezifische spektrale Einstrahlungsdichte
$\dot{k}_{\omega}^*$	W/m^2 sr	normal-spezifische Einstrahlungsdichte
L^*	m	Länge
$\dot{l}_{\lambda\omega}^*$	W/m^3 sr	normal-spezifische spektrale Ausstrahlungsdichte
$\dot{l}_{\lambda\omega,s}^*$	W/m^3 sr	normal-spezifische spektrale Ausstrahlungsdichte des Schwarzen Strahlers
$\dot{l}_{\omega}^*$	W/m^2 sr	normal-spezifische Ausstrahlungsdichte
$\dot{l}_{\omega,s}^*$	W/m^2 sr	normal-spezifische Ausstrahlungsdichte des Schwarzen Strahlers
m	-	Anzahl der Einflussgrößen
$\dot{m}^*$	kg/s	Massenstrom
Ma	-	Mach-Zahl
n^*	m	Koordinate
N_i	-	Energieentwertungszahl bei einem Teilprozess i
N^E	-	Gesamt-Exergieverlustzahl
$N_{\ominus}$	-	Energieentwertung vor dem Teilprozess i
$N_{\oplus}$	-	Energieentwertung nach dem Teilprozess i
N_W	-	Energieentwertungszahl bei der Wärmeübertragung
Nu	-	Nußelt-Zahl
p^*	N/m^2	Druck
p_{DS}^*	N/m^2	Sättigungs-Dampfpartialdruck
Pr	-	Prandtl-Zahl
$\dot{q}^*$	W/m^2	Wärmestromdichte

Symbol	Einheit	Bedeutung
$\dot{Q}^*$	W	Wärmestrom
$\dot{Q}_W^{E*}$	W	Exergie des Wärmestroms
r	-	Rückgewinnfaktor
r^*	m	Radius
R	-	dimensionsloser Radius
R^*	Ω	elektrischer Widerstand
R^*	K/W	thermischer Widerstand
$\dot{R}^*$	W	Abstrahlungsleistung
R_α^*	K/W	Wärmeübergangswiderstand
R_k^*	K/W	Wärmedurchgangswiderstand
R_λ^*	K/W	Wärmeleitwiderstand
Re	-	Reynolds-Zahl
S^*	J/K	Entropie
$\dot{S}_{irr}^*$	W/K	Entropieproduktionsrate
$\dot{S}_{irr,D}^*$	W/K	Entropieproduktionsrate im Strömungsfeld
$\dot{S}_{irr,W}^*$	W/K	Entropieproduktionsrate im Temperaturfeld
$\dot{S}_{irr}^{'''*}$	W/K	lokale Entropieproduktionsrate
$\dot{S}_{irr,D}^{'''*}$	W/K	lokale Entropieproduktionsrate im Strömungsfeld
$\dot{S}_{irr,W}^{'''*}$	W/K	lokale Entropieproduktionsrate im Temperaturfeld
$\bar{\dot{S}}_{irr}^{'''*}$	W/K	zeitgemittelte Entropieproduktionsrate
$\dot{s}_Q^*$	W/K m^2	Entropiestrom pro Fläche aufgrund einer Wärmeübertragung
s^*	m	Schichtdicke
St	-	Stanton-Zahl
t^*	°C	Temperatur
T^*	K	Temperatur
T_{km}^*	K	kalorische Mitteltemperatur
ΔT^*	K	Temperaturdifferenz
ΔT_{km}^*	K	Differenz der kalorischen Mitteltemperaturen
ΔT_B^*	K	Bezugstemperaturdifferenz
ΔT_m^*	K	mittlere Temperaturdifferenz
$\Delta_{\ln} T^*$	K	mittlere logarithmische Temperaturdifferenz
Tu	%	Turbulenzgrad
U^*	m	Umfang
u^*	m/s	Geschwindigkeit
$\hat{U}$	-	auf u_∞^* bezogene Geschwindigkeit
$\hat{U}^*$	mV	Thermospannung
V^*	m^3	Volumen
x	-	dimensionslose Koordinate
x	-	Strömungsdampfgehalt
x^*	m	Koordinate
x_{th}	-	thermodynamischer Dampfgehalt
$\tilde{x}$	-	transformierte Koordinate

Symbol	Einheit	Bedeutung
y^*	m	Koordinate
z^*	m	Koordinate

Griechische Buchstaben

Symbol	Einheit	Bedeutung
α^*	$\mathrm{W/m^2\,K}$	Wärmeübergangskoeffizient
α	-	Absorptionsgrad bzw. hemisphärischer Gesamt-Absorptionsgrad
α_λ	-	hemisphärischer spektraler Absorptionsgrad
$\alpha_{\lambda\omega}$	-	gerichteter spektraler Absorptionsgrad
α_ω	-	gerichteter Gesamt-Absorptionsgrad
β^*	$1/\mathrm{K}$	isobarer thermischer Ausdehnungskoeffizient
δ^*	m	Strömungsgrenzschichtdicke
δ_T^*	m	Temperaturgrenzschichtdicke
δ_W^*	m	Wandschicht
ε	-	Emissionsgrad bzw. hemisphärischer Gesamt-Emissionsgrad
ε_A	-	Thermokraft-Koeffizient
ε_B	-	Thermokraft-Koeffizient
ε_λ	-	hemisphärischer spektraler Emissionsgrad
$\varepsilon_{\lambda\omega}$	-	gerichteter spektraler Emissionsgrad
$\varepsilon_{\lambda\omega,n}$	-	gerichteter spektraler Emissionsgrad in Normalenrichtung
ε_ω	-	gerichteter Gesamt-Emissionsgrad
$\varepsilon_{\omega,n}$	-	gerichteter Gesamt-Emissionsgrad in Normalenrichtung
ε_{12}	-	Strahlungsaustauschzahl
η^*	$\mathrm{kg/m\,s}$	(molekulare) dynamische Viskosität
η_C	-	Carnot-Faktor
η_L	-	Ladegrad
η_S	-	Speichernutzungsgrad
η_t^*	$\mathrm{kg/m\,s}$	turbulente dynamische Viskosität
η_{eff}^*	$\mathrm{kg/m\,s}$	effektive dynamische Viskosität
$\hat{\eta}$	-	thermodynamischer Leistungsparameter
$\tilde{\eta}$	-	alternativer thermodynamischer Leistungsparameter
κ	-	Isentropenexponent
κ_G	-	optische Dicke einer Gasschicht
λ^*	m	Wellenlänge
$\hat{\lambda}^*$	m	Wellenlänge bei maximaler spezifischer Ausstrahlung
λ^*	$\mathrm{W/m\,K}$	(molekulare) Wärmeleitfähigkeit
λ_t^*	$\mathrm{W/m\,K}$	turbulente Wärmeleitfähigkeit
λ_{eff}^*	$\mathrm{W/m\,K}$	effektive Wärmeleitfähigkeit

Symbol	Einheit	Bedeutung
ρ^*	kg/m^3	Dichte
ρ	-	Reflexionsgrad bzw. hemisphärischer Gesamt-Reflexionsgrad
ρ_λ	-	hemisphärischer spektraler Reflexionsgrad
$\rho_{\lambda\omega}$	-	gerichteter spektraler Reflexionsgrad
ρ_ω	-	gerichteter Gesamt-Reflexionsgrad
σ^*	W/m^2 K^4	Stefan-Boltzmann-Konstante
σ^*	N/m	Oberflächenspannung
σ_j^*	N/m	Grenzflächenspannung
τ	-	Transmissionsgrad
τ^*	s	Zeit
τ_λ	-	spektraler Transmissionsgrad
Θ	-	dimensionslose Temperatur

Indizes

Symbol	Bedeutung	Symbol	Bedeutung
a	außen	m	mittlere
Abs	Absorption	PS	Parallelschaltung
ad	adiabat	Ref	Reflexion
B	Bezug	Ref	Referenz
d	dampfförmig	RS	Reihenschaltung
D	Durchmesser	S	Schwarzer Strahler
D	Dämmung	S	Siede-
f	flüssig	TAS	thermisch aktive Schicht
g	gasförmig	therm	thermisch
ges	gesamt	Trans	Transmission
h	hydraulisch	U	Umgebung
i	innen	V	Verdampfung
i,j	Variablenindizes	V	volumenbezogen
krit	kritisch	W	Wärmeübertragung
K	Körper	W	Wand
L	(Bezugs-)Länge	∞	ungestörte Anströmung
M	massenbezogen	0	zur Zeit $\tau^* = 0$
max	maximal	0	im Eintrittsquerschnitt

Teil A

Einführung

Im Teil A dieses Buches werden die allgemeinen Grundlagen der Wärmeübertragung behandelt. Es werden zunächst Beispiele aus dem Alltag und der Technik beschrieben, ohne die physikalischen Vorgänge der Wärmeübertragung detailliert darzustellen. Es folgen einige grundlegende Begriffe und eine kritische Einführung des sog. Wärmeübergangskoeffizienten.

Im anschließenden Kapitel werden allgemeine Betrachtungen zum Wärmeübergang angestellt, eine Kurzcharakterisierung unterschiedlicher Wärmeübergangssituationen vorgenommen sowie Hinweise zu den thermischen Randbedingungen und zur Entropieproduktion gegeben.

Den Abschluss bildet die Darstellung der auf dem Π-Theorem fußenden Dimensionsanalyse und dabei besonders die systematische Vorgehensweise zur Aufstellung der relevanten Einflussgrößen eines physikalischen Problems sowie Untersuchungen im Modellmaßstab. Abschließend werden die Anwendung der Dimensionsanalyse auf stationäre konvektive Wärmeübergangsprobleme und der Vorteil bei der Nutzung von Kennzahlen im Vergleich zu dimensionsbehafteten Größen diskutiert.

1 Einführende Beispiele

Im Folgenden soll anhand einiger ausgesuchter Beispiele aus dem Alltag und aus technischen Anwendungen die Bedeutung der Wärmeübertragung in sehr unterschiedlichen Situationen erläutert werden. Solange allerdings noch nicht einmal definiert ist, was „Wärme" überhaupt ist und wann und auf welche Weise sie „übertragen" werden kann, muss sich diese Erläuterung darauf beschränken, die Situationen zu beschreiben und die Aufmerksamkeit auf interessante Teilaspekte zu lenken. Eine Erklärung dieser Phänomene erfordert die Kenntnis der physikalischen Zusammenhänge, die Inhalt des vorliegenden Lehrbuches sind.

1.1 Zwei Beispiele aus dem Alltag

Unser tägliches Leben ist durch sehr viele Vorgänge bzw. Prozesse bestimmt, in denen die Wärmeübertragung eine wesentliche Rolle spielt.[1] Es ist ein interessantes Gedankenexperiment, einen normalen Tag einmal unter dem Gesichtspunkt der Wärmeübertragung zu betrachten und dabei auf zahlreiche Beispiele für eben solche Wärmeübertragungen zu stoßen.

Beispiel 1.1:

Der Energiehaushalt des menschlichen Körpers ist ein hervorragendes Beispiel dafür, wie im Prinzip alle Wärmeübertragungssituationen zusammenspielen, um unter den unterschiedlichsten Umgebungsbedingungen dafür zu sorgen, dass im Inneren unseres Körpers eine konstante Temperatur von etwa 36,5°C herrscht. Geringfügige Abweichungen von dieser Temperatur im Körperinneren sind möglich, Abweichungen um mehrere °C aber gefährlich bis tödlich. Offensichtlich gelingt es dem menschlichen Körper deshalb, in extrem unterschiedlichen Umgebungsbedingungen von −40°C bis +40°C und bei relativen Luftfeuchten von nahezu 0% bis nahezu 100% (wenn auch mit Hilfe von Kleidung bei niedrigeren Temperaturen), die Temperatur im Körperinneren einzustellen und zu halten!

Das menschliche „Temperaturgefühl" reagiert dabei sehr pauschal mit Empfindungen von (mehr oder weniger) „warm" oder „kalt", ohne dabei nach den sehr unterschiedlichen physikalischen Mechanismen unterscheiden zu können, die zu diesen Empfindungen führen. Erst bei genauerer Kenntnis der physikalischen Vorgänge ist zu verstehen,

- wieso die Körpertemperatur konstant gehalten werden kann, auch wenn die Umgebungstemperatur oberhalb der Körpertemperatur liegt,
- warum wir glauben, bei starkem Wind wäre es deutlich kälter als bei Windstille (was nicht der Fall ist),
- wieso wir das Gefühl haben, in der Sauna wäre es nach einem Wasseraufguss nahezu unerträglich heiß (obwohl die Temperatur dabei gleich bleibt, oder sogar abnimmt),
- warum wir einen Raum als kalt und einen anderen Raum als angenehm warm empfinden, obwohl in beiden Räumen dieselbe Lufttemperatur herrscht.

---

[1] Eine Sammlung mehrerer solcher Beispiele findet sich in Herwig, H. (2014): *Ach, so ist das! 50 thermofluiddynamische Alltagsphänomene anschaulich und wissenschaftlich erklärt*, Springer Vieweg, Wiesbaden sowie in Herwig, H.(2018): *Ach, so ist das? 50 Alltagsphänomene neugierig hinterfragt*, Springer, Wiesbaden

© Springer Fachmedien Wiesbaden GmbH, ein Teil von Springer Nature 2019
H. Herwig und A. Moschallski, *Wärmeübertragung*,
https://doi.org/10.1007/978-3-658-26401-7_1

Beispiel 1.2:

Die Fußbodenheizung ist eine Möglichkeit, eine thermisch behagliche Situation in einem Wohnumfeld zu erzeugen. Dabei wird entweder warmes Wasser durch im Fußboden verlegte Rohrschlangen geleitet, oder stromdurchflossene Heizkabel sorgen für hohe Temperaturen im Fußboden-Unterbau. Aus Sicht der Wärmeübertragung sind beide Varianten sehr verschieden, auch wenn bei entsprechender Auslegung auf beiden Wegen dieselbe mittlere Raumtemperatur erreicht werden kann. Auch hierbei ist erst bei genauerer Kenntnis der physikalischen Vorgänge verständlich, warum

- bei der Warmwasservariante an keiner Stelle im Fußbodenbereich (z. B. unter einem dicken Teppich) eine bestimmte Temperatur überschritten werden kann, bei der elektrischen Variante aber aus thermodynamischer Sicht keine obere, nicht überschreitbare Temperatur existiert,

- bei der Warmwasservariante im Vergleich zur elektrischen Variante unter der Voraussetzung gleicher (anfänglicher) Heizleistung und gleicher Wärmekapazitäten des Heizsystems die gewünschte Raumtemperatur langsamer erreicht wird, beide aber nach dem Abschalten den Raum gleich schnell abkühlen lassen.

Diese beiden Beispiele werden am Ende des Buches (in Kap. 14.1) noch einmal aufgegriffen. Dort werden mit einigen Stichwörtern die Erklärungen angeregt, die der Leser dann aufgrund seiner inzwischen erworbenen Kenntnis über Wärmeübertragungsvorgänge selbstständig finden wird.

1.2 Zwei Beispiele aus technischen Anwendungen

Nur in wenigen technischen Anwendungen treten *keine* Temperaturunterschiede auf und damit *keine* Wärmeströme. In einigen Prozessen ist die Wärmeübertragung ein gewollter Vorgang bis hin zum eigentlich angestrebten Prozess, wie z. B. beim technischen Wärmeübertrager. In vielen Fällen handelt es sich aber um einen ungewollten, prozessbegrenzenden physikalischen Vorgang, wie in den beiden nachfolgenden Beispiele ausgeführt wird.

Beispiel 1.3:

Die Erhitzung elektronischer Bauelemente ist ein entscheidender Aspekt bei der Weiterentwicklung der Mikroelektronik zu immer kleineren und damit dichter gepackten elektronischen Baugruppen. Eine vertiefte Diskussion dieser Problematik findet sich in Herwig, H. (2012): *High Heat Flux Cooling of Electronics: The Need of Paradigm Shift*, Journal of Heat Transfer, Vol. 135, 111013-1,2.

Da in den Bauelementen stets elektrische Widerstände vorliegen, wird elektrische Energie dissipiert, die in Form von Wärme an die Umgebung abgeführt werden muss. Dabei wird bei den modernen hochintegrierten Schaltkreisen pro Leiterplattenfläche soviel Leistung freigesetzt (bis zu 100 W/cm^2), dass eine Abführung dieser Leistung durch eine Wärmeübertragung an die Umgebung bereits an die Grenzen des aus wärmetechnischer Sicht Machbaren stößt. Ähnlich wie im Fall der oben dargestellten elektrischen Fußbodenheizung existiert aus thermodynamischer Sicht keine obere Temperatur, die in dieser Situation nicht überschritten werden könnte, so dass eine unzureichende Wärmeübertragung an die Umgebung (Kühlung) zwangsläufig zur Überschreitung der funktionsbedingt maximal zulässigen Temperatur und damit zur Zerstörung von Bauteilen führt.

Beispiel 1.4:

Bei fast allen thermodynamischen Prozessen zur Energieumwandlung ist man vor dem Hintergrund hoher Wirkungsgrade an hohen Prozesstemperaturen interessiert, die aber materialbedingte Obergrenzen besitzen. Im Expansionsteil von Gasturbinenanlagen können sehr hohe Temperaturen (bis maximal etwa 1500°C) auftreten. Dies erfordert eine aktive Kühlung der Turbinenschaufeln. Die Schaufeln sind in diesem Fall von Kühlkanälen durchzogen, die meist von Luft oder Wasser durchströmt werden. Wenn hierbei an die Grenzen der materialbedingten Maximaltemperatur der Schaufeln gegangen werden soll, muss die Physik des Wärmeüberganges (die Kühlung) sicher beherrscht werden.

2 Begriffs- und Zielbestimmung

Die grundlegenden Begriffe „Wärme" bzw. „Wärmeübertragung" sollen zunächst definiert und eingeordnet werden, bevor zum Schluss dieses Kapitels erläutert wird, was die Aufgaben und Ziele des Fachgebietes „Wärmeübertragung" sind.

2.1 Was ist „Wärme"?

Diese Frage ist keineswegs trivial, und in der Tat hat es historisch gesehen lange Zeiten gegeben, in denen sich mit diesem Begriff Vorstellungen verbanden, die aus heutiger Sicht irreführend und unsinnig sind. So war man früher (etwa bis Mitte des 19. Jahrhunderts) der Meinung, Wärme sei ein masseloser aber realer Stoff, der deshalb auch durch geeignete Mechanismen „übertragen" werden könnte. Aus heutiger Sicht ist „Wärme" (wie übrigens auch „Arbeit") ein grundlegender Begriff der Thermodynamik, der kennzeichnet, in welcher Form Energie über eine Systemgrenze gelangen kann. Damit ist Wärme keine *Energieform* (wie z. B. die innere, die kinetische oder die potenzielle Energie), sondern eine *Energietransportform* über eine thermodynamische Systemgrenze. In Bild 2.1 ist skizziert, dass Wärme neben der „Arbeit" eine von zwei möglichen Energietransportformen ist, durch die Energie in ein (hier: geschlossenes) System gelangen oder dieses verlassen kann.

Die Energietransportform Wärme zeichnet sich aus thermodynamischer Sicht dabei durch zwei Aspekte gegenüber dem Energietransport in Form von Arbeit aus:

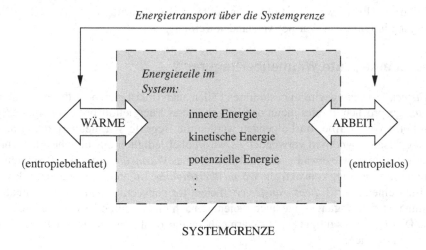

Bild 2.1: Wärme als Form eines Energietransportes über die Systemgrenze eines (hier: geschlossenen) Systems

© Springer Fachmedien Wiesbaden GmbH, ein Teil von Springer Nature 2019
H. Herwig und A. Moschallski, *Wärmeübertragung*,
https://doi.org/10.1007/978-3-658-26401-7_2

- Im Gegensatz zur Arbeit ist die Wärme als Form eines Energietransportes die Folge von Temperaturunterschieden.

- Im Gegensatz zur Arbeit ist die Wärme als Form eines Energietransportes mit einer Veränderung der Entropie S^* des Systems verbunden. Dieser Zusammenhang ist durch die fundamentale Beziehung $\delta Q^* = T^* dS^*$ beschrieben, wobei Q^* die in Form von Wärme (reversibel) übertragene Energie, S^* die Entropie und T^* die thermodynamische Temperatur darstellt. Die unterschiedlichen Symbole δ und d bedeuten, dass δQ^* eine Prozessgröße, dS^* aber die Änderung einer Zustandsgröße des Systems beschreibt. Eine ausführliche Darstellung dieser Zusammenhänge erfolgt im Teil D: Wärmeübertragung aus thermodynamischer Sicht.

2.2 Was ist „Wärmeübertragung"?

Dieser Begriff lässt noch erkennen, dass er auf die inzwischen als irrig erkannte Vorstellung eines „Wärmestoffes" zurückgeht, der dann übertragen werden könnte. In diesem Sinne erhöht eine Wärmeübertragung *in ein System* auch nicht etwa „die Wärme im System". Diese Formulierung wäre unsinnig, da Wärme keine Energieform ist und damit nicht im System enthalten sein kann. Aus thermodynamischer Sicht ist Wärme (wie auch Arbeit) keine *Zustandsgröße*, sondern eine *Prozessgröße*. Die korrekte Formulierung wäre also, dass mit einer Wärmeübertragung in ein System die Energie im System erhöht wird.

Wärmeübertragung ist aus heutiger Sicht eine Übertragung von Energie über eine Systemgrenze, die aufgrund von Temperaturunterschieden zustande kommt und eine Entropieänderung im System zur Folge hat. In diesem und ausschließlich in diesem Sinne sollte der Begriff der Wärmeübertragung benutzt werden.

Auch wenn es auf den ersten Blick übertrieben erscheint, so ist es doch wichtig, stets die genaue Bedeutung der Begriffe vor Augen zu haben. Dies wird durch die historisch bedingte „falsche" Wortwahl erschwert. Im Folgenden sollte „Wärmeübertragung" also stets als „Energieübertragung in Form von Wärme" verstanden werden!

2.3 Was ist eine „gute Wärmeübertragung"?

Neben *Wärmeübertragung* wird in bestimmten Fällen auch (meist gleichwertig) von einem *Wärmeübergang* gesprochen. Beides meint den Vorgang eines Energietransportes über eine Systemgrenze in Form von Wärme. Im Folgenden werden die Begriffe Wärmeübertragung und Wärmeübergang deshalb synonym verwendet, es wird dabei lediglich auf übliche Bezeichnungen Rücksicht genommen, wie etwa bei der Einführung eines *Wärmeübergangs*koeffizienten im Zusammenhang mit der sog. konvektiven *Wärmeübertragung*. Im englischsprachigen Raum gibt es hierbei nur einen Begriff: *heat transfer* coefficient for convective *heat transfer* situations. In diesem Sinne ist die Eingangsfrage auch diejenige nach einem guten bzw. schlechten *Wärmeübergang*. Damit sollte es möglich sein, Wärmeübergänge qualitativ und im konkreten Fall auch quantitativ zu bewerten.

Was aber macht die „Qualität" eines Wärmeüberganges aus? Allgemein, und zunächst pauschal, steht hinter dieser Frage folgende Überlegung. Ein Energietransport in Form von Wärme findet an einer Systemgrenze nur dann statt, wenn Temperaturunterschiede zwischen der Systemgrenze und dem Inneren des Systems, in das oder aus dem die Energie übertragen wird, vorhanden sind.

Damit muss prinzipiell eine sog. „treibende Temperaturdifferenz" ΔT^* existieren, damit es an der Systemgrenze zu einer bestimmten Wärmestromdichte $\dot{q}_W^*$ kommen kann. Der Index „W" steht hier für eine „Wand" als dem Prototyp einer Systemgrenze. Diese (Wand-)Wärmestromdichte stellt die pro Fläche übertragene Leistung (Energie pro Zeit) $\dot{q}_W^* = \dot{Q}_W^* / A^*$ angegeben in W/m^2 dar. Der Bezug auf die Fläche berücksichtigt, dass bei vorgegebener treibender Temperaturdifferenz durch eine Vergrößerung der Übertragungsfläche stets die *insgesamt übertragene Energie* entsprechend vergrößert werden kann, so dass nur eine flächenbezogene Größe ein Maß für die *Qualität* dieser Energieübertragung sein kann. Da auch eine Veränderung der treibenden Temperaturdifferenz zu einer Veränderung der übertragenen Energie führen wird, ist $\dot{q}_W^*$ allein nicht geeignet, die *Qualität* (u. U. aber die „Stärke") des Wärmeüberganges zu kennzeichnen.

Erst wenn $\dot{q}_W^*$ zur treibenden Temperaturdifferenz ins Verhältnis gesetzt wird, entsteht eine Größe, die als Maß für die Qualität des Wärmeüberganges dienen kann. Diese Größe wird als sog. *Wärmeübergangskoeffizient*

$$\boxed{\alpha^* \equiv \frac{\dot{q}_W^*}{\Delta T^*}} \tag{2-1}$$

eingeführt, führt aber bzgl. seiner Interpretation leider immer wieder zu falschen Vorstellungen bzw. falschen Folgerungen. Solange α^* nicht bekannt ist, stellt (2-1) eine rein formale Abkürzung für den Quotienten aus $\dot{q}_W^*$ und ΔT^* dar. Informationen über α^* erhält man aber nur aus der Kenntnis des konkreten physikalischen Wärmeübertragungsvorganges. Erst wenn α^* aus dieser Kenntnis heraus bestimmt worden ist, kann (2-1) sinnvoll verwendet werden. Der Wärmeübergangskoeffizient bietet damit eine Möglichkeit, Ergebnisse darzustellen und zu nutzen, führt aber durch seine formale Einführung (Definition) zu keinerlei Erkenntnisgewinn.

Trotzdem ist die Definition (2-1) nicht willkürlich gewählt, da mit α^* die Vorstellung verbunden ist, dass diese Größe in einer ganz bestimmten Situation unabhängig von der „Stärke" des Wärmeüberganges ist. Eine Verdoppelung von ΔT^* führt dann auf eine Verdoppelung von $\dot{q}_W^*$. Dies trifft für viele, aber keineswegs für alle Wärmeübertragungssituationen zu. Aber auch wenn α^* für eine spezielle Situation eine Konstante darstellt, so ist deren Wert für unterschiedliche Wärmeübertragungssituationen vollkommen unterschiedlich. Zahlenwerte von α^* können (je nach Situation) in der Nähe von 1 liegen, aber auch Werte größer als 10^5 annehmen. Dies verdeutlicht, dass Wärmeübergänge nicht etwa allgemein mit einem „universellen" Zahlenwert für α^* beschrieben werden können[1].

Ganz allgemein wird der Wärmeübergangskoeffizient verwendet, um die Qualität eines Wärmeüberganges *in einer konkreten Situation* zu charakterisieren: Je größer der Wert α^* ist, desto besser ist der Wärmeübergang.

Nach dieser Vorstellung kann man den Wärmeübergang durch bestimmte Maßnahmen verbessern, wenn dabei

- bei gleich bleibender treibender Temperaturdifferenz ΔT^* die erzielte Wandwärmestromdichte $\dot{q}_W^*$ größer, oder

- bei gleich bleibender Wandwärmestromdichte $\dot{q}_W^*$ die erforderliche treibende Temperaturdifferenz ΔT^* geringer wird.

---

[1] Weitere Erläuterungen zum α^*-Konzept finden sich in Herwig, H. (1997): *Kritische Anmerkungen zu einem weit verbreiteten Konzept: der Wärmeübergangskoeffizient α*, Forschung im Ingenieurwesen, **63**, 13-17.

Während die Größe α^* bei solchen Überlegungen offensichtlich sinnvoll verwendet werden kann, ist es u. U. problematisch, α^*-Werte aus verschiedenen Wärmeübertragungssituationen zu benutzen, um damit Vergleiche bezüglich der Qualität der Wärmeübertragung anzustellen.

Im konkreten Fall bleibt sorgfältig zu prüfen, ob, wann und warum es von Vorteil ist, in einer Wärmeübertragungssituation hohe Werte des Wärmeübergangskoeffizienten zu realisieren, oder zu versuchen, diese zu verbessern. In Kap. 3.5 werden diese Überlegungen noch einmal aufgegriffen. Es wird dort gezeigt, dass der Grenzfall $\alpha^* \to \infty$ einer in der Thermodynamik definierten reversiblen Wärmeübertragung entspricht.

Analog zum elektrischen Widerstand $R_{el}^* = U^*/I^*$, der sich als Verhältnis aus der elektrischen Spannung U^* und der elektrischen Stromstärke I^* ergibt, kann ein *thermischer Widerstand R^** eingeführt werden. Im Falle eines durch α^* beschriebenen Wärmeüberganges wird deshalb der *Wärmeübergangswiderstand*

$$R_\alpha^* \equiv \frac{\Delta T^*}{\dot{q}_W^* A^*} = \frac{\Delta T^*}{\dot{Q}_W^*} = \frac{1}{\alpha^* A^*} \tag{2-2}$$

definiert. Dabei ist A^* die Übertragungsfläche an der Systemgrenze, über die ein bestimmter Wärmestrom fließt. Je geringer dieser thermische Widerstand ist, der von dem übertragenen Wärmestrom überwunden werden muss, umso besser ist der Wärmeübergang.

2.4 Was soll das Fachgebiet „Wärmeübertragung" leisten können?

Die wesentlichen Ziele, die im Fachgebiet „Wärmeübertragung" verfolgt werden, können wie folgt umrissen werden:

Aufklärung der physikalischen Vorgänge im Zusammenhang mit Wärmeübertragungsproblemen:
Dies kann in komplexen Geometrien und wenn nicht-triviale Strömungen, wie z. B. turbulente Mehrphasenströmungen vorliegen, ein hoher Anspruch sein. Neben experimentellen Studien werden hier zunehmend auch numerische Berechnungen eingesetzt. Während im Experiment stets die reale Physik vorhanden ist, aber die gewünschten Versuchs- und Randbedingungen häufig nicht genau genug realisiert werden können, ist dies bei numerischen Studien genau umgekehrt: Rand- und Anfangsbedingungen können fast beliebig vorgegeben werden, die zu lösenden Gleichungen stellen aber nur Modelle in Bezug auf die Realität dar. Man ist deshalb häufig bemüht, beide Vorgehensweisen miteinander zu kombinieren und experimentelle bzw. numerische Ergebnisse zur gegenseitigen Absicherung und Ergänzung zu nutzen.

Entwicklung verschiedener Möglichkeiten der gezielten Beeinflussung von Wärmeübergängen:
Je nachdem, ob ein guter oder ein schlechter Wärmeübergang angestrebt wird (wie z. B. bei der Entwicklung effektiver Wärmeübertrager oder einer hochwirksamen thermischen Dämmung eines Systems), wird man versuchen, den Wärmeübergang in die eine oder andere Richtung durch die unterschiedlichsten Maßnahmen zu beeinflussen. In diesem Zusammenhang spielt die Bewertung von Maßnahmen zur Beeinflussung des Wärmeüberganges eine entscheidende Rolle. Es kommt dabei sehr auf die konkrete Zielgröße und die Nebenbedingungen an, die in einem konkreten Optimierungsproblem vorliegen. Neben dem Wärmeübergangskoeffizienten (2-1) kann zur Beurteilung der Qualität einer bestimmten Maßnahme z. B. auch die Entropieproduktion im System herangezogen werden, weil damit der gesamte Vorgang, einschließlich der Veränderungen im Strömungsfeld, erfasst werden kann (s. dazu die späteren Kap. 6.7 und Teil D dieses Buches).

Bereitstellung von möglichst allgemeingültigen „Wärmeübergangsbeziehungen" für technisch häufig vorkommende Standard-Situationen:

Dies können z. B. Wärmeübergänge in den unterschiedlichsten Bauteilen von Rohrleitungssystemen sein, aber auch Wärmeübergänge an überströmten Geometrien wie Platten, Zylindern oder Kugeln. In diesem Zusammenhang spielt die Dimensionsanalyse eine große Rolle, weil damit die allgemeingültigen Aussagen als Zusammenhänge von jeweils relevanten dimensionslosen Kennzahlen gefunden werden können (s. dazu Kap. 4).

Diese generellen Ziele spiegeln sich in einer großen Anzahl von einzelnen Studien wider, die laufend in einer Reihe von internationalen Zeitschriften erscheinen, wie z. B.

- INTERNATIONAL JOURNAL OF HEAT AND MASS TRANSFER

- INTERNATIONAL COMMUNICATIONS IN HEAT AND MASS TRANSFER

- HEAT AND MASS TRANSFER

- HEAT AND FLUID FLOW

- JOURNAL OF HEAT TRANSFER,

was nur einen kleinen Ausschnitt darstellt. Viele Zeitschriften widmen sich auch speziellen Teilaspekten, wie z. B.

- NUMERICAL HEAT TRANSFER

- EXPERIMENTAL HEAT TRANSFER

- JOURNAL OF ENHANCED HEAT TRANSFER

- MICROSCALE THERMOPHYSICAL ENGINEERING.

3 Allgemeine Betrachtungen zum Wärmeübergang an Systemgrenzen

Bevor die einzelnen zum Teil sehr verschiedenen Situationen der Wärmeübertragung bzw. des Wärmeüberganges an Systemgrenzen im Detail behandelt werden, sollen diese kurz bzgl. ihrer charakteristischen Besonderheiten beschrieben werden. Darüber hinaus werden in diesem Kapitel grundsätzlich vorhandene Gemeinsamkeiten der verschiedenen Situationen der Wärmeübertragung diskutiert.

3.1 Kurz-Charakterisierung verschiedener Wärmeübertragungssituationen

Die in diesem Buch ausführlich behandelten verschiedenen Situationen der Wärmeübertragung über eine Systemgrenze sind:

Reine Wärmeleitung:
> Transport von innerer Energie in Richtung abnehmender Temperatur in einem ruhenden Festkörper oder Fluid mit der molekularen Wärmeleitfähigkeit λ^* als Stoffparameter.

Konvektiver Wärmeübergang:
> Zusammenspiel von Wärmeleitung, Energiespeicherung und einer meist wandparallelen Strömung in einem Fluid; strömungsunterstützter Wärmeübergang durch Leitung in einem Fluid.

Zweiphasen-Wärmeübergang:
> Wärmeübergang im Zusammenspiel mit der Energiespeicherung durch einen Phasenwechsel, meist flüssig $\leftrightarrow$ gasförmig; in der Nähe der Systemgrenze durch einen Phasenwechsel unterstützter Wärmeübergang durch Leitung in einem Fluid.

Wärmestrahlung:
> Austausch von Energie zwischen Wänden (Körpern) unterschiedlicher Temperatur durch elektromagnetische Strahlung. Anstelle einer Wand kann auch ein strahlungsaktives Fluid auftreten.

Während die ersten drei Mechanismen jeweils einen Stoff als Träger von innerer Energie benötigen, kann Wärmestrahlung als einziger Mechanismus auch im Vakuum auftreten. Damit gibt es zwei grundsätzlich verschiedene Mechanismen der Wärmeübertragung:

- Wärmeübertragung durch die Interaktion benachbarter Moleküle, was auch als *Nahwirkungs*-Wärmeübertragung bezeichnet werden kann. Dieser Mechanismus wird leitungsbasierter Wärmeübergang genannt.

- Wärmeübertragung durch elektromagnetische Felder (Wärmestrahlung), was auch als *Fernwirkungs*-Wärmeübertragung bezeichnet werden kann. Dieser Mechanismus wird (folgerichtig) strahlungsbasierter Wärmeübergang genannt.

© Springer Fachmedien Wiesbaden GmbH, ein Teil von Springer Nature 2019
H. Herwig und A. Moschallski, *Wärmeübertragung*,
https://doi.org/10.1007/978-3-658-26401-7_3

3.2 Leitungsbasierter und strahlungsbasierter Energietransport über eine Systemgrenze

Wenn der Wärmeübergang als Energietransport über die Grenze eines thermodynamischen Systems definiert wird, so zeigt sich, dass mit Ausnahme der Wärmestrahlung (Fernwirkung) alle Wärmeübertragungssituationen einheitlich auf einer Wärmeleitung (Nahwirkung) über die Systemgrenze basieren. Deshalb wird in diesem Zusammenhang einheitlich von einem *leitungsbasierten* Energietransport gesprochen, im Gegensatz zum *strahlungsbasierten* Transport bei der Wärmestrahlung. Diese grundsätzliche Unterscheidung findet sich in der Einführung der Teile B und C in diesem Buch wieder. Nicht immer wird so grundsätzlich nach diesen beiden Mechanismen der Wärmeübertragung unterschieden. Im Sinne einer klaren physikalischen Einordnung der in Kapitel 3.1 kurz charakterisierten Wärmeübertragungssituationen ist dies aber angebracht. Bild 3.1 zeigt die Grenze eines thermodynamischen Systems, hier in Form einer festen Wand gegenüber einem Fluid, das zum betrachteten System gehört. Wenn Energie *in* das System übertragen wird, so muss jenseits der Wand (im System) ein „physikalischer Mechanismus" vorhanden sein, mit dessen Hilfe die über die Wand (Systemgrenze) übertragene Energie ins Innere des Systems gelangt. Dabei soll zunächst unterstellt werden, dass eine bestimmte Wärmestromdichte an der Systemgrenze vorliegt. Wie die dafür erforderliche Energie dorthin gelangt, ist ein anderes Problem. Die Verhältnisse *in* der Wand müssen ggf. zusätzlich berücksichtigt werden (s. dazu das nachfolgende Kap. 3.3).

Die drei leitungsbasierten Wärmeübertragungssituationen unterscheiden sich danach, was mit der durch Wärmeleitung über die Systemgrenze eingebrachten Energie geschieht. In einem stationären Prozess, der hier unterstellt werden soll, kann diese Energie nicht der weiteren Aufheizung des wandnahen Fluides dienen, sondern muss kontinuierlich entfernt oder „verbraucht" werden. Die drei verschiedenen Situationen der leitungsbasierten Wärmeübertragung unterscheiden sich diesbezüglich sehr deutlich:

- Bei der reinen Wärmeleitung wird die eingebrachte Energie durch molekulare Wärmeleitung ins Innere des Systems transportiert. Dazu ist auf dem gesamten Leitungsweg ein entsprechen-

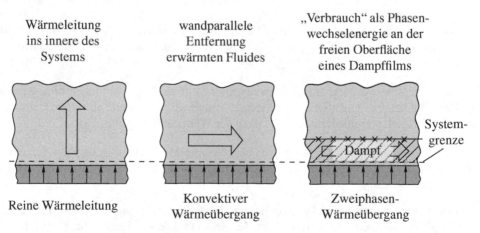

Bild 3.1: Leitungsbasierter Energietransport über eine Systemgrenze am Beispiel eines Wärmestromes *in* das System (Heizfall), Verbleib der in Form von Wärme übertragenen Energie

der Temperaturgradient erforderlich (der in einem instationären Anfangsprozess durch eine in Leitungsrichtung abnehmende Energiespeicherung entstanden ist).

- Beim konvektiven Wärmeübergang wird wandnahes Fluid erwärmt (d. h. Energie wird sensibel gespeichert) und gleichzeitig mit der Strömung wandparallel „entfernt". Dabei treten Temperaturgradienten senkrecht zur Wand nur in dem Maße auf, wie sie erforderlich sind, um die übertragene Energie durch Leitung zu den zu erwärmenden wandnahen Fluidbereichen zu transportieren, bevor diese mit der Strömung wandparallel entfernt werden.

- Beim Zweiphasen-Wärmeübergang wird in unmittelbarer Wandnähe Flüssigkeit verdampft (Heizfall) und auf diese Weise die übertragene Energie „verbraucht", d. h. in Form von Verdampfungsenthalpie latent gespeichert, ohne dass damit zunächst eine Temperaturveränderung verbunden wäre. Wenn dieser Prozess kontinuierlich ablaufen soll, so muss die Dampffilmdicke durch ständiges Entfernen von Dampf konstant gehalten werden. Dieser Dampffilm muss von der übertragenen Energie durch Wärmeleitung überwunden werden, wozu ein gewisser Temperaturunterschied über den Film hinweg erforderlich ist (und damit in geringem Maß auch eine sensible Energiespeicherung auftritt).

Ohne an dieser Stelle bereits auf weitere Einzelheiten einzugehen, verdeutlicht die qualitative Beschreibung hinlänglich, dass bei den drei leitungsbasierten Wärmeübertragungssituationen sehr unterschiedliche sog. treibende Temperaturdifferenzen ΔT^* entstehen werden, die für den jeweiligen Gesamtvorgang charakteristisch sind. Damit treten dann auch für den konvektiven Wärmeübergang und den Zweiphasen-Wärmeübergang sehr unterschiedliche Werte des Wärmeübergangskoeffizienten $\alpha^* = \dot{q}_W^*/\Delta T^*$ auf (s. Kap. 2.3 (2-1)). Dieser wird umso größer sein, je kleiner ΔT^* bei vorgegebener Wandwärmestromdichte $\dot{q}_W^*$ ist. Nach den Ausführungen in Kapitel 2.3 bedeutet dies dann, dass ein besserer Wärmeübergang vorliegt als bei den Fällen mit kleineren Werten von α^*.

Bild 3.1 zeigt den sog. *Heizfall*, d. h., ein Wärmestrom fließt in das System. Im *Kühlfall* kehren sich im System lediglich die Temperaturgradienten um. Warmes Fluid wird nicht wandparallel ab-, sondern zugeführt, und an die Stelle der Verdampfung tritt die Kondensation mit der Folge, dass ein kontinuierlich entstehender Flüssigkeitsfilm entfernt werden muss.

Details zum strahlungsbasierten Wärmeübergang werden im dafür vorgesehenen Teil C dieses Buches genauer beschrieben.

3.3 Thermische Randbedingungen, konjugierte Probleme

In technischen Anwendungen, bei denen unterschiedliche Temperaturen und damit auch Wärmeströme auftreten, können thermodynamische Systemgrenzen gezogen werden, über die hinweg dann per Definition ein Wärmeübergang vorliegt. Wenn im Sinne einer theoretischen Modellbildung zur Beschreibung technischer Anwendungen Systeme definiert und damit Systemgrenzen eingeführt werden, so sind direkt an diesen Systemrändern thermische Randbedingungen erforderlich, die das Temperaturfeld im Inneren bestimmen.

In der Hoffnung, damit zumindest näherungsweise die tatsächlichen Verhältnisse an den Systemgrenzen beschreiben zu können, werden diese Randbedingungen standardisiert und als möglichst einfache Funktionen eingeführt. In diesem Sinne werden für viele (theoretische) Untersuchungen wahlweise folgende thermische Randbedingungen zugrunde gelegt:

Konstante Temperatur an der Systemgrenze ($T_W^* = $ const):
Der Temperaturgradient und damit letztlich der Wärmestrom an der Systemgrenze ist dann ein Teil der gesuchten Lösung des Problems.

Konstante Wandwärmestromdichte an der Systemgrenze ($\dot{q}_W^* = $ const):
Die in der Regel nicht mehr konstante Temperatur an der Systemgrenze ist dann Teil der gesuchten Lösung. Als Spezialfall dieser Randbedingung tritt die *adiabate Wand* auf, für die $\dot{q}_W^* = 0$ gilt.

Konstanter Wärmeübergangskoeffizient an der Systemgrenze ($\dot{q}_W^*/\Delta T^* = $ const):
Dabei sind zunächst sowohl $\dot{q}_W^*$ als auch T_W^* Teil der gesuchten Lösung. Sie sind jedoch auf feste Weise durch die Vorgabe von $\alpha^* = \dot{q}_W^*/\Delta T^*$ gekoppelt. Dies erfordert in der Regel ein iteratives Vorgehen bei der Lösung eines Problems.

Der Fall einer konstanten Wandtemperatur wird in Experimenten näherungsweise für ein System realisiert, das sich in einem sog. Thermostaten befindet, also mit einem gut wärmeleitenden Material konstanter Temperatur in Kontakt steht.

Eine konstante Wandwärmestromdichte kann näherungsweise mit Hilfe einer elektrisch leitenden Systemgrenze mit einem flächenkonstanten elektrischen Widerstand realisiert werden, der von einem flächenmäßig gleich verteilten elektrischen Strom durchflossen wird. Wenn der elektrische Widerstand pro Flächeneinheit konstant ist, wird dann eine gleichmäßige Dissipation elektrischer Energie auftreten. Diese führt zu einer konstanten Wandwärmestromdichte, mit der die entstehende innere Energie abgeführt wird.

Ein konstanter Wärmeübergangskoeffizient tritt als thermische Randbedingung z.B. bei bestimmten Phasenwechsel-Wärmeübergängen auf.

Häufig sind die Temperaturen, Wärmestromdichten oder Wärmeübergangskoeffizienten an den Grenzen der unter bestimmten Gesichtspunkten festgelegten thermodynamischen Systeme aber nicht a priori bekannt bzw. ist nicht zu erwarten, dass sie einer der drei zuvor formulierten Standard-Randbedingungen entsprechen. Dann kann man versuchen, das System soweit zu vergrößern, dass bekannte Randbedingungen vorliegen. Die auf diesem Wege hinzugekommenen Bereiche, die nicht zum ursprünglichen System gehörten, sind jetzt Teil des neuen Systems und die dort herrschenden Verhältnisse sind als ein Teil der Gesamtlösung gesucht.

Wenn ein ursprüngliches System nur Fluid enthält, die Systemgrenze also durch die fluidzugewandte Seite einer Wand gebildet wurde, so kann es erforderlich sein, die Wand mit zum System hinzuzunehmen, weil die Randbedingungen des ursprünglichen Systems nicht bekannt waren. Dies setzt natürlich voraus, dass an der Außenwand jetzt sinnvolle thermische Randbedingungen gesetzt werden können. In einem solchen Fall gehört die Wand dann zum neuen, erweiterten System. In der festen Wand liegt reine Wärmeleitung vor, im restlichen System werden in der Regel zusätzliche Formen des Energietransportes auftreten. Aus diesem Grund wird man beide Bereiche getrennt behandeln und mit einem geeigneten Iterationsschema zu einer Gesamtlösung verbinden.

Probleme, die auf diese Weise (meist iterativ) gelöst werden müssen, nennt man *konjugierte Probleme*. Bild 3.2 erläutert diese Situation anhand eines einfachen thermodynamischen Systems, für das untersucht werden soll, welcher Wärmeübergang zwischen einer warmen unteren und einer kalten oberen Wand auftritt, wenn die Seitenwände adiabat sind. Dieses Problem ist vielfach und ausführlich untersucht worden, wobei bis heute nur eine unbefriedigende Beschreibung dieser Wärmeübertragungssituation gelungen ist, wenn die auftretende Strömung turbulent

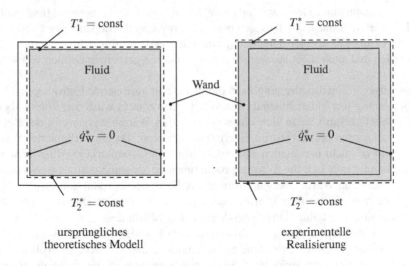

Bild 3.2: Theoretisches Modell und experimentelle Realisierung → konjugiertes Problem
($T_2^* > T_1^*$: Rayleigh-Bénard Problem)

ist. Es ist unter dem Namen *Rayleigh-Bénard Problem* bekannt[1]. Wenn dieser Fall im Experiment untersucht werden soll, wird man die entsprechenden Randbedingungen nur an den Außenwänden setzen können. Eine theoretische Betrachtung des im Experiment realisierbaren Falles muss deshalb von einem konjugierten Problem ausgehen, bei dem die Wärmeleitungsvorgänge in den Wänden eine Rolle spielen.

3.4 Entropieproduktion bei der Wärmeübertragung

Aus thermodynamischer Sicht findet mit einem Energietransport in Form von Wärme bei endlichen Temperaturgradienten stets eine Entwertung von Energie statt, weil bei diesem irreversiblen Energietransport in Richtung abnehmender Temperatur die innere Energie anschließend auf einem niedrigeren Temperaturniveau vorliegt. Dabei dient das Konzept der *Exergie-/Anergie-*Aufteilungvon Energien zur anschaulichen Bewertung der Energie. Gemäß diesem Konzept besteht jede Energie aus zwei Teilen: dem Exergie-Teil und dem Anergie-Teil. Der Teil der Energie, der unbeschränkt in jede andere Energieform umgewandelt werden kann (bzw. könnte), ist dabei der Exergie-Teil, der verbleibende Rest ist Anergie. Je höher der Exergieteil einer Energie ist (also derjenige Teil, der sich unbeschränkt in alle anderen Energieformen umwandeln lässt), um so wertvoller ist diese. Abnehmende Exergieteile bedeuten damit eine Energieentwertung. Da dieser Exergieverlust mit einer *Entropieproduktion* einhergeht, kann er quantitativ bestimmt werden, indem die Entropieproduktion berechnet wird, siehe Kap. 6.7.2 und Teil D dieses Buches.

Bei reiner Wärmeleitung wird die lokale Entropieproduktion entscheidend durch den lokalen Temperaturgradienten bestimmt. Bei konvektiver Wärmeübertragung kommt hinzu, dass zusätzlich zur Entropieproduktion durch Wärmeleitung auch Entropie durch die Dissipation mechanischer Energie in der Strömung erzeugt wird. Die Entropieproduktion kann ermittelt werden,

---

[1] s. dazu z. B. Hölling, M.; Herwig, H. (2006): *Asymptotic Analysis of Heat Transfer in Turbulent Rayleigh-Bénard Convection*, Int. Journal of Heat and Mass Transfer, **49**, 1129-1136

wenn die Temperatur- und Geschwindigkeitsfelder in einem Wärmeübertragungsproblem bekannt sind. In diesem Sinne handelt es sich bei der Entropieproduktion um eine Größe, die in der sog. *post-processing*-Phase einer Berechnung bestimmt werden kann, d. h., sie kann nachträglich ermittelt werden und muss nicht zusammen mit den anderen gesuchten Größen von vorneherein bestimmt werden.

Bei konvektiver Wärmeübertragung kann die insgesamt auftretende Entropieproduktionsrate auch zur *Bewertung* von Maßnahmen dienen, mit denen versucht wird, den Wärmeübergang zu verbessern. Dabei „erkauft" man sich einen verbesserten Wärmeübergang in der Regel durch einen erhöhten Gesamtdruckverlust im Übertragungsprozess. Da ein verbesserter Wärmeübergangskoeffizient α^* nicht unmittelbar mit einem erhöhten Gesamtdruckverlust-Beiwert verglichen werden kann, bietet sich die Entropieproduktionsrate als gemeinsames Bewertungskriterium an. Ein verbesserter Wärmeübergang vermindert die Entropieproduktion aufgrund von Wärmeleitung, der erhöhte Gesamtdruckverlust bedeutet aber eine erhöhte Dissipation mechanischer Energie und damit eine erhöhte Entropieproduktion in der Strömung.

Die gesamte Entropieproduktion als Kombination aus beiden Beiträgen kann Auskunft darüber geben, ob die gewählte Maßnahme aus thermodynamischer Sicht sinnvoll ist. Wenn die Entropieproduktion insgesamt sinkt, wird die Energie weniger stark entwertet als zuvor, und die Maßnahme zur Verbesserung des Wärmeüberganges ist in diesem Sinne positiv zu bewerten.

Die konkrete Berechnung der Entropieproduktion wird in Kap. 6.7.2 für die konvektive Wärmeübertragung erläutert. Das ILLUSTRIERENDE BEISPIEL 6.1 zeigt, dass mit Hilfe der Entropieproduktion Entscheidungsgrundlagen enstehen, die anderweitig nicht verfügbar sind. Eine ausführliche Erläuterung des physikalischen Hintergrundes erfolgt in Teil D dieses Buches (Wärmeübertragung aus thermodynamischer Sicht).

3.5 Der Grenzfall reversibler Wärmeübertragung

Wie im Zusammenhang mit dem Wärmeübergangskoeffizienten (2-1) ausgeführt, bedarf es einer treibenden Temperaturdifferenz ΔT^*, damit eine von Null verschiedene Wandwärmestromdichte $\dot{q}_W^*$ entsteht. Je kleiner diese Differenz für einen bestimmten Wert von $\dot{q}_W^*$ ist, umso besser ist der Wärmeübergang, d. h. umso größer ist der Wärmeübergangskoeffizient α^*. Der theoretisch optimale Wert ist danach $\alpha^* = \infty$, was für einen endlichen Wert von $\dot{q}_W^*$ auch als $\Delta T^* = 0$ interpretiert werden kann. Dann tritt aber bei diesem Wärmeübergang keine Entropieproduktion auf, weil keine Temperaturgradienten vorhanden sind. Dieser theoretische Grenzfall entspricht aus themodynamischer Sicht der sog. *reversiblen Wärmeübertragung*, für die gilt

$$dS^* = \frac{\delta Q_{rev}^*}{T^*} \tag{3-1}$$

Die Entropieänderung dS^* in einem System, in das ein Wärmestrom δQ_{rev}^* bei der konstanten Temperatur T^* übertragen wird, tritt dann ausschließlich aufgrund dieser Wärmeübertragung auf. Sie kann vollständig „rückgängig" gemacht werden, wenn derselbe Wärmestrom in umgekehrter Richtung (bei derselben Temperatur) wieder entzogen wird.

In vielen Situation ist es von Vorteil, so wenig Entropie wie möglich (irreversibel) zu erzeugen und damit die Energie so wenig wie möglich zu entwerten. Eine Wärmeübertragung sollte deshalb möglichst nahe an dem theoretischen Grenzfall einer reversiblen Wärmeübertragung liegen, also einen möglichst hohen Wert von α^* aufweisen.

Aus rein thermodynamischer Sicht würde es sich anbieten, den Wärmeübergang nicht durch α^*, sondern den Kehrwert $1/\alpha^*$ bzw. $1/(\alpha^* A^*)$ zu charakterisieren. Dies ist gemäß (2-2) aber der

Wärmeübergangswiderstand R_α^*. Der reversible Grenzfall ist dann $R_\alpha^* = 0$ und Irreversibilitäten lassen sich unmittelbar durch Werte $R_\alpha^* > 0$ charakterisieren.

4 Dimensionsanalytische Überlegungen

Um weitgehend allgemeingültige Lösungen wärmetechnischer Fragestellungen angeben zu können, ist es unerlässlich, die Probleme möglichst frühzeitig in dimensionsloser Darstellung zu formulieren. In diesem Kapitel soll beschrieben werden, wie dabei methodisch vorzugehen ist.

4.1 Vorüberlegungen

Bei der Dimensionsanalyse wird ausgenutzt, dass physikalische Probleme prinzipiell durch mathematische Gleichungen beschreibbar sind, in denen die im Problem auftretenden, *relevanten* physikalischen Größen miteinander verknüpft sind. In diesen Gleichungen besitzen die linken und die rechten Seiten bzw. alle Termgruppen, die dort additiv auftreten, dieselben physikalischen Einheiten. Nur dann sind Gleichungen „dimensionsrichtig", was eine notwendige Bedingung an Gleichungen darstellt, damit diese unabhängig von einem im Prinzip frei wählbaren Einheitensystem gelöst werden können.

Damit sind die relevanten Einflussgrößen aber nicht beliebig miteinander in Gleichungen kombinierbar. Diese Einschränkung besteht auch dann fort, wenn das mathematische Modell nicht explizit aufgestellt wird (weil dies jederzeit möglich bleiben muss). Sie führt dazu, dass aus der endlichen Anzahl von Einflussgrößen eines Problems eine kleinere Anzahl von dimensionslosen Kombinationen (*Kennzahlen*) gebildet werden kann, mit deren Hilfe das Problem gleichwertig beschrieben wird.

Alle denkbaren Fälle mit unterschiedlichen Zahlenwerten für die ursprünglichen (dimensionsbehafteten) Einflussgrößen werden dann durch eine kleinere Anzahl von Fällen mit bestimmten Zahlenwerte für die dimensionslosen Kennzahlen repräsentiert. Die vollständige Beschreibung eines Problems kann deshalb mit den Gleichungen für die ursprünglichen Einflussgrößen erfolgen, gleichwertig aber auch mit Gleichungen, die eine geringere Anzahl von dimensionslosen Gruppen von Einflussgrößen enthalten. *Einer* Lösung in der dimensionslosen Formulierung entsprechen dann *mehrere* Lösungen des ursprünglichen dimensionsbehafteten Problems, so dass aus den dimensionslosen Gleichungen in diesem Sinne allgemeinere Lösungen folgen als aus den ursprünglichen Gleichungen.

4.2 Das Π-Theorem

Das sog. Π-Theorem [1,2] beinhaltet Überlegungen zur Struktur von Gleichungen in mathematischen Modellen. Ausgangspunkt dieser Überlegungen ist die Bedingung, dass dimensionskonsistente Gleichungen vorliegen müssen. Aus einer Darstellung in dimensionsloser Form folgt unmittelbar, von welchen dimensionslosen Parametern, den sog. *Kennzahlen*, die gesuchte Lösung

---

[1] Die Größe Π ist hier das mathematische Symbol für ein Produkt und nicht etwa die Kreiszahl $\pi = 3,14...$

[2] Eine ausführliche Darstellung der Dimensionanalyse mit einer besonderen Erläuterung des physikalischen Hintergrunds findet sich in Herwig, H. (2017): *Dimensionsanalyse von Strömungen, Der elegante Weg zu allgemeinen Lösungen*, Springer Vieweg, essentials, Wiesbaden

© Springer Fachmedien Wiesbaden GmbH, ein Teil von Springer Nature 2019
H. Herwig und A. Moschallski, *Wärmeübertragung*,
https://doi.org/10.1007/978-3-658-26401-7_4

abhängt. Aber auch wenn die Gleichungen einer (mathematisch/physikalischen) Modellvorstellung nicht explizit bekannt sind, können aus den Dimensionen der beteiligten Größen Schlüsse auf die Kennzahlen gezogen werden, von denen die Lösungen abhängen.

Die Grundlage der Dimensionsanalyse ist das Π-Theorem, das von Buckingham 1914 formuliert wurde. Es besagt, dass jeder physikalische Vorgang durch den Zusammenhang einer endlichen Anzahl von (dimensionslosen) Kennzahlen dargestellt werden kann. Das Π-Theorem bestimmt aber weder eindeutig die Form der Kennzahlen, noch legt es den funktionalen Zusammenhang zwischen den Kennzahlen fest. Die wesentliche Aussage bezieht sich auf die (minimale) Anzahl von Kennzahlen, durch die ein Problem mit n Einflussgrößen a_i^* und m Basisdimensionen beschrieben ist. Der allgemeine mathematische Zusammenhang laute dabei:

$$f(a_1^*, a_2^*, \ldots, a_n^*) = 0 \qquad (4\text{-}1)$$

Das Problem besitzt dann die dimensionslose Form:

$$F(\Pi_1, \Pi_2, \ldots, \Pi_{n-m}) = 0 \qquad (4\text{-}2)$$

wenn gilt:

- $f(\ldots)$ ist der einzige funktionale Zusammenhang zwischen den Einflussgrößen a_i^*,

- $f(\ldots)$ gilt unabhängig von den Einheiten, in denen die Einflussgrößen a_i^* angegeben sind.

Dabei stellen Π_i einen Satz von $(n-m)$ voneinander unabhängigen dimensionslosen Potenzprodukten der Einflussgrößen dar. Sie werden als *Kennzahlen* bezeichnet.

Alternativ zu dieser Darstellung existiert auch eine „strengere Formulierung". An die Stelle von m (Anzahl der Basisdimensionen) tritt dann der sog. *Rang der Dimensionsmatrix r* [1,2].

Ein wesentliches Element der Dimensionsanalyse ist die Identifizierung der sog. *Basisdimensionen*. Dazu werden alle in einem Problem auftretenden Dimensionen wie Länge, Zeit, Masse, Energie, Leistung, usw. in Basisdimensionen und abgeleitete Dimensionen, die Potenzprodukte der Basisdimensionen sind, aufgeteilt. Diese Aufteilung ist nicht etwa die Folge verborgener Naturgesetze, sondern hat Vereinbarungscharakter. So werden z. B. im Bereich der Thermodynamik die Länge (L), die Zeit (Z), die Masse (M) und die Temperatur (T) als Basisdimensionen eingeführt. Energie und Leistung sind dann Beispiele für abgeleitete Größen mit den Dimensionen ML^2Z^{-2} bzw. ML^2Z^{-3}. Sieben solcher Basisdimensionen reichen aus, um alle abgeleiteten Dimensionen zu bilden, die überhaupt in der Physik vorkommen.

Der entscheidende Schritt bei der Dimensionsanalyse ist die Aufstellung der Liste von Einflussgrößen eines Problems. Diese Aufstellung erfolgt jeweils problemspezifisch und stellt den ersten und für die Dimensionsanalyse wichtigsten Schritt zu einer mathematisch/physikalischen Modellbildung dar. Mit ihr ist aus Sicht der Dimensionsanalyse alles Weitere festgelegt.

Diese sog. *Relevanzliste eines Problems* kann nach dem „Fünf-Punkte-Programm R1–R5" zusammengestellt werden, s. Tab. 4.1. Die nach den Punkten R1–R5 aufgestellte Relevanzliste kann durch folgendes „Gedankenexperiment" daraufhin überprüft werden, ob die darin enthaltenen Größen relevante Einflussgrößen sind, bzw. ob die Relevanzliste vollständig ist.

---

[1] Szirtes T. (1998): *Applied Dimensional Analysis and Modelling*, McGraw-Hill, New York
[2] Kline, S. J. (1986): *Similitude and Approximation Theory*, Springer-Verlag, Berlin

Tabelle 4.1: „Fünf-Punkte-Programm" R1–R5 zur Aufstellung der Relevanzliste eines Problems

R1	Zielvariable:	gesuchte physikalische Größe
R2	Geometrievariable:	charakteristische geometrische Größe(n)
R3	Prozessvariable:	charakteristische Größe(n) für die Intensität des Prozesses
R4	Stoffwerte:	Stoffwerte, deren gedachte Veränderungen prozessrelevant sind
R5	Konstanten:	Konstanten aus physikalischen Gesetzen, die prozessrelevant sind

Man prüft dabei für die einzelnen Größen, ob eine gedachte Änderung dieser Größen Auswirkungen auf die Zielvariable hat, bzw. ob es andere, nicht in der Relevanzliste enthaltene Größen gibt, deren Variation relevante Auswirkungen auf die Zielvariable zur Folge hätte.

Unter Anwendung des Π-Theorems kann auf der Basis der Relevanzliste unmittelbar die Liste der Kennzahlen Π_i aufgestellt werden. Dieser Schritt kann streng formalisiert oder einfach durch probeweise Kombination von Einflussgrößen zu dimensionslosen Potenzprodukten durchgeführt werden. Die Anzahl der Kennzahlen ist bekanntlich $n - m$, es ist lediglich darauf zu achten, dass alle $n - m$ Kennzahlen unabhängig voneinander sind.

4.3 Anwendung des Π-Theorems auf Probleme der Wärmeübertragung

Wie zuvor ausgeführt, geht mit dem entscheidenden Schritt der Aufstellung einer Relevanzliste für eine konkrete Fragestellung eine physikalisch/mathematische Modellbildung einher. Wenn ein wärmetechnisches Problem dimensionsanalytisch behandelt werden soll, muss deshalb über das Problem zumindest ein so weitgehendes physikalisches Verständnis vorhanden sein, dass eindeutig entschieden werden kann, ob eine in Frage kommende Größe relevant für das Problem ist oder nicht. In diesem Sinne muss man im konkreten Fall z. B. entscheiden können, ob die Erdbeschleunigung einen Einfluss hat, oder ob die Oberflächenrauheit von Wänden eine Rolle spielt.

Nachdem die Relevanzliste für ein Problem aufgestellt worden ist, können die dimensionslosen Kennzahlen des Problems ohne Schwierigkeiten gefunden werden. Die scheinbare Willkür bei der Bestimmung der konkreten Kennzahlen erweist sich als obsolet, da sich zunächst unterschiedliche Sätze von dimensionslosen Kennzahlen, die aus einer gemeinsamen Relevanzliste hervorgegangen sind, als absolut gleichwertig erweisen. Es gelingt stets, einen zunächst „anderen" Satz von Kennzahlen durch Kombinationen der einzelnen Kennzahlen in die alternativ vorliegende Form zu bringen. Daher ist es auch vollkommen berechtigt, als Kennzahlen stets solche Kombinationen zu wählen (solange dies mit der konkreten Relevanzliste vereinbar ist), die bereits in der Literatur eingeführt und meist nach verdienten Forschern benannt worden sind.

Die nachfolgende Tabelle 4.2 enthält die Relevanzliste für eine komplexe Fragestellung bei Einphasenströmungen. Diese werden in Kap. 6 im Zusammenhang mit sog. konvektiven Wärmeübertragungsproblemen ausführlich behandelt. Da darin alle wesentlichen physikalischen Größen aufgenommen worden sind, die bei Wärmeübergängen in einphasigen Strömungen vorkommen können, wird implizit ein sehr komplexes physikalisch/mathematisches Modell als zur Beschreibung erforderlich unterstellt. In Spezialfällen werden sich einzelne Größen als irrelevant erweisen, was dann im Sinne eines vereinfachten Modells zu einer reduzierten Anzahl von Kennzahlen für dieses vereinfachte Problem führt. Die genauen Beschreibungen und ggf. Definitionen der einzelnen Größen folgen an späteren Stellen. Hier interessiert zunächst nur ihr Zusammenspiel im Sinne der Dimensionanalyse. Insbesondere die wichtige Größe λ^* als Wärmeleitfähigkeit eines Stoffes (Fluid oder Festkörper) wird hier zunächst nur als Maß dafür benutzt, wie „gut" ein Stoff Energie in Form eines Wärmestromes „transportieren" kann. Die genaue Definition erfolgt in Kap. 5, dort in (5-5).

Der Tabelle ist zu entnehmen, welche Kennzahlen in der physikalischen Situation eines einphasigen Wärmeüberganges üblicherweise vorkommen können. Liegt eine andere Situation vor, wie etwa bei Wärmeübergängen mit Phasenwechsel oder bei Wärmestrahlung, müssen entsprechend abgeänderte physikalisch/mathematische Modelle zugrunde gelegt werden, was dann zu anderen Relevanzlisten und in der Folge zu teilweise anderen dimensionslosen Kennzahlen führt.

Im konkreten Anwendungsfall werden die Wärmeübergänge an einer bestimmten Geometrie (Rohr, Kugel, ...) und für bestimmte thermische Randbedingungen ($T_W^* = \text{const}$, $\dot{q}_W^* = \text{const}$, ...) gesucht. Diese beiden Aspekte kommen gewissermaßen als Parameter in der bisher gewählten allgemeinen Betrachtung konvektiver Wärmeübergänge bei Einphasenströmungen hinzu. Deshalb soll die allgemeine Form einer Lösung solcher Probleme jetzt als

$$\boxed{\text{Nu} = \text{Nu}(x, k, \text{Re}, \text{Gr}, \text{Pr}, \text{Fr}, \text{Ec}, \text{Ma}, \text{Geometrie}, \text{thermische RB})} \qquad (4\text{-}3)$$

geschrieben werden. Wie diese Lösung genau aussieht, ist von Fall zu Fall verschieden und muss jeweils aufs Neue ermittelt werden. Die allgemeinen Abhängigkeiten werden aber durch die zuvor angestellten dimensionsanalytischen Betrachtungen beschrieben.

In Kap. 6 wird bei der Behandlung konvektiver Wärmeübergangsprobleme mehrfach auf diese Beziehung zurückgegriffen und gezeigt, welche hier noch vorhandenen Abhängigkeiten in bestimmten Spezialfällen vernachlässigt werden können.

4.4 Kennzahlen versus empirische Koeffizienten

Abschließend soll noch auf den Zusammenhang zwischen der Nußelt-Zahl Nu und dem vorher bereits eingeführten Wärmeübergangskoeffizienten α^*, (2-1) in Kap. 2.3, hingewiesen werden. Formal gilt mit λ^* als der Wärmeleitfähigkeit des Fluides und L^* als einer charakteristischen Länge der Geometrie des Problems

$$\text{Nu} = \alpha^* \frac{L^*}{\lambda^*} \qquad (4\text{-}4)$$

was aber nicht zu falschen Schlüssen verleiten sollte. Während α^* ein willkürlich, wenn auch physikalisch interpretierbares Verhältnis zweier Größen darstellt, ist Nu eine Kennzahl im Sinne der Dimensionsanalyse. Beides sind Größen, mit denen ein Wärmeübergang quantitativ beschrieben werden kann. Ihre Aussagekraft ist aber deutlich verschieden.

Angenommen, α^* sei für eine bestimmte Wärmeübertragungssituation zahlenmäßig bekannt (z. B. für die Wasserströmung in einem Rohr, was in Wärmeübertragern häufig vorkommt), so kann bei vorgegebener Temperaturdifferenz ΔT^* berechnet werden, welche Wandwärmestromdichte an der Rohrwand vorliegt. Dies ist aber im konkreten Fall nur für das vorhandene Rohr (Durchmesser D^*) und Wasser (Wärmeleitfähigkeit λ^*) möglich. Für einen anderen Rohrdurchmesser und für eine veränderte Wärmeleitfähigkeit bei Einsatz eines anderen Fluides müsste zunächst der dann gültige Zahlenwert für α^* ermittelt werden.

Wenn aber statt α^* die Nußelt-Zahl bekannt ist, so liegt damit eine deutlich erweiterte Information vor. Während α^* nur $\dot{q}_W^*$ und ΔT^* miteinander verknüpft, stellt Nu den Zusammenhang

Tabelle 4.2: Relevanzliste und daraus abgeleitete Kennzahlen für ein komplexes Problem im Zusammenhang mit einem einphasigen stationären konvektiven Wärmeübergang
Die (Ri)-Angaben in der rechten oberen Spalte beziehen sich auf das „Fünf-Punkte-Programm R1–R5" zur Aufstellung von Relevanzlisten.
[1]: statt der Dimensionen sind hier die zugehörigen Einheiten angegeben

Relevanzliste	1	Wandwärmestromdichte	$\dot{q}_W^*$	kg/s^3	(R1)
	2	Koordinate	x^*	m	(R2)
	3	charakteristische Körperabmessung	L^*	m	(R2)
	4	charakteristische Rauheitshöhe	k^*	m	(R2)
	5	charakteristische Geschwindigkeit	u^*	m/s	(R3)
	6	treibende Temperaturdifferenz	ΔT^*	K	(R3)
	7	Dichte	ρ^*	kg/m^3	(R4)
	8	isobarer thermischer Ausdehnungskoeffizient	β^*	1/K	(R4)
	9	dynamische Viskosität	η^*	kg/m s	(R4)
	10	molekulare Wärmeleitfähigkeit	λ^*	kg m/s^3 K	(R4)
	11	spezifische Wärmekapazität	c_p^*	m^2/s^2 K	(R4)
	12	Schallgeschwindigkeit	c_S^*	m/s	(R5)
	13	Erdbeschleunigung	g^*	m/s^2	(R5)

$$n = 13; \ m = 4 \ (\text{kg, m, s, K})^1 \quad \Rightarrow \quad 9 \ \text{Kennzahlen}$$

Kennzahlen	1	$\mathrm{Nu} = \dot{q}_W^* L^* / \lambda^* \Delta T^*$	Nußelt-Zahl
	2	$\mathrm{x} = x^*/L^*$	dimensionslose Lauflänge
	3	$k_S = k^*/L^*$	dimensionslose Rauheitshöhe
	4	$\mathrm{Re} = \rho^* u^* L^* / \eta^*$	Reynolds-Zahl
	5	$\mathrm{Gr} = \rho^{*2} g^* \beta^* \Delta T^* L^{*3} / \eta^{*2}$	Grashof-Zahl
	6	$\mathrm{Pr} = \eta^* c_p^* / \lambda^*$	Prandtl-Zahl
	7	$\mathrm{Fr} = u^* / \sqrt{g^* L^*}$	Froude-Zahl
	8	$\mathrm{Ec} = u^{*2} / c_p^* \Delta T^*$	Eckert-Zahl
	9	$\mathrm{Ma} = u^* / c_S^*$	Mach-Zahl

zwischen $\dot{q}_W^*$, ΔT^*, D^* und λ^* her. Für einen bekannten Wert von Nu kann deshalb die Wandwärmestromdichte $\dot{q}_W^*$ bei Vorgabe von ΔT^* für beliebige Werte von D^* und λ^* unmittelbar bestimmt werden. Dies setzt allerdings voraus, dass alle auftretenden physikalischen Situationen durch denselben Zahlenwert Nu beschrieben werden (was im hier gewählten Beispiel einer (laminaren) Rohrströmung) der Fall ist.

Ganz generell ist mit der Kenntnis der Kennzahlen ein höherer „Informationsgehalt" verbunden als mit empirischen Koeffizienten, die in den Kennzahlen enthalten sind.

4.5 Untersuchungen im Modellmaßstab

Prinzipiell können physikalisch motivierte Fragestellungen statt „in der Realität" auch an verkleinerten oder vergrößerten Modellen der zu untersuchenden physikalischen Situation vorgenommen werden. Dazu ist sicherzustellen, dass eine geometrische Ähnlichkeit der Systeme besteht, dass gleiche Anfangs- und Randbedingungen vorliegen und dass alle in dem Problem auftretenden dimensionslosen Kennzahlen in der Originalsituation und in der Modell-Realisierung jeweils denselben Zahlenwert besitzen.

Wenn viele dimensionslose Kennzahlen auftreten, ist dies aber u.U. nur schwer zu verwirklichen, wenn im Original und im Modell dasselbe Fluid verwendet werden soll. Als zusätzliche Schwierigkeit tritt auf, dass bei einer starken Veränderung der geometrischen Abmessungen zwischen dem Original und dem Modell zusätzliche Effekte auftreten können. Beide Aspekte (die sog. *partielle Ähnlichkeit* und die sog. *Skalierungseffekte*) führen dazu, dass Modelluntersuchungen im Bereich der Wärmeübertragung eine deutlich geringere Bedeutung besitzen, als dies z.B. im Bereich der Strömungsmechanik der Fall ist.

Teil B

Leitungsbasierter Wärmeübergang

Im Teil B dieses Buches wird der leitungsbasierte Wärmeübergang behandelt. Wärmeleitung ist der entscheidende physikalische Mechanismus des Energietransportes in Form von Wärme, sowohl bei der reinen Wärmeleitung als auch bei dem konvektiven Wärmeübergang und dem Zweiphasen-Wärmeübergang. Diese drei „klassischen" Wärmeübergangssituationen werden in drei einzelnen Kapiteln ausführlich behandelt. Es werden jeweils die physikalischen Vorgänge beschrieben sowie die relevanten Berechnungsgleichungen hergeleitet. Die Inhalte der einzelnen Kapitel werden jeweils am Ende durch illustrierende Beispiele veranschaulicht. Den Abschluss dieses Teils B bildet der Vergleich der drei unterschiedlichen leitungsbasierten Wärmeübergangssituationen.

5 Wärmeleitung

Dieser Energietransport in Form von Wärme liegt (als alleiniger Mechanismus) in einem ruhenden Stoff vor, wenn dort Temperaturunterschiede vorhanden sind. Er stellt einen grundlegenden Transportmechanismus dar, der in fast allen wärmetechnischen Problemen zumindest als Teilaspekt auftritt und deshalb hier als erstes ausführlich behandelt werden soll. Die Erfahrung zeigt, dass dabei ein Wärmestrom in Richtung abnehmender Temperatur auftritt. Mit Hilfe des zweiten Hauptsatzes der Thermodynamik lässt sich zeigen, dass dies eine Folge der bisher unwiderlegten generellen Aussage ist, dass Entropie nicht vernichtet werden kann.

Die Bilanzen unter Berücksichtigung der thermodynamischen Hauptsätze ($\rightarrow$ Gleichgewichts-Thermodynamik) gestatten allerdings keine Aussage darüber, wie groß ein Wärmestrom ist, wenn ein bestimmtes Temperaturgefälle vorliegt. Dazu bedarf es einer Ergänzung der thermodynamischen Energiebilanz, die in diesem Kapitel als sog. konstitutive Gleichung eingeführt wird.

5.1 Energiebilanz

Die thermodynamische Bilanz der Energie für ein Kontrollvolumen $\mathrm{d}V^*$ (erster Hauptsatz für geschlossene Systeme) in einem nicht-isothermen Feld, in dem also Temperaturgradienten und als Folge davon Wärmeströme vorhanden sind, lautet[1]

$$\frac{\mathrm{d}E^*}{\mathrm{d}\tau^*} = \dot{Q}^* + P^* \tag{5-1}$$

Dabei ist E^* die Gesamtenergie innerhalb der Systemgrenze, die sich als $\mathrm{d}E^*/\mathrm{d}\tau^*$ mit der Zeit τ^* verändert, wenn Energie in Form eines Wärmestromes $\dot{Q}^*$ und/oder in Form einer mechanischen Leistung P^* zwischen dem Kontrollvolumen $\mathrm{d}V^*$ und einem zweiten System (z. B. der Umgebung) übertragen wird.

Im betrachteten Fall der reinen Wärmeleitung ist keine Leistung P^* vorhanden, so dass es ausreicht, die innere Energie als Teilenergie zu bilanzieren, die sich nur infolge eines Wärmestromes in das oder aus dem Kontrollvolumen verändert. Dieser Wärmestrom fließt über die Kontrollvolumen-Oberfläche $\mathrm{d}A^*$, wenn als Kontrollvolumen jetzt ein infinitesimales Volumen $\mathrm{d}V^*$ betrachtet wird (s. dazu Bild 5.1). Damit gilt mit dem Wärmestromdichte-Vektor $\vec{q}^*$ und dem Flächennormalen-Vektor $\vec{n}$ jetzt

$$\dot{Q}^* = -\int \vec{q}^* \, \vec{n} \, \mathrm{d}A^* \tag{5-2}$$

Das Minuszeichen berücksichtigt, dass der Flächennormalen-Vektor per Definition nach außen weist, ein in Form von Wärme zugeführter Energiestrom, der diesem Vektor entgegen gerichtet ist, aber per Definition positiv zählt. Mit Hilfe des mathematischen Satzes von Gauss kann

---

[1] siehe z. B. Herwig, H.; Kautz, C.; Moschallski, A. (2016): *Technische Thermodynamik*, 2. Auflage, Springer Vieweg, Wiesbaden

© Springer Fachmedien Wiesbaden GmbH, ein Teil von Springer Nature 2019
H. Herwig und A. Moschallski, *Wärmeübertragung*,
https://doi.org/10.1007/978-3-658-26401-7_5

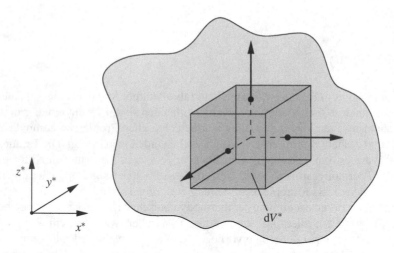

Bild 5.1: Volumenelement dV^* mit Flächennormalen (hier: kartesische Koordinaten)

ein Oberflächenintegral als Volumenintegral geschrieben werden, so dass für ein infinitesimales Volumenelement dV^* gilt[1]

$$\vec{q}^* \, \vec{n} \, dA^* = \operatorname{div} \vec{q}^* \, dV^* \tag{5-3}$$

Aus (5-1) mit $P^* = 0$ und E^* als innerer Energie sowie (5-3) folgt dann für eine infinitesimale, jetzt als ∂T^* anstelle von dT^* geschriebene Temperaturänderung ∂T^* mit $\partial E^* = c^* \, dm^* \, \partial T^*$ als Änderung der inneren Energie (c^*: spezifische Wärmekapazität) und mit $dm^* = \rho^* \, dV^*$, nachdem dV^* auf beiden Seiten „herausgekürzt" wurde

$$\boxed{\rho^* c^* \frac{\partial T^*}{\partial \tau^*} = - \operatorname{div} \vec{q}^*} \tag{5-4}$$

Die Divergenz des Vektorfeldes $\vec{q}^*$ als seine „Ergiebigkeit" gibt an, um welchen Betrag sich in Form von Wärme ein- und ausströmende Energien unterscheiden. Diese Differenz führt dann (je nach Vorzeichen) zu einer Erhöhung bzw. Absenkung der Temperatur im Kontrollvolumen-Element, wie die linke Seite von (5-4) zeigt. Solange das Kontrollvolumen als (infinitesimal) klein angesehen werden kann, liegt darin eine räumlich konstante Temperatur $T^*(\tau^*)$ vor und es könnte $dT^*/d\tau^*$ als gewöhnliche Ableitung geschrieben werden. Für endlich große Kontrollräume muss aber auf die partielle Ableitung $\partial T^*/\partial \tau^*$ übergegangen werden, s. (5-6).

Die Energiebilanzgleichung (5-4) enthält noch *zwei* unbekannte Größen (T^* und $\vec{q}^*$) und kann deshalb zunächst nicht gelöst werden. Eine solche Situation ist typisch und kommt auch bei der Aufstellung anderer Bilanzen (z. B. für den Impuls) immer dann vor, wenn sog. Transportströme in einer Bilanz auftreten. Es werden dann zusätzliche Gleichungen benötigt, die als *konstitutive Gleichungen* bezeichnet werden. Sie beschreiben das Stoffverhalten bezüglich des betrachteten Transportvorganges (hier: Wärmeleitung).

---

[1]   Die anschauliche Bedeutung des „Satzes von Gauss" besagt im vorliegenden Fall, dass die Energie, die sich im Volumen dV^* ansammelt (dies ist $\operatorname{div} \vec{q}^* \, dV^*$), dem „Netto"-Fluss durch die umgebende Oberfläche entspricht (dies ist $\vec{q}^* \, \vec{n} \, dA^*$, berücksichtigt also ein- und ausfließende Wärmeströme im Sinne eines Netto-Flusses).

5.2 Fourier-Ansatz als konstitutive Gleichung

Eine konstitutive Gleichung als Ergänzung der Energiebilanz (5-4) muss einen Zusammenhang zwischen der Wärmestromdichte $\vec{q}^*$ und der Temperatur T^* herstellen. Dieser Zusammenhang folgt aus keiner Bilanz, sondern muss der Physik der Wärmeleitung „entnommen" werden. Die gesuchte Beziehung könnte aus der Kenntnis der molekularen, mikroskopischen Wechselwirkungen und deren Folgen für die Wärmeleitung abgeleitet werden oder aber aus experimentellen Beobachtungen der makroskopischen Größen $\vec{q}^*$ und T^* gefolgert werden. Für letzteres Vorgehen wird man einen bestimmten sinnvollen Ansatz formulieren und anschließend nachprüfen, ob dieser Ansatz zumindest für eine Reihe von Fällen die Verhältnisse in guter Näherung beschreibt. Da $\vec{q}^*$ offensichtlich nur auftritt, wenn Temperatur*gradienten* vorhanden sind, liegt ein Ansatz als $\vec{q}^* \sim \operatorname{grad} T^*$ nahe. Ein solcher Ansatz ist mit dem Namen *Jean Baptiste Joseph Fourier* verbunden und wird als Fourier-Ansatz für die lokale Wärmestromdichte bezeichnet. Dieser Ansatz lautet

$$\boxed{\vec{q}^* = -\lambda^* \operatorname{grad} T^*} \tag{5-5}$$

Dabei ist mit λ^* eine stoffspezifische sog. *Wärmeleitfähigkeit* mit der Einheit W/m K eingeführt worden. Das Minuszeichen berücksichtigt, dass der Wärmestromdichte-Vektor stets in Richtung abnehmender Temperatur weist und damit dann λ^* einen positiven Zahlenwert besitzt.

Prinzipiell ist λ^* eine Funktion der Temperatur und in geringem Maße auch des Druckes. Häufig werden diese Abhängigkeiten aber vernachlässigt. Dann ist λ^* für einen bestimmten Stoff ein konstanter (ggf. gemittelter) Zahlenwert.

Die vektorielle Gleichung (5-5) umfasst drei Komponenten-Gleichungen, die in unterschiedlichen Koordinatensystemen angegeben werden können. In Tab. 5.1 sind diese Gleichungen für drei gängige Koordinatensysteme zusammengestellt.

Ob der Ansatz (5-5) sinnvoll ist, kann nur im Vergleich mit $\vec{q}^*$, T^*-Messwerten aus entsprechenden Experimenten entschieden werden. Dabei zeigt sich, dass (5-5) das Wärmeleitungsverhalten in fast allen Situationen, d. h. für die verschiedensten Stoffe und für sehr unterschiedlich große Temperaturgradienten, sehr genau beschreibt. Es gibt nur wenige Ausnahmen, in denen der Ansatz (5-5) unzureichend ist. Die dann vorliegende Art der Wärmeleitung wird als *Nicht-Fouriersche Wärmeleitung* bezeichnet (s. dazu das ILLUSTRIERENDE BEISPIEL 5.3).

Tabelle 5.1: Komponenten-Gleichungen von (5-5) in drei gängigen Koordinatensystemen

---

Kartesische Koordinaten (x^*, y^*, z^*):

$$\dot{q}_x^* = -\lambda^* \frac{\partial T^*}{\partial x^*}; \quad \dot{q}_y^* = -\lambda^* \frac{\partial T^*}{\partial y^*}; \quad \dot{q}_z^* = -\lambda^* \frac{\partial T^*}{\partial z^*}$$

Zylinderkoordinaten (z^*, r^*, φ):

$$\dot{q}_z^* = -\lambda^* \frac{\partial T^*}{\partial z^*}; \quad \dot{q}_r^* = -\lambda^* \frac{\partial T^*}{\partial r^*}; \quad \dot{q}_\varphi^* = -\lambda^* \frac{1}{r^*} \frac{\partial T^*}{\partial \varphi}$$

Kugelkoordinaten $(r^*, \varphi, \vartheta)$:

$$\dot{q}_r^* = -\lambda^* \frac{\partial T^*}{\partial r^*}; \quad \dot{q}_\varphi^* = -\lambda^* \frac{1}{r^*} \frac{\partial T^*}{\partial \varphi}; \quad \dot{q}_\vartheta^* = -\lambda^* \frac{1}{r^* \sin\varphi} \frac{\partial T^*}{\partial \vartheta}$$

Eine genaue Betrachtung der physikalischen Gesamtsituation zeigt, dass verschiedene Felder (Temperaturfeld, Konzentrationsfeld, elektrisches Feld, ...) sich gegenseitig, wenn auch nur schwach, beeinflussen. Damit entstehen sog. *Kopplungseffekte*, wie z. B. ein Thermodiffusions- und ein Diffusionsthermoeffekt. Diese können in speziellen Situationen von Bedeutung sein. Zum Beispiel beruht das Messprinzip des Thermoelementes (s. Kap. 13.1.1) auf einem Kopplungseffekt zwischen dem Temperatur- und dem elektrischen Feld.

Bisweilen wird im Zusammenhang mit (5-5) von einem Wärmeleitungs*gesetz* gesprochen. Dies ist jedoch irreführend, da es sich lediglich um einen (wenn auch sehr guten) „Ansatz" im Sinne einer konstitutiven Gleichung handelt.

Wenn der Fourier-Ansatz (5-5) in die allgemeine Bilanz für die innere Energie (5-4) eingesetzt wird, ergibt sich die sog. *Wärmeleitungsgleichung*. Sie stellt eine Differentialgleichung zur Bestimmung des Temperaturfeldes dar und lautet

$$\boxed{\frac{\partial T^*}{\partial \tau^*} = a^* \nabla^2 T^*} \tag{5-6}$$

Der Operator $\nabla^2 \ldots = \mathrm{div\,grad}\ldots$ ist der sog. Laplace-Operator und lautet in kartesischen Koordinaten $\nabla^2 \ldots = \partial^2 \ldots / \partial x^{*2} + \partial^2 \ldots / \partial y^{*2} + \partial^2 \ldots / \partial z^{*2}$. In diesen Koordinaten kann also $T^* = T^*(\tau^*, x^*, y^*, z^*)$ durch die Lösung der Wärmeleitungsgleichung (5-6) bestimmt werden. Tab. 5.2 zeigt die Wärmeleitungsgleichung zusätzlich in Zylinder- und Kugelkoordinaten. Da Gleichung (5-6) auf endlich große Kontrollräume angewandt werden soll, muss jetzt auch die Zeitableitung als partielle Ableitung $\partial T^* / \partial \tau^*$ geschrieben werden (vgl. dazu (5-4)). Diese Gleichung vernachlässigt noch mögliche *Wärmequellen*, die im System vorhanden sein könnten, z. B. wenn exotherme chemische Reaktionen für die Freisetzung von innerer Energie sorgen, oder die Dissipation mechanischer Energie berücksichtigt werden soll (diese tritt als Wärmequelle auf, weil nicht die Gesamtenergie, sondern nur die innere Energie bilanziert wird).

Mit der Größe $a^* = \lambda^*/(\rho^* c^*)$ ist die sog. *Temperaturleitfähigkeit* eingeführt worden. Dieser Name hat sich eingebürgert, obwohl die Temperatur eine skalare Größe ist und kein Vektor, also

Tabelle 5.2: Umsetzung der vektoriellen Wärmeleitungsgleichung (5-6) in drei gängige Koordinaten-Systeme

$$\frac{\partial T^*}{\partial \tau^*} = a^* \nabla^2 T^*$$

Kartesische Koordinaten (x^*, y^*, z^*):

$$\frac{\partial T^*}{\partial \tau^*} = a^* \left[\frac{\partial^2 T^*}{\partial x^{*2}} + \frac{\partial^2 T^*}{\partial y^{*2}} + \frac{\partial^2 T^*}{\partial z^{*2}} \right]$$

Zylinderkoordinaten (z^*, r^*, φ):

$$\frac{\partial T^*}{\partial \tau^*} = a^* \left[\frac{1}{r^*} \frac{\partial}{\partial r^*} \left(r^* \frac{\partial T^*}{\partial r^*} \right) + \frac{1}{r^{*2}} \frac{\partial^2 T^*}{\partial \varphi^2} + \frac{\partial^2 T^*}{\partial z^{*2}} \right]$$

Kugelkoordinaten $(r^*, \varphi, \vartheta)$:

$$\frac{\partial T^*}{\partial \tau^*} = a^* \left[\frac{1}{r^{*2}} \frac{\partial}{\partial r^*} \left(r^{*2} \frac{\partial T^*}{\partial r^*} \right) + \frac{1}{r^{*2} \sin \vartheta} \frac{\partial}{\partial \vartheta} \left(\sin \vartheta \frac{\partial T^*}{\partial \vartheta} \right) + \frac{1}{r^{*2} \sin^2 \vartheta} \frac{\partial^2 T^*}{\partial \varphi^2} \right]$$

keine gerichtete Größe darstellt.

Tab. 5.3 zeigt einige Zahlenwerte von a^* und λ^* für verschiedene Stoffe bei $t^* = 20\,°C$ und $p^* = 1\,bar$. Während die Druckabhängigkeit von λ^* äußerst gering ist, kann bei einigen Stoffen eine deutliche Temperaturabhängigkeit vorliegen, die u. U. berücksichtigt werden muss.

5.3 Stationäre, eindimensionale Wärmeleitung

Im stationären Fall gilt $\partial T^*/\partial \tau^* = 0$ und (5-6) vereinfacht sich zu $\nabla^2 T^* = 0$. Tab. 5.4 zeigt den sich daraus ergebenden Temperaturverlauf in ebenen, zylindrischen und kugelförmigen Wänden endlicher Wandstärken s^* für die eindimensionale Wärmeleitung. Aus den in Tab. 5.4 ebenfalls aufgeführten Wärmeleitungsgleichungen für diesen Fall folgen unmittelbar die eingezeichneten Temperaturprofile, wenn die thermischen Randbedingungen $T^* = T^*_{W1}$ und $T^* = T^*_{W2}$ an der Innen- bzw. Außenwand entsprechend berücksichtigt werden. Als wesentlicher Effekt bei gekrümmten Wänden tritt die Vergrößerung der Übertragungsfläche für wachsende Radien r^* auf. Da der insgesamt übertragene Wärmestrom auf der Innen- und Außenwand derselbe ist, führt dies zu einer Verringerung der Wandwärmestrom*dichte* zwischen der Innen- und der Außenseite der Wand und damit zu verminderten Temperaturgradienten außen im Vergleich zu innen.

Wenn ein Wärmestrom $\dot{Q}^*$ durch eine Wand endlicher Dicke geleitet werden soll, so ist dafür eine Temperaturdifferenz ΔT^* zwischen den beiden gegenüberliegenden Oberflächen erforderlich. Die Wand stellt damit einen thermischen Widerstand dar, der analog zum Wärmeübergangswiderstand R^*_α in (2-2) als *Wärmeleitwiderstand*

$$R^*_\lambda = \frac{\Delta T^*}{\dot{q}^* A^*} = \frac{\Delta T^*}{\dot{Q}^*} \tag{5-7}$$

eingeführt werden kann. Anders als beim Wärme*übergang*, bei dem nur *eine* Fläche für die Wärmeübertragung maßgeblich ist, treten bei der Wärmeleitung durch Wände *zwei* (Ober-)Flächen auf, zwischen denen die Wärmeübertragung stattfindet. Aus diesem Grund müssen in der vorliegenden Situation die unterschiedlichen Wandgeometrien berücksichtigt werden.

Für den ebenen Fall gilt $\dot{q}^* = -\lambda^* (dT^*/dx^*) = \lambda^* \Delta T^*/s^*$ mit s^* als Wandstärke und ΔT^* als treibender Temperaturdifferenz . Damit folgt aus (5-7) für die ebene Wand (Index: EW) mit $\dot{Q}^* = \dot{q}^* A^*$

$$R^*_{\lambda,\text{EW}} = \frac{\Delta T^*}{\dot{Q}^*} = \frac{s^*}{\lambda^* A^*}. \tag{5-8}$$

Eine analoge Beziehung für den Hohlzylinder (Index: HZ) der Länge L^* mit dem Innenradius r^*_i und dem Außenradius r^*_a ergibt mit $dr^*/(A^* \lambda^*) = dr^*/(2\pi L^* r^* \lambda^*)$

Tabelle 5.3: Typische Zahlenwerte der Wärme- und Temperaturleitfähigkeit einiger ausgewählter Stoffe; $t^* = 20°C$, $p^* = 1\,bar$

Festkörper	λ^* in W/m K	a^* in m²/s	Fluide	λ^*in W/m K	a^* in m²/s
Aluminium	238	$93{,}4 \cdot 10^{-6}$	Luft	0,026	$21{,}47 \cdot 10^{-6}$
Kupfer	372	$107 \cdot 10^{-6}$	Helium	0,153	$180{,}5 \cdot 10^{-6}$
Kork	0,041	$0{,}11 \cdot 10^{-6}$	Wasser	0,598	$0{,}1433 \cdot 10^{-6}$
Stahl, niedriglegiert	54	$15{,}2 \cdot 10^{-6}$			
Stahl, hochlegiert	15	$3{,}8 \cdot 10^{-6}$			

Tabelle 5.4: Stationäre, eindimensionale Wärmeleitung durch ebene und gekrümmte Wände ($\lambda^* = \text{const}$)

$\nabla^2 T^* = 0$; $\quad \dot{q}_{W1}^* A_1^* = \dot{q}_{W2}^* A_2^*$; $\quad A_1^*, A_2^*$: Flächen zwischen den unterbrochenen Begrenzungslinien		
Kartesische Koordinaten	Zylinderkoordinaten	Kugelkoordinaten
$\dfrac{d^2 T^*}{dx^{*2}} = 0$	$\dfrac{d}{dr^*}\left(r^* \dfrac{dT^*}{dr^*} \right) = 0$	$\dfrac{d}{dr^*}\left(r^{*2} \dfrac{dT^*}{dr^*} \right) = 0$
$\dfrac{A_1^*}{A_2^*} = 1 \Rightarrow \dfrac{\dot{q}_{W1}^*}{\dot{q}_{W2}^*} = 1$	$\dfrac{A_1^*}{A_2^*} = \dfrac{r_1^*}{r_2^*} \Rightarrow \dfrac{\dot{q}_{W1}^*}{\dot{q}_{W2}^*} = \dfrac{r_2^*}{r_1^*}$	$\dfrac{A_1^*}{A_2^*} = \dfrac{r_1^{*2}}{r_2^{*2}} \Rightarrow \dfrac{\dot{q}_{W1}^*}{\dot{q}_{W2}^*} = \dfrac{r_2^{*2}}{r_1^{*2}}$
$\dfrac{T_{W1}^* - T^*}{T_{W1}^* - T_{W2}^*} = \dfrac{x^* - x_1^*}{x_2^* - x_1^*}$	$\dfrac{T_{W1}^* - T^*}{T_{W1}^* - T_{W2}^*} = \dfrac{\ln(r^*/r_1^*)}{\ln(r_2^*/r_1^*)}$	$\dfrac{T_{W1}^* - T^*}{T_{W1}^* - T_{W2}^*} = \dfrac{1 - (r_1^*/r^*)}{1 - (r_1^*/r_2^*)}$

$$R_{\lambda,\text{HZ}}^* = \frac{\Delta T^*}{\dot{Q}^*} = \frac{1}{2\pi L^* \lambda^*} \ln \frac{r_a^*}{r_i^*} \tag{5-9}$$

Für die Hohlkugel (Index: HK) mit dem Innenradius r_i^* und dem Außenradius r_a^* lautet die Beziehung unter Verwendung von $dr^*/(A^* \lambda^*) = dr^*/(4\pi r^{*2} \lambda^*)$

$$R_{\lambda,\text{HK}}^* = \frac{\Delta T^*}{\dot{Q}^*} = \frac{1}{4\pi \lambda^*} \left(-\frac{1}{r_a^*} + \frac{1}{r_i^*} \right) \tag{5-10}$$

Wenn mehrere Wände mit unterschiedlichen Wärmeleitfähigkeiten λ_j^*, wie in Bild 5.2(a) gezeigt, zu einer mehrschichtigen Wand hintereinander geschaltet werden, ergibt sich analog zu der Reihenschaltung von Widerständen in der Elektrotechnik eine Reihenschaltung (RS) der Wärmeleitwiderstände. Damit wird der gesamte Wärmeleitwiderstand zu

$$R_{\lambda,\text{RS}}^* = \sum_j R_{\lambda,j}^* \tag{5-11}$$

Wenn eine Wand einer bestimmten Wandstärke aus verschiedenen, parallel angeordneten Materialien mit unterschiedlichen Wärmeleitfähigkeiten besteht (s. Bild 5.2(b)), so ergibt sich analog zu der Parallelschaltung von Widerständen in der Elektrotechnik eine Parallelschaltung (PS) der

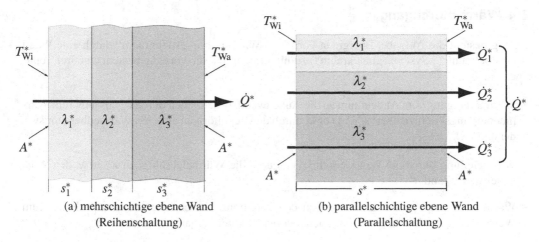

(a) mehrschichtige ebene Wand
(Reihenschaltung)

(b) parallelschichtige ebene Wand
(Parallelschaltung)

Bild 5.2: Wärmeleitung durch inhomogen aufgebaute ebene Wände

Wärmeleitwiderstände. Damit wird der gesamte Wärmeleitwiderstand zu

$$R_{\lambda,\text{PS}}^* = \frac{1}{\sum_j \frac{1}{R_{\lambda,j}^*}} \tag{5-12}$$

Der Gesamtwärmestrom $\dot{Q}^*$ ist dabei die Summe der drei Teilwärmeströme $\dot{Q}_j^*$.

Beispielhaft ist der Temperaturverlauf in einer ebenen, dreischichtigen Wand in Bild 5.3 dargestellt, vgl. Bild 5.2(a). Der Wärmestrom zwischen den unterbrochenen waagerechten Linien ist im stationären Fall konstant. Damit ist die Wärmestromdichte in allen drei Schichten dieselbe. Wenn aber λ_i^* von Schicht zu Schicht variiert, so muss der Temperaturgradient gemäß (5-5) in den einzelnen Schichten ebenfalls verschieden sein.

Es ist unmittelbar erkennbar, dass der Temperaturgradient umso größer ist, je kleiner der Wert der zugehörigen Wärmeleitfähigkeit der Wand ausfällt.

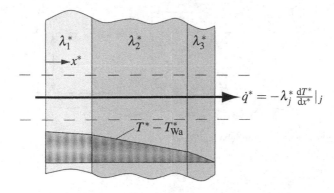

Bild 5.3: Wärmestrom durch eine ebene, dreischichtige Wand; hier: $\lambda_1^* > \lambda_2^* > \lambda_3^*$

5.4 Wärmedurchgang

Häufig besteht die Aufgabe, Energie in Form von Wärme vom „Außenraum" durch eine Wand in das betrachtete System („Innenraum") zu übertragen. Dieser Vorgang besteht aus drei Teilaspekten:

- Wärmeübergang vom Außenraum an die Außenwand, beschrieben durch α_a^* als äußerem Wärmeübergangskoeffizienten[1] s. (2.1) bzw. durch den zugehörigen äußeren Wärmeübergangswiderstand $R_{\alpha a}^* = \frac{1}{\alpha_a^* A_a^*}$,

- Wärmeleitung durch die Wand, beschrieben durch die Wärmeleitfähigkeit λ^* bzw. den Wärmeleitwiderstand R_λ^*,

- Wärmeübergang von der Innenwand an den Innenraum, beschrieben durch α_i^* als innerem Wärmeübergangskoeffizienten bzw. den inneren Wärmeübergangswiderstand $R_{\alpha i}^* = \frac{1}{\alpha_i^* A_i^*}$.

Der gesamte Vorgang wird anschaulich als *Wärmedurchgang* bezeichnet. Als *Wärmedurchgangskoeffizient* k^* wird analog zu (2-1) definiert

$$k^* \equiv \frac{\dot{q}^*}{\Delta T^*} \tag{5-13}$$

mit $\Delta T^* = T_a^* - T_i^*$ als treibender Temperaturdifferenz zwischen dem Außen- und dem Innenraum. Bild 5.4 verdeutlicht die Verhältnisse an einer ebenen Wand. Die Wärmeübergangskoeffizienten α_i^* und α_a^* beschreiben den Wärmeübergang in den Wandgrenzschichten (erzwungene oder natürliche Konvektion).

Wenn (5-13) auch auf gekrümmte Wände angewandt werden soll, muss beachtet werden, dass die Wandwärmestromdichte $\dot{q}_W^*$ innen und außen verschiedene Werte annimmt. Deshalb sollte $k_j^* = \dot{q}_{Wj}^*/\Delta T^*$ geschrieben werden. Der Index j=a oder i weist dann darauf hin, mit welchem $\dot{q}_W^*$, d.h. $\dot{q}_{Wa}^*$ oder $\dot{q}_{Wi}^*$, der k^*-Wert gebildet worden ist.

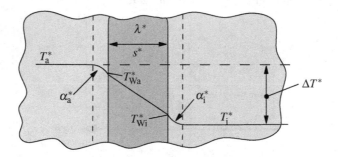

Bild 5.4: Wärmedurchgang an einer ebenen Wand

---

[1] Hierbei werden α_a^* und α_i^* als bekannt unterstellt. Ihr physikalischer Hintergrund wird in Kap. 6 deutlich werden.

Für den *Wärmedurchgangswiderstand* R_k^* gilt

$$R_k^* \equiv \frac{\Delta T^*}{\dot{Q}^*} = R_{\alpha a}^* + R_\lambda^* + R_{\alpha i}^* = \frac{1}{\alpha_a^* A_a^*} + R_\lambda^* + \frac{1}{\alpha_i^* A_i^*} = \frac{1}{k_j^* A_j^*} \tag{5-14}$$

d. h., die drei Einzelwiderstände addieren sich zum Gesamtwiderstand des Wärmedurchganges.

Die Indizierung bei k_j^* und A_j^* weist wieder darauf hin, dass bei gekrümmten Wänden sowohl die Innen- als auch die Außenwand gewählt werden kann und davon der Zahlenwert von k_j^* abhängt.

Während im Zusammenhang mit dem Wärmeübergangskoeffizienten α^* eine dimensionslose Kennzahl $Nu = \alpha^* L^*/\lambda^*$, vgl (4-4), existiert, ist dies für den Wärmedurchgangskoeffizienten k^* nicht der Fall. Dies ist Ausdruck der Tatsache, dass der Wärmedurchgang kein physikalischer Vorgang ist, der mit *einer* charakteristischen Länge beschrieben werden könnte, die dann in einer entsprechenden Kennzahl auftreten würde. Vielmehr handelt es sich um eine willkürliche Kombination von drei Effekten, wobei jeder zwar für sich in dimensionsloser Form beschrieben werden kann, deren Kombination ist aber nicht in *einer* Kennzahl darstellbar.

5.5 Instationäre Wärmeleitung, Einfluss der Biot-Zahl

Häufig interessiert die Frage, wie schnell sich ein Körper erwärmt oder abkühlt und welche Temperaturverteilung dabei als Funktion des Ortes und der Zeit auftritt. Dabei ist ganz offensichtlich entscheidend, wie viel Energie in Form von Wärme in den Körper (oder aus dem Körper) gelangt, und wie sich diese Energie durch Wärmeleitung im Körper verteilt. Für den ersten Aspekt ist der Wärmeübergang zwischen dem Körper und der Umgebung, ausgedrückt durch den Wärmeübergangskoeffizienten α^*, s. dazu (2-1), maßgeblich. Für den zweiten Aspekt kommt es auf die Wärmeleitung und die Energiespeicherung im Körper an, ausgedrückt durch die Temperaturleitfähigkeit des Körpers $a^* = \lambda^*/c^* \rho^*$, der hier als homogen unterstellt wird.

An dieser Stelle wird der Wärmeübergangskoeffizient α^* als pauschales Maß für den Wärmeübergang zwischen dem Körper und der Umgebung verwendet. Die physikalischen Vorgänge im Zusammenhang mit α^* werden im nachfolgenden Kap. 6 ausführlich erläutert.

Betrachtet man dieses Problem aus dimensionsanalytischer Sicht, so ergibt sich das in Tab. 5.5 gezeigte Ergebnis, das analog zur Vorgehensweise in Kap. 4.3, dort Tab. 4.2, entstanden ist. Danach ergibt sich in dimensionsloser Darstellung folgende allgemeine Form des Temperaturfeldes in einem Körper, der zu einem bestimmten Zeitpunkt $\tau_0^* = 0$ einer Umgebung ausgesetzt wird, die eine um $T_\infty^* - T_0^*$ vom Körper verschiedene Temperatur besitzt (T_0^*: Körpertemperatur für $\tau^* < \tau_0^*$; T_∞^*: Umgebungstemperatur in größerer Entfernung vom Körper)

$$\Theta = \Theta(x, y, z, \tau, Bi) \tag{5-15}$$

Als Parameter des Problems tritt die sog. *Biot-Zahl* auf, die im Wesentlichen das Verhältnis aus der Qualität des Wärmeüberganges zwischen dem Körper und der Umgebung und der Qualität der Wärmeleitung im Körper selbst beschreibt. Die dimensionslose Zeit wird bisweilen auch als sog. *Fourier-Zahl* Fo eingeführt. Sie besitzt als (Zeit-)Koordinate aber einen anderen Charakter als die sonstigen dimensionslosen Kennzahlen. Deshalb wird hier dem Symbol τ der Vorzug gegeben.

Von besonderem Interesse sind die Grenzwerte großer und kleiner Biot-Zahlen. Die Physik dieser Grenzfälle lässt sich besonders anschaulich interpretieren, wenn die Biot-Zahl mit Hilfe

Tabelle 5.5: Relevanzliste und daraus abgeleitete Kennzahlen für instationäre Wärmeleitungsprobleme
(Ri)-Angaben wie in Tab. 4.2

	1	gesuchte Temperaturdifferenz	$T^* - T_0^*$	K	(R1)
	2	anfängliche Temperaturdifferenz zwischen Umgebung und Körper	$T_\infty^* - T_0^*$	K	(R3)
Relevanzliste	3-5	Lage im Körper	x^*, y^*, z^*	K	(R2)
	6	Zeit nach Beginn der Wärmeübertragung	τ^*	s	(R2)
	7	charakteristisches Körpermaß	L^*	m	(R2)
	8	Wärmeübergangskoeffizient	α^*	kg/s³K	(R3)
	9	Wärmeleitfähigkeit des Körpers	λ_K^*	kgm/s³K	(R4)
	10	Temperaturleitfähigkeit des Körpers	a^*	m²/s	(R4)

$$n = 10; \; m = 4 \text{ (kg, m, s, K)} \quad \Rightarrow \quad 6 \text{ Kennzahlen}$$

Kennzahlen	1	$\Theta = (T^* - T_0^*)/(T_\infty^* - T_0^*)$	dimensionslose Temperatur
	2-4	$x = x^*/L^*, \; y = y^*/L^*, \; z = z^*/L^*$	dimensionslose Lagebeschreibung
	5	$\tau = \tau^*/(L^{*2}/a^*)$	dimensionslose Zeit (Fourier-Zahl Fo)
	6	$\text{Bi} = \alpha^* L^*/\lambda_K^*$	Biot-Zahl

der Nußelt-Zahl $\text{Nu} = \dot{q}_W^* L^*/\lambda_F^* \Delta T^* = \alpha^* L^*/\lambda_F^*$, vgl. (4-4), wie folgt umgeschrieben wird

$$\boxed{\text{Bi} \equiv \frac{\alpha^* L^*}{\lambda_K^*} = \text{Nu} \frac{\lambda_F^*}{\lambda_K^*}} \qquad (5\text{-}16)$$

Es tritt dann das Verhältnis der Wärmeleitfähigkeiten im Fluid (λ_F^*) und im Körper (λ_K^*) auf. Da die Nußelt-Zahl für konvektive Wärmeübergänge an den unterschiedlichsten Körpern weder extrem klein noch extrem groß ist, können die Grenzfälle $\text{Bi} \to 0$ und $\text{Bi} \to \infty$ auch als Grenzfälle $(\lambda_F^*/\lambda_K^*) \to 0$ und $(\lambda_F^*/\lambda_K^*) \to \infty$ interpretiert werden.

Bild 5.5 zeigt die zeitliche und räumliche Entwicklung der Temperatur längs der Linie A-A in einer Kugel (Anfangstemperatur T_0^*), die für $\tau^* > \tau_0^*$ von einem warmen Fluidstrom ($T^* = T_\infty^*$) umströmt und dabei aufgeheizt wird. Für die beiden Grenzfälle $\text{Bi} \to 0$ und $\text{Bi} \to \infty$ sind die Temperaturverteilungen zu vier verschiedenen Zeitpunkten in ihrem qualitativen Verlauf gezeigt. Die Grenzfälle entstehen dabei z. B. durch extrem hohe Wärmeleitfähigkeiten im Körper (für $\text{Bi} \to 0$) bzw. im Fluid (für $\text{Bi} \to \infty$). Dann sind die Temperaturgradienten in diesen Bereichen extrem gering, so dass erkennbare, nicht konstante Temperaturverläufe nur in den jeweils anderen Bereichen auftreten.

Für kleine Biot-Zahlen ($\text{Bi} \to 0$) ergibt sich damit zu jedem Zeitpunkt $\tau^* > \tau_0^*$ eine einheitliche Körpertemperatur, die mit der Zeit veränderlich ist und für große Zeiten den Wert der Umgebungstemperatur erreicht. Die Berechnung dieses Falles ist sehr einfach und kann dazu genutzt werden, den mittleren Wärmeübergangskoeffizienten α_m^* eines Körpers zu bestimmen, wie dies später gezeigt wird, siehe ILLUSTRIERENDES BEISPIEL 5.2. Dazu wird zunächst die Energiebilanz für den Körper aufgestellt. Diese besagt, dass der Wärmestrom über die Körperoberfläche

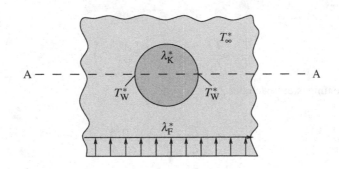

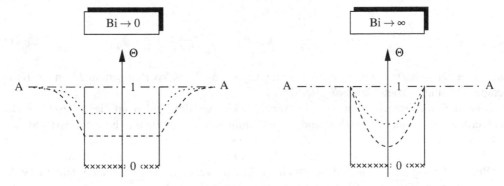

Bild 5.5: Zeitliche und räumliche Entwicklung der Temperaturverteilung an einer Kugel in einem warmen Fluidstrom; $\Theta = (T^* - T_0^*)/(T_\infty^* - T_0^*)$, s. (5-21)

×××××××: $\Theta = 0$ in der Kugel für $\tau^* = 0$ (in beiden Fällen)

- - - - - - - : $0 < \Theta < 1$ in der Kugel und für Bi $\to 0$ zusätzlich in der näheren Umgebung für $0 < \tau^* < \infty$

·········: $0 < \Theta < 1$ in der Kugel und für Bi $\to 0$ zusätzlich in der näheren Umgebung für $0 < \tau^* < \infty$

—·—·—: $\Theta = 1$ in der Kugel und der Umgebung für $\tau^* \to \infty$ (in beiden Fällen)

$\dot{q}_W^* A^*$ gleich der zeitlichen Veränderung der inneren Energie des Körpers $m^* c^* \mathrm{d}T^*/\mathrm{d}\tau^*$ ist. Mit $m^* = \rho^* V^*$ und der Annahme konstanter Stoffwerte ρ^* und c^* gilt

$$\rho^* V^* c^* \frac{\mathrm{d}T^*}{\mathrm{d}\tau^*} = \dot{q}_W^* A^* \tag{5-17}$$

mit der konstanten Wandwärmestromdichte $\dot{q}_W^* = \alpha_m^* \Delta T^* = \alpha_m^* (T_\infty^* - T^*)$. Mit T^* als der Temperatur des Körpers zur Zeit τ^* und T_∞^* als der Temperatur des umgebenden Fluides wird daraus

$$\frac{\mathrm{d}T^*}{(T_\infty^* - T^*)} = \frac{\alpha_m^* A^*}{c^* \rho^* V^*} \mathrm{d}\tau^* \tag{5-18}$$

Eine Integration zwischen den Zeiten $\tau^* = 0$, zu der die (homogene) Körpertemperatur T_0^* und zur Zeit τ^*, zu der die homogene Körpertemperatur T^* vorliegt, ergibt

$$\frac{T_\infty^* - T^*}{T_\infty^* - T_0^*} = \exp\left(\frac{-\alpha_m^* A^*}{c^* \rho^* V^*}\, \tau^*\right) \tag{5-19}$$

beziehungsweise umgestellt nach der Zeit

$$\tau^* = \ln\left(\frac{T_\infty^* - T_0^*}{T_\infty^* - T^*}\right) \frac{c^* \rho^* V^*}{\alpha_m^* A^*}. \tag{5-20}$$

Mit Einführung der dimensionslosen Temperatur Θ folgt

$$\Theta = \frac{T^* - T_0^*}{T_\infty^* - T_0^*} = 1 - \exp\left(\frac{-\alpha_m^* A^*}{c^* \rho^* V^*}\, \tau^*\right) \tag{5-21}$$

Dies zeigt, dass eine mit der Zeit exponentielle Anpassung der Körpertemperatur T^* an die Temperatur des umgebenden Fluides T_∞^* stattfindet.

Können Körpertemperaturen unter der Annahme kleiner Biot-Zahlen auf diese Weise berechnet werden, spricht man im englischsprachigen Raum von der „method of lumped capacitance". Eine (nicht wörtliche, aber sinngemäße) Übersetzung dieses Begriffes ist etwa „Methode der gleichmäßigen Erwärmung bzw. Abkühlung" eines Körpers. In diesem Zusammenhang ist auch der Begriff der sog. *Blockkapazität* gebräuchlich. Die Anwendung dieser Methode stellt eine gute Näherung dar, solange reale Biot-Zahlen kleiner als etwa 0,1 sind.

Für größere Biot-Zahlen treten nicht-konstante Temperaturverteilungen sowohl im Körper als auch in seiner unmittelbaren Umgebung auf. Im Grenzfall Bi $\to \infty$ wird unmittelbar nach $\tau^* = \tau_0^*$ die Wand bereits die Außentemperatur annehmen, während im Inneren des Körpers erst eine allmähliche Angleichung der Temperatur an die Umgebungstemperatur stattfindet, wie dies im Bild angedeutet ist. Eine solche Situation wird im nächsten Kapitel für die eindimensionale instationäre Wärmeleitung in einer halbunendlichen Wand erläutert.

5.6 Instationäre Wärmeleitung in einer halbunendlichen ebenen Wand

Die in Bild 5.6 skizzierte Situation zeigt eine halbunendliche Wand[1], deren Oberflächentemperatur bei $\tau_0^* = 0$ schlagartig um $T_\infty^* - T_0^*$ gegenüber der anfänglichen Temperatur T_0^* ansteigt. Damit springt $\Theta = (T^* - T_0^*)/(T_\infty^* - T_0^*)$ an der Wandoberfläche von 0 auf 1. Es wird unterstellt, dass die Fluidtemperatur T_∞^* bis zur Wand hin konstant ist. Nach den Ausführungen des vorigen Kapitels handelt es sich damit um ein Beispiel für Bi $\to \infty$, weil voraussetzungsgemäß im angrenzenden Fluid keine Temperaturgradienten auftreten. Für relativ kleine Zeiten sind nennenswerte Temperaturänderungen im Körper nur in unmittelbarer Nähe des Temperatursprunges vorhanden. Deshalb spielt in der Realität die endliche Wanddicke anfangs keine Rolle, da noch kein Einfluss der gegenüberliegenden Oberfläche auftritt. In diesem Sinne ist eine „halbunendliche Wand" eine sinnvolle Näherung für die Anfangsphase eines Wärmeüberganges an einer Wand endlicher Dicke.

---

[1] Unter einer *halbunendlichen Wand* versteht man eine Wand, die so dick ist, dass ihre Gegenseite nicht im Einflussbereich der betrachteten Vorgänge liegt, die sich also im Nahbereich so verhält, als sei die Gegenseite unendlich weit entfernt.

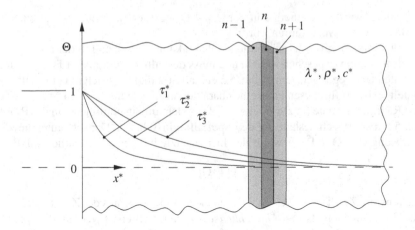

Bild 5.6: Erwärmung einer halbunendlichen ebenen Wand; $\Theta = (T^* - T_0^*)/(T_\infty^* - T_0^*)$

Für $\tau^* > \tau_0^*$ erwärmt sich die halbunendliche Wand allmählich. Bild 5.6 zeigt den qualitativen Temperaturverlauf zu drei verschiedenen Zeiten τ_i^*. Dieser Verlauf kann physikalisch anschaulich interpretiert werden. Dazu stellt man sich zunächst vor, die halbunendliche Wand sei in schmale Scheiben unterteilt, von denen die n-te Scheibe zusammen mit den beiden benachbarten Scheiben in Bild 5.6 eingezeichnet ist.

Angenommen, die $(n-1)$-te Scheibe habe bereits eine gegenüber der Anfangstemperatur T_0^* erhöhte Temperatur, die n-te Scheibe aber noch nicht, dann gibt es ein Temperaturgefälle von der $(n-1)$-ten zur n-ten Scheibe und als Folge davon einen Wärmestrom. Mit diesem Wärmestrom gelangt innere Energie in die n-te Scheibe. Diese kann prinzipiell gespeichert werden oder an die $(n+1)$-te Scheibe durch Wärmeleitung wieder abgegeben werden. Dazu wäre aber ein Temperaturgefälle erforderlich, das nach den bisherigen Überlegungen aber „noch nicht" existiert. Deshalb geschieht beides: In der n-ten Scheibe wird von der einströmenden Energie soviel gespeichert, dass die damit verbundene Temperaturerhöhung ausreicht, den restlichen (nicht gespeicherten) Teil der Energie an die $(n+1)$-te Scheibe weiterzuleiten. Auf diese Weise entsteht für zunehmende x^*-Werte ein Temperaturverlauf, dessen Gradient kontinuierlich abnimmt, aber bei endlichen Werten von x^* nicht null wird!

Die skizzierte Erklärung war von der Vorstellung ausgegangen, dass zu einem bestimmten Zeitpunkt $\tau^* > \tau_0^*$ eine n-te Scheibe bei endlichen Werten von x^* existiert, die noch die Anfangstemperatur T_0^* besitzt. Dies ist aber nur möglich, wenn die Wärmeleitung ein Vorgang ist, der mit einer endlichen Geschwindigkeit abläuft. Ob dies der Fall ist, und wie groß die Ausbreitungsgeschwindigkeit der Energie bei der Wärmeleitung gegebenenfalls ist, wird später erläutert (s. das ILLUSTRIERENDE BEISPIEL 5.3).

Für das beschriebene Zusammenspiel von Wärmeleitung und Energiespeicherung sind einerseits die Wärmeleitfähigkeit λ^* und andererseits die sog. volumetrische Wärmekapazität $\rho^* c^*$ maßgeblich. Beide treten in Form der kombinierten Größe $a^* = \lambda^*/(\rho^* c^*)$, der *Temperaturleitfähigkeit*, in der Wärmeleitungsgleichung (5-6) auf, die diese Vorgänge beschreibt.

In diesem Zusammenhang wird auch deutlich, dass bei einer *stationären* Wärmeleitung durch Wände endlicher Wandstärken an der gegenüberliegenden Wandoberfläche stets ein Mechanismus vorhanden sein muss, mit dem die in Form von Wärme dort ankommende Energie entfernt wird. Andernfalls würde die Energie in der Wand gespeichert werden, was zu einer (instationären) Aufheizung der Wand führen würde.

Die Wärmeleitung in einer halbunendlichen Wand kann als Spezialfall der allgemeinen instationären Wärmeleitung angesehen werden und muss deshalb als besonderer Fall in den dimensionsanalytischen Überlegungen gemäß Tab. 5.5 enthalten sein. Da es sich um eine halbunendliche Wand handelt, existiert für diesen Fall keine charakteristische geometrische Länge L^*. Zusätzlich ist nur eine Raumkoordinate (jetzt x^*) relevant, da es sich um ein eindimensionales Problem handelt. Tab. 5.5 reduziert sich deshalb auf den Spezialfall in Tab. 5.6. Danach lautet die allgemeine Form der Lösung $\Theta = \Theta(\hat{\tau}, \hat{\mathrm{Bi}})$ bzw. für den hier zusätzlich unterstellten Sonderfall $\hat{\mathrm{Bi}} \to \infty$

$$\Theta = \Theta(\hat{\tau}) \tag{5-22}$$

Die dimensionslose Zeit $\hat{\tau} = \tau^*/(x^{*2}/a^*)$ stellt eine Kombination aus der Zeit τ^* und der Koordinate x^* dar. Sie kann auch als sog. *Ähnlichkeitsvariable* interpretiert werden, die typischerweise in Problemen auftritt, die keine *ausgezeichnete Länge* im Sinne einer charakteristischen Körperabmessung besitzen. In diesem Zusammenhang würde man dann eine solche Ähnlichkeitsvariable als $\hat{\eta} = x^*/\sqrt{a^*\tau^*}$ einführen, die aus dimensionsanalytischer Sicht vollkommen gleichwertig mit $\hat{\tau}$ ist, da $\hat{\eta} = \hat{\tau}^{-1/2}$ gilt. Weil in der Literatur im vorliegenden Fall üblicherweise $\eta = \hat{\eta}/2$ verwendet wird, soll im Weiteren die Lösung $\Theta = \Theta(\eta)$ gesucht werden.

Der Ausgangspunkt dafür ist die Wärmeleitungsgleichung (5-6), die für den hier vorliegenden eindimensionalen Fall mit der kartesischen Koordinate x^* (in zunächst dimensionsbehafteter Form) lautet

$$\frac{\partial T^*}{\partial \tau^*} = a^* \frac{\partial^2 T^*}{\partial x^{*2}} \tag{5-23}$$

Aus dieser partiellen Differentialgleichung in τ^*, x^* wird nach der Transformation in die zuvor beschriebene Ähnlichkeitsvariable $\eta = x^*/(2\sqrt{a^*\tau^*})$ und mit Θ anstelle von T^* die gewöhnliche

Tabelle 5.6: Sonderfall von Tab. 5.5 für instationäre Wärmeleitung in ebenen halbunendlichen Wänden

	1	gesuchte Temperaturdifferenz	$T^* - T_0^*$	K	(R1)
	2	anfängliche Temperaturdifferenz zwischen Umgebung und Körper	$T_\infty^* - T_0^*$	K	(R3)
Relevanzliste	3	Lage im Körper	x^*	m	(R2)
	4	Zeit nach Beginn der Wärmeübertragung	τ^*	s	(R2)
	5	Wärmeübergangskoeffizient	α^*	$\mathrm{kg/s^3\,K}$	(R3)
	6	Wärmeleitfähigkeit des Körpers	λ_K^*	$\mathrm{kg\,m/s^3\,K}$	(R4)
	7	Temperaturleitfähigkeit des Körpers	a^*	$\mathrm{m^2/s}$	(R4)

$n = 7; m = 4$ (kg, m, s, K) $\Rightarrow$ 3 Kennzahlen

	1	$\Theta = (T^* - T_0^*)/(T_\infty^* - T_0^*)$	dimensionslose Temperatur
Kennzahlen	2	$\hat{\tau} = \tau^*/(x^{*2}/a^*)$	dimensionslose Zeit
	3	$\hat{\mathrm{Bi}} = \alpha^* x^*/\lambda_K^*$	Biot-Zahl

Tabelle 5.7: Zahlenwerte für die komplementäre Fehlerfunktion $\text{erfc}(\eta)$

η	$\text{erfc}(\eta)$	η	$\text{erfc}(\eta)$	η	$\text{erfc}(\eta)$
0,00	1,0000	1,00	0,1573	2,00	0,0047
0,10	0,8875	1,10	0,1198	2,10	0,0030
0,20	0,7773	1,20	0,0897	2,20	0,0019
0,30	0,6714	1,30	0,0660	2,30	0,0011
0,40	0,5716	1,40	0,0477	2,40	0,0007
0,50	0,4795	1,50	0,0339	2,50	0,0004
0,60	0,3961	1,60	0,0237	2,60	0,0002
0,70	0,3222	1,70	0,0162	2,70	0,0001
0,80	0,2579	1,80	0,0109	2,80	0,0001
0,90	0,2031	1,90	0,0072	:	:

Differentialgleichung

$$\Theta'' + 2\,\eta\,\Theta' = 0 \tag{5-24}$$

mit den Randbedingungen $\Theta = 1$ für $\eta = 0$ und $\Theta = 0$ für $\eta \to \infty$.

Die Lösung von (5-24) ist in der Literatur als *komplementäre Fehlerfunktion* (engl.: inverse error function) $\text{erfc}(\eta) = 1 - \text{erf}(\eta)$ bekannt. Es gilt damit

$$\Theta = \frac{T^* - T_0^*}{T_\infty^* - T_0^*} = 1 - \text{erf}(\eta) = \text{erfc}(\eta) = \text{erfc}\left(\frac{x^*}{2\sqrt{a^* \tau^*}}\right) \tag{5-25}$$

Zahlenwerte von $\text{erfc}(\eta)$ sind in Tab. 5.7 zusammengestellt. Mit (5-25) sind nun Aussagen über das „Eindringverhalten der Temperatur" möglich. Für einen bestimmten Wert von Θ kann ermittelt werden, an welcher Stelle dieser Wert zu einer vorgegebenen Zeit vorliegt ($x_E^* = x_E^*(\tau^*)$), bzw. nach welcher Zeit er an einer vorgegebenen Stelle auftritt ($\tau_E^* = \tau_E^*(x^*)$).

ILLUSTRIERENDES BEISPIEL 5.1: Verbesserter Wärmeübergang am Rohr durch eine Wärmedämmung des Rohres

Die Überschrift klingt zunächst paradox, da eine Wärmedämmung üblicherweise angebracht wird, um den Wärmeübergang zu verschlechtern, d. h. Verluste durch einen unerwünschten Wärmeübergang an die Umgebung zu reduzieren. Wie die anschließende Analyse zeigt, wirkt eine angebrachte Wärmedämmung aber nicht immer so wie gewünscht.

Dazu wird eine Rohrleitung mit dem Außendurchmesser D^* betrachtet, die zunächst keine Wärmedämmschicht aufweist. Wenn die (Außen-) Wandtemperatur T_W^* größer als die Umgebungstemperatur T_∞^* ist, entsteht durch den Temperaturunterschied $\Delta T^* = T_W^* - T_\infty^*$ eine natürliche Konvektionsströmung um die (horizontal) verlaufende Rohrleitung, wie dies in Bild 5.7 angedeutet ist (linkes Teilbild). Der damit verbundene Wärmeübergang kann durch einen mittleren Wärmeübergangskoeffizienten $\alpha_m^* = \dot{q}_W^*/\Delta T^*$ beschrieben werden, wobei dann $\dot{q}_W^*$ und ΔT^* ebenfalls jeweils mittlere Werte sind. Bei einer Rohrlänge L^* beträgt die Übertragungsfläche $A^* = \pi D^* L^*$ und für den insgesamt auftretenden Wärmestrom gilt

$$\dot{Q}^* = \dot{q}^* A^* = \alpha_m^* \pi D^* L^* (T_W^* - T_\infty^*)$$

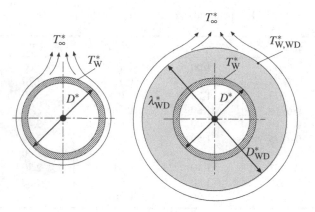

ohne Wärmedämmung   mit Wärmedämmung

Bild 5.7: Rohr ohne und mit Wärmedämmung

Wird nun eine thermische Dämmung der Wandstärke $s^* = (D_{WD}^* - D^*)/2$ aufgebracht, so verlagert sich die natürliche Konvektionsströmung, wie im rechten Teilbild angedeutet, nach außen und für den Wärmestrom $\dot{Q}_{WD}^*$ gilt jetzt

$$\dot{Q}_{WD}^* = \alpha_m^* \pi D_{WD}^* L^* (T_{W,WD}^* - T_\infty^*)$$

Da der Durchmesser D_{WD}^* gegenüber dem Fall ohne Wärmedämmung D^* größer geworden ist, die charakteristische Temperaturdifferenz aber kleiner wird (in der Wärmedämmung erfolgt ein Temperaturabfall von T_W^* auf $T_{W,WD}^*$), ist nicht auf Anhieb zu erkennen, ob $\dot{Q}_{WD}^*$ kleiner, gleich oder größer als $\dot{Q}^*$ ist! Um dies zu entscheiden, muss der Wärmedurchgang durch die Wärmedämmung näher betrachtet werden. Er besitzt einen *Wärmeleitwiderstand* (vgl. (5-9)) in der Wärmedämmung

$$R_{WD}^* = \frac{1}{2\pi L^* \lambda_{WD}^*} \ln \frac{D_{WD}^*}{D^*}$$

Zusammen mit dem *Wärmeübergangswiderstand* (vgl. (2-2)) zwischen der Oberfläche und der Umgebung

$$R_\alpha^* = \frac{1}{\alpha_m^* A_{WD}^*}$$

lautet der thermische Gesamtwiderstand

$$R^* = R_{WD}^* + R_\alpha^* = \frac{1}{2\pi L^*} \left(\frac{\ln(D_{WD}^*/D^*)}{\lambda_{WD}^*} + \frac{2}{\alpha_m^* D_{WD}^*} \right)$$

Diese Funktion besitzt als $R^* = R^*(D_{WD}^*)$ ein Minimum (!) beim sog. kritischen Durchmesser

$$D_{WD,k}^* = \frac{2\lambda_{WD}^*}{\alpha_m^*}$$

Für einen (realistischen) Wert von $\alpha_m^* = 5\,\text{W}/\text{m}^2\text{K}$ und $\lambda_{WD}^* = 0{,}06\,\text{W}/\text{m\,K}$ gilt $D_{WD,k}^* = 0{,}02\,\text{m} = 2\,\text{cm}$.

Rohre mit einem kleineren Durchmesser als ihrem zugehörigen kritischen Durchmesser zeigen damit ein „merkwürdiges Verhalten", wenn auf sie eine immer dickere Wärmedämmschicht aufgebracht wird:

• Für Dämmstärken $s^* < (D_{WD,k}^* - D^*)/2$ nimmt der Wärmestrom $\dot{Q}_{WD}^*$ gegenüber dem Wert $\dot{Q}^*$ zu.

- Erst bei einer Dämmstärke $s^* = (D^*_{\mathrm{WD},k} - D^*)/2$ wird wieder derselbe Wert des Wärmestromes wie ohne Wärmedämmung erreicht.

- Erst ab einer Wärmedämmung mit einer Dämmstärke $s^* > (D^*_{\mathrm{WD},k} - D^*)/2$ tritt die gewünschte Wirkung ein und es gilt $\dot{Q}^*_{\mathrm{WD}} < \dot{Q}^*$.

Diese Situation wirkt sich übrigens bei elektrischen Leitern, die mit einer Dämmschicht versehen sind, positiv aus. Die elektrische Isolierung ist gleichzeitig eine thermische Isolierung (Wärmedämmung). Wegen der kleinen Leitungsquerschnitte gilt häufig $D^* < D^*_{\mathrm{WD},k}$, so dass die Isolierung zu einem besseren Wärmeübergang führt. Da der elektrische Widerstand von Metallen mit sinkender Temperatur abnimmt, verringert sich durch die Isolierung der elektrische Widerstand des Leiters. Bei gleich bleibender Spannung steigt damit die Stromstärke im Leiter an.

ILLUSTRIERENDES BEISPIEL 5.2: Messung des mittleren Wärmeübergangskoeffizienten α^*_{m}

Unter Ausnutzung des Abkühlverhaltens (5-19) eines Körpers bei kleinen Biot-Zahlen (Bi<0,1) kann auf erstaunlich einfache Weise der sonst schwer bestimmbare (mittlere) Wärmeübergangskoeffizient an einem Körper ermittelt werden. Wie in Kap. 5.5 ausgeführt, stellt die Bedingung Bi<0,1 sicher, dass im Körper zwar zeitabhängige, aber räumlich (weitgehend) einheitliche Temperaturen auftreten. Der Abkühlprozess eines Körpers ist dann durch die Temperatur $T^*(\tau^*)$ bzgl. seines thermischen Verhaltens vollständig beschrieben und kann unmittelbar mit Hilfe von (5-19), also

$$T^*(\tau^*) = T^*_\infty + (T^*_0 - T^*_\infty) \exp\left(\frac{-\alpha^*_{\mathrm{m}} A^*}{c^* \rho^* V^*} \tau^* \right) \tag{5-26}$$

ausgewertet werden. Dabei ist T^*_∞ die Temperatur in großer Entfernung vom Körper und T^*_0 die Anfangstemperatur zum Zeitpunkt $\tau^* = 0$.

Bild 5.8 zeigt als Beispiel für einen zu untersuchenden Körper einen einfachen Würfel, der auf einer thermisch isolierenden Bodenplatte montiert ist.

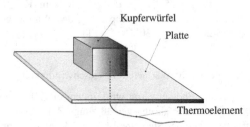

Bild 5.8: Kupferwürfel mit adiabater Bodenplatte und Thermoelement

Durch diese Bodenplatte sind die Anschlussdrähte eines Thermoelementes (s. Kap. 13.1.1) geführt, mit dem der Temperatur/Zeit-Verlauf aufgenommen werden kann. Die wärmeübertragende Fläche A^* besteht insgesamt aus den fünf Seitenflächen, die mit dem Fluid in Berührung kommen. Die Dichte ρ^*, die spezifische Wärmekapazität c^* und das Volumen des Würfels V^* sind bekannt, so dass bei Vorliegen von $T^*(\tau^*)$ jetzt nur noch eine Anpassung dieses gemessenen Temperaturverlaufes an die Beziehung (5-26) für $T^*(\tau^*)$ erfolgen muss. Dazu wählt man verschiedene Werte für α^*_{m} und ermittelt, bei welchem Wert eine akzeptable Übereinstimmung zwischen dem gemessenen und dem theoretischen Temperaturverlauf erzielt werden kann. Dies ist dann der gesuchte Wert für α^*_{m}.

Bild 5.9 zeigt für zwei unterschiedliche Strömungssituationen, dass auf diese Weise eine Bestimmung von α^*_{m} problemlos möglich ist. Für die Versuche wurde der Kupferwürfel jeweils in siedendem

Wasser auf eine Anfangstemperatur von etwa 100°C gebracht. Anschließend wurde das Abkühlverhalten $T^*(\tau^*)$ in den beiden unterschiedlichen Strömungssituationen aufgezeichnet. Die Anpassung des Wärmeübergangskoeffizienten erfolgt hier erst ab einer Temperatur von $t^* = 80°$C, da unmittelbar nach dem Herausnehmen des Würfels aus dem Wasserbad undefinierte Zustände vorliegen. Für die natürliche Konvektion wird hier näherungsweise ein einheitlicher Wert bestimmt, obwohl $\alpha^*_{mnK} \sim (t^* - t^*_\infty)^{1/4}$ gilt, wie z. B. aus (6-44) und (6-46) gefolgert werden kann.

Durch die Bodenplatte liegt eine geometrisch stark unsymmetrische Situation vor, so dass es von Bedeutung ist, wie der Würfel bei der erzwungenen Konvektion zur Anströmung und bei der natürlichen Konvektion zum Erdbeschleunigungsvektor orientiert ist. Es werden dann jeweils die α^*_m-Werte der konkreten Situation bestimmt. Weitere Beispiele sind zu finden in: Moschallski, A.; Rückert, J. P.; Herwig, H. (2011): *Praxisnahe Bestimmung von Wärmeübergangskoeffizienten an Körpern unterschiedlicher Geometrie*, Chemie Ingenieur Technik, Vol. 83, 1256-1261.

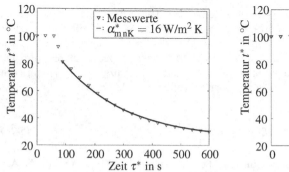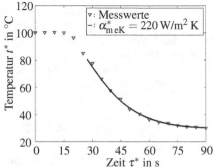

Bild 5.9: Kupferwürfel mit einer Kantenlänge von 6 mm: Bestimmung des mittleren Wärmeübergangskoeffizienten für
links: natürliche Konvektion mit Anpassung des Wärmeübergangskoeffizienten an die Messwerte nach (5-26) mit $t^*_\infty = 25\,°$C $\quad \rightarrow \alpha^*_{mnK} = 16\,$W/m^2 K
rechts: erzwungene Konvektion mit Anpassung des Wärmeübergangskoeffizienten an die Messwerte nach (5-26) mit $t^*_\infty = 30\,°$C; $u^*_\infty = 11\,$m/s $\quad \rightarrow \alpha^*_{meK} = 220\,$W/m^2 K

ILLUSTRIERENDES BEISPIEL 5.3: Wärmeleitungsgeschwindigkeit

Wenn ein Metallstab an einem Ende erwärmt wird, indem er z. B. in eine Kerzenflamme gehalten wird, siehe Bild 5.10, so dauert es erfahrungsgemäß einige Zeit, bis am anderen Ende eine Temperaturerhöhung zu spüren ist. Wenn der Stab eine Länge L^* besitzt und erst nach einer Zeit $\Delta\tau^*$ eine Temperaturerhöhung am anderen Ende „ankommt", so scheint sich der Energietransport in Form von Wärme offensichtlich mit einer Geschwindigkeit $c^*_Q \approx L^*/\Delta\tau^*$ zu vollziehen. Eine grobe Schätzung könnte mit $L^* = 1$ m und $\Delta\tau^* = 10$ s die Geschwindigkeit zu etwa $c^*_Q = 0{,}1$ m/s bestimmen.

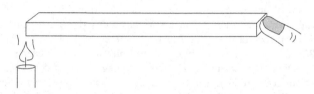

Bild 5.10: Zur „Wärmeleitungsgeschwindigkeit"

Es ist schon erstaunlich, bei genauerer Analyse bzw. nach eingehenden Versuchen festzustellen, dass c_Q^* z. B. für Metalle von der Größenordnung 10^5 m/s ist, also etwa um den Faktor eine Million größer als der zuvor geschätzte Wert! Diese Diskrepanz ist ein sicherer Hinweis darauf, dass sich mit der ursprünglich gegebenen Erklärung eine falsche Vorstellung verbindet. Bevor die Frage nach einer endlichen Ausbreitungsgeschwindigkeit im Zusammenhang mit der Wärmeleitung weiter beleuchtet wird, soll aber zunächst einmal die richtige Erklärung für die beobachtete Zeitverzögerung in der Wahrnehmung der Staberwärmung gegeben werden. Dafür sind drei Aspekte von Bedeutung

1. Der Stab besitzt eine Masse m^* und eine spezifische Wärmekapazität c^*. Wenn er insgesamt um ΔT^* erwärmt werden soll, so ist dafür die Energie $m^* c^* \Delta T^*$ erforderlich.

2. Der Stab erwärmt sich nicht gleichmäßig (das wäre nur für eine Biot-Zahl $Bi \to 0$ der Fall, was hier nicht unterstellt werden kann, s. dazu Kap. 5.5). Es liegt vielmehr eine ungleichmäßige Erwärmung vor. Wenn am „kalten Ende" eine Temperaturerhöhung spürbar ist, d. h. dort ein Anstieg um ΔT^* erfolgt, so hat der Stab insgesamt bereits eine Energie $C m^* c^* \Delta T^*$ mit der Konstanten $C > 1$ gespeichert.

3. Am „warmen Ende" wird in der Zeitspanne $\Delta \tau^*$ die Energie $\dot{q}_W^* A^* \Delta \tau^*$ auf einer Fläche A^* mit einer auf jeden Fall endlichen (wenn vielleicht auch großen) Wandwärmestromdichte $\dot{q}_W^*$ übertragen. Dies ist aber genau die Energie, die insgesamt im Stab gespeichert wird, wenn von Verlusten an die Umgebung abgesehen wird.

Damit ergibt eine einfache Bilanz

$$\dot{q}_W^* A^* \Delta \tau^* = C m^* c^* \Delta T^* \quad \to \quad \Delta \tau^* = \frac{C m^* c^* \Delta T^*}{\dot{q}_W^* A^*} \tag{5-27}$$

als Zeitverzögerung. Diese kommt also zustande, weil der Stab eine endliche Energiemenge speichern muss, bevor eine Erwärmung wahrgenommen wird, gleichzeitig die Energie aber nur mit einer endlichen Rate (Energie pro Zeit) übertragen wird.

Eine genauere Betrachtung des Temperatur/Zeit-Verhaltens bei der instationären Wärmeübertragung zeigt anhand des Ergebnisses für die halbunendliche Wand, s. (5-25), dass eine Temperaturverteilung auftritt, bei der zu einem bestimmten festen Zeitpunkt τ^* eine Änderung des Temperaturfeldes gegenüber der Anfangstemperatur T_0^* bis zu unendlich großen x^*-Werten erfolgt. In großen Entfernungen ist die Temperaturerhöhung zwar extrem gering, aber nicht null. Das bedeutet aber, dass diese Lösung des Problems einen Wert $c_Q^* = \infty$ unterstellt, da nach endlichen Zeiten $\Delta \tau^*$ unendlich weit von der „Quelle" ($x^* = 0$) prinzipiell eine Temperaturerhöhung registriert werden kann.

In der Tat gehört zum Fourier-Ansatz, auf dem das Ergebnis (5-25) beruht, eine unendlich große Ausbreitungsgeschwindigkeit der Energie in Form von Wärme. Wenn Effekte endlicher Ausbreitungsgeschwindigkeiten untersucht werden sollen, ist ein erweiterter Ansatz als konstitutive Gleichung in der Energiebilanz (5-4) an Stelle des Fourier-Ansatzes (5-5) erforderlich. Im Zusammenhang mit solchen Untersuchungen ergeben sich dann Zahlenwerte, wie sie zuvor mit 10^5 m/s für Metalle genannt worden sind.

Für eine aufschlussreiche Kontroverse in diesem Zusammenhang sei verwiesen auf: Herwig, H.; Beckert, K. (2000): *Fourier versus Non-Fourier Heat Conduction in Materials with a Non-homogeneous Inner Structure*, Journal of Heat Transfer, **122**, 363-365 .

ILLUSTRIERENDES BEISPIEL 5.4: Elektrische kontra Warmwasser-Fußbodenheizung

Fußbodenheizungen sind in der Lage, ein angenehmes Raumklima zu schaffen, indem großflächig und bei relativ niedrigen Oberflächentemperaturen geheizt wird. Zwei, aus Sicht der Wärmeübertragung unterschiedliche Prinzipien werden dabei durch die elektrische Fußbodenheizung und die Warmwasser-Fußbodenheizung dargestellt.

• Bei der elektrischen Fußbodenheizung wird in dicht verlegten elektrischen Leitern elektrische Energie dissipiert und danach in Form von Wärme zunächst in den Fußboden und anschließend in den Raum abgegeben. Bei vorgegebener elektrisch dissipierter Leistung wird dabei in guter Näherung die thermische Randbedingung $\dot{q}_W^* = $ const realisiert.

- Bei der Warmwasser-Fußbodenheizung wird warmes Wasser einer bestimmten Vorlauftemperatur durch die im Fußboden verlegten Heizrohre geführt. Dieses Wasser gibt Energie in Form von Wärme zunächst an den Fußboden und anschließend an den Raum ab. Bei entsprechender Verlegeform der Heizleiter kann dabei in guter Näherung die thermische Randbedingung $T_W^* = $ const realisiert werden.

Wenn die entsprechend bestückten Räume leer sind und insbesondere der beheizte Fußboden nicht teilweise z. B. durch Teppiche oder Möbel abgedeckt wird, können mit beiden Systemen weitgehend gleiche thermische Verhältnisse hergestellt werden.

Es soll im Folgenden untersucht werden, wie sich beide Heizsysteme verhalten, wenn ein Teil der Fußbodenfläche durch einen stark wärmedämmenden Teppich bedeckt wird. Dazu wird im nachfolgenden Bild 5.11 eine idealisierte Situation skizziert, bei der Energie in Form von Wärme vom Fußboden nur an den Raum abgegeben werden kann (keine Leitung in den Baukörper), und bei der eine Hälfte des Raumes durch einen stark wärmedämmenden Teppich bedeckt ist.

Bei der elektrischen Fußbodenheizung bewirkt der Teppich im Prinzip keine Veränderung *im* Raum. Die im Fußboden dissipierte Energie muss in Form von Wärme weiterhin an den Raum abgegeben werden. Aufgrund des größeren Wärmewiderstandes mit Teppich muss aber eine größere treibende Temperaturdifferenz zwischen dem elektrischen Leiter und der Fußboden- (Teppich-) Oberfläche vorhanden sein, wenn weiterhin $\dot{q}_W^*$ auftritt. Da die Fußboden-Oberflächentemperatur durch die thermischen Vorgänge im Raum bestimmt wird, und diese sich nicht ändern, erhöht sich die Temperatur des elektrischen Leiters entsprechend. Dessen Temperatur ist durch den Wärmeleitungsvorgang bedingt und nach oben prinzipiell nicht begrenzt.

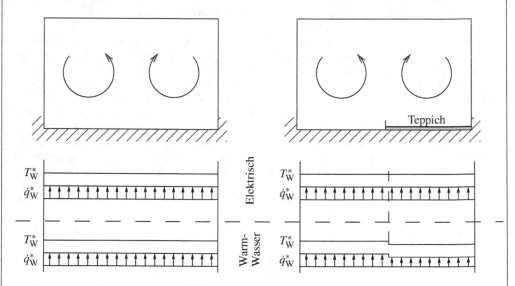

Bild 5.11: Unterschiedliche thermische Verhältnisse nach der Wärmedämmung einer Raumhälfte bei einer elektrischen und einer Warmwasser-Fußbodenheizung
T_W^*: Temperatur des Bodens bzw. der Teppich*ober*seite

Bei der Warmwasser-Fußbodenheizung kann aber an keiner Stelle eine Temperatur oberhalb der Vorlauftemperatur entstehen. Deshalb führt der erhöhte Wärmewiderstand zu einer reduzierten Wandwärmestromdichte und als Folge davon zu einer reduzierten Oberflächentemperatur (und damit zu veränderten thermischen Verhältnissen im Raum).

Als Abstraktion dieser Situation kann man sich vorstellen, dass der gesamte Raum adiabat ist, d. h. über die Seitenwände und die Decke wird keine Energie in Form von Wärme abgeführt. Wenn ein solcher Raum über lange Zeiten mit beiden Systemen geheizt würde, könnte bei der Warmwasser-Heizung maximal die Vorlauftemperatur als Raumtemperatur erreicht werden. Die Raumtemperatur bei der elektrischen Heizung würde hingegen unbegrenzt ansteigen.

Die zuvor beschriebene Dämmfunktion des Teppichs zeigt die grundsätzlich unterschiedliche Wirkung einer Dämmschicht auf einer Wärmeübertragungsfläche.

- Bei $T_W^* = $ const führt sie zu einer Reduktion des Wärmestromes.

- Bei $\dot{q}_W^* = $ const führt sie zu einer Erhöhung der Temperatur des Heizelementes bei unverändertem Wärmestrom.

ILLUSTRIERENDES BEISPIEL 5.5: „Heizstrategie" im Eigenheim

Wenn das eigene Heim im Winter für die Dauer mehrerer Tage nicht genutzt wird, stellt sich die Frage, was energetisch günstiger ist, die Heizung (bis auf einen Frostschutz) abzuschalten, oder sie schlicht anzulassen, damit das ausgekühlte Haus nicht anschließend wieder mit viel Heizenergie auf die Normaltemperatur t_H^* gebracht werden muss.

Um dies nicht „nach Gefühl" zu entscheiden, sind folgende Überlegungen zur Energiebilanz bzw. zur Wärmeübertragung erforderlich

- Grundsätzlich müssen durch die Heizung lediglich die Energieverluste aufgrund einer nicht perfekten thermischen Dämmung des Wohnraums ausgeglichen werden, wenn der Wohnraum zuvor auf die Normaltemperatur t_H^* gebracht worden war.

- Diese Verluste entstehen durch Wärmeübergänge an die Umgebung. Die Wärmeübergangsmechanismen sind Wärmeleitung, konvektiver Wärmeübergang und Wärmestrahlung. Alle drei Mechanismen können in guter Näherung als proportional zu $(t_H^* - t_U^*)$ angesehen werden, wobei t_U^* die Umgebungstemperatur und t_H^* die Wohnraumtemperatur ist. Die Raumtemperatur wird dabei zunächst als eine räumlich einheitliche aber u. U. zeitabhängige Temperatur angenommen.

- Wenn t_H^* und t_U^* allgemein als Funktionen der Zeit angesetzt werden, so gilt für die benötigte Heizenergie E_H^* in einem Zeitraum $\left[\tau_1^*, \tau_2^*\right]$, also z. B. für den Zeitraum eines Urlaubs,

$$E_H^* = \text{const} \int_{\tau_1^*}^{\tau_2^*} (t_H^* - t_U^*)\, d\tau^* \tag{5-28}$$

Die Konstante enthält dabei u. a. die unveränderlichen Übertragungsflächen und die als unveränderlich unterstellten Wärmeübergangskoeffizienten. Letztere Annahme ist nicht ganz zutreffend, wenn natürliche Konvektion auftritt, weil α^* bzw. Nu dann von der Temperaturdifferenz abhängt. Dies wird für die weitere Betrachtung aber nicht als entscheidend angesehen.

- Mit E_{HD}^* als Energie beim „Durchheizen" und E_{HA}^* beim „Abschalten" gilt

$$E_{HA}^* < E_{HD}^* \quad \text{wenn} \quad (t_H^* - t_U^*)_A < (t_H^* - t_U^*)_D \quad \text{für} \quad \tau_1^* < \tau^* < \tau_2^* \tag{5-29}$$

Dabei ist τ_2^* eine Zeit, bei der nach dem Abschalten wieder der konstante Normalzustand mit t_H^* erreicht worden ist.

Das Abschalten der Heizung spart also Energie, wenn zu jedem Zeitpunkt die Temperaturdifferenz $(t_H^* - t_U^*)$ in der Abschaltphase wie auch in der anschließenden „Wiederaufheizphase" kleiner oder gleich der entsprechenden Temperaturdifferenz beim „Durchheizen" ist.

- Der entscheidende Zeitraum für den dargestellten Vorgang ist die Phase des „Wiederaufheizens". In dieser Phase ist man aus zwei Gründen in der Gefahr, die Temperaturdifferenz $t_H^* - t_U^*$ größer zu wählen, als sie beim „Durchheizen" vorliegen würde:

  1. Man möchte den Aufheizvorgang beschleunigen, d. h., man möchte überall im Raum schnell die endgültig gewünschte Temperatur t_H^* erreichen. Dabei wird man ggf. einige Bereiche überheizen, da in der Aufheizphase eine räumliche Ungleichverteilung vorliegt, und dann u. U. auch den mittleren Wert t_H^* zu hoch wählen.

  2. In der Klimatechnik tritt das Phänomen der *empfundenen Temperatur* auf, womit gemeint ist, dass eine Ziel-Temperatur t_H^* nicht die Temperatur der Luft um den menschlichen Körper ist, sondern in Situationen mit Wandtemperaturen kleiner als t_H^* nur zustande kommt, wenn dafür die Lufttemperatur größer als t_H^* ist. Dies ist die Folge der Tatsache, dass das menschliche Temperaturempfinden aufgrund der Wärmeströme an der Körperoberfläche entsteht und diese wiederum sich aus einem konvektiven und einem Strahlungsanteil zusammensetzen. Niedrige Wandtemperaturen bedeuten einen erhöhten Strahlungsverlust an die Wände, der durch einen verminderten Konvektionsverlust an die umgebende Luft kompensiert werden muss (wofür eine Erhöhung der Lufttemperatur erforderlich ist). Auch hierbei kann es dazu kommen, dass in der „Wiederaufheizphase" mehr Energie eingesetzt wird, als im gleichen Zeitraum bei konstantem Durchheizen eingesetzt worden wäre, so dass insgesamt u. U. $E_{HA}^* > E_{HD}^*$ gilt.

Die Diskussion macht deutlich, dass die ursprüngliche Frage nicht ohne eine genaue Analyse der konkreten Situation beantwortet werden kann. Es kann aber eindeutig festgehalten werden, dass die Wahrscheinlichkeit wächst, mit einem Abschalten der Heizung Energie zu sparen, je länger der Abschaltzeitraum $[\tau_1^*, \tau_2^*]$ ist, weil dann der Anteil der problematischen „Wiederaufheizphase" am gesamten betrachteten Zeitraum abnimmt und der Spareffekt der „kalten Phase" überwiegt.

ILLUSTRIERENDES BEISPIEL 5.6: Kaffee mit Milch

Folgendes (vielleicht nicht existentiell wichtiges) Problem stellt sich Ihnen morgens im Büro: Sie haben sich einen heißen Kaffee zubereitet (oder vielleicht auch zubereiten lassen ...), kommen aber im Moment nicht dazu, ihn auch zu trinken. Da Sie den Kaffee stets mit einem „Schuss Milch" versehen, stellt sich Ihnen die Frage, ob sie die (kalte) Milch jetzt gleich zugeben oder damit lieber bis zu dem Moment abwarten, an dem Sie Ihren Kaffee auch wirklich genießen können. So oder so, der Kaffee soll, wenn Sie ihn trinken, noch so heiß wie möglich sein.

Hier tritt ein Problem auf, das in vielen Aspekten ähnlich zum vorherigen Beispiel der „Heizstrategie" im Eigenheim ist, da es sich um einen instationären Wärmeübergang im Kontakt mit der Umgebung handelt. Der Kaffee besitzt nach der Zubereitung eine um $m^* c^* (t^* - t_U^*)$ erhöhte innere Energie, wobei m^* die Masse des Kaffees, c^* die spezifische Wärmekapazität (von Wasser), t^* die aktuelle Kaffeetemperatur und t_U^* die (konstante) Umgebungstemperatur ist. Hier und im Folgenden wird nur der heiße Kaffee betrachtet, thermische Effekte im Zusammenhang mit den Temperaturänderungen im Wandmaterial der Tasse oder des Bechers werden zunächst vernachlässigt.

Die erhöhte innere Energie des heißen Kaffees wird in einem Zeitraum $[\tau_1^*, \tau_2^*]$ aufgrund von Wärmeströmen an die Umgebung reduziert. Dieser „Verlust" an innerer Energie äußert sich als Abkühlen des Kaffees und beträgt

$$\Delta E^* = m^* c^* (t_1^* - t_2^*) \tag{5-30}$$

wenn t_1^* und t_2^* die mittleren Kaffeetemperaturen zu den Zeitpunkten τ_1^* bzw. τ_2^* sind. Diese an die Umgebung übertragene Energie kann auch als Bilanz der in $[\tau_1^*, \tau_2^*]$ übertragenen Energie, d. h. als

$$\Delta E^* = K \int_{\tau_1^*}^{\tau_2^*} (t^* - t_U^*) \, d\tau^* \tag{5-31}$$

formuliert werden. Dabei enthält die Konstante K wiederum die Übertragungsflächen und die (als unveränderlich unterstellten) Wärmeübergangskoeffizienten für den konvektiven und den Strahlungswärmeübergang.

Damit ist die Lösung des Problems unmittelbar erkennbar: Wenn die Milch sofort, d. h. zum Zeitpunkt τ_1^* zugegeben wird, ist die aktuelle Kaffeetemperatur t^* im gesamten Zeitraum $\left[\tau_1^*, \tau_2^*\right]$ niedriger als im Fall einer späteren Milchzugabe bei τ_2^*. Damit reduzieren sich die Verluste gemäß (5-31) und als Folge ist t_2^* in (5-30) bei der sofortigen Milchzugabe größer als im Fall einer Zugabe bei τ_2^*. Also, die Milch sofort zugeben!

Die bisherigen Überlegungen basieren auf einer Modellvorstellung, die eine Reihe von Aspekten vernachlässigt hat. Ob dies im Sinne einer tragfähigen Modellaussage zulässig ist, muss ggf. überprüft werden. Nicht berücksichtigt wurden bisher

- thermische Effekte im Wandmaterial,

- die Temperaturabhängigkeit der Wärmeübergangskoeffizienten bei natürlicher Konvektion,

- die Temperaturabhängigkeit der Wärmekapazitäten,

- die Veränderung der Masse m^* durch die Zugabe der Milch,

- die Veränderung der Wärmeleitfähigkeit im Kaffee durch die Zugabe der Milch,

- die Ungleichverteilung der Temperatur im Kaffee (t^* sind momentane, volumengemittelte Temperaturen),

- der (u. U. starke Effekt) des Umrührens (erhebliche Beeinflussung des Wärmeüberganges zwischen dem Kaffee und der Wand bzw. der Luft über dem Kaffee).

Für eine sehr viel genauere Betrachtung dieses Beispiels sowie ein zugehöriges Experiment siehe: Herwig, H. (2014): *Ach, so ist das!* - Phänomen 22: Den Kaffee möglichst heiß trinken, Springer Vieweg, Wiesbaden.

ILLUSTRIERENDES BEISPIEL 5.7: Die Kunst, ein Ei zu kochen

Auch wenn man sich nicht durch die Frage „Wann werden die Eier denn endlich weich?" als absoluter Koch-Laie erweist, ist es keineswegs selbstverständlich, dass ein gekochtes Ei stets so auf den Tisch kommt, wie man es gerne hätte. Der Wunschzustand ist z. B.: Mit einem schön weichen Eigelb, aber ohne dass an einigen Stellen noch flüssiges („glibberiges") Eiweiß vorhanden ist. Die Regel „fünf Minuten" - unabhängig von der Größe des Eies - kann nicht immer funktionieren; es bedarf schon etwas genauerer Überlegungen.

Eier haben bekanntlich neben der Schale zwei Hauptbestandteile: Das Eiklar (häufig „Eiweiß" genannt) und den Dotter (häufig „Eigelb" genannt). Beide Anteile bestehen im Wesentlichen neben Wasser aus Proteinen (Aminosäuren), die bei Temperaturen oberhalb von etwa 40°C denaturieren (Aufbrechen von chemischen Bindungen innerhalb der Makromoleküle). Bei höheren Temperaturen kommt es dann zu chemischen Reaktionen, die zur Gerinnung (Koagulation) führen. Für das Eiklar geschieht dies oberhalb von 63°C für den Dotter sind Temperaturen von mehr als 70°C erforderlich, damit es zur Gerinnung kommt. Für ein hartgekochtes Ei ist es also erforderlich, dass im Zentrum, d. h. im Inneren des Dotters, Temperaturen von über 70°C erreicht werden. Wenn im Dotter Temperaturen > 80°C herrschen, tritt eine gewisse Grünfärbung ein. Dies ist aufgrund der Temperaturverteilung zunächst am Außenrand des Dotters der Fall.

Insgesamt ist zu beachten, dass das Kochen eines Eies einen instationären Wärmeübergangsprozess darstellt, bei dem im Ei eine Temperaturverteilung herrscht, die sich qualitativ wie in Bild 5.12 gezeigt verhält. Dies kann wie folgt in Bezug auf die im Bild angegebenen fünf Zeitpunkte erläutert werden:

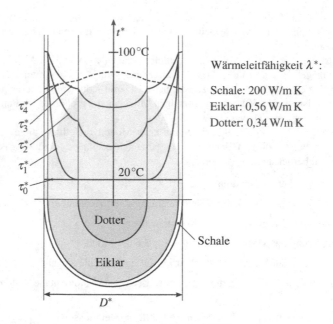

Bild 5.12: Prinzipieller Temperaturverlauf im Ei zu verschiedenen Zeiten τ^*

- τ_0^*: Das Ei besitzt eine einheitliche Anfangstemperatur (nach langer Lagerung bei konstanter Temperatur), z. B. 20°C.

- τ_1^*: Kurz nachdem das Ei in siedendes Wasser gegeben worden ist, herrschen an der Oberfläche etwa 100°C. Wegen der hohen Wärmeleitfähigkeit der Eierschale gibt es keinen nennenswerten Temperaturabfall über die Eierschale hinweg. Nach der kurzen Zeit τ_1^* sind nur die oberflächennahen Teile des Eiklar erwärmt, der Dotter noch nicht.

- τ_2^*: Nach längerer Zeit ist das gesamte Ei von einer Temperaturerhöhung erfasst, die qualitativ in Bild 5.12 gezeigt ist. Der Temperaturverlauf zeigt an der Grenze zum Dotter einen Knick, weil rechts und links der Grenzfläche unterschiedliche Wärmeleitfähigkeiten vorliegen.

- τ_3^*: Prinzipieller Verlauf wie bei τ_2^*, aber mit insgesamt höheren Werten.

- τ_4^*: Nachdem das Ei aus dem Wasser genommen worden ist, kommt es zu einem Temperaturausgleich im Ei bei gleichzeitiger Abkühlung. Dieser Temperaturausgleich bewirkt einen weiteren Anstieg der Temperatur im Zentrum des Eies. Gleichzeitig gibt es aber auch einen Wärmestrom an die Umgebung, so dass der jetzt grundsätzlich andere Temperaturverlauf im Ei entsteht (s. Kurve für τ_4^*). Nach sehr langen Zeiten liegt wieder die aktuelle Umgebungstemperatur im gesamten Ei vor.

Der entscheidende Parameter beim Kochen von Eiern ist die gewünschte Temperatur, die über eine entsprechende Kochzeit erreicht wird. Der Zubereitungsgrad (weich, hart, ...) korreliert dabei direkt mit der am Ende erreichten Temperatur im Dotter. Eine grobe Korrelation zwischen dieser Temperatur und der Dotter-Textur ist in Tab. 5.8 gegeben. Sie enthält mittlere Temperaturen, so dass auf Grund des in Bild 5.12 gezeigten prinzipiellen Temperaturverlaufs am Außenrand des Dotters jeweils eine höhere Temperatur vorliegt.

Tabelle 5.8: Zustand des Eies bzw. des Dotters abhängig von der mittleren Dotter-Temperatur

mittlere Dotter-Temperatur	Dotter-Textur	Zustand
60 °C	leicht flüssig	„sehr weich"
70 °C	erste Gerinnungserscheinungen	„weich"
80 °C	vollständig geronnen, erste Grünfärbung am Rand	„hart"
90 °C	trocken, bröckelig fest	„sehr hart"

Um einen gewünschten Zubereitungsgrad des Eies zu erreichen, sind für die Wahl der Kochzeit zusätzlich der Ei-Durchmesser, die Ei-Anfangstemperatur und die Wassertemperatur zu beachten. Alle diese Parameter gehen in eine „Faustformel" ein, die in der Literatur zu finden ist, hier übernommen aus: Barham, P. (2007): *The Science of Cooking*, Springer-Verlag, Berlin. Sie lautet

$$\frac{\tau^*}{\min} = \left[0{,}0015 \left(\frac{D^*}{\mathrm{mm}} \right)^2 \ln \left(\frac{2\,(t_\mathrm{W}^* - t_0^*)}{(t_\mathrm{W}^* - t_\mathrm{D}^*)} \right) \right] \tag{5-32}$$

Dabei ist der Durchmesser D^*, wie in Bild 5.12 gezeigt als kleinster Durchmesser zu ermitteln. Die drei Temperaturen in (5-32) sind

- t_W^*: Wassertemperatur ($\leq 100°$C),

- t_0^*: Ei-Anfangstemperatur,

- t_D^*: mittlere Dotter-Endtemperatur (s. Tab. 5.8).

Für die beiden Fälle $t_0^* = 20°$C (Ei bei Raumtemperatur) und $t_0^* = 5\,°$C (Ei bei Kühlschranktemperatur) ist die Abhängigkeit der Kochzeit vom Durchmesser D^* in Tab. 5.9 gezeigt. Der angestrebte Ei-Zustand ist dabei „weich" mit einer mittleren Dotter-Temperatur von 70°C. Es gelte eine einheitliche Wassertemperatur von 100°C.

Tabelle 5.9: Beispiel-Auswertung von (5-32) für $t_\mathrm{W}^* = 100°$C, $t_\mathrm{D}^* = 70°$C und verschiedene Werte von t_0^* und D^*

	D^* in mm	τ^* in min	τ^* in min, s
	30	2,26	2 min 16 s
$t_0^* = 20°$C	35	3,08	3 min 5 s
	40	4,02	4 min 1 s
	45	5,08	5 min 5 s
	30	2,49	2 min 29 s
$t_0^* = 5°$C	35	3,39	3 min 23 s
	40	4,29	4 min 17 s
	45	5,61	5 min 37 s

ILLUSTRIERENDES BEISPIEL 5.8: Kartoffeln kochen bei verschiedenen Biot-Zahlen

Wenn untersucht werden soll, welche Temperaturen sich beim Kochen im jeweiligen Kochgut einstellen, so besagt der Zahlenwert der Biot-Zahl, vgl.(5-16), ob zumindest näherungsweise einer der relativ leicht zu berechnenden Grenzfälle (Bi $\to$ 0 oder Bi $\to \infty$) vorliegt, oder ob das Problem vollständig, d. h. ohne begründete Näherungsannahmen gelöst werden muss.

Dies soll für den Fall des Kartoffeln-Kochen vor dem Hintergrund der jeweiligen Biot-Zahl,

$$\text{Bi} = \frac{\alpha_m^* L^*}{\lambda_K^*} \tag{5-33}$$

genauer untersucht werden. Typische Zahlenwerte für kleine Kartoffeln sind dabei

- $\alpha_m^* = 50 \, \text{W/m}^2\text{K}$ (natürliche Konvektion im Wasser)
- $L^* = 0{,}02 \, \text{m}$ (Kartoffel-Durchmesser von 2 cm)
- $\lambda_K^* = 0{,}6 \, \text{W/m K}$ (Wert von Wasser, aus dem Kartoffeln überwiegend bestehen)

Mit diesen Werten ergibt sich eine Biot-Zahl $\text{Bi} = 1{,}67$, die nicht in der Nähe einer der beiden Grenz-fälle $\text{Bi} \to 0$ oder $\text{Bi} \to \infty$ liegt. Damit muss im Rahmen einer theoretischen Betrachtung (leider) das vollständige Problem gelöst werden, ohne dass (bezogen auf das Kochgut) außen oder innen eine deutliche Vereinfachung der Berechnung möglich wäre.

Alternativ wird die Kartoffel jetzt gedanklich in kleine Würfel geschnitten. Mit einer Kantenlänge von 2 mm ergibt sich eine Biot-Zahl $\text{Bi} = 0{,}167$, die in der Nähe von $\text{Bi} \approx 0{,}1$ liegt. Dieser Wert wird als klein genug angesehen, damit in guter Näherung die physikalische Situation vorliegt, die in Bild 5.13 für $\text{Bi} \to 0$ skizziert ist. Anstelle einer allmählichen Erwärmung wird jetzt angenommen, dass die Kartoffelstückchen mit einer Anfangstemperatur t_0^* in das heiße Wasser der Temperatur t_∞^* gegeben werden. Für die dann eintretende instationäre Erwärmung gilt (5-21), vgl. Bild 5.5 für $\text{Bi} \to 0$ mit den einzelnen Größen aus Tab. 5.10.

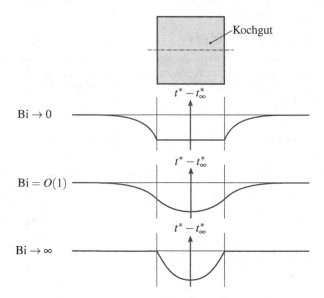

Bild 5.13: Prinzipieller Temperaturverlauf bei der instationären Erwärmung eines Kartoffelwürfels. Gezeigt ist die Temperaturverteilung entlang der gestrichelten Linie im oberen Bildteil zu einem bestimmten Zeitpunkt als Differenz zur Temperatur in größerer Entfernung vom Kochgut (t_∞^*).

Tabelle 5.10: Beteiligte physikalische Größen

Symbol	Einheit	Bedeutung
Θ	-	dimensionslose Temperatur
t^*	°C	Temperatur zum Zeitpunkt τ^*
t_0^*	°C	Anfangstemperatur, hier: 20°C
t_∞^*	°C	Temperatur des heißen Wassers
α_m^*	W/m^2 K	mittlerer Wärmeübergangskoeffizient, hier: 50 W/m^2 K
L^*	m	Kantenlänge
A^*	m^2	Übertragungsfläche, hier: $6L^{*2}$
V^*	m^3	Volumen, hier: L^{*3}
ρ^*	kg/m^3	Dichte, hier: 1000 kg/m^3
c^*	J/kg K	spezifische Wärmekapazität, hier: 4200 J/kg K
τ^*	s	Zeit

Die Auswertung mit den Zahlenwerten aus dieser Tabelle und mit $L^* = 2$ mm ergibt für die dimensionslose Temperatur $\Theta = 1 - \exp(-3{,}57 \cdot 10^{-2}\tau^*)$ mit τ^* in Sekunden.

Damit kann jetzt ermittelt werden, nach welchen Zeiten, abhängig von der Temperatur t_∞^*, in den Kartoffelstückchen die Mindesttemperatur von $t^* = 70$°C erreicht wird, ab der entscheidende chemische Reaktionen einsetzen. Solche Werte sind als τ_{70}^* in Tab. 5.11 enthalten. Für Wassertemperaturen zwischen 90°C und 100°C dauert es etwa eine halbe Minute, bis die Kartoffelstückchen diese Grenztemperatur erreicht haben.

Tabelle 5.11: Zeiten bis zum Erreichen der Temperatur $t^* = 70$°C: τ_{70}^* und Θ_{70} nach Definition in (5-21)

t_∞^* in °C	Θ_{70}	τ_{70}^* in s
100	0,625	27,463
90	0,714	35,077
80	0,833	50,169

Die zuvor beschriebenen Zusammenhänge können durch einfache Experimente noch weiter verdeutlicht werden. Dazu sind für Kartoffelstücke mit einer Kantenlänge $L^* = 20$ mm Temperatur/Zeit-Kurven aufgenommen worden, indem mit einem Thermoelement die Temperatur im Inneren der Kartoffelstücke gemessen wurde. Dies entspricht den zuvor angestellten Überlegungen für Kartoffeln mit dem Durchmesser von 2 cm.

Bild 5.14 zeigt den raschen Temperaturanstieg, wenn die Kartoffelstücke in Wasser mit der Temperatur $t_\infty^* = 90$°C gegeben werden. Die Ausgangstemperatur war dabei $t_0^* = 20$°C. Obwohl hier eine Biot-Zahl Bi $= 1{,}67$ vorliegt, die deutlich größer als 0,1 ist, ergibt eine Auswertung von (5-21) mit $\alpha_m^* = 50$ W/m^2 K einen zumindest qualitativ ähnlichen Verlauf wie bei den Messungen. Eine gewünschte Temperatur von 70°C ist im vorliegenden Fall etwa nach sechs Minuten erreicht.

Nimmt man die Kartoffelstücke, die bereits 90°C erreicht haben, wieder aus dem heißen Wasser, so kühlen sie in der Umgebungsluft mit $t_U^* = 20$°C relativ schnell ab. Die Temperatur von 70°C wird z. B. nach vier Minuten erreicht. Hierbei ergibt eine Anpassung von (5-21) mit $\alpha_m^* = 20$ W/m^2 K eine qualitative Übereinstimmung. Der deutlich niedrigere Wert von α_m^* in der Abkühlphase spiegelt den schlechteren Wärmeübergang durch natürliche Konvektion in Luft (im Vergleich zu Wasser) wider.

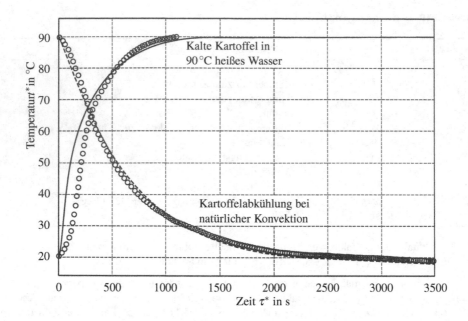

Bild 5.14: Temperaturverlauf im Inneren von Kartoffelstücken der Kantenlänge $L^* = 20$ mm mit $t_0^* = 20°$C und $t_\infty^* = 90°$C

——— Aufwärmphase ($\alpha_m^* = 50$ W/m^2 K)

- - - - - Abkühlphase ($\alpha_m^* = 20$ W/m^2 K)

o o o o o Messwerte

6 Konvektiver Wärmeübergang

In vielen wärmetechnischen Problemen treten Strömungen gasförmiger oder flüssiger Fluide auf. Diese Strömungen beeinflussen den Wärmeübergang erheblich, in bestimmten Fällen gibt es auch eine Rückwirkung des Wärmeüberganges auf die Strömung. Diese einseitige bzw. gegenseitige Beeinflussung von Strömungs- und Temperaturfeldern ist bei sehr vielen Wärmeübergangsproblemen von fundamentaler Bedeutung und soll deshalb hier ausführlich behandelt werden.

Bevor auf konkrete Situationen des konvektiven Wärmeüberganges bei der Durchströmung von Kanälen[1] und der Umströmung von Körpern mit laminaren oder turbulenten Strömungen bei erzwungener oder natürlicher Konvektion genauer eingegangen wird, soll die allen gemeinsame Wirkung von Strömungen auf den leitungsbasierten Energietransport über eine Wand (die gleichzeitig Systemgrenze ist) qualitativ beschrieben werden. Dabei wird in diesem Kapitel unterstellt, dass es sich jeweils um einphasige Strömungen, also reine Gas- oder Flüssigkeitsströmungen handelt.

Es wird hier vorausgesetzt, dass strömungsmechanische Grundkenntnisse vorhanden sind. Beispielsweise sollte der Unterschied zwischen laminaren und turbulenten Strömungen bekannt sein und ebenso die Tatsache, dass diese Strömungsformen jeweils bei Reynolds-Zahlen unter- bzw. oberhalb problemspezifischer kritischer Reynolds-Zahlen $\mathrm{Re_{krit}}$ auftreten. Auf spezielle Strömungsphänomene und deren Auswirkungen auf den Wärmeübergang wird in diesem Buch aber zumindest qualitativ eingegangen.[2]

6.1 Die Physik des konvektiven Wärmeüberganges

Für das physikalische Verständnis der Vorgänge bei der konvektiven Wärmeübertragung ist es sinnvoll, danach zu unterscheiden, ob

- der Wärmeübergang an eine begrenzte Fluidmenge bei der Durchströmung eines Kanals oder an eine prinzipiell unbegrenzte Fluidmenge bei der Umströmung eines Körpers erfolgt,

- die thermische Randbedingung $\dot{q}_W^* = \mathrm{const}$ oder $T_W^* = \mathrm{const}$ vorliegt.

In der Kombination entstehen damit bei der konvektiven Wärmeübertragung vier verschiedene Fälle mit sehr unterschiedlichem physikalischem Verhalten.

Die entscheidenden, unterschiedlichen Vorgänge aber auch die Gemeinsamkeiten in den vier Wärmeübertragungssituationen sollen im Folgenden erläutert werden. Dabei wird insbesondere darauf hingewiesen, welche Auswirkungen eine Verbesserung des Wärmeüberganges hat. Es

---

[1] Unter *Kanälen* werden hierbei zunächst alle durchströmten Geometrien zusammengefasst, wie z. B. Rohr, Diffusor und Düse mit unterschiedlichen geometrischen Querschnitten, einschließlich dem zweidimensionalen (ebenen) Kanal. Eine genauere Unterscheidung erfolgt im Kap. 6.3.2

[2] Herwig, H. (2016): *Strömungsmechanik / Einführung in die Physik von technischen Strömungen*, 2. Aufl., Springer Vieweg, Wiesbaden oder: Herwig, H.; Schmandt, B. (2018): *Strömungsmechanik / Physikalisch-mathematische Grundlagen und Anleitung zum Lösen von Aufgaben*, 4. Aufl., Springer Vieweg, Wiesbaden

© Springer Fachmedien Wiesbaden GmbH, ein Teil von Springer Nature 2019
H. Herwig und A. Moschallski, *Wärmeübertragung*,
https://doi.org/10.1007/978-3-658-26401-7_6

wird zunächst von der sog. *erzwungenen Konvektion* ausgegangen, die im Falle der Durchströmung eines Kanals immer als hydraulisch ausgebildet unterstellt wird[1]. Die physikalischen Besonderheiten der *natürlichen Konvektion* werden an späterer Stelle (Kap. 6.1.4) am Beispiel der Strömung an beheizten Wänden behandelt.

Bei Durchströmungen, wenn also nur ein endlicher Massenstrom durch die Wärmeübertragung temperaturmäßig beeinflusst wird, kann zur Charakterisierung des Temperaturniveaus die sog. kalorische Mitteltemperatur gebildet werden. Diese ist definiert als

$$T_{km}^* = 1/(u_m^* \hat{A}^*) \int \int T^* u^* d\hat{A}^* \tag{6-1}$$

mit $\hat{A}^*$ als durchströmten Querschnitt und u_m^* als querschnittsgemittelte axiale Geschwindigkeit. Diese Temperatur entspricht einer mittleren Temperatur, die durch eine perfekte Durchmischung im jeweiligen Strömungsquerschnitt entstehen würde. In diesem Sinne ist der angelsächsische Begriff der „mixing cup temperature" für diese Größe sehr anschaulich gewählt.

Bei Durchströmungen von Kanälen, d. h. von lauflängenunabhängigen geometrischen Querschnitten, können sehr unterschiedliche Querschnittsformen vorliegen (Kreis, Quadrat, Dreieck, ...). Um eine einheitliche Darstellung in dimensionsloser Form zu ermöglichen, ist dann eine allen gemeinsame Definition der charakteristischen Länge des Problems erforderlich, mit der die jeweilige „Größe" der Querschnittsfläche gekennzeichnet wird. In Anlehnung an den Standardfall des Kreisrohres (für das der Durchmesser D^* als charakteristische Länge gilt) wird ein sog. *hydraulischer Durchmesser* eingeführt, der für beliebige Querschnittsformen gilt. Die Definition lautet

$$D_h^* \equiv \frac{4A^*}{U^*} \tag{6-2}$$

mit A^* als durchströmter Querschnittsfläche und U^* als demjenigen Teil des Umfangs, der mit dem Fluid in Kontakt ist (sog. benetzter Umfang).

Die Unterscheidung zwischen Umfang und benetztem Umfang spielt lediglich bei sog. offenen Gerinneströmungen eine Rolle. Bei Rohrströmungen mit Kreisquerschnitt entspricht der hydraulische Durchmesser dem geometrischen Durchmesser, bei ebenen Kanälen ist D_h^* das Doppelte des Wandabstandes.

Mit der Einführung des hydraulischen Durchmessers verbindet sich aber weit mehr als nur eine einheitliche Definition einer charakteristischen Länge. Die Hoffnung ist vielmehr, dass Ergebnisse, die für das Kreisrohr mit einem Durchmesser D^* gefunden worden sind, unverändert auch für alle anderen Fälle mit Nicht-Kreisquerschnittsgeometrien und dem zugehörigen Durchmesser D_h^* gelten.

Leider ist dies nicht der Fall - aber: Während für laminare Strömungen große Unterschiede zwischen unterschiedlichen Geometrieformen aber demselben hydraulischen Durchmesser auftreten, liegt für turbulente Strömungen eine nahezu vollständige Gleichheit vor. Typische Abweichungen bei turbulenten Strömungen liegen im niedrigen einstelligen Prozentbereich, während bei laminaren Strömungen erhebliche Abweichungen von 50 % oder mehr auftreten können, wie später Tab. 6.5 zeigt.[2]

---

[1] Unter „hydraulisch ausgebildeter Kanalströmung" ist zu verstehen, dass sich (nach einem hydraulischen Einlauf) das Strömungsprofil nicht mehr mit der Hauptströmungs-Koordinate x^* verändert. Dies setzt einen in Strömungsrichtung unveränderten Kanalquerschnitt sowie eine konstante Dichte voraus.

[2] Zu weiteren Details siehe Herwig, H. (2004): *Strömungsmechanik A-Z*, Vieweg Verlag, Wiesbaden / Stichwort: Hydraulischer Durchmesser

Bild 6.1 zeigt die qualitativen Verläufe der Temperaturen bzw. Wandwärmestromdichten für die vier Fälle, die anschließend einzeln bzgl. ihrer charakteristischen Eigenschaften beschrieben werden. Für alle vier Fälle gilt als prinzipieller Mechanismus, dass Energie in Form von Wärme über die Wand in das Fluid geleitet, dort vom Fluid sensibel gespeichert und anschließend (bzw. gleichzeitig) mit der Strömung, also konvektiv, stromabwärts transportiert wird.

Veränderungen aufgrund verbesserter Wärmeübergänge werden für die prinzipiellen Verläufe der Wandtemperaturen bzw. Wandwärmestromdichten gezeigt (ΔWü). Auf die damit verbundenen Veränderungen in den Temperaturprofilen und Grenzschichtdicken wird in Bild 6.1 aber nicht eingegangen.

(1) Kanal, $\dot{q}_W^* = $ const:
In einem Kanal mit einer hydraulisch ausgebildeten Strömung wird ein begrenzter Massenstrom $\dot{m}^*$ einer Anfangstemperatur T_0^*, beginnend bei $x^* = 0$, kontinuierlich erwärmt. Die Energiebilanz $\dot{m}^* c^* (T_{km}^* - T_0^*) = \dot{q}_W^* A^*$ mit A^* als bis zur Stelle x^* wirksamen Übertragungsfläche für $\dot{q}_W^*$ zeigt, dass die kalorische Mitteltemperatur T_{km}^* linear mit x^* ansteigt, da $A^* \sim x^*$ gilt. Je besser nun der Wärmeübergang ist, umso geringer ist die erforderliche Temperaturdifferenz $T_W^* - T_{km}^*$ (vgl. (2-1) mit $\Delta T^* = T_W^* - T_{km}^*$), die nach einer thermischen Einlaufphase x^*-unabhängig wird.

Eine Verbesserung des Wärmeüberganges führt lediglich zu einer niedrigeren Wandtemperatur, die kalorische Mitteltemperatur bleibt unbeeinflusst.

(2) Ebene Wand, $\dot{q}_W^* = $ const:
Im Unterschied zur Strömung durch einen Kanal ist der Massenstrom, in den Energie in Form von Wärme übertragen werden kann, bei der Überströmung einer ebenen Platte prinzipiell unbegrenzt. Die Energiebilanz lautet analog zum vorher beschriebenen Fall $\dot{m}^* c^* (T_{km}^* - T_\infty^*) = \dot{q}_W^* A^*$ mit T_∞^* als Temperatur der Anströmung. Sie ergibt aber für einen Massenstrom $\dot{m}^* \to \infty$ für die kalorische Mitteltemperatur $T_{km}^* \to T_\infty^*$, also keinen Wert, der zur Bildung einer Temperaturdifferenz herangezogen werden könnte. Diese muss jetzt als Differenz zwischen der Wandtemperatur T_W^* und der „Außentemperatur" T_∞^* gebildet werden und liegt als Temperaturdifferenz über eine sog. thermische Grenzschicht vor. Durch die Wärmeübertragung steigt die Wandtemperatur kontinuierlich, aber „unter-linear" an ($(T_W^* - T_\infty^*) \sim x^{*n}$ mit $n < 1$). Es bildet sich dabei eine thermische Grenzschicht der Dicke δ_T^* aus.

Eine Verbesserung des Wärmeüberganges führt zu einer niedrigeren Wandtemperatur (vgl. (2-1) mit $\Delta T^* = T_W^* - T_\infty^*$).

(3) Kanal, $T_W^* = $ const:
In einem Kanal mit hydraulisch ausgebildeter Strömung wird ein begrenzter Massenstrom $\dot{m}^*$ für $x^* \to \infty$ um $\Delta T^* = T_W^* - T_0^*$ erwärmt. Dazu wird die Energie $\dot{m}^* c^* (T_W^* - T_0^*)$ benötigt. Die kalorische Mitteltemperatur steigt ausgehend von $T_{km}^* = T_0^*$ bei $x^* = 0$ kontinuierlich an, bis sie für $x^* \to \infty$ asymptotisch den Wert $T_{km}^* = T_W^*$ erreicht. Für praktische Anwendungen wählt man als Kriterium, um festzulegen, nach welcher endlichen Lauflänge x^* die Wärmeübertragung beendet ist, einen bestimmten geringen Prozentsatz (z. B. 2 %), um den T_{km}^* noch von T_W^* abweicht.

Eine Verbesserung des Wärmeüberganges verkürzt diese Lauflänge, führt also zu kürzeren „Heizstrecken" (ohne die insgesamt aufzuwendende Energie zu verändern), weil die lokale Wandwärmestromdichte direkt nach dem Temperatursprung ansteigt.

(4) Ebene Wand, $T_W^* = $ const:

Durch die gegenüber der Temperatur des strömenden Fluides erhöhte Wandtemperatur entsteht eine Wärmestromdichte an der Wand. Diese wird mit steigender Lauflänge stets kleiner, weil die Temperaturgradienten (mit denen insgesamt die konstante Temperaturdifferenz $\Delta T^* = T_W^* - T_\infty^*$ überbrückt wird) in dem Maße abnehmen, in dem das Temperaturprofil in die Strömung „hineinwächst". Damit nimmt auch der Temperaturgradient an der Wand

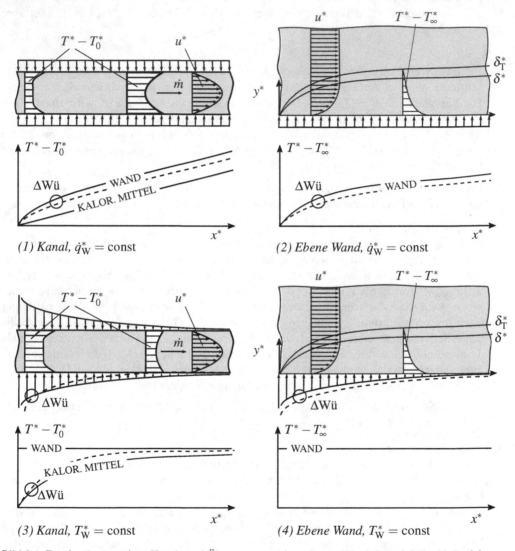

Bild 6.1: Durchströmung eines Kanals und Überströmung einer ebenen Wand: Prinzipieller Verlauf der
    - Wand- und kalorischen Mitteltemperaturen für $\dot{q}_W^* = $ const
    - Wandwärmestromdichten für $T_W^* = $ const
    ΔWü: Veränderung bei einem verbesserten Wärmeübergang (——— $\Rightarrow$ – – – –)
    δ^*: Dicke der Strömungsgrenzschicht
    δ_T^*: Dicke der Temperaturgrenzschicht

in Laufrichtung ab, was zur beschriebenen Verringerung der Wandwärmestromdichte führt (vgl. (5-5)). An jeder Stelle x^* muss die mit diesem Temperaturprofil gespeicherte innere Energie genau der Energie entsprechen, die bis zu dieser Stelle insgesamt in Form von Wärme über die Wand übertragen worden ist. Es muss also gelten $\rho^* c^* \int u^*(y^*)(T^* - T_\infty^*) \, dy^* = \int \dot{q}_W^* \, dx^*$, wobei $u^*(y^*)$ das wandparallele Geschwindigkeitsprofil ist. Wegen der zweidimensionalen Anordnung wird hier statt über $\hat{A}^*$ (durchströmte Fläche) und A^* (Wandfläche) nur über y^* bzw. x^* integriert.

Eine Verbesserung des Wärmeüberganges führt über der gesamten Lauflänge zu einer Erhöhung der Wandwärmestromdichte (vgl. (2-1) mit $\Delta T^* = T_W^* - T_\infty^*$) und damit für eine bestimmte Lauflänge x^* zu einer Erhöhung der auf dieser Strecke insgesamt in Form von Wärme übertragenen Energie.

An den Ausführungen zu den vier verschiedenen Fällen wird deutlich, dass eine Verbesserung des Wärmeüberganges sehr unterschiedliche Konsequenzen hat. Es sollte deshalb im konkreten Anwendungsfall genau geprüft werden, ob eine Verbesserung des Wärmeüberganges wirklich von entscheidendem Vorteil ist.

Für die weitere Behandlung unterschiedlicher konvektiver Wärmeübertragungssituationen ist es sehr hilfreich, bestimmte Grenzbetrachtungen anzustellen, weil bestimmte Maßnahme in Richtung dieser Veränderungen gehen und ihre Wirkungen damit besser verstanden werden können. In diesem Sinne soll anschließend diskutiert werden, was in den vier zuvor behandelten Fällen geschieht, wenn

1. die Wärmeleitfähigkeit unendlich groß würde,

2. die Geschwindigkeitsprofile homogen wären, d. h. unabhängig von der Querkoordinate einheitliche Werte besitzen (und damit die Haftbedingung an der Wand verletzen) würden.

Beim Übergang von laminaren zu turbulenten Strömungen treten Veränderungen auf, die sowohl „in Richtung" von 1. als auch von 2. gehen, wie später genauer ausgeführt wird.

6.1.1 Konvektiver Wärmeübergang für $\lambda^* \to \infty$

Gemäß (5-5) würde im Grenzfall unendlich großer des Fluides

- bei vorgegebenem Temperaturgradienten an der Wand eine unendlich große Wandwärmestromdichte auftreten,

- bei vorgegebener Wandwärmestromdichte kein Temperaturgradient an der Wand erforderlich sein, um den entsprechenden Energietransport zu ermöglichen. Die Temperatur bliebe dann im jeweiligen Querschnitt einheitlich.

Als Konsequenz daraus würden in den vier Standardfällen für $\lambda^* \to \infty$ folgende Veränderungen auftreten, vgl. dazu Bild 6.1, wenn weiterhin die axiale Wärmeleitung in Strömungsrichtung vernachlässigt wird (die für $\lambda^* \to \infty$ aber an Bedeutung gewinnen würde):

(1) Kanal , $\dot{q}_W^* = $ const:
   Wand- und Mitteltemperaturen wären gleich, an jeder Stelle x^* würde ein über den Querschnitt konstantes Temperaturprofil $T^* = T_{km}^*$ vorliegen; diese Temperatur würde (wie zuvor schon T_{km}^*) linear mit x^* ansteigen.

(2) Ebene Wand, $\dot{q}_W^* = $ const:
Die Wand würde sich nicht erwärmen und die bis zu einer Stelle x^* übertragene innere Energie würde sich bis $y^* \to \infty$ im Fluid ausbreiten; die Temperaturgrenzschicht (Dicke δ_T^*) würde über alle Grenzen wachsen.

(3) Kanal, $T_W^* = $ const:
Die kalorische Mitteltemperatur würde direkt bei $x^* = 0$ auf den Wert $T_{km}^* = T_W^*$ „springen“. Die endliche, zu übertragende Energie $\dot{m}^* c^* (T_W^* - T_0^*)$ würde mit einer unendlich großen Wandwärmestromdichte direkt am Kanalanfang übertragen. (Die Wärmeübertragung wäre „beendet, bevor sie richtig begonnen hätte“).

(4) Ebene Wand, $T_W^* = $ const:
Es würde unendlich viel Energie übertragen, da die Dicke der Temperaturgrenzschicht über alle Grenzen wachsen würde und der gesamte unbegrenzte Fluidraum über der Wand auf T_W^* aufgeheizt würde.

Die vier beschriebenen Tendenzen stimmen mit der Veränderung ΔWü für steigende Werte von α^* in Bild 6.1 überein. Dies gilt, weil für $\lambda^* \to \infty$ bei unveränderter Nußelt-Zahl auch $\alpha^* \to \infty$ gilt, wie (4-4) zeigt.

6.1.2 Konvektiver Wärmeübergang bei homogenen Geschwindigkeitsprofilen

Um die Wirkung homogener Geschwindigkeitsprofile im Vergleich zu real vorliegenden Profilen diskutieren zu können, sollte zunächst noch einmal in Erinnerung gerufen werden, welche Wirkung auftritt, wenn überhaupt eine Strömung vorhanden ist.

In Bild 3.1 war die Wirkung einer wandparallelen Strömung pauschal als „wandparallele Entfernung erwärmten Fluides“ beschrieben worden. Dies soll in Bild 6.2 näher erläutert werden, in dem zwei Fälle gegenübergestellt sind.

Im Fall (a) liegt keine Strömung vor und die mit $\dot{q}_W^*$ in Form von Wärme übertragene Energie wird durch Wärmeleitung senkrecht zur Wand transportiert. Dazu ist ein Temperaturgradient in

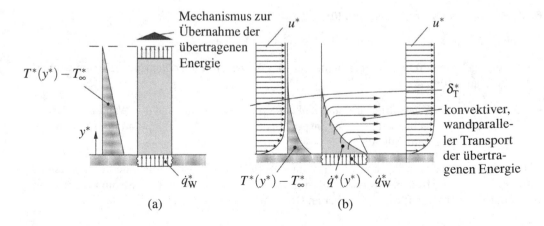

(a)   (b)

Bild 6.2: Illustration der reinen Wärmeleitung (a) im Vergleich zur konvektiven Wärmeübertragung (b)
grau unterlegt: Wärmestromdichten in y^*-Richtung $\dot{q}^*(y^*)$
δ_T^*: Dicke der Temperaturgrenzschicht

y^*-Richtung erforderlich. Jenseits der gestrichelten Linie muss ein Mechanismus vorhanden sein, der die dort übertretende Energie „übernimmt".

Im Fall (b) liegt eine ganz andere Situation vor, weil die durch Wärmeleitung über die Systemgrenze fließende Energie jetzt auf eine wandparallele Strömung trifft. Diese Strömung wird erwärmt, führt gleichzeitig aber auch die übertragene Energie in Form von innerer Energie wandparallel stromabwärts. Dies ist in Bild 6.2 (b) durch den abnehmenden Betrag der in y^*-Richtung auftretenden Wärmestromdichte angedeutet. Dies muss aus Gründen der Energieerhaltung durch einen entsprechenden wandparallelen konvektiven Transport kompensiert werden. Damit ist gemeint, dass die wandnahen Fluidbereiche aufgeheizt werden, aber auch gleichzeitig die dadurch gespeicherte innere Energie auf dem Weg stromabwärts „mitnehmen". Damit sind Temperaturänderungen gegenüber der Wandtemperatur auf wandnahe Bereiche, die sog. *Temperaturgrenzschichten* mit der Dicke δ_T^*, begrenzt.

Dieser Mechanismus ist umso wirkungsvoller, je größer der Massenstrom in unmittelbarer Wandnähe ist, der dafür zur Verfügung steht. Bei geringem Massenstrom in Wandnähe kann dort nur wenig innere Energie stromabwärts geführt werden. Der größte Teil der an der Wand übertragenen Energie muss deshalb zunächst senkrecht zur Wand in das Fluid geleitet werden (wobei weiter entfernt liegende Schichten entsprechend aufgeheizt werden), bevor ein wandparalleler Transport in stromabwärtige Richtung erfolgen kann.

Je „völliger" also ein wandparalleles Geschwindigkeitsprofil ist, umso effektiver ist der wandparallele Transport innerer Energie bereits unmittelbar nachdem sie durch Wärmeleitung in die Strömung gelangt ist. Als Folge davon ist die Dicke der Temperaturgrenzschicht dann entsprechend geringer, was stets zu einem verbesserten Wärmeübergang führt. Bei $T_W^* = $ const entstehen dann größere Temperaturgradienten an der Wand, d. h. größere Wandwärmestromdichten; bei $\dot{q}_W^* = $ const ergeben sich verringerte treibende Temperaturdifferenzen. Beides erhöht den Wärmeübergangskoeffizienten $\alpha^* = \dot{q}_W^*/\Delta T^*$.

Für den Wärmeübergang liegen damit optimale Verhältnisse vor, wenn die Geschwindigkeit zur Wand hin nicht abnimmt, wenn also ein homogenes Geschwindigkeitsprofil vorliegt. Dies ist zunächst „nur" eine Modellvorstellung, weil in der Realität stets die Haftbedingung gilt (solange eine Kontinuumsströmung vorliegt). Dieser gedachte Grenzfall kann aber mehr oder weniger gut angenähert auftreten.

Folgende Maßnahmen führen zu völligeren Geschwindigkeitsprofilen und damit auch zu verbesserten Wärmeübergängen:

- Erhöhung der Reynolds-Zahl bei der Überströmung von Wänden ($\rightarrow$ geringere Grenzschichtdicken),

- Übergang von laminaren zu turbulenten Strömungen (dabei ist aber die Veränderung der Profilform zu völligeren Profilen nicht der alleinige Mechanismus für die Verbesserung des Wärmeüberganges),

- Absaugen von wandnahem Fluid durch eine poröse Wand.

6.1.3 Konvektiver Wärmeübergang bei turbulenten Strömungen

Turbulente Strömungen zeigen im Vergleich zu entsprechenden laminaren Strömungen einen deutlich verbesserten Wärmeübergang, weil durch die Turbulenz beide Effekte eintreten, die zuvor als positiv für den Wärmeübergang beschrieben worden waren:

- Turbulente Strömungen weisen eine deutlich höhere (effektive) Wärmeleitfähigkeit auf als vergleichbare laminare Strömungen.

- Turbulente Geschwindigkeitsprofile sind deutlich „völliger" als vergleichbare laminare Profile.

Beides ist auf die Wirkung der turbulenten Schwankungsbewegungen in der Strömung zurückzuführen. Die wesentlichen Auswirkungen der Schwankungsbewegungen auf den Wärmeübergang sollen im Folgenden kurz skizziert werden.

Turbulente Schwankungsbewegungen in einer Strömung führen zu einer erheblichen Intensivierung des Austausches von Impuls und innerer Energie benachbarter Fluidteilchen. Dieser Austausch findet zwischen Fluidbereichen statt, in denen beide Größen ungleich groß sind. Während bei laminaren wandparallelen Strömungen ein Impulstransport und ein Transport innerer Energie jeweils quer zur Hauptströmungsrichtung (d. h. quer zur Wand) ausschließlich aufgrund molekularer Wechselwirkungen erfolgt, tritt bei turbulenten Strömungen ein zweiter sehr wirksamer Mechanismus hinzu. Turbulente Schwankungsbewegungen führen zu einer lokalen Vermischung und damit zu einem erheblichen Quertransport von Impuls und Energie.

Zu den molekularen Transportkoeffizienten Viskosität η^* (für den Impuls) und Wärmeleitfähigkeit λ^* (für die innere Energie) treten deshalb jeweils turbulenzbedingte, zusätzliche Koeffizienten hinzu. In diesem Sinne gilt

$$\eta^* \rightarrow (\eta^* + \eta_t^*) \equiv \eta_{\text{eff}}^* \tag{6-3}$$

$$\lambda^* \rightarrow (\lambda^* + \lambda_t^*) \equiv \lambda_{\text{eff}}^* \tag{6-4}$$

beim Übergang von einer laminaren zu einer turbulenten Strömung. Dabei gelten für die neu hinzutretenden Transportkoeffizienten η_t^* und λ_t^* drei entscheidende Eigenschaften:

- Sie stellen *keine* Stoffwerte wie η^* und λ^* dar, sondern sind sog. *Strömungsgrößen*, die Ausdruck der Turbulenzwirkung auf den Impuls- und Energietransport sind. Diese Größen sind so definiert, dass sie die Wirkung der Turbulenz auf eine Weise beschreiben „als hätte das Fluid eine um diesen Betrag erhöhte Viskosität bzw. Wärmeleitfähigkeit". Sie werden deshalb auch als *scheinbare Transportkoeffizienten* bezeichnet. Damit wird klar, dass η_t^* und λ_t^* im konkreten Fall nur bestimmt werden können, wenn man die Wirkung der Turbulenz auf den Impuls- und Energietransport kennt.

- η_t^* und λ_t^* sind in weiten Bereichen des Strömungsfeldes zahlenmäßig um ein Vielfaches größer als η^* bzw. λ^*.

- Während η^* und λ^* (bis auf geringfügige Abhängigkeiten vom Druck und von der Temperatur) konstante Stoffwerte des Fluides sind, zeigen die Strömungsgrößen η_t^* und λ_t^* eine starke Abhängigkeit vom Wandabstand, weil die Turbulenz (abhängig vom Wandabstand) in einer Strömung sehr unterschiedlich ausgeprägt ist. Für den Wärmeübergang ist dabei entscheidend, dass η_t^* und λ_t^* an der Wand selbst null sind, weil die Wand sehr wandnahe Schwankungsbewegungen stark dämpft und an der Wand selbst keine Strömung und damit auch keine Schwankungen vorliegen.

Damit ergeben sich prinzipiell die in Bild 6.3 gezeigten Verläufe der Transportkoeffizienten. Da diese Koeffizienten die Form des Geschwindigkeits- bzw. Temperaturprofils (jeweils als Funktion des Wandabstandes y^*) bestimmen, treten in diesen Profilen zwei Bereiche auf, was als *Zweischichtenstruktur* turbulenter, wandgebundener Profile bezeichnet wird. In diesem Sinne gibt es folgende zwei Bereiche:

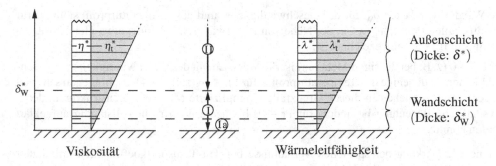

Bild 6.3: Prinzipieller Verlauf der Transportkoeffizienten, Aufteilung in Wand- und Außenschicht

η^*, λ^*: molekulare Koeffizienten

η_t^*, λ_t^*: turbulente (scheinbare) Koeffizienten

horizontal schraffiert: effektive Koeffizienten

(I) Wandschicht:

In diesem wandnächsten Bereich spielen sowohl die molekularen als auch die turbulenten Austauschkoeffizienten bei der Bestimmung der Profilform eine Rolle. Innerhalb dieser Schicht kann noch eine sog. *viskose Unterschicht* identifiziert werden, in welcher der molekulare Austausch dominiert (im Bild 6.3 als (Ia) gekennzeichnet).

(II) Außenschicht:

Bei größeren Wandabständen dominiert der turbulente Austauschkoeffizient (η_t^* bzw. λ_t^*) und die molekularen Koeffizienten können in ihrer Wirkung vernachlässigt werden.

An dieser Stelle kann nur die prinzipielle Wirkung der Turbulenzbewegung auf die Strömung und damit auch auf den Wärmeübergang beschrieben werden. Details einer Turbulenzmodellierung müssen der entsprechenden Spezialliteratur entnommen werden.[1] Die im Bild 6.3 gezeigten Verhältnisse sind aber entscheidend für den turbulenten konvektiven Wärmeübergang. Bestimmte Parameterabhängigkeiten beim turbulenten Wärmeübergang (gegenüber dem laminaren Fall) sind nur vor dem Hintergrund der in Bild 6.3 skizzierten Verhältnisse erklärbar. In diesem Zusammenhang sind dabei folgende Aspekte von besonderer Bedeutung:

- Die Wandschichtdicke δ_W^* ist erheblich kleiner als die Dicke der Außenschicht δ^*. Oftmals wird δ_W^* nur einen Bruchteil eines Millimeters betragen. Trotzdem ist diese Schicht von entscheidender Bedeutung, weil sich die Übertragungsprozesse *an* der Wand abspielen.

- Das Verhältnis δ_W^*/δ^* der Dicken beider Schichten zueinander ist für eine bestimmte Strömungsform nicht konstant, sondern eine Funktion der Reynolds-Zahl $\mathrm{Re} = \rho^* u^* L^*/\eta^*$. Dabei gilt insbesondere

$$\frac{\delta_W^*}{\delta^*} \to 0 \quad \text{für} \quad \mathrm{Re} \to \infty, \tag{6-5}$$

wobei δ^* die Dicke der Außenschicht beschreibt.

---

[1] z. B. : Speziale, C. G.; So, R. M. C. (1998): *Turbulence Modeling and Simulation* in Fluid Dynamics (Ed. Johnson, R. W.), CRC Press, Boca Raton

- Die Wandschichtdicken δ_W^* für das Geschwindigkeits- und das Temperaturprofil sind nur für Prandtl-Zahlen $\text{Pr} = \eta^* c_p^* / \lambda^*$ in der Nähe von Eins (wie z. B. bei Luft) etwa gleich groß, so wie dies in Bild 6.3 eingezeichnet ist.

  Für $\text{Pr} \to 0$ (z. B. bei flüssigen Metallen) ist die Wandschicht des Geschwindigkeitsprofils sehr viel kleiner als diejenige des Temperaturprofils, für $\text{Pr} \to \infty$ (z. B. bei Ölen) hingegen sehr viel größer. Damit entstehen in diesen Grenzfällen komplizierte Mehrschichtenstrukturen, deren physikalische Bedeutung besonders für $\text{Pr} \to 0$ bis heute noch nicht vollständig aufgeklärt werden konnte.

Die generelle Wirkung der speziellen Verhältnisse bei den Transportkoeffizienten turbulenter Strömungen in Bezug auf die Verbesserung des Wärmeüberganges ist zweifach:

- Sie führt zu großen Werten der (effektiven) Wärmeleitfähigkeit. Da Nußelt-Zahlen (als Maß für die Qualität von Wärmeübergängen, s. Tab. 4.2) mit der molekularen Wärmeleitfähigkeit λ^* und nicht mit einer (großen) effektiven Wärmeleitfähigkeit λ_{eff}^* gebildet werden, nehmen die Nußelt-Zahlen bei turbulenten Strömungen große Werte an. Dies ist Ausdruck des guten Wärmeüberganges bei turbulenten Strömungen. Mit $\alpha^* = \text{Nu}\,\lambda^* / L^*$ sind dann auch die Wärmeübergangskoeffizienten α^* bei turbulenten Strömungen deutlich größer als bei vergleichbaren laminaren Strömungen.

- Sie führt zu „völligen" Geschwindigkeitsprofilen, weil die effektive Viskosität *mit dem Wandabstand zunimmt.* Für die in der Wandschicht in erster Näherung konstante Schubspannung gilt $\tau^* = (\eta^* + \eta_t^*)\,\partial \overline{u^*} / \partial y^*$, wobei $\overline{u^*}$ die zeitlich gemittelte Geschwindigkeitskomponente parallel zur Wand ist. Da die Geschwindigkeit insgesamt, ausgehend vom Wert $\overline{u^*} = 0$ an der Wand (Haftbedingung bei $y^* = 0$) nur auf $\overline{u^*} = u_\infty^*$, d. h. auf den Wert außerhalb der Wandgrenzschicht anwächst, ist für die Form des Geschwindigkeitsprofils entscheidend, wie die Geschwindigkeits*gradienten* $\partial \overline{u^*} / \partial y^*$ verteilt sind. Bei turbulenten Strömungen sind diese nahe der Wand groß, weil dort die effektive Viskosität $(\eta^* + \eta_t^*)$ klein ist, und weiter entfernt klein, weil dort die effektive Viskosität groß ist. Dies führt zu völligen Profilen mit großen Wandgradienten $\partial \overline{u^*} / \partial y^*$ (und deshalb auch großen Wandschubspannungen bei turbulenten Strömungen).

  Eine analoge Überlegung gilt für die Temperaturprofile im Zusammenhang mit $(\lambda^* + \lambda_t^*)$. Es entstehen große Wandgradienten $\partial T^* / \partial y^*$ und deshalb auch große Wandwärmestromdichten $\dot{q}_W^*$.

6.1.4 Wärmeübergang bei natürlicher Konvektion entlang von Wänden

Bei den bisher behandelten vier unterschiedlichen Fällen des konvektiven Wärmeüberganges (vgl. Bild 6.1) wurde davon ausgegangen, dass eine Strömung *vorliegt*, deren Wirkung auf einen zusätzlich aufgebrachten Wärmeübergang untersucht werden kann. Solche, durch externe Maßnahmen zustande gekommenen Strömungen werden unter dem Begriff der *erzwungenen Konvektion* zusammengefasst.

Im Gegensatz dazu kommen sog. *natürliche Strömungen* erst durch einen Wärmeübergang zustande, beeinflussen diesen aber auch wiederum. Es handelt sich dann um gekoppelte Wärmeübergangs- und Strömungsprobleme, die durch Effekte im Zusammenhang mit der Temperaturabhängigkeit der Fluid-Dichte ρ^* entstehen. Dabei müssen für die Strömung entlang von Wänden zwei grundsätzlich verschiedene Fälle unterschieden werden, die in Bild 6.4 bezüglich der entscheidenden Wirkmechanismen erläutert werden.

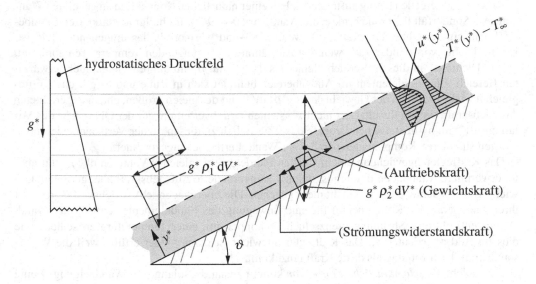

(a) direkte natürliche Konvektion an einer geneigten Wand

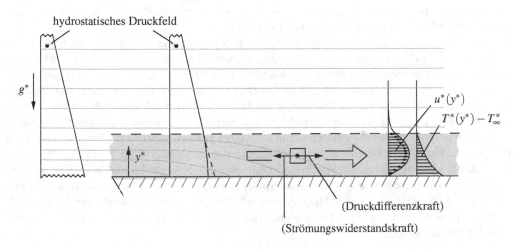

(b) indirekte natürliche Konvektion an einer horizontalen Wand

Bild 6.4: Die Entstehung natürlicher Konvektion durch die Temperaturabhängigkeit von ρ^*,
hier: beheizte Wand
Die dünn ausgezogenen (weitgehend horizontalen) Linien stellen Druck-Isolinien des hydrostatischen Druckfeldes dar. Im Fall (a) wird der Druck in der Grenzschicht durch den Außenbereich aufgeprägt.
Beachte: Die skizzierten Kräfte beziehen sich im Wesentlichen auf die wandparallele Kräftebilanz und geben nicht das vollständige Kräftegleichgewicht in allen Details wieder.

Bild 6.4 (a) zeigt den häufig auftretenden Fall einer natürlichen Konvektion an geneigten Wänden. Als Sonderfall liegt eine senkrechte Wand vor ($\vartheta = 90°$). Im hellgrau markierten Fluidbereich tritt eine erhöhte Temperatur auf, wenn die Wand wärmer als das umgebende Fluid ist. Da die Dichte von Fluiden (mit wenigen Ausnahmen) bei steigenden Temperaturen abnimmt, ist die Dichte ρ_2^* in diesem Bereich kleiner als die Dichte ρ_1^* im angrenzenden, nicht erwärmten Bereich. Ein Fluidelement im Außenbereich befindet sich in Ruhe und es gilt das Kräftegleichgewicht zwischen der Gewichtskraft $g^* \rho_1^* \, dV^*$ und der gleich großen, entgegengerichteten Auftriebskraft, die ein Resultat der nicht konstanten Druckverteilung auf der Oberfläche des Volumens dV^* im hydrostatischen Druckfeld ist. Zusätzlich zu diesen, in der Vertikalen wirkenden Kräften sind deren Komponenten parallel zur Wandoberfläche eingezeichnet.

Das Kräftegleichgewicht an einem solchen Fluidelement (gleiches Volumen dV^*), jetzt aber im erwärmten, wandnahen Bereich ist durch die unveränderte Auftriebskraft aber geringere Gewichtskraft (beachte: $\rho_2^* < \rho_1^*$) nicht mehr gegeben. Die überwiegende Auftriebskraft sorgt (mit ihrer wandparallelen Komponente) für eine Bewegung des Fluidelementes entlang der Wand. Daraus entsteht eine Strömungsgrenzschicht, gekoppelt mit einer Temperaturgrenzschicht, wie dies im Bild angedeutet ist. Das Kräftegleichgewicht ist dann wieder erfüllt, weil die Widerstandskraft der Strömung als dritte Kraft hinzukommt.[1]

Eine solche *direkte natürliche Konvektion* kommt zustande, solange die Wandneigung ϑ eine hinreichend große Erdbeschleunigungs-Komponente $g^* \sin \vartheta$ zulässt, die zu einer wandparallelen Bewegung führt.

An gekühlten Wänden kehrt sich die Strömungsrichtung gegenüber dem im Bild gezeigten Fall um, weil eine im wandnahen Bereich *erhöhte* Gewichtskraft durch eine entsprechend entgegengerichtete Widerstandskraft kompensiert werden muss.

Bild 6.4 (b) zeigt die Situation an einer horizontalen Wand, an der dasselbe hydrostatische Druckfeld wie im Fall (a) jetzt eine ganz andere Wirkung hat. Ausgehend von der Vorderkante der Wand entsteht dabei eine Strömung senkrecht zum Erdbeschleunigungsvektor, also *nicht* aufgrund von Auftriebseffekten. Die Skizze in Bild 6.4 (b) zeigt, dass im erwärmten Bereich oberhalb der Platte aufgrund der dort geringeren Dichte im Vergleich zum selben Höhenniveau vor der Wand ein geringerer hydrostatischer Druck herrscht. Druck-Isolinien verlaufen deshalb nicht mehr parallel zur Wand, sondern wie in der Skizze gezeigt, gekrümmt. Dadurch erfährt ein Fluidteilchen in diesem Bereich aber eine Kraft, die von der Vorderkante der Platte weg weist. Diese Kraft kann nur durch die Widerstandskraft[1] auf das bewegte Fluidteilchen kompensiert werden. Die auf diese Weise zustande kommenden Strömungs- und Temperaturgrenzschichten sind im Bild ebenfalls angedeutet. Diese Art der natürlichen Konvektion wird *indirekte* genannt, weil sie auf dem „Umweg" über einen wandparallelen Druckgradienten und nicht direkt durch Auftriebskräfte entsteht.

6.1.5 Systematik bei konvektiven Wärmeübergängen

Die Erläuterungen in den vorherigen Kapiteln haben gezeigt, dass sowohl die Strömungsform (laminar, turbulent), als auch die geometrischen und thermischen Randbedingungen (Kanal, Wand, $\dot{q}_W^* = $ const, $T_W^* = $ const) einen erheblichen Einfluss auf die physikalischen Vorgänge bei der Wärmeübertragung besitzen. Zusätzlich ist von Bedeutung, ob es sich um eine erzwungene oder eine natürliche Konvektion handelt. Die Vielzahl der Fälle führt zu einer großen Anzahl verschiedener Wärmeübergangsbeziehungen. Im Rahmen des vorliegenden Buches ist eine vollständige

---

[1] Genaugenommen liegt dann auch noch eine Trägheitskraft vor, weil eine lokale Beschleunigung der bewegten Fluidteilchen auftritt.

Tabelle 6.1: Überblick über die verschiedenen Fälle konvektiver Wärmeübergänge.
„Kanal" und „Wand" stehen hier stellvertretend für Durchströmungs- bzw. Umströmungssituationen, also für Fälle mit begrenzter oder unbegrenzter Fluidmenge in Bezug auf die Wärmeübertragung.
Natürliche Konvektionen in geschlossenen Innenräumen mit Wärmeübergängen an den Seitenwänden oder den Boden- und Deckenflächen sind in der Spezialliteratur zu finden.[5]

[1] Wickern, G. (1987), Fortschr.-Ber., VDI-Reihe 7, Nr. 129, VDI-Verlag

[2] Gersten, K.; Herwig, H. (1992): *Strömungsmechanik*, Vieweg Verlag, Braunschweig, Wiesbaden / Kap. 8.4

[3] wie [2] / Kap. 18.4.2

[4] wie [2] / Kap. 18.4.3

[5] Müller, U.; Ehrhard, P. (1999): *Freie Konvektion und Wärmeübertragung*, C. F. Müller-Verlag, Heidelberg

	Erzwungene Konvektion	
laminar	Kanal, $\dot{q}_W^* = $ const (Kap. 6.3.2) Kanal, $T_W^* = $ const (Kap. 6.3.2)	Wand, $\dot{q}_W^* = $ const (Kap. 6.3.1) Wand, $T_W^* = $ const (Kap. 6.3.1)
turbulent	Kanal, $\dot{q}_W^* = $ const (Kap. 6.4.2) Kanal, $T_W^* = $ const (Kap. 6.4.2)	Wand, $\dot{q}_W^* = $ const (Kap. 6.4.1) Wand, $T_W^* = $ const (Kap. 6.4.1)
	Natürliche Konvektion	
laminar	geneigte Wand, $\dot{q}_W^* = $ const (Kap. 6.5) geneigte Wand, $T_W^* = $ const (Kap. 6.5)	horizontale Wand, $\dot{q}_W^* = $ const [1] horizontale Wand, $T_W^* = $ const [2]
turbulent	geneigte Wand, $\dot{q}_W^* = $ const [3] geneigte Wand, $T_W^* = $ const [3]	horizontale Wand, $\dot{q}_W^* = $ const [4] horizontale Wand, $T_W^* = $ const [4]

Darstellung aller denkbaren Kombinationen von verschiedenen Strömungsformen und Randbedingungen nicht möglich. Neben dem Verweis auf Fälle, die in diesem Buch anschließend behandelt werden, sind deshalb in Tab. 6.1 einige Literaturangaben zusammengestellt, die hier nicht im Detail vorkommende Fälle ausführlich abhandeln.

Bei allen Fällen in dieser Tabelle handelt es sich um Standard-Situationen mit klar definierten, einfachen Randbedingungen. Im konkreten Anwendungsfall werden aber häufig Situationen auftreten, in denen keine dieser Idealisierungen zutrifft. Es gilt dann zu prüfen, ob einzelne Fälle näherungsweise vorliegen, eventuell miteinander kombiniert werden können, oder nur als Anhaltspunkte für eine spezielle Behandlung des Wärmeübergangsproblems im konkreten Fall dienen können. Unter allen Umständen sollte man sich aber stets die physikalischen Zusammenhänge vor Augen führen, weil nur dann eine angemessene Modellierung der u. U. sehr komplexen Vorgänge möglich ist.

6.2 Grundgleichungen zur Beschreibung des konvektiven Wärmeüberganges

Der Wärmeübergang in Form des Wärmeübergangskoeffizienten α^* gemäß (2-1), bzw. der Nußelt-Zahl Nu gemäß (4-4), kann ermittelt werden, wenn in der Umgebung der Wärmeübertragungsfläche die Temperaturverteilung auf eine Weise bekannt ist, dass daraus die Größen $(\partial T^*/\partial y^*)_W$ (Wand-Temperaturgradient, vgl. (5-5)), T_W^* (Wandtemperatur) und T_∞^* (Temperatur in großem Wandabstand) bestimmt werden können. Die theoretische Bestimmung des Temperaturfeldes erfordert prinzipiell die Lösung der Differentialgleichung für die Temperatur.

Diese Differentialgleichung stellt eine Erweiterung der Wärmeleitungsgleichung (5-6) um zusätzliche Effekte dar, die durch das Strömungsfeld hinzukommen. Eine deutliche Vereinfachung dieser Gleichung ergibt sich, wenn unterstellt wird, dass die Abhängigkeiten der darin vorkommenden Stoffwerte ρ^* (Dichte), η^* (Viskosität), λ^* (Wärmeleitfähigkeit) und c_p^* (spezifische Wärmekapazität) von der Temperatur und dem Druck in erster Näherung vernachlässigt werden können (konstante Stoffwerte). Da Gleichungen für verschiedene Anwendungsfälle in unterschiedlichen Koordinatensystemen gelöst werden (kartesische Koordinaten, Zylinderkoordinaten, ...) sollen sie hier in Vektorform angegeben werden. Diese Darstellung ist unabhängig vom Koordinatensystem, kann aber anschließend in ein bestimmtes System „übersetzt" werden, indem die Vektoroperatoren (div .., grad ..., ...) für ein bestimmtes Koordinatensystem spezifiziert werden.

6.2.1 Grundgleichungen für konstante Stoffwerte

In Vektorform lautet die sog. *thermische Energiegleichung*[1,2] für konstante Stoffwerte

$$\rho^* c_p^* \left[\frac{\partial T^*}{\partial \tau^*} + \underbrace{\vec{v}^* \, \mathrm{grad}\, T^*}_{1.} \right] = \lambda^* \nabla^2 T^* + \underbrace{\Phi^*}_{2.} + \underbrace{\dot{q}_{V,QS}^*}_{3.} \tag{6-6}$$

mit drei zusätzlichen volumenbezogenen Effekten in W/m^3 gegenüber (5-6):

1. *Konvektiver Transport innerer Energie:* Da strömende Fluide „Träger" von innerer Energie sind, wird mit ihrer Bewegung (Strömungsgeschwindigkeit $\vec{v}^*$) Energie transportiert.

2. *Dissipation mechanischer Energie:* Durch den Dissipationsprozess in strömenden Fluiden wird mechanische in innere Energie verwandelt und trägt damit zur Veränderung des Temperaturfeldes bei.

3. *Wärmequellen bzw. -senken:* Beeinflussung des Temperaturfeldes z. B. durch exotherme oder endotherme chemische Reaktionen (Index V,QS: Volumenbezogen, Quelle, Senke).

Gleichung (6-6) stellt eine Teil-Energiegleichung dar, in der nur die *thermische Energie* bilanziert wird. Für diese gilt (anders als für die Gesamtenergie) kein Erhaltungsprinzip. In diesem Sinne stellen die Terme 2. und 3. sog. Quellterme in der Bilanz dar.

In Kapitel 6.2.2 wird erläutert, für welche Zustände die zunächst als konstant unterstellten Stoffwerte gelten, in Kap. 6.2.3 werden Möglichkeiten aufgezeigt, wie die Ergebnisse bezüglich des Einflusses variabler Stoffwerte korrigiert werden können.

Die Lösung von (6-6) zur Bestimmung des Temperaturfeldes ist allerdings erst möglich, wenn das Geschwindigkeitsfeld $\vec{v}^*$ bekannt ist. Dies ist das entscheidende Problem bei der konvektiven Wärmeübertragung, da die Bestimmung des Geschwindigkeitsfeldes in den meisten Fällen ein erhebliches Problem darstellt. Besonders bei turbulenten Strömungen, die in technischen

---

[1] Herwig, H.; Schmandt, B. (2018): *Strömungsmechanik*, 4. Aufl., Springer Vieweg, Wiesbaden / Kap. 4.7
[2] Für Flüssigkeiten gilt anstelle von c_p^* die spezifische Wärmekapazität c^*

Anwendungen fast immer vorliegen, muss ein erheblicher Aufwand getrieben werden, um Strömungen unter dem Einsatz von Turbulenzmodellen mit numerischen Verfahren näherungsweise zu berechnen.[1]

Die zugrunde liegenden Gleichungen für das Strömungsfeld lauten in Vektorform[2]

$$\operatorname{div}\vec{v}^* = 0 \quad \text{(Kontinuitätsgleichung)} \tag{6-7}$$

$$\rho^* \left(\frac{\partial \vec{v}^*}{\partial \tau^*} + (\vec{v}^* \cdot \operatorname{grad}) \, \vec{v}^* \right) = \rho^* \vec{g}^* - \operatorname{grad} p^* + \operatorname{Div} 2\, \eta^* \, \mathbf{E}^* \quad \text{(Impulsgleichung)} \tag{6-8}$$

Dabei stellt $\vec{g}^*$ den Erdbeschleunigungsvektor, p^* den Druck und $\mathbf{E}^*$ den sog. Deformationsgeschwindigkeitstensor, der verschiedene Geschwindigkeitsgradienten enthält, dar.

Mit (6-6)÷(6-8) stehen 5 Gleichungen zur Verfügung (beachte: (6-8) ist eine Vektorgleichung, die drei Komponenten-Gleichungen umfasst) mit deren Hilfe prinzipiell die fünf Größen T^*, p^*, u^*, v^*, w^* ermittelt werden können, wobei der Geschwindigkeitsvektor $\vec{v}^* = (u^*, v^*, w^*)$ ist. Diese Gleichungen ermöglichen die Bestimmung der Temperatur- und Geschwindigkeitsfelder

- für laminare Strömungen,

- für turbulente Strömungen im Sinne der sog. direkten numerischen Simulation (DNS)[3],

- für turbulente Strömungen im Sinne zeitlich gemittelter Werte. Dafür müssen diese Gleichungen einer Zeitmittelung unterzogen und um Turbulenzmodell-Gleichungen erweitert werden.[4]

Im vorliegenden Buch können die Methoden zur numerischen Lösung der zuvor aufgestellten Gleichungen nicht behandelt werden. Für diese numerischen Lösungen (CFD: computational fluid dynamics) sei deshalb auf die Spezialliteratur verwiesen.[5] Die in den nachfolgenden Kapiteln vorgestellten Ergebnisse folgen prinzipiell aus diesen Gleichungen. Wo dies möglich ist und zum Verständnis beiträgt, wird jeweils erläutert, um welchen Spezialfall der allgemeinen Grundgleichungen es sich handelt. Dafür ist es sinnvoll, die Gleichungen auch in ihrer dimensionslosen Form anzugeben, da dann erkennbar wird, welche dimensionslosen Kennzahlen in ihnen auftreten.

Mit einer Entdimensionierung gemäß Tab. 6.2 folgt (ohne Wärmequellen-/senken $\dot{q}_{\text{V,QS}}^*$):

Tabelle 6.2: Entdimensionierung der Variablen in den Grundgleichungen.
$u_{\text{B}}^*, p_{\text{B}}^*, T_{\text{B}}^*$: Bezugswerte

τ	$\vec{v}$	p	$\vec{g}$	T	Φ	E
$\dfrac{\tau^*}{L^*/u_{\text{B}}^*}$	$\dfrac{\vec{v}^*}{u_{\text{B}}^*}$	$\dfrac{p^* - p_{\text{B}}^*}{\rho^* u_{\text{B}}^{*2}}$	$\dfrac{\vec{g}^*}{u_{\text{B}}^{*2}/L^*}$	$\dfrac{T^* - T_{\text{B}}^*}{\Delta T^*}$	$\dfrac{\Phi^*}{\rho^* u_{\text{B}}^{*3}/L^*}$	$\dfrac{E^*}{u_{\text{B}}^*/L^*}$

[1] Herwig, H.; Schmandt, B. (2018): *Strömungsmechanik*, 4. Aufl., Springer Vieweg, Wiesbaden / Kap. 12
[2] Herwig, H.; Schmandt, B. (2018): *Strömungsmechanik*, 4. Aufl., Springer Vieweg, Wiesbaden / Kap. 4
[3] Herwig, H. (2004): *Strömungsmechanik A-Z*, Vieweg Verlag, Wiesbaden / Stichwort: DNS
[4] Herwig, H.; Schmandt, B. (2018): *Strömungsmechanik*, 4. Aufl., Springer Vieweg, Wiesbaden / Kap. 5
[5] Z. B. Ferziger, J. H.; Peric, M. (2008): *Numerische Strömungsmechanik*, Springer-Verlag, Berlin

$$\frac{\partial T}{\partial \tau} + \vec{v}\,\mathrm{grad}\,T = (\mathrm{Re}\,\mathrm{Pr})^{-1}\,\nabla^2 T + \mathrm{Ec}\,\Phi \tag{6-9}$$

$$\mathrm{div}\,\vec{v} = 0 \tag{6-10}$$

$$\frac{\partial \vec{v}}{\partial \tau} + (\vec{v}\cdot\mathrm{grad})\,\vec{v} = \mathrm{Fr}^{-2}\,\vec{g} - \mathrm{grad}\,p + \mathrm{Re}^{-1}\,\mathrm{Div}2\mathbf{E} \tag{6-11}$$

mit den Kennzahlen Re, Pr, Ec, Fr gemäß Tab. 4.2. Bei natürlicher Konvektion·tritt die Grashof-Zahl Gr als $\sqrt{\mathrm{Gr}}$ an die Stelle der Reynolds-Zahl, weil u_{B}^* durch $(g^* L^* \beta_\infty^* \Delta T^*)^{1/2}$ ersetzt wird.

6.2.2 Bezugszustand für konstante Stoffwerte

Die Annahme konstanter Stoffwerte stellt bzgl. der Temperaturabhängigkeit von Stoffwerten immer dann eine Näherung dar, wenn eine nicht-isotherme Situation vorliegt, was bei Wärmeübergangsvorgängen naturgemäß der Fall ist. Dann stellt sich aber unmittelbar die Frage, bei welchen Temperaturen die einheitlichen Zahlenwerte der Stoffwerte bestimmt werden sollen. Bild 6.1 zeigt, dass in den verschieden Situationen durchaus sehr unterschiedliche Temperaturen vorkommen. Man muss sich aber jeweils für eine Temperatur entscheiden, bei der die Zahlenwerte für ρ^*, η^*, λ^* und c_{p}^* im Sinne konstanter Stoffwerte bestimmt werden. Diese Temperatur soll im Folgenden *Bezugstemperatur* genannt werden.

Prinzipiell ist die Wahl einer solchen Bezugstemperatur weitgehend willkürlich, man wird sie aber sinnvollerweise aus dem vorkommenden Temperaturbereich innerhalb eines Problemes auswählen. Wenn z. B., wie beim Wärmeübergang an der ebenen Wand, Temperaturen zwischen T_∞^* und T_{W}^* vorkommen, so könnten diese beiden Temperaturen als Bezugstemperaturen dienen, es wäre aber auch sinnvoll $(T_\infty^* + T_{\mathrm{W}}^*)/2$ zu wählen und zu hoffen, dass sich bei einer „mittleren" Temperatur gewisse Fehler im Zusammenhang mit der Annahme konstanter Stoffwerte kompensieren.

Da mit unterschiedlicher Wahl der Bezugstemperatur Fehler „gleicher Größenordnung" verbunden sind, soll im Folgenden als „Voreinstellung" gelten, dass bei Umströmungsproblemen die Temperatur der ungestörten Zuströmung T_∞^* und bei Durchströmungsproblemen die Temperatur zu Beginn der Wärmeübertragung T_0^* (bei hydraulisch ausgebildeter Strömung) als Bezugstemperatur gewählt werden. Abweichungen von dieser Vereinbarung werden jeweils explizit erwähnt (weil z. B. eine bestimmte Endbeziehung, die aus der Literatur übernommen wird, mit einer anderen Wahl der Bezugstemperatur zustande gekommen ist).

In diesem Zusammenhang muss lediglich eine spezielle Situation gesondert betrachtet werden: Der Wärmeübergang bei Durchströmungen mit $\dot{q}_{\mathrm{W}}^* = \mathrm{const}$. Bild 6.1 zeigt im linken oberen Teilbild, dass die kalorische Mitteltemperatur und die Wandtemperatur linear mit der Lauflänge ansteigen und damit sehr große Unterschiede zur Temperatur im Eintrittsquerschnitt entstehen können. Damit bleibt der Fehler für große Lauflängen aber nicht begrenzt, da die aktuellen Stoffwerte immer mehr von denjenigen abweichen, die bei der Eintrittstemperatur als konstante Stoffwerte gebildet worden sind. In diesem Fall wird eine gleitende Bezugstemperatur eingeführt, indem zwar konstante Stoffwerte unterstellt werden, die Zahlenwerte aber für jeden Kanalquerschnitt an der entsprechenden Stelle x^* (mit der dort vorliegenden kalorischen Mitteltemperatur) gebildet werden. Für endliche Lauflängen ist dann eine Integration über die x^*-abhängigen Ergebnisse erforderlich. Da auf diese Weise ein Teilaspekt variabler Stoffwerte berücksichtigt wird, spricht man dann von der Näherungsannahme *quasi-konstanter Stoffwerte*.

6.2.3 Berücksichtigung variabler Stoffwerte

Der Tatsache, dass die Stoffwerte (von Reinstoffen) von der Temperatur und vom Druck abhängen, kann auf zwei grundsätzlich verschiedenen Wegen Rechnung getragen werden:

- durch die vollständige Berücksichtigung dieser Abhängigkeiten in den Grundgleichungen zur Lösung eines bestimmten Wärmeübertragungsproblems. Die dort auftretenden Stoffwerte werden dann mit ihrer Abhängigkeit von der Temperatur und vom Druck als fluidspezifische Werte eingeführt.

- durch die näherungsweise Korrektur von Ergebnissen für konstante Stoffwerte im Hinblick auf den Einfluss der tatsächlich vorhandenen Abhängigkeit der Stoffwerte von T^* und p^*.

Häufig reicht es aus, den Einfluss variabler Stoffwerte nachträglich (näherungsweise) in den Lösungen für konstante Stoffwerte aufzunehmen. Dazu haben sich zwei Methoden bewährt, die bzgl. der Korrektur von Wärmeübergangsergebnissen (in Form von Nußelt-Zahlen) kurz erläutert werden sollen.

Stoffwertverhältnis-Methode

Die Nußelt-Zahl eines bestimmten Wärmeübertragungsproblems, die als Nu_{cp} unter der Annahme konstanter Stoffwerte bestimmt worden ist (cp: constant properties), wird mit einem Faktor F_{SVM} multipliziert und ergibt dann näherungsweise das Ergebnis unter Berücksichtigung variabler Stoffwerte. Dabei gilt

$$Nu = F_{SVM}\, Nu_{cp} \quad \text{mit} \quad F_{SVM} = \prod_i \left[\frac{s_i^*(T_1^*)}{s_i^*(T_2^*)} \right]^{m_{s_i}} \tag{6-12}$$

Mit s_i^* werden alle Stoffwerte ρ^*, η^*, … erfasst, die im betrachteten Problem vorkommen. Die Temperaturen T_1^* und T_2^* sind zwei verschiedene charakteristische Temperaturen eines Problems (z. B. T_{km}^* und T_W^* bei der Kanalströmung). Von der konkreten Wahl der beiden Temperaturen T_1^* und T_2^* hängt ab, welche Zahlenwerte die Exponenten m_{s_i} in dieser zunächst rein empirischen Methode besitzen. Statt die Exponenten für verschiedene Strömungen durch einen Vergleich von (6-12) mit Ergebnissen unter vollständiger Berücksichtigung variabler Stoffwerte zu ermitteln, können diese auch mit Hilfe asymptotischer Betrachtungen (systematische Entwicklung der Gleichungen nach einem Parameter, der die Stärke der Wärmeübertragung behandelt) gefunden werden.[1]

Referenztemperatur-Methode

Die Nußelt-Zahl-Beziehung eines bestimmten Wärmeübertragungsproblems, die unter der Annahme konstanter Stoffwerte ermittelt worden ist, wird beibehalten. Die Stoffwerte in dieser Beziehung werden aber nicht bei der anfangs gewählten Bezugstemperatur T_B^* für konstante Stoffwerte gebildet, sondern bei einer neuen, zunächst unbekannten sog. *Referenztemperatur* T_R^*. Diese muss so gewählt werden, dass die ursprünglich erhaltene Beziehung (gültig für konstante Stoffwerte bei T_B^*) jetzt die Verhältnisse unter Berücksichtigung variabler Stoffwerte beschreibt.

Wiederum mit zwei verschiedenen Temperaturen T_1^* und T_2^* eines Problems gilt es also, die *richtige* Referenztemperatur

$$T_R^* = T_1^* + j(T_2^* - T_1^*) \tag{6-13}$$

---

[1] zu Details dieser Vorgehensweise, s.: Herwig, H. (1985): *Asymptotische Theorie zur Erfassung des Einflusses variabler Stoffwerte auf den Impuls- und Wärmeübergang*, VDI-Fortschritt-Berichte, Reihe 7, Nr. 93, VDI-Verlag, Düsseldorf

zu bestimmen, d. h. den „richtigen" Faktor j zu finden. Dies kann wiederum im Sinne einer empirischen Methode erfolgen, indem j aus dem Vergleich mit Ergebnissen unter Berücksichtigung variabler Stoffwerte ermittelt wird, oder unter Zuhilfenahme asymptotischer Überlegungen (wie bei der Stoffwertverhältnis-Methode). Zu verschiedenen Strömungen gehören unterschiedliche Werte von j, die (wie die Exponenten bei der Stoffwertverhältnis-Methode) zusätzlich eine Funktion der Prandtl-Zahl sind.

Sowohl die Exponenten m_{s_i} für die Stoffwertverhältnis-Methode als auch die Faktoren j für die Referenztemperatur-Methode sind als vertafelte Werte in der Literatur zu finden.[1,2]

6.3 Erzwungene Konvektion, laminare Strömung

Wie bereits in Kap. 6.1 ausgeführt worden war, sollte grundsätzlich danach unterschieden werden, ob die Wärmeübertragung an einem umströmten Körper stattfindet (prinzipiell unbegrenzte Fluidmenge) oder ob sie im Zusammenhang mit der Durchströmung von Kanälen (und damit bei einer begrenzten Fluidmenge) auftritt. In beiden Fällen entscheidet die Reynolds-Zahl Re im Vergleich zur problemspezifischen kritischen Reynolds-Zahl Re_{krit} darüber, ob eine laminare ($\mathrm{Re} < \mathrm{Re}_{krit}$) oder eine turbulente ($\mathrm{Re} > \mathrm{Re}_{krit}$) Strömung vorliegt. Bei der Umströmung liegen häufig hohe Reynolds-Zahlen vor, so dass die Strömung einen sog. *Grenzschichtcharakter* besitzt. Dann wird das Temperaturfeld nur in unmittelbarer Wandnähe durch den Wärmeübergang beeinflusst. Da diese Situation auch im Einlaufbereich von Kanälen vorliegt, soll dieser Fall des Wärmeüberganges bei Körperumströmungen zunächst behandelt werden.

6.3.1 Wärmeübergang bei Körperumströmungen, laminar

Der Charakter des Strömungsfeldes wird entscheidend durch die Reynolds-Zahl

$$\mathrm{Re} = \frac{\rho^* u_B^* L^*}{\eta^*} = \frac{u_B^* L^*}{\nu^*} \qquad (6\text{-}14)$$

bestimmt. Für Reynolds-Zahlen $\mathrm{Re} < \mathrm{Re}_{krit}$ liegen laminare Strömungen vor. Für eine längs überströmte Platte der Länge L^* gilt z. B. $\mathrm{Re}_{krit} \approx 3{,}5 \cdot 10^5 \ldots 10^6$.

Von besonderem Interesse sind die beiden Grenzfälle kleiner und großer Reynolds-Zahlen, da dann jeweils eine spezielle physikalische Situation vorliegt:

$\mathrm{Re} \to 0$:

Für die sog. *schleichenden Strömungen* spielen die Trägheitskräfte in der Strömung keine Rolle. Dies führt zu einer erheblichen Vereinfachung bei der Beschreibung des Strömungsfeldes und als Folge davon auch bei der Beschreibung des Temperaturfeldes. Für Wärmeübergänge bei schleichenden Strömungen sei auf die Literatur verwiesen.[3]

$\mathrm{Re} \to \infty$:

Wie bereits erwähnt, liegt in diesem Grenzfall eine Strömung mit *Grenzschichtcharakter* vor, was nachfolgend genauer beschrieben wird.

---

[1] z. B. in: Gersten, K.; Herwig, H. (1992): *Strömungsmechanik*, Vieweg Verlag, Braunschweig, Wiesbaden

[2] Für eine ausführliche Darstellung verschiedener Methoden zur Berücksichtigung variabler Stoffwerte siehe: Jin, Y.; Herwig, H. (2011): *Variable Property Effects in Momentum and Heat Transfer*, in: Developments in Heat Transfer, 135-152, InTech

[3] z. B. in: Gersten, K.; Herwig, H. (1992): *Strömungsmechanik*, Vieweg Verlag, Braunschweig, Wiesbaden / Kap. 10.4

Wärmeübergänge für Strömungen mit Reynolds-Zahlen im mittleren Bereich, von der sog. „Größenordnung Eins" (geschrieben als Re $=$ O (1)), erfordern die Lösung der vollständigen Grundgleichungen (6-6)÷(6-8) und können in der Regel nur mit numerischen Verfahren (oder experimentell) ermittelt werden.

Bei hohen Reynolds-Zahlen liegt eine Situation vor, die prinzipiell bereits in Bild 6.2 (b) skizziert worden ist. Danach besteht ausgehend von einer geometrischen „Vorderkante" oder einem „Staupunkt" an einem sog. stumpfen Körper die in Bild 6.5 genauer erläuterte Strömungs- und Wärmeübergangssituation. Dabei ist aber zu beachten, dass Grenzschichten in solchen „Prinzipbildern" stets sehr viel dicker eingezeichnet werden, als es den tatsächlichen Verhältnissen entspricht. Bei realistischer Darstellung würden die Grenzschichten fast stets in der Strichstärke, mit der die Wandkontur dargestellt wird, verschwinden!

Aufgrund der sog. *Haftbedingung* ist die Geschwindigkeit an der Wand null und wächst in einer sehr dünnen Schicht (der Strömungsgrenzschicht) auf einen weitgehend konstanten Wert in der Außenströmung an. Die Temperatur verhält sich ähnlich, d. h., nennenswerte Temperaturgradienten liegen nur in einer sog. *Temperaturgrenzschicht* der Dicke δ_T^* vor. Deren Zustandekommen ist bereits in Kap. 6.1.2 erläutert worden.

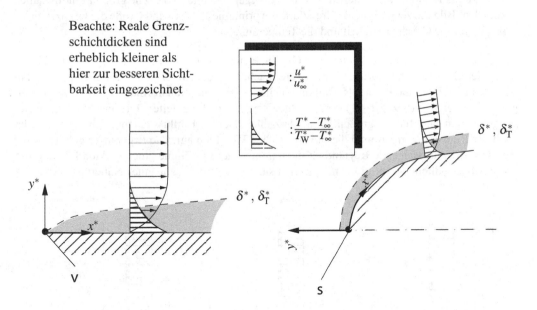

Bild 6.5: Geschwindigkeits- und Temperaturverteilung in laminaren Grenzschichten bei erzwungener Konvektion (Pr $\approx$ 1), die Dicken δ^* und δ_T^* sind charakteristische Dicken für die Grenzschichten, sie markieren nicht notwendigerweise den „Rand" der Grenzschichten

u_∞^*: Bezugsgeschwindigkeit

T_∞^*: Temperatur in größerem Wandabstand

δ^*: Dicke der Strömungsgrenzschicht

δ_T^*: Dicke der Temperaturgrenzschicht

Das Koordinatensystem folgt der Wand, Krümmungseinflüsse können im Rahmen der einfachen Grenzschichttheorie vernachlässigt werden.

Eine genauere Analyse der physikalischen Vorgänge führt zu folgenden wichtigen Aussagen über die laminaren Strömungs- und Temperaturgrenzschichten.[1]

- δ^* und δ_T^* sind proportional zu $Re^{-1/2}$, d. h., Grenzschichten werden für wachsende Reynolds-Zahlen stets dünner. Im Grenzfall $Re = \infty$ ist ihre Dicke formal null, was einen sog. *singulären Grenzfall* darstellt. Dies ist aber ein nur mathematisch interessanter Grenzfall, weil reale Strömungen stets endliche Reynolds-Zahlen aufweisen.

- δ^* und δ_T^* steigen in der Regel mit der Lauflänge x^* an. Für eine ebene Platte z. B. gilt $\delta^* \sim \sqrt{x^*}$ und $\delta_T^* \sim \sqrt{x^*}$.

- δ^* und δ_T^* sind nur für Prandtl-Zahlen $Pr \approx 1$ etwa gleich groß. Für extreme Prandtl-Zahlen gilt

$$\frac{\delta^*}{\delta_T^*} \to 0 \quad \text{für} \quad Pr \to 0 \, ; \qquad \frac{\delta^*}{\delta_T^*} \to \infty \quad \text{für} \quad Pr \to \infty$$

Sehr kleine Prandtl-Zahlen liegen z. B. bei flüssigen Metallen vor, sehr große Prandtl-Zahlen bei Ölen. Bild 6.6 zeigt für beide Grenzfälle die prinzipielle Form und Größe der Grenzschichtprofile für die Geschwindigkeit und die Temperatur.

Für große Reynolds-Zahlen können die Grundgleichungen (6-6)÷(6-8) bzw. (6-9)÷(6-11) im Sinne der Grenzschichttheorie erheblich vereinfacht werden. Ein entscheidender Aspekt ist dabei, dass es gelingt, die Reynolds-Zahl durch eine Koordinatentransformation formal zu beseitigen und gegenüber (6-9)÷(6-11) vereinfachte Gleichungen herzuleiten. Die anschließenden Lösungen gelten dann für alle großen Reynolds-Zahlen. Der Re-Einfluss taucht explizit erst wieder nach der Rücktransformation in die physikalischen Variablen auf. Die Ergebnisse gelten formal $Re \to \infty$, d. h. für steigende Reynolds-Zahlen immer mehr im Sinne einer exakten Lösung. Für große, aber endliche Reynolds-Zahlen stellen sie eine (oftmals sehr gute) Näherung dar, deren

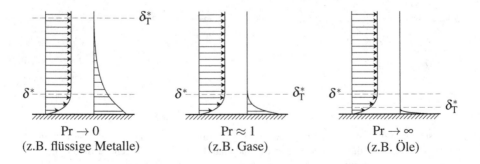

Bild 6.6: Prinzipieller Verlauf der Geschwindigkeits- und Temperaturgrenzschichten
      Beachte: für $Pr \to 0$ und $Pr \to \infty$ sind δ^* und δ_T^* sehr viel stärker verschieden als hier skizziert.

---

[1] Ausführliche Darstellungen z. B. in:
Schlichting, H.; Gersten, K. (2006): *Grenzschicht-Theorie*, 10. Aufl., Springer-Verlag, Berlin
Gersten, K.; Herwig, H. (1992): *Strömungsmechanik*, Vieweg Verlag, Braunschweig, Wiesbaden / Kap. 7

Abweichung von der exakten Lösung wiederum im Sinne einer asymptotischen Aussage (d. h. für $\mathrm{Re} \to \infty$) prinzipiell angegeben werden kann.

Da laminare Strömungen nur für $\mathrm{Re} < \mathrm{Re}_{\mathrm{krit}}$ vorliegen, haben die asymptotischen Lösungen auch nur für diese Fälle eine physikalische Bedeutung im Sinne der Näherung für große, aber endliche Reynolds-Zahlen.

Weil die transformierte Koordinate $\hat{y} = (y^*/L^*)\,\mathrm{Re}^{1/2}$ lautet, tritt in den Ergebnissen für laminare Grenzschichten nach der Rücktransformation der Faktor $\mathrm{Re}^{1/2}$ auf.

Aus den Lösungen der laminaren Grenzschichtgleichungen[1] (Gleichungen (6-9)÷(6-11) für $\mathrm{Re} \to \infty$) folgen nach der Rücktransformation die asymptotischen Näherungs-Ergebnisse für den Wärmeübergang an der überströmten Wand. Diese können aus der Auswertung der berechneten Grenzschicht-Temperaturprofile mit Hilfe der beiden Größen $T_{\mathrm{W}}^* - T_\infty^*$ und $(\partial T^*/\partial y^*)_{\mathrm{W}}$ gewonnen werden. Je nach Randbedingung ist eine dieser Größen von vorne herein gegeben (bei $T_{\mathrm{W}}^* = \mathrm{const}$: $T_{\mathrm{W}}^* - T_\infty^*$; bei $\dot{q}_{\mathrm{W}}^* = \mathrm{const}$: $(\partial T^*/\partial y^*)_{\mathrm{W}} = -\dot{q}_{\mathrm{W}}^*/\lambda^*$), so dass „nur noch" die jeweils andere Größe bestimmt werden muss. Wenn das Ergebnis in dimensionsloser Form geschrieben wird, kann der Wärmeübergang als

$$\boxed{\mathrm{Nu} = \mathrm{Nu}(x, \mathrm{Re}, \mathrm{Pr}, \mathrm{Ec}, \mathrm{Geometrie}, \mathrm{therm.\ RB})} \qquad (6\text{-}15)$$

und damit als Spezialfall von (4-3) angegeben werden. Die nachfolgenden Tabellen (Tab. 6.3 und Tab. 6.4) enthalten die entsprechenden Angaben für die Grenzschichten an einer ebenen Platte und im Bereich des Staupunktes an einem ebenen stumpfen Körper.

Tabelle 6.3: Wärmeübergang an einer laminar überströmten ebenen Platte
Ergebnisse für $\mathrm{Pr} \to 0$ und $\mathrm{Pr} \to \infty$ folgen aus einer asymptotischen Analyse des Problems (siehe dazu Gersten, K.; Herwig, H. (1992): *Strömungsmechanik*, Vieweg Verlag, Braunschweig, Wiesbaden / Kap. 7.5.5)
Bezugsgeschwindigkeit: u_∞^* (Anströmgeschwindigkeit)
thermische Randbedingung: $T_{\mathrm{W}}^* = \mathrm{const} \to r = 0$; $\dot{q}_{\mathrm{W}}^* = \mathrm{const} \to r = \frac{1}{2}$

$x = x^*/L^*$

$$\boxed{\frac{\mathrm{Nu}_L}{\sqrt{\mathrm{Re}_L}} = \frac{A_j - B_j\,\mathrm{Pr}\,\mathrm{Ec}/x^r}{\sqrt{2x}}} \qquad (6\text{-}16)$$

$$\mathrm{Nu}_L = \frac{\dot{q}_{\mathrm{W}}^*(x^*)\,L^*}{\lambda^*(T_{\mathrm{W}}^*(x^*) - T_\infty^*)} \qquad \mathrm{Re}_L = \frac{\rho^* u_\infty^* L^*}{\eta^*} \qquad \mathrm{Pr} = \frac{\eta^* c_{\mathrm{p}}^*}{\lambda^*} \qquad \mathrm{Ec} = \frac{u_\infty^{*2}}{c_{\mathrm{p}}^*(T_{\mathrm{W}}^*(L^*) - T_\infty^*)} \qquad x = \frac{x^*}{L^*}$$

	$\mathrm{Pr} \to 0$	$\mathrm{Pr} = 0{,}1$	$\mathrm{Pr} = 0{,}7$	$\mathrm{Pr} = 7$	$\mathrm{Pr} = 10$	$\mathrm{Pr} \to \infty$
$A_{T_{\mathrm{W}}=\mathrm{const}}$	$0{,}798\,\mathrm{Pr}^{1/2}$	$0{,}1980$	$0{,}4139$	$0{,}9135$	$1{,}0297$	$0{,}479\,\mathrm{Pr}^{1/3}$
$A_{q_{\mathrm{W}}=\mathrm{const}}$	$1{,}253\,\mathrm{Pr}^{1/2}$	$0{,}2838$	$0{,}5740$	$1{,}2525$	$1{,}4112$	$0{,}656\,\mathrm{Pr}^{1/3}$
$B_{T_{\mathrm{W}}=\mathrm{const}}$	$0{,}3692$	$0{,}3043$	$0{,}2471$	$0{,}1649$	$0{,}1525$	$0{,}4604\,\mathrm{Pr}^{-1/3}$
$B_{q_{\mathrm{W}}=\mathrm{const}}$	$0{,}3692$	$0{,}3043$	$0{,}2471$	$0{,}1649$	$0{,}1525$	$0{,}4604\,\mathrm{Pr}^{-1/3}$

---

[1] Gersten, K.; Herwig, H. (1992): *Strömungsmechanik*, Vieweg Verlag, Braunschweig, Wiesbaden / Kap. 7

Tabelle 6.4: Wärmeübergang im Staupunktbereich eines ebenen stumpfen Körpers
Ergebnisse für $Pr \to 0$ und $Pr \to \infty$ folgen aus einer asymptotischen Analyse des Problemes (siehe dazu Gersten, K.; Herwig, H. (1992): *Strömungsmechanik*, Vieweg Verlag, Braunschweig, Wiesbaden / Kap. 7.5.5)
Bezugsgeschwindigkeit: u_B^* gemäß (6-20)
thermische Randbedingung: $T_W^* = \text{const}$ oder $\dot{q}_W^* = \text{const}$

$$x = \frac{x^*}{L^*} \qquad \boxed{\frac{Nu_L}{\sqrt{Re_L}} = A - B\,Pr\,Ec\,x^2} \qquad (6\text{-}17)$$

$$Nu_L = \frac{\dot{q}_W^*(x^*)\,L^*}{\lambda^*(T_W^*(x^*) - T_\infty^*)} \qquad Re_L = \frac{\rho^* u_B^* L^*}{\eta^*} \qquad Pr = \frac{\eta^* c_p^*}{\lambda^*} \qquad Ec = \frac{u_B^{*2}}{c_p^*(T_W^*(L^*) - T_\infty^*)} \qquad x = \frac{x^*}{L^*}$$

	$Pr \to 0$	$Pr = 0,1$	$Pr = 0,7$	$Pr = 7$	$Pr = 10$	$Pr \to \infty$
A	$0,798 Pr^{1/2}$	$0,2195$	$0,4959$	$1,1784$	$1,3388$	$0,661 Pr^{1/3}$
B	$0,7129$	$0,6076$	$0,5085$	$0,3524$	$0,3276$	$0,6353 Pr^{-1/3}$

Die Grenzschichten sind für diese Fälle *selbstähnlich*, d. h., sie sind nach einer sog. *Ähnlichkeitstransformation* durch einheitliche, x^*-unabhängige Geschwindigkeits- bzw. Temperaturprofile beschrieben. Die tatsächlich vorhandene x^*-Abhängigkeit tritt erst wieder auf, wenn die Ähnlichkeitstransformation rückgängig gemacht wird. Damit existiert für diese Grenzschichten keine ausgezeichnete Länge in Strömungsrichtung, also zunächst keine charakteristische Größe L^*.

Für eine formale Entdimensionierung kann L^* damit beliebig gewählt werden. Sinnvolle Werte für L^* werden in der Regel an die geometrischen Abmessungen des überströmten Körpers gekoppelt (z. B. wenn L^* dem Durchmesser eines überströmten Kreiszylinders entspricht, dessen Wärmeübergang in der Umgebung des vorderen Staupunktes durch (6-17) beschrieben wird).

Als Alternative zur willkürlichen Festlegung einer Bezugslänge L^* kann $x = 1$ gesetzt werden, was formal $L^* = x^*$ entspricht. Mit (6-16) und (6-17) wird dann weiterhin der lokale Wärmeübergang an einer Stelle x^* angegeben, weil die Reynolds-Zahl dann als $Re_x = \rho^* u_\infty^* x^* / \eta^*$ bzw. $Re_x = \rho^* u_B^* x^* / \eta^*$ eine x^*-abhängige Größe ist.

Obwohl man also auf die Einführung einer (willkürlichen) Länge L^* als Bezugslänge verzichten könnte, hat es durchaus Vorteile, die Gleichungen und Ergebnisse formal mit L^* zu entdimensionieren. Es entsteht dann in den Ergebnissen eine explizite x^*-Abhängigkeit, die sehr anschaulich interpretiert werden kann. Während die charakteristische Geschwindigkeit des Problems für die Plattengrenzschicht als $u_B^* = u_\infty^*$ (Anströmgeschwindigkeit) unmittelbar einsichtig ist, bedarf es für die Staupunktgrenzschicht einer zusätzlichen Überlegung, um die Geschwindigkeit u_B^* (Bezugsgeschwindigkeit) festzulegen.

Für die Staupunktgrenzschicht in Tab. 6.4 ist zunächst formal eine Bezugsgeschwindigkeit u_B^* eingeführt worden, die mit der Anströmgeschwindigkeit u_∞^* des Körpers, an dem sich der Staupunkt befindet, in Zusammenhang gebracht werden muss, wenn eine einheitliche Behandlung von Strömungen in Staupunktnähe durch die Staupunktgrenzschicht erreicht werden soll.

Es lässt sich zeigen[1], dass die Geschwindigkeit außerhalb der Grenzschicht, $U^*(x^*)$, in Staupunktnähe ausgehend vom Wert null im Staupunkt linear mit x^* ansteigt. Mit der Anströmgeschwindigkeit u_∞^* als Bezugsgröße gilt

$$\hat{U}(x^*) \equiv \frac{U^*(x^*)}{u_\infty^*} = \left(\frac{d\hat{U}}{dx}\right)_0 x + \ldots = Cx + \ldots. \tag{6-18}$$

Der Gradient $(d\hat{U}/dx)_0$ ist aber für verschiedene Körper unterschiedlich, so dass sich mit (6-18) zunächst keine einheitliche Außengeschwindigkeit für die Staupunktgrenzschicht ergibt.

Wenn aber als Bezugsgeschwindigkeit $u_B^* = Cu_\infty^*$ gewählt wird, gilt für die dimensionslose Außengeschwindigkeit einheitlich

$$U(x^*) \equiv \frac{U^*(x^*)}{u_B^*} = \frac{U^*(x^*)}{Cu_\infty^*} = x + \ldots \quad \text{mit } C = \left(\frac{d\hat{U}}{dx}\right)_0 \tag{6-19}$$

Die Grenzschichtlösung zu dieser Außengeschwindigkeit ist in Tab. 6.4 vertafelt und gilt als einheitliche Lösung für verschiedene Körper, weil die Anströmgeschwindigkeit u_∞^* und der Wert C aus der Körperumströmung zur Bezugsgeschwindigkeit

$$u_B^* = Cu_\infty^* \tag{6-20}$$

kombiniert worden sind. Auf diese Weise wird die Bezugsgeschwindigkeit u_B^* in (6-17) an die Strömungsverhältnisse in einem konkreten Fall angepasst.

Bild 6.7 zeigt den Wärmeübergang in Form der lokalen Nußelt-Zahl Nu_L gemäß (6-16) und (6-17) für die Platten- und die Staupunktgrenzschicht, jeweils für $T_W^* = \text{const}$ und $Pr = 0,71$.

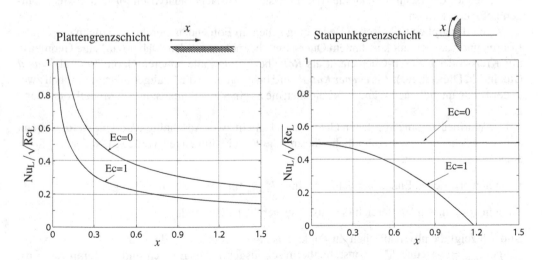

Bild 6.7: Wärmeübergang bei laminaren Grenzschichtströmungen für $T_W^* = \text{const}$ und $Pr = 0,71$
links: ebene Platte, s. Tab. 6.3 bzw. (6-16)
rechts: Staupunktbereich eines ebenen stumpfen Körpers, s. Tab. 6.4 bzw. (6-17)

---

[1] Gersten, K.; Herwig, H. (1992): *Strömungsmechanik*, Vieweg Verlag, Braunschweig, Wiesbaden / Kap. 7.5.2

Für $Ec = 0$ wird der Dissipationseinfluss vernachlässigt. Nur mit einem unrealistisch hohen Wert $Ec = 1$ ist gut erkennbar, welchen Einfluss die Dissipation besitzt. Realistische Werte von Ec liegen in der Größenordnung von $Ec \approx 10^{-1} \ldots 10^{-3}$.

Der qualitativ sehr unterschiedliche Verlauf der Nußelt-Zahlen ist eine unmittelbare Folge des Verhaltens der Grenzschicht jeweils für $x \to 0$. Während die Dicke der Plattengrenzschicht bei Annäherung an die Vorderkante (also für $x \to 0$) zu null geht, ist sie bei der Staupunktgrenzschicht für $x \to 0$ konstant. Über diese Grenzschichtdicke hinweg verändert sich die Temperaturverteilung jeweils von T_W^* zu T_∞^* (am Grenzschichtrand). Dies führt bei einer endlichen Grenzschichtdicke zu endlichen Gradienten $(\partial T^*/\partial y^*)_W$ und damit gemäß (5-5) zu endlichen Werten $\dot{q}_W^*$. Wenn die Grenzschichtdicke aber zu null geht, folgt $(\partial T^*/\partial y^*)_W \to \infty$ und damit $\dot{q}_W^* \to \infty$, wie dies bei der Annäherung an die Vorderkante $(x \to 0)$ bei der Plattengrenzschicht der Fall ist. Formal liegt an der Plattenvorderkante damit eine Singularität vor (Nu $\to \infty$). In realen Strömungen ist die Nußelt-Zahl dort sehr groß, aber endlich. In diesem Sinne versagt die Grenzschichttheorie zur Beschreibung der Verhältnisse an der Vorderkante und muss dort durch eine weitergehende Modellierung ersetzt werden.[1]

6.3.2 Wärmeübergang bei Durchströmungen, laminar

Der entscheidende Aspekt bei der Durchströmung mit Wärmeübergang ist, dass dabei nur eine begrenzte Fluidmenge am Wärmeübergang beteiligt ist, wie dies schon im Abschnitt 6.1 ausgeführt wurde. Im konkreten Fall spielt aber auch die Geometrie des durchströmten Körpers eine wichtige Rolle. Für komplexe Geometrien, die in Strömungsrichtung starke Veränderungen aufweisen, ist es erforderlich, die vollständigen Grundgleichungen numerisch zu lösen, um den Wärmeübergang auf theoretischem Wege (und nicht experimentell) zu bestimmen.

Wenn aber die Geometrie bestimmte Besonderheiten aufweist, wie z. B. einen unveränderten Querschnitt in Strömungsrichtung (wie beim Rohr oder ebenen Kanal) oder einen gleichmäßig zunehmenden Querschnitt, so können dafür meist sehr einfache, analytisch formulierbare Lösungen gefunden werden.

Wegen der großen technischen Bedeutung sollen im Folgenden Durchströmungen in geraden Rohren und Kanälen mit konstantem Querschnitt betrachtet werden. Dabei wird eine Geometrie mit Kreis- oder Ellipsen-Querschnitt als *Rohr* bezeichnet, alle anderen Geometrien als *Kanal* (Rechteck, Dreieck, ...). Als *ebener Kanal* wird im Folgenden die Spaltgeometrie zwischen zwei in der Breite unendlichen Wänden bezeichnet, die zu einer zweidimensionalen Modellvorstellung gehört.

Der Wärmeübergang in solchen Geometrien kann in zwei Abschnitte unterteilt werden, wenn auf der gesamten Länge einheitliche thermische Randbedingungen vorliegen, wie z. B. $T_W^* = $ const oder $\dot{q}_W^* = $ const:

- einen thermischen Einlaufbereich der Länge L_{therm}^* (thermische Einlauflänge),

- einen anschließenden Bereich thermisch ausgebildeter Zustände.

Bild 6.8 zeigt die physikalischen Zustände in beiden Bereichen für die thermischen Randbedingungen $\dot{q}_W^* = $ const und $T_W^* = $ const. Im thermisch ausgebildeten Bereich sind die Temperaturprofile selbstähnlich. Diese Selbstähnlichkeit bedeutet, dass alle in Strömungsrichtung auftretenden Temperaturprofile entweder über den Querschnitt hinweg dieselbe Abweichung von der jeweils

---

[1] s. z. B. Veldman, A. E. P. (1976): *Boundary Layer Flow Past a Finite Flat Plate*, Dissertation, Rijksuniversiteit, Groningen, Holland

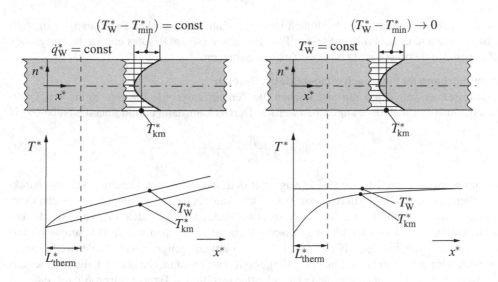

Bild 6.8: Prinzipieller Verlauf der Wandtemperaturen T_W^* und der kalorischen Mitteltemperaturen T_{km}^* bei Durchströmungen mit konstanten Strömungsquerschnitten; hier: Heizfall
L_{therm}^*: Länge des thermischen Einlaufbereiches

geltenden kalorischen Mitteltemperatur aufweisen (dies gilt für $\dot{q}_W^* =$ const) oder dass die Abweichungen von einheitlicher Form sind, aber stromabwärts stets geringer werden (dies gilt für $T_W^* =$ const). In diesem zweiten Fall wird das Temperaturdefektprofil, d. h. die Abweichung der Temperatur vom Wert an der Wand, in stromabwärtiger Richtung immer weiter „gestaucht", also einheitlich bzgl. seiner Werte über den Querschnitt hinweg verringert.
Mathematisch lässt sich dies wie folgt ausdrücken:

$$\dot{q}_W^* = \text{const}: \qquad T^*(x^*, n^*) - T_{km}^*(x^*) = f(n^*) \qquad (6\text{-}21)$$

$$T_W^* = \text{const}: \qquad \frac{T(x^*, n^*) - T_W^*(x^*)}{T_{km}^*(x^*) - T_W^*(x^*)} = g(n^*) \qquad (6\text{-}22)$$

Hierbei ist n^* die einheitliche Querkoordinate (y^* für den Kanal, r^* für das Rohr). Der stromabwärtige Übergang in dieses besondere (thermisch ausgebildete) Verhalten erfolgt asymptotisch. Deshalb wird ein bestimmtes Kriterium gesetzt, ab wann eine Situation als thermisch ausgebildet gewertet wird. Wenn z. B. eine 2 %-ige Abweichung von der endgültigen, selbstähnlichen Profilform zugelassen wird, so können damit konkrete Zahlenwerte für L_{therm}^* ermittelt werden. In diesem Sinne gilt für Fälle, in denen der Wärmeübergang bei $x^* = 0$ beginnt, die Strömung dort aber bereits hydrodynamisch ausgebildet ist (x^*-unabhängige Geschwindigkeitsprofile)[1] für $\dot{q}_W^* =$ const und $T_W^* =$ const

$$\frac{L_{therm}^*}{D_h^*} \approx 0{,}04 \, \text{Re}_D \, \text{Pr} \qquad (6\text{-}23)$$

Dabei ist D_h^* der hydraulische Durchmesser, siehe Gl. (6-2).

---

[1] Merker, G. P. (1987): *Konvektive Wärmeübertragung*, Springer-Verlag, Berlin

Gleichung (6-23) besagt, dass bei hohen Reynolds-Zahlen mit großen Einlauflängen zu rechnen ist, aber auch, dass Fluide mit hohen Prandtl-Zahlen (wie z. B. Öle) erst nach sehr großen Lauflängen den thermisch ausgebildeten Zustand erreichen.[1]

Wärmeübergang im thermisch ausgebildeten Bereich

Im thermisch ausgebildeten Zustand können die Temperaturprofile für eine Reihe von Querschnittsgeometrien analytisch angegeben werden. Daraus kann dann unmittelbar die Nußelt-Zahl

$$\mathrm{Nu_D} = \frac{\dot{q}_W^* D_h^*}{\lambda^*(T_W^* - T_{km}^*)} \tag{6-24}$$

bestimmt werden. Diese ist, wie (6-24) zeigt, mit dem hydraulischen Durchmesser als charakteristischer Länge und der Differenz von Wand- und kalorischer Mitteltemperatur als charakteristischer Temperaturdifferenz gebildet. Dabei ergibt sich im ausgebildeten Zustand für die unterschiedlichsten Geometrien und bei unterschiedlichen thermischen Randbedingungen jeweils eine konstante, x-unabhängige Nußelt-Zahl. Tab. 6.5 enthält einige solche Zahlenwerte, deren Zustandekommen hier nicht im Einzelnen dargestellt werden kann, die aber letztlich immer aus einer Auswertung der in den einzelnen Querschnitten ermittelten Temperaturprofile folgen.

Im Gegensatz zum Wärmeübergang bei laminaren Grenzschichtströmungen, liegt bei thermisch ausgebildeten Rohr- und Kanalströmungen kein Einfluss der Reynolds-Zahl vor. Dies ist zunächst erstaunlich, da eine erhöhte Strömungsgeschwindigkeit (und damit eine erhöhte Reynolds-Zahl) zu einem besseren konvektiven Transport innerer Energie führt. Deshalb gilt z. B. bei laminaren Grenzschichtströmungen $\mathrm{Nu_L} \sim \sqrt{\mathrm{Re_L}}$.

In Kap. 6.1.2 wurde bereits gezeigt, dass ein völliger werdendes Geschwindigkeitsprofil unmittelbar eine Verbesserung des Wärmeüberganges (steigende Nußelt-Zahl) zur Folge hat. Dies

Tabelle 6.5: Wärmeübergang bei laminar durchströmten Rohren und Kanälen im thermisch ausgebildeten Bereich, Vernachlässigung von Dissipationseffekten (Ec = 0)
(Daten aus: Çengel, Y. A. (1997): *Introduction to Thermodynamics and Heat Transfer*, McGraw-Hill, New York)

$$\mathrm{Nu_D} = \frac{\dot{q}_W^* D_h^*}{\lambda^*(T_W^* - T_{km}^*)} = A \tag{6-25}$$

	a^*/b^* (Ellipse)			a^*/b^* (Rechteck)				φ (Dreieck)		
	1	2	4	1	2	4	∞	30°	60°	90°
$A_{T_W=\mathrm{const}}$	3,66	3,74	3,79	2,98	3,39	4,44	7,54	2,26	2,47	2,34
$A_{\dot{q}_W=\mathrm{const}}$	4,36	4,56	4,88	3,61	4,12	5,33	8,24	2,91	3,11	2,98

---

[1] Wenn der Wärmeübergang am Rohr- bzw. Kanalanfang beginnt, kommt es zu einer gleichzeitigen Ausbildung des Strömungs- und des Temperaturfeldes. Dann sind die thermischen Einlauflängen kürzer als durch (6-23) vorhergesagt, da anfangs wegen der völligeren Strömungsprofile ein besserer Wärmeübergang vorliegt.

ist bei laminaren Grenzschichten der Fall, weil die Grenzschichtdicke proportional zu $1/\sqrt{Re_L}$ abnimmt und damit in unmittelbarer Wandnähe die Strömungsgeschwindigkeiten größer werden (völligere Profile).

Bei ausgebildeten laminaren Rohr- und Kanalströmungen verändert sich aber die *Form* des Profiles nicht. Für Rohrströmungen z. B. gilt (unabhängig von $Re_D = \rho^* u_m^* D^*/\eta^*$)

$$\frac{u^*}{u_m^*} = 2\left(1 - \frac{r^*}{R^*}\right) \quad \text{(laminare Rohrströmung)} \tag{6-26}$$

mit u_m^* als Querschnitts-Mittelwert von $u^*(r^*)$ und $R^* = D^*/2$ als Rohrradius. Deshalb bleibt die Temperatur*verteilung* über den Querschnitt hinweg unverändert, wenn die Reynolds-Zahl variiert. Dies hat unmittelbar zur Folge, dass die Nußelt-Zahl eine Konstante ist, wie sich formal wie folgt zeigen lässt

$$Nu \equiv \frac{\dot{q}_W^* D^*}{\lambda^*(T_W^* - T_m^*)} = -\frac{(\partial T^*/\partial y^*)_W D^*}{(T_W^* - T_m^*)} = -\left[\frac{\partial \Theta}{\partial(y^*/D^*)}\right]_W \tag{6-27}$$

mit $\Theta = (T^* - T_m^*)/(T_W^* - T_m^*)$ als dimensionsloser Temperatur. Danach ist die Nußelt-Zahl dann nicht von der Reynolds-Zahl abhängig, wenn eine veränderte Reynolds-Zahl keinen Einfluss auf das *dimensionslose* Temperaturprofil Θ besitzt, wie dies im vorliegenden Problem der laminaren Durchströmung der Fall ist. Wie sich später zeigen wird (Kapitel 6.4.2), liegt bei turbulenten Strömungen eine andere Situation vor, in der Θ und damit dann auch Nu eine Funktion der Reynolds-Zahl sind, siehe dazu auch Kap. 6.8.

Das Problem insgesamt ist aber durchaus von der Reynolds-Zahl abhängig, weil der Anstieg der (kalorischen) Mitteltemperatur $T_{km}^*(x^*)$ direkt von der Reynolds-Zahl beeinflusst wird. Für die Rohrströmung folgt aus einer einfachen Energiebilanz über eine Rohrstrecke dx^*, die mit $\dot{q}_W^* = \text{const}$ geheizt wird

$$\dot{m}^* c_p^* dT_{km}^* = \dot{q}_W^* \pi D^* dx^* \quad \rightarrow \quad \frac{dT_{km}^*}{dx^*} = \frac{\dot{q}_W^* \pi D^*}{\dot{m}^* c_p^*} = \frac{4\dot{q}_W^*/\lambda^*}{Re_D Pr} \tag{6-28}$$

d. h., der axiale Temperaturanstieg ist umso geringer, je größer die Reynolds-Zahl wird. Dies ist unmittelbar einsichtig, weil mit steigender Reynolds-Zahl ein höherer Massenstrom dieselbe übertragene Energie aufnimmt und deshalb die mittlere Temperatur entsprechend schwächer ansteigt.

Übrigens: Neben völligeren Geschwindigkeitsprofilen war in Kapitel 6.1.1 ein steigender Wert der Temperaturleitfähigkeit λ^* als förderlich für den Wärmeübergang beschrieben worden. Man könnte deshalb erwarten, dass die Nußelt-Zahl im vorliegenden Fall von der Prandtl-Zahl $Pr = \eta^* c_p^*/\lambda^*$ abhängt, in der λ^* explizit auftritt. Aber: Die Nußelt-Zahl selbst enthält in ihrer Definition ($Nu = \dot{q}_W^* D_h^*/\lambda^*(T_W^* - T_{km}^*)$) die Wärmeleitfähigkeit, so dass deren Effekt implizit enthalten ist und es deshalb zu keiner expliziten Abhängigkeit von der Prandtl-Zahl kommt.

An dieser Stelle wird deutlich, dass eine dimensionslose Schreibweise bisweilen die tatsächlichen Zusammenhänge nicht offensichtlich werden lässt. Deshalb soll (6-24) explizit nach der Temperaturdifferenz $(T_W^* - T_{km}^*)$ aufgelöst werden. Diese Größe ist bei einer Berechnung des Wärmeüberganges gesucht, wenn $\dot{q}_W^*$ gegeben ist. Es gilt

$$T_W^* - T_{km}^* \sim \frac{\dot{q}_W^* D_h^*}{\lambda^*} \tag{6-29}$$

d. h., die Temperaturunterschiede in einem Querschnitt steigen (erwartungsgemäß) mit steigender Wandwärmestromdichte ($\dot{q}_W^*$) und der Querschnittsfläche (gekennzeichnet durch D_h^*), nehmen aber mit steigender Wärmeleitfähigkeit des Fluides (λ^*) ab.

Wärmeübergang im thermischen Einlaufbereich

Im thermischen Einlaufbereich der Länge L_{therm}^* kann die Nußelt-Zahl durch Überlegungen zum asymptotischen Verhalten für kleine und große Werte der Lauflänge x^* bestimmt werden. Dabei zählt x^* ab der Stelle, an der die Wärmeübertragung in einer hydrodynamisch ausgebildeten Strömung beginnt (s. Bild 6.8).

Für diese Analyse wird eine transformierte x^*-Koordinate als

$$\tilde{x} = \frac{x^*}{D_h^* \operatorname{Re}_D \operatorname{Pr}} \tag{6-30}$$

eingeführt. Anschließend kann eine Reihenentwicklung für $\tilde{x} \to \infty$ durchgeführt werden, deren führender Term gerade dem Ergebnis für den ausgebildeten Fall entspricht (s. Tab. 6.5). Weitere Reihenglieder ergeben dann die Abweichungen von diesen konstanten Werten und beschreiben damit das Verhalten im stromabwärtigen Teil des thermischen Anlaufbereiches.[1]

Für $\tilde{x} \to 0$ liegt eine Situation vor, in der sich das Temperaturprofil als Grenzschichtprofil in einer Strömung mit einem (von der Wand ausgehend) linear ansteigenden Geschwindigkeitsprofil entwickelt (Taylor-Reihenentwicklung des Geschwindigkeitsprofils $u^*(r^*)$ um $R^* = D^*/2$ und Abbruch nach dem linearen Term). Daraus folgt die sog. *Lévêque*-Lösung z. B. für die Rohrströmung als

$$\operatorname{Nu}_D(x^*/D_h^*) = C_1 \tilde{x}^{-1/3} = C_1 \left(\frac{x^*}{D_h^* \operatorname{Re}_D \operatorname{Pr}} \right)^{-1/3} \tag{6-31}$$

mit $C_1 = 2{,}0668/4^{1/3}$ bei $\dot{q}_W^* = $ const und $C_1 = 1{,}7092/4^{1/3}$ bei $T_W^* = $ const.[2] Damit tritt für $x^* \to 0$, wie schon an der Plattenvorderkante, formal eine Singularität auf, weil die Grenzschichttheorie sehr nahe an der Stelle $x^* = 0$ versagt (die physikalischen Voraussetzungen für die Grenzschichttheorie sind in einem sehr kleinen Bereich um $x^* = 0$ nicht mehr erfüllt).

6.4 Erzwungene Konvektion, turbulente Strömung

Da der konvektive Wärmeübergang entscheidend von der konkret vorliegenden Strömung beeinflusst wird, und turbulente Strömungen einen deutlich anderen „physikalischen Charakter" besitzen als laminare Strömungen, kann es nicht verwundern, dass der Wärmeübergang bei turbulenten Strömungen deutlich von demjenigen bei vergleichbaren laminaren Strömungen abweicht.

Im Folgenden wird deshalb zunächst stets auf den Unterschied zwischen turbulenter und laminarer Strömung eingegangen, bevor daran anschließend die Auswirkungen auf den Wärmeübergang betrachtet werden. Soweit dies möglich ist, sollen die physikalischen Hintergründe für das gegenüber dem laminaren Fall veränderte Wärmeübertragungsverhalten turbulenter Strömungen erläutert werden.

6.4.1 Wärmeübergang bei Körperumströmungen, turbulent

Bild 6.9 zeigt in einem Aufbau analog zu Bild 6.5, in welchen Bereichen des Strömungsfeldes nennenswerte turbulente Schwankungsbewegungen auftreten. Auch hier sei daran erinnert, dass die realen Grenzschichtdicken sehr viel kleiner sind, als sie in solchen Prinzipbildern (aus Gründen der besseren Darstellbarkeit) gezeigt werden.

In Kapitel 6.3.1 war für die längs überströmte Platte die kritische Reynolds-Zahl $\mathrm{Re}_{krit} \approx 3{,}5 \cdot 10^5 \ldots 10^6$ angegeben worden. Die Länge der laminaren Anlaufstrecke in Bild 6.9 folgt deshalb aus der Bedingung, dass die Grenzschicht laminar bleibt, solange $\mathrm{Re}_x = \rho^* u_\infty^* x^* / \eta^* < \mathrm{Re}_{krit}$ gilt. Mit diesem Bild soll Folgendes deutlich werden (vgl. auch Kap. 6.1.3):

- Turbulente Schwankungen treten keineswegs im ganzen Strömungsfeld auf, sondern nur in den Grenzschichten und dort auch nur stromabwärts einer bestimmten laminaren Anlaufstrecke.

- Neben den Grenzschichtdicken δ^* und δ_T^* tritt eine weitere Schichtdicke als diejenige einer sog. *Wandschicht* δ_W^* auf, in der turbulente Schwankungsbewegungen wegen der Wandnähe z. T. stark gedämpft sind.

- Die Geschwindigkeits- und Temperaturprofile sind deutlich völliger als bei laminaren Strömungen, was zu deutlich erhöhten Wandschubspannungen ($\rightarrow$Strömungswiderständen) und verbesserten Wärmeübergängen führt.

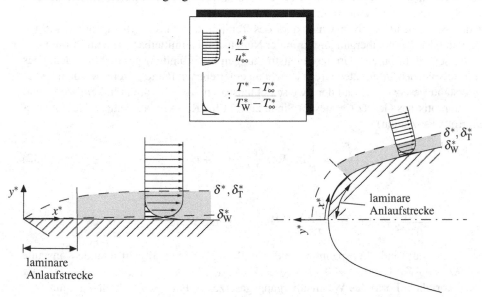

Bild 6.9: Geschwindigkeits- und Temperaturverteilung in turbulenten Grenzschichten bei $\mathrm{Pr} \approx 1$
grau unterlegt: Bereiche mit nennenswerten turbulenten Schwankungsgeschwindigkeiten
δ^*, δ_T^*: Dicke der Strömungs- bzw. Temperaturgrenzschichten
δ_W^*: Dicke der Wandschicht

---

[1] Gersten, K.; Herwig, H. (1992): *Strömungsmechanik*, Vieweg Verlag, Braunschweig, Wiesbaden / Kap. 12.5

[2] Für die ebene Kanalströmung gelten andere Konstanten, s. dazu Gersten, K.; Herwig, H. (1992): *Strömungsmechanik*, Vieweg Verlag, Braunschweig, Wiesbaden / Kap. 12.5.

In Kap. 6.1.3 war bereits beschrieben worden, dass die turbulenten Schwankungsbewegungen ursächlich für eine effektiv höhere Viskosität und Wärmeleitfähigkeit verantwortlich sind, womit sich deutlich höhere Nußelt-Zahlen ergeben als in laminaren Strömungen. (Beachte: Die Nußelt-Zahl wird auch für turbulente Strömungen mit der molekularen und nicht etwa mit der effektiven Wärmeleitfähigkeit gebildet.) Die eigentliche Ursache sind Geschwindigkeitsschwankungen. Temperaturschwankungen treten dann als Folge auf, wenn ein nicht-isothermes Temperaturfeld besteht. Deshalb wird die Temperatur in diesem Zusammenhang auch als ein sog. *passiver Skalar* bezeichnet. Die entscheidende Folgerung daraus ist, dass eine turbulente Wärmeübertragung nur dort auftreten kann, wo die Strömung turbulent ist. Deshalb gibt es weder eine turbulente (verbesserte) Wärmeübertragung in der Nähe einer Plattenvorderkante, noch in der Umgebung eines Staupunktes.[1]

Wie auch schon bei laminaren Grenzschichten kann der Wärmeübergang dann bestimmt werden, wenn das Temperaturprofil bekannt ist. Bei turbulenten Strömungen ist dies das Profil der zeitgemittelten Temperatur, aus dem wiederum die beiden Größen $(T_W^* - T_\infty^*)$ und $(\partial \overline{T^*}/\partial y^*)_W$ ermittelt werden können, mit denen unmittelbar die Nußelt-Zahl gebildet wird.

Die Bestimmung des Temperaturprofils ist bei turbulenten Strömungen aber keineswegs trivial. Eine asymptotische Analyse zeigt, dass zunächst das Strömungs-Grenzschichtprofil und als Folge davon auch das Temperatur-Grenzschichtprofil bei turbulenten Strömungen einen Zweischichtencharakter aufweist.[2] Wenn von der hier zunächst unterstellten Prandtl-Zahl Pr = O(1) abgewichen wird (im asymptotischen Sinne als Pr → 0 bzw. Pr → ∞), so treten sogar erheblich komplexere Strömungs- und Temperaturfelder auf.[3]

Wegen des weitgehend passiven Charakters des Temperaturfeldes in Bezug auf das Strömungsfeld, kann der Wärmeübergang in Form der Nußelt-Zahl unmittelbar mit dem Strömungs-Widerstandsgesetz für turbulente Grenzschichtströmungen in Verbindung gebracht werden. Dies soll hier am Beispiel der turbulenten Grenzschicht an einer ebenen Platte gezeigt werden.

Das Widerstandsgesetz basiert auf der Zweischichtenstruktur des Geschwindigkeitsprofils und lautet als asymptotisches Gesetz (in diesem Sinne korrekt für Re → ∞, aber auch eine gute Näherung für große Re-Zahlen)[4]

$$\sqrt{\frac{2}{c_f}} = \frac{1}{\kappa} \ln\left(\text{Re}_x \frac{c_f}{2}\right) + C^+ + \overline{C} \tag{6-32}$$

mit:

$$c_f = \frac{2\,\tau_W^*(x^*)}{\rho^* u_\infty^{*2}} \quad \text{Re}_x = \frac{\rho^* u_\infty^* x^*}{\eta^*} \quad C^+ = 5 \text{ (glatte Wand)} \quad \overline{C} = -0{,}56$$

Hierbei ist $\tau_W^*(x^*)$ die Wandschubspannung an der Stelle x^*. Die in (6-32) auftretende Konstante ist die sog. *Karman-Konstante* $\kappa = 0{,}41$. Dieses Widerstandsgesetz tritt unmittelbar in einer asymptotisch korrekten Form des Wärmeübergangsgesetzes in Form der Nußelt-Zahl auf [5], s. die Nu_x-Beziehung in Tab. 6.6.

---

[1] Es gibt jedoch einen Effekt der Turbulenz auf den Wärmeübergang im Staupunkt, der hier aber nicht betrachtet wird. Dieser liegt vor, wenn die Anströmung nicht vollständig homogen ist, sondern geringe (turbulente) Schwankungen aufweist. Diese führen zu einem verbesserten Wärmeübergang in der Grenzschicht. Bisweilen wird diese Verbesserung im Wärmeübergang auch benutzt, um damit den Turbulenzgrad der Anströmung zu bestimmen.

[2] Gersten, K.; Herwig, H. (1992): *Strömungsmechanik*, Vieweg Verlag, Braunschweig, Wiesbaden / Kap. 14 und 15

[3] Gersten, K.; Herwig, H. (1992): *Strömungsmechanik*, Vieweg Verlag, Braunschweig, Wiesbaden / Kap. 12.2.2 und 15.2.3

[4] Gersten, K.; Herwig, H. (1992): *Strömungsmechanik*, Vieweg Verlag, Braunschweig, Wiesbaden / Kap. 17.1.6

[5] Gersten, K.; Herwig, H. (1992): *Strömungsmechanik*, Vieweg Verlag, Braunschweig, Wiesbaden / Kap 17.2.3

Tabelle 6.6: Wärmeübergang an der turbulent überströmten ebenen Platte (glatt) für beliebige Temperatur-verteilungen an der Wand; keine laminare Anlaufstrecke

Daten der asymptotisch korrekten Form für große Re-Zahlen aus:
Gersten, K.; Herwig, H. (1992): *Strömungsmechanik*, Vieweg Verlag, Braunschweig, Wiesbaden / Kap. 17.1.6 und Kap. 17.2.3

$$\mathrm{Nu}_x = \frac{\dot{q}_W^* x^*}{\lambda^*(T_W^* - T_\infty^*)} = \frac{\mathrm{Re}_x \mathrm{Pr} c_f/2}{\frac{\kappa}{\kappa_\Theta} + \sqrt{\frac{c_f}{2}} D_\Theta(\mathrm{Pr})} \tag{6-33}$$

$$\mathrm{Re}_x = \frac{\rho^* u_\infty^* x^*}{\eta^*} \qquad D_\Theta(\mathrm{Pr}) = C_\Theta^+(\mathrm{Pr}) + \overline{C}_\Theta - \frac{\kappa}{\kappa_\Theta}(C^+ + \overline{C}) \qquad \sqrt{\frac{2}{c_f}} = \frac{1}{\kappa} \ln\left(\mathrm{Re}_x \frac{c_f}{2}\right) + C^+ + \overline{C}$$

$$\kappa = 0,41 \qquad \kappa_\Theta = 0,47 \qquad C_\Theta^+ = 13,7\,\mathrm{Pr} - 7,5 \qquad \overline{C}_\Theta = 0,42 \qquad C^+ = 5,0 \qquad \overline{C} = -0,56$$

Daten der nicht-rationalen Näherung für $0,6 < \mathrm{Pr} < 60$ und $5 \cdot 10^5 < \mathrm{Re}_x < 10^7$ aus:
Baehr, H. D.; Stephan, K. (2004): *Wärme- und Stoffübertragung*, 4. Aufl., Springer-Verlag, Berlin / Kap. 3.7.1.2

lokaler Wärmeübergang: $\boxed{\mathrm{Nu}_x = 0,0296\,\mathrm{Re}_x^{4/5}\mathrm{Pr}^{1/3}}$ (6-34)

mittlerer Wärmeübergang: $\boxed{\mathrm{Nu}_m = \frac{1}{L^*}\int_0^{L^*}\mathrm{Nu}_L\,\mathrm{d}x^* = 0,037\,\mathrm{Re}_L^{4/5}\mathrm{Pr}^{1/3}}$ (6-35)
($T_W^* = \mathrm{const}$)

Bild 6.10 zeigt den Vergleich dieser asymptotischen Beziehung mit der in Tab. 6.6 ebenfalls angegebenen sog. *nicht-rationalen Näherung*, die durch Anpassen eines Potenzansatzes an Mess-werte zustande kommt. Zur besseren Vergleichbarkeit mit dem Ergebnis für die laminare Plat-tenströmung in Bild 6.7 erfolgt die Auftragung neben der Form $\mathrm{Nu}_x = \mathrm{Nu}_x(\mathrm{Re}_x,\mathrm{Pr})$ mit Re_x als unabhängiger Variablen auch noch als $\mathrm{Nu}_L = \mathrm{Nu}_x/x$ mit $x = x^*/L^*$. Wenn x als unabhängige Va-riable gewählt wird, gilt dann der Zusammenhang $\mathrm{Nu}_L = \mathrm{Nu}_L(x,\mathrm{Re}_L,\mathrm{Pr})$ und es ist erkennbar, dass Nu_L eine Funktion der Reynolds-Zahl Re_L ist, die nicht durch eine Transformation formal beseitigt werden kann (im laminaren Fall führt eine solche Transformation auf $\mathrm{Nu}/\sqrt{\mathrm{Re}_L}$, s. Bild 6.7). Bild 6.10 zeigt Nu_L für $\mathrm{Pr} = 0,7$ und drei verschiedene Reynolds-Zahlen Re_L.

Für erste Abschätzungen sind nicht-rationale Näherungen durchaus attraktiv, es muss aber stets der begrenzte Gültigkeitsbereich beachtet werden. Zusätzlich ist in Tab. 6.6 die mittlere Nußelt-Zahl $\mathrm{Nu}_m = 1/L^* \int \mathrm{Nu}_x\,\mathrm{d}x^*$ auf einer Platte der Länge L^* für die nicht-rationale Näherung angegeben (Integration von (6-34) von $x^* = 0$ bis $x^* = L^*$). Ein solcher Mittelwert ist jedoch nur für die thermische Randbedingung $T_W^* = \mathrm{const}$ sinnvoll anwendbar.

Entscheidende Aspekte des asymptotischen Wärmeübergangsgesetzes (6-33) sind:

• Gleichung (6-33) gilt für beliebige Temperaturverteilungen an der Wand, so dass im turbu-lenten Fall (anders als bei laminaren Strömungen) hier nicht nach verschiedenen thermischen Randbedingungen unterschieden werden muss. Der physikalische Hintergrund dafür ist, dass die turbulente Wärmeübertragung wegen des sehr effektiven Übertragungsmechanismus eine sehr lokal dominierte Situation darstellt und deshalb von der thermischen Vorgeschichte weit-

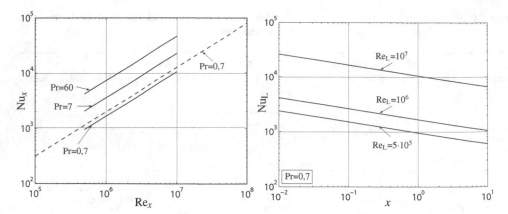

Bild 6.10: Wärmeübergang an der glatten, ebenen Platte bei turbulenter Grenzschichtströmung
——: nach (6-34)
- - -: nach (6-33)
links: $\mathrm{Nu}_x = \dot{q}_\mathrm{W}^*(x^*)\,x^*/(\lambda^*\,\Delta T^*) = \mathrm{Nu}_x(\mathrm{Re}_x,\mathrm{Pr})$
rechts: $\mathrm{Nu}_\mathrm{L} = \dot{q}_\mathrm{W}^*(x^*)\,L^*/(\lambda^*\,\Delta T^*) = 0{,}0296\,\mathrm{Re}_\mathrm{L}^{4/5}\,\mathrm{Pr}^{1/3}\,x^{-1/5} = \mathrm{Nu}_\mathrm{L}(x,\mathrm{Re}_\mathrm{L},\mathrm{Pr})$

gehend unabhängig ist. Dies kann für spezielle Messverfahren ausgenutzt werden.[1,2]

- Anders als im laminaren Fall spielt die Wandrauheit bei turbulenten Strömungen eine große Rolle. Dabei ist stets entscheidend, ob Rauheitselemente so weit in das Strömungs- und Temperaturfeld hineinragen, dass die Turbulenz davon nennenswert beeinflusst wird. Wenn dies nicht der Fall ist, spricht man von *hydraulisch und thermisch glatten Wänden*. Andernfalls wird in (6-33) die Konstante $C_\Theta^+(\mathrm{Pr})$ erheblich durch den Rauheitseinfluss verändert, was sich stark auf die Nußelt-Zahl Nu_x auswirken kann.[3,4]

- Wie in Bild 6.9 gezeigt ist, liegt nahe der Vorderkante einer Plattenströmung stets eine laminare Anlaufstrecke vor, die in (6-33) nicht berücksichtigt ist. Deshalb gilt (6-33) näherungsweise (Vernachlässigung des laminaren Anlaufes) mit dem Ursprung der x^*-Koordinate an der Vorderkante, oder exakt mit einem verschobenen Ursprung von x^* als einem sog. *fiktiven Ursprung*. Um wieviel der Ursprung von x^* verschoben werden muss, um damit die Verhältnisse im voll turbulenten Bereich richtig wiedergeben zu können, kann aber nur aus der Kenntnis der laminaren Anlaufstrecke gefolgert werden.

- Die Form von (6-33) legt es nahe, die Nußelt-Zahl Nu_x mit Re_x und Pr zu einer neuen Kennzahl zu kombinieren. Diese ist als *Stanton-Zahl* St

$$\mathrm{St} \equiv \frac{\mathrm{Nu}_x}{\mathrm{Re}_x\,\mathrm{Pr}} = \frac{\dot{q}_\mathrm{W}^*}{\rho^* c_\mathrm{p}^*(T_\mathrm{W}^* - T_\infty^*)u_\infty^*} = \frac{c_\mathrm{f}/2}{\frac{\kappa}{\kappa_\infty} + \sqrt{\frac{c_\mathrm{f}}{2}}\,D_\Theta(\mathrm{Pr})} \tag{6-36}$$

[1] Mocikat, H.; Herwig, H. (2007): *An Advanced Thin Foil Sensor Concept for Heat Flux and Heat Transfer Measurements in Fully Turbulent Flows*, Heat and Mass Transfer, **43**, 351-364 , s. auch ILLUSTRIERENDES BEISPIEL 6.2

[2] Mocikat, H.; Herwig, H. (2009): *Heat Transfer Measurements with Surface Mounted Foil-Sensors in an Active Mode*, sensors, Vol. 9, 3001-3032

[3] Gersten, K.; Herwig, H. (1992): *Strömungsmechanik*, Vieweg Verlag, Braunschweig, Wiesbaden / Kap. 15.6

[4] Yaglom, A.M. (1979): *Similarity Laws for Constant-Pressure and Pressure-Gradient Turbulent Wall Flows*, Annu. Rev. Fluid Mech, **11**, 505-540

bekannt (und enthält formal nicht mehr die Koordinate x^*!). Die x-Abhängigkeit der Stanton-Zahl ist dann durch die x-Abhängigkeit von c_f gemäß (6-32) bestimmt.

6.4.2 Wärmeübergang bei Durchströmungen, turbulent

Der prinzipielle Verlauf der Wand- und Mitteltemperaturen bei Durchströmungen mit konstanten Strömungsquerschnitten ist bei turbulenten Strömungen vergleichbar mit denjenigen bei laminaren Strömungen in Bild 6.8.

Die thermische Einlauflänge ist jedoch erheblich kürzer und weder nennenswert von der Reynolds- noch von der Prandtl-Zahl abhängig. Für sie gilt[1]

$$\frac{L_{\text{therm}}^*}{D_{\text{h}}^*} \approx 20 \dots 40 \tag{6-37}$$

wenn die Strömung bei Beginn der Wärmeübertragung ($x^* = 0$) hydraulisch ausgebildet ist. Wenn $x^* = 0$ dem Eintritt in das Rohr oder in den Kanal entspricht, sind die thermischen Einlauflängen kürzer.

Im anschließenden, thermisch ausgebildeten Bereich bestehen die zeitgemittelten Temperaturprofile für Reynolds-Zahlen $\text{Re} = \rho^* u_{\text{m}}^* D^* / \eta^* > \text{Re}_{\text{krit}}$ (mit $\text{Re}_{\text{krit}} \approx 2300$ für eine Kreisrohrströmung) wieder aus einer Wandschicht und einer anschließenden vollturbulenten Schicht. Diese wird bei Durchströmungen auch *Kernschicht* genannt, weil sie zu beiden Seiten durch die Wandschichten begrenzt ist.

Wärmeübergang im thermisch ausgebildeten Bereich ($\text{Re} > \text{Re}_{\text{krit}}$)
Da die physikalischen Vorgänge bei turbulenten Strömungen in der Nähe von Wänden einen stark lokalen Charakter besitzen, sind Einflüsse von weiter entfernten Orten nahezu ohne Bedeutung. Deshalb sind die lokalen Vorgänge, hier also die lokalen Wärmeübergänge, weitgehend unabhängig von der insgesamt vorliegenden Strömungsform. Die Vorgänge in unmittelbarer Wandnähe einer turbulenten Rohr- oder Kanalströmung in Wandnähe ähneln deshalb sehr stark derjenigen einer turbulenten Grenzschichtströmung. Dies ist auch der Grund, warum turbulente Strömungsgrößen stets mit lokalen Wandgrößen (wie z. B. der Wandschubspannung) entdimensioniert werden. Auf diese Weise erhält man für turbulente Strömungen lokal-universelle Ergebnisse, wie z. B. bestimmte Wandgesetze für die Geschwindigkeits- und Temperaturverteilung in Wandnähe.[2]

Da Wärmeübergänge stark durch die Verhältnisse in unmittelbarer Wandnähe geprägt sind, sollte es deshalb nicht verwundern, dass die Wärmeübergangsgesetze bei turbulenten Strömungen für unterschiedliche Geometrien sehr ähnlich aufgebaut sind.[3] So ist auch die Nußelt-Beziehung für die turbulente Durchströmung, s. dazu die nachfolgende Tab. 6.7, sehr ähnlich wie die entsprechende Beziehung für die turbulente Plattengrenzschicht nach Tab. 6.6. Das Widerstandsgesetz für turbulente, ausgebildete Strömungen durch Rohre und Kanäle entsteht in Folge der Zweischichten-Struktur von turbulenten, wandgebundenen Strömungen in der bereits bekannten Form und lautet[4]

$$\sqrt{\frac{2}{c_f}} = \frac{1}{\kappa} \ln \left(\text{Re}_\text{D} \sqrt{\frac{c_f}{2}} \right) + 0{,}27. \tag{6-38}$$

---

[1] White, F. M. (1988): *Heat and Mass Transfer*, Addison Wesley / Kap. 6.5.2
[2] Gersten, K.; Herwig, H. (1992): *Strömungsmechanik*, Vieweg Verlag, Braunschweig, Wiesbaden / Kap. 14.1 und 15.2
[3] Gersten, K.; Herwig, H. (1992): *Strömungsmechanik*, Vieweg Verlag, Braunschweig, Wiesbaden / Kap. 16.1.3
[4] Gersten, K.; Herwig, H. (1992): *Strömungsmechanik*, Vieweg Verlag, Braunschweig, Wiesbaden / Kap. 16.1.1

Tabelle 6.7: Wärmeübergang bei turbulent durchströmten Rohren und Kanälen im thermisch ausgebildeten
Bereich, gültig für die thermischen Randbedingungen $T_W^* = $ const und $\dot{q}_W^* = $ const.
Asymptotisch motivierte Formen und nicht-rationale Näherung

Daten der asymptotisch korrekten Form für große Re-Zahlen aus:
Gersten, K.; Herwig, H. (1992): *Strömungsmechanik*, Vieweg Verlag, Braunschweig, Wiesbaden / Kap.
16.1.3 bis Kap. 16.1.5

$$\mathrm{Nu}_D = \frac{\dot{q}_W^* D_h^*}{\lambda^* (T_W^* - T_{km}^*)} = \frac{\mathrm{Re}_D \, \mathrm{Pr} \, c_f/2}{\frac{\kappa}{\kappa_\Theta} + \sqrt{\frac{c_f}{2}} D_\Theta(\mathrm{Pr})} \qquad (6\text{-}39)$$

$$\mathrm{Re}_D = \frac{\rho^* u_m^* D_h^*}{\eta^*} \qquad D_\Theta(\mathrm{Pr}) = C_\Theta^+(\mathrm{Pr}) - \frac{\kappa}{\kappa_\Theta} C^+ \qquad \sqrt{\frac{2}{c_f}} = \frac{1}{\kappa} \ln\left(\mathrm{Re}_D \sqrt{\frac{c_f}{2}}\right) + 0{,}27$$

$$\kappa = 0{,}41 \qquad \kappa_\Theta = 0{,}47 \qquad C^+ = 5{,}0$$

Pr	0,5	0,72	14,3
C_Θ^+	1,23	3,61	73,3

Daten für $0{,}6 \leq \mathrm{Pr} \leq 1000$, $10^4 \leq \mathrm{Re}_D = \frac{\rho^* u_m^* D_h^*}{\eta^*} \leq 10^6$ aus:
Verein Deutscher Ingenieure (2002): *VDI-Wärmeatlas*, 9. Auflage, Springer-Verlag, Berlin / Ga5

$$\mathrm{Nu}_D = \frac{\dot{q}_W^* D_h^*}{\lambda^* (T_W^* - T_{km}^*)} = \frac{\mathrm{Re}_D \, \mathrm{Pr}(\zeta/8)}{1 + 12{,}7\sqrt{\zeta/8}\,(\mathrm{Pr}^{2/3} - 1)} \qquad (6\text{-}40)$$

$$\zeta = (1{,}8 \log_{10} \mathrm{Re}_D - 1{,}5)^{-2}$$

Daten der nicht-rationalen Näherung für $\mathrm{Pr} \approx 1$ und $\mathrm{Re}_D = \frac{\rho^* u_m^* D_h^*}{\eta^*} < 10^5$ aus:
Merker, G. P. (1987): *Konvektive Wärmeübertragung*, Springer-Verlag, Berlin

$$\mathrm{Nu}_D = \frac{\dot{q}_W^* D_h^*}{\lambda^* (T_W^* - T_{km}^*)} = C \, \mathrm{Re}_D^{4/5} \, \mathrm{Pr}^{1/2} \qquad (6\text{-}41)$$

$$C = 0{,}021 \text{ für } T_W^* = \text{const} \qquad C = 0{,}022 \text{ für } \dot{q}_W^* = \text{const}$$

Die Angabe im Zusammenhang mit Tab. 6.7, dass die dort aufgeführte Wärmeübergangsbeziehung (6-39) sowohl für die thermische Randbedingung $T_W^* = $ const als auch für $\dot{q}_W^* = $ const gilt, ist streng genommen nur für sehr große Reynolds-Zahlen (Re $\to \infty$) gültig. Abweichungen sind aus asymptotischer Sicht sog. Effekte höherer Ordnung. Tab. 6.8 zeigt die genauen Werte für drei Prandtl-Zahlen.[1] Daran ist zu erkennen, dass:

• die Nußelt-Zahlen für Re $\to \infty$ sehr stark ansteigen,

---

[1] Gersten, K.; Herwig, H. (1992): *Strömungsmechanik*, Vieweg Verlag, Braunschweig, Wiesbaden / Kap. 16.1.5

Tabelle 6.8: Nußelt-Zahlen Nu_D nach (6-39)
zusätzlich: Vergleich mit (6-40) und (6-41) mit einem mittleren $C_m = 0,0215$

Re_D	Pr = 0,5			Pr = 0,72			Pr = 14,3		
	(6-39)	(6-40)	(6-41)	(6-39)	(6-40)	(6-41)	(6-39)	(6-40)	(6-41)
10^4	26,2	27,2	24,1	31,5	32,8	28,9	107	113	129
10^5	150	143	152	189	181	182	778	809	813
10^6	951	879	959	1225	1150	1151	5953	6148	5130

- die Prandtl-Zahl einen erheblichen Einfluss besitzt,

- turbulente Nußelt-Zahlen um Größenordnungen größer sind als Nußelt-Zahlen für laminare Strömungen (laminare Rohrströmung: $Nu_D = 3,66$ für $T_W^* = $ const bzw. $Nu_D = 4,36$ für $\dot{q}_W^* = $ const, s. Tab. 6.5),

- die nicht-rationale Näherung gemäß (6-41) nur für den angegebenen Parameter-Bereich $Pr \approx 1$ und $Re < 10^5$ eine akzeptable Näherung darstellt.

Wärmeübergang im thermischen Einlaufbereich

Die asymptotische Analyse im thermischen Einlaufbereich ist bei turbulenten Strömungen erheblich aufwändiger als bei laminaren Strömungen.[1] Deshalb soll hier nur näherungsweise und pauschal angegeben werden, wie sich die mittlere Nußelt-Zahl Nu_m, die sich aus einer Integration der lokalen Nußelt-Zahl im Bereich $0 \leq x^* \leq L_{therm}^*$ ergibt, von der Nußelt-Zahl im ausgebildeten Bereich unterscheidet. Zahlenwerte dazu sind in Tab. 6.9 enthalten. Ein solcher Mittelwert ist jedoch nur für die thermische Randbedingung $T_W^* = $ const sinnvoll anwendbar.

Tabelle 6.9: Empirische Beziehung für die mittlere Nußelt-Zahl im thermischen Einlaufbereich von turbulenten Rohr- und Kanalströmungen ($T_W^* = $ const); $x^*/D_h^* \geq 10$
(Daten aus: White, F. M. (1988): *Heat and Mass Transfer*, Addison-Wesley, Publ. Comp.)

$$\boxed{\frac{Nu_m}{Nu_D} = 1 + \frac{C}{x^*/D_h^*}} \qquad (6\text{-}42)$$

$$Nu_m = \frac{\dot{q}_{Wm}^* D_h^*}{\lambda^* \Delta T^*} = \frac{1}{L_{therm}^*} \int_0^{L_{therm}^*} Nu_D \, dx^* \qquad Nu_m = Nu_D \quad \text{für } \frac{x^*}{D_h^*} \to \infty \qquad \dot{q}_{Wm}^* = \frac{1}{L_{therm}^*} \int_0^{L_{therm}^*} \dot{q}_W^* \, dx^*$$

$Pr =$	0,01	0,7	10
$C =$	9	2	0,7

---

[1] Herwig, H.; Voigt, M. (1995): *Eine asymptotische Analyse des Wärmeüberganges im Einlaufbereich von turbulenten Kanal- und Rohrströmungen*, Heat and Mass Transfer, **31**, 65-76

6.5 Natürliche Konvektion bei Körperumströmungen, laminar

Der Wärmeübergang bei natürlicher Konvektion soll nicht in der gleichen Ausführlichkeit behandelt werden, wie dies zuvor bei erzwungener Konvektion geschehen ist, weil seine technische Bedeutung deutlich geringer ist. Als Beispiel soll deshalb hier nur der Fall des laminaren Wärmeüberganges bei der Umströmung von Körpern behandelt werden. Wie bei der erzwungenen Konvektion in Kapitel 6.3.1 werden im Folgenden die Grenzschichten an einer ebenen Platte und in der Umgebung eines Staupunktes an einem ebenen stumpfen Körper beschrieben und die dort auftretenden Wärmeübergänge in Form der Nußelt-Zahl angegeben.

Bild 6.11 zeigt analog zu Bild 6.5 die Verhältnisse bei natürlicher Konvektion. Der entscheidende Unterschied zur erzwungenen Konvektion ist, dass eine Strömung nur in unmittelbarer Wandnähe auftritt, wo diese durch Auftriebseffekte induziert wird. An die Stelle der Reynolds-Zahl Re tritt jetzt eine Kennzahl, in der statt u_∞^* (charakteristische, vorgegebene Geschwindigkeit

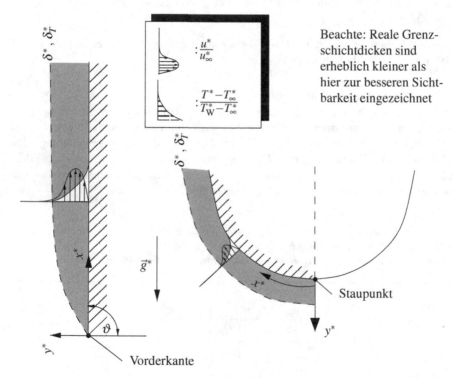

Bild 6.11: Geschwindigkeits- und Temperaturverteilung in laminaren Grenzschichten bei natürlicher Konvektion ($\mathrm{Pr} \approx 1$), die Dicken δ^* und δ_T^* sind charakteristische Dicken für die Grenzschichten, sie markieren nicht notwendigerweise den „Rand" der Grenzschichten.
u_B^*: Bezugsgeschwindigkeit
T_∞^*: Temperatur in größerem Wandabstand
δ^*: Dicke der Strömungsgrenzschicht
δ_T^*: Dicke der Temperaturgrenzschicht
Das Koordinatensystem folgt der Wand, Krümmungseinflüsse können im Rahmen der einfachen Grenzschichttheorie vernachlässigt werden.
hier: $\vartheta = 90°$ (senkrechte Platte)

bei erzwungener Konvektion) eine charakteristische Geschwindigkeit u_B^* auftritt. In dieser Geschwindigkeit muss eine Größe vorkommen, die charakteristisch für die Temperaturdifferenz zwischen dem Körper und der Umgebung ist, da diese Temperaturdifferenz die Ursache für die Strömung darstellt.

Eine genauere Analyse des Problems[1] ergibt

$$u_B^* = \sqrt{g^* L^* \beta_\infty^* \Delta T^*} \; ; \quad \beta_\infty^* = - \left[\frac{\partial \rho^* / \partial T^*}{\rho^*} \right]_\infty \tag{6-43}$$

mit g^* als dem Betrag des Erdbeschleunigungsvektors, L^* als frei wählbarer Bezugslänge, β_∞^* als isobarem thermischen Ausdehnungskoeffizienten bei T_∞^* und ΔT^* als charakteristischer Temperaturdifferenz des Problems. Damit wird aus $\mathrm{Re} = \rho^* u_\infty^* L^* / \eta^*$ jetzt formal

$$\frac{\rho^* u_B^* L^*}{\eta^*} = \frac{\rho^* \sqrt{g^* \beta_\infty^* \Delta T^* L^{*3/2}}}{\eta^*} = \sqrt{\mathrm{Gr_L}} \; ; \quad \mathrm{Gr_L} = \frac{\rho^{*2} g^* \beta_\infty^* \Delta T^* L^{*3}}{\eta^{*2}} \tag{6-44}$$

mit der *Grashof-Zahl* Gr, vgl. Tab. 4.2.

Die im Sinne der Grenzschichttheorie vereinfachten Grundgleichungen erlauben (analog zur erzwungenen Konvektion mit Re als Parameter) Lösungen, die für laminare Strömungen formal frei von der Grashof-Zahl Gr sind und damit für alle (großen) Grashof-Zahlen gleichermaßen gelten. Dies wird möglich, wenn eine Koordinatentransformation durchgeführt wird ($y \rightarrow y\,\mathrm{Gr}^{1/4}$) und hat zur Folge, dass die Gr-Abhängigkeit erst nach der Rücktransformation in physikalische Variable wieder explizit auftritt. Die Auswertung der Lösung für das Temperatur-Grenzschichtprofil nach dieser Rücktransformation führt dann unmittelbar auf die Nu-Beziehung für die hier betrachteten Grenzschichtströmungen in den beiden nachfolgenden Tabellen 6.10 und 6.11.

Tabelle 6.10: Wärmeübergang bei natürlicher Konvektion an der senkrechten Platte (laminar)
Ergebnisse für $\mathrm{Pr} \rightarrow 0$ und $\mathrm{Pr} \rightarrow \infty$ folgen aus einer asymptotischen Analyse des Problems
thermische Randbedingung: $T_W^* = \text{const} \rightarrow r = 0$; $\dot{q}_W^* = \text{const} \rightarrow r = 1/5$

$$\boxed{\frac{\mathrm{Nu_L}}{\mathrm{Gr_L}^{1/4}} = \frac{A}{\sqrt{2}} x^{\frac{r-1}{4}}} \tag{6-45}$$

$$\mathrm{Nu_L} = \frac{\dot{q}_W^*(x^*) L^*}{\lambda^* (T_W^*(x^*) - T_\infty^*)} \qquad \mathrm{Gr_L} = \frac{\rho^{*2} g^* \beta_\infty^* \Delta T_B^* L^{*3}}{\eta^{*2}} \qquad \mathrm{Pr} = \frac{\eta^* c_p^*}{\lambda^*} \qquad x = \frac{x^*}{L^*}$$

	$\mathrm{Pr} \rightarrow 0$	$\mathrm{Pr} = 0,1$	$\mathrm{Pr} = 0,7$	$\mathrm{Pr} = 7$	$\mathrm{Pr} = 10$	$\mathrm{Pr} \rightarrow \infty$
$A_{T_W = \text{const}}$	$0,8491\,\mathrm{Pr}^{1/2}$	$0,2302$	$0,4995$	$1,0543$	$1,1693$	$0,7110\,\mathrm{Pr}^{1/4}$
$A_{q_W = \text{const}}$	$1,0051\,\mathrm{Pr}^{1/2}$	$0,2670$	$0,5701$	$1,1881$	$1,3164$	$0,7964\,\mathrm{Pr}^{1/4}$

---

[1] Gersten, K.; Herwig, H. (1992): *Strömungsmechanik*, Vieweg Verlag, Braunschweig, Wiesbaden / Kap 8.3.2

Tabelle 6.11: Wärmeübergang bei natürlicher Konvektion im Staupunktbereich eines ebenen stumpfen Körpers

Ergebnisse für $Pr \to 0$ und $Pr \to \infty$ folgen aus einer asymptotischen Analyse des Problems

thermische Randbedingungen: $T_W^* = const$ oder $\dot{q}_W^* = const$

$$\frac{Nu_L}{Gr_L^{1/4}} = \frac{A}{\sqrt{2}} \qquad (6\text{-}47)$$

$$Nu_L = \frac{\dot{q}_W^*(x^*)L^*}{\lambda^*(T_W^*(x^*) - T_\infty^*)} \qquad Gr_L = \frac{\rho^{*2}g^*\beta_\infty^*\Delta T_B^* L^{*3}}{\eta^{*2}} \qquad Pr = \frac{\eta^* c_p^*}{\lambda^*}$$

	$Pr \to 0$	$Pr = 0{,}1$	$Pr = 0{,}7$	$Pr = 7$	$Pr = 10$	$Pr \to \infty$
A	$0{,}8695 Pr^{1/2}$	$0{,}2384$	$0{,}5236$	$1{,}1210$	$1{,}2452$	$0{,}764 Pr^{1/4}$

Bei der Analyse des Problems im Rahmen der Grenzschichttheorie stellt sich heraus, dass die Wandtemperatur $T_W^*(x^*)$ für die thermische Randbedingung $\dot{q}_W^* = const$ bei der Plattengrenzschicht proportional zu $x^{*1/5}$ ist, während bei der Staupunktgrenzschicht keine x-Abhängigkeit von T_W^* vorliegt. Damit gilt mit der frei wählbaren Länge L^* für $\dot{q}_W^* = const$:

$$T_W^*(x^*) - T_\infty^* = \Delta T_B^* x^r; \qquad \Delta T_B^* = T_W^*(L^*) - T_\infty^* \qquad (6\text{-}46)$$

mit $r = 1/5$ für die Plattengrenzschicht und $r = 0$ für die Staupunktgrenzschicht.

Zahlenwerte für den Wärmeübergang in Form der Nußelt-Zahl Nu können den Tabellen 6.10 und 6.11 entnommen werden. Wenn bei der Plattengrenzschicht ein Winkel $\vartheta \neq 90°$ vorliegt (s. Bild 6.11), dann ist lediglich die entsprechende Komponente $g^* \sin \vartheta$ in der Grashof-Zahl zu berücksichtigen.[1] Dies schließt auch diejenigen Fälle ein, in denen die Wand gekühlt wird. Bei der Plattenströmung liegen dann Winkel $180° < \vartheta < 360°$ vor, weil die Plattenvorderkante in diesen Fällen „oben" liegt. Das Produkt $\Delta T_B^* \sin \vartheta$ ändert nicht das Vorzeichen, weil ΔT_B^* im Kühlfall negativ ist. Es müssen aber Winkel ϑ in der Nähe von $0°$ und $180°$ ausgeschlossen werden (nahezu horizontale Platten), weil dann die physikalischen Mechanismen diejenigen der sog. *indirekten natürlichen Konvektion* sind (s. dazu Kap. 6.1.4). Die Staupunktströmung tritt im Kühlfall an einem oberen Staupunkt auf, weil dann insgesamt eine Strömung in Richtung des Erdbeschleunigungs-Vektors vorliegt.[2]

6.6 Komplexe, technisch bedeutende konvektive Wärmeübergangs-Situationen

Mit den bisher behandelten Grenzschicht-, Rohr- und Kanalströmungen waren stets relativ „einfache" Strömungsfelder verbunden (z. B. selbstähnliche Grenzschichten oder vollausgebildete

---

[1] Gersten, K.; Herwig, H. (1992): *Strömungsmechanik*, Vieweg Verlag, Braunschweig, Wiesbaden / Kap. 8.3.2

[2] Gersten, K.; Herwig, H. (1992): *Strömungsmechanik*, Vieweg Verlag, Braunschweig, Wiesbaden / Kap. 8.3.3

Geschwindigkeitsprofile), so dass die anschließend ermittelten Wärmeübergangs-Gesetzmäßigkeiten ebenfalls mathematisch einfach beschrieben werden konnten (z. B. als Konstanten oder Potenzfunktionen der Lauflänge).

In technischen Anwendungen sind die Geometrie sowie Rand- und Anfangsbedingungen häufig aber so komplex, dass für eine Berechnung nur numerische Lösungen der zugrunde liegenden Bilanzgleichungen in Frage kommen. Dabei wird man auch nur bestimmte Standard-Situationen unabhängig von einer konkreten Anwendung quasi „auf Vorrat" berechnen (oder experimentell untersuchen), um die Ergebnisse für unterschiedliche Anwendungen zur Verfügung stellen zu können. Solche Fälle sind z. B.:

- der Wärmeübergang an einem querangeströmten Kreiszylinder (Anwendung z. B.: querangeströmtes Wärmeübertrager-Rohr),

- der Wärmeübergang an mehreren räumlich nahe zueinander angeordneten querangeströmten Kreiszylindern (Anwendung z. B.: querangeströmtes Wärmeübertrager-Rohrbündel),

- der Wärmeübergang im Zusammenhang mit einem sog. *Prallstrahl*, d. h., an einer Wand, auf die ein Fluidstrahl auftrifft, der dort radial abgelenkt wird (Anwendung z. B.: konvektive Kühlung heißer Oberflächen mit kalten Prallstrahlen).

Diese drei Beispiele sollen im Folgenden kurz behandelt werden.

6.6.1 Wärmeübergang am querangeströmten Kreiszylinder

Obwohl die Geometrie des Kreiszylinders (Durchmesser D^*) denkbar einfach ist, entsteht bei der Queranströmung des Zylinders mit einer homogenen Geschwindigkeit u_∞^*, je nach der Größe der Reynolds-Zahl $\mathrm{Re}_D = \rho^* u_\infty^* D^* / \eta^*$, eine sehr komplexe Strömung mit Strömungsablösung, Instationaritäten, Transition (laminar→turbulent) und sehr unterschiedlich geformten Nachlaufgebieten.[1] In der Folge ist der Wärmeübergang stark von der Winkelposition auf der Zylinderoberfläche sowie der Reynolds-Zahl abhängig. Die lokale Verteilung der Nußelt-Zahl ist exemplarisch in Bild 6.12 für die Prandtl-Zahl $\mathrm{Pr} = 0{,}7$ und drei verschiedene Reynolds-Zahlen dargestellt.

Wenn nur der insgesamt auftretende Wärmeübergang interessiert, so kann dieser als mittlere Nußelt-Zahl

$$\mathrm{Nu_m} \equiv \frac{\dot{q}_{\mathrm{Wm}}^* D^*}{\lambda^* \Delta T_{\mathrm{m}}^*} \tag{6-48}$$

mit $\dot{q}_{\mathrm{Wm}}^* = \frac{1}{\pi} \int_0^\pi \dot{q}_{\mathrm{W}}^* \, \mathrm{d}\vartheta$ und $\Delta T_{\mathrm{m}}^* = \frac{1}{\pi} \int_0^\pi (T_{\mathrm{W}}^* - T_\infty^*) \, \mathrm{d}\vartheta$ bestimmt werden (Annahme: symmetrische Verteilung).

Eine nicht-rationale Näherung für die mittlere Nußelt-Zahl eines querangeströmten Kreiszylinders für $0{,}7 \leq \mathrm{Pr} \leq 300$ und $10 \leq \mathrm{Re}_D \leq 10^5$ lautet[2]

$$\mathrm{Nu_m} = \frac{\dot{q}_{\mathrm{Wm}}^* D^*}{\lambda^* \Delta T_{\mathrm{m}}^*} = \frac{\alpha_{\mathrm{m}}^* D^*}{\lambda^*} = 0{,}3 + \frac{0{,}62 \, \mathrm{Re}_D^{1/2} \mathrm{Pr}^{1/3}}{\left[1 + (0{,}4/\mathrm{Pr})^{2/3}\right]^{1/4}} \left[1 + \left(\frac{\mathrm{Re}_D}{280\,000}\right)^{5/8}\right]^{4/5} \tag{6-49}$$

mit $\mathrm{Re}_D = \rho^* u_\infty^* D^* / \eta^*$. Dieser Zusammenhang ist in Bild 6.13 für drei konkrete Prandtl-Zahlen dargestellt.

---

[1] Herwig, H.; Schmandt, B. (2018): *Strömungsmechanik*, 4. Aufl., Springer Vieweg, Wiesbaden, Beispiel 9.4

[2] White, F. M. (1988): *Heat and Mass Transfer*, Addison Wesley / Kap. 6.6.2

6.6.2 Wärmeübergang an querangeströmten Kreiszylinder-Bündeln

Wenn mehrere überströmte Kreiszylinder räumlich nahe zueinander angeordnet sind, so ist die
Strömung im Nahfeld der einzelnen Zylinder von den umgebenden Zylindern beeinflusst und
deshalb von derjenigen des einzeln angeströmten Zylinders verschieden. Häufig findet man in
diesem Zusammenhang die Bezeichnung *Wärmeübergang an Rohrbündeln*. Hier wird aber die
Bezeichnung als *Kreiszylinder-Bündel* bevorzugt, um deutlich zu machen, dass es sich um den
Wärmeübergang an den querangeströmten Außenwänden und nicht etwa um denjenigen in den

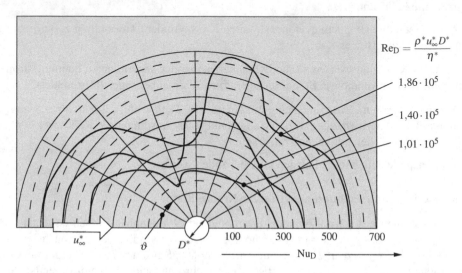

Bild 6.12: Lokale Verteilung der Nußelt-Zahl Nu_D am querangeströmten Kreiszylinder
$Pr = 0,7$; thermische Randbedingung: $T_W^* = const$
$$Nu_D = \dot{q}_W^*(\vartheta)\,D^*/\lambda^*\,(T_W^* - T_\infty^*)$$

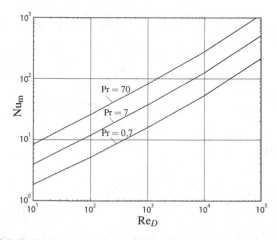

Bild 6.13: Mittlere Nußelt-Zahl Nu_m am querangeströmten Kreiszylinder gemäß (6-49)
mit $Re_D = \rho^* u_\infty^* D^*/\eta^*$
(Daten aus: White, F. M. (1988): *Heat and Mass Transfer*, Addison Wesley)

Rohren handelt.

In gleichmäßig angeordneten Bündeln von Kreiszylindern, tritt ab einer bestimmten Anzahl umströmter Zylinder, d. h. aus Sicht der ankommenden Strömung nach einer bestimmten Eindringtiefe in das Zylinderbündel, ein ausgebildeter Zustand auf, bei dem die Strömung und als Folge davon auch der Wärmeübergang an den einzelnen Zylindern gleich ist. Deshalb kann der Wärmeübergang am Zylinderbündel durch denjenigen am einzelnen Zylinder (der sich in hinreichender Tiefe in einem Bündel befindet) beschrieben werden. Dieser Wärmeübergang ist stets höher als der Wärmeübergang am (mit u_∞^* angeströmten) „freien" Einzelzylinder, weil die „effektive Anströmgeschwindigkeit" der einzelnen Zylinder im Bündel wegen der Versperrungswirkung höher ist. Zusätzlich muss eine Korrekturmöglichkeit für diejenigen Einzelzylinder angegeben werden, die sich nicht in hinreichender Tiefe im Bündel befinden.

Daten zum Wärmeübergang an Zylinderbündeln (die meist experimentell gewonnen werden), können in empirischen Wärmeübergangs-Beziehungen korreliert werden, wobei die Reynolds-Zahl mit der Geschwindigkeit u_eff^* gebildet wird. Diese mehr oder weniger willkürlich eingeführte charakteristische Geschwindigkeit wird für unterschiedliche Bündel-Anordnungen unterschiedlich definiert.

Tab. 6.12 enthält Angaben über die sog. *fluchtende* und *versetzte* Anordnung von Einzelzylindern in einem Zylinderbündel. Die Nußelt-Zahl $\mathrm{Nu_m}$ des Einzelzylinders besitzt dabei folgende Parameter-Abhängigkeit

$$\mathrm{Nu_m} = \mathrm{Nu_m}\left(\mathrm{Re_D}, \underbrace{\frac{S_\mathrm{L}^*}{D^*}, \frac{S_\mathrm{T}^*}{D^*}, \mathrm{ANO}}_{\text{Geometrie}}, \mathrm{Pr}, N\right) = \mathrm{Nu_m}\left(\mathrm{Re_{Deff}}, \mathrm{Pr}, N\right). \qquad (6\text{-}54)$$

Die Art der Anordnung (ANO) ergänzt um den Einfluss der Parameter S_L^*/D^* und S_T^*/D^* wird näherungsweise und einheitlich mit der Einführung von u_eff^* berücksichtigt. Damit besteht dann nur noch die Abhängigkeit von $\mathrm{Re_{Deff}}$ und Pr sowie von der „Reihen-Nummer" N. Diese gibt an, um die wievielte Bündel-Reihe in Strömungsrichtung (ausgehend von $N = 1$ für die vorderste Reihe) es sich handelt. Ausgebildete Zustände liegen etwa ab der zehnten Reihe vor (also für $N > 10$).

Für die vorderen Reihen ($N < 10$) gilt als grobe Näherung

$$\mathrm{Nu_m}(\mathrm{Re_{Deff}}, \mathrm{Pr}, N) = \left[\frac{N}{10}\right]^{0,18} \mathrm{Nu_m}(\mathrm{Re_{Deff}}, \mathrm{Pr}, N > 10) \qquad (6\text{-}55)$$

woran erkennbar wird, dass der Wärmeübergang in den vorderen Reihen schlechter ist, als im ausgebildeten Bereich ab der zehnten Reihe.

6.6.3 Wärmeübergang bei Prallstrahlen

Zur konvektiven Kühlung oder Erwärmung von Wänden werden häufig sog. Prallstrahlen eingesetzt, die aufgrund von Untertemperaturen Energie in Form von Wärme aufnehmen oder in Folge von Übertemperaturen entsprechend abgeben können. Dabei tritt die größte Temperaturdifferenz in der unmittelbaren Umgebung des Staupunktes auf. In größerer Entfernung vom Staupunkt klingt die Temperaturdifferenz zwischen der Wand und dem Fluid rasch ab, weil mit dem Strahl nur ein endlicher Fluid-Massenstrom für den Wärmeübergang zur Verfügung steht.

Bild 6.14 zeigt die prinzipielle Anordnung, die zweidimensional bzw. eben ist, wenn die Düse als Schlitzdüse (Düsenaustrittsbreite B^*) ausgeführt ist. Im Fall eines kreisförmigen Düsenauslasses (Düsenaustrittsdurchmesser D^*) liegt eine rotationssymmetrische Strömung vor, die in Bild 6.14 gezeigt ist. In Klammern sind dort die Angaben zum ebenen Fall enthalten.

Der Strahlrand stellt keine scharfe Begrenzung zur ruhenden Umgebung dar, sondern wird mit Hilfe eines Kriteriums (z. B. Ort, an dem die Geschwindigkeit 1 % der maximalen Geschwindigkeit im Querschnitt $n^* = $ const bzw. $r^* = $ const beträgt) festgelegt. Der Massenstrom bleibt nach dem Austritt aus der Düse nicht konstant, sondern wächst aufgrund des sog. *entrainment-Effektes* („Mitreißen" von ruhendem Umgebungsfluid) in Strömungsrichtung an. Als entscheidende Parameter treten neben dem Verhältnis H^*/D^* die Reynolds-Zahl Re und der Turbulenzgrad im Düsenaustritt, Tu[1], auf.

Tabelle 6.12: Mittlere Nußelt-Zahl Nu_m am querangeströmten Kreiszylinder im Zylinderbündel mit $N > 10$ (Daten aus: Zukauskas, A. (1972): *Heat Transfer from Tubes in Crossflow, Advances in Heat Transfer*, **8**, 93-160)

fluchtende Anordnung	versetzte Anordnung

$$u_{eff}^* = u_\infty^* \frac{S_T^*}{S_T^* - D^*}$$

$$u_{eff}^* = u_\infty^* \frac{S_T^*}{2\left(\sqrt{S_L^{*2} + \frac{1}{4}S_T^{*2}} - D^*\right)}$$

$$Nu_m = 0{,}27\, Re_{Deff}^{0,63}\, Pr^{0,36} \qquad (6\text{-}50)$$

$$(100 < Re_{Deff} < 2 \cdot 10^5)$$

$$Nu_m = 0{,}4\, Re_{Deff}^{0,6}\, Pr^{0,36} \qquad (6\text{-}51)$$

$$(100 < Re_{Deff} < 2 \cdot 10^5; \quad S_T^* > 2 S_L^*)$$

$$Nu_m = 0{,}021\, Re_{Deff}^{0,84}\, Pr^{0,36} \qquad (6\text{-}52)$$

$$(Re_{Deff} > 2 \cdot 10^5)$$

$$Nu_m = 0{,}022\, Re_{Deff}^{0,84}\, Pr^{0,36} \qquad (6\text{-}53)$$

$$(Re_{Deff} > 2 \cdot 10^5)$$

---

[1] Der Turbulenzgrad ist das Verhältnis aus einer mittleren Schwankungsgeschwindigkeit und einer charakteristischen Geschwindigkeit des Problems.

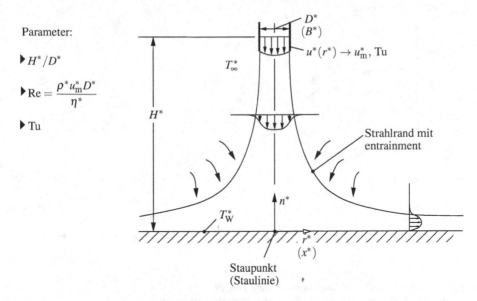

Bild 6.14: Rotationssymmetrische (ebene) Prallstrahlströmung

Die Auswertung des zugehörigen Temperaturfeldes ergibt für jede Stelle r^* (bzw. im ebenen Fall x^*) die beiden entscheidenden Größen $T_W^*(r^*) - T_\infty^*$ und $(\partial T^*(r^*)/\partial n^*)_W$, mit denen der Wärmeübergang in Form der Nußelt-Zahl beschrieben werden kann. Bild 6.15 zeigt den qualitativen Verlauf der Nußelt-Zahl für zwei typische Fälle. Dabei tritt entweder ein monotoner Abfall der Nußelt-Zahl in radialer Richtung auf, oder es entsteht ein lokales Maximum. Dies ist die Folge des Überganges von laminarer zu turbulenter Strömung an der Stelle des Maximums in der Nußelt-Zahl. Solche Verläufe treten bei relativ hohen Reynolds-Zahlen und geringem Wandabstand auf.

Tab. 6.13 enthält eine empirische Nußelt-Beziehung für eine einzelne Runddüse, die den mittleren Wärmeübergang über eine kreisförmige Fläche mit dem dimensionslosen Radius $R = r^*/D^*$ um den Staupunkt angibt. Zu beachten ist dabei, dass sowohl die Re-Zahl als auch die Nu-Zahl mit dem Durchmesser der Runddüse D^* gebildet wird.

Tab. 6.14 zeigt eine empirische Nußelt-Beziehung für eine einzelne Schlitzdüse der Breite B^*, die den mittleren Wärmeübergang über eine rechteckige Fläche $2x^* L^*$ (mit der auf der Staulinie beginnenden Koordinate x^* und der Schlitzdüsenlänge L^*) um die Staulinie charakterisiert. Die Re-Zahl und auch die Nu-Zahl werden hier jeweils mit dem hydraulischen Durchmesser gebildet, der sich für $L^* \gg B^*$ zu $D_h^* = 2B^*$ ergibt.[1] Um den Wärmeübergang bei Prallstrahlen zu verbessern, kann eine instationäre (in der Regel periodische) Strömung eingesetzt werden.[2] Häufig soll der Wärmeübergang zur Kühlung von Oberflächen eingesetzt werden, die z.B. mit Bauteilen der Mikroelektronik besetzt sind und damit keinen glatten Wänden entsprechen. Dies kann einen erheblichen Unterschied ausmachen und muss deshalb entsprechend berücksichtigt

---

[1] Weitere Nu-Beziehungen zu Runddüsen und Schlitzdüsen in: Goeppert, S. (2004): *Wärmeübergang an einer ebenen Platte bei Anströmung durch instationäre Prallstrahlen*, Dissertation, TU Chemnitz

[2] Herwig, H.; Middelberg, G. (2009): *The Physics of Unsteady Jet Impingement and its Heat Transfer Performance*, Acta Mechanica, DOI 10.1007/s00707-008-0080-0; Middelberg, G.; Herwig, H. (2009): *Convective Heat Transfer under Unsteady Impinging Jets: The Effect of the Shape of the Unsteadiness*, Heat and Mass Transfer, Vol. 45, 1519-1532

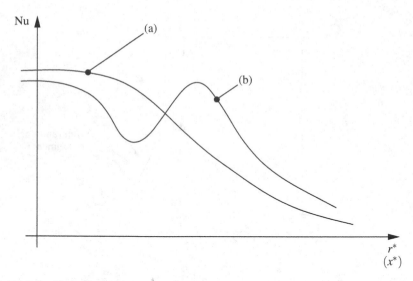

Bild 6.15: Typische Verläufe des lokalen Wärmeüberganges
(a) bei niedrigen Reynolds-Zahlen und großen Wandabständen
(b) bei hohen Reynolds-Zahlen und kleinen Wandabständen

werden.[1]

6.7 Bewertungskriterien für konvektive Wärmeübergänge

Der Wärmeübergangskoeffizient α^* gemäß (2-1) und in dimensionsloser Form die Nußelt-Zahl $Nu = \alpha^* L^* / \lambda^*$ dienen zur Beurteilung der „Qualität" des Wärmeüberganges. In Kap. 2.3 war die Frage nach einer „guten Wärmeübertragung" pauschal dahingehend beantwortet worden, dass ein steigender Wert von α^* bzw. Nu einen verbesserten Wärmeübergang bedeutet. Bild 6.1 zeigt, wie sich ein solcher verbesserter Wärmeübergang in den unterschiedlichen Situationen bei konvektiver Wärmeübertragung auswirkt.

Es wäre aber voreilig, aus diesen Überlegungen zu folgern, dass grundsätzlich versucht werden müsste, α^* bzw. Nu zu erhöhen, um ein Wärmeübertragungsproblem optimal zu lösen. Die Wärmeübertragung stellt bei konvektiven Übertragungssituationen nur einen Teilaspekt des Gesamtproblems dar. Zusätzlich müssen mindestens folgende zwei Aspekte berücksichtigt werden:

- Der Aufwand für Maßnahmen zur Erhöhung des Wärmeüberganges muss ins Verhältnis zum „Gewinn", der damit erzielt werden kann, gesetzt werden (→*ökonomische Analyse* des Problems).

- Die Maßnahme sollte aus thermodynamischer Sicht sinnvoll sein, was sich wesentlich auf die Entropieproduktion im Zusammenhang mit unterschiedlichen Realisierungen des Wärmeüberganges bezieht (→*exergetische Analyse* des Problems).

---

[1] Zhou, J. W.; Wang, Y.; Middelberg, G.; Herwig, H. (2009): *Unsteady Jet Impingement: Heat Transfer on Smooth and Non-Smooth Surfaces*, Int. Comm. Heat Mass Transfer, Vol.36, 103-110

Tabelle 6.13: Mittlerer Wärmeübergang über dem dimensionslosen Radius R bei einem rotationssymmetrischen Prallstrahl auf eine ebene Platte, Parameter: dimensionsloser Abstand H und Re_D.
(Daten aus: Verein Deutscher Ingenieure (2002): *VDI-Wärmeatlas*, 9. Auflage, Springer-Verlag, Berlin , Kapitel Gk)

$$Nu_m = Pr^{0,4} \frac{1 - \frac{1,1}{R}}{R + 0,1(H - 6)} f(Re_D) \qquad (6\text{-}56)$$

$$Nu_m = \frac{\dot{q}_{Wm}^* D^*}{\lambda^*(T_W^* - T_\infty^*)} \qquad Re_D = \frac{\rho^* u_m^* D^*}{\eta^*} \qquad Pr = \frac{\eta^* c_p^*}{\lambda^*} \qquad H = \frac{H^*}{D^*} \qquad R = \frac{r^*}{D^*}$$

mit $\quad f(Re_D) = 2\left[Re_D(1 + 0,005\,Re_D^{0,55})\right]^{0,5}$

u_m^*: mittlere Düsenaustrittsgeschwindigkeit
D^*: Düsendurchmesser
H^*: Abstand Düsenaustritt/Platte
T_∞^*: Düsenaustrittstemperatur
T_W^*: Wandtemperatur der Platte
Gültigkeitsbereich: $2,5 \leq R \leq 7,5$; $\quad 2 \leq H \leq 12$; $\quad 2\,000 \leq Re_D \leq 400\,000$
Stoffwerte bei $T_m^* = \frac{T_W^* + T_\infty^*}{2}$

Tabelle 6.14: Mittlerer Wärmeübergang über der dimensionslose Breite x bei einem Prallstrahl aus einer Schlitzdüse auf eine ebene Platte, Parameter: dimensionsloser Abstand H und Re_D.
(Daten aus: Verein Deutscher Ingenieure (2002): *VDI-Wärmeatlas*, 9. Auflage, Springer-Verlag, Berlin , Kapitel Gk)

$$Nu_m = \frac{1,53\,Re_{2B}^m}{x + H + 1,39} Pr^{0,42} \qquad (6\text{-}57)$$

$$Nu_m = \frac{\dot{q}_{Wm}^* 2B^*}{\lambda^*(T_W^* - T_\infty^*)} \qquad Re_{2B} = \frac{\rho^* u_m^* 2B^*}{\eta^*} \qquad Pr = \frac{\eta^* c_p^*}{\lambda^*} \qquad H = \frac{H^*}{2B^*} \qquad x = \frac{x^*}{2B^*}$$

mit $\quad m = 0,695 - \dfrac{1}{x + H^{1,33} + 3,06}$

u_m^*: mittlere Düsenaustrittsgeschwindigkeit
B^*: Schlitzdüsenbreite
H^*: Abstand Düsenaustritt/Platte
T_∞^*: Düsenaustrittstemperatur
T_W^*: Wandtemperatur der Platte
Gültigkeitsbereich: $2 \leq x \leq 25$; $\quad 2 \leq H \leq 10$; $\quad 3\,000 \leq Re_{2B} \leq 90\,000$
Stoffwerte bei $T_m^* = \frac{T_W^* + T_\infty^*}{2}$

Wenn beide Teilanalysen im konkreten Fall zu widersprüchlichen Ergebnissen führen, muss ein Optimum unter gleichzeitiger Berücksichtigung beider Aspekte gesucht werden, was dann (etwas „sperrig") als *exergoökonomische Analyse*[1] des Problems bezeichnet werden kann. Im Folgenden soll anhand von Beispielen erläutert werden, wie dabei grundsätzlich vorzugehen ist.

6.7.1 Ökonomische Analyse konvektiver Wärmeübertragung

In vielen technischen Problemen liegt eine Situation vor, in der Energie in Form von Wärme kontinuierlich an ein strömendes Fluid übertragen werden soll und dabei eine bestimmte Temperaturdifferenz ΔT^* zur Verfügung steht. Diese Temperaturdifferenz hat im Weiteren die Bedeutung einer „charakteristischen Temperaturdifferenz" des Problems. Sie muss in Bezug auf die in der Regel ortsabhängigen Temperaturunterschiede zwischen dem Fluid und der Systemgrenze insofern „charakteristisch" sein, als sie einem Mittelwert, einem Anfangswert o. ä. entspricht. Die Zielgröße in einem solchen Problem ist damit der zu übertragende Wärmestrom $\dot{Q}_W^*$, gemessen in Watt, der insgesamt an den Fluid-Massenstrom $\dot{m}^*$ übertragen werden soll. Wenn dies konvektiv geschieht, kann der Vorgang durch die entsprechende Nußelt-Zahl beschrieben werden, und es gilt mit $\dot{q}_W^* = \dot{Q}_W^*/A^*$

$$\dot{Q}_W^* = \mathrm{Nu}\frac{A^*}{L^*}\lambda^*\Delta T^* \tag{6-58}$$

Bei vorgegebenem ΔT^* kann ein bestimmter Wärmestrom an ein bestimmtes Fluid (λ^* liegt fest) prinzipiell auf allen Wegen erreicht werden, auf denen das Produkt $\mathrm{Nu}A^*/L^*$ denselben Wert besitzt. Wenn die Übertragungsflächen geometrisch ähnlich bleiben, können sie als $A^* = c\hat{L}^*L^*$ mit zwei geometrischen Längen $\hat{L}^*$ und L^* beschrieben werden. Damit lautet die einzuhaltende Forderung jetzt $\mathrm{Nu}\hat{L}^* = \mathrm{const}$. Daraus folgt unmittelbar, dass die gestellte Aufgabe

- mit einer großen Übertragungsfläche ($\hat{L}^*$ groß) und einem schlechten Wärmeübergang (Nu klein) oder

- mit einer kleinen Übertragungsfläche ($\hat{L}^*$ klein) und einem guten Wärmeübergang (Nu groß)

gelöst werden kann.

Wenn die Entscheidung für eine bestimmte Variante unter ökonomischen Gesichtspunkten getroffen werden soll, so ist zunächst zu klären, welche Bedeutung im konkreten Fall den Investitionskosten und welche den Betriebskosten zukommt. Erst danach kann prinzipiell entschieden werden, welcher Kostenfaktor (KF) einer bestimmten Variante zugeschrieben werden kann. Dieser Kostenfaktor muss die Investitions- und Betriebskosten auf der Basis eines bestimmten Nutzungsprofils ins Verhältnis setzen und soll eine Variante als vorteilhaft ausweisen, wenn sein Zahlenwert niedrig ist.

Zusätzlich bewegt sich die Entscheidung in einem bestimmten Rahmen, der durch Beschränkungen bzgl. der Baugröße, des Gewichts, der Leistungsversorgung u. ä gesetzt wird. Damit wird auch ein Rahmen für die charakteristische Länge $\hat{L}^*$ vorgegeben.

Diese Überlegungen sind in Bild 6.16 skizziert, indem $\mathrm{Nu}\hat{L}^* = \mathrm{const}$ qualitativ aufgetragen ist. Wenn einerseits *Baugrößenbeschränkungen* und andererseits *physikalische Beschränkungen* berücksichtigt werden, verbleibt ein Bereich von prinzipiell möglichen Varianten. Wenn dort z. B. fünf Varianten bzgl. ihres Kostenfaktors KF quantifiziert werden können, kann diejenige

---

[1]   s. dazu z. B.: Tsatsaronis, G. (1985): *Thermoökonomische Analyse von Energieumwandlungsprozessen*, Habilitationsschrift, RWTH Aachen

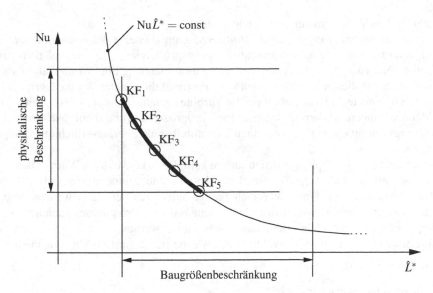

Bild 6.16: Mögliche Varianten eines konvektiven Wärmeübertragungsproblems; Auswahl unter ökonomischen Gesichtspunkten

mit dem niedrigsten Wert von KF als (nahezu) optimal unter ökonomischen Gesichtspunkten ausgewählt werden.

Die physikalischen Beschränkungen ergeben sich im vorliegenden Fall aus dem Bereich, innerhalb dessen die Nußelt-Zahl des Problems variieren kann. Bei völliger geometrischer Ähnlichkeit aller Varianten bleibt im Wesentlichen die Reynolds-Zahl des Problems, über deren Veränderungen die Nußelt-Zahl beeinflusst werden kann. Dies setzt aber voraus, dass die Reynolds-Zahl bei (unterstellt) konstantem Massenstrom variiert werden kann. Dies ist z. B. bei Rohrströmungen der Fall ($\dot{m}^* = \mathrm{Re}_D\, D^*\eta^*\,\pi/4$), nicht aber bei Strömungen durch ebene Kanäle der variablen Höhe H^* und der konstanten Breite B^* ($\dot{m}^* = \mathrm{Re}_H\, B^*\eta^*$). Wenn eine Beeinflussung durch unterschiedliche Reynolds-Zahlen nicht möglich ist, wird man versuchen, durch spezielle Maßnahmen (wie Turbulenzerzeuger oder strukturierte Oberflächen) die Nußelt-Zahl zu beeinflussen.

6.7.2 Exergetische Analyse konvektiver Wärmeübertragung

Die ökonomische Analyse betrachtet ein Problem weitgehend unter *energetischen* Gesichtspunkten (übertragene Teile von Energien, Antriebsleistung,...) und greift dabei letztlich auf den 1. Hauptsatz der Thermodynamik zurück (→ Energiebilanz). Exergetische Gesichtspunkte, d. h., die Frage danach, wieviel Exergie in einem Prozess vernichtet wird, weil darin Entropie erzeugt wird, bleibt dabei völlig unberücksichtigt. Dies kann aber durchaus von Bedeutung sein und ergibt eine weitere Möglichkeit, konvektive Wärmeübertragungsprozesse zu optimieren. Dafür wird dann der 2. Hauptsatz der Thermodynamik herangezogen (weshalb solche Analysen im englischsprachigen Raum auch als „second law analysis" bezeichnet werden).

Im Teil D dieses Buches (Wärmeübertragung aus thermodynamischer Sicht) wird der physikalische Hintergrund der Entropieproduktion ausführlich erläutert. Im Folgenden wird aber schon eine spezielle Anwendung gezeigt, um damit ein erstes Verständnis dieser nicht immer auf Anhieb verständlichen Vorgehensweise zu ermöglichen.

Dabei wird davon ausgegangen, dass Entropieerzeugung und eine damit unmittelbar verbundene Exergievernichtung in einem Wärmeübertragungsprozess so gering wie möglich gehalten werden sollte. Dies ist z. B. bei Kreisprozessen im Zusammenhang mit Wärmekraftanlagen von großer Bedeutung. In diesen Kreisprozessen kann maximal die mit der Wärmeübertragung eingebrachte Exergie als technische Arbeit (in der Turbine) genutzt werden. Dieser Teil wird aber in dem Maße verringert, in dem in den einzelnen Teilprozessen (und damit auch bei der Wärmeübertragung) Entropieproduktion auftritt, die unmittelbar als Exergievernichtung interpretiert werden kann.

Die Bestimmung der Entropieproduktion auch in komplexen konvektiven Wärmeübertragungssituationen ist stets möglich, wenn die Geschwindigkeits- und Temperaturfelder in den Prozessen im Detail bekannt sind. Wenn Wärmeübergänge numerisch berechnet werden, liegt diese Information vor, und die Entropie (sowie ihre Erzeugung bzw. Produktion) kann als sog. *post-processing* Größe im Zuge solcher Berechnungen bestimmt werden.

Da Entropieproduktion bei der konvektiven Wärmeübertragung im Zusammenhang mit

- der Wärmeleitung und

- der Dissipation mechanischer Energie

vorkommt (vgl. dazu Kap. 3.4), können und sollten beide Anteile auch getrennt berechnet werden. Dies ist besonders einfach, wenn eine laminare Strömung vorliegt. Bei turbulenten Strömungen bedarf es einiger Zusatzüberlegungen, auf die im Teil D dieses Buches eingegangen wird.

Bei laminaren Strömungen werden beide Anteile der Entropieproduktion durch die molekularen Austauschgrößen λ^* (Wärmeleitfähigkeit) und η^* (dynamische Viskosität) sowie die zugehörigen Temperatur- und Geschwindigkeitsgradienten bestimmt. Für die lokalen Entropieproduktionsraten $\dot{S}_{irr}^{'''*}$ (mit den Einheiten $W/K\,m^3$) gilt:

$$\dot{S}_{irr,W}^{'''*} = \frac{\lambda^*}{T^{*2}}\left[\left(\frac{\partial T^*}{\partial x^*}\right)^2 + \left(\frac{\partial T^*}{\partial y^*}\right)^2 + \left(\frac{\partial T^*}{\partial z^*}\right)^2\right] \tag{6-59}$$

$$\dot{S}_{irr,D}^{'''*} = \frac{\eta^*}{T^*}\left\{2\left[\left(\frac{\partial u^*}{\partial x^*}\right)^2 + \left(\frac{\partial v^*}{\partial y^*}\right)^2 + \left(\frac{\partial w^*}{\partial z^*}\right)^2\right]\right. \tag{6-60}$$

$$\left. + \left(\frac{\partial u^*}{\partial y^*} + \frac{\partial v^*}{\partial x^*}\right)^2 + \left(\frac{\partial u^*}{\partial z^*} + \frac{\partial w^*}{\partial x^*}\right)^2 + \left(\frac{\partial v^*}{\partial z^*} + \frac{\partial w^*}{\partial y^*}\right)^2\right\} \tag{6-61}$$

Die gesamte Entropieproduktion in einem endlichen Kontrollraum mit dem Volumen V^* ist dann

$$\dot{S}_{irr}^* = \int (\dot{S}_{irr,W}^{'''*} + \dot{S}_{irr,D}^{'''*})\mathrm{d}V^* \tag{6-62}$$

Da die Temperatur- und Geschwindigkeitsgradienten für eine bekannte Lösung (in Form eines Strömungs- und Temperaturfeldes) bestimmt werden können, kann die Entropieproduktion gemäß (6-62) als sog. *post-processing-Größe* im Anschluss an die eigentliche Lösung eines Problems ermittelt werden.

Als ILLUSTRIERENDES BEISPIEL 6.1 für eine solche Analyse wird eine einfache turbulente Rohrströmung daraufhin untersucht, ob es bei der Wärmeübertragung mit konstanter Wandwärmestromdichte $\dot{q}_W^*$ ein *exergetisches* Optimum bzgl. der Kombination D^*/L^* (D^*: Rohrdurchmesser, L^*: Rohrlänge) gibt.

Optimierungen unter exergetischen Gesichtspunkten können zu anderen Ergebnissen bzgl. der Optima führen als diejenigen unter ökonomischen Aspekten. Es müssen dann (wie zuvor erläutert) zusätzliche Kriterien herangezogen werden, die z. B. im Sinne einer exergoökonomischen Analyse zu einer Entscheidung führen können, welche von verschiedenen möglichen Varianten als insgesamt optimal angesehen werden kann.

6.8 Schlussbemerkung zum konvektiven Wärmeübergang

In diesem umfangreichen Kapitel zum konvektiven Wärmeübergang sind sehr viele, unterschiedlich strukturierte Wärmeübergangsbeziehungen Nu = Nu(...) aufgetreten. In einigen Fällen ist die Nußelt-Zahl einfach eine Konstante, in anderen Fällen liegt eine Abhängigkeit von der Reynolds- und der Prandtl-Zahl vor. Zusätzlich kann die Ortskoordinate als Parameter auftreten oder aber auch nicht.

Tab 6.15 zeigt eine Zusammenstellung dieser Abhängigkeiten für die verschiedenen Fälle erzwungener Konvektion, wobei der Einfluss der Eckert-Zahl, der in einigen Fällen berücksichtigt worden war, hier nicht mit aufgenommen ist. In dieser Tabelle ist schon eine gewisse Systematik zu erkennen, indem entweder Nu = const, Nu = Nu(Re, Pr) oder Nu = Nu(x, Re, Pr) gilt.

Eine physikalische Erklärung, welche dieser Abhängigkeiten im konkreten Fall vorliegt, ergibt sich wie folgt. Aufgrund der allgemeinen Definition der Nußelt-Zahl als Nu $= \dot{q}_W^* L^* / (\lambda^* \Delta T^*)$ gilt mit der Fourierschen Wärmeleitung $\dot{q}_W^* = -\lambda^* (\partial T^* / \partial y^*)_W$

$$\mathrm{Nu} \equiv \frac{\dot{q}_W^* L^*}{\lambda^* \Delta T^*} = -\frac{(\partial T^* / \partial y^*)_W L^*}{\Delta T^*} = -\left(\frac{\partial \Theta}{\partial y}\right)_W \qquad (6\text{-}63)$$

mit der dimensionslosen Temperatur $\Theta = (T^* - T_B^*)/\Delta T^*$ und der dimensionslosen Koordinate $y = y^*/L^*$, wobei T_B^* eine problemspezifische Bezugstemperatur ist.

Damit wird nun deutlich, dass die Abhängigkeit der Nußelt-Zahl von x, Re und Pr darauf zurückgeführt werden kann, ob Θ von diesen Parametern abhängt. Solche Abhängigkeiten sind im konkreten Fall meist physikalisch nachvollziehbar. Dies bezieht sich besonders auf die Frage, ob eine x-Abhängigkeit von Θ und damit auch von Nu vorliegt.

Offensichtlich stellt die ausgebildete laminare Durchströmung mit Nu = const einen Sonderfall dar, der aber auch wiederum „zu verstehen ist": Eine Erhöhung der Konvektion (Erhöhung der Re-Zahl) verändert die Verteilung der inneren Energie in einem Ausschnitt dx^* nicht (und damit auch die Temperaturverteilung nicht), weil gleich viel zusätzliche innere Energie in den Abschnitt der Breite dx^* mit einem gleichbleibenden Geschwindigkeitsprofil ein- wie ausfließt. Die-

Tabelle 6.15: Kennzahl-Abhängigkeiten bei unterschiedlichen Fällen erzwungener Konvektion; x steht hier allgemein für eine Ortsabhängigkeit

Gl.-Nr.	Strömungsart	Abhängigkeit
(6-25)	Durchströmung, laminar, ausgebildet	Nu = const
(6-39), (6-40), (6-41)	Durchströmung, turbulent, ausgebildet	Nu = Nu(Re,Pr)
(6-17)	Staupunkt, laminar	
(6-31)	Durchströmung, laminar, nicht ausgebildet	
(6-16)	Umströmung, laminar	Nu = Nu(x,Re,Pr)
(6-33), (6-34)	Umströmung, turbulent	

ses erklärt die x-Unabhängigkeit. Da im laminaren, anders als im turbulenten Fall (Zweischichtenstruktur) keine Abhängigkeit des Geschwindigkeitprofils von der Reynolds-Zahl auftritt, überträgt sich dies auf die Nußelt-Zahl. Dass eine Prandtl-Zahl-Abhängigkeit stets nur im Zusammenhang mit einer vorhandenen Re-Abhängigkeit vorkommt (und nicht als Pr-Abhängigkeit allein), ist die Folge der Nu-Definition, in der λ^* vorkommt, womit der entscheidende Anteil des Pr-Einflusses erfasst ist.

ILLUSTRIERENDES BEISPIEL 6.1: Minimale Entropieproduktion

Wenn ein Massenstrom $\dot{m}^*$ um eine bestimmte Temperaturdifferenz, z. B. 10 K, erwärmt werden soll, und dafür eine Rohrleitung mit einer Wandwärmestromdichte $\dot{q}_W^* = 10^5$ W/m^2 zur Verfügung steht, so ist zunächst nicht klar, ob es von Vorteil ist, ein kurzes Rohr mit großem Durchmesser, oder ein langes Rohr mit kleinem Durchmesser zu wählen. Wenn die Frage unter *exergetischen* Gesichtspunkten entschieden werden soll, geht es darum, diejenige geometrische Variante auszuwählen, bei der die geringste Entropieproduktion auftritt. Eine physikalische Vorüberlegung ergibt dabei folgende qualitativen Aussagen:

- in kurzen Rohren mit großen Durchmessern werden über den Querschnitt hinweg kleine Geschwindigkeits-, aber große Temperaturunterschiede auftreten ($\to \dot{S}_{\mathrm{irr,D}}^{\prime\prime\prime*}$ klein, $\dot{S}_{\mathrm{irr,W}}^{\prime\prime\prime*}$ groß),

- bei langen Rohren mit kleinen Durchmessern treten umgekehrt große Geschwindigkeits- aber kleine Temperaturunterschiede auf ($\to \dot{S}_{\mathrm{irr,D}}^{\prime\prime\prime*}$ groß, $\dot{S}_{\mathrm{irr,W}}^{\prime\prime\prime*}$ klein).

Damit kann erwartet werden, dass „im mittleren geometrischen Bereich" Zustände auftreten, bei denen keine der beiden Ursachen zu großen Werten von $\dot{S}_{\mathrm{irr,D}}^{\prime\prime\prime*}$ oder $\dot{S}_{\mathrm{irr,W}}^{\prime\prime\prime*}$ führt, und damit die gesamte Entropieproduktionsrate $\dot{S}_{\mathrm{irr}}^*$ ein relatives Minimum annimmt.

Die konkrete Auswertung für dieses Beispiel ergibt einen Verlauf der Entropieproduktionsrate wie im Bild 6.17 gezeigt. Dieser entsteht als Interpolationskurve durch sieben konkrete numerische Lösungen für das turbulente Problem. Details finden sich in: Kock, F. (2003): *Bestimmung der lokalen Entropieproduktion in turbulenten Strömungen und deren Nutzung zur Bewertung konvektiver Transportprozesse*, Dissertation, TU Hamburg-Harburg bzw. Bejan, A. (1996): *Entropy Generation Minimization*, CRC Press, Boca Raton .

Anstelle des Durchmesser D^* ist auf der Abszisse die Reynolds-Zahl $\mathrm{Re}_D = \rho u_m^* D^* / \eta^*$ aufgetragen. Es ist erkennbar, dass etwa bei $\mathrm{Re}_D = 10^5$ und damit für einen ganz bestimmten Durchmesser ein klares Minimum der Entropieproduktionsrate auftritt. Diese Information wäre weder dem Verlauf der Nußelt-Zahl noch dem des Druckverlustbeiwertes (jeweils als Funktion der Reynolds-Zahl) zu entnehmen gewesen.

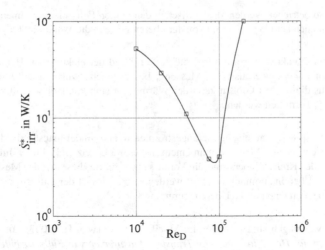

Bild 6.17: Entropieproduktionsrate in einer turbulenten ausgebildeten Rohrströmung
Daten einer CFD-Simulation (CFD: computational fluid dynamics)

ILLUSTRIERENDES BEISPIEL 6.2: Wärmeübergangsmessungen am kalten Körper

Diese Überschrift klingt zunächst ebenfalls paradox, dahinter steht aber ein sinnvolles Konzept zur Bestimmung des Wärmeübergangskoeffizienten bei voll entwickelten turbulenten Strömungen. Es ist durchaus attraktiv, Wärmeübergänge am „kalten Objekt" messen zu können, weil dann z. B. bestimmt werden kann, wie sich Turbinenschaufeln in einer Gasturbine bzgl. des Wärmeüberganges verhalten, ohne dass man sie einer möglicherweise zerstörerischen thermischen Beaufschlagung unterziehen müsste.

Die Grundidee für Messungen „am kalten Objekt" sind folgende:

• In voll turbulenten Strömungen ist der Wärmeübergang lokal bestimmt, d. h. nur die lokalen Strömungs- und Temperaturgrößen bestimmen den Wärmeübergang. Die thermische Vorgeschichte spielt (in erster Näherung) keine Rolle. Eine Folge davon ist z. B., dass bei turbulenten Strömungen bzgl. des Wärmeüberganges (anders als bei laminaren Strömungen) nicht nach verschiedenen thermischen Randbedingungen unterschieden werden muss.

• Bei konvektiven Wärmeübergängen ist der Wärmeübergangskoeffizient (anders als bei natürlicher Konvektion) nicht von der treibenden Temperaturdifferenz abhängig.

Beide Punkte zusammen genommen führen zu folgender Überlegung: Statt den Wärmeübergang an einem insgesamt thermisch beaufschlagten Körper (mit dann vorliegenden großen treibenden Temperaturdifferenzen) zu messen, genügt es, lokal einen sehr geringen Wärmeübergang (mit kleinen treibenden Temperaturdifferenzen) zu *erzeugen* und ihn gleichzeitig zu messen.

Dieses Konzept kann mit einem Sensor verwirklicht werden, dessen prinzipieller Aufbau in Bild 6.18 gezeigt ist. Er besteht aus zwei dünnen Nickel-Folien, die übereinander liegen und durch eine ebenfalls dünne Polyimid-Isolierschicht getrennt sind. Alle drei Folien sind als Sensor auf der zu vermessenden Oberfläche angebracht. Die Nickelfolien können von einem elektrischen Strom durchflossen werden und dienen dann als Heizfolie und (bzw. gleichzeitig) als zu kalibrierendes Widerstandsthermometer.

Die obere, der Strömung zugewandte Folie ist die eigentliche Heizfolie. Die dort dissipierte elektrische Energie soll in Form eines dann bekannten Wandwärmestromes in die Strömung gelangen. Um zu verhindern, dass ein Teil dieser Energie in den Körper geleitet wird, muss die untere Folie als

„Gegenheizung" so betrieben werden, dass zwischen den beiden Folien kein Temperaturunterschied entsteht und damit auch kein Wärmestrom von der oberen Folie in die Wand fließt.

Man kennt dann die aktuelle Wärmestromdichte (aufgrund der elektrischen Heizung), die Temperatur der oberen Folie sowie aus einer Messung, bevor geheizt wurde, die Temperatur T_∞^* des Außenraumes. Aus diesen drei Größen kann der Wärmeübergangskoeffizient an der Messstelle als $\alpha^* = \dot{q}_W^*/(T_W^* - T_\infty^*)$ ermittelt werden.

Dieses Messprinzip wurde an einem querangeströmten Kreiszylinder getestet. Bild 6.19 zeigt den Vergleich mit konventionellen Messungen an einem insgesamt beheizten Zylinder. Im grau unterlegten Winkelbereich des Kreiszylinders sind die Voraussetzungen für diese Art der Messung erfüllt, so dass dort eine gute Übereinstimmung erwartet werden kann. Dies ist der Fall, aber selbst außerhalb dieses Bereiches liegt eine recht gute Übereinstimmung vor.

Details dieser Messungen sind zu finden in: Mocikat, H.; Herwig, H. (2007): *An Advanced Thin Foil Sensor Concept for Heat Flux and Heat Transfer Measurements in Fully Turbulent Flows*, Heat and Mass Transfer, **43**, 351-364 / Mocikat, H.; Herwig, H. (2008): *Heat Transfer Measurements in Fully Turbulent Flows: Basic Investigations with an Advanced Thin Foil Triple Sensor*, Heat and Mass Transfer, **44**, 1107-1116 / Mocikat, H.; Herwig, H. (2009): *Heat Transfer with Surface Mounted Foilsensors in an Active Mode*, Sensors, **9**, 3011-3032.

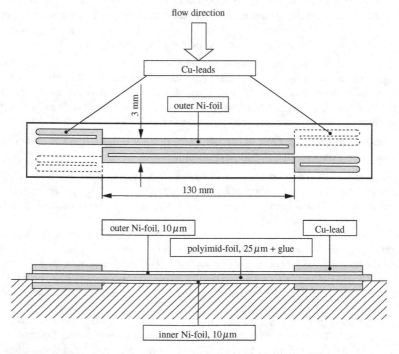

Bild 6.18: Prinzipieller Sensoraufbau, Bild aus der Originalarbeit mit englischer Beschriftung

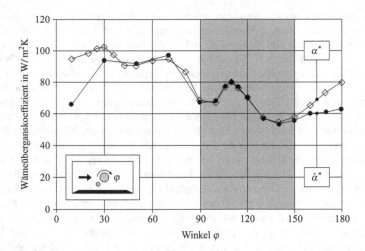

Bild 6.19: Wärmeübergang am querangeströmten Kreiszylinder (mit zusätzlichem Turbulenzgenerator, unten links)
$\hat{\alpha}^*$: Messungen am kalten Zylinder
α^*: konventionelle Messungen am beheizten Zylinder

ILLUSTRIERENDES BEISPIEL 6.3: Gefühlte Temperatur

Viele von uns werden sich schon über Wetterberichtsmeldungen gewundert haben, in denen es etwa heißt: „...herrschen Temperaturen von bis zu $-12°C$, die allerdings gefühlten Werten von $-25°C$ entsprechen". Dies klingt nach einer wenig wissenschaftlich fundierten Aussage, hat aber durchaus einen klar beschreibbaren physikalischen Hintergrund, der zu einer Definition der *gefühlten Temperatur* t_f^* führt.

Unter der *gefühlten Temperatur* versteht man diejenige fiktive Temperatur, die unter der Bedingung $u_\infty^* = 0$ (keine Umströmung des menschlichen Körpers) auf denselben Wärmeübergang zwischen dem menschlichen Körper und seiner Umgebung führen würde, wie er tatsächlich bei $u_\infty^* > 0$ vorhanden ist. Der tatsächliche erzwungene Wärmeübergang bei $u_\infty^* > 0$ wird also durch einen fiktiven Wärmeübergang bei natürlicher Konvektion ($u_\infty^* = 0$) ersetzt.

Unterstellt man eine einheitliche und zeitlich konstante Körperoberflächentemperatur t_K^*, so gilt $Nu_W(t_K^* - t_\infty^*) = Nu_0(t_K^* - t_f^*)$, woraus folgt:

$$t_f^* = t_K^* - \frac{Nu_W}{Nu_0}(t_K^* - t_\infty^*) \qquad (6\text{-}64)$$

Dabei sind Nu_W die Nußelt-Zahl bei Wind ($u_\infty^* > 0$) und Nu_0 die Nußelt-Zahl bei Windstille ($u_\infty^* = 0$). Diese Definition unterstellt also,

• dass wir Temperaturen „fühlen" können,

• dass wir den erhöhten Wärmeübergang aufgrund von Wind (erzwungene Konvektion, Nu_W) gegenüber demjenigen bei Windstille (natürliche Konvektion, Nu_0) als ein „Absinken" der Umgebungstemperatur auf ein Niveau $t_f^* < t_\infty^*$ interpretieren, und diese fiktive Temperatur dann „fühlen".

Das Konzept der gefühlten Temperatur ist nur insofern problematisch, als es unterstellt, dass der Mensch ein *Temperatur*empfinden besitzt, d. h. über entsprechende Sensoren in der Haut mit der Körperoberfläche als Thermometer agieren kann. Dies ist jedoch nicht der Fall, wie ein einfacher Versuch zeigt:

Kühlt man eine Hand in kaltem Wasser ab, erwärmt die andere Hand in heißem Wasser und bringt anschließend beide Hände in engen Kontakt, so interpretieren wir über lange Zeit die Empfindungen der einen Hand als „kalt" (niedrige Temperatur) und die der anderen Hand als „warm" (hohe Temperatur). Aber: An der „Messstelle", d. h. Kontaktfläche beider Hände, liegt wegen des dort herrschenden lokalen thermischen Gleichgewichtes eine einheitliche Temperatur vor. Wen dies nicht überzeugt: Füllt man anschließend das warme und das kalte Wasser in ein drittes Gefäß, so entsteht „lauwarmes" Wasser mit jetzt nur noch einer Temperatur. Taucht man beide Hände (nach nicht allzu langer Zeit) in dieses Gefäß ein, fühlt es sich in beiden Händen deutlich unterschiedlich warm an!

In Wirklichkeit haben wir kein Empfinden für die *Temperatur* an der Körperoberfläche, sondern für den *Temperaturgradienten*, d. h. für die dort vorliegende Wärmestromdichte $\dot{q}^*$. Im angeführten Beispiel ist diese in der einen Hand positiv ($\dot{q}^*$ fließt in Richtung der nach außen weisenden Flächennormalen; Empfindung: kalt), in der anderen Hand aber entsprechend negativ ($\dot{q}^*$ fließt entgegen der nach außen weisenden Flächennormalen; Empfindung: warm). Dass wir diesen Empfindungen Temperaturen zuordnen, ist psychologisch, aber nicht physiologisch oder physikalisch begründbar.

Vor diesem Hintergrund ist die mit (6-64) eingeführte gefühlte Temperatur wie folgt zu interpretieren: t_f^* nach (6-64) ist eindeutig definiert, nur haben wir keine Möglichkeit, t_f^* über unser thermisches Empfinden zu „messen". Dies bedeutet umgekehrt, dass wir eine Angabe über t_f^* nur höchst subjektiv als Information nutzen können. Gleichwohl wird stets die Tendenz richtig erfasst. Die Tatsache, dass $t_f^* < t_\infty^*$ gilt (da in (6-64) stets $Nu_W > Nu_0$), ist Ausdruck der erhöhten Wärmestromdichte aufgrund des Umströmungseinflusses (erzwungene Konvektion bei $u_\infty^* > 0$). Diese Wärmestromdichte können wir wiederum mit den thermischen Sensoren in unserer Haut „messen".

Die Auswertung der Definitionsgleichung für t_f^* ist in verschiedenen Literaturquellen älteren Datums zu finden und wird stets in folgender Form angegeben (s. z. B. Court, A. (1948): *Windchill*, Bull. Amer. Meteor. Soc., **29** , 487 - 493)

$$t_f^* = 33°C - \left[a_1 + a_2^* \sqrt{u_\infty^*} - a_3^* u_\infty^*\right] (33°C - t_\infty^*) \qquad (6\text{-}65)$$

$$\text{mit:} \quad a_1 = 0{,}45..0{,}55$$

$$a_2^* = (0{,}417..0{,}432)(\text{s}/\text{m})^{1/2}$$

$$a_3^* = 0{,}0432\,\text{s}/\text{m}$$

Die Körperoberflächentemperatur wird also zu $t_K^* = 33°C$ gewählt. Der Ausdruck [...] in (6-65) stellt das Verhältnis Nu_W/Nu_0 dar und ist insofern problematisch, als er keine monoton steigende Funktion für $u_\infty^* \to \infty$ ist, sondern etwa bei $u_\infty^* = 25\,\text{m}/\text{s}$ ein Maximum besitzt. Dies ist physikalisch in keiner Weise begründet, da der Wärmeübergang mit steigender Konvektionsgeschwindigkeit stets ansteigt. Gleichung (6-65) kann also allenfalls für Geschwindigkeiten unterhalb von $25\,\text{m}/\text{s}$ eine Korrelationsgleichung darstellen.

Darüber hinaus irritiert, dass t_f^* für $u_\infty^* = 0$ nicht gleich der Umgebungstemperatur t_∞^* ist. Dies wäre nur der Fall, wenn bei $u_\infty^* = 0$ zusätzlich $a_1 = 1$ gelten würde, wie (6-65) zeigt. Gleichung (6-65) mit den jeweils niedrigsten Zahlenwerten für a_1 und a_2^* ergibt die in Tab. 6.16 gezeigten Werte für die gefühlte Temperatur t_f^* bei vier verschiedenen Umgebungstemperaturen t_∞^*.

Die „Eingangsmeldung" zu diesem Beispiel ist in der Tabelle grau markiert. Offensichtlich herrschte an diesem Tag ein Wind mit $u_\infty^* = 8\,\text{m}/\text{s}$, was etwa der Windstärke 5 Bft (Beaufort) entspricht. Weitere Details finden sich unter dem Stichwort „fühlbare Temperatur" in: Herwig, H. (2000): *Wärmeübertragung A - Z*, Springer-Verlag, Berlin und unter dem Stichwort „Gefühlte Temperatur" in: Herwig, H. (2014): *Ach, so ist das! 50 thermofluiddynamische Alltagsphänomene anschaulich und wissenschaftlich erklärt*, Springer Vieweg, Wiesbaden.

Tabelle 6.16: Gefühlte Temperatur bei verschiedenen Umgebungstemperaturen und Windgeschwindigkeiten

$t_\infty^*/^\circ\mathrm{C}$	4	-4	-12	-20
$u_\infty^*/(\mathrm{m/s})$		$t_\mathrm{f}^*/^\circ\mathrm{C}$		
4	0,8	$-8,1$	$-17,0$	$-25,9$
8	$-4,2$	$-14,5$	$-24,7$	$-35,0$
16	$-8,4$	$-19,8$	$-31,2$	$-42,6$
20	$-9,1$	$-20,7$	$-32,3$	$-43,9$

ILLUSTRIERENDES BEISPIEL 6.4: Kühlen auf „Vorrat"

In den immer häufiger auftretenden heißen Sommern werden in Büros gerne Tisch- oder Standventilatoren eingesetzt, die in einem bestimmten Winkelbereich hin- und herschwenken und dabei in regelmäßigen Abständen für einen angenehmen kühlen Luftstrom am Arbeitsplatz sorgen.

An einem solchen Tag fand der erste Büronutzer morgens einen Ventilator vor, der offensichtlich die ganze Nacht hindurch in Betrieb war. Kurz danach entspann sich folgender Dialog: „Herr ..., Sie haben offensichtlich gestern Abend vergessen, den Ventilator abzuschalten" / „Nein, nein, bei diesen Temperaturen lasse ich ihn immer durchlaufen, um schon mal zu kühlen, bevor wir kommen". Herrn ... war offensichtlich nicht klar, dass er auf diese Weise „schon mal geheizt" hat, weil die vermutlich 50 W Antriebsleistung über etwa 14 Stunden im Raum dissipiert sind und damit ≈ 2500 kJ zusätzlich als Energie in den Raum geflossen sind. Ein thermisch isolierter Raum mit 50 m^3 Luft würde dabei mit einer Temperaturerhöhung von ca. 42°C „reagieren", wenn die eingebrachte Energie nur in der Luft (und nicht in den Wänden oder Möbeln) gespeichert würde!

Es macht also absolut keinen Sinn, den Ventilator zur Kühlung des Raumes nutzen zu wollen. Diese Aussage gilt auch tagsüber, da der Ventilator bzgl. des Raumes stets „als Heizung" agiert.

Was geschieht aber tagsüber, was als angenehmer Kühleffekt empfunden wird? Im vorherigen Beispiel war die „gefühlte Temperatur" erläutert worden, die auch hier wieder eine Rolle spielt. Wenn wir von dem Ventilator-Luftstrahl „getroffen" werden, erhöht sich der Wärmestrom von unserem Körper an die Umgebung (verbesserter Wärmeübergang durch erhöhte Konvektion und verstärkte Verdunstung). Dies interpretieren wir als „kühlen Luftstrom". Wir könnten uns durch eine Temperaturmessung in diesem vermeintlich kühlen Luftstrom leicht davon überzeugen, dass seine Temperatur nicht unterhalb derjenigen des sonstigen Raumes liegt, sondern leicht darüber (Dissipation im bewegten Luftstrahl).

7 Zweiphasen-Wärmeübergang

Anders als im vorigen Kapitel wird jetzt kein einphasiges Fluid unterstellt, sondern untersucht, wie der Wechsel des Fluides zwischen der Gas- und der Flüssigkeitsphase zur Physik des Wärmeüberganges beiträgt. Wegen der großen technischen Bedeutung sollen die dabei auftretenden Phänomene ausführlich erläutert werden.

In Bild 3.1 war der Zweiphasen-Wärmeübergang neben der reinen Wärmeleitung und dem konvektiven Wärmeübergang als dritte Situation des leitungsbasierten Energietransportes über eine Systemgrenze beschrieben worden. Bei dieser Art des Wärmeüberganges können große Wandwärmestromdichten auftreten, weil große Energiemengen in unmittelbarer Nähe der Wand vom Fluid durch Aufnahme oder Abgabe der Phasenwechselenthalpie absorbiert oder freigesetzt werden. Da der Phasenwechsel *in der Nähe* der Wand, aber *nicht an der Wand* stattfindet, tritt insgesamt „trotzdem" eine (meist sehr geringe) Temperaturdifferenz ΔT^* auf, mit der die Energie durch Wärmeleitung über den Abstand von der Wand zur Phasenwechsel-Grenzfläche (oder in umgekehrte Richtung) gelangt.

Dieser Mechanismus ist prinzipiell nicht mehr mit Temperaturänderungen verbunden und wird deshalb auch als Mechanismus einer latenten, d. h. verborgenen Energiespeicherung bezeichnet. Es ist üblich, auch diese Form des Wärmeüberganges durch einen Wärmeübergangskoeffizienten α^* bzw. eine Nußelt-Zahl Nu zu bewerten, in denen dann diese Temperaturdifferenz ΔT^* auftritt.

Die Beibehaltung von α^* bzw. Nu auch zur Bewertung dieser Vorgänge führt zu Zahlenwerten, die um mehrere Größenordnungen über denen liegen, die bei rein sensibler Energiespeicherung auftreten. „Sensibel" bedeutet in diesem Zusammenhang, dass die Energie als innere Energie gespeichert wird und je nach Größe der Wärmekapazität des Fluides zu mehr oder weniger starken Temperaturänderungen sowohl bei reiner Wärmeleitung als auch bei konvektivem Wärmeübergang führt.

7.1 Die Physik des Zweiphasen-Wärmeüberganges

Wenn in der unmittelbaren Nähe einer Systemgrenze (meist einer Wand) ein Phasenwechsel flüssig ↔ gasförmig stattfindet und die hohen dabei freiwerdenden oder benötigten Energien über die Systemgrenze ab- oder zugeführt werden können, so entsteht ein stationärer, im Sinne hoher Werte von α^* bzw. Nu hocheffektiver Wärmeübergang. Da der Phasenwechsel bei der Sättigungstemperatur (=Siedetemperatur T_S^*) des Fluides stattfindet, treten an einer Wand als Systemgrenze Temperaturen in der Nähe der Siedetemperaturen auf, bzw. kann ein solcher Wärmeübergang nur stattfinden, wenn die Wand solche Temperaturen aufweist. Dabei muss unterschieden werden, ob Sieden oder Kondensation vorliegt, vgl. Bild 7.1. Es gilt:

Sieden:
> Dies ist der Phasenwechsel flüssig $\rightarrow$ gasförmig, für den die Wand eine Temperatur oberhalb von T_S^* besitzen muss. Die Temperaturdifferenz $T_W^* - T_S^*$ wird *Wandüberhitzung* genannt. Der Wärmestrom fließt aus der Wand in das Fluid, die Wand wird also gekühlt.

Kondensation:
> Dabei handelt es sich um den Phasenwechsel gasförmig $\rightarrow$ flüssig, für den die Wand eine

© Springer Fachmedien Wiesbaden GmbH, ein Teil von Springer Nature 2019
H. Herwig und A. Moschallski, *Wärmeübertragung*,
https://doi.org/10.1007/978-3-658-26401-7_7

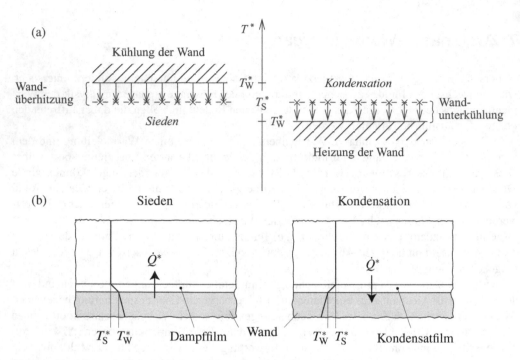

Bild 7.1: Temperaturverhältnisse beim Sieden und bei der Kondensation
(a) Prinzipielle Temperaturniveaus und Richtung der benötigten bzw. freigesetzten Wärmeströme
(Andeutung des Phasenwechsels durch xxxx)
(b) Prinzipieller Temperaturverlauf in der Nähe der Systemgrenze (Wandoberfläche)

Temperatur unterhalb von T_S^* besitzen muss. Die Temperaturdifferenz $T_S^* - T_W^*$ wird *Wand-unterkühlung* genannt. Der Wärmestrom fließt aus dem Fluid in die Wand, die Wand wird also geheizt.

Bei welchen konkreten Temperatur- und Druckwerten diese Vorgänge mit einem bestimmten Fluid ablaufen hängt entscheidend von dessen Gleichgewichtszuständen gasförmig/flüssig ab. Diese manifestieren sich in der sog. *Dampfdruckkurve* des Fluides, die einen festen Zusammenhang zwischen dem Druck und der Temperatur im Zweiphasengleichgewicht darstellt. Sie beschreibt aus thermodynamischer Sicht diejenigen p^*, T^*-Kombinationen, für die die molaren Gibbsfunktionen der gasförmigen und der flüssigen Phase gleiche Werte besitzen, was der Bedingung für das sog. *stoffliche Gleichgewicht* entspricht.

Im Folgenden werden entscheidende Aspekte des Zweiphasen-Wärmeüberganges vor dem Hintergrund der physikalischen Vorgänge beim Phasenwechsel erläutert:

Reine Gasphase oder Gasphase mit Inertgasanteil:
Bild 7.2 zeigt zwei grundsätzlich verschiedene Situationen des Phasenwechsels flüssig ↔ gasförmig, in denen die physikalischen Vorgänge beim Zweiphasen-Wärmeübergang deutlich verschieden sind:

(a) Phasenwechsel bei Reinstoffen: Der messbare Druck im System (Systemdruck p_i^*) entspricht dem Sättigungsdruck des Reinstoffes p_{Si}^* gemäß seiner Dampfdruckkurve. In Bild

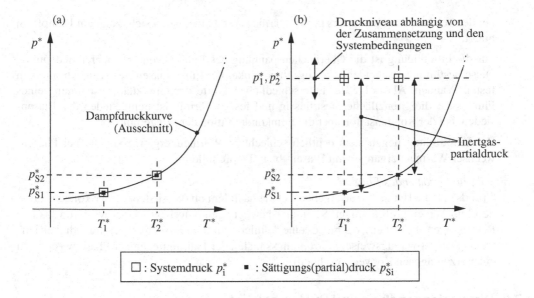

Bild 7.2: Druck-Temperatur-Verhältnisse bei Systemen mit einem Phasenwechsel flüssig ↔ gasförmig
(a) Reinstoff: Systemdruck = Sättigungsdruck
(b) Gas-Dampf-Gemisch: Systemdruck = Inertgaspartialdruck + Sättigungspartialdruck

7.2 (a) sind zwei Beispiele für unterschiedliche Temperaturen T_1^* und T_2^* gezeigt.

(b) Phasenwechsel bei Gas-Dampfgemischen in der Gasphase: Bei diesen Gas-Gemischen mit einer kondensierenden Komponente (dem Dampf) stellt der Druck gemäß der Dampfdruckkurve dieser Komponente jetzt den Sättigungs*partial*druck im Gemisch dar. Zusätzlich existiert der Inertgaspartialdruck des restlichen Gases im Gemisch. Beide zusammen ergeben den messbaren Druck im System (Systemdruck). Während der Sättigungspartialdruck des Dampfes bei Vorgabe einer Temperatur festliegt, kann der Inertgaspartialdruck je nach den Systembedingungen und der Gemischzusammensetzung verschieden sein. Entsprechend ist auch der Systemdruck erst durch die Systembedingungen und die Zusammensetzung des Gemisches in der Gasphase festgelegt. In Bild 7.2 (b) sind wiederum zwei Beispiele für zwei unterschiedliche Temperaturen gezeigt.

Für die Zweiphasen-Wärmeübergänge entstehen deutlich andere physikalische Situationen, je nachdem, ob ein Reinstoff vorliegt oder ein Inertgas vorhanden ist (Gas-Dampfgemisch).

Blasen-, Tropfen- und Filmbildung:
Der Phasenwechsel findet zunächst unmittelbar an der Wand statt. Dabei bilden sich beim Sieden Blasen und bei der Kondensation Tropfen. Wenn diese jeweils sehr dicht nebeneinander entstehen, können sie zu einem Dampf- bzw. Kondensatfilm zusammenwachsen. Danach findet der weitere Phasenwechsel aber nicht mehr direkt an der Wand statt, sondern am Außenrand des Dampf- bzw. Kondensatfilms. In beiden Fällen muss der Wärmestrom von der Wand bzw. zur Wand diesen Film (im Wesentlichen) durch Wärmeleitung überwinden. Dazu ist eine treibende Temperaturdifferenz erforderlich, die umso größer ist, je dicker der Film und je kleiner die Wärmeleitfähigkeit λ^* in diesem Film ist. Da λ^*-Werte von Dämpfen stets deutlich kleiner als diejenigen der zugehörigen Flüssigkeiten sind, entstehen

bei der Verdampfung besonders große Wärmewiderstände, wenn sich dabei ein Dampffilm bildet.

Für die Filmbildung ist die Oberflächenspannung des Fluides von besonderer Bedeutung. Diese bestimmt entscheidend die sog. Randwinkel bei Einzelblasen bzw. Einzeltropfen an festen Wänden. Als Folge der unterschiedlichen Werte der Grenzflächenspannung eines Fluides für die Grenzflächen fest/flüssig und fest/gasförmig ist beim Sieden das Blasensieden, bei der Kondensation aber die Filmkondensation der „Regelfall".

Bei Filmbildung liegen stets deutlich schlechtere Wärmeübergänge vor als bei Phasenwechsel-Wärmeübergängen mit Blasen- bzw. Tropfenbildung.

Ruhendes und strömendes Fluid:
Grundsätzliche Unterschiede ergeben sich, je nachdem ob das siedende oder kondensierende Fluid keinen großräumigen Strömungsbewegungen unterliegt (dabei wird von lokalen Bewegungen abgesehen), oder ob es eine definierte mittlere Strömungsgeschwindigkeit aufweist. Dies ist vorzugsweise in Strömungskanälen der Fall, in denen der Phasenwechsel in einer erzwungenen Konvektion abläuft.

7.2 Dimensionsanalyse und Systematik bei Zweiphasen-Wärmeübergängen

Für das generelle Verständnis ist es hilfreich, auch bei Zweiphasen-Wärmeübergängen zunächst einige dimensionsanalytische Überlegungen anzustellen, auch wenn in diesen Fällen häufig empirische Beziehungen verwendet werden, die nicht eine direkte Korrelation von dimensionsanalytisch ermittelten Kennzahlen darstellen.

Gegenüber dem einphasigen Wärmeübergang, dimensionsanalytisch durch (4-3) und die zugehörigen Details in Tab. 4.2 beschrieben, gibt es entscheidende Veränderungen. Diese äußern sich in veränderten physikalisch/mathematischen Modellen, was zu entsprechend veränderten allgemeinen Relevanzlisten führt. Im Vergleich zur Relevanzliste bei einphasigen (konvektiven) Wärmeübergängen

- verlieren an Bedeutung und treten deshalb in der Relevanzliste für Zweiphasen-Wärmeübergänge nicht auf:
  - der Volumenausdehnungskoeffizient β^*,
  - die Schallgeschwindigkeit c^*,

- treten neu hinzu und werden deshalb in die Relevanzliste aufgenommen:
  - die Auftriebskraft pro Volumen $g^*(\rho_f^* - \rho_g^*)$ mit dem Index „f" für flüssig und „g" für gasförmig,
  - die spezifische Verdampfungsenthalpie Δh_V^*,
  - die Oberflächenspannung σ^*.

Da weiterhin vier Basisdimensionen vorliegen ($m = 4$) treten auch bei einem allgemeinen Modell für den Zweiphasen-Wärmeübergang mit dreizehn Einflussgrößen ($n = 13$) insgesamt neun dimensionslose Kennzahlen auf. Details sind Tab. 7.1 zu entnehmen. Die allgemeine Form einer

Lösung für Zweiphasen-Wärmeübergänge mit der zusätzlichen Abhängigkeit von der Geometrie und den thermischen Randbedingungen lautet damit

$$Nu = Nu(x, k, Re, \hat{Gr}, Pr, Ec, Ja, Bo, Geometrie, therm. Randbedingungen) \qquad (7\text{-}1)$$

In speziellen Situationen werden einige Kennzahlen keine Rolle spielen, wie z. B. die Reynolds-Zahl bei Siedevorgängen in ruhenden Fluiden. Die Grashof-Zahl $\hat{Gr}$ ist gegenüber der bisher verwendeten Grashof-Zahl Gr besonders gekennzeichnet, weil in beiden Fällen unterschiedliche

Tabelle 7.1: Relevanzliste und daraus abgeleitete Kennzahlen für Probleme im Zusammenhang mit Zweiphasen-Wärmeübergängen (Kondensation, Sieden)

Die (Ri)-Angaben in der rechten oberen Spalte beziehen sich auf das „Fünf-Punkte-Programm R1–R5" zur Aufstellung von Relevanzlisten, s. Tab. 4.1.

[1]: Abhängig davon, ob Kondensations- oder Siedevorgänge betrachtet werden, sind die Stoffwerte der flüssigen oder gasförmigen Phase gemeint.

	1	Wandwärmestromdichte	$\dot{q}_W^*$	kg/s^3	(R1)
	2	Lauflänge	x^*	m	(R2)
	3	charakteristische Körperabmessung	L^*	m	(R2)
	4	charakteristische Rauheitshöhe	k^*	m	(R2)
	5	charakteristische Geschwindigkeit	u^*	m/s	(R3)
	6	treibende Temperaturdifferenz	ΔT^*	K	(R3)
Relevanzliste	7	Dichte[1]	ρ^*	kg/m^3	(R4)
	8	Auftriebskraft pro Volumen	$g^*(\rho_f^* - \rho_g^*)$	$kg/m^2 s^2 = N/m^3$	(R4)
	9	dynamische Viskosität[1]	η^*	$kg/m\,s$	(R4)
	10	molekulare Wärmeleitfähigkeit[1]	λ^*	$kg\,m/s^3\,K$	(R4)
	11	spezifische Wärmekapazität[1]	c_p^*	$m^2/s^2\,K$	(R4)
	12	spezifische Verdampfungsenthalpie	Δh_V^*	m^2/s^2	(R4)
	13	Oberflächenspannung	σ^*	$kg/s^2 = N/m$	(R4)

$$n = 13; \, m = 4 \text{ (kg, m, s, K)} \quad \Rightarrow \quad 9 \text{ Kennzahlen}$$

	1	$Nu = \dot{q}_W^* L^* / \lambda^* \Delta T^*$	Nußelt-Zahl
	2	$x = x^* / L^*$	dimensionslose Lauflänge
	3	$k_S = k^* / L^*$	dimensionslose Rauheit
Kennzahlen	4	$Re = \rho^* u^* L^* / \eta^*$	Reynolds-Zahl
	5	$\hat{Gr} = \rho^* g^* (\rho_f^* - \rho_g^*) L^{*3} / \eta^{*2}$	Grashof-Zahl
	6	$Pr = \eta^* c_p^* / \lambda^*$	Prandtl-Zahl
	7	$Ec = u^{*2} / c_p^* \Delta T^*$	Eckert-Zahl
	8	$Ja = c_p^* \Delta T^* / \Delta h_V^*$	Jacobs-Zahl
	9	$Bo = g^* (\rho_f^* - \rho_g^*) L^{*2} / \sigma^*$	Bond-Zahl

physikalische Situationen vorliegen. Während bei einphasigen Fluiden Auftriebskräfte durch die Temperaturabhängigkeit der Dichte entstehen ($\rho^{*2} g^* \beta^* \Delta T^*$ in Gr), sind diese bei zweiphasigen Fluiden eine direkte Folge der Dichteunterschiede in beiden Phasen ($\rho^* g^* (\rho_f^* - \rho_g^*)$ in $\hat{G}r$).

Auch wenn (wie bereits erwähnt) die Ergebnisse bei Zweiphasen-Wärmeübergängen selten konsequent in dimensionsloser Form dargestellt werden, zeigt die generelle Form (7-1) im Vergleich zu (4-3) die wesentlichen neuen Aspekte.[1]

Die Erläuterungen in Kap. 7.1 haben gezeigt, dass deutlich unterschiedliche physikalische Situationen auftreten, je nachdem, ob Reinstoffe oder Gemische, Film- oder Blasen- bzw. Tropfenbildung vorliegt und ob das Fluid in Ruhe ist oder strömt. Tab. 7.2 zeigt die unterschiedlichen Kombinationen und gibt an, welche Fälle in welchen Kapiteln anschließend genauer betrachtet werden.

7.3 Kondensation

Im Folgenden soll danach unterschieden werden, ob der Kondensationsvorgang in einer (weitgehend) ruhenden Umgebung stattfindet, oder ob er durch eine Strömung des kondensationsfähigen Fluides beeinflusst wird. In beiden Fällen tritt Kondensation an bzw. in unmittelbarer Nähe von festen Wänden auf, wenn deren Temperatur unterhalb der Sättigungstemperatur des umgebenden Dampfes liegt. Der Dampf wird dabei zunächst als gesättigt unterstellt, d. h. seine Temperatur entspricht derjenigen eines Zustandes auf der Dampfdruckkurve des (reinen) Fluides. Erweiterungen der einfachen Theorie werden anschließend behandelt.

7.3.1 Filmkondensation

Häufig bildet das Kondensat auf der „kühlen" Wand einen zusammenhängenden Flüssigkeitsfilm, weil die Benetzungseigenschaften der Fluid/Wandkombination eine Tropfenbildung verhindern (s. dazu das nachfolgende Kap. 7.3.2). Dieser Film wird bei horizontalen Wänden zunächst auf

Tabelle 7.2: Verschiedene Kondensations- und Siedeformen

	Kondensation	Sieden
	——————	Stilles Sieden (Kap. 7.4.1)
ruhende Umgebung	Tropfenkondensation (Kap. 7.3.2)	Blasensieden (Kap. 7.4.1)
	Filmkondensation (Kap. 7.3.1)	Filmsieden (Kap. 7.4.1)
Strömung	Strömungskondensation (Kap. 7.3.3)	Strömungssieden (Kap. 7.4.2)

---

[1] Da Wärmeübergänge mit Phasenwechsel in einer dimensionslosen mathematischen Formulierung stets auf den Zusammenhang von deutlich mehr als zwei Kennzahlen führen, ist der Vorteil einer dimensionslosen Formulierung in der Regel nicht mehr vorhanden. Dieser besteht darin, unterschiedliche Einzelsituationen auf jeweils ein und dieselbe dimensionslose Situation zurückzuführen (d. h. auf bestimmte Zahlenwerte für die beteiligten dimensionslosen Kennzahlen). Die Wahrscheinlichkeit, dass dies bei einer großen Anzahl von Einflussgrößen (und damit auch Kennzahlen) gelingt, ist aber sehr gering. Deshalb werden bei Wärmeübergängen mit Phasenwechsel meist "nur"dimensionsbehaftete Formulierungen verwendet, s. dazu auch: Herwig, H. (2017): *Dimensionsanalyse von Strömungen, Der elegante Weg zu allgemeinen Lösungen*, Springer Vieweg, essentials, Wiesbaden

der Wand verbleiben (und weiter anwachsen), bei schrägen oder senkrechten Wänden aber unter der Wirkung der Schwerkraft abfließen. Dabei kann dann eine stationäre Situation entstehen, wenn gerade die jeweils neu kondensierte Fluidmenge durch die Filmbewegung „abtransportiert" wird. Bild 7.3 zeigt einen solchen stationären Film an einer senkrechten, ebenen Wand als Querschnitt durch eine zweidimensionale Anordnung. Der Film beginnt dabei an der Vorderkante einer senkrechten Wand, die eine konstante Temperatur $T_W^* < T_S^*$ habe. Die Temperaturdifferenz $\Delta T^* = T_S^* - T_W^*$ wird in diesem Zusammenhang als *Unterkühlung der Wand* bezeichnet. Das Bild enthält die Skizze eines Geschwindigkeitsprofils $u^*(x^*, y^*)$ des abfließenden Films, sowie an zwei Stellen x^* den prinzipiellen Verlauf der Temperatur im Film (in Form von $T^* - T_W^*$).

Wenn es zur Kondensation kommt, so wird dabei pro infinitesimalem Flächenelement $B^* dx^*$ an der Phasengrenze der Energiestrom $\Delta h_V^* d\dot{m}^*$ als Verdampfungsenthalpie „freigesetzt". Dieser Energiestrom muss in Form von Wärme durch den Flüssigkeitsfilm geleitet werden und führt auf der Wand zur Wandwärmestromdichte $\dot{q}_W^*(x^*)$. Unterstellt man einen linearen Temperaturverlauf über die Filmdicke (Vernachlässigung konvektiver Effekte), so gilt mit dem Ansatz (5-5) der Fourierschen Wärmeleitung für die Wärmestromdichte $\dot{q}_W^*(x^*) = \dot{q}^*(x^*)$ im Film

$$\dot{q}^*(x^*) = -\lambda_f^* \frac{dT^*}{dy^*} = \lambda_f^* \frac{T_W^* - T_S^*}{\delta^*(x^*)} \tag{7-2}$$

Da $(T_W^* - T_S^*)$ als konstant unterstellt wurde, gilt $\dot{q}^*(x^*) \sim 1/\delta^*(x^*)$, d. h., die Wärmestromdichte $\dot{q}^*(x^*)$ nimmt mit ansteigender Filmdicke $\delta^*(x^*)$ ab. Insgesamt stellt sich eine Situation ein, bei der das an der Phasengrenze kondensierende Fluid gerade zu einem Film führt, über den die freigesetzte Verdampfungsenthalpie per Wärmeleitung zur Wand gelangen kann (und dort kontinuierlich entfernt werden muss, um den Vorgang stationär aufrechtzuerhalten).

Eine genauere Analyse führt auf ein Wärmeübergangsgesetz, das erstmals von Nußelt im Jahr

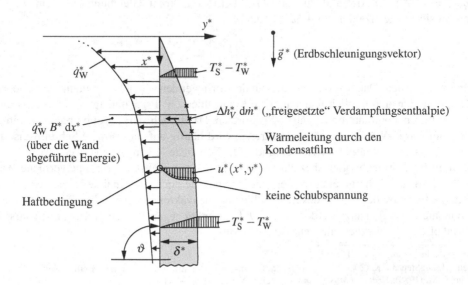

Bild 7.3: Qualitative Verhältnisse bei der Filmkondensation an einer senkrechten Wand ($\vartheta = 90°$)
B^*: Breite senkrecht zur Zeichenebene

1916 angegeben wurde.[1,2] Dafür werden folgende Voraussetzungen getroffen:

- Das Geschwindigkeitsprofil ist laminar, d. h., es gilt $\mathrm{Re} = u^* \delta^*/v^* < \mathrm{Re_{krit}}$. Die kritische Re-Zahl ist abhängig von der Pr-Zahl; es gilt aber immer $\mathrm{Re_{krit}} \leq 400$.[3]

- Für das Geschwindigkeitsprofil gilt $u^*(x^*,0) = 0$ (Haftbedingung) und für den Geschwindigkeitsgradienten $\partial u^*(x^*,\delta^*)/\partial y^* = 0$ (keine Schubspannung an der Phasengrenze).

- Das Temperaturprofil erfüllt die Bedingungen $T^*(x^*,0) = T_W^* = \mathrm{const}$, sowie $T^*(x^*,\delta^*) = T_S^* = \mathrm{const}$.

- Es herrscht ein Kräftegleichgewicht zwischen Gewichts- und Reibungskräften (keine Trägheitskräfte).

- Es gilt $\dot{q}_x^* = 0$ (keine wandparallele Wärmeleitung).

Mit diesen Voraussetzungen ergeben sich parabolische Geschwindigkeits- und lineare Temperaturprofile. Als Wärmeübergangsbeziehung folgt für $\vartheta = 90°$ (s. Bild 7.3)

$$\boxed{\mathrm{Nu}_x \equiv \frac{\dot{q}_W^* x^*}{\lambda_f^*(T_S^* - T_W^*)} = 0{,}707 \left[\frac{\rho_f^*(\rho_f^* - \rho_g^*)g^* \Delta h_V^* x^{*3}}{\eta_f^* \lambda_f^*(T_S^* - T_W^*)}\right]^{1/4}} \tag{7-3}$$

für die lokale Nußelt-Zahl, woraus durch Integration unmittelbar die mittlere Nußelt-Zahl

$$\mathrm{Nu}_m \equiv \frac{\dot{q}_{Wm}^* L^*}{\lambda_f^*(T_S^* - T_W^*)} = \frac{4}{3}\mathrm{Nu}_L \tag{7-4}$$

mit $\dot{q}_{Wm}^* = 1/L^* \int_0^{L^*} \dot{q}_W^* \, dx^*$ und Nu_L nach (7-3) bei $x^* = L^*$ folgt. Gleichung (7-3) kann mit den dimensionslosen Kennzahlen aus Tab. 7.1 auch als

$$\mathrm{Nu}_x = 0{,}707 \left[\frac{\hat{\mathrm{Gr}}\,\mathrm{Pr}\,x^3}{\mathrm{Ja}}\right]^{1/4} \tag{7-5}$$

geschrieben werden. Dabei zeigt sich, dass in der vorliegenden speziellen Situation eine so starke Kopplung der ursprünglich unabhängigen Kennzahlen $\hat{\mathrm{Gr}}$, Pr, x und Ja vorliegt, dass diese nur in der festen Kombination gemäß (7-5) auftreten. Da ähnlich starke Kopplungen auch in anderen Zweiphasen-Wärmeübergängen auftreten, wird häufig auf die formale Schreibweise mit dimensionslosen Kennzahlen verzichtet (und z. B. (7-3) anstelle von (7-5) verwendet).

Obwohl die Wärmeübergangsbeziehungen (7-3)÷(7-5) zunächst nur für eine vertikale Wand ($\vartheta = 90°$ in Bild 7.3) hergeleitet worden sind, können sie auch für geneigte Wände angewandt werden. Dafür muss der Betrag des Erdbeschleunigungsvektors g^* durch die effektiv wirksame Komponente $g^* \sin \vartheta$ ersetzt werden, wobei ϑ den Winkel gegenüber der Horizontalen darstellt. Für Winkel $\vartheta > 30°$ ist dies eine sehr gute Näherung.[4]

---

[1] Zu Details der Herleitung s. z. B.:
Baehr, H. D.; Stephan, K. (2004): *Wärme- und Stoffübertragung*, 4. Aufl., Springer-Verlag, Berlin / Kap. 4.12
White, F. M. (1988): *Heat and Mass Transfer*, Addison Wesley / Kap. 9.2.1
[2] Nußelt, W. (1916): *Die Oberflächenkondensation des Wasserdampfes*, VDI-Z., **60**, 541-546; 569-575
[3] Stephan, K. (1988): *Wärmeübergang beim Kondensieren und beim Sieden*, Springer-Verlag, Berlin
[4] Für Körper mit einer vertikalen Rotationssymmetrie-Achse wie Zylinder, Kugel oder Kegel s. z. B. Dhir, V. K.; Lienhard, J. H. (1971): *Laminar Film Condensation on Plane and Axisymmetric Bodies in Non-Uniform Gravity*, J. Heat Transfer, **93**, 97-100

Anstelle von (bisher unterstellten) ebenen Wänden, gelten die Beziehungen auch für gekrümmte Außenwände von (senkrechten) Rohren, solange der Krümmungsradius groß gegenüber der Filmdicke bleibt. Die Anwendung auf Rohrinnenwände ist problematisch, da eine wachsende Filmdicke zu einer starken Beschleunigung der Strömung führt, die von der Nußeltschen Theorie nicht berücksichtigt wird. Ebenso ist die Anwendung auf geneigte Rohre nicht ohne weiteres möglich, da die Filmdicke dann über den Umfang variabel ist (ungleichmäßig ablaufende Filme bei geneigten Rohren).

Erweiterungen der einfachen Theorie sind in mehrfacher Hinsicht möglich. Einige Ansätze dazu berücksichtigen folgende Aspekte:

- Wandparallele Dampfströmung, d. h. endliche Schubspannung am Außenrand des Kondensatfilms, s. Kap. 7.3.3,

- Welligkeit der Phasengrenze[1],

- variable Stoffwerte[2],

- Kondensatunterkühlung, Dampfüberhitzung.

- turbulente Kondensatfilme: Bei höheren Film-Strömungsgeschwindigkeiten kommt es zum Übergang (Transition) vom laminaren zum turbulenten Strömungsverhalten. Dies erhöht die effektive Wärmeleitfähigkeit im Kondensatfilm und führt damit letztendlich zu einem deutlich verbesserten Wärmeübergang mit einer expliziten Abhängigkeit der Nußelt-Zahl von der Prandtl-Zahl.[3]

- Inertgas-Zusatz zum Dampf: Schon geringe Mengen nicht kondensierender „Fremdgas"-Zusätze zur Dampfphase haben einen erheblichen (negativen) Einfluss auf den Wärmeübergang bei der Filmkondensation, weil durch den Inertgas-Zusatz die Temperatur an der Phasengrenze durch zwei Effekte herabgesetzt wird, die in Bild 7.4 erläutert werden. Zum einen stellt der Dampfdruck nur noch einen Partialdruck im Gas-Dampfgemisch dar. Zum anderen entsteht an der Phasengrenze eine Konzentrationsgrenzschicht, in der ein zusätzlicher Abfall des Dampf-Partialdruckes auftritt. Da die Sättigungstemperatur gemäß der Dampfdruckkurve des kondensierenden Fluides monoton mit dem (Partial-) Druck fällt, erniedrigt sich die Temperaturdifferenz, die zur Wärmeleitung durch den Kondensatfilm verbleibt. Damit wird aber der Wärmeübergang der Filmkondensation insgesamt erheblich schlechter. So kann ein Inertgas-Zusatz von 10 % zu einer Reduktion des Wärmeüberganges von mehr als 80 % führen. Bei der Kondensation von Reinstoffen sind deshalb Maßnahmen erforderlich, die einen Inertgas-Eintrag verhindern oder rückgängig machen.

Bild 7.4 zeigt die Verhältnisse ohne und mit Inertgas-Zusatz im Vergleich. Aufgrund des reduzierten Dampfdruckes (Sättigungs-Partialdruck) an der Phasengrenze mit Inertgas-Zusatz liegt dort eine niedrigere (Sättigungs-) Temperatur vor.

---

[1] Van der Valt, J.; Kröger, D. G. (1974): *Heat Transfer Resistances During Film Condensation*, Proc. Vth Int. Heat Transfer Conf., Tokyo, **3**, 284-288

[2] Baehr, H. D.; Stephan, K. (2004): *Wärme- und Stoffübertragung*, 4. Aufl., Springer-Verlag, Berlin / Kap. 4.1.3

[3] Zu Details turbulenter Kondensatfilme s. z. B. White, F. M. (1988): *Heat and Mass Transfer*, Addison Wesley / Kap. 9.2.3

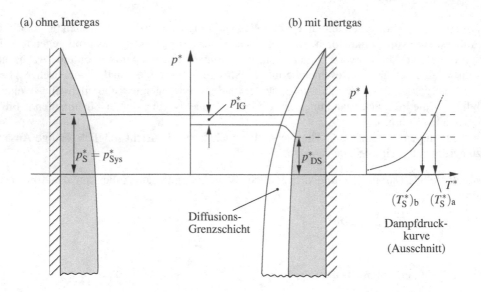

Bild 7.4: Vergleich der Druckverhältnisse bei der Filmkondensation ohne und mit Inertgas-Zusatz
   (a) Sättigungsdruck $p_S^* =$ Systemdruck p_{Sys}^*
   (b) Sättigungs-Dampf-Partialdruck $p_{DS}^* <$ Systemdruck p_{Sys}^*
   Intergas-Partialdruck p_{IG}^*

7.3.2 Tropfenkondensation

Abhängig von den Benetzungseigenschaften der Wand in Bezug auf ein bestimmtes Fluid kommt es entweder zur Filmbildung an der Wand oder es entstehen bei der Kondensation einzelne Flüssigkeitstropfen. Diese Tropfen wachsen durch weitere Kondensationsvorgänge an ihrer Oberfläche und durch Koaleszenz mit anderen Tropfen bis zu einer Größe an, bei der sie unter der Wirkung der Schwerkraft abfließen oder durch Scherkräfte der strömenden Gasphase entfernt werden.

Wenn es zur Tropfenbildung kommt, so ist damit ein hoch wirksamer Wärmeübergangsmechanismus verbunden. Bei der Kondensation wird die Verdampfungsenthalpie in unmittelbarer Wandnähe freigesetzt und muss nicht (wie bei der Filmkondensation) mit Hilfe einer „treibenden Temperaturdifferenz" durch einen Flüssigkeitsfilm geleitet werden. Deshalb treten bei der Tropfenkondensation (mittlere, d. h. flächengemittelte) Wärmeübergangskoeffizienten $\alpha^* = \dot{q}_W^* / (T_S^* - T_W^*)$ auf, die häufig fünf- bis zehnmal größer sind als die Wärmeübergangskoeffizienten bei Filmkondensation. Ob es zu einer stabilen Tropfenbildung kommt, ist von den Kräfteverhältnissen an der Kontaktlinie zwischen der Wand und dem (zumindest kurzfristig existierenden) Tropfen abhängig. Bild 7.5 zeigt die drei Grenzflächenspannungen zwischen jeweils zwei Phasen (fest=Wand „W", flüssig „f", gasförmig „g"). Danach ist die Kraft aufgrund der sog. *Benetzungsspannung* $\sigma_{Wg}^* - \sigma_{Wf}^*$ im Gleichgewicht mit der wandparallelen Komponente der Kraft aufgrund der Grenzflächenspannung σ_{fg}^* (= Oberflächenspannung des Fluides). Dieses Gleichgewicht, und damit eine stabile Tropfenbildung, existiert nur für

$$\sigma_{Wg}^* - \sigma_{Wf}^* < \sigma_{fg}^* \qquad (7\text{-}6)$$

so dass (7-6) die notwendige Bedingung für die Tropfenbildung an einer Wand darstellt.

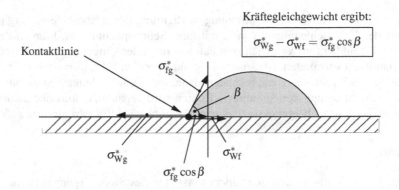

Bild 7.5: Grenzflächenspannungen an der Kontaktlinie eines Flüssigkeitstropfens mit einer festen Wand

σ_{Wg}^*: Grenzflächenspannung Wand/Gasphase

σ_{Wf}^*: Grenzflächenspannung Wand/Flüssigphase

σ_{fg}^*: Grenzflächenspannung Flüssig-/Gasphase

$\sigma_{Wg}^* - \sigma_{Wf}^*$: Benetzungsspannung

β: Randwinkel ($\beta > 0$: Tropfen, $\beta = 0$: Film)

Um eine Tropfenbildung an Stelle der Filmkondensation zu ermöglichen, müssen die Grenzflächenspannungen σ_{Wg}^* und σ_{Wf}^* im Sinne von (7-6) beeinflusst werden. Dazu gibt es verschiedene Möglichkeiten, wie z. B.:

- Zusatz von Fremdstoffen zum Fluid (sog. Antinetzmittel, Impfstoffe oder Promotoren), die an der festen Wand adsorbiert werden. Dies können organische Stoffe wie Öle oder Wachse sein.

- Elektrolytisch aufgetragene Edelmetallplattierungen (Gold, Rhodium, Palladium, Platin) mit einer Schichtdicke im μm-Bereich (Mindestdicke bei Gold: $0,2\,\mu$m, d. h. ca. $4\,\mathrm{g/m^2}$)[1],

- Polymerbeschichtung der Heizfläche (z. B. mit Teflon),

- Ionendotierung von Metalloberflächen[2].

Bezüglich der theoretischen Beschreibung der Tropfenkondensation bestehen verschiedene Modellvorstellungen, die aber nicht alle mit entsprechenden experimentellen Befunden im Einklang stehen. Eine sehr anschauliche und weitgehend experimentell bestätigte Vorstellung geht davon aus, dass zunächst extrem kleine Tropfen an sog. Keimstellen (Wandrauheiten, Fremdstoffe) entstehen und diese dann in dem Maße anwachsen, wie es die Überwindung der im Tropfen und an seiner Oberfläche bestehenden Wärmewiderstände erlaubt. Die Tropfengrößen variieren dabei über eine Längenskala von bis zu sechs Zehnerpotenzen, d. h. zwischen dem Nanometer- und dem Millimeter-Bereich.

7.3.3 Strömungskondensation

Solange eine geneigte Wand vorliegt, können die Kondensationsvorgänge an einer überströmten Kühlfläche als Modifikation der in Kap. 7.3.1 beschriebenen Filmkondensation in ruhender

---

[1] Details in: Woodruff, D. W.; Westwater, J. W. (1981): *Steam Condensation on Various Gold Surfaces*, Journal of Heat Transfer, **103**, 685-692

[2] s. z. B.: Koch, G.; Kraft, K.; Leipertz A. (1998): *Parameter Study on the Performance of Dropwise Condensation*, Rev. Gen. Therm., **37**, 539-548

Umgebung angesehen werden. Eine Strömung in Richtung der Erdbeschleunigung (bzw. eine Komponente der Erdbeschleunigung) wirkt mit ihrer Schubspannung am Film-Außenrand beschleunigend. Damit liegt im Vergleich zum Fall mit ruhender Umgebung eine geringere Filmdicke und damit ein verminderter Wärmewiderstand über den Film hinweg vor. Dies führt zu einem verbesserten Wärmeübergang, besonders dann, wenn eine turbulente Strömung vorliegt.[1]

Speziell für die Strömungskondensation in Rohren wird versucht, empirische Beziehungen in Anlehnung an die Wärmeübergangskoeffizienten für einphasige Rohrströmungen aufzustellen.[2]

7.4 Sieden

Die in Kap. 7.1 aufgeführten unterschiedlichen Aspekte des Siedevorganges (Reine Gasphase oder Gasphase mit Inertgasanteil, Blasen- oder Filmbildung, ruhendes oder strömendes Fluid) lassen sich am besten systematisch darstellen, wenn zunächst danach unterschieden wird, ob der Siedevorgang in einem ruhenden Fluid (Behältersieden) oder während eines Strömungsvorganges (Strömungssieden) auftritt.

7.4.1 Behältersieden

Dieser Begriff ist durchaus wörtlich gemeint, weil der Siedevorgang dabei in einem ruhenden beheizten Behälter stattfindet, in dem das Fluid allenfalls durch den Siedevorgang in Bewegung gerät. Ansonsten sind aber keine von außen bewirkten Bewegungen in dem Behälter vorhanden (wie etwa auf Grund eines mechanisch betriebenen Rührwerkes).

Bild 7.6 zeigt den Prototyp einer solchen Anordnung, bei der über die Bodenfläche eine Heizung aufgeprägt ist, die Seitenwände thermisch isoliert sind und über der Flüssigkeitsoberfläche entweder

- eine reine Dampfatmosphäre herrscht (Dampf: gasförmige Phase der Flüssigkeit), oder

- eine Gas-Dampfatmosphäre vorliegt (Dampf: gasförmige Phase der Flüssigkeit als eine Komponente des Gas-Dampfgemisches). Das zusätzlich vorhandene Gas wird in diesem Zusammenhang wiederum als *Inertgas* bezeichnet, weil es in dem interessierenden Druck- und Temperaturbereich nicht kondensieren kann.

Im Weiteren wird davon ausgegangen, dass der Abstand zwischen dem Behälterboden und der Flüssigkeitsoberfläche so gering ist, dass die hydrostatische Druckänderung im Fluid vernachlässigt werden kann.

Für einen Siedevorgang ist es erforderlich, dass die Siedetemperatur T_S^* an der Phasengrenze erreicht bzw. (geringfügig) überschritten wird[3], und dass genügend Energie an der Phasengrenze „bereitgestellt" wird, um einen Phasenwechsel zu ermöglichen (Bereitstellung der Verdampfungsenthalpie z. B. in der Grenzschicht unterhalb der Phasengrenze).

---

[1] Baehr, H. D.; Stephan, K. (2004): *Wärme- und Stoffübertragung*, 4. Aufl., Springer-Verlag, Berlin
[2] s. z. B.: Shah, M. M. (1979): *A General Correlation for Heat Transfer During Film Condensation Inside Pipes*, Int. J. Heat Mass Transfer, **22**, 547-556
[3] Die geringfügige Überschreitung von T_S^* an der Phasengrenze (um Bruchteile eines Kelvin) ist ein molekularkinetisch erklärbarer Aspekt des Verdampfungsvorganges. Für technische Auslegungen kann die Temperatur an der Phasengrenze aber stets als T_S^* gewählt werden.

Abhängig von der sog. *Wandüberhitzung* $T_W^* - T_S^*$ treten unterschiedliche Siedeformen auf, die als *stilles Sieden*, *Blasensieden* bzw. *Filmsieden* in Bild 7.6 angedeutet sind und anschließend der Reihe nach genauer beschrieben werden. Zusätzlich ist die Dampfdruckkurve der siedenden Flüssigkeit skizziert, die für die verschiedenen Vorgänge von entscheidender Bedeutung ist (vgl. auch Bild 7.2). Im Folgenden wird zunächst von einer reinen Dampfphase oberhalb der Flüssigkeit ausgegangen, d. h., der Behälter enthält nur einen Stoff im Zweiphasengleichgewicht flüssig/gasförmig. Die möglichen Gleichgewichtszustände (p^*, T^*) liegen damit alle auf der Dampfdruckkurve des Stoffes und sind durch *eine* Angabe, z. B. die Temperatur $T^* = T_S^*$ festgelegt. Solange noch keine Beheizung über die Bodenfläche erfolgt, liegt im gesamten Behälter eine einheitliche Temperatur vor, wenn der (geschlossene, adiabate) Behälter hinreichend Zeit hatte, einen echten Gleichgewichtszustand zu erreichen.

Wenn anschließend die Bodenbeheizung einsetzt, kommt es zu Temperaturverteilungen im Behälter und es liegen nur noch lokale und momentane Gleichgewichtszustände vor, für die aber weiterhin die Gesetzmäßigkeiten der Gleichgewichtsthermodynamik gelten.

Mit steigender Wandüberhitzung $T_W^* - T_S^*$ treten nacheinander folgende Siedeformen auf:

Stilles Sieden (Flüssigkeit → Dampf):

Der Siedevorgang läuft an der Phasengrenze zwischen der Flüssigkeit und dem Dampf ab. Die erforderliche Energie für den Phasenwechsel wird durch die Heizung am Behälterboden bereitgestellt und muss anschließend an die Phasengrenze gelangen. Die in Bild 7.6 eingezeichnete vertikale Temperaturverteilung zeigt, dass dies nicht durch reine Wärmeleitung geschieht (dann müsste ein linearer Temperaturverlauf vorliegen), sondern dass offensichtlich großräumige Konvektionsbewegungen vorhanden sind, die u. a. zu Temperaturgrenzschichten an der Bodenfläche und der Phasengrenze führen.

In einer stationären Situation folgt aus der Energiebilanz „am Boden übertragene Energie

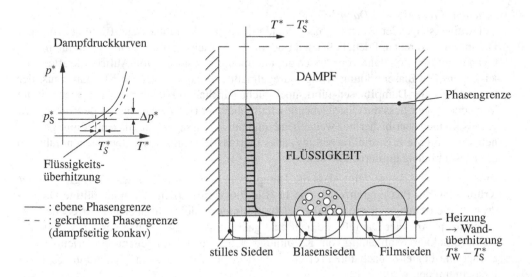

Bild 7.6: Behältersieden eines Fluides.
    Die drei eingezeichneten Siedeformen treten abhängig von der Wandüberhitzung $T_W^* - T_S^*$ auf.
    p_U^*: Umgebungsdruck; T_U^*: Umgebungstemperatur
    p_S^*: Sättigungs-Partialdruck des Fluides

pro Zeiteinheit $(\dot{q}_{\mathrm{W}}^* A^*)$" gleich „an der Grenzfläche benötigte Verdampfungsenthalpie pro Zeiteinheit $(\Delta h_{\mathrm{V}}^* \dot{m}_{\mathrm{V}}^*)$" unmittelbar der Verdampfungsmassenstrom

$$\dot{m}_{\mathrm{V}}^* = \frac{\dot{q}_{\mathrm{W}}^* A^*}{\Delta h_{\mathrm{V}}^*} \tag{7-7}$$

Dieser ist erwartungsgemäß proportional zur Wandwärmestromdichte $\dot{q}_{\mathrm{W}}^*$, zur Übertragungsfläche A^* und zum Kehrwert der spezifischen Verdampfungsenthalpie Δh_{V}^* des siedenden Fluides.

Die Bezeichnung als „stilles" Sieden bringt zum Ausdruck, dass der Siedevorgang (anders als beim anschließend behandelten Blasensieden) nicht von Geräuschen begleitet ist, und darüber hinaus auch keine optischen Auffälligkeiten aufweist (wenn man von manchmal zu beobachteten „Schlierenbildungen" absieht).

Der Wärmeübergangskoeffizient $\alpha^* \equiv \dot{q}_{\mathrm{W}}^* / (T_{\mathrm{W}}^* - T_{\mathrm{S}}^*)$ kann im Sinne einer empirischen Korrelation durch den Ansatz

$$\boxed{\alpha^* = c_{\mathrm{n}}^* (T_{\mathrm{W}}^* - T_{\mathrm{S}}^*)^n = \hat{c}_{\mathrm{n}}^* \dot{q}_{\mathrm{W}}^{* \frac{n}{1+n}}} \tag{7-8}$$

beschrieben werden.[1] Wie bei natürlichen Konvektionsströmungen allgemein (diese liegen hier als großräumige Konvektionsbewegungen in der Flüssigkeit vor), ist α^* nicht konstant, sondern von der treibenden Temperaturdifferenz abhängig (dies folgt z. B. aus (6-47)). In (7-8) gilt für laminare Strömungen $n = 1/4$, für turbulente Strömungen $n = 1/3$. Die Konstanten c_{n}^* und $\hat{c}_{\mathrm{n}}^*$ sind der jeweiligen Geometrie der (waagerecht angeordneten) Heizfläche sowie der Strömungsform (laminar oder turbulent) anzupassen. Auch ohne Kenntnis dieser Konstanten zeigt (7-8) die Art der Proportionalität zwischen α^* und ΔT^* bzw. $\dot{q}_{\mathrm{W}}^*$.

Blasensieden (Flüssigkeit → Dampf):
Bei weiter steigender Heizrate bzw. Wandüberhitzung kommt es zur Bildung einzelner Dampfblasen direkt auf dem beheizten Boden. Diese wachsen bis zu einer bestimmten Größe an und lösen sich dann vom Boden ab, um unter der Wirkung von Auftriebskräften aufzusteigen. Die Blasenbildung erfolgt unregelmäßig, wobei der genaue Mechanismus, der zur Bildung der Dampfblasen führt, noch nicht wirklich verstanden wird. Systematische Versuche zeigen, dass die Oberflächenbeschaffenheit der Heizfläche eine große Rolle spielt, daraus können aber bisher nur weitgehend qualitative Aussagen zur Blasenbildung gewonnen werden (wie z. B. die Vermutung, dass Inertgas-Einschlüsse in Oberflächenrauheiten die Blasenbildung initiieren könnten).

Eine genauere Analyse zeigt, dass die Dampfdruckkurve eines Fluides abhängig von der Krümmung der Phasengrenze ist. Die in Bild 7.6 vermeintlich allgemeingültige Dampfdruckkurve (durchgezogene Linie) eines bestimmten Fluides gilt aber nur für ebene Phasengrenzen. An einer Dampfblase liegt eine gekrümmte Phasengrenze vor, für welche die Dampfdruckkurve (abhängig vom Krümmungsradius der Blase) gegenüber derjenigen bei ebener Phasengrenze nach unten verschoben ist. Zu einer vorgegebenen Temperatur T_{S}^* gehört jetzt ein um den Wert

$$\Delta p^* = \frac{\rho_{\mathrm{d}}^*}{\rho_{\mathrm{f}}^* - \rho_{\mathrm{d}}^*} \frac{2\sigma^*}{R^*} \tag{7-9}$$

---
[1] s. dazu: Stephan, K. (1988): *Wärmeübergang beim Kondensieren und beim Sieden*, Springer-Verlag, Berlin / Kap. 9.1

geringerer Sättigungsdruck p_S^*. Neben der Dampf- und Flüssigkeitsdichte (ρ_d^*, ρ_f^*) treten in (7-9) die Oberflächenspannung σ^* und der Blasenradius R^* auf. Ein Blasen-Gleichgewichtszustand auf dieser verschobenen Kurve kann als überhitzter Zustand in Bezug auf die ebene Phasengrenze interpretiert werden. Mit anderen Worten: eine Blase liegt im Gleichgewichtszustand vor, wenn die Flüssigkeit einen bestimmten Überhitzungsgrad (in Bezug auf die ebene Phasengrenze) aufweist. Ist das Fluid kälter, kondensiert die Blase, ist es wärmer, wächst die Blase weiter an. Dies kann erklären, warum eine bestimmte Mindestüberhitzung des Fluides vorhanden sein muss, damit ablösende und aufsteigende Blasen weiterwachsen können.

Da mit den Gasblasen jetzt im Behälter weitere Phasengrenzen entstehen (an denen der Siede-Phasenwechsel abläuft), diese sich aber in unmittelbarer Nähe der Wärmeübertragungsfläche befinden, tritt ein hoch effektiver Wärmeübertragungsmechanismus hinzu. Die lokal an der Bodenfläche übertragene Energie $\dot{q}_W^* dA^*$ wird weitgehend unmittelbar als Verdampfungsenthalpie $\Delta h_V^* d\dot{m}^*$ „verbraucht", ohne dass eine nennenswerte treibende Temperaturdifferenz erforderlich wäre, um die Energie an die Phasengrenze zu transportieren (wie dies z. B. beim ausschließlich stillen Sieden der Fall ist). Wenn also zum stillen Sieden Blasensieden hinzukommt und dies in nennenswertem Maße auftritt, so werden die integralen Wärmeübergangskoeffizienten (die stilles Sieden mit Blasenbildung gemeinsam erfassen) mit weiter steigender Wandüberhitzung sehr viel stärker anwachsen, als dies bei reinem stillen Sieden der Fall wäre. Bei nennenswerter Blasenbildung überwiegt der Wärmeübergang durch den Blasenbildungsmechanismus und man spricht dann von reinem *Blasensieden*.

Ein empirischer Ansatz analog zu (7-8) beschreibt die Verhältnisse für $n = 3$ in vernünftiger Näherung, so dass damit dann für Blasensieden näherungsweise gilt:

$$\alpha^* \equiv \frac{\dot{q}_W^*}{T_W^* - T_S^*} = c_n^* (T_W^* - T_S^*)^3 = \hat{c}_n^* \dot{q}_W^{*3/4} \tag{7-10}$$

Bild 7.7 zeigt den Wärmeübergangskoeffizienten α^* für siedendes Wasser bei 100°C.

Filmsieden (Flüssigkeit → Dampf):

Eine weitere Steigerung der Heizrate führt zu immer intensiverer Blasenbildung. Unter der Wirkung der Oberflächenspannung kann es dabei zu einem Zusammenwachsen benachbarter Dampfblasen und damit zu einer Filmbildung kommen. Damit entsteht aber in Bezug auf den Wärmeübergang eine vollständige neue Situation. Während bei der Bildung von Einzelblasen die Flüssigkeit partiell noch einen direkten Wandkontakt besitzt und damit durch ihre gute Wärmeleitfähigkeit die an der Blasen-Phasengrenze benötigte Verdampfungsenthalpie ohne nennenswerte Temperaturunterschiede bereitstellen kann, liegt bei einem Dampffilm zwischen der Wand und der Phasengrenze ein erheblicher Wärmewiderstand vor. Dieser kann wegen der schlechten Wärmeleitfähigkeit des Dampfes nur mit Hilfe eines deutlich größeren Temperaturunterschiedes $T_W^* - T_S^*$ überwunden werden.

Wenn dieser Vorgang an einer geneigten Wand auftritt, so ist die physikalische Situation ähnlich zur Film*kondensation* an geneigten Wänden (s. Kap. 7.3.1). Statt eines ablaufenden Kondensatfilmes tritt jetzt ein aufsteigender Dampffilm auf. Obwohl der Dampffilm deutlich dicker ist als der Kondensatfilm, gelten analoge Beziehungen zu (7-3) und (7-4), wenn die entsprechenden Stoffwerte der Flüssigkeit und des Dampfes vertauscht werden und die

Konstante um etwa 15 % kleiner gewählt wird.[1] In diesem Sinne gilt für $\vartheta = 90°$

$$\text{Nu}_x \equiv \frac{\dot{q}_W^* x^*}{\lambda_g^*(T_W^* - T_S^*)} = 0{,}85 \cdot 0{,}707 \left[\frac{\rho_g^*(\rho_f^* - \rho_g^*) g^* \Delta h_V^* x^{*3}}{\eta_g^* \lambda_g^*(T_W^* - T_S^*)} \right]^{1/4} \tag{7-11}$$

bzw.

$$\text{Nu}_m \equiv \frac{\dot{q}_{Wm}^* L^*}{\lambda_g^*(T_W^* - T_S^*)} = \frac{4}{3}\text{Nu}_L \tag{7-12}$$

mit $\dot{q}_{Wm}^* = 1/L^* \int_0^{L^*} \dot{q}_W^* \, dx^*$ und Nu_L gemäß (7-11) mit $x^* = L^*$.

Beim Übergang vom Blasen- zum Filmsieden, unterstellt die Wandwärmestromdichte $\dot{q}_W^*$ bleibt unverändert, kommt es zu einer plötzlichen Erhöhung der Wandtemperatur T_W^*, weil mit dem Dampffilm ein großer Wärmewiderstand entsteht. Dieser Temperatursprung kann so groß sein, dass damit die Wand gefährdet wird (s. dazu das ILLUSTRIERENDE BEISPIEL 7.1). Die in diesem Zusammenhang auftretende Wandwärmestromdichte wird als *kritische Wandwärmestromdichte* $\dot{q}_{Wkrit}^*$ bezeichnet. Das Phänomen selbst wird *Siedekrise (1. Art)* genannt. Genauere Untersuchungen zeigen, dass die kritische Wandwärmestromdichte nahezu unabhängig von der Oberflächenbeschaffenheit und nur wenig abhängig von der Oberflächengeometrie ist. In guter Näherung gilt für die kritische Wandwärmestromdichte

$$\dot{q}_{Wkrit}^* = 0{,}15\rho_g^{*1/2} \Delta h_V^* \left[g^*(\rho_f^* - \rho_g^*)\sigma^* \right]^{1/4} \tag{7-13}$$

mit einem Korrekturfaktor für sehr kleine Heizflächen.[2]

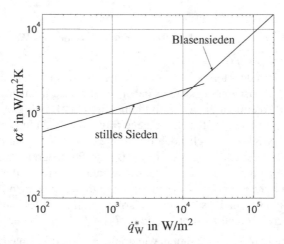

Bild 7.7: Wärmeübergang bei siedendem Wasser (100°C) an einer horizontalen Heizfläche
(Daten aus: Jakob, M.; Fritz, W. (1931), Forsch. Ing. Wesen, **2**, 435-447 und Jakob, M.; Linke, W. (1933), Forsch. Ing. Wesen, **4**, 75-81)

---

[1] Details in: White, F. M. (1988): *Heat and Mass Transfer*, Addison Wesley / Kap. 9.4.5
[2] Details z. B. in: Lienhardt, J.H. (1987): *A Heat Transfer Textbook*, Prentice Hall, 2nd. ed. / 407 - 410

Dieser Beziehung ist zu entnehmen, dass $\dot{q}^*_{\text{Wkrit}}$ eine starke Druckabhängigkeit aufweist. Für alle gewöhnlichen Fluide steigt die Dichte ρ^*_g mit zunehmendem Druck an, sowohl die Verdampfungsenthalpie als auch die Oberflächenspannung σ^* fallen aber monoton ab (und erreichen beim kritischen Druck p^*_{krit} den Wert Null). Wegen dieser gegenläufigen Trends steigt $\dot{q}^*_{\text{Wkrit}}$ bei steigenden Drücken bis etwa zu $p^* = p^*_{\text{krit}}/3$ an und fällt anschließend ab, bis bei $p^* = p^*_{\text{krit}}$ der Wert $\dot{q}^*_{\text{Wkrit}} = 0$ erreicht wird. Dies ist einmal mehr ein Ausdruck für die besondere physikalische Situation von Fluiden in ihrem thermodynamisch kritischen Zustand.

Die bisherige Beschreibung des Siedevorganges war von einem Reinstoff in beiden Phasen ausgegangen. Häufig liegt aber eine Situation vor, bei der die Gasphase neben dem Dampf der Flüssigkeit noch Inertgas enthält (Gas-Dampfgemisch über der Flüssigkeit). Eine solche Situation liegt z. B. am häuslichen Herd vor, wenn Wasser erhitzt wird bis es „kocht“. Über der Wasseroberfläche befindet sich ein Gemisch aus Wasserdampf und trockener Luft (sog. feuchte Luft, die unmittelbar an der Wasseroberfläche stets gesättigt ist).

Die bisher beschriebenen drei Siedemechanismen können auch in dieser Situation auftreten, es muss aber beachtet werden, dass an der ebenen Phasengrenze am Rand des Flüssigkeitsgebietes jetzt ein Zweiphasengleichgewicht vorliegt, bei dem der (relativ niedrige) Partialdruck des Dampfes als Sättigungs-Partialdruck zugehörig zur Umgebungstemperatur auftritt. Neben dem für das Phasengleichgewicht entscheidenden (Sättigungs-) Partialdruck existiert jetzt auch noch der *Systemdruck* (hier der Umgebungsdruck als Summe aus dem Sättigungs-Partialdruck des Dampfes und dem Partialdruck des zusätzlichen Inertgases). In Bild 7.8 ist gezeigt, dass die Umgebungstemperatur damit den Sättigungs-Partialdruck an der Phasengrenze bestimmt. Andererseits bestimmt der Umgebungsdruck als Systemdruck die Sättigungstemperatur ($T^*_S(p^*_U) > T^*_U$). Ein Siedevorgang in Form von stillem Sieden findet damit an der Oberfläche bei einer Temperatur sehr nahe bzw. gleich der Umgebungstemperatur T^*_U statt. Wenn es zum Blasensieden am Behälterboden kommt, so findet dieser bei einer Temperatur in der Nähe der Siedetemperatur $T^*_S(p^*_U) > T^*_U$ statt, also bei Werten deutlich oberhalb der Umgebungstemperatur T^*_U.

Vor diesem Hintergrund weisen das stille Sieden und das Blasensieden in der jetzt vorliegenden Situation folgende Besonderheiten auf:

Stilles Sieden (Flüssigkeit → Gas-Dampfgemisch):
Eine Wandüberhitzung $T^*_W - T^*_S$ bezieht sich jetzt auf die (niedrige) Sättigungstemperatur $T^*_S = T^*_U$ des zum Sättigungs-Partialdruck p^*_{DS} gehörenden Gleichgewichtszustandes an der Flüssigkeitsoberfläche. Stilles Sieden tritt jetzt bis zu relativ hohen Wandüberhitzungen auf, weil das Einsetzen des Blasensiedens am Behälterboden stark verzögert ist. Erst wenn an der Heizfläche Temperaturen überschritten werden, die zum Gleichgewichtszustand bzgl. des Systemdruckes gehören ($T^*_S(p^*_U) > T^*_U$), können sich Blasen bilden (die weiterhin den reinen Dampf enthalten).

Blasensieden (Flüssigkeit → Gas-Dampfgemisch):
Wenn Blasen unter der Wirkung von Auftriebskräften vom Boden aufsteigen, geraten sie in Fluidbereiche außerhalb der (heißen) Bodengrenzschicht und damit in eine deutlich kühlere Fluidumgebung. Anders als im Fall der reinen Dampfatmosphäre besteht jetzt im Fluid zunächst eine starke Temperaturschichtung zwischen dem Boden, an dem es zur Blasenbildung kommt, wenn Temperaturen deutlich über $T^*_S(p^*_U) > T^*_U$ auftreten und der Flüssigkeitsoberfläche, an der stilles Sieden bereits bei Temperaturen oberhalb von $T^*_U = T^*_S(p^*_{DS})$ vorkommt. Dies führt einerseits zur raschen Kondensation der aufsteigenden Dampfblasen,

andererseits aber auch zur Erwärmung des Fluidbereiches, in dem die Dampfblasen kondensieren, weil beim Kondensationsvorgang die (latent gespeicherte) Verdampfungsenthalpie freigesetzt wird (und danach im Fluid sensibel, d. h. durch eine Temperaturerhöhung, gespeichert wird). Dieser Vorgang wird *unterkühltes Sieden* genannt. Wenn durch die aufsteigenden und kondensierenden Dampfblasen die Unterkühlung des Fluides beseitigt ist, liegt wieder die zuvor schon beschriebene Situation vor, die jetzt als *nicht-unterkühltes Sieden* bezeichnet werden soll.

Bild 7.9 soll diesen Übergang zwischen den beiden Siedeformen durch die qualitativ gezeigten Verhältnisse verdeutlichen.

Links und rechts sind Fluidsäulen als Ausschnitt des Gesamtverhaltens zu unterschiedlichen Zeiten gezeigt (links: frühe Phase, unmittelbar nach Einsetzen des Blasensieden; rechts: Endphase). In der Mitte sind die Temperaturverläufe in der Flüssigkeit bzgl. ihres prinzipiellen Verlaufes zu fünf verschiedenen Zeiten τ^* gezeigt. Die Zahlenwerte stellen realistische Anhaltswerte dar, es ist aber zu beachten, dass es sich bei dem Übergang von unterkühltem zu nicht-unterkühltem Sieden um einen insgesamt instationären Vorgang handelt, dessen genauer Ablauf stark von den apparativen Randbedingungen abhängt. Ein solcher Vorgang ist auf dem häuslichen Herd zu beobachten, wenn Wasser „zum Kochen gebracht wird".

Die physikalischen Vorgänge beim stillen Sieden in einer Gas-Dampfatmosphäre sind eng verwandt mit der *Verdunstungskühlung*, die z. B. beim menschlichen Schwitzen auftritt. Die Flüssigkeit ist dann nur ein dünner Film, oder es liegen einzelne Wassertropfen vor. Es handelt sich insofern um stilles Sieden, als durch die Flüssigkeit ein Wärmestrom geleitet wird, der an der Oberfläche die Verdampfungsenthalpie (zum Teil) bereitstellt. Als wesentlicher Aspekt tritt jetzt aber noch die Wirkung eines ungesättigten Stromes feuchter Luft an der Wasseroberfläche hinzu. Das Zusammenspiel dieser beiden Mechanismen wird im ILLUSTRIERENDEN BEISPIEL 7.2

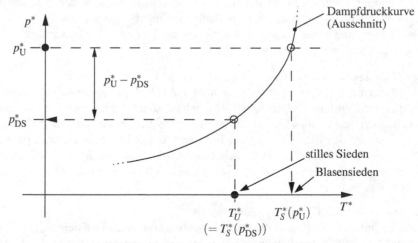

Bild 7.8: Gleichgewichtszustände beim Behältersieden mit einer Gas-Dampfatmosphäre (Inertgaszusatz)

T_U^*: Umgebungstemperatur (an der Flüssigkeitsoberfläche)

p_{DS}^*: Sättigungs-Dampfpartialdruck (an der Phasengrenzfläche)

p_U^*: Umgebungsdruck

T_S^*: Sättigungstemperatur

$p_U^* - p_{DS}^*$: Inertgas-Partialdruck (an der Flüssigkeitsoberfläche)

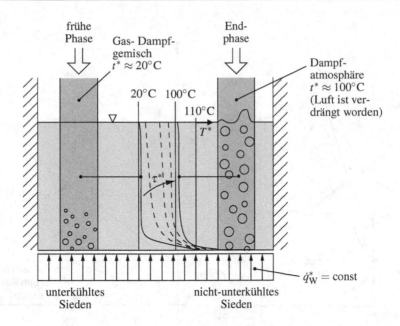

Bild 7.9: Prinzipielle Vorgänge beim Übergang vom unterkühlten Sieden (linke Säule) zum nicht-unterkühlten Sieden (rechte Säule) von Wasser bei einem Systemdruck $p_{\mathrm{U}}^* = 1$ bar. Die gezeigten Temperaturprofile zeigen qualitativ den Temperaturverlauf im Behälter zu fünf verschiedenen Zeiten τ^*.

erläutert.

7.4.2 Strömungssieden

Beim bisher behandelten Behältersieden traten im Fluid Strömungen nur in dem Maße auf, wie sie durch natürliche Konvektion induziert (stilles Sieden) oder durch aufsteigende Dampfblasen hervorgerufen wurden (Blasensieden/Filmsieden). Wenn nun eine erzwungene Konvektion überlagert wird, so entsteht durch die Wechselwirkung zwischen der (meist wandparallelen) Strömung und den entgegen dem Erdbeschleunigungsvektor aufsteigenden Dampfblasen ein sehr komplexes Strömungs- und Temperaturfeld. Dabei ist grundsätzlich danach zu unterscheiden, ob die *Umströmung* eines Körpers im Siedezustand vorliegt (wie z. B. bei der Umströmung eines Rohres) oder ob der Siedevorgang in einem eng begrenzten durchströmten Volumen stattfindet (wie z. B. bei der *Durchströmung* eines Rohres). Bei Durchströmungen erfolgt aufgrund der Massenerhaltung stets eine starke Beschleunigung der Strömung. Da der Wärmeübergang in diesem Fall den Phasenwechsel eines begrenzten Massenstromes bewirkt, wird dieser bei hinreichenden Lauflängen vollständig verdampfen.

Nachfolgend sollen einige charakteristische Besonderheiten bzw. Trends aufgezeigt werden, für genauere Angaben muss aber auf die Spezialliteratur verwiesen werden.

Strömungssieden bei Körperumströmungen:

In diesen Fällen kann von einer Modifikation des Behältersiedens ausgegangen werden, d. h., je nach Stärke der Strömung kommt es zu mehr oder weniger starken Abweichungen

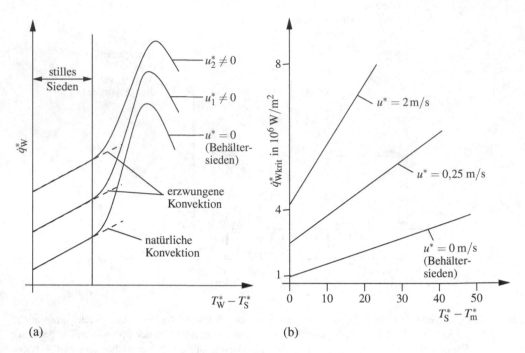

(a)   (b)

Bild 7.10: Siedeverhalten bei der Umströmung von Körpern
    (a) Einfluss der Wandüberhitzung; qualitativ mit $u_2^* > u_1^* > 0$
    (b) Veränderung der kritischen Wandwärmestromdichte bei Unterkühlung des Fluides
    T_S^*: Siedetemperatur, T_W^*: Wandtemperatur; T_m^*: mittlere Temperatur der Strömung
    u^*: Strömungsgeschwindigkeit
    Die Daten folgen aus einer Näherungsbeziehung für kleine Heizflächen, s. dazu: Lienhardt, J.
    H.; Eichhorn, R. (1976): *Peak Boiling Heat Flux on Cylinders in Crossflow*, Int. J. Heat Mass
    Transfer, **19**, 1135-1142

vom Verhalten beim Behältersieden. Bild 7.10 zeigt im Teilbild (a) die qualitativen Veränderungen durch eine zusätzliche Strömung. Der Wärmeübergang im Bereich des stillen Siedens ist derjenige bei erzwungener Konvektion und damit stets höher als derjenige bei ausschließlich natürlicher Konvektion. Der Übergang zum Blasensieden erfolgt in allen Fällen bei etwa gleich bleibender Fluidüberhitzung. Da die Strömung entstehende Dampfblasen tendenziell von der Heizfläche entfernt, treten mit zunehmenden Strömungsgeschwindigkeiten höhere Wandwärmestromdichten (d. h. bessere Wärmeübergänge) auf.

Dieser Effekt ist im Teilbild (b) durch quantitative Angaben für $\dot{q}_{Wkrit}^*$ belegt. Diese sind im Sinne allgemeingültiger Angaben möglich, weil $\dot{q}_{Wkrit}^*$ weitgehend unabhängig von der geometrischen Form der Heizfläche ist. Zusätzlich ist diesem Diagramm der starke Einfluss der Fluidunterkühlung zu entnehmen (der auch schon bei reinem Behältersieden, d. h. bei $u^* = 0\,\mathrm{m/s}$ wirksam ist).

Strömungssieden bei Körperdurchströmungen:
    Bei Körperdurchströmungen wird ein begrenzter Massenstrom einer Wärmeübertragung ausgesetzt, so dass dieser auf einer bestimmten Lauflänge vollständig verdampft, wenn die

Wandwärmestromdichte einen dafür erforderlichen Wert besitzt.

Ein typisches Beispiel ist die vollständige Verdampfung einer Flüssigkeit in einem senkrechten Rohr, das von außen mit einer (konstanten) Wandwärmestromdichte beaufschlagt wird. Die beiden Grenzzustände vor bzw. nach der Siede/Verdampfungszone sind die unterkühlte Flüssigkeit stromaufwärts und der überhitzte Dampf stromabwärts, s. dazu Bild 7.11, in dem die Siede/Verdampfungszone grau unterlegt ist. In den beiden Grenzzuständen liegt jeweils ein rein konvektiver Wärmeübergang (an die Flüssigkeit bzw. an den Dampf) vor. Dabei ist zu beachten, dass bei einem stationären Betrieb die Reynolds-Zahl $Re = \rho^* u_m^* D^*/\eta^* = 4\dot{m}^*/\pi D^* \eta^*$ im überhitzten Dampf um den Faktor η_f^*/η_d^* größer ist als in der unterkühlten Flüssigkeit. Bei Wasser z. B. kann das Verhältnis der beiden Viskositäten Werte über 20 erreichen.

In der Siede/Verdampfungszone, in der die vollständige Verdampfung (vom Strömungsdampfgehalt $x \equiv \dot{m}_d^*/(\dot{m}_d^* + \dot{m}_f^*) = 0$ auf den Wert $x = 1$) stattfindet, liegt ein komplizierter Verdampfungsprozess vor, der in physikalisch unterschiedliche Stadien unterteilt werden kann. In Bild 7.11 wird statt des Strömungsdampfgehaltes x dazu der sog. *thermodynamische Dampfgehalt* $x_{th} \equiv m_d^*/(m_d^* + m_f^*)$ verwendet, der aus einer globalen Energiebilanz folgt. Dieser ist mit dem Strömungsdampfgehalt x identisch, wenn Dampf und Flüssigkeit im betrachteten Querschnitt dieselbe Temperatur besitzen. Im Eintrittsbereich ist die Flüssigkeit in der Rohrmitte jedoch noch unterkühlt, im Austrittsbereich dafür der Dampf in Wandnähe schon überhitzt, so dass bei $x_{th} = 0$ schon Dampfblasen und bei $x_{th} = 1$ noch Flüssigkeitstropfen vorhanden sind.

Der prinzipielle Temperaturverlauf in Bild 7.11 zeigt kleine treibende Temperaturdifferenzen $(T_W^* - T_f^*)$, solange die Rohrwand benetzt ist. Am Ende des Ringströmungsbereiches ist der Flüssigkeitsfilm verdampft und die an der Wand übertragene Energie muss durch den hohen Wärmewiderstand des Dampfes an die verbliebenen Phasengrenzen (Tropfen in der Strömung) gelangen. Dazu sind aber entsprechend hohe Temperaturdifferenzen erforderlich, was letztlich zu einem starken Ansteigen der Wandtemperatur führt. Dieser starke Anstieg der Wandtemperatur an der Stelle des sog. *Austrocknens* (engl.: dryout) bedeutet eine deutliche Verschlechterung des Wärmeüberganges ($\alpha^* = \dot{q}_W^*/(T_W^* - T_f^*)$).

Eine solche plötzliche Verschlechterung des Wärmeüberganges wird (wie schon im Zusammenhang mit ähnlichen Erscheinungen beim Behältersieden) als *kritischer Siedezustand* oder auch *Siedekrise (2. Art)* bezeichnet. Bei vorgegebener Wandwärmestromdichte tritt dabei eine starke Temperaturerhöhung der Wand auf, bei vorgegebener Wandtemperatur entsprechend ein starker Abfall in der Wandwärmestromdichte.

Beim Strömungssieden im Rohr können somit zwei verschiedene Formen der Siedekrise auftreten:

- Bei niedrigem Dampfgehalt kann eine ähnliche Situation wie bei der Umströmung von Körpern entstehen, wenn sich an der Rohrwand ein Dampffilm ausbildet, weil die kritische Wandwärmestromdichte $\dot{q}_{Wkrit}^*$ überschritten ist. Neben der generellen Erhöhung der kritischen Wandwärmestromdichte gegenüber dem Fall des Behältersiedens durch die Strömung (Reynolds-Zahl-Einfluss. s. Bild 7.10(b)) kommt es zu einer Absenkung des kritischen Wertes von $\dot{q}_W^*$, wenn der Dampfgehalt ansteigt (Einfluss des Dampfgehaltes). Bild 7.12 zeigt den qualitativen Verlauf von $\dot{q}_{Wkrit}^*$ für diese Situation als Kurve „Filmsieden (Siedekrise 1. Art)" für einen bestimmten Massenstrom $\dot{m}^*$ (und damit für eine bestimmte Reynolds-Zahl).

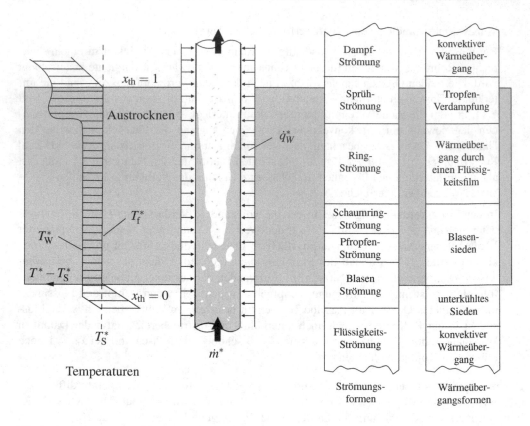

Bild 7.11: Strömungs- und Wärmeübergangsformen am senkrechten beheizten Rohr
x_{th}: thermodynamischer Dampfgehalt
T_S^*: Sättigungstemperatur
T_W^*: Wandtemperatur
T_f^*: Fluidtemperatur

- Bei hohem Dampfgehalt kommt es zum bereits beschriebenen Austrocknen, wenn die insgesamt in Form von Wärme zugeführte Energie ausreicht, diesen Zustand im Rohr zu erreichen. Bild 7.12 enthält den Zusammenhang zwischen der für das Austrocknen erforderlichen kritischen Wandwärmestromdichte und dem dann erreichten Dampfgehalt als Kurve „Austrocknen (Siedekrise 2. Art)". Ihr flacherer Verlauf bei kleineren kritischen Wandwärmestromdichten kommt zustande, weil einzelne auf die Wand auftreffende Flüssigkeitstropfen nur noch unvollständig verdampfen und damit eine sog. *Sprühkühlung* (engl.: deposition controlled burn out) darstellen.

Die einheitlich verwendeten Begriffe der „Siedekrise" und „kritischen Wandwärmestromdichte" für beide zuvor beschriebenen Phänomene ist allerdings leicht irreführend, weil beiden Mechanismen eine deutlich unterschiedliche Bedeutung zukommt. Wenn in einem Rohr die vollständige Verdampfung einer Flüssigkeit erfolgen soll, so kann die Siedekrise 1. Art (Filmsieden) ohne weiteres vermieden werden, die Siedekrise 2. Art (Austrocknen) ist aber ein Bestandteil des Gesamtprozesses.

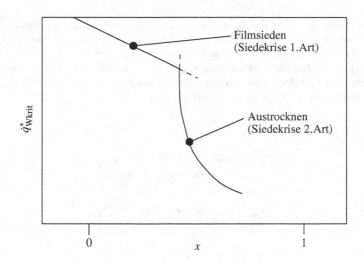

Bild 7.12: Qualitativer Verlauf der kritischen Wandwärmestromdichte als Funktion des Strömungsdampf-gehaltes x beim Strömungssieden in einem senkrechten Rohr
Daten aus: Stephan, K. (1988): *Wärmeübergang beim Kondensieren und beim Sieden*, Springer-Verlag, Berlin

Für die Abschätzung der einzustellenden Wandwärmestromdichte, mit der in einer gegebenen Situation (Massenstrom, Rohrlänge, . . .) eine vollständige Verdampfung erreicht werden kann, ist es hilfreich, auch die mindestens erforderliche Wandwärmestromdichte zu ermitteln. Diese ergibt sich aus der benötigten Energie, um einen Massenstrom $\dot{m}^*$ mit der Anfangstemperatur T_1^* (die gleichzeitig Sättigungstemperatur sein soll) vollständig zu verdampfen, also aus einer einfachen Globalbilanz der thermischen Energie zu

$$\dot{q}_W^* = \frac{\dot{Q}_W^*}{A^*} = \frac{\dot{m}^* \, \Delta h_V^*(T_1^*)}{A^*} \tag{7-14}$$

Stellt sich dabei heraus, dass die Siedekrise 1. Art auftreten würde (die man vermeiden möchte), so kann eine Verlängerung des Rohres Abhilfe schaffen, weil dann derselbe Wandwärmestrom $\dot{Q}_W^*$ mit einer geringeren Wandwärmestromdichte $\dot{q}_W^*$ übertragen wird.

ILLUSTRIERENDES BEISPIEL 7.1: Nukiyamas berühmtes Siedeexperiment (Übersetzung der Originalarbeit aus dem Jahr 1934 in: Int J. Heat Mass Transfer, **9**, 1419-1433 (1966))

Im Jahr 1934 führte der Japanische Forscher S. Nukiyama das nachfolgend beschriebene Experiment durch, welches damals eine Reihe von Fragen aufwarf, die noch nicht hinreichend beantwortet werden konnten. Heute kann man dieses Experiment in allen Details befriedigend interpretieren.

Bild 7.13 zeigt die prinzipielle Versuchsanordnung und Bild 7.14 die Messergebnisse in Form eines $\dot{q}_W^*, t_W^*$-Diagrammes. Ein Metalldraht, der sich in Wasser bei $t^* = 100°C$ und $p^* \approx 1\,bar$ (gesättigter Zustand) befindet, wird von einem elektrischen Strom variabler Stärke durchflossen. Aufgrund des elektrischen Widerstandes dissipiert elektrische Energie und wird in Form von sog. *Joulescher Wärme* als $\dot{q}_W^*$ von der Drahtoberfläche an das umgebende Fluid abgegeben. Soweit der Draht homogene Materialeigenschaften und einen konstanten Querschnitt besitzt, wird bei gleicher Temperatur entlang des Drahtes durch den elektrischen Strom eine gleichmäßige Wandwärmestromdichte $\dot{q}_W^*$ erzeugt. Ihr

Wert kann direkt über die vorzugebende Stromstärke eingestellt werden. Aus der Stromstärke I^* und dem Spannungsabfall U^* entlang des Drahtes kann dessen elektrischer Widerstand zu $R^* = U^*/I^*$ ermittelt werden. Wenn nun bekannt ist, wie R^* von der Temperatur T^* abhängt, kann aus diesem Zusammenhang unmittelbar die Drahttemperatur t_W^* bestimmt werden. An dieser Anordnung wurden von S. Nukiyama folgende Beobachtungen gemacht, die in Bild 7.14 bereits in das uns heute geläufige Schema aus verschiedenen Siedebereichen eingetragen sind.

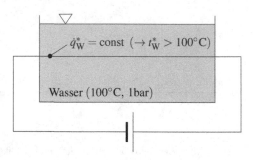

Bild 7.13: Messanordnung des Siedeexperimentes von S. Nukiyama aus dem Jahr 1934; nicht-unterkühltes Sieden, $t_S^* = 100\,°C$ ($p_s^* \approx 1\,bar$).

- Mit einem Nichrome-Draht (Schmelzpunkt bei $\approx 1400\,°C$) erhöhte er die Stromstärke kontinuierlich vom Anfangswert Null aus. Dabei traten (nach heutiger Kenntnis) folgende Siedeformen auf (t_W^*: Drahttemperatur):

  – bis $t_W^* \approx 105\,°C$: stilles Sieden,

  – bis $t_W^* \approx 130\,°C$: Blasensieden mit einem Maximalwert $\dot{q}_{Wkrit}^* \approx 10^6\,W/m^2$.

  Kurz nachdem die kritische Wandwärmestromdichte erreicht war, schmolz der Draht durch. Die plötzliche Erhitzung des Drahtes (die zu seiner Zerstörung führte) trat ein, weil die intensive Blasenbildung am Draht zur Ausbildung eines geschlossenen Dampffilmes führte. Um weiterhin den inzwischen erreichten hohen Wert von $\dot{q}_W^*$ an das Fluid abzugeben wäre eine sehr hohe Temperaturdifferenz $\Delta t^* = t_W^* - t_S^*$ und damit eine sehr hohe Wandtemperatur t_W^* erforderlich gewesen. Diese lag aber oberhalb der Schmelztemperatur des Nichrome-Drahtes.

- Erneute Versuche, aber mit einem Platin-Draht (Schmelzpunkt bei $\approx 1770\,°C$) zeigten bis zum Erreichen von $\dot{q}_{Wkrit}^*$ ein ähnliches Verhalten wie zuvor beschrieben. Diesmal führte die plötzliche Temperaturerhöhung bei Erreichen von $\dot{q}_{Wkrit}^*$ aber nicht zur Zerstörung des Drahtes. Vielmehr konnte (mit einem weiß glühenden Draht) der Bereich des Filmsiedens mit Temperaturen oberhalb von $t_W^* \approx 1400\,°C$ erreicht werden.

- Ausgehend vom Zustand des Filmsiedens mit $\dot{q}_W^* > \dot{q}_{Wkrit}^*$ traten bei einer Verkleinerung der Stromstärke folgende Phänomene auf:

  – bis $t_W^* \approx 200\,°C$: Filmsieden,

  – bei $t_W^* \approx 200\,°C$: plötzliches Sinken der Drahttemperatur von $\approx 200\,°C$ auf $\approx 110\,°C$ mit anschließendem Blasensieden,

  – unterhalb $t_W^* \approx 105\,°C$: stilles Sieden.

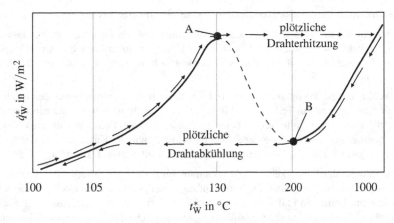

Bild 7.14: Messergebnisse des Siedeexperimentes von S. Nukiyama aus dem Jahr 1934; nicht-unterkühltes Sieden, $t_S^* = 100\,°\text{C}$ ($p_s^* \approx 1\,\text{bar}$). Ausgezeichnete Punkte:
A: Erreichen der kritischen Wandwärmestromdichte (auch: burn out point, DNB $\hat{=}$ departure from nucleate boiling)
B: Erreichen des „Leidenfrost"-Punktes, Filmsieden bei der dafür erforderlichen Mindest-temperatur

Das in Bild 7.14 gezeigte ausgeprägte Hysterese-Verhalten (mehrere Lösungen für die Temperatur t_W^* bei Vorgabe von $\dot{q}_W^*$) ist prinzipiell an allen Heizflächen zu beobachten, die mit genügend hohen Wandwärmestromdichten beaufschlagt werden. Die Zustände im sog. Übergangsbereich zwischen Blasen- und Filmsieden sind nicht stabil und nur erreichbar, wenn nicht, wie im Nukiyama-Experiment, $\dot{q}_W^*$ vorgegeben wird, sondern t_W^* (z. B. mit einem von Dampf entsprechender Temperatur durchströmten Rohr anstelle des elektrisch geheizten Drahtes).

ILLUSTRIERENDES BEISPIEL 7.2: Verdunstungskühlung, oder warum Menschen schwitzen

Die menschliche Körper-Innentemperatur beträgt ca. 36,5°C, an der Hautoberfläche liegen etwa 31°C vor. Dieses Temperaturgefälle ist erforderlich, um kontinuierlich Energie (die in Stoffwechsel-Prozessen freigesetzt wird) in Form von Wärme an die Körperoberfläche zu bringen und anschließend an die Umgebung abgeben zu können. Wenn die Umgebungstemperatur niedriger als die Oberflächen-temperatur der Haut ist, stehen für diesen erforderlichen Wärmeübergang prinzipiell die drei Mecha-nismen *reine Wärmeleitung*, *konvektiver Wärmeübergang* und *Wärmestrahlung* zur Verfügung. Alle drei Mechanismen werden allerdings unwirksam bzw. kehren sich in ihrer Wirkung um, wenn die Umgebungstemperatur oberhalb der Hauttemperatur liegt.

Dann bleibt als einziger und auch überlebenswichtiger Wärmeübertragungsmechanismus die sog. *Verdunstungskühlung* als Zweiphasen-Wärmeübergang. Verdunstung beschreibt aus thermodynami-scher Sicht den Phasenwechsel flüssig $\rightarrow$ gasförmig, wenn dieser wie bei feuchter Luft in eine Gas-Dampfatmosphäre hinein erfolgt (bei einer reinen Gasatmosphäre spricht man von Verdampfung). Der entscheidende Aspekt bei diesem Vorgang ist, dass für diesen Phasenwechsel Energie in Form der Verdampfungsenthalpie an der Phasengrenze benötigt wird (bei Wasser: $\Delta h_V^* = 2430{,}7\,\text{kJ/kg}$ bei $t^* = 30\,°\text{C}$). Diese entstammt der inneren Energie der näheren Umgebung der Phasengrenze und führt damit zur Abkühlung der Flüssigkeit (Schweiß) bzw. der darunterliegenden Haut und der darüberlie-genden (bzw. vorbeistreichenden) Luft. Für eine genauere Analyse sind folgende Punkte von Bedeu-tung:

• Anders als beim stillen Sieden in Bild 7.6 ist die Flüssigkeitsschicht sehr dünn. Um ein Austrocknen zu verhindern, muss diese Flüssigkeitsschicht deshalb ständig erneuert werden (Schweißdrüsen).

- Im Zusammenhang mit dem Behältersieden (Bild 7.6) wurde davon ausgegangen, dass die Verdampfungsenthalpie, die beim stillen Sieden an der Flüssigkeitsoberfläche benötigt wird, vollständig aus der Flüssigkeit stammt. Der darüberliegende gas- bzw. dampfförmige Bereich wurde nicht näher betrachtet.

- Bei der Verdunstungskühlung stammt ein Teil der Verdampfungsenthalpie aus der feuchten Luft (und kühlt diese ab) und ein Teil aus der Flüssigkeit (und kühlt diese sowie die darunterliegenden Bereiche ab). Die genaue Aufteilung in beide Anteile kann nur mit einer detaillierten Betrachtung des Gesamtvorganges bestimmt werden, siehe z.B. Bosnakovic, F.; Knoche, K. F. (1998): *Technische Thermodynamik Teil I*, 8. korrigierte Auflage, Steinkopff Verlag, Darmstadt.

- Die Temperatur an der Flüssigkeitsoberfläche nimmt am Ende eines instationären Prozesses ihren minimal möglichen Wert an, wenn die Verdampfungsenthalpie dann ausschließlich aus der feuchten Luft stammt. In diesem Fall wäre die Grenzfläche zwischen Gas und Flüssigkeit adiabat und die Flüssigkeit hätte insgesamt die Grenzflächentemperatur. Die dann auftretende Temperatur wird in der Thermodynamik als *Kühlgrenztemperatur* bezeichnet, siehe z.B. Herwig, H.; Kautz, C.; Moschallski, A. (2016): *Technische Thermodynamik*, 2. Auflage, Springer Vieweg, Wiesbaden .

- Die im Sinne einer Kühlung auftretenden Temperaturabsenkungen gegenüber der Umgebungstemperatur hängen entscheidend von der sog. Wasserbeladung der umgebenden (feuchten) Luft ab. Je trockener diese ist, umso wirksamer ist die Verdunstungskühlung. Umgekehrt bedeutet dies aber auch, dass bei gesättigter feuchter Luft keine Verdunstungskühlung auftreten kann. Dies erklärt, warum hohe Luftfeuchtigkeiten bei hohen Temperaturen als extrem unangenehm empfunden werden. In einer gesättigten Umgebung oberhalb der Körpertemperatur könnten wir nicht längere Zeit überleben!

8 Leitungsbasierte Wärmeübertragungssituationen im Vergleich, thermisch aktive Schicht

In den Kapiteln 5 bis 7 sind die drei leitungsbasierten Wärmeübertragungssituationen – reine Wärmeleitung, konvektiver Wärmeübergang und Zweiphasen-Wärmeübergang – ausführlich behandelt worden. Im Rückblick ist erkennbar, dass es einen entscheidenden Unterschied zwischen der reinen Wärmeleitung in einem System und allen anderen leitungsbasierten Situationen gibt: Während bei reiner Wärmeleitung prinzipiell das gesamte System von der Energieübertragung beeinflusst wird, ist dieser Einfluss bei allen anderen Situationen auf eine Schicht längs der Systemgrenze begrenzt. Diese kann und soll *thermisch aktive Schicht* (TAS) genannt werden und das Symbol δ^*_{TAS} erhalten.[1]

Mit diesem Konzept der thermisch aktiven Schicht kann eine allgemeingültige und ausführliche Erklärung für das Wärmeübertragungsverhalten in den unterschiedlichsten Situationen gegeben werden. Bild 8.1 zeigt die Situationen des einphasigen konvektiven Wärmeüberganges und die vier prinzipiell auftretenden Zweiphasen-Wärmeübertragungssituationen mit der thermischen Randbedingung $\dot{q}^*_W = $ const, jeweils in der realen Erscheinung (Wärmeübergangs-Situation) und in einer prinzipiellen Näherung bzgl. des δ^*_{TAS}-Verlaufes der Wärmestromdichte $\dot{q}^*$ und der Temperatur $\hat{T}^* = T^* - T^*_\infty$ (Wärmeübergangs-Approximation). In diesem Bild sind alle thermisch aktiven Schichten gleich groß eingezeichnet, es handelt sich also nicht um eine maßstabsgetreue Darstellung. Für die einzelnen Situationen gilt:

- Konvektiver Wärmeübergang:

  Die thermisch aktive Schicht entspricht weitgehend der thermischen Grenzschicht, in der die Temperatur kontinuierlich auf den Wert der unbeeinflussten Außenströmung, T^*_∞, abfällt, s. dazu auch Bild 6.2. Sowohl $\dot{q}^*$ als auch $\hat{T}^*$ können in erster Näherung durch einen linearen Verlauf approximiert werden.

- Filmsieden:

  Die thermisch aktive Schicht entspricht der Filmdicke, an deren Rand der Phasenwechsel durch Sieden stattfindet. Die Wärmestromdichte $\dot{q}^*$ ist bis dorthin konstant, geleitet durch einen konstanten Temperaturgradienten des linearen Profils $\hat{T}^*$.

- Blasensieden:

  Die thermisch aktive Schicht ist nicht scharf abgegrenzt, sondern reicht etwa bis zu dem Wandabstand, bei dem die letzten aufsteigenden Dampfblasen wieder kondensieren. Sowohl $\dot{q}^*$ als auch $\hat{T}^*$ können in erster Näherung durch einen linearen Verlauf approximiert werden.

---

[1] erstmals eingeführt in: Herwig, H. (2017): *Wärmeübertragung / Ein nahezu allgegenwärtiges Phänomen*, Springer Vieweg, essentials, Wiesbaden
siehe auch: Herwig, H. (2018): *How to Teach Heat Transfer More Systematically: Involving Entropy and Some Newly Defined Quantities*, Proc. of the 16th Int. Heat Transfer Conference, IHTC-16, August 10-15, Bejing, China, IHTC16-KN15.

© Springer Fachmedien Wiesbaden GmbH, ein Teil von Springer Nature 2019
H. Herwig und A. Moschallski, *Wärmeübertragung*,
https://doi.org/10.1007/978-3-658-26401-7_8

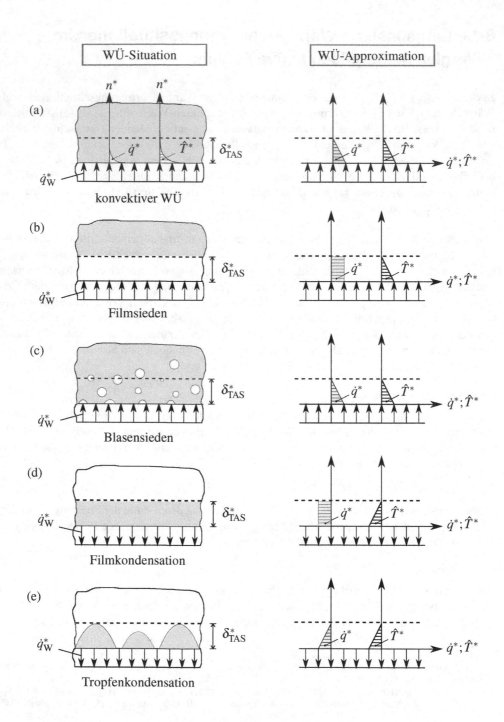

Bild 8.1: Leitungsbasierte Wärmeübertragungen und die zugehörige thermisch aktive Schicht δ_{TAS}^*

- Filmkondensation:

Die thermisch aktive Schicht reicht bis an den Rand des Kondensationsfilms, an dem es zu einem Phasenwechsel durch Kondensation des Dampfes kommt. Die dabei frei werdende spezifische Verdampfungsenthalpie wird als konstanter Wert $\dot{q}^*$ mit einem linearen Temperaturprofil $\hat{T}^*$ zur Wand geleitet.

- Tropfenkondensation:

Die thermisch aktive Schicht ist wie beim Blasensieden nicht scharf abgegrenzt. Sie reicht aber nur soweit von der Wand wie die Tropfen, da die Kondensation entweder an der Wand oder an der Tropfenoberfläche erfolgt.

Allen fünf verschiedenen Situationen ist gemeinsam, dass, zumindest in erster Näherung, ein lineares Temperaturprofil $\hat{T}^* = T^* - T_\infty^*$ vorliegt. Damit kann die Größenordnung der Nußelt-Zahl wie folgt abgeschätzt werden. Ausgehend von (4-4) und (2-1), also

$$\mathrm{Nu} = \alpha^* \frac{L^*}{\lambda^*} \tag{8-1}$$

mit (vgl. (5-5)) der Approximation der Wandwärmestromdichte ($\hat{T}^* = T^* - T_\infty^* = \Delta T^*$)

$$\dot{q}_\mathrm{W}^* = -\lambda^* \frac{\partial T^*}{\partial n^*} \approx -\lambda^* \frac{\Delta T^*}{\delta_\mathrm{TAS}^*} \tag{8-2}$$

folgt

$$\mathrm{Nu} \approx \frac{L^*}{\delta_\mathrm{TAS}^*} \tag{8-3}$$

Im Rahmen der hier beschreibenden Modellvorstellung (Bestimmung von δ_TAS^* und lineare Approximation des Temperaturprofils) besteht also die Proportionalität $\mathrm{Nu} \propto 1/\delta_\mathrm{TAS}^*$.

Je kleiner die thermisch aktive Schicht ist, umso größer ist die Nußelt-Zahl. Generell gilt also: Eine Verbesserung des Wärmeübergangs ($\hat{=}$ Anstieg der Nußelt-Zahl) ist durch eine Verringerung der Schichtdicke δ_TAS^* zu erreichen.

Exakte Werte von Nu müssen weiterhin durch die jeweiligen Nußelt-Zahl-Beziehungen bestimmt werden. Das Konzept der thermisch aktiven Schicht erlaubt aber eine anschauliche Interpretation einer Reihe von Phänomenen der leitungsbasierten Wärmeübertragung, wie z. B.:

- die generelle Verbesserung des konvektiven Wärmeübergangs mit steigenden Reynolds-Zahlen aufgrund der abnehmenden Grenzschichtdicken (= Dicken der thermisch aktiven Schichten); Bild 8.1(a)

- die Instationarität eines Filmsiedevorgangs (zeitlich abnehmende Nußelt-Zahl), solange nicht durch eine wandparallele Strömung dafür gesorgt wird, dass der Dampffilm nicht anwächst; Bild 8.1(b)

- die hohe Effektivität des Blasensiedens, da der Phasenwechsel an der Innenseite der wandhaftenden Dampfblasen und somit sehr nah an der Systemgrenze stattfindet. Anders als beim Filmsieden liegt damit nur ein kleiner Wärmewiderstand bis zum Erreichen des Ortes des Phasenwechsels vor; Bild 8.1(c)

- die Instationarität der Filmkondensation (zeitlich abnehmende Nußelt-Zahl), solange der Kondensatfilm nicht durch eine Strömung entfernt wird; Bild 8.1(d)

- die extrem hohe Effektivität der Tropfenkondensation, weil diese ohne zusätzlichen Wärmewiderstand durch Wärmeleitung direkt an der Wand oder mit geringem zusätzlichen Wärmewiderstand an der Tropfenoberfläche der wandgebundenen Tropfen stattfindet; Bild 8.1(e)

Anhand dieser Beispiele sollte deutlich werden, dass mit der thermisch aktiven Schicht bei der Wärmeübertragung über eine Systemgrenze eine Größe vorliegt, die zur Interpretation von Maßnahmen taugt, mit denen die Effektivität der Wärmeübertragung verändert werden soll.

Teil C

Strahlungsbasierter Wärmeübergang

Im Teil C dieses Buches wird der strahlungsbasierte Wärmeübergang behandelt, der sich aus physikalischer Sicht grundsätzlich vom leitungsbasierten Wärmeübergang unterscheidet. Auch hier werden zunächst die grundlegenden Begriffe, Modelle und Mechanismen beschrieben, die dann zu Berechnungsgleichungen führen. Dieser Teil C wird durch illustrierende Beispiele, die zum Verständnis der Vorgänge beitragen, beendet.

9 Wärmeübergang durch Strahlung

Der physikalische Mechanismus eines strahlungsbasierten Wärmeüberganges unterscheidet sich grundsätzlich von den bisher behandelten leitungsbasierten Wärmeübergängen. Die leitungsbasierten Wärmeübergänge erfolgen aus molekularer Sicht stets mit Hilfe von Wechselwirkungen benachbarter Moleküle bzw. durch freie Elektronen. Es liegt stets eine Wärmeleitung über die Systemgrenze (Ort des Wärmeüberganges) vor, es muss „lediglich" danach unterschieden werden, wie die per Leitung übertragene Energie „abtransportiert" wird (siehe Bild 3.1). Im Gegensatz dazu erfolgt der Wärmeübergang durch Strahlung auf *elektromagnetischem Weg*. Strahlungsbasierte Wärmeübergänge sind die Folge von „Fernwirkungen" zwischen Molekülen mit elektromagnetischen Feldern als Übertragungswegen.

Diese Form der Wärmeübertragung ist keineswegs auf wenige besondere Situationen beschränkt, sondern in fast allen Wärmeübertragungsproblemen als Teilaspekt vorhanden. Um entscheiden zu können, ob die Effekte der Wärmestrahlung in einem bestimmten Problem eine wesentliche Rolle spielen oder nicht, müssen die Vorgänge gut verstanden sein. Die Grundlage dazu soll in diesem Kapitel gelegt werden.

9.1 Die Physik elektromagnetischer Energieübertragung (Wärmestrahlung)

Die als Wärme- oder Temperaturstrahlung bezeichnete Form des Energietransportes im Raum ist ein *elektromagnetisches Phänomen*.[1] Diese Strahlung stellt *keine* Wechselwirkung benachbarter Moleküle dar und ist deshalb nicht auf ein „Trägerfluid" angewiesen. Sie existiert also (anders als leitungsbasierte Mechanismen) auch im Vakuum.

Abhängig von der Temperatur T^* besitzen Moleküle verschiedene, *intramolekular* gespeicherte Energien, deren Veränderung mit der Abgabe oder Aufnahme diskreter Energiemengen verbunden ist. Die konstante Temperatur eines makroskopischen Körpers bedeutet dabei lediglich, dass die insgesamt von einzelnen Molekülen abgegebene Energie gerade die (wiederum von einer großen Anzahl einzelner Moleküle) aufgenommene Energie kompensiert. Auch in diesem Fall existiert ein elektromagnetisches Strahlungsfeld als Folge der ständigen Veränderung molekularer Energiezustände. Aus makroskopischer Sicht kommt es zu Wärmeübergängen zwischen makroskopischen Körpern, die sich nicht berühren, wenn Temperaturunterschiede zwischen den Körpern zu einer Ungleichverteilung von Energieabgabe und Energieaufnahme in Form der skizzierten Wärmestrahlung führen.

Der kontinuumstheoretisch beschreibbare Aspekt der Wärmestrahlung identifiziert diese als Energietransport in einem elektromagnetischen Feld. Die dabei auftretenden elektromagnetischen Wellen (u.a. gekennzeichnet durch die Wellenlänge λ^*, die nicht mit der Wärmeleitfähigkeit λ^* zu verwechseln ist!) besitzen die höchsten Energiedichten in einem begrenzten Wellenlängenbereich von ca. (beachte: $1\,\mu m = 10^{-6}\,m$)

$$0,1\,\mu m < \lambda^* < 1000\,\mu m. \tag{9-1}$$

---

[1] Eine genauere Beschreibung erfolgt sowohl mit Hilfe kontinuumsmechanischer Modellvorstellungen (elektromagnetische Felder), als auch mit Hilfe der quantenmechanischen Theorie (Photonen, Energiequanten).

© Springer Fachmedien Wiesbaden GmbH, ein Teil von Springer Nature 2019
H. Herwig und A. Moschallski, *Wärmeübertragung*,
https://doi.org/10.1007/978-3-658-26401-7_9

Außerhalb dieser Wellenlängen sind die durch Temperaturanregung ausgelösten Energieniveau-Änderungen der einzelnen Moleküle makroskopisch gesehen vernachlässigbar gering, so dass nur der bei Wellenlängen aus (9-1) beschriebene elektromagnetische Energietransport als Wärmestrahlung bezeichnet wird.

Bild 9.1 zeigt das gesamte elektromagnetische Wellenspektrum im Wellenlängen-Bereich von 10^{-10} μm bis 10^{+10} μm sowie grau unterlegt den Bereich der Wärmestrahlung. Innerhalb des Wellenlängenbereiches der Wärmestrahlung liegt auch das Wellenlängenband des sichtbaren Lichtes. Dies ist lediglich deshalb ein besonderer Bereich, weil das menschliche Auge diesen Ausschnitt der elektromagnetischen Strahlung in Reizungen der Sehnerven umwandeln kann (und diese anschließend im Gehirn zu Seheindrücken verarbeitet werden).

Mit der (wellenlängen-unabhängigen) Ausbreitungsgeschwindigkeit elektromagnetischer Wellen im Vakuum, $c_0^* = 2{,}998 \cdot 10^8$ m1s („Lichtgeschwindigkeit"), ergeben sich die zu λ^* gehörigen Frequenzen $f^* = c_0^*/\lambda^*$ zu

$$0{,}1\,\mu\text{m} < \lambda^* < 1000\,\mu\text{m} \quad \rightarrow \quad 3 \cdot 10^{15}\,\text{Hz} > f^* > 3 \cdot 10^{11}\,\text{Hz}. \tag{9-2}$$

Für das physikalische Verständnis von Wärmeübergängen durch Strahlung sind folgende Aspekte von besonderer Bedeutung:

- Viele Körper, die undurchlässig für sichtbares Licht sind (lichtundurchlässige Körper mit sog. *opaken Oberflächen*) sind auch undurchlässig für den gesamten Spektralbereich der Wärme-

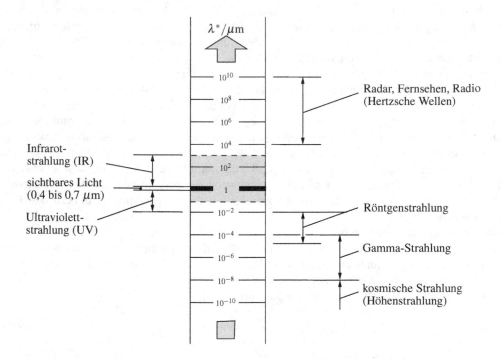

Bild 9.1: Elektromagnetisches Wellenspektrum
grau unterlegt: Wärmestrahlung

strahlung. In diesen Fällen handelt es sich bei der Wärmestrahlung, die von diesen Körpern ausgeht bzw. auf diese trifft, um ein reines *Oberflächenphänomen*. Nur wenige oberflächennahe Moleküllagen in einer Gesamttiefe von etwa 1 μm sind unmittelbar an der Wärmestrahlung beteiligt. Die entsprechenden elektromagnetischen Phänomene in tiefer im Körper liegenden Molekülschichten kompensieren sich zwischen den benachbarten Molekülen ohne makroskopische Gesamtwirkung.

Der Strahlungsaustausch zwischen Körpern ist damit unmittelbar durch ihre Oberflächen (d. h. deren Lage, Beschaffenheit und Temperatur) bestimmt. Die Körper insgesamt „kommen ins Spiel", wenn Oberflächen-Energieströme in die Körper geleitet und dort ggf. gespeichert werden. Die Körperoberfläche entscheidet damit im Zusammenhang mit der Wärmestrahlung über die dort auftretenden Energieströme (Wandwärmeströme), die Körper selbst über das Zusammenspiel mit den weiteren Mechanismen des thermischen Energietransportes (Leitung, Speicherung, Phasenwechsel, ...).

Körper, bei denen Wärmestrahlung in größere Tiefen eindringen kann, bedürfen einer gesonderten Betrachtung (s. dazu z. B. das spätere Kap. 9.6 zur Gasstrahlung).

- Es zeigt sich, dass eine genauere Analyse der Wärmestrahlung eine Wellenlängen- und Temperaturabhängigkeit berücksichtigen muss. Bei realen Oberflächen treten zusätzlich Richtungsabhängigkeiten hinzu, was zu sehr komplexen physikalischen Verhältnissen führt, die oftmals nur in grober Näherung beschrieben werden können.

- Wärmestrahlungen stellen (im Vakuum) einen Energietransport entlang von Geraden dar (ausgehend von einem Strahlungsursprung). Ein Oberflächenelement dA^* ist deshalb im gesamten Halbraum über dem (ebenen) Flächenelement dA^* strahlungsaktiv, so dass die Gesamtwirkung durch eine Integration über diesen Halbraum bestimmt werden muss.

- Ein Flächenelement dA^* ist stets gleichzeitig Empfänger und Sender (Emitter) von Wärmestrahlung. Beide Phänomene können getrennt analysiert, müssen bei Gesamtbilanzen aber stets gemeinsam berücksichtigt werden.

- Wärmestrahlung tritt häufig gleichzeitig mit anderen (leitungsbasierten) Mechanismen der Wärmeübertragung auf. Dann sind eventuelle Kopplungen (meist über die Oberflächentemperaturen) zu beachten. Zusätzlich muss bei Globalbilanzen sorgfältig auf eine vollständige Berücksichtigung aller Energieströme geachtet werden.

- Ist ein Körper der Temperatur T_K^* vollständig von einer umschließenden Fläche der Temperatur $T_U^* \neq T_K^*$ umgeben, so stellt sich über einen Netto-Strahlungstransport vom oder zum Körper ein thermodynamischer Gleichgewichtszustand mit $T_K^* = T_U^*$ ein, wenn die Wärmekapazität des zur Umschließungsfläche gehörigen Körpers sehr viel größer als diejenige des umschlossenen Körpers ist.

9.2 Globalbilanzen

Bevor in den nächsten Kapiteln Details zur Wärmestrahlung an Körperoberflächen behandelt werden, erfolgt zunächst mit Bild 9.2 die schematische Darstellung der Globalbilanz an einem Körper. Die Pfeile symbolisieren dabei lediglich einzelne Anteile des insgesamt auftretenden Energietransportes durch Strahlung, wobei nur ihr Auftreten selbst und ihre Richtung, nicht aber ihre Größe und genaue Lage gemeint sind.

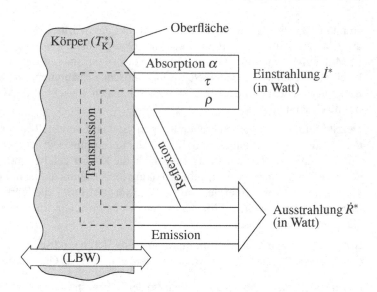

Bild 9.2: Globalbilanz der Wärmestrahlung (schematisch)
Zusammensetzung der Einstrahlung aus den Anteilen Absorption (α), Transmission (τ) und Reflexion (ρ) mit $\alpha + \tau + \rho = 1$
LBW: leitungsbasierte Wärmeübergänge

Die *Einstrahlung* (engl.: irradiation) kann danach vom Körper zum Teil absorbiert werden (Umwandlung in innere Energie), reflektiert werden oder durch diesen hindurch treten (Transmission, wenn die Körperbeschaffenheit dies zulässt). Die entsprechenden Anteile α, ρ und τ werden so definiert, dass die Summe den Wert Eins ergibt.

Die *Ausstrahlung* (engl.: radiosity) wiederum kann (anteilig) in Form von Emission (Abstrahlung innerer Energie), Reflexion oder Transmission erfolgen.

Das Bild verdeutlicht, dass eine stationäre Situation mit einer zeitunabhängigen Körpertemperatur T_K^* nur möglich ist, wenn die Einstrahlungsleistung $\dot{I}^*$ genauso groß wie die Abstrahlungsleistung $\dot{R}^*$ ist. Anderenfalls verbleibt bezogen auf den Körper eine Differenz, die zu einer Aufheizung ($\dot{I}^* > \dot{R}^*$) bzw. zu einer Abkühlung ($\dot{I}^* < \dot{R}^*$) des Körpers führt. Dies gilt so allerdings nur, wenn die Wärmestrahlung den einzigen Wärmeübertragungsmechanismus in Bezug auf den Körper darstellt.

Wenn andere Mechanismen zusätzlich vorhanden sind (was häufig der Fall ist), so müssen diese in der Globalbilanz entsprechend berücksichtigt werden. In Bild 9.2 sind diese weiteren Wärmeübergänge symbolisch durch LBW $\hat{=}$ leitungsbasierte Wärmeübergänge angedeutet.

9.2.1 Generelles Vorgehen

Bild 9.2 verdeutlicht, dass zur Bestimmung des Strahlungs-Wärmeüberganges mehrere Teilaspekte (Emission, Absorption, ...) berücksichtigt bzw. im Detail ermittelt werden müssen. Diese Teilaspekte wiederum sind von einer Reihe von Parametern abhängig, so dass ihre Ermittlung für reale (nicht idealisierte) Fälle sehr kompliziert werden kann. Oftmals fehlen auch die Informationen über eigentlich benötigte Größen. Vor diesem Hintergrund ist es sinnvoll und hilfreich, zunächst den theoretischen Grenzfall einer (anschließend näher beschriebenen) idealen Strahlungs-Wärmeübertragung zu betrachten und anschließend reale Situationen im Vergleich zu diesem Grenzfall zu behandeln. Damit erschließen sich einerseits die grundlegenden Vorgänge am idealisierten Fall und andererseits ergibt sich die Möglichkeit, reale Fälle durch die Einführung entsprechender Koeffizienten auf den idealen Fall zu beziehen. Dieses Vorgehen hat ähnliche Vorteile wie in der Thermodynamik die Einführung von (idealisierten) reversiblen Prozessen, die für den Vergleich mit realen Prozessen herangezogen werden können.

Insgesamt kommt einer formal korrekten und vor allem auch vollständigen Kennzeichnung der relativ vielen Größen, die in diesem Zusammenhang benötigt werden, eine erhebliche Bedeutung zu. Da in der Literatur keine einheitliche Bezeichnung der verschiedenen benötigten Größen vorhanden ist, wird im Folgenden der konsequenten Systematik in der Bezeichnung der einzelnen Größen der Vorrang gegenüber dem Versuch gegeben, unbedingt gleiche Bezeichnungen wie in bestimmten, vielleicht als „Standardwerke" anzusehenden Literaturstellen zu verwenden.

Obwohl zunächst nur der idealisierte Fall behandelt wird, werden im Folgenden einige wichtige Größen für allgemeine, d. h. auch reale Körper eingeführt und anschließend für den idealisierten Fall spezifiziert.

9.3 Ideales Strahlungsverhalten / Schwarze Strahler

Die Abstraktion des beobachtbaren Strahlungsverhaltens realer Körper auf ein „ideales Verhalten" führt auf die Einführung eines (idealen) zunächst gedachten Körpers mit folgenden Eigenschaften (vgl. Bild 9.2):

- Er emittiert bei einer konstanten Temperatur die maximal mögliche Energie, d. h., er besitzt die maximal mögliche *spezifische Ausstrahlung* (spezifisch: pro Flächenelement dA^*).

- Er absorbiert die gesamte *spezifische Einstrahlung* ($\alpha = 1$) und lässt deshalb weder Transmission noch Reflexion zu ($\tau = \rho = 0$).

Weil ein solcher Körper bei Umgebungstemperatur optisch als schwarz erscheinen würde, wird er *Schwarzer Körper* oder synonym – aber genauer – *Schwarze Strahler* genannt. Die Bezeichnung als *Strahler* betont, dass Wärmestrahlung ein Oberflächenphänomen ist und in ihrer physikalischen Wirkung den Körper als ganzes nur indirekt einbezieht, etwa durch die Speicherung der an der Oberfläche einfallenden Energie. Der Name ist einprägsam, sollte aber nicht allzu wörtlich genommen werden. Schwarze Strahler sehr hoher Temperatur sind wegen ihrer grundsätzlich optimalen Emission (jetzt aber im Bereich des sichtbaren Lichtes) sehr gut sichtbar und keineswegs optisch „schwarz". Zum Beispiel stellt die Sonne mit ihrer Oberflächentemperatur von ca. 5800 K in guter Näherung einen Schwarzen Strahler dar, wie anschließend deutlich werden wird.

9.3.1 Das Emissionsverhalten Schwarzer Strahler

Das Strahlungsverhalten des Modellkörpers vom Typ *Schwarzer Strahler* kann analytisch durch sehr einfache Beziehungen beschrieben werden. Diese gehen auf den Physiker Max Planck[1] zurück, der zuvor schon bestehende Theorien mit quantenphysikalischen Überlegungen (diskrete Energieniveaus, Photonen als Energiequanten) verknüpfte. Danach gilt folgende fundamentale

---

[1] Max Planck (1858 - 1947), theoretischer Physiker in Kiel und Berlin, 1918 Nobel-Preis für Physik

Aussage über die sog. (*hemisphärische*) *spezifische spektrale Ausstrahlung* $\dot{e}^*_{\lambda,s}$ des Schwarzen Strahlers, das als *Plancksches Strahlungsgesetz* bezeichnet wird[1]

$$\dot{e}^*_{\lambda,s} = \frac{c_1^*}{\lambda^{*5}[\exp(c_2^*/\lambda^* T^*) - 1]} \qquad (9\text{-}3)$$

mit den beiden sog. *Schwarzkörper-Konstanten*

$$c_1^* = 3,7418 \cdot 10^{-16}\,\mathrm{W\,m^2}; \qquad c_2^* = 1,4388 \cdot 10^{-2}\,\mathrm{m\,K} \qquad (9\text{-}4)$$

die als $c_1^* = 2\pi h^* c_0^{*2}$ und $c_2^* = h^* c_0^*/k^*$ mit dem Planckschen Wirkungsquantum h^*, der Lichtgeschwindigkeit c_0^* und der Boltzmann-Konstante k^* verbunden sind.

Die Größe $\dot{e}^*_{\lambda,s}$ hat die Bedeutung einer abgestrahlten Leistung pro Flächenelement $\mathrm{d}A^*$ (*spezifisch*) und pro Wellenlängenbereich $\mathrm{d}\lambda^*$ (*spektral*, Index λ). Der Index s steht für „Schwarzer Strahler". Der Bezug auf die Fläche $\mathrm{d}A^*$ wird durch keinen eigenen Index gekennzeichnet, sondern durch die Wahl eines Kleinbuchstaben „e". Die Größe $\dot{e}^*_{\lambda,s}$ ist eine hemisphärische Größe (integraler Wert über den gesamten Halbraum). Dies gilt hier und im Folgenden stets, wenn nicht durch einen weiteren Index gekennzeichnet wird, dass eine solche Größe nur in einem bestimmten Raumwinkel-Bereich gilt. Die Einheit von $\dot{e}^*_{\lambda,s}$ ist $(\mathrm{W/m^2})/\mathrm{m} = \mathrm{W/m^3}$.

Gemäß (9-3) ist $\dot{e}^*_{\lambda,s}$ eine Funktion der Wellenlänge λ^* und der Temperatur T^*. Sie kann als $\dot{e}^*_{\lambda,s}$ über λ^* mit T^* als Parameter an einer entsprechenden Kurvenschar dargestellt werden, wie dies in Bild 9.3 gezeigt ist. Die eingezeichneten Kurven besitzen jeweils einen Maximalwert bei $\lambda^* = \hat{\lambda}^*$, wobei gilt

$$\hat{\lambda}^* = \frac{c_3^*}{T^*} \qquad ; \qquad c_3^* = 2,8978 \cdot 10^{-3}\,\mathrm{m\,K}. \qquad (9\text{-}5)$$

Diese Verkleinerung von $\hat{\lambda}^*$ mit steigenden Temperaturen wird auch als *Wiensches Verschiebungsgesetz*[2] bezeichnet.

Nachfolgend wird auf einige Besonderheiten in der Verteilung gemäß (9-3) bzw. Bild 9.3 hingewiesen. Diese gelten tendenziell auch für das Strahlungsverhalten realer Körper, soweit diese sich näherungsweise wie Schwarze Strahler verhalten.

• Die Strahlung des Schwarzen Strahlers ist weder von Material- noch von Oberflächeneigenschaften abhängig.

• Die Funktion $\dot{e}^*_{\lambda,s}$ ist bei jeder festen Wellenlänge λ^* eine mit T^* monoton ansteigende Funktion, d. h., die Ausstrahlung des Schwarzen Strahlers nimmt bei jeder Wellenlänge mit ansteigender Temperatur zu.

• Die tatsächliche Energieverteilung über der Wellenlänge ist durch die doppelt-logarithmische Darstellung in Bild 9.3 stark verzerrt dargestellt. Bei Wellenlängen bis zu derjenigen des Maximums in $\dot{e}^*_{\lambda,s}$, also bis zu Wellenlängen $\hat{\lambda}^*$, sind nur etwa 25 % der gesamten Strahlungsleistung enthalten.

---

[1] Zur Herleitung s. z. B.: Reif, F. (1987): *Statistische Physik und Theorie der Wärme*, Verlag W. de Gruyter, Berlin
[2] Benannt nach Wilhelm Wien (1864 - 1928), Physiker in Aachen, Würzburg und München, 1911 Nobel-Preis für Physik

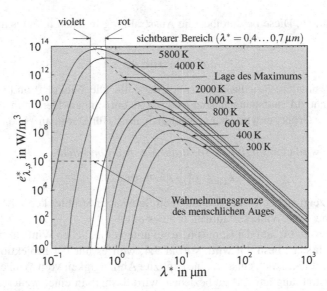

Bild 9.3: (Hemisphärische) Spezifische spektrale Ausstrahlung des Schwarzen Strahlers gemäß Planckschen Strahlungsgesetz

- Durch Einsetzen von (9-5) in (9-3) erhält man für die Maximalwerte der (hemisphärischen) spezifischen spektralen Ausstrahlung des Schwarzen Strahlers $\dot{e}^*_{\lambda,\mathrm{s}} = 1{,}2865 \cdot 10^{-5} T^{*5}$ W/m^3 K^5, also einen Anstieg mit der 5. Potenz von T^*. Eine Verdoppelung der (thermodynamischen) Temperatur führt damit zu einer um den Faktor 32 höheren maximalen spezifischen spektralen Ausstrahlung.

- Eine Integration von (9-3) über den gesamten relevanten Wellenlängenbereich ergibt die (hemisphärische) *spezifische Ausstrahlung* $\dot{e}^*_\mathrm{s}(T^*)$ zu

$$\boxed{\dot{e}^*_\mathrm{s} = \int \dot{e}^*_{\lambda,\mathrm{s}} \, \mathrm{d}\lambda^* = \sigma^* T^{*4}} \tag{9-6}$$

mit der sog. *Stefan-Boltzmann-Konstante* $\sigma^* = 5{,}6696 \cdot 10^{-8}$ W/m^2 K^4. Gleichung (9-6) wird auch *Stefan-Boltzmann-Gesetz* genannt.

- Aufgrund der Wahrnehmungsgrenze des menschlichen Auges bei $\dot{e}^*_{\lambda,\mathrm{s}} \approx 10^6$ W/m^3 kann nur die emittierte Strahlung von Körpern mit Temperaturen ab etwa 1000 K (aber nicht die von Körpern reflektierte Strahlung sichtbaren Lichtes) optisch wahrgenommen werden. Diese Körper erscheinen zunächst als rot (glühend) und wechseln dann mit steigender Temperatur die Farbe, bis sie bei ca. 5800 K als weiß (glühend) erscheinen (würden). Kältere Schwarze Strahler unterhalb etwa 1000 K wären für uns unsichtbar, da diese grundsätzlich kein Licht reflektieren, sie wären also in der Tat „schwarz".

Zusätzlich zur spezifischen Ausstrahlung gemäß (9-6) und zur spezifischen spektralen Ausstrahlung gemäß (9-3), die beide hemisphärische Werte darstellen (integrale Werte über den Halbraum), ist es üblich, zur genaueren Beschreibung der Verteilung über den Halbraum sog. *gerich-*

tete Werte einzuführen. Diese beschreiben die Ausstrahlung in einen infinitesimalen Winkelbereich, der als

$$d\omega = \sin\vartheta \, d\vartheta \, d\varphi \tag{9-7}$$

einen sog. (infinitesimalen) *Raumwinkel-Bereich* darstellt. Die Winkel ϑ und φ, die den Halbraum über der Fläche dA^* aufspannen, sind Bild 9.4 zu entnehmen. Der Raumwinkel ist formal eine dimensionslose Größe, er wird aber gelegentlich als sr (für Steradiant) in die Einheitengruppe aufgenommen.

In diesem Sinne wird eine *spezifische spektrale Ausstrahlungsdichte*

$$\dot{e}^*_{\lambda\omega} = \dot{e}^*_{\lambda\omega}(\lambda^*, \vartheta, \varphi, T^*) \tag{9-8}$$

eingeführt. Dabei zeigt sich, dass als Besonderheit Schwarzer Strahler keine Abhängigkeit vom Winkel φ, wohl aber vom Winkel ϑ auftritt, d. h., es gilt $\dot{e}^*_{\lambda\omega,s} = \dot{e}^*_{\lambda\omega,s}(\lambda^*, \vartheta, T^*)$. Da ein gleich großes Flächenelement dA^*_K auf der Hemisphäre bei unterschiedlichen Winkeln ϑ von der Fläche dA^* unterschiedlich stark bestrahlt wird, s. Bild 9.4, weil es nur die Projektion $dA^* \cos\vartheta$ der strahlenden Fläche dA^* „sieht", entsteht eine explizite Abhängigkeit vom Winkel ϑ.

Anstatt die Ausstrahlung auf dA^* zu beziehen, wird deshalb in einer weiteren Definition die Projektionsfläche $dA^*_p = dA^* \cos\vartheta$ als Bezugsgröße gewählt. Um dies formal zu unterscheiden wird $\dot{l}^*$ anstelle von $\dot{e}^*$ verwendet, d. h., es gilt

$$\dot{l}^*_{\lambda\omega} = \frac{\dot{e}^*_{\lambda\omega}}{\cos\vartheta} \tag{9-9}$$

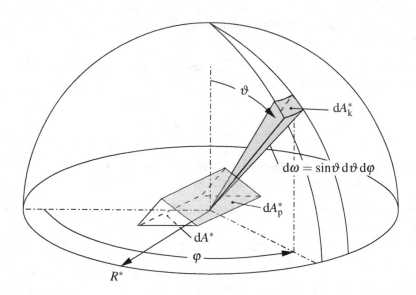

Bild 9.4: Halbraum über dem Flächenelement dA^*
   $d\omega$: infinitesimaler Raumwinkel-Bereich $(= dA^*_K / R^{*2} = \sin\vartheta \, d\vartheta \, d\varphi)$
   dA^*_p: Projektion von dA^* in eine Ebene senkrecht zum Winkel ϑ $(= dA^* \cos\vartheta)$, grau hinterlegt

was als *normal-spezifische spektrale Ausstrahlungsdichte* bezeichnet werden soll. Weniger präzise Bezeichnungen, die in der Literatur für $i^*_{\lambda\omega}$ vorkommen, sind *spektrale Strahldichte* oder (engl.:) *monochromatic intensity*. Die Einheit von $\dot{e}^*_{\lambda\omega}$ bzw. $i^*_{\lambda\omega}$ ist W/m^3 oder auch W/m^3 sr. Bzgl. der allgemeinen Abhängigkeit von $i^*_{\lambda\omega}$ gilt analog zu (9-8) für beliebige Körper

$$i^*_{\lambda\omega} = i^*_{\lambda\omega}(\lambda^*, \vartheta, \varphi, T^*). \tag{9-10}$$

Im Spezialfall des Schwarzen Strahlers entfällt zunächst die φ-Abhängigkeit (wie schon bei $\dot{e}^*_{\lambda\omega,s}$), jetzt aber zusätzlich noch die ϑ-Abhängigkeit, weil diese explizit beim Übergang von $\dot{e}^*_{\lambda\omega}$ auf $i^*_{\lambda\omega}$, s. (9-9), berücksichtigt worden ist. Es gilt also im Fall des Schwarzen Strahlers $i^*_{\lambda\omega,s} = i^*_{\lambda\omega,s}(\lambda^*, T^*)$. Damit erscheint ein Schwarzer Strahler unter allen Blickwinkeln als „gleich hell", was als *diffuse Strahlung* bezeichnet wird. Reale Strahler können diese Eigenschaft in guter Näherung besitzen.

Nach der Integration über alle Raumwinkel zur Bestimmung der hemisphärischen Ausstrahlung gilt (wegen der Unabhängigkeit von $i^*_{\lambda\omega,s}$ vom Raumwinkel)

$$\dot{e}^*_{\lambda,s}(\lambda^*, T^*) = \iint \dot{e}^*_{\lambda\omega,s}\,\mathrm{d}\omega = \iint \underbrace{(i^*_{\lambda\omega,s}\cos\vartheta)}_{(9-9)}\,\underbrace{\sin\vartheta\,\mathrm{d}\vartheta\,\mathrm{d}\varphi}_{(9-7)} \tag{9-11}$$

$$= i^*_{\lambda\omega,s}\,\underbrace{\iint \cos\vartheta\,\sin\vartheta\,\mathrm{d}\vartheta\,\mathrm{d}\varphi}_{=\pi}. \tag{9-12}$$

Für Schwarze Strahler (bzw. alle diffusen Strahler) gilt also für den Zusammenhang zwischen den spezifischen und den normal-spezifischen hemisphärischen Größen

$$\dot{e}^*_{\lambda,s}(\lambda^*, T^*) = \pi i^*_{\lambda\omega,s}(\lambda^*, T^*). \tag{9-13}$$

Integriert man beide Seiten von (9-13) über alle relevanten Wellenlängen, ergibt dies

$$\boxed{\dot{e}^*_s(T^*) = \pi i^*_{\omega,s}(T^*)} \tag{9-14}$$

Damit ist die *spezifische Ausstrahlung* des Schwarzen Strahlers, $\dot{e}^*_s(T^*)$, gleich dem π-fachen Wert der *normal-spezifischen Ausstrahlungsdichte* $i^*_{\omega,s}(T^*)$. Da $i^*_{\omega,s}$ des Schwarzen Strahlers für alle Raumwinkel denselben Wert besitzt (diffuser Strahler), kann zur Interpretation von (9-14) der Wert senkrecht zur strahlenden Fläche $\mathrm{d}A^*$ gewählt werden. Mit dieser Interpretation handelt es sich bei (9-14) unter Verwendung von (9-9) um das sog. *Lambertsche Cosinusgesetz*. Die Gleichung besagt: Die hemisphärische Ausstrahlung einer Fläche $\mathrm{d}A^*$ entspricht dem π-fachen der Ausstrahlungsdichte senkrecht zu dieser Fläche (jeweils in der Einheit W/m^2).

In Tab. 9.1 sind die bisher eingeführten Emissions-Größen noch einmal übersichtlich zusammengestellt.

9.3.2 Das Absorptionsverhalten Schwarzer Strahler

Per Definition absorbiert der Schwarze Strahler alle auf ihn einfallende Wärmestrahlung vollständig. Zur Bestimmung des Absorptionsverhaltens im konkreten Fall muss deshalb nur noch die einfallende Wärmestrahlung beschrieben werden. Dies kann ganz analog zur Einführung verschiedener Ausstrahlungsgrößen im Kap. 9.3.1 erfolgen.

Tabelle 9.1: In Kap. 9.3 eingeführte Ausstrahlungsgrößen
spezifisch: bezogen auf dA^*, Buchstabe e
normal-spezifisch: bezogen auf $dA_p^* = dA^* \cos\vartheta$, Buchstabe l

spezifische spektrale Ausstrahlungsdichte	$\dot{e}^*_{\lambda\omega}(\lambda^*,\vartheta,\varphi,T^*)$	W/m³ sr
spezifische spektrale Ausstrahlung $\int \dot{e}^*_{\lambda\omega}\,d\omega$	$\dot{e}^*_\lambda(\lambda^*,T^*)$	W/m³
spezifische Ausstrahlung $\int \dot{e}^*_\lambda\,d\lambda^*$	$\dot{e}^*(T^*)$	W/m²
normal-spezifische spektrale Ausstrahlungsdichte	$\dot{l}^*_{\lambda\omega}(\lambda^*,\vartheta,\varphi,T^*)$	W/m³ sr
normal-spezifische Ausstrahlungsdichte $\int \dot{l}^*_{\lambda\omega}\,d\lambda^*$	$\dot{l}^*_\omega(\vartheta,\varphi,T^*)$	W/m² sr

Die einfallende Wärmestrahlung ist durch ihre Stärke als Funktion der Wellenlänge λ^* und der Einfallrichtung ϑ, φ gekennzeichnet. Eine Temperaturabhängigkeit liegt nur indirekt vor, weil die einfallende Wärmestrahlung einer bestimmten Art von strahlenden Körpern mit einer bestimmten Temperatur stammt. Deshalb wird die Temperatur (der „Strahlungsquelle") nicht als expliziter Parameter bei der Kennzeichnung einfallender Strahlung aufgenommen.

Analog zu Tab. 9.1 enthält die nachfolgende Tab. 9.2 die zur genaueren Beschreibung der einfallenden Wärmestrahlung erforderlichen Größen.

9.3.3 Die Realisierung Schwarzer Strahler / Hohlraumstrahlung

Mit der nachfolgend beschriebenen Anordnung gelingt es, experimentell in sehr guter Näherung eine sog. *Schwarzkörperstrahlung* zu realisieren. Dazu muss eine endliche Fläche ΔA^* die Eigenschaft besitzen, alle auf sie einfallende Wärmestrahlung zu absorbieren und gleichzeitig Strahlung auszusenden, deren spezifische spektrale Ausstrahlung genau der Verteilung $\dot{e}^*_{\lambda,s}$ gemäß Bild 9.3 gehorcht. Diese Fläche ΔA^* ist die Öffnung der in Bild 9.5 dargestellten Anordnung, die *Hohlraumstrahler* genannt wird.

Wie in der Abbildung gezeigt ist, wird mit der Anordnung ein Hohlraum gebildet, der durch eine kleine Öffnung ΔA^* mit der Umgebung im Strahlungsaustausch steht. Mit Hilfe einer (kurzzeitig aktivierbaren) Heizung und einer thermischen Isolierung gegenüber der Umgebung können in dem von einem Kupferzylinder gebildeten Hohlraum isotherme Bedingungen auf unterschiedlichen Temperaturniveaus hergestellt werden. Die durch die kleine Öffnung einfallende Strahlung wird mehrfach reflektiert und dabei jeweils teilweise absorbiert. Weil danach nur ein verschwin-

Tabelle 9.2: Einstrahlungsgrößen
spezifisch: bezogen auf dA^*, Buchstabe a
normal-spezifisch: bezogen auf $dA_p^* = dA^* \cos\vartheta$, Buchstabe k

spezifische spektrale Einstrahlungsdichte	$\dot{a}^*_{\lambda\omega}(\lambda^*,\vartheta,\varphi)$	W/m³ sr
spezifische spektrale Einstrahlung $\int \dot{a}^*_{\lambda\omega}\,d\omega$	$\dot{a}^*_\lambda(\lambda^*)$	W/m³
spezifische Einstrahlung $\int \dot{a}^*_\lambda\,d\lambda^*$	$\dot{a}^*$	W/m²
normal-spezifische spektrale Einstrahlungsdichte	$\dot{k}^*_{\lambda\omega}(\lambda^*,\vartheta,\varphi)$	W/m³ sr
normal-spezifische Einstrahlungsdichte $\int \dot{k}^*_{\lambda\omega}\,d\lambda^*$	$\dot{k}^*_\omega(\vartheta,\varphi)$	W/m² sr

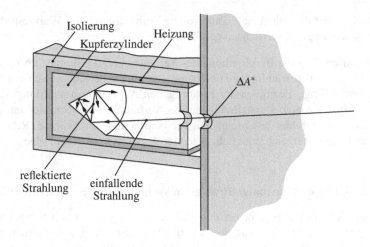

Bild 9.5: Schnitt durch einen Hohlraumstrahler
  Weitere Details in: Siegel, R.; Howell, J. R.; Lohrengel, J: (1988): *Wärmeübertragung durch Strahlung, Teil 1: Grundlagen und Materialeigenschaften*, Springer-Verlag, Berlin / Kap. 2.5

dend geringer Anteil der einfallenden Strahlung durch die Öffnung ΔA^* wieder austritt, liegt insgesamt eine (fast) vollständige Absorption an der Öffnungsfläche vor. Damit weist diese Fläche in sehr guter Näherung die Eigenschaft eines Flächenelementes des Schwarzen Strahlers auf. Ist der Hohlraum isotherm und gut isoliert, so entspricht die emittierte Strahlung in ebenfalls sehr guter Näherung der eines Schwarzen Strahlers bei der im Hohlraum eingestellten Temperatur.

9.4 Reales Strahlungsverhalten / Reale Strahler

Reale Strahler zeigen (z. T. erhebliche) Abweichungen vom idealen Strahlungsverhalten der im vorigen Kapitel beschriebenen Schwarzen Strahler. Dabei treten sowohl quantitative Unterschiede (bzgl. der „Stärke" bestimmter Effekte) als auch qualitative Unterschiede (im Sinne zusätzlicher Effekte) auf. Im Wesentlichen können vier Aspekte ausgemacht werden, in denen reale Strahler in ihrem Verhalten im Zusammenhang mit der Wärmestrahlung entscheidend vom Verhalten Schwarzer Strahler abweichen:

1. Die Ausstrahlung realer Strahler ist geringer als diejenige Schwarzer Strahler (kleinere Werte von $\dot{e}^*_{\lambda\omega}$, $\dot{e}^*_{\lambda}$, $\dot{e}^*$ vgl. Tab. 9.1). Die spezifische spektrale Ausstrahlungsdichte $\dot{e}^*_{\lambda\omega}$ ist darüber hinaus *richtungsabhängig*, d. h., die Strahlung ist *nicht* diffus.

2. Die Einstrahlung ($\dot{a}^*_{\lambda\omega}$, $\dot{a}^*_{\lambda}$, $\dot{a}^*$ vgl. Tab. 9.2) wird von realen Strahlern *nur teilweise absorbiert*, während Schwarze Strahler alle einfallende Strahlung vollständig absorbieren.

3. An der Oberfläche realer Strahler wird ein Teil der einfallenden Strahlung *reflektiert*. Dies ist bei Schwarzen Strahlern nicht der Fall.

4. Ein Teil der einfallenden Strahlung kann von sog. *transparenten* oder *semitransparenten* realen Strahlern durch den Körper hindurchgeleitet werden. Nur bei sog. *opaken* Oberflächen

realer Strahler findet dies nicht statt. Eine solche Transmission von Wärmestrahlung ist bei Schwarzen Strahlern grundsätzlich ausgeschlossen.

Damit ist zu erwarten, dass die Beschreibung des Verhaltens realer Strahler im Zusammenhang mit Wärmestrahlung sehr aufwändig wird und häufig nur eine näherungsweise Erfassung der einzelnen Phänomene gelingt. Bezüglich der ersten beiden Aspekte (Ausstrahlung, Einstrahlung) wählt man üblicherweise eine Darstellung, die das Verhalten realer Strahler im Vergleich zu demjenigen Schwarzer Strahler beschreibt. Für die beiden anderen Aspekte (Reflexion, Transmission) ist dies naturgemäß nicht möglich. Alle vier Aspekte werden im Folgenden nacheinander behandelt.

9.4.1 Das Emissionsverhalten realer Strahler im Vergleich zum Schwarzen Strahler

Es ist üblich, die Ausstrahlungsgrößen realer Strahler auf diejenigen von Schwarzen Strahlern derselben Temperatur zu beziehen und damit formal sog. *Emissionsgrade* einzuführen. Damit ist zunächst kein unmittelbarer Erkenntnisgewinn verbunden, weil die interessierenden Größen lediglich als dimensionslose „bezogene Größen" dargestellt werden. Durch den Vergleich mit dem (als bekannt unterstellten) Strahlungsverhalten Schwarzer Strahler gibt es aber zusätzliche Interpretationsmöglichkeiten für die interessierenden Ausstrahlungsgrößen.

In diesem Sinne werden die in Tab. 9.3 zusammengestellten Emissionsgrade eingeführt. Diese besitzen definitionsgemäß für Schwarze Strahler alle den Zahlenwert Eins. Abweichungen davon sind damit ein Maß für die Abweichungen im Strahlungsverhalten realer Strahler von demjenigen des idealen Strahlers.

Die verschiedenen Emissionsgrade sind für reale Strahler nur ansatzweise bekannt und damit verfügbar, weil eine experimentelle Bestimmung extrem aufwändig ist und die Ergebnisse stark von der individuellen Beschaffenheit der zu untersuchenden Körper abhängen (Oberflächenrauheit, Verschmutzungen, ...). Aus diesem Grund können in technischen Anwendungen in der Regel nur Strahlungsaspekte behandelt werden, für die der hemisphärische Gesamt-Emissionsgrad eine ausreichende Information zum Strahlungsverhalten darstellt.

Tabelle 9.3: Emissionsgrade realer Strahler

gerichteter spektraler Emissionsgrad	$\varepsilon_{\lambda\omega}(\lambda^*,\vartheta,\varphi,T^*) = \dfrac{i^*_{\lambda\omega}(\lambda^*,\vartheta,\varphi,T^*)}{i^*_{\lambda\omega,s}(\lambda^*,T^*)}$ mit $i^*_{\lambda\omega,s} = \dot{e}^*_{\lambda,s}/\cos\vartheta$, $\dot{e}^*_{\lambda,s}$ nach (9-3)
gerichteter Gesamt-Emissionsgrad	$\varepsilon_{\omega}(\vartheta,\varphi,T^*) = \dfrac{i^*_{\omega}(\vartheta,\varphi,T^*)}{i^*_{\omega,s}(T^*)}$ mit $i^*_{\omega,s} = \sigma^* T^{*4}/\pi$
hemisphärischer spektraler Emissionsgrad	$\varepsilon_{\lambda}(\lambda^*,T^*) = \dfrac{\dot{e}^*_{\lambda}(\lambda^*,T^*)}{\dot{e}^*_{\lambda,s}(\lambda^*,T^*)}$ mit $\dot{e}^*_{\lambda,s}$ nach (9-3)
hemisphärischer Gesamt-Emissionsgrad (auch: Emissionsgrad)	$\varepsilon(T^*) = \dfrac{\dot{e}^*(T^*)}{\dot{e}^*_{s}(T^*)}$ mit $\dot{e}^*_{s} = \sigma^* T^{*4}$

Theoretische Überlegungen (auf der Basis der elektromagnetischen Theorie) ergeben erste Anhaltswerte für die Emissionsgrade, indem diese mit den optischen Konstanten (Brechungsindex n und Absorptionszahl k) der Materialien, verbunden werden. Daraus ergibt sich, dass grundsätzlich nach zwei Materialklassen unterschieden werden muss. Diese sind:

- *Elektrische Nichtleiter* (sog. Dielektrika)
  typische Werte: $n = 2 \ldots 4$, $k = 0$ (keine Felddämpfung)

- *Elektrische Leiter* (Metalle)
  typische Werte: $n = 10 \ldots 30$, $k \approx n$ (starke Felddämpfung)

Für den gerichteten spektralen Emissionsgrad senkrecht (normal) zur strahlenden Fläche gilt nach dieser Theorie[1]

$$\varepsilon_{\lambda\omega,\mathrm{n}} = \frac{4n}{(n+1)^2 + k^2} \tag{9-15}$$

Daran ist zu erkennen, dass Dielektrika mit einem typischen Wert $n = 3$, $k = 0$, also $\varepsilon_{\lambda\omega,\mathrm{n}} = 3/4$ einen deutlich größeren Wert als Metalle mit einem typischen Wert $n = k = 20$, also $\varepsilon_{\lambda\omega,\mathrm{n}} \approx 1/10$ besitzen. Ähnliche Zahlenwerte gelten für die gerichteten Gesamtemissionsgrade in Normalenrichtung $\varepsilon_{\omega,\mathrm{n}}$. Dies wird durch Messungen bestätigt, die sich häufig auf diese Größe beschränken. Tab. 9.4 enthält Zahlenwerte von $\varepsilon_{\omega,\mathrm{n}}$ für einige typische Stoffe. Zusätzlich sind die hemisphärischen Gesamt-Emissionsgrade ε angegeben. An den Angaben für Kupfer ist zu erkennen, dass die Emissionsgrade entscheidend von der Oberflächenstruktur abhängen. Während eine polierte Oberfläche fast nicht emittiert, sorgt eine dünne Oxidationsschicht schon nahezu für ein Emissionsverhalten wie beim Schwarzen Strahler.

Bezüglich der Richtungsabhängigkeit von ε_ω verhalten sich Dielektrika und Metalle ebenfalls vollkommen verschieden, wie in Bild 9.6 für typische Stoffe aus beiden Materialklassen gezeigt ist.

9.4.2 Das Absorptionsverhalten realer Strahler im Vergleich zum Schwarzen Strahler

Ganz analog zu den Emissionsgraden im vorigen Kapitel werden Absorptionsgrade eingeführt, die das Absorptionsverhalten des realen Strahlers in Relation zu demjenigen des Schwarzen Strahlers setzen. Tab. 9.5 enthält die einzelnen Definitionen weitgehend analog zu Tab. 9.3 für die Emission. Die dabei auftretenden Einstrahlgrößen a und k sind in Tab. 9.2 eingeführt worden. Eine wichtige Frage ist nun, ob ein Zusammenhang zwischen dem Emissions- und Absorptionsverhalten eines bestimmten Körpers besteht, und wenn ja, welcher. Eine genauere Analyse der physikalischen Vorgänge bei der Emission und Absorption ergibt dazu, dass stets gilt

$$\boxed{\alpha_{\lambda\omega}(\lambda^*, \vartheta, \varphi, T^*) = \varepsilon_{\lambda\omega}(\lambda^*, \vartheta, \varphi, T^*)} \tag{9-16}$$

Dies ist Ausdruck weitgehend analoger physikalischer Mechanismen bei der Emission und Absorption von Wärmestrahlung. Gleichung (9-16) ist als eines der *Kirchhoffschen Gesetze* zur Wärmestrahlung bekannt.

Es ist nun erstaunlich und vielleicht zunächst unerwartet, dass für die „integralen Werte" α_λ, α_ω und α nicht unmittelbar die Gleichheit zu ε_λ, ε_ω und ε folgt. Entscheidend dafür ist, dass ε_λ,

---

[1] Zu Detail s. z. B.: Siegel, R.; Howell, J. R.; Lohrengel, J: (1988): *Wärmeübertragung durch Strahlung, Teil 1: Grundlagen und Materialeigenschaften*, Springer-Verlag, Berlin

Tabelle 9.4: Gerichtete Gesamt-Emissionsgrade senkrecht zur Oberfläche ($\varepsilon_{\omega,n}$) und hemisphärische Gesamt-Emissionsgrade (ε) von elektrischen Nichtleitern (Dielektrika) und elektrischen Leitern (Metalle)
Daten aus und weitere Daten in: Baehr, H. D.; Stephan, K. (2004): *Wärme- und Stoffübertragung*, 4. Aufl., Springer-Verlag, Berlin

Dielektrika (elektrische Nichtleiter)			
Stoff	$t^*/^\circ$C	$\varepsilon_{\omega,n}$	ε
Buchenholz	70	0,94	0,91
Eis, glatt, Dicke > 4 mm	-10	0,97	0,92
Wasser, Dicke $> 0,1$ mm	$10\ldots50$	0,97	0,91
Papier, weiß, matt	95	0,92	0,90

Metalle (elektrische Leiter)			
Stoff	$t^*/^\circ$C	$\varepsilon_{\omega,n}$	ε
Aluminium, walzblank	170	0,04	0,05
Eisen, poliert	$-70\ldots700$	$0,04\ldots0,2$	$0,06\ldots0,25$
Kupfer, poliert	$300\ldots700$	$0,01\ldots0,02$	$0,015\ldots0,025$
Kupfer, oxidiert	130	0,76	0,73
Nickel, poliert	100	0,05	0,05

ε_ω und ε reine Materialeigenschaften des betrachteten Körpers sind, während α_λ, α_ω und α zusätzlich noch von der Art der einfallenden Strahlung, d. h. insbesondere auch ihrer Wellenlängen- und Raumwinkelverteilung, abhängig sind. Deshalb wird eine Gleichheit $\alpha_\lambda = \varepsilon_\lambda$, $\alpha_\omega = \varepsilon_\omega$ und $\alpha = \varepsilon$ für beliebige Körper nur gelten, wenn die einfallende Strahlung bestimmte Bedingungen erfüllt. Diese Bedingungen sind:

- Die einfallende Strahlung stammt von einem Schwarzen Strahler (d. h., es handelt sich um eine sog. *Schwarzkörperstrahlung* gemäß Bild 9.3).

- Der strahlende und der bestrahlte Körper besitzen dieselbe Temperatur.

Der zweite Punkt ist bei Wärmeübertragungsproblemen stets verletzt, selbst wenn die einfallende

Tabelle 9.5: Absorptionsgrade realer Strahler
Index abs: absorbierter Anteil

gerichteter spektraler Absorptionsgrad	$\alpha_{\lambda\omega}(\lambda^*,\vartheta,\varphi,T^*) = \dfrac{\dot{k}^*_{\lambda\omega,\mathrm{abs}}}{\dot{k}^*_{\lambda\omega}}$
gerichteter Gesamt-Absorptionsgrad	$\alpha_\omega(\vartheta,\varphi,T^*) = \dfrac{\dot{k}^*_{\omega,\mathrm{abs}}}{\dot{k}^*_\omega}$
hemisphärischer spektraler Absorptionsgrad	$\alpha_\lambda(\lambda^*,T^*) = \dfrac{\dot{a}^*_{\lambda,\mathrm{abs}}}{\dot{a}^*_\lambda}$
hemisphärischer Gesamt-Absorptionsgrad (auch: Absorptionsgrad)	$\alpha(T^*) = \dfrac{\dot{a}^*_{\mathrm{abs}}}{\dot{a}^*}$

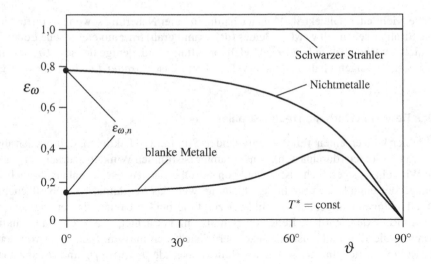

Bild 9.6: Typische Werte gerichteter Gesamt-Emissionsgrade ε_ω
$\varepsilon_{\omega,n}$: ε_ω senkrecht zur emittierenden Fläche
Daten aus: White, F. M. (1988): *Heat and Mass Transfer*, Addison Wesley

Strahlung in guter Näherung eine Schwarzkörperstrahlung darstellt (wie z. B. die Sonnenstrahlung).

Eine genauere Analyse zeigt zusätzlich, dass die Gleichheit der Absorptions- und Emissionskoeffizienten unabhängig von der Art der einfallenden Strahlung auch dann gegeben ist, wenn die Oberflächen bestimmte Emissionseigenschaften besitzen.[1] Dies führt zur Definition bestimmter Modell-Oberflächen, die an realen Strahlern in guter Näherung realisiert sein können. Dies sind:

* *Diffus strahlende Oberflächen* (sog. *Lambert-Strahler*)
  Bedingung: $\varepsilon_{\lambda\omega}(\lambda^*,\vartheta,\varphi,T^*) = \varepsilon_{\lambda\omega}(\lambda^*,T^*) = \varepsilon_\lambda(\lambda^*,T^*)$
  Für diese gilt

$$\alpha_\lambda(\lambda^*,T^*) = \varepsilon_\lambda(\lambda^*,T^*) \qquad (9\text{-}17)$$

* *Grau strahlende Oberflächen*
  Bedingung: $\varepsilon_{\lambda\omega}(\lambda^*,\vartheta,\varphi,T^*) = \varepsilon_{\lambda\omega}(\vartheta,\varphi,T^*) = \varepsilon_\omega(\vartheta,\varphi,T^*)$
  Für diese gilt

$$\alpha_\omega(\vartheta,\varphi,T^*) = \varepsilon_\omega(\vartheta,\varphi,T^*) \qquad (9\text{-}18)$$

* *Diffus und grau strahlende Oberflächen* (sog. *Graue Lambert-Strahler*)
  Bedingung: $\varepsilon_{\lambda\omega}(\lambda^*,\vartheta,\varphi,T^*) = \varepsilon_{\lambda\omega}(T^*) = \varepsilon(T^*)$
  Für diese gilt

$$\boxed{\alpha(T^*) = \varepsilon(T^*)} \qquad (9\text{-}19)$$

---

[1] Details dazu z.B. in Baehr, H. D.; Stephan, K. (2004): *Wärme- und Stoffübertragung*, 4. Aufl., Springer-Verlag, Berlin / Kap. 5.3.2.2

Elektrische Nichtleiter (Dielektrika) können häufig in guter Näherung sowohl als diffuse als auch als Graue Strahler behandelt werden. Beides (diffus und grau) trifft auf elektrische Leiter (Metalle) aber nicht zu. Eine häufig benutzte Modellvorstellung ist diejenige der sog. *Grauen Strahler* mit den Strahlungseigenschaften gemäß (9-19), der präziser *Grauer Lambert-Strahler* genannt wird.

9.4.3 Das Reflexionsverhalten realer Strahler

Reale Strahler können einen Teil der einfallenden Strahlung reflektieren, d. h. weder absorbieren noch transmittieren (durchlassen), sondern unter bestimmen Winkeln „zurückwerfen". Unter welchen Winkeln dies geschieht, ist sowohl von der Oberflächenbeschaffenheit als auch von der Wellenlänge der einfallenden Strahlung abhängig, weil das Verhältnis von Oberflächenrauheiten zu Wellenlängen maßgeblich ist. Bild 9.7 zeigt die beiden Grenzfälle der sog. *spiegelnden* und *diffusen* Reflexion. Wird die Reflexionsrichtung mit betrachtet, so entstehen aufwändige Beschreibungen, die Ein- und Ausfallswinkel berücksichtigen müssen. Sieht man von der Frage nach der Reflexionsrichtung ab, so können Reflexionsgrade $\rho_{\lambda\omega}$, ρ_ω, ρ_λ und ρ ganz analog zu den Absorptionsgraden $\alpha_{\lambda\omega}$, α_ω, α_λ und α gemäß Tab. 9.5 eingeführt werden.

Für Körper ohne Transmission (mit sog. *opaken* Oberflächen) gilt dann unmittelbar

- gerichteter spektraler Reflexionsgrad:

$$\rho_{\lambda\omega} = 1 - \alpha_{\lambda\omega} \qquad (9\text{-}20)$$

- gerichteter Gesamt-Reflexionsgrad:

$$\rho_\omega = 1 - \alpha_\omega \qquad (9\text{-}21)$$

- hemisphärischer spektraler Reflexionsgrad:

$$\rho_\lambda = 1 - \alpha_\lambda \qquad (9\text{-}22)$$

- Reflexionsgrad:

$$\rho = 1 - \alpha \qquad (9\text{-}23)$$

9.4.4 Das Transmissionsverhalten realer Strahler

Flüssigkeiten und feste Stoffe wie Glas und einige Mineralien sind nicht opak, sondern lassen Wärmestrahlung teilweise durchtreten. Für den Anteil $\dot{a}^*_{\lambda,\text{Trans}}$ der ankommenden spezifischen spektralen Einstrahlung $\dot{a}^*_\lambda$ gilt die Bilanz

$$\dot{a}^*_{\lambda,\text{Trans}} = \dot{a}^*_\lambda - \dot{a}^*_{\lambda,\text{Abs}} - \dot{a}^*_{\lambda,\text{Ref}} \qquad (9\text{-}24)$$

Entscheidende Aspekte in diesem Zusammenhang sind

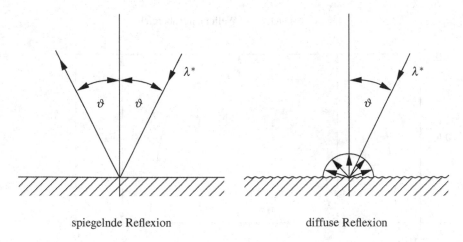

spiegelnde Reflexion   diffuse Reflexion

sehr glatte Oberflächen und/oder große   sehr raue Oberflächen und/oder kleine
Wellenlängen λ^* der einfallenden Strahlung   Wellenlängen λ^* der einfallenden Strahlung

Bild 9.7: Grenzfälle des Reflexionsverhaltens realer Körperoberflächen

- eine selektive Transmission, d. h., das Transmissionsverhalten ist *wellenlängenabhängig*. Bild 9.8 zeigt qualitativ das Transmissionsverhalten von Glas in Form des spektralen Transmissionsgrades

$$\boxed{\tau_\lambda \equiv \dot{a}^*_{\lambda,\text{Trans}}/\dot{a}^*_\lambda = (\dot{a}^*_\lambda - \dot{a}^*_{\lambda,\text{Abs}} - \dot{a}^*_{\lambda,\text{Ref}})/\dot{a}^*_\lambda = 1 - \alpha_\lambda - \rho_\lambda} \qquad (9\text{-}25)$$

Daran ist zu erkennen, dass kurzwellige Strahlung weitgehend durchgelassen wird (z. B. Sonnenstrahlung, $T^* \approx 5800\,\text{K}$, $\lambda^*(\dot{e}^*_{\hat{\lambda}}) \approx 0{,}5\,\mu\text{m}$, s. Bild 9.3), während die langwellige sog. Rückstrahlung (Infrarotstrahlung, $T^* \approx 300\,\text{K}$, $\lambda^*(\dot{e}^*_{\hat{\lambda}}) \approx 10\,\mu\text{m}$) kaum durch das Glas hindurchtritt. Dies ist der entscheidende Mechanismus beim sog. *Treibhauseffekt*, s. dazu Kap. 9.7.2 bzw. das ILLUSTRIERENDE BEISPIEL 9.1.

- eine schichtdickenabhängige Absorption im Körperinneren, die durch sog. *spektrale Absorptionskoeffizienten* beschrieben werden kann, die das wellenlängenabhängige Absorptionsvermögen pro Schichtdicke erfassen.

- eine Mehrfachreflexion an den (von innen gesehen) Grenzflächen endlicher durchstrahlter Schichten.

9.5 Strahlungsaustausch zwischen Strahlern

Da alle Körper mit von Null verschiedenen thermodynamischen Temperaturen Wärmestrahlung emittieren (für Schwarze Strahler s. Bild 9.3) unterliegen zwei „benachbarte" Körper einem Energie*austausch* in Form von Wärmestrahlung. Die genauere Analyse zeigt, dass dabei ganz generell ein Netto-Strahlungswärmestrom in Richtung des Körpers mit niedrigerer Temperatur fließt. Die Bestimmung dieses Netto-Wärmestromes ist ohne vereinfachende Annahmen extrem aufwändig. Ein wesentlicher Grund dafür ist, dass der Strahlungsaustausch zwischen zwei einzelnen Körpern

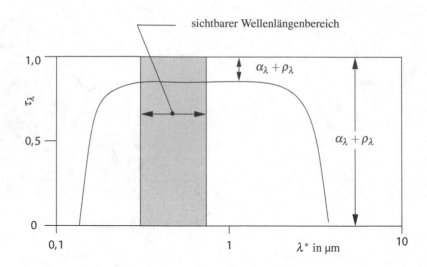

Bild 9.8: Typischer Verlauf des spektralen Transmissionsgrades τ_λ für Glas als Ausdruck eines selektiven Transmissionsverhaltens (s. ILLUSTRIERENDES BEISPIEL 9.1)

durch alle anderen Körper beeinflusst wird, die mit den ursprünglich betrachteten beiden Körpern zusätzlich im Strahlungsaustausch stehen. Teile der von diesen Körpern stammenden Strahlung werden reflektiert und treten damit zwischen den ursprünglich betrachteten Körpern auf. Nur zwei Schwarze Strahler können bzgl. ihres Strahlungsaustausches für sich betrachtet werden, da dann keine Reflexionen vorkommen. Bei allen anderen Körpern ist stets eine simultane Betrachtung aller Körper erforderlich, die untereinander im Strahlungsaustausch stehen. Dies sind alle Körper, die sich prinzipiell „sehen können", die also vom linearen Strahlengang des jeweils anderen Körpers „getroffen" werden können. Dazu zählen z. B. alle Flächen eines umschließenden Raumes, sofern diese nicht durch andere Körper verdeckt sind.

Im Weiteren werden nur Körper betrachtet, deren Oberflächen eine konstante spezifische Ausstrahlung sowie eine konstante Oberflächentemperatur besitzen, und die entweder

- Schwarze Strahler (d. h.: keine Reflexion, diffuse Strahlung) oder

- Graue Strahler (d. h. Graue Lambert-Strahler; λ^*-unabhängige, diffuse Strahlung)

sind. Für alle anderen Fälle sei auf die Spezialliteratur verwiesen.[1]

9.5.1 Sichtfaktoren für zwei Flächen im Strahlungsaustausch

Unabhängig von den Strahlungseigenschaften zweier Oberflächen im Strahlungsaustausch benötigt man eine Beschreibung der geometrischen Lage beider Flächen zueinander. Unter dem Gesichtspunkt des Strahlungsaustausches geht es um die Frage, wieviel die Flächen voneinander „sehen", weil dies darüber entscheidet, wieviel der Strahlung, die von einer Fläche ausgesandt wird, an der anderen Fläche ankommt.

---

[1] z.B.: Siegel, R.; Howell, J. R. (2001): *Thermal Radiation Heat Transfer*, 4th ed., Taylor & Francis

Dieser Aspekt wird in einem sog. *Sichtfaktor* erfasst, der in Bild 9.9 am Beispiel zweier infinitesimaler Flächenelemente dA_1^* und dA_2^* erläutert wird. Das Flächenelement dA_1^* besitzt die normal-spezifische Ausstrahlungsdichte $i_\omega^*(\vartheta, \varphi, T^*)$, für die (diffuse Strahlung) hier $i_\omega^*(T^*)$ gilt. Da die Ausstrahlung in den gesamten Halbraum über dA_1^* erfolgt, wird auch das Flächenelement dA_2^* davon getroffen, und zwar durch die (von dA_1^*) in den Raumwinkel $dA_2^* \cos \vartheta_2 / r^{*2}$ ausgehende Strahlung, also $(i_\omega^* dA_1^* \cos \vartheta_1) dA_2^* \cos \vartheta_2 / r^{*2}$.

Für endliche Flächen A_1^* und A_2^* ergibt eine Integration dafür

$$i_\omega^* \int_{A_1^*} \int_{A_2^*} \frac{\cos \vartheta_1 \cos \vartheta_2}{r^{*2}} dA_2^* dA_1^*$$

Als Sichtfaktor F_{12} wird nun eingeführt, welcher Anteil der Strahlung, die A_1^* in den Halbraum aussendet (dies ist $\pi i_\omega^* A_1^*$, vgl. (9-13)), bei A_2^* ankommt.

Damit gilt also:

$$F_{12} = \frac{1}{\pi A_1^*} \int_{A_1^*} \int_{A_2^*} \frac{\cos \vartheta_1 \cos \vartheta_2}{r^{*2}} dA_2^* dA_1^* \qquad (9\text{-}26)$$

Dies ist eine rein geometrische Größe und kann für zwei beliebig zueinander angeordnete Flächen ausgewertet werden. Tab. 9.6 enthält einige Zahlenwerte von Sichtfaktoren F_{12}, die in der Literatur uneinheitlich auch als *Einstrahlzahl*, *Formfaktor* oder *Winkelverhältnis* (engl.: *view factor*, *configuration factor* oder *shape factor*) bezeichnet werden.

Die Auswertung der geometrischen Verhältnisse ergibt eine Reihe von allgemeinen Beziehungen bzgl. der einzelnen Sichtfaktoren (was auch als „view factor algebra" bezeichnet wird). Dabei bedeutet eine Vertauschung der Indizes ij, dass die Flächen A_i^* und A_j^* ihre Rolle als aussendende bzw. empfangende Flächen tauschen. Einige dieser Regeln sind:

$$A_1^* F_{12} = A_2^* F_{21} \qquad \text{(Reziprozitätsbeziehung)} \qquad (9\text{-}27)$$

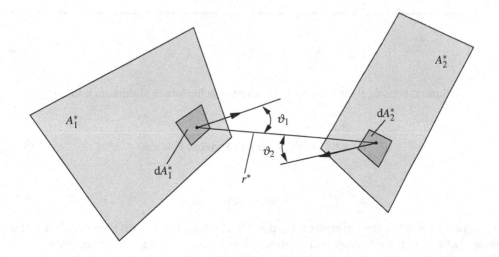

Bild 9.9: Erläuterung zum Sichtfaktor F_{12} zwischen zwei endlichen Flächen A_1^* und A_2^*, hier mit Hilfe der infinitesimalen Flächenelemente dA_1^* und dA_2^* mit dem Abstand r^*

Tabelle 9.6: Sichtfaktoren für ausgesuchte Flächen-Kombinationen A_1^*, A_2^*

Flächenanordnung	Sichtfaktor F_{12}	Sichtfaktor F_{21}
	1	$\dfrac{A_1^*}{A_2^*}$
	0,5	0
	1	1
	0,75	0
	$F_{11} = 1$	

$$\sum_{j=1}^{n} F_{ij} = 1, \quad i = 1, 2, \ldots n \tag{9-28}$$

(Summationsregel für n Flächen, die einen geschlossenen Hohlraum bilden)

$$F_{ii} = 0 \qquad \text{für ebene und konvexe Flächen} \tag{9-29}$$

$$F_{ii} > 0 \qquad \text{für konkave Flächen} \tag{9-30}$$

Die Anwendung dieser Regeln ergibt z. B., dass ein Hohlraum, der aus n Einzelflächen besteht, maximal $n(n-1)/2$ unabhängige und damit zu berechnende Sichtfaktoren besitzt. Für $n = 5$ z. B. gilt, dass statt der zunächst formal existierenden 25 Sichtfaktoren, nur maximal 10 Sichtfaktoren voneinander unabhängig sind und einzeln bestimmt werden müssen. Es könnten sogar weniger sein, wenn ebene oder konvexe Flächen mit $F_{ii} = 0$ darunter sind.

9.5.2 Strahlungsaustausch zwischen zwei Schwarzen Strahlern

Zwei Schwarze Strahler, die sich „sehen", stehen im Strahlungsaustausch zueinander, wobei die jeweils ausgesandten Strahlungsanteile, die den anderen Körper nicht treffen, unberücksichtigt bleiben. Für die spezifische Ausstrahlung des Schwarzen Strahlers gilt $\dot{e}_s^* = \sigma^* T^{*4}$, s. (9-6). Dies ist die pro Flächeneinheit in den Halbraum ausgestrahlte Leistung gemessen in W/m². Die ausgestrahlte Leistung einer Fläche A_1^* ist damit $A_1^* \sigma^* T_1^{*4}$, der davon bei der Fläche A_2^* ankommende Anteil $A_1^* F_{12} \sigma^* T_1^{*4}$. Umgekehrt empfängt die Fläche A_1^* von A_2^* die eingestrahlte Leistung $A_2^* F_{21} \sigma^* T_2^{*4}$. Der bzgl. A_1^* auftretende Wärmestrom $\dot{Q}_{12}^*$ als Differenz der ein- und ausgestrahlten Leistung ist mit $A_1^* F_{12} = A_2^* F_{21}$ gemäß (9-27) dann

$$\boxed{\dot{Q}_{12}^* = A_1^* F_{12} \sigma^* \left(T_2^{*4} - T_1^{*4}\right)} \tag{9-31}$$

Für $T_2^* > T_1^*$ ist damit $\dot{Q}_{12}^*$ positiv, d. h., der Körper mit der Oberfläche A_1^* erwärmt sich, wenn keine weiteren Wärmeströme auftreten. Umgekehrt tritt für $T_2^* < T_1^*$ eine Abkühlung ein, da $\dot{Q}_{12}^*$ dann negativ ist. Das thermodynamische Strahlungs-Gleichgewicht zwischen zwei Schwarzen Strahlern ist damit bei Temperaturgleichheit erreicht. In Gleichung (9-31) kann der Ausdruck $\left(T_2^{*4} - T_1^{*4}\right)$ für kleine Temperaturdifferenzen $\left(T_2^* - T_1^*\right)$ wie folgt in eine Reihe entwickelt und damit approximiert werden

$$T_2^{*4} - T_1^{*4} = 4 T_1^{*3} \left(T_2^* - T_1^*\right) + \Delta^* \tag{9-32}$$

Wenn in einer Konfiguration T_2^* bekannt ist, wird in (9-32) an die Stelle von T_1^{*3} der Term T_2^{*3} gesetzt. Dadurch verändert sich die Größenordnung der Fehler nicht. In Bild 9.10 sind für drei ausgewählte Temperaturen T_1^* die relativen Fehler $\Delta^* / \left(T_2^{*4} - T_1^{*4}\right) = \{(T_2^{*4} - T_1^{*4}) - 4 T_1^{*3}(T_2^* - T_1^*)\} / (T_2^{*4} - T_1^{*4})$ als Funktion der Temperaturdifferenz $\left(T_2^* - T_1^*\right)$ aufgetragen. Dabei zeigt sich, dass für eine Temperatur $T_1^* = 400\,\text{K}$ und eine Temperaturdifferenz $\left(T_2^* - T_1^*\right) = 30\,\text{K}$ ein relativer Fehler von etwa 10 % auftritt.

Nach dieser Linearisierung kann der Strahlungswärmeübergang in Form eines von ΔT^* unabhängigen (Strahlungs-)Wärmeübergangskoeffizienten α_S^* beschrieben werden. Analog zu (2-1) gilt dann

$$\dot{q}_{12}^* = \frac{\dot{Q}_{12}^*}{A_1^*} = \alpha_S^* (T_2^* - T_1^*) \tag{9-33}$$

Formal folgt damit für den Fall (9-31) mit der Näherung (9-32)

$$\alpha_S^* = F_{12} \sigma^* 4 T_1^{*3} \tag{9-34}$$

9.5.3 Strahlungsaustausch zwischen Grauen Lambert-Strahlern

Graue Lambert-Strahler sind durch eine wellenlängenunabhängige diffuse Ausstrahlung gekennzeichnet. Sie besitzen damit also einen konstanten Wert für die spezifische Ausstrahlung $\dot{e}^*(T^*) = \varepsilon \dot{e}_s^*(T^*) = \varepsilon \sigma^* T^{*4}$. Mit dieser Modellvorstellung können z. B. Dielektrika in erster Näherung

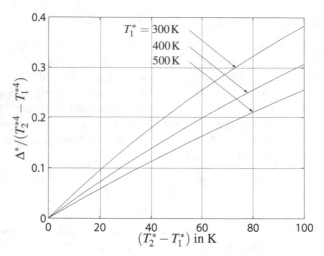

Bild 9.10: Relativer Fehler bei der Approximation des Termes $T_2^{*4} - T_1^{*4}$ im Strahlungsaustausch, s. (9-32) als Funktion von $T_2^* - T_1^*$ mit $\Delta^* = (T_2^{*4} - T_1^{*4}) - 4\,T_1^{*3}(T_2^* - T_1^*)$

bzgl. ihres Strahlungsverhaltens beschrieben werden. Weil aber $\varepsilon < 1$ gilt, ist auch die Absorption nicht vollständig (mit der Begründung aus Kap. 9.4.2, s. (9-19), gilt $\varepsilon = \alpha$), so dass Reflexion mit dem Reflexionsgrad $\rho = 1 - \alpha = 1 - \varepsilon$ auftritt. Damit können aber zwei Graue Strahler nicht mehr im gegenseitigen und alleinigen Strahlungsaustausch betrachtet werden, weil die zusätzlich reflektierte Strahlung, die von weiteren vorhandenen Körpern stammt, ebenfalls berücksichtigt werden muss.

Lediglich für diejenigen Fälle, in denen keine „dritten" Körper beteiligt sind, können zu (9-31) analoge Beziehungen auch für Graue (diffuse) Strahler angegeben werden. Ein solcher Fall liegt z. B. für folgende Geometrien vor:

- Zwei ebene parallele Platten der Fläche A^* im Abstand h^* mit $h^*/\sqrt{A^*} \to 0$.

- Einen Hohlraum mit der Innenfläche A_2^*, der einen Körper mit der Oberfläche A_1^* umschließt.

Für beide Fälle gilt die allgemeine Beziehung[1]

$$\boxed{\dot{Q}_{12}^* = \varepsilon_{12} A_1^* \sigma^* \left(T_2^{*4} - T_1^{*4} \right)} \tag{9-35}$$

mit der sog. *Strahlungsaustauschzahl* ε_{12} als

$$\frac{1}{\varepsilon_{12}} = \frac{1}{\varepsilon_1} + \frac{A_1^*}{A_2^*} \left(\frac{1}{\varepsilon_2} - 1 \right). \tag{9-36}$$

Für die beiden zuvor genannten Fälle gilt damit

- Parallele Platten mit $h^*/\sqrt{A^*} \to 0$ und $A_1^* = A_2^*$

$$\dot{Q}_{12}^* = \frac{\varepsilon_1 \varepsilon_2 A_1^* \sigma^* \left(T_2^{*4} - T_1^{*4} \right)}{\varepsilon_2 + \varepsilon_1 (1 - \varepsilon_2)}, \tag{9-37}$$

---

[1] Die Herleitung kann z.B. mittels der anschließend erwähnten elektrischen Analogie erfolgen.

was für $\varepsilon_1 = \varepsilon_2 \to 1$ erwartungsgemäß in (9-31) mit $F_{12} = 1$ übergeht.

• Hohlraum plus Innenkörper mit $A_1^*/A_2^* \to 0$

$$\dot{Q}_{12}^* = \varepsilon_1 A_1^* \sigma^* \left(T_2^{*4} - T_1^{*4} \right), \tag{9-38}$$

was für $\varepsilon_1 \to 1$ wiederum mit $F_{12} = 1$ in (9-31) übergeht. Der Emissionsgrad der Hohlraumfläche, ε_2, hat keinen Einfluss, weil im Grenzfall $A_1^*/A_2^* = 0$ jeder noch so kleine Emissionsgrad ε_2 ausreicht, dieselbe Wirkung zu erzielen, wie der Schwarze Strahler mit $\varepsilon_2 = 1$. Es muss lediglich $\varepsilon_2 > 0$ gelten, da für $\varepsilon_2 = 0$ und $A_1^*/A_2^* = 0$ in (9-36) ein mathematisch unbestimmter Ausdruck entsteht.

Für ein endliches Flächenverhältnis $A_1^*/A_2^* > 0$ gilt (9-38) nur, wenn die Hohlraumfläche A_2^* ein Schwarzer Strahler ($\varepsilon_2 = 1$) ist. Dann treten an A_2^* keine Reflexionen auf und die Größe von A_2^* bzw. das Flächenverhältnis A_1^*/A_2^* spielen keine Rolle.

Von den zuvor behandelten Spezialfällen abgesehen ist die Berechnung des Strahlungsaustausches realer Strahler sehr aufwändig. Die erforderliche Berücksichtigung aller auftretenden Flächen kann mit Hilfe der *Analogie zur Elektrizitätsleitung* in verzweigten Netzen oder mit Hilfe der sog. *Netto-Strahlungsmethode* (Energiebilanzgleichungen für alle Einzelflächen) erfolgen.[1] In beiden Methoden werden die Sichtfaktoren zwischen allen einzelnen Flächen benötigt, was oft einen große Rechenaufwand bedeutet, oder mit physikalisch motivierten Approximationen z. T. umgangen werden kann.

9.6 Gasstrahlung

Wärmestrahlung ist bisher weitgehend als ein Oberflächenphänomen beschrieben worden. Emission, Absorption und Reflexion treten dabei an Oberflächen auf. Wenn zwei Körper im Strahlungsaustausch stehen, so kann der Einfluss der Gasschicht zwischen beiden Körpern in guter Näherung vernachlässigt werden, wenn diese „optisch dünn" ist. Bevor dieser Begriff im nachfolgenden Kapitel erläutert wird, sollen einige entscheidende Eigenschaften von Gasen im Zusammenhang mit der Wärmestrahlung aufgeführt werden:

• Gase absorbieren und emittieren Wärmestrahlung nicht in einem kontinuierlichen Wellenlängenspektrum, sondern nur in abgegrenzten Wellenlängenbereichen, den sog. *Strahlungsbanden*. Sie können deshalb nicht als Graue Strahler approximiert werden (grau: wellenlängenunabhängige Strahlungseigenschaften).

• Technisch relevant ist häufig nur das Strahlungsverhalten von Gasen im Infrarotbereich, d. h. bei Wellenlängen $\lambda^* > 1\,\mu m$. In diesem Bereich liegen die strahlungsaktiven Banden z. B. von H_2O und CO_2, nicht aber von N_2 und O_2. Dies ist für das Strahlungsverhalten von Luft von Bedeutung. Luft besteht im Wesentlichen aus diesen vier Bestandteilen und wird deshalb bezüglich ihres Strahlungsverhaltens von den geringen Anteilen H_2O und CO_2 dominiert.

---

[1] Genauere Ausführungen zu beiden Methoden in:
Poljak, G. (1935): *Analysis of Heat Interchange by Radiation between Diffuse Surfaces (russ.)*, Techn. Phys. USSR 1, 555-590.
Oppenheim, K. A. (1956): *Radiation Analysis by the Network Method*, Trans. Amer. Soc. Mech. Engrs., **78**, 725-735.

• Eine nennenswerte Streuung von Wärmestrahlung an den Gasmolekülen liegt nur als sog. *Rayleigh-Streuung* vor. Diese tritt auf, wenn streuende Partikel sehr viel kleiner als die Wellenlänge des gestreuten Lichtes sind, wobei die Abschwächung der Strahlung durch Streuung sehr stark von der Wellenlänge abhängt. Für sie gilt eine Proportionalität $\sim 1/\lambda^{*4}$, so dass kurzwellige Strahlung stark, langwellige Strahlung aber nur schwach gestreut wird. Im Infrarotbereich der Strahlung kann der Streuungseffekt deshalb vernachlässigt werden.

9.6.1 Die optische Dicke von Gasschichten

Im Infrarotbereich ($\lambda^* > 1\,\mu m$) können bestimmte Gase in begrenzten Strahlungsbanden Wärmestrahlung absorbieren (und folglich auch emittieren). Grenzt ein Gas an eine Oberfläche mit der normal-spezifischen spektralen Ausstrahlungsdichte $i^*_{\lambda\omega}$, vgl. Tab. 9.1, so wird diese durch die Absorption im Gas abgeschwächt, und zwar pro Schichtdicke ds^* des Gases um den Anteil $di^*_{\lambda\omega}/i^*_{\lambda\omega}$. Die Stärke der Abschwächung wird als *spektraler Absorptionskoeffizient* k^*_G des Gases bezeichnet. Unterstellt man, das absorbierende Gas sei eine Komponente in einem Gemisch, deren andere Komponenten die Strahlung ungehindert hindurchlassen, so ist k^*_G eine Funktion des Partialdruckes p^*_G im Gemisch. Zusätzlich treten als Einflussgrößen die Temperatur und der Druck des Gemisches, aber auch die Wellenlänge der absorbierten Strahlung auf. Damit gilt

$$-\frac{di^*_{\lambda\omega}}{i^*_{\lambda\omega}} = k^*_G\,ds^* \quad \text{mit} \quad k^*_G = k^*_G(\lambda^*, p^*, t^*, p^*_G). \tag{9-39}$$

Die Integration über eine endliche Schichtdicke s^* ergibt

$$\kappa_G \equiv \int_0^{s^*} k^*_G\,ds^* = -\ln(i^*_{\lambda\omega,s}/i^*_{\lambda\omega,0}) \tag{9-40}$$

mit κ_G als sog. *optischer Dicke* einer Gasschicht der Dicke s^*. Der Fall eines *optisch dünnen* Gases liegt für $\kappa_G \to 0$ vor. Ein homogenes Gas besitzt einen ortsunabhängigen Wert von k^*_G, so dass für diesen Fall $\kappa_G = k^*_G s^*$ gilt.

Das Verhältnis $i^*_{\lambda\omega,s}/i^*_{\lambda\omega,0}$ in (9-40) stellt einen *gerichteten spektralen Transmissionsgrad* $\tau_{\lambda\omega,G}$ der Gasschicht s^* dar (vgl. dazu den spektralen Transmissiongrad τ_λ in Kap 9.4.4), wobei für den *gerichteten Absorptionsgrad* $\alpha_{\lambda\omega,G} = 1 - \tau_{\lambda\omega,G}$ gilt.

Damit folgt für ein homogenes Gas ($\kappa_G = k^*_G s^*$) aufgrund von (9-40)

$$\alpha_{\lambda\omega,G} = 1 - \exp(-k^*_G s^*) \tag{9-41}$$

Der Absorptionsgrad gibt auch hier wieder an, welcher Anteil der einfallenden Strahlung absorbiert wird.

9.6.2 Absorption und Emission von Gasräumen

Während Absorptions- und Emissionsgrade bei Oberflächenstrahlung reine Materialeigenschaften darstellen, sind diese Größen bei der Gasstrahlung von der Geometrie des Gasraumes abhängig. Analog zum Kirchhoffschen Gesetz (9-16) für Oberflächenstrahlung gilt bei der Gasstrahlung

$$\alpha_{\lambda\omega,G}(\lambda^*, p^*, T^*, p^*_G, s^*) = \varepsilon_{\lambda\omega,G}(\lambda^*, p^*, T^*, p^*_G, s^*) \tag{9-42}$$

Dabei beschreibt $\varepsilon_{\lambda\omega,G}$ den Anteil der maximal möglichen Strahlung (Schwarzkörperstrahlung mit $\dot{e}^*_{\lambda,s}$ nach (9-3)), der vom Gasraum auf ein Element dA^* seiner Oberfläche fällt. Die Abhängigkeit von der Gasschicht s^* zeigt, dass $\alpha_{\lambda\omega,G}$ und $\varepsilon_{\lambda\omega,G}$ von der Geometrie des Gasraumes abhängig sind. Eine Integration über alle Wellenlängen und Raumwinkel führt auf den Gesamtemissionsgrad ε_G, der für den Gasraum einer Halbkugel mit dem Radius R^* für verschiedene Gase vertafelt ist. Dieser Radius kann als *gleichwertige Schichtdicke* bei Gasräumen interpretiert werden, deren Geometrien von derjenigen der Halbkugel abweichen. Es muss dann also zunächst für einen bestimmten Gasraum die gleichwertige Schichtdicke R^* ermittelt werden. Als erste Näherung kann hierfür $R^* \approx 3{,}6V^*/A^*$ mit V^* als Volumen und A^* als Oberfläche des Gasraumes verwendet werden.

Bild 9.11 zeigt den Gesamtemissionsgrad von CO_2 als Funktion der Temperatur T^* und des Produktes $p^*_{CO_2} s^*$ für $p^* = 1\,$bar. Das Produkt $p^*_{CO_2} s^*$ ist ein unmittelbares Maß für die Anzahl von CO_2-Molekülen im Gemisch, denen die Strahlung auf ihrem Weg durch den Gasraum „begegnet", bzw. die zur Emission beitragen.[1]

9.7 Besonderheiten bei der Solarstrahlung

Die von der Sonne ausgehende Wärmestrahlung (Solarstrahlung) ist für das irdische Leben von existentieller Bedeutung. Deshalb sollen einige wichtige Teilaspekte nachfolgend kurz benannt und erläutern werden.[2] Die am Rand der Erdatmosphäre ankommende Solarstrahlung wird als

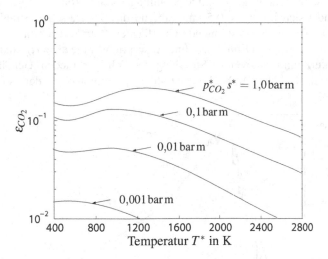

Bild 9.11: Gesamtemissionsgrad von Kohlendioxid bei $p^* = 1\,$bar
$p^*_{CO_2}$: Partialdruck von Kohlendioxid in bar
s^*: Gasschicht in m
Daten aus: Baehr, H. D.; Stephan, K. (2004): *Wärme- und Stoffübertragung*, Springer-Verlag, Berlin

---

[1] Die Proportionalität zu $p^*_G s^*$ wird als „Beersches Gesetz" bezeichnet, es gilt aber keineswegs für alle Gase, so z. B. nicht für H_2O.
[2] Eine sehr ausführliche Darstellung findet man z.B. in: Iqbal, M. (1983): *An Introduction to Solar Radiation*, Academic Press, Toronto

„extraterrestrische Solarstrahlung" bezeichnet. Folgerichtig wird dann für die an der Erdoberfläche ankommende, von der Erdatmosphäre auf verschiedene Weise beeinflusste Solarstrahlung
der Begriff „terrestrische Solarstrahlung" gewählt. Beide Arten von Solarstrahlung sollen anschließend kurz erläutert werden.

9.7.1 Extraterrestrische Solarstrahlung

Die Sonne als Strahlungsquelle (Durchmesser $\approx 1,4 \cdot 10^6$ km) besitzt einen mittleren Abstand zur
Erde von $\approx 1,5 \cdot 10^8$ km, was etwa 100 Sonnendurchmessern entspricht. Jahreszeitliche Schwankungen dieses Abstandes betragen etwa $\pm 2\%$. Aufgrund dieses großen Abstandes zur Sonne
wird die Erde von einem nahezu parallelen Strahlenbündel mit der spezifischen Einstrahlung
$\dot{a}^* = (1367 \pm 1,6)\,\text{W/m}^2$ getroffen. Dieser Wert wird auch als *Solarkonstante* E_0^* bezeichnet.

Detaillierte Messungen der spezifischen spektralen Einstrahlungsdichte senkrecht zur bestrahlen Fläche, $\dot{a}_{\lambda\omega}^*(\lambda^*, 0°, \varphi)$, zeigen, dass die Solarstrahlung in guter Näherung eine Schwarzkörperstrahlung darstellt. Bild 9.12 zeigt die spektrale Verteilung der am Atmosphärenrand ankommenden Solarstrahlung. Zusätzlich ist die äquivalente Kurve einer Schwarzkörperstrahlung
eingezeichnet. Diese wurde unter der Annahme bestimmt, dass die Sonne ein Schwarzer Strahler
ist und am Atmosphärenrand der Erde zum tatsächlich vorliegenden Wert $\dot{a}^*(= E_0^*)$ der spezifischen Einstrahlung führt. Dies ist für eine Temperatur $T_S^* = 5777\,\text{K}$ des Schwarzen Strahlers der
Fall, die deshalb als (äquivalente) Sonnentemperatur gilt.

Eine Besonderheit der Solarstrahlung ist, dass sie im Vergleich zur Strahlung aus irdischen
Strahlungsquellen eine (relativ) kurzwellige Strahlung darstellt (das Energiemaximum der Solarstrahlung befindet sich bei $\lambda^* \approx 0,5\,\mu\text{m}$, während das der irdischen Strahlungsquellen bei
$\lambda^* \approx 10\,\mu\text{m}$ liegt). Die für diffus strahlende Oberflächen (Lambert-Strahler, s. (9-17)) geltenden hemisphärischen spektralen Emissions- und Absorptionsgrade $\varepsilon_\lambda = \alpha_\lambda$ sind bei den meisten
Stoffen aber für kurz- und langwellige Strahlung deutlich verschieden. Gemäß (9-18) können
diese Oberflächen dann nicht (!) als Graue Strahler approximiert werden, so dass dann auch

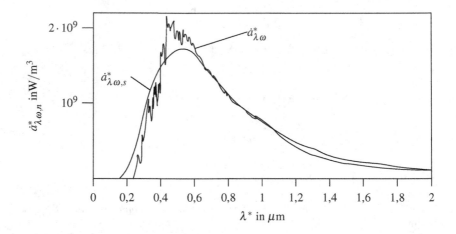

Bild 9.12: Spezifische spektrale Einstrahlungsdichte am Rand der Erdatmosphäre der Solarstrahlung ($\dot{a}_{\lambda\omega}^*$)
und einer äquivalenten Schwarzkörperstrahlung ($\dot{a}_{\lambda\omega,s}^*$), jeweils senkrecht zur Einstrahlungsfläche

nicht $\alpha(T^*) = \varepsilon(T^*)$, vgl. (9-19), gilt. Bei der Bestimmung des Strahlungsverhaltens von Oberflächen, die von Solarstrahlung getroffen werden, muss diesem Umstand Rechung getragen werden, was häufig durch eine getrennte Bestimmung von Absorptionsgraden α_{sol} für Solarstrahlung geschieht. Diese Werte weichen z. T. erheblich von den Gesamt-Emissionsgraden ε der Oberflächen ab, wie Tab. 9.7 für einige Oberflächen beispielhaft zeigt.

Hohe Werte des Verhältnisses α_{sol}/ε sind bei solartechnischen Anwendungen interessant, wobei dann aber auch die absoluten Werte von α_{sol} wichtig sind (beachte: $\rho = 1 - \alpha$ gemäß (9-23) als Reflexionsgrad). Niedrige Werte dieses Verhältnisses führen zu niedrigen Temperaturen des „zugehörigen" Körpers, weil dann eine vergleichsweise starke Emission vorliegt. Tab. 9.7 zeigt, dass dies bei einem weißen Farbanstrich der Fall ist.

9.7.2 Terrestrische Solarstrahlung

Bild 9.13 zeigt die unterschiedlichen Effekte, die beim Durchgang der Solarstrahlung durch die Erdatmosphäre auftreten. Die einfallende, kurzwellige extraterrestrische Solarstrahlung wird

- z. T. durchgelassen: diese *direkte Strahlung* stellt einen Anteil τ_λ (spektraler Transmissionsgrad) an der gesamten Strahlung dar. Die durch $\tau_\lambda < 1$ ausgedrückte Abschwächung hat mehrere Ursachen in Effekten, die in den folgenden Punkten benannt werden.

- z. T. gestreut: dabei tritt eine Streuung an Molekülen (Rayleigh-Streuung) und an Aerosolen (Staub und Wassertröpfchen, Aerosol-Streuung) auf. Ein Teil der gestreuten Strahlung trifft als diffuse Strahlung auf dem Erdboden auf, ein Teil wird in den Weltraum zurückgestrahlt.

- z. T. mehrfach reflektiert: ein Teil der an der Oberfläche reflektierten Strahlung geht dieser „nicht verloren", sondern wird durch Reflexionen in der Erdatmosphäre an die Erdoberfläche (diffus) zurückgestrahlt.

- z. T. absorbiert: der in der Erdatmosphäre absorbierte Teil der Solarstrahlung wird als zusätzliche innere Energie der Atmosphäre gespeichert und trägt damit zur langwelligen Strahlung der Atmosphäre (Emission der Atmosphäre bei ihrer Temperatur) bei. Sie ist dann ein Teil der sog. (langwelligen) *atmosphärischen Gegenstrahlung*.

Alle kurzwelligen Anteile werden zur sog. *Globalstrahlung* zusammengefasst, ihr diffuser Anteil wird *Himmelsstrahlung* genannt. Eine genaue Berechnung der einzelnen Effekte ist im Rahmen des vorliegenden Buches nicht möglich, dazu sei auf die Spezialliteratur verwiesen.

Abschließend sollen einige Aspekte/Effekte im Zusammenhang mit der speziellen Wirkung der Erdatmosphäre auf die Solarstrahlung erläutert werden:

Tabelle 9.7: Absorptionsgrade für Solarstrahlung α_{sol} im Vergleich zu den Gesamtemissionsgraden bei Umgebungstemperatur für ausgesuchte Oberflächen

Stoff	ε	α_{sol}	α_{sol}/ε
Gold, poliert	0,026	0,29	11,1
Kupfer, poliert	0,03	0,18	6,0
Ölfarbe, schwarz	0,92	0,90	0,98
Zinkfarbe, weiß	0,92	0,22	0,24

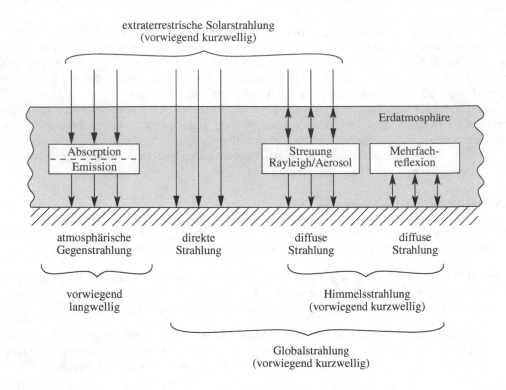

Bild 9.13: Einfluss der Erdatmosphäre auf die extraterrestrische Solarstrahlung

- *blauer Himmel*: Ein wolkenloser Himmel ist für uns blau, weil die Rayleigh-Streuung an den Gasmolekülen der Atmosphäre proportional zu $1/\lambda^{*4}$ erfolgt. Damit wird innerhalb des sichtbaren Wellenlängenspektrums blaues Licht (kleinste Wellenlängen) deutlich stärker gestreut als die anderen Farbkomponenten, so dass der „gesamte Himmel" diffus blau strahlt. Ohne Streuung würde der Himmel schwarz erscheinen.

- *rotglühende Sonnenuntergänge*: Auch dies ist ein Effekt, der auf die Wirkung der Rayleigh-Streuung an den Gasmolekülen zurückzuführen ist. Wie zuvor beschrieben, ist diese stark wellenlängenabhängig. Zusätzlich tritt aber auch eine Abhängigkeit von der Länge des optischen Weges auf, den die Solarstrahlung in der Erdatmosphäre zurücklegt. In Bild 9.14 ist die abschwächende Wirkung der Rayleigh-Streuung auf die direkte Solarstrahlung am Erdboden (s. Bild 9.13) in Form eines „Rayleigh-strahlungsbedingten" Transmissionsgrades τ_λ dargestellt. Dieser verläuft zwischen 0 (totale Abschwächung) und 1 (keine Abschwächung). Der Kurvenverlauf ist aber auch vom optischen Weg abhängig, der umso länger ist, je niedriger der Sonnenstand in Bezug auf die Erdoberfläche am Beobachtungsort ist. Als Maß für diesen Weg ist der Strahlwinkel β gegenüber der Vertikalen angegeben ($\beta = 0$: höchststehende Sonne, $\beta \approx 90°$: sehr flach stehende Sonne). Daran ist erkennbar, dass für einen flachen Sonnenstand kurzwelliges Licht fast vollständig gestreut wird (niedriger Transmissionsgrad), während langwelliges („rotes") Licht weitgehend durchgelassen wird. Dadurch erscheint die Sonne rotglühend.

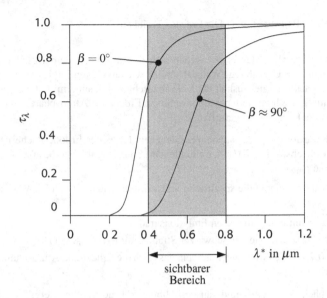

Bild 9.14: Spektraler Transmissionsgrad τ_λ der Solarstrahlung infolge der Rayleigh-Streuung für zwei verschiedene Sonnenstände, β: solarer Einstrahlwinkel gegenüber der Vertikalen

- *Treibhauseffekt*: Dieser vieldiskutierte Effekt einer allmählichen Erderwärmung basiert auf der selektiven Transmission der Erdatmosphäre bezüglich unterschiedlicher Wellenlängen der Wärmestrahlung. Diese Eigenschaft der Erdatmosphäre ist vergleichbar zum selektiven Transmissionsverhalten von Glas: Kurzwellige Solarstrahlung ($T_S^* \approx 5800\,\mathrm{K}$) wird weitgehend durchgelassen, langwellige Rückstrahlung der Erdoberfläche ($T_E^* \approx 300\,\mathrm{K}$) dagegen weitgehend absorbiert und reflektiert. Dies führt zu relativ hohen Temperaturen der Erdoberfläche und eben auch zu einer weiteren Erderwärmung, wenn die Erdatmosphäre durch menschliche Eingriffe so verändert wird, dass dieser Effekt verstärkt auftritt. Der komplexe Aufbau der Erdatmosphäre erschwert die genaue Analyse der Vorgänge gegenüber dem einfachen Fall des Gartentreibhauses erheblich. Es ist aber unbestritten, dass der Erd-Treibhauseffekt (den wir als solchen zum Überleben unbedingt benötigen) durch menschliches Handeln beeinflusst werden kann und damit das fragile Gleichgewicht im Energiehaushalt der Erde gestört wird, s. dazu auch das ILLUSTRIERENDE BEISPIEL 9.1.

- *Ozonloch*: Ozon (O_3) ist eine Komponente im Gasgemisch der Erdatmosphäre, die stark im Wellenlängenbereich von $0,2\,\mu\mathrm{m}\ldots0,35\,\mu\mathrm{m}$ absorbiert. Dies verhindert eine starke direkte Einstrahlung der energiereichen UV-B-Strahlung und ist ein Aspekt des Treibhauseffektes. Langlebige Fluor-Chlor-Kohlenwasserstoffe (FCKW), die in die Stratosphäre gelangen, zerstören die schützende Ozonschicht z. T. und führen damit zu einer verstärkten UV-B-Strahlung am Erdboden. Als „Ozonloch" werden dabei die hauptsächlich über den Polargebieten auftretenden Verminderungen der Ozonkonzentration bezeichnet.

ILLUSTRIERENDES BEISPIEL 9.1: Die Erde als Treibhaus

Mit der Erdatmosphäre als „Glasersatz" verhält sich die Erde unter dem Gesichtspunkt des Strahlungsaustausches mit der Umgebung (Weltall) ähnlich wie ein Gartentreibhaus. Um die Wirkung der Erdatmosphäre auf den Energiehaushalt der Erde abzuschätzen, kann ermittelt werden, welche globale Mitteltemperatur T_m^* sich einstellen würde, wenn die Erde keine Atmosphäre besäße. Dazu werden folgende (realistische) Annahmen getroffen:

- Der mittlere Reflexionsgrad des sonnenbeschienenen Teiles der Erdoberfläche ist $\rho_m = 0{,}3$. Das bedeutet, die Erde absorbiert 70 % der einfallenden Sonnenstrahlung (besitzt also einen mittleren Absorptionsgrad $\alpha_m = 0{,}7$).

- Ohne Erdatmosphäre gelangt die spezifische Solareinstrahlung $\dot{a}^* = 1{,}367\,\text{kW/m}^2$ auf die Erdoberfläche (Solarkonstante).

- Die Erde emittiert mit einem mittleren Emissionsgrad von
  a) $\varepsilon_m = 1$, d. h., sie strahlt wie ein Schwarzer Strahler mit $\alpha_m \neq \varepsilon_m$, oder
  b) $\varepsilon_m = \alpha_m = 0{,}7$, d. h., es wird angenommen, dass sich die Erde (ohne Atmosphäre) wie ein Grauer Strahler verhält.

Aus der Gleichheit von ein- und ausgestrahlter Wärmestrahlung ergibt sich die globale Gleichgewichts-Mitteltemperatur T_m^* zu (R^* = Erdradius, πR^{*2} = Projektion, $4\pi R^{*2}$ = Oberfläche):

$$\alpha_m\,\dot{a}^*\,\pi R^{*2} = \varepsilon_m\,\sigma^*\,T_m^{*4}\,4\pi R^{*2} \rightarrow T_m^* = \left[\frac{\alpha_m\,\dot{a}^*}{\varepsilon_m\,4\,\sigma^*}\right]^{\frac{1}{4}} \qquad (9\text{-}43)$$

Daraus folgt für
a) $\alpha_m = 0{,}7$; $\varepsilon_m = 1$: $T_m^* = 254{,}2\,\text{K}$ bzw. $t_m^* \approx -19\,°\text{C}$
b) $\alpha_m = \varepsilon_m = 0{,}7$: $T_m^* = 278\,\text{K}$ bzw. $t_m^* \approx 4{,}8\,°\text{C}$

Die beiden Modellannahmen a) und b) sind in gewisser Weise willkürlich, da der Fall „Erde ohne Atmosphäre" ein gedachtes Modell ist. Üblicherweise wird in diesem Zusammenhang von der Annahme a) ausgegangen.

Die tatsächlich beobachtete globale Mitteltemperatur liegt bei $T_{m,\text{real}}^* = 288\,\text{K}$ bzw. $t_{m,\text{real}}^* \approx 15\,°\text{C}$. Die Differenz zwischen $T_{m,\text{real}}^*$ und T_m^* ist im Wesentlichen auf die Wirkung der Erdatmosphäre zurückzuführen. Mit der Erdatmosphäre liegt dann ein hochkomplexes physikalisches System vor, dessen Wärmebilanz durch selektive Transmission, Streuung, selektive Absorption, atmosphärische Gegenstrahlung sowie die Wirkung zusätzlicher Wärmeübertragungsmechanismen (vor allem konvektiver Wärmeübergang sowie Kondensations- und Verdunstungsvorgänge) bestimmt wird.

Wenn wesentliche Aspekte des Energiehaushaltes der Erde mit dem Begriff des Treibhauseffektes beschrieben werden, so ist zu beachten, daß dieser ein integraler Bestandteil der physikalischen Vorgänge ist, seit sich die Erdatmosphäre gebildet hat. Wenn es durch menschliches Handeln (sog. *anthropogene Eingriffe*) zu Auswirkungen auf den Energiehaushalt der Erde kommt, so ist dies also nicht etwa die Auslösung des Treibhauseffektes, sondern lediglich seine Beeinflussung. Die vermutlich entscheidenden Eingriffe in diesem Sinne sind der Abbau des stratosphärischen Ozons (O_3) durch die katalytische Wirkung von Stickoxiden (NO_x) und durch die Beeinflussung durch Chloroxid-Radikale (als Folge der Freisetzung von Fluorchlorkohlenwasserstoffen (FCKW)), sowie die Anreicherung von Kohlendioxid (CO_2, Verbrennung fossiler Brennstoffe) und Methan (CH_4, Reisproduktion und Viehhaltung).

ILLUSTRIERENDES BEISPIEL 9.2: Weiße, nahezu Schwarze Strahler

Die Überschrift belegt wohl hinlänglich, dass Begriffe klar definiert sein müssen, damit sie korrekt verwendet werden können. In diesem Sinne müssen zunächst die Definitionen von „weiß" und „schwarz" im betrachteten Zusammenhang herangezogen werden, um entscheiden zu können, ob es „weiße, nahezu Schwarze Strahler" geben kann und um beschreiben zu können, was sich ggf. dahinter verbirgt.

Ein *Schwarzer Strahler* (Großschreibung als Ausdruck, dass es sich um einen Fachbegriff handelt) ist ein theoretisches Konstrukt bzw. eine Abstraktion, die in Kapitel 9.3 eingeführt wurde. Die physikalischen Eigenschaften des Schwarzen Strahlers beinhalten u.a., dass an ihm keine Reflexionen auftreten. Ein solcher Strahler ist damit im Wellenlängenbereich des sichtbaren Lichtes ausschließlich aufgrund seiner eigenen Strahlungsemission sichtbar, aber nicht aufgrund der reflektierten Strahlung aus einer anderen Strahlungsquelle. Dies führt zum Namen des *Schwarzen* Strahlers, weil er durch keine Art der Beleuchtung sichtbar gemacht werden könnte.

Ein Körper (ohne sichtbare Eigenstrahlung) erscheint im (Sonnen-) Licht weiß, wenn er das einfallende Licht so reflektiert, dass keine der im weißen Licht enthaltenen Spektralfarben bevorzugt reflektiert werden.

Beide Aspekte (Eigenstrahlung und reflektierte Fremdstrahlung) treten bei Körpern mit „Normaltemperatur" ($\approx 300\,\text{K}$) auf. Bild 9.3 zeigt, dass für beide Aspekte aber deutlich unterschiedliche Wellenlängen gelten. Während die sichtbare, reflektierte Fremdstrahlung Wellenlängen von $\lambda^* \approx 0{,}5\,\mu\text{m}$ besitzt, liegt die energiereichste Eigenstrahlung bei Wellenlängen $\lambda^* \approx 10\,\mu\text{m}$.

Wenn ein solcher Körper ($T^* \approx 300\,\text{K}$) aufgrund der reflektierten kurzwelligen Fremdstrahlung (z.B. Sonnenstrahlung) als *weiß* erscheint, so sagt dies zunächst noch nichts über sein Strahlungsverhalten bei den großen Wellenlängen der Eigenstrahlung (Wärmestrahlung) aus. Diesbezüglich kann er sich ohne weiteres nahezu wie ein „Schwarzer Strahler" verhalten, d. h. in seinem Eigenstrahlungsverhalten weitgehend dem Kurvenverlauf im Bild 9.3 für $T^* = 300\,\text{K}$ folgen.

In diesem Sinne gibt es weiße, nahezu Schwarze Strahler, wie z.B. Heizkörper, die mit spezieller Heizkörperfarbe weiß angestrichen worden sind.

ILLUSTRIERENDES BEISPIEL 9.3: Messung des Emissionsgrades
(Die Anregung zu diesem Beispiel stammt von Prof. Dr. Balaji vom IIT Madras (Chennai), Indien)

Emissionsgrad-Messungen sind in der Regel extrem aufwändig und schwierig durchzuführen. Es gibt aber eine Möglichkeit, durch geschickte Ausnutzung der Strahlungsphysik, den Emissionsgrad eines bestimmten Materials aus einer einfachen Temperaturmessung zu bestimmen.

Dazu muss eine Anordnung gewählt werden, die ganz ähnlich aufgebaut ist, wie diejenige zur Messung des Wärmeüberganskoeffizienten im ILLUSTRIERENDEN BEISPIEL 5.2. Die Grundidee besteht darin, einen Körper ausschließlich durch Strahlung aufzuheizen oder abzukühlen und aus dem Temperatur/Zeit-Verlauf auf die Strahlung und dabei insbesondere auf den zugehörigen Emissionsgrad ε zu schließen. Dies kann in der in Bild 9.15 skizzierten Anordnung geschehen, die aus einer evakuierten Kammer mit temperierbaren Wänden besteht, in die ein kleiner Körper der Masse $\rho^* V^*$ eingelassen ist, dessen Emissionsgrad ε bestimmt werden soll.

Wenn im Körper keine nennenswerten räumlichen Temperaturgradienten auftreten, liegt ein bezogen auf den Körper einheitliches Temperatur/Zeit-Verhalten vor, das auf die bereits in (5-17) angegebene einfache Energiebilanz

$$\rho^* V^* c^* \frac{\mathrm{d}T^*}{\mathrm{d}\tau^*} = \dot{q}_{\mathrm{W}}^* A^* \tag{9-44}$$

führt. Während für den konvektiven Wärmeübergang im ILLUSTRIERENDEN BEISPIEL 5.2 die Beziehung $\dot{q}_W^* = \alpha_m^*(T_\infty^* - T^*)$ gilt, liegt bei einem reinen Strahlungswärmeübergang hier der Zusammenhang

$$\dot{q}_W^* = \varepsilon\,\sigma^*\,(T_\infty^{*4} - T^{*4}) \tag{9-45}$$

gemäß (9-31) mit $\dot{q}_W^* = \dot{Q}_{12}^*/A_1^*$ und $F_{12} = 1$ vor.

Für den konvektiven Wärmeübergang folgt aus (9-44) mit $\dot{q}_W^* = \alpha_m^*\,(T_\infty^* - T^*)$ die prinzipielle Temperaturverteilung (5-19).

Für den Strahlungswärmeübergang ergibt (9-45) in (9-44) eingesetzt nach einigen formalen Umformungen die implizite Temperatur/Zeit-Funktion $T^* = T^*(\tau^*)$ als

$$-\frac{1}{4\,T_\infty^{*3}}\left[\ln\left(\frac{T^* - T_\infty^*}{T^* + T_\infty^*}\right) - \ln\left(\frac{T_0^* - T_\infty^*}{T_0^* + T_\infty^*}\right)\right] + \frac{1}{2\,T_\infty^{*2}}\left[\tan^{-1}\left(\frac{T^*}{T_\infty^*}\right) - \tan^{-1}\left(\frac{T_0^*}{T_\infty^*}\right)\right]$$
$$= \varepsilon\,\frac{A^*\sigma^*\tau^*}{c^*\rho^*V^*} \tag{9-46}$$

Dabei ist T_∞^* die konstante Temperatur der Wand für $\tau^* > 0$ und T_0^* die für Körper und Wand gemeinsame Anfangstemperatur zum Zeitpunkt $\tau^* = 0$.

Wenn ein gemessener Temperatur/Zeit-Verlauf $T^*(\tau^*)$ vorliegt, kann ε als derjenige Wert ermittelt werden, der die beste Übereinstimmung zwischen dem gemessenen $T^*(\tau^*)$-Verlauf und dem Verlauf gemäß (9-46) ergibt. Auf diese Weise gelingt es, den Emissionsgrad ε des Körpers bzw. seines Oberflächenmaterials zu bestimmen. Da Wärmestrahlung ein reines Oberflächenphänomen ist, muss der Körper selbst nicht aus dem zu untersuchenden Material bestehen. Es reicht, wenn seine Oberfläche eine u.U. extrem dünne Beschichtung mit dem zu untersuchenden Material aufweist. Damit eröffnet sich zusätzlich die Möglichkeit, auch Materialien zu untersuchen, die als Vollkörper nicht die geforderte Eigenschaft einer räumlich einheitlichen Temperaturverteilung besitzen würden.

Dieser und einige weitere Aspekte der gewählten Versuchsanordnung sollen im Folgenden noch etwas genauer erläutert werden.

- Eine räumlich gleichmäßige Temperaturänderung mit der Zeit ist für den Grenzfall Bi $= \alpha^*L^*/\lambda_K^* \to 0$ gegeben, wie in Kap. 5.5 erläutert worden ist. Wenn für die Strahlung gemäß (9-38) für den Wärmeübergangskoeffizienten $\alpha^* = F_{12}\sigma^*4T^{*3}$ angesetzt wird, gilt als Bedingung für eine gleichmäßige Temperaturänderung (hier mit $F_{12} = 1$)

$$\text{Bi} = \frac{4\sigma^*L^*T^{*3}}{\lambda_K^*} < 0{,}1 \tag{9-47}$$

Dabei würde der Grenzwert Bi $< 0{,}1$ aus Kap. 5.5 übernommen.

- Für den Sichtfaktor F_{12} gilt gemäß Tab. 9.6 $F_{12} = 1$, wenn der Index 1 den Körper kennzeichnet.

- Die Evakuierung der Versuchseinrichtung stellt sicher, dass nur Wärmestrahlung auftritt, aber kein Wärmeübergang durch Leitung und kein konvektiver Wärmeübergang.

- Der Emissionsgrad der Wände spielt keine Rolle und muss deshalb auch nicht bekannt sein. Dies wurde im Zusammenhang mit (9-36) bereits erläutert.

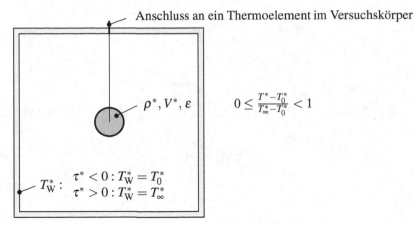

Bild 9.15: Versuchsanordnung zur Bestimmung des Emissionsgrades ε des eingelassenen Körpers. Bei $\tau^* = 0$ Sprung der Wandtemperatur von $T_W^* = T_0^*$ auf $T_W^* = T_\infty^*$.

Teil D

Wärmeübertragung aus thermodynamischer Sicht

Im Teil D dieses Buches werden unterschiedliche Aspekte der Wärmeübertragung aus thermodynamischer Sicht betrachtet. Insbesondere spielt dabei die aus dem 2. Hauptsatz der Thermodynamik bekannte Größe „Entropie" eine entscheidende Rolle. Für die konvektive Wärmeübertragung werden unterschiedliche Kennzahlen unter Berücksichtigung der Entropie eingeführt, die eine Bewertung dieser Prozesse erlauben.

Eine solche Behandlung von Wärmeübertragungsprozessen ist keineswegs allgemein üblich und wird deshalb auch in keinem anderen „Standard-Werk" zur Wärmeübertragung zu finden sein.[1] Dies ist der Grund dafür, diese Aspekte erst als Teil D des vorliegenden Buches einzuführen, obwohl sie aus Sicht der Autoren durchaus im Teil A angesiedelt werden könnten.

---

[1] Siehe dazu auch: Herwig, H. (2018): *How to Teach Heat Transfer More Systematically by Envolving Entropy*, Entropy, Vol. 20, 791

10 Thermodynamische Grundlagen

Im Folgenden wird ausführlich erläutert, dass ein enger Zusammenhang zwischen den Größen „Wärme" und „Entropie" besteht. Dies ist durchaus unüblich, wie ein Blick auf zwei umfangreiche Standard-Werke zur Wärmeübertragung zeigt, und zwar:

- Incropera, F. P.; Dewitt, D. P.; Bergman, T.; Lavine, A.(2006): *Fundamentals of Heat and Mass Transfer*, John Wiley&Sons, 4th ed., 1024 Seiten

- Nellis, G.; Klein, S. (2009): *Heat Transfer*, Cambridge University Press, 1107 Seiten

In beiden Monographien kommt auf zusammen über 2000 Seiten nicht ein einziges Mal der Begriff Entropie vor!

Es gibt aber wichtige Aspekte bei der Wärmeübertragung, die ohne Einbeziehung der Entropie nur unzureichend oder gar nicht behandelt werden können. Dies sind insbesondere Aspekte der Verlustdefinition, Verlusterfassung und Verlustbeurteilung im Zusammenhang mit einer Energieübertragung in Form von Wärme.

Auch wenn einige Details bereits in den Kapiteln 3.4, 3.5 und 6.7 angesprochen worden sind, soll nachfolgend eine kurze Einführung in die in diesem Zusammenhang wichtigen thermodynamischen Größen erfolgen.

10.1 Entropie, Definition und Erläuterungen

Entropie ist eine zentrale Größe der Physik und speziell der Thermodynamik, die sich allerdings selbst bei naturwissenschaftlich und technisch interessierten Menschen nicht allzu großer Beliebtheit erfreut. Der wesentliche Grund dafür besteht in der Natur dieser Größe, die

- durch kein menschliches Sinnesorgan unmittelbar wahrnehmbar ist,

- nicht direkt gemessen werden kann,

- üblicherweise nicht bei der Beschreibung von Alltagsphänomenen vorkommt.

All dies beschreibt zunächst, was die Entropie *nicht* ist. Positiv ausgedrückt handelt es sich um

- eine thermodynamische Zustandsgröße wie Druck, Temperatur und Volumen,

- eine Größe, die den inneren Aufbau und die Struktur eines Systems charakterisiert,

- eine Größe, die durch ihre Veränderung in Prozessen diese Prozesse charakterisiert.

Wenn der Zustand eines Systems durch bestimmte Prozesse verändert wird, so ändern sich in der Regel deren Zustandsgrößen, z. B. der Druck oder die Temperatur, aber ggf. auch seine Entropie. Diese Entropieänderungen sind entscheidend für die Beurteilung der Prozesse und die Art der damit verbundenen Zustandsänderungen von Systemen. Dies wird anschließend erläutert, wenn sog. Exergieverluste im Zusammenhang mit der Energieentwertung auf die dabei auftretende Entropieproduktion zurückgeführt werden. Zuvor soll die Entropie aber als physikalische Größe

© Springer Fachmedien Wiesbaden GmbH, ein Teil von Springer Nature 2019
H. Herwig und A. Moschallski, *Wärmeübertragung*,
https://doi.org/10.1007/978-3-658-26401-7_10

durch ihre Definition eingeführt werden.

Definition der ENTROPIE S^* : Die Entropie S^* ist eine Zustandsgröße eines thermodynamischen Systems, die strukturelle Eigenschaften des Systems charakterisiert. Sie besitzt die Einheit J/K. Ihr Wert kann prinzipiell nur auf zwei Wegen verändert werden:

• durch einen Transport über die Systemgrenze als Folge einer Wärmeübertragung und/oder eines konvektiven Transports (Entropieübertragung)

• durch Erzeugung innerhalb des Systems (Entropieproduktion)

Erläuterung: Es handelt sich um eine Zustandsgröße, für die kein Erhaltungsprinzip gilt, weil sie ggf. erzeugt, aber nicht vernichtet werden kann! Diese außergewöhnliche Eigenschaft hat im Laufe der Zeit viele sehr unterschiedliche Interpretationsversuche zur Folge gehabt. Sie reichen von der „Entropie als Informationsmaß" über „Entropie als Maß für die Unordnung innerhalb eines Systems" bis hin zum Szenarium eines „Wärmetodes der Welt".

Für den Bereich technischer Anwendungen empfiehlt es sich, die Entropie S^* zunächst in den Reigen der übrigen Zustandsgrößen (Druck, Temperatur, Energie,...) einzugliedern und in das mathematische Modell zur Beschreibung von Stoffen und den damit ausführbaren Prozessen einzubeziehen. In diesem Sinne wird die Entropie zu einer technisch relevanten Größe, ohne die eine Prozessbeschreibung und insbesondere auch eine Prozessbewertung nicht abschließend möglich ist. Diese Art, eine anschauliche Vorstellung bzgl. der Größe Entropie zu entwickeln, kann und soll „Technischer Lernprozess" genannt werden.

Im Zuge dieses technischen Lernprozesses wird nach und nach die Aussagekraft deutlich, die mit der Einbeziehung der Entropie bei der Beschreibung technischer Prozesse verbunden ist. Nur mit einem solchen Lernprozess gelingt es, die Größe Entropie und ihre physikalische Bedeutung zu verstehen.[1]

Auch wenn immer wieder erwartet wird, dass es doch bitte eine kürzere Antwort auf die einfache Frage „Was ist Entropie?" geben möge: Es gibt sie nicht!

10.2 Entropieproduktion und Energiebewertung

Verluste (bzw. genauer: Irreversibilitäten) bei der Wärmeübertragung können als „Qualitätsverluste" der übertragenen Energie bezeichnet werden. Um dies zu präzisieren, muss zunächst die Qualität verschiedener Energieformen definiert werden.

10.2.1 Energiebewertung, der Exergie-Begriff

Bei der Frage nach der „Qualität" verschiedener Energieformen spielt die innere Energie der Stoffe, die ein System bilden, eine besondere Rolle. Sie ist makroskopisch durch die Temperatur und den Druck charakterisiert, die z. B. in einem Fluid als Teil eines thermodynamischen Systems herrschen. Um nun einen wie auch immer gearteten Prozess in Gang zu setzen, sind Druckunterschiede erforderlich, wenn es zu Fluidströmungen kommen soll und Temperaturunterschiede, wenn man möchte, dass ein Wärmestrom fließt.

Betrachtet man einen Ausschnitt aus der als homogen unterstellten Umgebung als thermodynamisches System, so besitzt dieses zwar innere Energie, es bestehen in dem System aber weder

---

[1] siehe dazu auch: Herwig, H. (2011): *The Role of Entropy Generation in Momentum and Heat Transfer*, Journal of Heat Transfer, 134, 031003-1-11

Druck- noch Temperaturunterschiede. Folglich können mit dieser inneren Energie keine Prozesse in Gang gesetzt werden. Das bedeutet: Innere Energie bei Umgebungsdruck und -temperatur ist „nutzlos" im Sinne einer „Antriebsenergie" für technische Prozesse.[1]

Erst wenn in einem System innere Energie bei Druck- und/oder Temperaturwerten vorliegt, die von den Umgebungswerten abweichen, besteht die Möglichkeit, mit dieser inneren Energie technische Prozesse in Gang zu setzen und dabei z. B. die innere Energie in eine andere Energieform umzuwandeln. Genau dieser Aspekt der *Umwandlungsmöglichkeit in eine andere Energieform* ist der Schlüssel zur Bewertung von Energie.

Energie ist umso hochwertiger, je weniger Beschränkungen bzgl. ihrer Umwandlungsmöglichkeit in andere Energieformen bestehen. Daraus folgt unmittelbar, dass eine unbeschränkte Umwandlungsmöglichkeit eine Energieform zur „perfekten Energieform" werden lässt, der man einen eigenen Namen gibt: *Exergie*

Definition der EXERGIE: Exergie ist diejenige Energie oder derjenige Energieteil, die bzw. der uneingeschränkt in jede andere Energieform umgewandelt werden kann.

Erläuterung: Hiermit wird zunächst ein neuer Name für eine „perfekte Energieform" eingeführt. Die Bewertung aller Energieformen erfolgt dann so, dass jeweils angegeben wird, wie viel der betrachteten Energieform als Exergie angesehen werden kann. Der verbleibende Rest wird *Anergie* genannt. In diesem Sinne gilt uneingeschränkt für alle Energieformen

$$\text{Energie} = \text{Exergie} + \text{Anergie} \qquad (10\text{-}1)$$

Mit der Exergie als dem wertvollen Teil der Energie (und der Anergie als dem „wertlosen Rest") gelingt es, Energieformen, aber auch die Formen des Energietransportes über eine Systemgrenze, qualitativ zu bewerten.

Bild 10.1 zeigt die Sonderstellung der inneren Energie, die vollständig oder teilweise aus Anergie besteht, während alle anderen Energieformen reine Exergie darstellen. Damit wird deutlich, dass innere Energie prinzipiell nur beschränkt in beliebige andere Energieformen umgewandelt werden kann, während alle anderen Energieformen diesbezüglich keinen prinzipiellen Beschränkungen unterliegen. Der Zusatz „prinzipiell" ist hier wichtig, weil bei konkreten technischen (Umwandlungs-) Prozessen stets Verluste auftreten, die sich in sog. *Exergieverlusten* widerspiegeln.

Das Exergie/Anergie-Konzept hat sich als anschauliche Art zur Interpretation von Verlusten bewährt.[2] Vielfach wird es der thermodynamischen Darstellung mit Hilfe der Entropieproduktion vorgezogen, wie jetzt anschließend erläutert wird.

10.3 Exergieverlust durch Entropieproduktion

Verluste in thermodynamischen Prozessen, hier bei der Wärmeübertragung, sind stets Exergieverluste. Diese treten in realen Prozessen mehr oder weniger stark auf und sind eine unmittelbare

---

[1] Diese Präzisierung ist nötig, da das Illustrierende Beispiel 12.2 zur Wärmepumpe zeigt, dass innere Energie der Umgebung durchaus auf andere Weise „genutzt" werden kann.

[2] Das Exergie-Konzept wurde vorgeschlagen von: Rant, Z. (1956): *Exergie, ein neues Wort für technische Arbeitsfähigkeit*, Forschung auf dem Gebiet des Ingenieurwesens, 22, 36-38

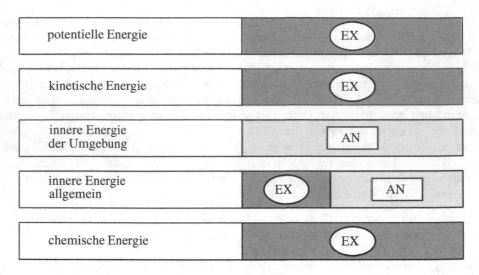

Bild 10.1: Exergie- und Anergieteile verschiedener Energieformen

Folge einer (irreversiblen) Entropieproduktion. Der allgemeine Zusammenhang lautet (in Form von Energie- bzw. Entropieströmen)

$$\dot{E}_V^{E*} = T_U^* \dot{S}_{irr}^* \qquad (10\text{-}2)$$

mit $\dot{E}_V^{E*}$ als dem zugehörigen Exergieverluststrom, $\dot{S}_{irr}^*$ als dem verursachenden Entropieproduktionsstrom und T_U^* als Umgebungstemperatur. Gl. (10-2) ist in der Literatur unter dem Namen *Gouy-Stodola-Theorem* bekannt und folgt als solche aus dem Zweiten Hauptsatz der Thermodynamik.

Jeweils auf ein Flächenelement dA^* der Übertragungsfläche bezogen, wird aus Gl. (10-2) mit $\dot{e}_V^{E*} = d\dot{E}_V^{E*}/dA^*$ und $\dot{s}_{irr}^* = d\dot{S}_{irr}^*/dA^*$ jetzt

$$\dot{e}_V^{E*} = T_U^* \dot{s}_{irr}^* \qquad (10\text{-}3)$$

Vielfach wird der Entropieproduktionsstrom $\dot{S}_{irr}^*$ als zu abstrakte Größe gesehen, obwohl sie physikalisch die eigentliche Ursache für Exergieverluste darstellt.

Bei Prozessen mit reinen Fluiden tritt Entropieproduktion im Strömungs- und im Temperaturfeld nur auf, wenn es aufgrund von Geschwindigkeits- oder Temperaturgradienten zu Transportprozessen kommt. Im Strömungsfeld handelt es sich dann um einen Impulstransport, bei dem Exergieverluste durch Dissipation entstehen, gekennzeichnet durch $\dot{S}_{irr,D}^*$ bzw. $\dot{s}_{irr,D}^*$. Im Temperaturfeld kommt es zu Exergieverlusten aufgrund von irreversiblen Wärmeübergängen, gekennzeichnet durch $\dot{S}_{irr,W}^*$ bzw. $\dot{s}_{irr,W}^*$.

Unter der Annahme, dass zwei einheitliche Temperaturniveaus T_1^* und T_2^* bestehen, zwischen denen es zu einer Wärmeübertragung kommt, kann die Entropieproduktion auf die anschauliche Temperaturdifferenz $\Delta T^* = T_1^* - T_2^*$ zurückgeführt und letztlich durch diese ersetzt werden, wie folgendermaßen gezeigt werden kann.

Ein Wärmestrom $\dot{Q}_W^*$ besitzt einen Exergieteil

$$\dot{Q}_W^{E*} = \eta_C \dot{Q}_W^* \qquad \text{mit} \qquad \eta_C = 1 - \frac{T_U^*}{T^*} \qquad (10\text{-}4)$$

Dabei ist η_{C} der sog. Carnot-Faktor, gebildet mit der Umgebungstemperatur T_{U}^* und der aktuellen Temperatur T^*, beide als thermodynamische Temperaturen in Kelvin.

Ein Exergieverlust bei der Wärmeübertragung zwischen den beiden Temperaturniveaus T_1^* und T_2^* und einem Wärmestrom $\dot{Q}_{\mathrm{W}}^*$ äußert sich in einer Absenkung des Carnot-Faktors η_{C} um

$$\Delta\eta_{\mathrm{C}} = T_{\mathrm{U}}^* \frac{\dot{S}_{\mathrm{irr,Q}}^*}{\dot{Q}_{\mathrm{W}}^*} \tag{10-5}$$

bzw. in der Entropieproduktionsrate

$$\dot{S}_{\mathrm{irr,Q}}^* = \dot{Q}_{\mathrm{W}}^* \frac{T_1^* - T_2^*}{T_1^* \, T_2^*} \tag{10-6}$$

Anders als in diesem einfachen Fall (Wärmeübertragung zwischen zwei festen Temperaturen), bei dem nur $\dot{S}_{\mathrm{irr,Q}}^*$ betrachtet wurde, kann die Bestimmung der jeweiligen Entropieproduktionsraten sehr aufwendig sein, besonders wenn die Transportprozesse mit turbulenten Strömungen einhergehen, wie nachfolgend gezeigt wird.

11 Die Rolle der Entropie bei der Wärmeübertragung

Eine der fundamentalen Beziehungen in sicherlich jedem Fachbuch zur Thermodynamik ist die Gleichung

$$\delta \dot{Q}^* = T^* \mathrm{d}\dot{S}^* \tag{11-1}$$

die in Kap. 3.5 bereits als Gl. (3-1) aufgeführt worden ist. Dort wurde zur Klarstellung der Index „rev" angefügt, da es sich bei $\dot{Q}^*$ in diesem Zusammenhang um eine reversible Wärmeübertragung handelt. Diese Gleichung beschreibt die Änderung (Symbol: d...) der Zustandsgröße Entropie aufgrund einer Energieübertragung in Form von Wärme, also einer Prozessgröße (Symbol: δ...) für den Grenzfall der reversiblen Wärmeübertragung, d. h. ohne dass es dabei zu einer Produktion von Entropie kommt.

Offensichtlich besteht ein physikalisch enger Zusammenhang zwischen Wärme und Entropie. Diesen zu leugnen (s. die einführende Bemerkung in Kap. 10) ist aus thermodynamischer Sicht absurd.

Wenn die Wärmeübertragung über eine Wand (Systemgrenze) erfolgt, wird der Wärmestrom $\dot{Q}_W^*$ üblicherweise auf die Übertragungsfläche bezogen und damit die Wandwärmestromdichte $\dot{q}_W^* = \delta \dot{Q}_W^* / \mathrm{d}A^*$ eingeführt. Aus Gl. (11-1) wird

$$\dot{q}_W^* = T^* \dot{s}_Q^* \tag{11-2}$$

wenn $\dot{s}_Q^* = \mathrm{d}\dot{S}^* / \mathrm{d}A^*$ die flächenbezogene Entropieänderung aufgrund einer reversiblen Wärmeübertragung beschreibt.

11.1 Konvektive Wärmeübertragung

Mit einer Wärmeübertragung durch einen Wärmestrom $\dot{Q}_W^*$ geht eine Veränderung der Entropie einher, die aus zwei Anteilen besteht:

1. einer Entropie*übertragung* (pro Flächenelement und Zeit): $\dot{s}_Q^*$ gemäß (11-2)

2. einer Entropie*produktion* (pro Flächenelement und Zeit): $\dot{s}_{\mathrm{irr,W}}^*$ mit $\dot{s}_{\mathrm{irr,W}}^* = \mathrm{d}\dot{S}_{\mathrm{irr,W}}^* / \mathrm{d}A^*$

Der zusätzliche Index „W" (W: Wärmeübertragung) weist darauf hin, dass nur die Entropieproduktion im Temperaturfeld gemeint ist.

Verluste sind eindeutig identifizierbar, sie gehen hier ausschließlich auf $\dot{s}_{\mathrm{irr,W}}^*$ zurück und können mit dieser Größe auch entsprechend quantifiziert werden. Damit besteht die Möglichkeit, neben der Nußelt-Zahl eine weitere Kennzahl einzuführen, die ein unmittelbares Maß für die Verluste bei der Wärmeübertragung (ohne Berücksichtigung von zusätzlichen Verlusten aufgrund von Dissipation, siehe dazu Kap. 11.3) darstellt.

Mit der dimensionsanalytischen Relevanzliste für die „Zielgröße Entropieproduktion"

$$\dot{s}_{\mathrm{irr,W}}^* = \dot{s}_{\mathrm{irr,W}}^* (\dot{q}_W^*, T_U^*, L^*, u_\infty^*, \nu^*, a^*) \tag{11-3}$$

© Springer Fachmedien Wiesbaden GmbH, ein Teil von Springer Nature 2019
H. Herwig und A. Moschallski, *Wärmeübertragung*,
https://doi.org/10.1007/978-3-658-26401-7_11

also mit $n = 7$ Einflussgrößen und $m = 4$ Basisdimensionen entstehen 3 dimensionslose Kennzahlen, die je nach Prozessführung unterschiedliche Werte annehmen können. Neben der Reynolds-Zahl und der Prandtl-Zahl[1], s. Tab. 4.2, kann eine Kennzahl gebildet werden, die *Energieentwertungszahl in einem Teilprozess i*

$$N_i = \frac{T_U^* \, \dot{s}_{\mathrm{irr,W}}^*}{\dot{q}_W^*} \tag{11-4}$$

genannt wird. Diese wird anschließend näher erläutert.

11.1.1 Energieentwertungszahl und Entropisches Potential

Eine Entropieproduktionsrate $\dot{S}_{\mathrm{irr}}^*$ führt zu Exergieverlustströmen $\dot{E}_V^{E*}$, die einer Energieentwertung entsprechen. Diese Energieentwertung kann mit der Energieentwertungszahl N_i quantifiziert werden.

Der Exergieverlust $\dot{E}_V^{E*}$ ist ein Maß für die Entwertung, die ein Energiestrom $\dot{E}^*$ während eines bestimmten Prozesses erfährt. Da der Absolutwert von $\dot{E}_V^{E*}$ nicht sehr anschaulich ist, sollte man ihn in Relation zu der „maximal möglichen Entwertung" des Energiestromes setzen. Diese maximal mögliche Entwertung liegt vor, wenn man vom *Ausgangszustand als Primärenergie* ausgeht und den Entwertungsprozess (in Gedanken) bis dahin verfolgt, wo der betrachtete Energiestrom *Teil der inneren Energie der Umgebung* geworden ist.

Dies gilt allgemein: Ein Energiestrom beginnt stets in Form von Primärenergie (z. B. gewonnen aus Erdgas, Erdöl,..., somit als reine Exergie) und endet, unter Umständen nach sehr vielen Teilprozessen, als Teil der inneren Energie der Umgebung und somit als reine Anergie. Durch diesen vollständigen Entwertungsprozess wird die Umgebung gemäß (10-2) um den Entropiestrom $\dot{S}_{\mathrm{irr}}^* = \dot{E}_V^{E*}/T_U^* = \dot{E}^*/T_U^*$ angereichert. Dieser Entropiestrom wird *Entropisches Potential* des Energiestromes $\dot{E}^*$ genannt und stellt als $T_U^* \dot{S}_{\mathrm{irr}}^*$ die gesuchte Bezugsgröße dar.[2,3]

Bild 11.1 zeigt die „Wirkungskette" der Energieentwertung (hier bei einer Wärmeübertragung).

Definition des ENTROPISCHEN POTENTIALS: Das Entropische Potential $\dot{S}_{\mathrm{irr}}^*$ einer Energie E^* oder eines Energiestromes $\dot{E}^*$ stellt diejenige Entropie bzw. denjenigen Entropiestrom dar, die bzw. der maximal in die Umgebung überführt werden kann, wenn infolge einer Prozesskette aus der ursprünglichen Primärenergie (Exergie) innere Energie der Umgebung geworden ist. Es gilt

$$\dot{S}_{\mathrm{irr}}^* = \frac{\dot{E}^*}{T_U^*} \tag{11-5}$$

---

[1] Die Prandtl-Zahl ist definiert als $Pr = \nu^*/a^*$ mit der kinematischen Viskosität $\nu^* = \eta^*/\rho^*$ und der Temperaturleitfähigkeit $a^* = \lambda^*/(\rho^* c^*)$.

[2] Für eine ausführliche Beschreibung dieses Konzeptes siehe
Wenterodt, T.; Herwig, H. (2014): *The Entropic Potential Concept: A New Way to Look at Energy Transfer Operations*, Entropy, Vol. 16, 2071-2084
Wenterodt, T. et al. (2015): *Second Law Analysis for Sustainable Heat and Energy Transfer: The Entropic Potential Concept*, Applied Energy, Vol. 139, 376-383

[3] Diese Vorstellung kann in dem Sinne verallgemeinert werden, dass das Entropische Potential einem allgemeinen „Primärzustand" zugeordnet wird, wie dies analog für den Kesselzustand bei der kompressiblen eindimensionalen Kanalströmung gilt.

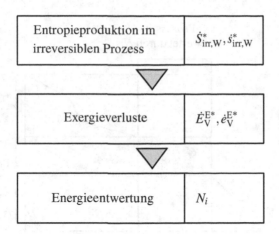

Bild 11.1: Wirkungskette bei der Energieentwertung, hier am Beispiel der Wärmeübertragung ohne Berücksichtigung von Dissipationseffekten

Bild 11.2 zeigt den Teilprozess i als ein Element in der Kette von Prozessen, die von der Primärenergie (reine Exergie) zum Endzustand der Energie als Teil der inneren Energie der Umgebung führt (reine Anergie). Die allgemeine Definition der Energieentwertungszahl lautet damit

$$N_i = \frac{\dot{S}^*_{\mathrm{irr},i}}{\dot{S}^*_{\mathrm{irr}}} = \frac{T^*_U \dot{S}^*_{\mathrm{irr},i}}{\dot{E}^*} = \frac{T^*_U \dot{s}^*_{\mathrm{irr},i}}{\dot{e}^*} \quad \mathrm{mit} \quad 0 \leq N_i \leq 1 \qquad (11\text{-}6)$$

und entspricht mit $\dot{e}^* = \dot{q}^*_W$ unmittelbar der zuvor eingeführten Kennzahl in (11-4).

Diese Kennzahl besitzt stets Werte zwischen 0 und 1 bzw. 0 % und 100 % im Sinne der Nutzung des entropischen Potentials. Die beiden Grenzwerte sind:

- $N_i = 0$ bzw. $N_i = 0\%$: reversibler Teilprozess i,

- $N_i = 1$ bzw. $N_i = 100\%$: Prozess i, der die als reine Exergie eingesetzte Energie vollständig entwertet.

Wenn die gesamte Energieentwertung vor dem Teilprozess i mit $N_\ominus$ und diejenige, die danach verbleibt, mit $N_\oplus$ bezeichnet wird, so gilt

$$N_\ominus + N_i + N_\oplus = 1 \qquad (11\text{-}7)$$

11.1.2 Thermodynamische Prozessbewertung

Aus thermodynamischer Sicht ist es nicht ausreichend, einen Wärmeübertragungsprozess ausschließlich durch die fast stets verwendete Nußelt-Zahl zu charakterisieren. Um den beiden Aspekten der Quantität und Qualität einer Wärmeübertragung gerecht zu werden, sind zwei Kennzahlen erforderlich. In diesem Sinne kann die Nußelt-Zahl durch die zuvor eingeführte Energieentwertungszahl ergänzt werden. Die Bedeutung der beiden Kennzahlen kann dann wie folgt beschrieben werden:

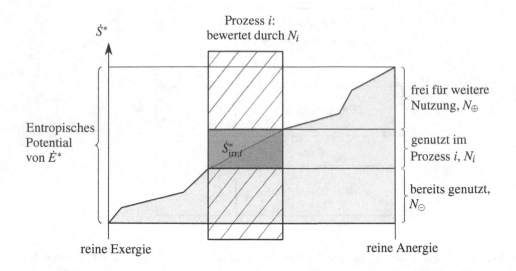

Bild 11.2: Das Entropische Potential und seine Nutzung auf dem Weg von der Primärenergie (reine Exergie) zum Endzustand als Teil der inneren Energie der Umgebung

- Nußelt-Zahl $Nu = \frac{\dot{q}_W^* L^*}{\lambda^* \Delta T^*}$; ein Maß für die Effektivität der Wärmeübertragung im folgenden Sinne: Welche Wärmestromdichte $\dot{q}_W^*$ kann mit einer bestimmten treibenden Temperaturdifferenz ΔT^* realisiert werden? Steigende Werte von Nu in einer physikalischen Situation bedeuten dann einen Anstieg der Effektivität der Wärmeübertragung.

- Energieentwertungszahl $N_i = \frac{T_U^* \dot{s}_{irr,W}^*}{\dot{q}_W^*}$; ein Maß für den Exergieverlust im Wärmeübertragungsprozess im folgenden Sinne: Wie viel Prozent des entropischen Potentials der übertragenen Energie $\dot{q}_W^*$ werden im konkreten Wärmeübertragungsprozess verbraucht? Steigende Werte von N_i bedeuten dann einen Anstieg der Verluste bei der Wärmeübertragung.

Da die Nußelt-Zahl weitgehend „etabliert" ist und häufig Anwendung findet, wird im Folgenden zunächst die Energieentwertungszahl näher betrachtet, bevor beide Kennzahlen in Anwendungsbeispielen zum Einsatz kommen.

11.2 Bestimmung der Energieentwertungszahl N_i

Das wesentliche Element der Energieentwertungszahl N_i bei einer Wärmeübertragung ist die Entropieproduktion im Temperaturfeld. Diese Entropieproduktion tritt überall dort auf, wo Temperaturgradienten herrschen und ist damit ein lokaler Vorgang. Wenn die Entropieproduktion in einem endlichen Volumen interessiert, ist deshalb eine Integration über die lokal vorhandenen Werte erforderlich.

Die lokale Entropieproduktionsrate (Symbol: $\dot{s}_{irr,W}^{'''*}$) lautet in kartesischen Koordinaten[1], vgl.

---

[1] Für eine Herleitung siehe Herwig, H.; Wenterodt, T. (2012): *Entropie für Ingenieure*, Vieweg+Teubner, Wiesbaden

(6-59)

$$\dot{S}_{\mathrm{irr,W}}^{\prime\prime\prime *} = \frac{\lambda^*}{T^{*2}} \left[\left(\frac{\partial T^*}{\partial x^*}\right)^2 + \left(\frac{\partial T^*}{\partial y^*}\right)^2 + \left(\frac{\partial T^*}{\partial z^*}\right)^2 \right]$$ (11-8)

Eine direkte Auswertung dieser Beziehung und die anschließende Integration zur Bestimmung der Entropieproduktionsrate $\dot{S}_{\mathrm{irr,W}}^*$ im Volumen V^*

$$\dot{S}_{\mathrm{irr,W}}^* = \int \dot{S}_{\mathrm{irr,W}}^{\prime\prime\prime *} \, dV^*$$ (11-9)

ist nur möglich, wenn das Temperaturfeld $T^*(x^*, y^*, z^*)$ bekannt ist. Dies ist in der Regel der Fall, wenn numerische Lösungen eines Problems vorliegen, wird aber bei experimentellen Datenerhebungen nur in Ausnahmefällen gelten.

Für eine näherungsweise Bestimmung von $\dot{S}_{\mathrm{irr,W}}^*$ kann aber eine Modellvorstellung entwickelt werden, die keine Detail-Kenntnis der Temperaturfelder erfordert, wie anschließend gezeigt wird.

11.2.1 Approximation des Temperaturfeldes

Bild 11.3 zeigt den Wärmeübergang zwischen zwei Massenströmen $\dot{m}_{\mathrm{a}}^*$ und $\dot{m}_{\mathrm{b}}^*$ über ein Flächenelement dA^*. Die tatsächliche Temperaturverteilung (1) weist Temperaturgradienten in beiden Fluiden und in der Wand auf. Mit Hilfe von (11-8) und (11-9) könnte daraus das Feld der lokalen Entropieproduktion bzw. nach dessen Integration die insgesamt auftretende Entropieproduktion ermittelt werden.

Um die Integration im Bereich der Fluide zu vermeiden, wird dort der Temperaturverlauf jeweils durch den einheitlichen Wert der kalorischen Mitteltemperatur ersetzt, siehe (2) in Bild 11.3. Diese ist definiert als

$$T_{\mathrm{km}}^* = \frac{1}{u_{\mathrm{m}}^* A^*} \iint T^* u^* \, dA^*$$ (11-10)

wobei A^* der durchströmte Querschnitt und u_{m}^* die querschnittsgemittelte axiale Geschwindigkeit sind.

Damit wird der gesamte Temperaturabfall in die Wand verlegt und es entsteht eine Situation, die bereits in Kap. 10.3, dort mit Gl. (10-6) beschrieben worden ist. Aus dieser Gleichung folgt unmittelbar

$$d\dot{S}_{\mathrm{irr,W}}^* = \delta \dot{Q}_{\mathrm{W}}^* \frac{T_{\mathrm{km,a}}^* - T_{\mathrm{km,b}}^*}{T_{\mathrm{km,a}}^* T_{\mathrm{km,b}}^*}$$ (11-11)

oder mit $\dot{q}_{\mathrm{W}}^* = \delta \dot{Q}_{\mathrm{W}}^* / dA^*$; $\dot{s}_{\mathrm{irr,W}}^* = d\dot{S}_{\mathrm{irr,W}}^* / dA^*$ und $\Delta T_{\mathrm{km}}^* = T_{\mathrm{km,a}}^* - T_{\mathrm{km,b}}^*$

$$\dot{s}_{\mathrm{irr,W}}^* = \dot{q}_{\mathrm{W}}^* \frac{\Delta T_{\mathrm{km}}^*}{T_{\mathrm{km,a}}^* T_{\mathrm{km,b}}^*}$$ (11-12)

Da $T_{\mathrm{km,a}}^*$ und $T_{\mathrm{km,b}}^*$ die absoluten Temperaturen in Kelvin sind, gilt in der Regel $\Delta T_{\mathrm{km}}^* \ll T_{\mathrm{km,a}}^*$ bzw. $T_{\mathrm{km,a}}^* \approx T_{\mathrm{km,b}}^*$, so dass Gl. (11-12) weiter approximiert werden kann und endgültig gilt

$$\dot{s}_{\mathrm{irr,W}}^* \approx \dot{q}_{\mathrm{W}}^* \frac{\Delta T_{\mathrm{km}}^*}{T_{\mathrm{km,a}}^{*2}}$$ (11-13)

Auch wenn es hier nur um die Entropie*produktion* infolge der irreversiblen Wärmeübertragung geht, aus der die Energieentwertungszahl folgt, soll an dieser Stelle noch einmal deutlich aufgezeigt werden, welche Entropie*änderungen* mit einer Wärmeübertragung insgesamt verbunden sind.

Im Rahmen der vorgestellten Modellvorstellung (s. Bild 11.3) und zusammen mit Gl. (11-2) gilt:

Bei einer Wärmeübertragung mit der Wärmestromdichte $\dot{q}_W^*$ kommt es zu einer durch den Wärmestrom bewirkten Veränderung der flächenbezogenen Entropie mit der Rate

$$\dot{s}^* = \dot{s}_Q^* + \dot{s}_{irr,W}^* \tag{11-14}$$

wobei gilt

$$\dot{s}_Q^* = \dot{q}_W^* \frac{1}{T_{km}^*} \qquad \text{(Übertragung)} \tag{11-15}$$

$$\dot{s}_{irr,W}^* = \dot{q}_W^* \frac{\Delta T_{km}^*}{T_{km}^{*2}} \qquad \text{(Produktion)} \tag{11-16}$$

Um die Verluste bei der Wärmeübertragung zu quantifizieren, wird $\dot{s}_{irr,W}^*$ herangezogen.

11.2.2 Auswertung des vollständigen Temperaturfeldes

Mit (11-8) ist die Bestimmung der lokalen Entropieproduktionsrate möglich, wenn

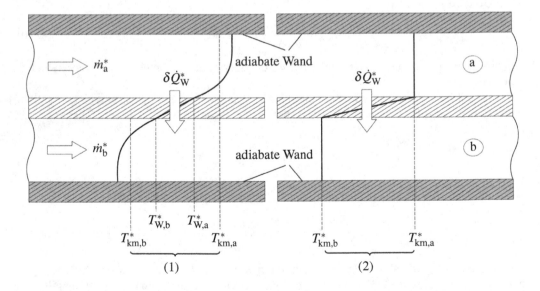

Bild 11.3: Tatsächliche (1) und approximierte (2) Temperaturverteilung beim Wärmeübergang über ein Flächenelement dA^* zwischen zwei Massenströmen

- eine laminare Strömung vorliegt

- eine turbulente Strömung vorliegt und diese mit Hilfe der sog. Direkten Numerischen Simulation (DNS) berechnet wird.

Eine DNS-Berechnung berücksichtigt die räumlichen und zeitlichen Schwankungen des Temperaturprofils durch die Lösung von dreidimensionalen und instationären Differentialgleichungen für das Strömungs- und Temperaturfeld einer konvektiven Wärmeübertragung.[1]

Eine solche detaillierte Berechnung ist aber mit einem extremen Aufwand verbunden und bleibt deshalb (auch in der überschaubaren Zukunft) auf wenige Ausnahmefälle beschränkt.

Für technische Anwendungen führt man zunächst eine Zeitmittelung der zugrunde liegenden Differentialgleichungen (Navier-Stokes-Gleichungen)[2] durch, um anschließend „nur noch" die zeitgemittelten Größen zu bestimmen. Dieser Ansatz ist unter dem Akronym RANS (Reynolds Averaged Navier - Stokes) bekannt.

Aus dem Temperaturfeld folgt für den zeitgemittelten Wert $\overline{\dot{S}_{\mathrm{irr,W}}'''^{*}}$ eine (unmittelbar auswertbare) Beziehung analog zu (11-8)

$$\overline{\dot{S}_{\mathrm{irr,W}}'''^{*}} = \frac{\lambda^{*}}{\overline{T}^{*2}} \left[\left(\frac{\partial \overline{T^{*}}}{\partial x^{*}} \right)^{2} + \left(\frac{\partial \overline{T^{*}}}{\partial y^{*}} \right)^{2} + \left(\frac{\partial \overline{T^{*}}}{\partial z^{*}} \right)^{2} \right] \tag{11-17}$$

Aber: Im Zuge der Zeitmittelung entsteht dann ein zweiter Beitrag im turbulenten Temperaturfeld

$$\left(\dot{S}_{\mathrm{irr,W}}'''^{*} \right)' = \frac{\lambda^{*}}{\overline{T}^{*2}} \left[\overline{\left(\frac{\partial T'^{*}}{\partial x^{*}} \right)^{2}} + \overline{\left(\frac{\partial T'^{*}}{\partial y^{*}} \right)^{2}} + \overline{\left(\frac{\partial T'^{*}}{\partial z^{*}} \right)^{2}} \right] \tag{11-18}$$

der auch im Rahmen einer numerischen Lösung nicht unmittelbar bestimmbar ist, sondern modelliert werden muss.[3] Dieser berücksichtigt die zeitlichen Schwankungen der Temperatur, T'^{*}, bzw. ihre räumliche Ableitungen $\partial T'^{*} / \partial x^{*}, \ldots$

11.3 Vollständige Bewertung konvektiver Wärmeübertragungen

Eine konvektive Wärmeübertragung unterliegt Verlusten, die sich im Temperaturfeld in Form der bisher ausschließlich behandelten Entropieproduktion $\dot{S}_{\mathrm{irr,W}}^{*}$ gemäß (11-9) äußern, es entstehen aber auch Verluste im zugehörigen Strömungsfeld.

Diese Verluste sind eine unmittelbare Folge der Dissipation mechanischer Energie, d. h. die teilweise oder vollständige Umwandlung von Exergie in Anergie, wenn kinetische Energie im Strömungsfeld durch den Dissipationsprozess in innere Energie der Umgebung überführt wird, s. dazu Bild 10.1 für die Exergie- und Anergieteile verschiedener Energieformen.

---

[1] Für Beispiele zu DNS-Berechnungen siehe z. B. : Herwig, H. (2011): *The Role of Entropy Generation in Momentum and Heat Transfer*, Journal of Heat Transfer, 134, 031003-1-11

[2] Für Details s. Herwig, H.; Schmandt, B. (2018): *Strömungsmechanik*, 4. Aufl., Springer Vieweg, Berlin und Herwig, H.; Redecker, C. (2015): *Heat Transfer and Entropy*, in: Heat Transfer Studies and Applications, 143-161, InTech

[3] Beispiele für eine solche Modellierung finden sich z. B. in Herwig, H. (2011): *The Role of Entropy Generation in Momentum and Heat Transfer*, Journal of Heat Transfer, 134, 031003-1-11

11.3.1 Verluste im Strömungsfeld

In der Strömungsmechanik ist es üblich, Verluste bei der Umströmung von Objekten (z. B. einem Tragflügel) durch einen Widerstandsbeiwert

$$C_{\mathrm{D}} = \frac{2 F_{\mathrm{D}}^*}{\rho^* u_\infty^{*2} A^*} \qquad (11\text{-}19)$$

anzugeben. Dabei ist F_{D}^* eine Widerstandskraft, ρ^* die Fluiddichte, u_∞^* die Anströmungsgeschwindigkeit und A^* eine charakteristische Querschnittsfläche des Objekts.

Bei Durchströmungen (z. B. der Strömung durch einen Rohrkrümmer) wird in der Regel eine Widerstandszahl

$$K = \frac{2 \Delta p^*}{\rho^* u_{\mathrm{m}}^{*2}} \qquad (11\text{-}20)$$

eingeführt, in der Δp^* der Druckverlust (genauer: Gesamtdruckverlust), ρ^* die Dichte und u_{m}^* die querschnittsgemittelte Strömungsgeschwindigkeit sind.

Beide Größen, C_{D} und K, beschreiben mit dem Dissipationsprozess letztlich die Entropieproduktion, die in diesem Zusammenhang auftritt. Deshalb ist eine alternative Definition beider Kennwerte möglich, die unmittelbar auf die Entropieproduktion im Strömungsfeld abhebt.[1] Diese ist

$$\dot{S}_{\mathrm{irr,D}}^* = \int_V \dot{S}_{\mathrm{irr,D}}^{\prime\prime\prime*} \, \mathrm{d}V^* \qquad (11\text{-}21)$$

mit

$$\dot{S}_{\mathrm{irr,D}}^{\prime\prime\prime*} = \frac{\eta^*}{T^*} 2 \left[\left(\frac{\partial u^*}{\partial x^*} \right)^2 + \left(\frac{\partial v^*}{\partial y^*} \right)^2 + \left(\frac{\partial w^*}{\partial z^*} \right)^2 \right]$$
$$+ \frac{\eta^*}{T^*} \left[\left(\frac{\partial u^*}{\partial y^*} + \frac{\partial v^*}{\partial x^*} \right)^2 + \left(\frac{\partial u^*}{\partial z^*} + \frac{\partial w^*}{\partial x^*} \right)^2 + \left(\frac{\partial v^*}{\partial z^*} + \frac{\partial w^*}{\partial y^*} \right)^2 \right] \qquad (11\text{-}22)$$

Die alternativen Definitionen lauten

$$\tilde{C}_{\mathrm{D}} = \frac{2 T^*}{\rho^* u_\infty^{*3} A^*} \dot{S}_{\mathrm{irr,D}}^* \qquad (11\text{-}23)$$

und

$$\tilde{K} = \frac{2 T^*}{\rho^* u_{\mathrm{m}}^{*3} A^*} \dot{S}_{\mathrm{irr,D}}^* \qquad (11\text{-}24)$$

Sie sind nicht nur untereinander gleichförmig (beide enthalten die Entropieproduktionsrate im jeweiligen Strömungsfeld), sondern auch vergleichbar zur Energieentwertungszahl N_i gemäß

---

[1]   Eine ausführliche Beschreibung findet sich in: Herwig, H.; Schmandt, B. (2013): *Drag with External and Pressure Drop with Internal Flows: A New and Unifying Look at Losses in the Flow Field Based on the Second Law of Thermodynamics*, Fluid Dynamics Research, Vol. 45, 1-18.

(11-4) mit der die Verluste im Temperaturfeld quantifiziert werden können. Auch diese erhält als entscheidende Größe die Entropieproduktionsrate.

Werden die Größen in (11-4) nicht mehr auf die Übertragungsfläche bezogen ($\dot{S}^*_{\mathrm{irr,W}}$ und $\dot{Q}^*_{\mathrm{W}}$ anstelle von $\dot{s}^*_{\mathrm{irr,W}}$ und $\dot{q}^*_{\mathrm{W}}$) und der Index i jetzt als W gewählt, so gilt für die Wärmeübertragungsverluste in einem endlichen Volumen

$$N_{\mathrm{W}} = \frac{T^*_{\mathrm{U}}}{\dot{Q}^*_{\mathrm{W}}}\, \dot{S}^*_{\mathrm{irr,W}} \qquad (11\text{-}25)$$

Der ähnliche Aufbau der Kennwerte (11-23), (11-24) im Strömungsfeld und (11-25) im Temperaturfeld lässt erkennen, dass damit eine gemeinsame Bewertung der Verluste im Strömungs- und Temperaturfeld möglich wird.

Es sollte in den bisherigen Ausführungen deutlich geworden sein, dass die entscheidende Größe im Zusammenhang mit Verlusten der Exergieverlust bei der Energieübertragung ist. Aber: Die Gleichungen (11-23) und (11-24) für die alternativen Kennwerte $\tilde{C}_{\mathrm{D}}$ und $\tilde{K}$ beschreiben nur für $T^* = T^*_{\mathrm{U}}$, d. h. bei einer Strömung auf dem Temperaturniveau der Umgebung auch den Exergieverlust (beachte: Gl. (11-25) für N_{W} ist mit T^*_{U} definiert und deshalb „per se" eine Aussage zum Exergieverlust).

Was oft übersehen wird: Mit den Kennwerten C_{D} oder $\tilde{C}_{\mathrm{D}}$ und K oder $\tilde{K}$ wird zwar stets die Dissipationsrate quantifiziert, diese entspricht aber nur für $T^* = T^*_{\mathrm{U}}$ auch der Exergieverlustrate! Wenn also eine Strömung nicht auf dem Umgebungstemperaturniveau vorliegt, wie z. B. bei sehr hohen Temperaturen im Kreisprozess einer Dampfkraftanlage, ist eine weitere Kennzahl erforderlich.

Deshalb wird jetzt zusätzlich zu $\tilde{C}_{\mathrm{D}}$ und $\tilde{K}$ für die generelle Verwendung eine Exergieverlustzahl eingeführt, und zwar

$$\tilde{C}^{\mathrm{E}}_{\mathrm{D}} = \frac{T^*_{\mathrm{U}}}{T^*}\, \tilde{C}_{\mathrm{D}} = \frac{2\,T^*_{\mathrm{U}}}{\rho^*\, u^{*3}_{\infty}\, A^*}\, \dot{S}^*_{\mathrm{irr,D}} \qquad (11\text{-}26)$$

und

$$\tilde{K}^{\mathrm{E}} = \frac{T^*_{\mathrm{U}}}{T^*}\, \tilde{K} = \frac{2\,T^*_{\mathrm{U}}}{\rho^*\, u^{*3}_{\mathrm{m}}\, A^*}\, \dot{S}^*_{\mathrm{irr,D}} \qquad (11\text{-}27)$$

Folgendes ist besonders zu beachten:

- Es gilt $\tilde{C}^{\mathrm{E}}_{\mathrm{D}} = \tilde{C}_{\mathrm{D}}$ und $\tilde{K}^{\mathrm{E}} = \tilde{K}$ für $T^* = T^*_{\mathrm{U}}$

- $\tilde{C}^{\mathrm{E}}_{\mathrm{D}}$ und $\tilde{K}^{\mathrm{E}}$ sind keine Energieentwertungszahlen im Sinne von (11-4) für N_i, weil die Bezugsgröße nicht einer übertragenen Energie(rate) entspricht, deren Entwertung quantifiziert wird, sondern im Wesentlichen die spezifische kinetische Energie darstellt, die im betrachteten Strömungsprozess vorhanden ist. Dies muss beachtet werden, wenn die Aussagen aus $\tilde{C}^{\mathrm{E}}_{\mathrm{D}}$ oder $\tilde{K}^{\mathrm{E}}$ mit N_i nach (11-4) zu einer „Gesamtaussage" zusammengefasst werden soll, wie dies jetzt anschließend geschieht.

11.3.2 Verluste im Strömungs- und Temperaturfeld

Es gibt viele Mittel und Wege, den konvektiven Wärmeübergang in speziellen Anwendungssituationen „zu verbessern". Dazu gehören z. B. eine Erhöhung der Strömungsgeschwindigkeit (und damit auch der Reynolds-Zahl), der Einbau von Turbulenzpromotoren oder eine Erhöhung der Wandrauheit speziell bei Durchströmungen.

Allen diesen Maßnahmen ist gemeinsam, dass damit in der Regel die Nußelt-Zahl Nu ansteigt, was als „Verbesserung des Wärmeübergangs" gewertet wird. Gleichzeitig steigt aber auch der Widerstandsbeiwert C_D bzw. die Widerstandszahl K an, was erhöhte Verluste im Strömungsfeld bedeutet. Die Frage lautet dann z. B.: Wie ist eine Maßnahme zu bewerten, bei der die Nußelt-Zahl um 30 % und die zugehörige Widerstandszahl um 150 % ansteigen?

Ein häufig verwendetes Kriterium für eine solche gemeinsame Bewertung ist der sog. *thermohydraulische Leistungsparameter*[1]

$$\hat{\eta} = \left(\frac{\mathrm{St}}{\mathrm{St_0}}\right)\left(\frac{K}{K_0}\right)^{-1/3} \tag{11-28}$$

mit der Stanton-Zahl (Prandtl-Zahl $\mathrm{Pr} = \eta^* c_\mathrm{p}^*/\lambda^*$)

$$\mathrm{St} = \mathrm{Nu}\,(\mathrm{Re}\,\mathrm{Pr})^{-1} \tag{11-29}$$

Dabei sind $\mathrm{St_0}$ und K_0 die Kennzahlen in der Ausgangssituation, die mit den veränderten Werten St und K verglichen werden. Es zeigt sich aber immer wieder, dass Zahlenwerte $\hat{\eta} \neq 1$ kaum zu interpretieren sind, weil eine klare physikalische Bedeutung von $\hat{\eta}$ fehlt.

Eine gemeinsame Bewertung der Verluste im Strömungs- und Temperaturfeld wird aber mit Hilfe der dort jeweils auftretenden Entropieproduktion möglich und eindeutig interpretierbar: In Situationen, bei denen ein Exergieverlust so gering wie möglich sein sollte, ist eine Maßnahme positiv zu bewerten, bei der ein geringerer Exergieverlust auftritt als in der Ausgangssituation.

Da der Exergieverlust gemäß (10-2) unmittelbar mit der Entropieproduktionsrate verbunden ist, wird folgende Kennzahl gebildet, die *Gesamt-Exergieverlustzahl* genannt wird

$$N^\mathrm{E} = \frac{T_\mathrm{U}^*\,(\dot{S}_{\mathrm{irr,D}}^* + \dot{S}_{\mathrm{irr,W}}^*)}{\dot{Q}_\mathrm{W}^{\mathrm{E}*}} \tag{11-30}$$

Die Bezugsgröße $\dot{Q}_\mathrm{W}^{\mathrm{E}*}$ ist der Exergiestrom, der mit dem Wärmestrom $\dot{Q}_\mathrm{W}^*$ übertragen wird. Damit sagt N^E aus, wie viel Exergie bei der konvektiven Wärmeübertragung durch Dissipation und Wärmeleitung zusammen vernichtet wird. Als Kriterium für eine bestimmte Maßnahme gilt daher der Vergleich von N^E und N_0^E, wobei N_0^E die Exergieverluste in der Ausgangssituation erfasst. Eine Maßnahme wird damit positiv bewertet, wenn $N^\mathrm{E} < N_0^\mathrm{E}$ gilt. Durch eine solche Maßnahme ist die insgesamt auftretende Entropieproduktionsrate $(\dot{S}_{\mathrm{irr,D}}^* + \dot{S}_{\mathrm{irr,W}}^*)$ und damit auch der Exergieverlust reduziert worden.

Dies kann unmittelbar in einen alternativen Leistungsparameter „übersetzt" werden, der *thermodynamischer Leistungsparameter* genannt wird :

$$\tilde{\eta} = \frac{(\dot{S}_{\mathrm{irr,D}}^* + \dot{S}_{\mathrm{irr,W}}^*)_0}{(\dot{S}_{\mathrm{irr,D}}^* + \dot{S}_{\mathrm{irr,W}}^*)} \tag{11-31}$$

Dieser vergleicht die Gesamt-Entropieproduktionsrate vor und nach einer bestimmten Maßnahme miteinander. Die Definition von $\tilde{\eta}$ ist so gewählt, dass gilt

$$\tilde{\eta} > 1: \text{positiver Effekt}$$

$$\tilde{\eta} < 1: \text{negativer Effekt}$$

---

[1] siehe dazu: Gee, D; Webb, R (1980): *Forced Convection Heat Transfer in Helically Rib-Roughed Tubes*, Int. Journal of Heat and Mass Transfer, 23, 1127-1136

Im Gegensatz zu $\hat{\eta}$ gemäß (11-28) liegt jetzt ein klar definiertes und interpretierbares physikalisches Konzept zugrunde: Die insgesamt auftretende Entropieproduktion als Maß für die Gesamt-Exergieverluste.

11.4 Entropiebasierte Prozessbewertung: Überblick

In den vorherigen Ausführungen sind mehrere Konzepte und Kennzahlen eingeführt worden, die auf unterschiedliche Weise die mit der Entropie verbundene Information bei der Wärmeübertragung beinhalten. Im Sinne eines Überblicks werden die wichtigsten Größen noch einmal aufgeführt und kurz eingeordnet.

- Entropisches Potential einer Energie (Kap. 11.1.1)
  Es handelt sich um die Entropie, die an die Umgebung abgegeben wird (bzw. um die sich der Entropiewert der Umgebung erhöht), wenn die betrachtete Energie eine Prozesskette durchläuft, bei der sie als Primärenergie (reine Exergie) beginnt und als Teil der inneren Energie der Umgebung endet (reine Anergie). Dieses entropische Potential dient als Bezugsgröße bei der Bewertung von Teilprozessen aus der gesamten Prozesskette.

- Energieentwertungszahl N_i (11-4)
  Diese Kennzahl gibt an, wie viel des entropischen Potentials einer Energie in einem Teilprozess i (z. B. einer Wärmeübertragung) verbraucht wird. Die Zahlenwerte liegen zwischen 0 und 1.

- Alternativer Widerstandsbeiwert $\tilde{C}_D$ (11-23)
  Dieser Beiwert gibt an, welche Entropieproduktion durch Dissipation im Strömungsfeld bei der Umströmung von Objekten auftritt.

- Alternative Widerstandszahl $\tilde{K}$ (11-24)
  Dieser Beiwert gibt an, welche Entropieproduktion durch Dissipation im Strömungsfeld bei der Durchströmung von Rohren, Kanälen und einzelnen Bauteilen auftritt.

- Exergieverlustzahl $\tilde{C}_D^E$ (11-26)
  Dieser Beiwert berücksichtigt, dass nur auf dem Temperaturniveau der Umgebung, T_U^*, aus der Entropieproduktion unmittelbar auf den Exergieverlust geschlossen werden kann. Auf einem anderen Temperaturniveau wird der Exergieverlust nur mit dieser Kennzahl erfasst.

- Exergieverlustzahl $\tilde{K}^E$ (11-27)
  wie zuvor beschrieben, aber bei Durchströmungen.

- Gesamt-Exergieverlustzahl N^E (11-30)
  Dieser Beiwert erfasst bei einer konvektiven Wärmeübertragung den Exergieverlust sowohl im Strömungs- als auch im Temperaturfeld.

- Thermodynamischer Leistungsparameter $\tilde{\eta}$ (11-31)
  Dieser Beiwert dient zur Bewertung von Maßnahmen, die einen konvektiven Wärmeübergang beeinflussen. Zahlenwerte $\tilde{\eta} > 1$ beschreiben dabei positive Effekte im Sinne einer Reduktion des Gesamt-Exergieverlustes durch die betrachtete Maßnahme.

ILLUSTRIERENDES BEISPIEL 11.1: Wärmeübertragung in Kreisprozessen

In Wärmekraftanlagen, die der Stromerzeugung dienen, werden aus thermodynamischer Sicht „Kreisprozesse" realisiert. Dabei soll Energie, die in Form von Wärme auf einem hohen Temperaturniveau an ein umlaufendes Arbeitsfluid übertragen wird, so gut wie möglich durch eine Turbine in Form von Arbeit, und damit nach einem Generator, in Form von elektrischer Energie genutzt werden. Die grundsätzliche Beschränkung dieses Prozesses ist durch den beschränkten Exergieteil im zugeführten Wärmestrom gegeben, da nur dieser prinzipiell an der Turbine in Form von Arbeit (also reiner Exergie) genutzt werden kann.

Der Exergieteil der in Form von Wärme zugeführten Energie ist gemäß Gl. (10-4) $\dot{Q}^{E^*} = \eta_C \dot{Q}^*$ mit dem Carnot-Faktor $\eta_C = 1 - T_U^*/T^*$, gebildet mit der Umgebungstemperatur T_U^* und der aktuellen Temperatur T^* an der Übertragungsoberfläche. Dieser könnte bei einem vollständig reversiblen Kreisprozess an der Turbine in Form von Arbeit genutzt werden.

Als ein wichtiger Teilaspekt des gesamten Kreisprozesses wird hier exemplarisch eine Wärmeübertragung ausgehend von einem typischen Temperaturniveau bzgl. ihrer „Qualität" betrachtet. Ein solcher Wärmeübertragungs-Teilprozess sei durch die Nußelt-Zahl Nu = 100 beschrieben, die gemäß Tab. 4.2 einen Zusammenhang zwischen der Wandwärmestromdichte $\dot{q}_W^*$, einer charakteristischen Länge L^*, der Wärmeleitfähigkeit λ^* des Arbeitsfluides und der treibenden Temperaturdifferenz ΔT^* darstellt. In dieser Nußelt-Zahl tritt das für den Gesamtprozess wichtige Temperaturniveau selbst nicht auf. Dies suggeriert, dass zwei verschiedene Fälle mit demselben Wert für die Nußelt-Zahl, aber auf unterschiedlichem Temperaturniveau bzgl. der Wärmeübertragung gleichwertig sind. Dies soll am Beispiel von zwei unterschiedlichen Wärmekraftprozessen näher untersucht werden.

- Der erste Prozess ist ein „klassischer Dampfkraftprozess" mit Wasser als Arbeitsfluid und dem oberen Temperaturniveau des Kreisprozesses von $T_{ob}^* = 800\,K$.
- Der zweite Prozess ist ein „organischer Rankine Prozess" (ORC-Prozess) z. B. mit Ammoniak als Arbeitsmittel und dem oberen Temperaturniveau von $T_{ob}^* = 400\,K$. Es ist üblich, hier von einem ORC-Prozess zu sprechen, obwohl Ammoniak (NH_3) keine organische Substanz (Kohlenstoff/Wasserstoff-Verbindung) ist.

In beiden Fällen soll der Wärmeübertragungs-Teilprozess mit Nu = 100 durch dieselbe Wärmestromdichte $\dot{q}_W^* = 1000\,W/m^2$ und dieselbe charakteristische Abmessung $L^* = 0,1\,m$ zustande kommen. Aufgrund der unterschiedlichen Wärmeleitfähigkeiten von Wasser und Ammoniak ergibt sich in diesem Fall eine um den Faktor 2,6 größere treibende Temperaturdifferenz ΔT^* für den ORC-Prozess im Vergleich zum Dampfkraftprozess mit Wasser.

Mit unterschiedlichen Werten von T^* und ΔT^* sind die Entropieänderungen (11-15) und (11-16) und damit auch die Entropieentwertungszahl für beide Fälle verschieden. Tab. 11.1 zeigt die einzelnen Zahlenwerte.

Tabelle 11.1: Wärmeübertragung mit Nu = 100 in zwei unterschiedlichen Kreisprozessen

PROZESS	Nu	$\dot{q}_W^*$ W/m²	L^* m	λ^* W/m K	ΔT^* K	T_U^* K	T_{ob}^* K	$\dot{s}_Q^*$ W/m² K	$\dot{s}_{irr,W}^*$ W/m² K	N_i
Dampfkraftprozess (Wasser)	100	10^3	0,1	0,1	10	300	800	1,25	0,016	0,0047
ORC-Prozess (Ammoniak)	100	10^3	0,1	0,038	26	300	400	2,5	0,163	0,0490

Während im Dampfkraftprozess nur 0,47 % des entropischen Potentials der übertragenen Energie verbraucht wird, sind es im ORC-Prozess bereits nahezu 5 %. Als entscheidender Einfluss kann das Temperaturniveau der Energieübertragung identifiziert werden, das in der Nußelt-Zahl aber gar nicht vorkommt.

ILLUSTRIERENDES BEISPIEL 11.2: Entropieproduktion bei konvektiver Wärmeübertragung

Für eine ausgebildete Rohrströmung zeigt Bild 11.4 die beiden Anteile der Entropieproduktion, hier in Form der Entropieproduktionsraten pro Lauflänge $\dot{S}'^{*}_{irr,D} = d\dot{S}^{*}_{irr,D}/dx^{*}$ und $\dot{S}'^{*}_{irr,W} = d\dot{S}^{*}_{irr,W}/dx^{*}$ als Funktion der Reynolds-Zahl. Für Details siehe: Herwig, H. (2011): *The Role of Entropy Generation in Momentum and Heat Transfer*, Journal of Heat Transfer, 134, 031003-1-11.

Für steigende Reynolds-Zahlen (z. B. durch eine Erhöhung der Strömungsgeschwindigkeit) ist der gegenläufige Trend im Strömungs- und Temperaturfeld klar erkennbar:

- Anstieg der Entropieproduktionsrate im Strömungsfeld ($\dot{S}'^{*}_{irr,D}$)

- Abfall der Entropieproduktionsrate im Temperaturfeld ($\dot{S}'^{*}_{irr,W}$)

Die Gesamt-Entropieproduktionsrate pro Lauflänge $\dot{S}'^{*}_{irr} = \dot{S}'^{*}_{irr,D} + \dot{S}'^{*}_{irr,W}$ besitzt ein klar erkennbares Minimum bei der „optimalen Reynolds-Zahl", hier im Beispiel bei Re ≈ 16300.

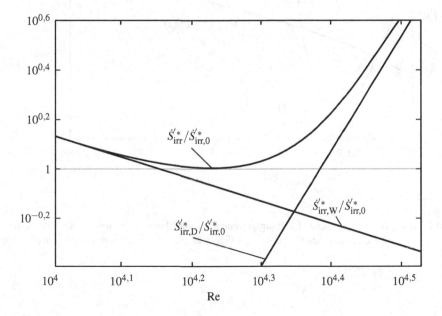

Bild 11.4: Entropieproduktionsraten pro Lauflänge für eine ausgebildete Rohrströmung bei verschiedenen Reynolds-Zahlen, Bezugsgröße: minimaler Wert von $\dot{S}'^{*}_{irr} \rightarrow \dot{S}'^{*}_{irr,0}$

ILLUSTRIERENDES BEISPIEL 11.3: Einfluss von Wandrauheiten bei der konvektiven Wärmeübertragung

Eine erfolgversprechende Maßnahme zur „Verbesserung" des konvektiven Wärmeüberganges bei einer Rohrströmung ist der Einsatz von Wandrauheiten im Rohr. Es kann erwartet werden, dass die Nußelt-Zahl (bzw. die Stanton-Zahl gemäß (11-29)) mit steigender Wandrauheit anwächst. Gleichzeitig wird aber auch die Widerstandszahl K, s. (11-20), stark anwachsen, so dass eine „Gesamtbetrachtung" erforderlich ist.

Bild 11.5 zeigt, wie bereits eine moderate relative Wandrauheit mit einer Rauheitshöhe bis zu einem Wert $K_S = 0,5\%$ (Rauheitshöhen von 0,5 % des Rohrdurchmessers) den thermodynamischen Leistungsparameter $\tilde{\eta}$ deutlich anwachsen lässt. Dies ist ein klarer und nachvollziehbarer Trend. Im Gegensatz dazu zeigt der thermohydraulische Leistungsparameter $\hat{\eta}$, s. (11-28), ein physikalisch nicht nachvollziehbares Verhalten.

Der Verlauf von $\tilde{\eta}$ zeigt, dass mit zunehmender Wandrauheit die Gesamt-Exergieverluste abnehmen. Dieser Trend setzt sich auch bei hohen Werten für die relative Wandrauheit K_S fort, wie der ausführlichen Behandlung dieses Problems in Herwig, H. (2011): *The Role of Entropy Generation in Momentum and Heat Transfer*, Journal of Heat Transfer, 134, 031003-1-11, entnommen werden kann.

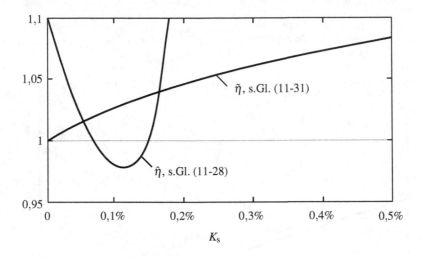

Bild 11.5: Thermohydraulischer Leistungsparameter $\hat{\eta}$ und thermodynamischer Leistungsparameter $\tilde{\eta}$ zur Bewertung des Einflusses von Wandrauheiten bei einer ausgebildeten Rohrströmung

Teil E

Anwendungsaspekte

Im Teil E dieses Buches werden zunächst die bisher behandelten grundlegenden Aspekte der Wärmeübertragung in wärmetechnischen Apparaten wie Wärmeübertragern und Energiespeichern angewandt. Es folgt die Beschreibung unterschiedlicher Messverfahren für die Temperatur und den Wärmestrom. Beides sind Größen, deren Kenntnis für die experimentelle Bestimmung des Wärmeüberganges notwendig ist. Illustrierende Beispiele runden die Kapitel ab. Dieser Teil E endet mit einer Schlussbetrachtung, in der die im Teil A dargestellten Wärmeübergangssituationen im Alltag noch einmal aufgegriffen sowie zehn Fragen zur Wärmeübertragung „Warum …?" gestellt und beantwortet werden.

12 Wärmetechnische Apparate

In diesem Kapitel sollen die Grundprinzipien der Prozessgestaltung in wärmetechnischen Apparaten erläutert werden, in denen auf vielfältige Weise die bisher behandelten Mechanismen der Wärmeübertragung auftreten. Für die Details der technischen Umsetzung sowie für Einzelheiten der Berechnung und Auslegung solcher Apparate wird jeweils auf die umfangreiche Spezialliteratur verwiesen.

12.1 Wärmeübertrager

Unter einem Wärmeübertrager versteht man einen Apparat, der von zwei oder mehreren fluiden Medien durchströmt wird, von denen zumindest eines Energie in Form von Wärme an die anderen überträgt. Die Medien können dabei u. U. ihren Aggregatzustand (flüssig, gasförmig) ändern. Die Energiespeicherung durch die beteiligten Fluide kann entweder durch den Mechanismus der sensiblen Energiespeicherung (Enthalpieänderung durch Temperaturänderung bei endlichen Wärmekapazitäten) oder den der latenten Energiespeicherung (Enthalpieänderung durch Kondensation oder Verdampfung) erfolgen. Die Wärmeübertragung geschieht in der Regel konvektiv. Bei höheren Temperaturen spielt oft die Wärmeübertragung durch Strahlung zusätzlich eine entscheidende Rolle. Die Seite des Wärmeübertragers, die Energie in Form von Wärme abgibt, wird häufig als „Primärseite" (hier mit der Kennung „I") und die Seite, die Energie in Form von Wärme aufnimmt, als „Sekundärseite" (hier mit der Kennung „II") bezeichnet.

12.1.1 Bauformen

Aufgrund sehr unterschiedlicher Anforderungen an die Leistungsfähigkeit und die Baugröße hat sich eine Vielzahl von Bauformen durchgesetzt, die nach verschiedenen Gesichtspunkten geordnet werden können. Eine grobe Einteilung ergibt sich wie folgt:

- Kontaktart der beteiligten Medien:

  indirekte Wärmeübertragung:
  Die wärmeübertragenden Medien sind durch Wände getrennt.

  direkte Wärmeübertragung:
  Unmittelbarer Kontakt der wärmeübertragenden Medien; in der Regel ist dies mit einer Stoffübertragung verbunden.

- Zwischengeschaltete thermische Energiespeicherung:

  Rekuperatoren:
  Die Wärmeübertragung erfolgt unmittelbar ohne zwischengeschaltete Speicherung und damit ohne Zeitverzögerung.

  Regeneratoren:
  Der zu übertragende Wärmestrom wird zunächst an ein Speichermaterial übertragen und dann zeitverzögert an das „Zielfluid" abgegeben. Dieser Vorgang kann zyklisch (periodisch) ablaufen oder auch in einer kontinuierlich arbeitenden Anordnung.

© Springer Fachmedien Wiesbaden GmbH, ein Teil von Springer Nature 2019
H. Herwig und A. Moschallski, *Wärmeübertragung*,
https://doi.org/10.1007/978-3-658-26401-7_12

- Strömungsführung:

  Gleichstrom-Wärmeübertrager:
  Energieabgebendes und energieaufnehmendes Fluid haben dieselbe Hauptströmungsrichtung: Da die Enthalpie des energieabgebenden Fluides abnimmt, ergeben sich die im Bild 12.1 gezeigten prinzipiellen Temperaturverläufe bei sensibler Energiespeicherung bzw. die gezeigten Phasenwechsel bei latenter Energiespeicherung.

  Gegenstrom-Wärmeübertrager:
  Energieabgebendes und energieaufnehmendes Fluid haben die entgegengesetzte Hauptströmungsrichtung. Damit ergibt sich ein prinzipieller Temperaturverlauf wie in Bild 12.2 gezeigt.

  Kreuzstromwärmeübertrager:
  Energieabgebendes und energieaufnehmendes Fluid strömen quer zueinander. Es kommt zu Temperaturverteilungen quer zur jeweiligen Hauptströmungsrichtung, wenn die Temperatur des anderen Stromes nicht konstant ist. Diese ungleichmäßige Temperaturverteilung kann durch Vermischungsvorgänge bereits innerhalb des Wärmeübertragers ausgeglichen werden. Man spricht dann von einem einseitig oder zweiseitig mischenden Kreuzstrom.

12.1.2 Globalanalyse

Ohne Details konkreter Bauformen zu berücksichtigen, kann mit groben Anhaltswerten für einen Wärmedurchgangskoeffizienten k^*, vgl. (5-13), für Wärmeübertrager eine globale Angabe zum insgesamt übertragenen Wärmestrom $\dot{Q}^*_{ges}$ gemacht werden

$$\boxed{\dot{Q}^*_{ges} = k^* A^* \Delta_{ln} T^*} \tag{12-1}$$

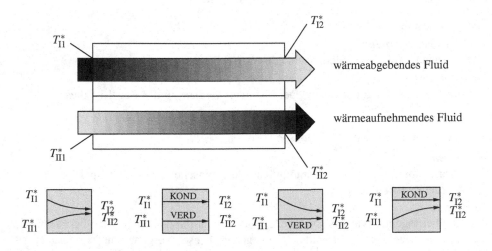

Bild 12.1: Gleichstromwärmeübertrager: prinzipieller Temperaturverlauf

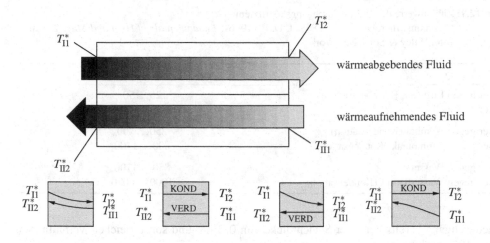

Bild 12.2: Gegenstromwärmeübertrager: prinzipieller Temperaturverlauf

Dabei sind

- k^*: der als konstant unterstellte Wärmedurchgangskoeffizient der speziellen Wärmeübertrager-Konfiguration; Zahlenbeispiele sind in Tab. 12.1 enthalten.

- A^*: die gesamte, am Wärmeübergang beteiligte Übertragungsfläche

- $\Delta_{\ln}T^*$: die mittlere logarithmische Temperaturdifferenz

$$\Delta_{\ln}T^* = \frac{\Delta T_2^* - \Delta T_1^*}{\ln(\Delta T_2^*/\Delta T_1^*)} \tag{12-2}$$

mit den Temperaturunterschieden ΔT_1^* und ΔT_2^* der Fluide an den jeweiligen Ein- bzw. Austritten. Für Gleichstrom-Wärmeübertrager gilt $\Delta T_1^* = T_{\text{I}1}^* - T_{\text{II}1}^*$ und $\Delta T_2^* = T_{\text{I}2}^* - T_{\text{II}2}^*$, für Gegenstrom-Wärmeübertrager hingegen $\Delta T_1^* = T_{\text{I}1}^* - T_{\text{II}2}^*$ und $\Delta T_2^* = T_{\text{I}2}^* - T_{\text{II}1}^*$ gemäß den prinzipiellen Temperaturverläufen in den Bildern 12.1 und 12.2. Wenn in beiden Fluidströmen ein Phasenwechsel vorliegt, wird anstelle von $\Delta_{\ln}T^*$ die feste Temperaturdifferenz zwischen den Fluidströmen benutzt. Die mittlere logarithmische (und nicht die arithmetische) Temperaturdifferenz berücksichtigt den exponentiellen Temperaturverlauf in Hauptströmungsrichtung auf beiden Seiten der Wärmeübertragungsflächen.

Der Zahlenwert des Wärmedurchgangskoeffizienten ist wesentlich durch die beteiligten Fluide bestimmt. Tab. 12.1 gibt einige Anhaltswerte.

Einen wesentlichen Einfluss auf den Wärmedurchgangskoeffizienten k^* hat das sogenannte *Fouling* als Begriff für Verschmutzungen in Wärmeübertragern. Es handelt sich um ein leider oftmals ungelöstes Problem bei sehr vielen Apparaten zur Wärmeübertragung. Verschmutzungen können dabei je nach Bauart und beteiligten Fluiden durch Ablagerungen von Kesselstein, Ruß, Kohlestaub, Öl, Eis, Salz, usw. entstehen. Es liegen zwar häufig nur sehr dünne Schichten vor, wegen der geringen Wärmeleitfähigkeit λ^* vieler dieser Stoffe können dadurch aber trotzdem erhebliche Verschlechterungen im Wärmeübergang auftreten. In Bild 12.3 ist die Abhängigkeit des mittleren Wärmedurchgangskoeffizienten ($k^* = \dot{Q}_{\text{ges}}^*/(A^*\Delta_{\ln}T^*)$) eines Rohrbündel-Wärmeübertragers von der Verschmutzungs-Schichtdicke aufgetragen. In diesem Fall ist der

Tabelle 12.1: Zahlenwerte des Wärmedurchgangskoeffizienten k^*
Daten aus: Incropera, F. P.; DeWitt, D. P. (1996): *Fundamentals of Heat and Mass Transfer*,
John Wiley & Sons, New York

Fluid-Paarung	k^* in W/m² K
Wasser gegen Luft (mit Berippung)	25...50
Wasser gegen Öl	110...350
Wasser gegen Alkohol (Kondensation)	250...700
Wasser gegen Ammoniak (Kondensation)	800...1400
Wasser gegen Wasser	850...1700
Wasser gegen Wasserdampf (Kondensation)	1000...6000

Wärmedurchgang bereits bei einer Schichtdicke von 0,2 mm und sonst gleichen Verhältnissen
auf etwa 40% zurückgegangen.

12.1.3 Kondensatoren

Unter einem Kondensator versteht man einen wärmetechnischen Apparat oder das Bauteil einer wärmetechnischen Anlage, in dem der Phasenwechsel gasförmig → flüssig (Kondensation)
stattfindet[1]. Das Ziel ist entweder die Gewinnung des Kondensates in verfahrenstechnischen Prozessen oder die Gewinnung der Kondensationsenthalpie in energietechnischen Anwendungen.

Als grundsätzliche Ausführungsformen ist zwischen Kondensatoren mit indirektem Kontakt
zwischen dem Dampf und dem Kühlmittel (Trennung durch undurchlässige Wände) und solchen
mit direktem Kontakt (Einspritzkondensatoren) zu unterscheiden.

Das physikalische Prinzip besteht einheitlich darin, an bestimmten Stellen im Kondensator

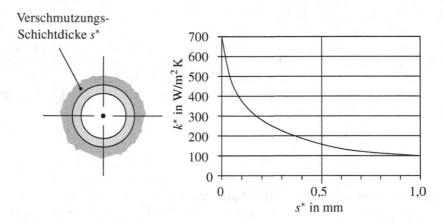

Bild 12.3: Typische Abhängigkeit des mittleren Wärmedurchgangskoeffizienten k^* von der Verschmutzungs-Schichtdicke s^* (Rohrbündelwärmeübertrager)

---

[1] Siehe z.B.: Kakac, S. (1991): *Boilers, Evaporators and Condensers*, John Wiley & Sons, New York

die Sättigungstemperatur des zu kondensierenden Dampfes zu unterschreiten. Diese ist durch die entsprechende Dampfdruckkurve als Funktion des Druckes gegeben, wobei zu beachten ist, dass bei Gemischen der jeweilige Partialdruck im Gemisch maßgeblich ist. Bei der überwiegenden Anzahl von Kondensatorbauarten liegt ein indirekter Kontakt zwischen dem Dampf und dem Kühlmittel vor, so dass die Unterschreitung der Sättigungstemperatur an der dampfseitigen Wandoberfläche vorliegen muss. Bei stationärem Betrieb ist dann durch die Wand hindurch genau die an der Oberfläche freiwerdende Kondensationsenthalpie („negative" Verdampfungsenthalpie) abzuführen sowie die durch eine eventuell vorliegende Unterkühlung des Kondensates abgegebene sensible Wärme des Kondensates.[1]

Bei einem direkten Dampf/Kühlmittel-Kontakt, wie er bei Einspritzkondensatoren vorliegt, erfolgt die Kondensation unmittelbar an der Oberfläche der Kühlmittel-Sprayteilchen. Es handelt sich zwar um eine sehr effektive Form der Kondensation (keine Wärmewiderstände in Trennwänden), jedoch mischt sich das Kühlmittel zwangsläufig mit dem Kondensat, was in vielen Anwendungsfällen nicht akzeptabel ist.

Eine häufig gewählte Bauform ist diejenige eines sog. *Rohrbündel-Kondensators*, s. Bild 12.4. Er wird z. B. eingesetzt, wenn hohe Wärmeströme abzuführen sind, wie etwa nach einer Turbine in einem Dampfkraftwerk. Rohrbündel-Kondensatoren bestehen aus kompakt angeordneten Rohrbündeln (Innenrohr-Bündeln), die einerseits durchströmt sind und zum anderen umströmt werden. Dazu befinden sich die Innenrohre in einem alle umschließenden Mantel, der Ein- und Ausflussstutzen besitzt, wie dies in Bild 12.4 gezeigt ist. Üblicherweise werden der kondensierende Dampf (Primärseite) um die Rohre und das Kühlmedium (Sekundärseite) durch die Rohre geführt.

Ohne weitere Einbauten, sog. Trennwänden in den Hauben, durchströmt das Fluid II die Innenrohre einmal, bei entsprechender Trennwandanordnung kann ein mehrgängiges Durchströmen

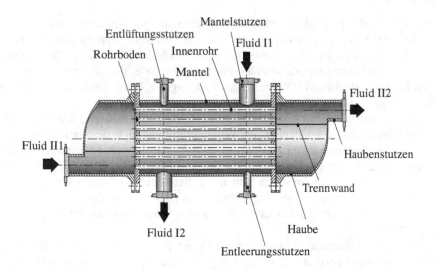

Bild 12.4: Wesentliche Bauelemente eines Rohrbündelkondensators
Beachte: Das Bild zeigt eine Prinzipdarstellung. In der realen Ausführung wäre z. B. der Stutzen für den Dampf deutlich größer als derjenige für die Flüssigkeit.

---

[1] Dabei wird eine mögliche axiale Wärmeleitung in der Wand vernachlässigt.

(2, 4, 8, ...) erreicht werden. Es wird damit eine Vergrößerung der Geschwindigkeit in den Rohren sowie eine Verlängerung der Strömungswege erreicht. Die Größe des Kondensators sowie die Anzahl der Innenrohre ist dem konkreten Einsatzfall anzupassen. In großen Kraftwerksblöcken sind Kondensatoren bis zu 3 m Manteldurchmesser mit bis zu 6000 Innenrohren installiert.

Da der Dampfvolumenstrom zumindest zu Beginn der Kondensation noch relativ groß ist, wird man diesen in der Regel durch den Mantelraum leiten (Fluid II in der Skizze), obwohl prinzipiell die Kondensation auch in den Rohren erfolgen kann. Die häufigste Anordnung ist eine liegende Konstruktion, aber auch senkrechte Bauformen sind möglich (z. B. angewandt, wenn mit der Verdampfungsenthalpie des um die Rohre kondensierenden Dampfes ein Fallfilm eines Produktes in den Rohren verdampft werden soll).

Wenn der zu kondensierende Dampf Inertgas-Anteile (nicht-kondensierbare Anteile) enthält, muss ein separater Inertgasstutzen vorgesehen werden, über den dann das nicht-kondensierende „Fremdgas" abgelassen oder abgesaugt werden kann. Der physikalische Mechanismus, der zu einer erheblichen Verschlechterung des Wärmeüberganges schon bei geringen Inertgaskonzentrationen führt, wurde im Zusammenhang mit Bild 7.4 in Kap. 7.3.1 erläutert.

Zur Regelung der Kondensatorleistung bei gegebener Kondensatorfläche und Kühlmittel(eintritts)temperatur kann man sich zunutze machen, dass die mittlere Temperaturdifferenz zwischen der Kondensationstemperatur (Sättigungstemperatur des Dampfes) und der Kühlmitteltemperatur maßgeblich für den Energietransport zwischen dem kondensierenden Dampf und dem Kühlmittel ist, da sich der Wärmedurchgang proportional zu dieser Temperaturdifferenz verhält. Diese Temperaturdifferenz kann über das Einstellen einer gewünschten Kondensationstemperatur (in gewissen Grenzen) gesteuert werden, indem entweder der Druck (Zusammenhang zur Temperatur über die Dampfdruckkurve) oder der Inertgasanteil gezielt verändert werden.

12.1.4 Verdampfer

Unter einem Verdampfer (als Oberbegriff) versteht man eine Apparatekomponente, einen Apparat oder eine Anlage zur teilweisen oder vollständigen Verdampfung eines Reinstoffes, einer Gemischkomponente oder eines Gemisches.[1] Das Ziel ist entweder die stoffliche Trennung, besonders bei Gemischen (verfahrenstechnische Prozesse), oder die Übertragung großer Energiemengen auf ein Arbeitsfluid („Wärmeträger"). Dies gilt z. B. für Dampfkraftprozesse oder bei der Bereitstellung von Prozesswärme.

Das physikalische Prinzip besteht einheitlich darin, durch eine gezielte Wärmeübertragung genügend Energie bereitzustellen, um die Verdampfungsenthalpie für den Phasenwechsel flüssig → gasförmig aufzubringen. Der Phasenwechsel kann dabei entweder unmittelbar an der Übertragungsfläche erfolgen, wie beim Blasensieden und Filmsieden, oder an der Oberfläche einer beheizten Flüssigkeit wie beim stillen Sieden (zu allen drei Siedeformen s. Kap. 7.4.1).

Zusätzlich zur Verdampfungsenthalpie muss auch noch die Energie zur Erwärmung des Fluides auf Verdampfungstemperatur und ggf. die für eine Überhitzung des Dampfes benötigte Energie zugeführt werden.

Bei vielen (unbefeuerten) Verdampfern wird kondensierender Dampf (oft Wasserdampf) zur Wärmeübertragung verwendet. Die Regelung der Verdampferleistung (Verdampfungsmassenstrom) kann dann sehr einfach über den Druck des zur Heizung eingesetzten kondensierenden Dampfes erfolgen. Mit diesem Druck steuert man die Kondensationstemperatur (Zusammenhang über die Dampfdruckkurve) des Dampfes und damit die treibende Temperaturdifferenz für den Wärmedurchgang.

---

[1] Siehe z. B.: Kakac, S. (1991): *Boilers, Evaporators and Condensers*, John Wiley & Sons, New York

Befeuerte Verdampfer, die z. B. als Dampferzeuger der Bereitstellung von Prozessdampf oder in Dampfkraftanlagen als Teilkomponenten der Dampferzeugung dienen, arbeiten häufig mit Wasser als Arbeitsfluid. Die zwei grundsätzlich verschiedenen Anordnungen zur Verdampfung sind dabei:

- *Flammrohr-Rauchrohrkessel:*

  In einem zusätzlich eingebrachten Flammrohr findet eine Verbrennung statt. Die heißen Rauchgase werden anschließend durch die Rohre geführt, die Verdampfung erfolgt in einem Wasserreservoir, das die Rohre umgibt. Diese Ausführung ist bis zu Drücken von 32 bar zulässig.

- *Wasserrohrkessel:*

  Das zu verdampfende Wasser wird in den Rohren geführt. Die Rohre werden von außen befeuert, wobei der Wärmeübergang an die Rohrwand konvektiv, aber zu einem erheblichen Teil auch durch Strahlung erfolgt. Je nach Ausführungsform sind hierbei Drücke bis in die Nähe des kritischen Druckes (220,64 bar für Wasser) möglich. Diese hohen Drücke werden im Dampfkraftprozess benötigt. Bei der Erzeugung reiner Prozesswärme hingegen richtet sich der Druck nach der nötigen Prozesstemperatur.

Wie bei den Kondensatoren ist eine häufig gewählte Bauform diejenige von Rohrbündel-Verdampfern (auch: Rohrkessel-Verdampfer). Sie werden häufig zur Dampferzeugung in industriellen oder energietechnischen Anwendungsfällen eingesetzt. Die zuvor eingeführte Unterscheidung nach *Rauchrohr-* und *Wasserrohrkesseln* beschreibt die grundsätzlich unterschiedlichen Ausführungsformen. Darüber hinaus ist besonders bei Wasserrohrkesseln (meist in vertikaler Anordnung) danach zu unterscheiden, ob eine *Umlauf-* oder eine *Durchlaufanordnung* realisiert ist. In der Umlaufanordnung verdampft nur ein Teil des zugeführten Wassers (Speisewasser), so dass das Dampf-Wassergemisch getrennt werden muss, bevor das Wasser wieder in den Verdampfungsprozeß zurückgeführt wird. Bei der Durchlaufanordnung entfällt dies, weil das Speisewasser vollständig verdampft wird. Eine weitere Unterscheidung ergibt sich bzgl. der Durchströmung der (Siede-)Rohre. Diese kann im *Naturumlauf* unter Ausnutzung des Dichteunterschiedes zwischen dem Wasser in den beheizten und den unbeheizten Rohren erfolgen, oder aber im *Zwangsumlauf* unter Einsatz einer Umwälzpumpe.

Die Nomenklatur im Zusammenhang mit Verdampfern ist sehr uneinheitlich und besonders im englischen Sprachraum deshalb oftmals verwirrend. Dies besonders, weil dort die Begriffe zur Prozessbeschreibung, nämlich *vaporization*, *evaporation* und *vapor generation* synonym verwendet werden, während die Begriffe zur Kennzeichnung spezieller Wärmeübertrager *vaporizer*, *evaporator* und *vapor generator* jeweils spezifischen Anwendungen vorbehalten sind. Auch im deutschen Sprachraum werden die Bezeichnungen *Verdampfer*, *Dampferzeuger* und *Kessel* nicht immer einheitlich verwendet.

12.2 Berechnungskonzepte für Rekuperatoren

Es gibt sehr unterschiedliche Konzepte, um Wärmeübertrager im Hinblick auf wirtschaftliche und technische Aspekte zu berechnen und zu optimieren. Im Folgenden wird nur die wärmetechnische Berechnung stationär betriebener Rekuperatoren behandelt. Die Berechnungskonzepte dienen

- der Auslegung eines Wärmeübertragers oder

- der Nachrechnung eines vorhandenen Wärmeübertragers.

Ziel der *Auslegung eines Wärmeübertragers* ist die Bestimmung des erforderlichen Flächenbedarfs (Geometrie), wenn die Fluide, die Massenströme, die Eintrittstemperaturen und die Stromführung vorgegeben werden.

   Ziel der *Nachrechnung eines Wärmeübertragers* ist vorrangig die Bestimmung der Austrittstemperaturen bzw. der thermischen Leistungen, wenn sich bei einem vorhandenen Wärmeübertrager die Betriebsbedingungen (Fluid, Massenströme, Eintrittstemperaturen, Stromführung) verändern.

   Drei Berechnungskonzepte mit in der Reihenfolge abnehmendem mathematischen Aufwand sind:

- Finite-Differenzen-Verfahren unter Einsatz von Computational Fluid Dynamics (CFD)

   Dabei werden auf der Basis mathematisch/physikalischer Modelle Differentialgleichungen für die Energie-, die Massen- und die Impulserhaltung formuliert. In Volumenelementen im Fluid und ggf. auch in der Wand, die der jeweiligen Problemstellung angepasst sind, werden dann algebraische Näherungs-Gleichungssysteme gelöst.

- Zellenmethode

   Bei dieser Methode wird ein Wärmeübertrager in einzelne Segmente unterteilt, in denen die Bilanzgleichungen gelöst werden. Die Einzelsegmente werden anschließend zum „Gesamtsystem Wärmeübertrager" zusammengefasst.[1]

- Mittlere treibende Temperaturdifferenz

   Bei diesem Verfahren wird für das „Gesamtsystem Wärmeübertrager" eine mittlere treibende Temperaturdifferenz zwischen den beiden beteiligten Fluiden definiert und es werden unter Verwendung der Bilanzgleichungen charakteristische Kennzahlen eingeführt. Diese Kennzahlen werden in Diagrammen dargestellt. Eine dieser Kennzahlen wird mit *Number of Transfer Units* beschrieben, so dass dieses Verfahren auch als *NTU-Methode* bezeichnet wird[2]. Diese in der Praxis häufig eingesetzte Methode wird anschließend erläutert.

12.2.1 NTU-Methode

Die Kennzahl NTU (Number of Transfer Units) beschreibt die *Anzahl der Übertragungseinheiten*. Dieser Name suggeriert allerdings eine anschauliche Interpretation, die so leider nicht möglich ist. Mit einer alternativen Bezeichung als *dimensionslose Übertragungsfähigkeit* wird zumindest deutlich, dass ein Anstieg des NTU-Wertes als eine Verbesserung des Wärmeübertragungsprozesses (in einem später näher beschriebenen Sinne) angesehen werden kann.

   Für die Anwendung der NTU-Methode müssen folgende Voraussetzungen erfüllt sein:

- Wärmeübertragertyp: Rekuperator

- nach außen adiabater Wärmeübertrager

- stationärer Betrieb

---

[1]   Verein Deutscher Ingenieure (2013): *VDI-Wärmeatlas*, 11. Auflage, Springer Vieweg Verlag, Berlin / Kapitel C1, Abschnitt 3.1

[2]   NTU-(Number of Transfer Units-)Methode nach W. Rötzel und B. Spang, siehe Verein Deutscher Ingenieure (2013): *VDI-Wärmeatlas*, 11. Auflage, Springer Vieweg Verlag, Berlin / Kapitel C1, Abschnitt 3.2 und Abschnitt 4

- Dissipation vernachlässigbar

- Änderung kinetischer und potentieller Energien vernachlässigbar

- konstante Stoffwerte der Fluide

- einheitliche Wandfläche innen und außen, $A_i^* = A_a^* = A^*$

- konstanter mittlerer Wärmedurchgangskoeffizient k^*

Bei der Dimensionsanalyse eines Problems, siehe Kapitel 4, ist es das Ziel, eine dimensionslose Beschreibung des Problems mit möglichst wenigen Kennzahlen zu finden. Dabei sollten Einflussgrößen, die in der Problemstellung immer zusammen (z. B. als Produkt) auftreten, zu einer Einflussgröße zusammengefasst werden. In diesem Sinne können der Massenstrom und die Wärmekapazität in einem *Wärmekapazitätsstrom* kombiniert werden[1], ebenso die Fläche und der (mittlere) Wärmedurchgangskoeffizient, deren Produkt als Einflussgröße auftritt. So kann beispielsweise bei einem größeren (mittleren) Wärmedurchgangskoeffizienten dieselbe thermische Leistung mit einer kleineren Übertragungsfläche erzielt werden.

Die nachfolgende Tabelle 12.2 enthält die Relevanzliste (vgl. Tabelle 4.2 in Kapitel 4) für die näherungsweise Berechnung von Wärmeübertragern nach der NTU-Methode.

Die Kennzahlen für das andere Fluid (Sekundärseite (II)) können aus den Kennzahlen der Primärseite (I) ermittelt werden. Wegen dieser direkten Abhängigkeit sind die folgenden Kennzahlen für den Fluidstrom II keine zusätzlichen Kennzahlen.

- Dimensionslose Temperaturänderung des Fluidstromes II: $P_{II} = \frac{T_{II1}^* - T_{II2}^*}{T_{I1}^* - T_{II1}^*} = P_I R_I$

- Wärmekapazitätsstromverhältnis Fluidstrom II / Fluidstrom I: $R_{II} = \frac{\dot{m}_{II}^* c_{II}^*}{\dot{m}_I^* c_I^*} = \frac{1}{R_I}$

Tabelle 12.2: Relevanzliste und daraus abgeleitete Kennzahlen für eine Berechnung nach der NTU-Methode

	1	Fluidtemperatur der Primärseite (I) im Eintrittsquerschnitt (1)	T_{I1}^*	K
	2	Fluidtemperatur der Primärseite (I) im Austrittsquerschnitt (2)	T_{I2}^*	K
Relevanzliste	3	Fluidtemperatur der Sekundärseite (II) im Eintrittsquerschnitt (1)	T_{II1}^*	K
	4	Fluidtemperatur der Sekundärseite (II) im Austrittsquerschnitt (2)	T_{II2}^*	K
	5	Wärmekapazitätsstrom der Primärseite	$\dot{m}_I^* c_I^*$	W/K
	6	Wärmekapazitätsstrom der Sekundärseite	$\dot{m}_{II}^* c_{II}^*$	W/K
	7	Produkt von Wärmedurchgangskoeffizient und Fläche	$k^* A^*$	W/K

$$n = 7; \; m = 4 \; (\text{kg, m, s, K}) \quad \Rightarrow \quad 3 \; \text{Kennzahlen}$$

Kennzahlen	1	$P_I = (T_{I1}^* - T_{I2}^*)/(T_{I1}^* - T_{II1}^*)$	Dimensionslose Temperaturänderung des Fluidstromes I
	2	$R_I = (\dot{m}_I^* c_I^*)/(\dot{m}_{II}^* c_{II}^*)$	Wärmekapazitätsstromverhältnis Fluidstrom I / Fluidstrom II
	3	$NTU_I = (k^* A^*)/(\dot{m}_I^* c_I^*)$	Anzahl der Übertragungseinheiten des Fluidstromes I

---

[1] Zwar wird bei Erhöhung des Fluid-Massenstroms auch die Dissipation erhöht; die Dissipation wird aber bei der vorliegenden Betrachtung nicht berücksichtigt.

- Anzahl der Übertragungseinheiten des Fluidstromes II: $\text{NTU}_{\text{II}} = \frac{k^* A^*}{\dot{m}_{\text{II}}^* c_{\text{II}}^*} = \frac{\text{NTU}_{\text{I}}}{R_{\text{II}}}$

In Bild 12.5 sind beispielhaft für einen reinen Gleichstrom-Wärmeübertrager schematisch die Temperaturverläufe der beiden Fluide (Primärseite I und Sekundärseite II) entlang der Wärmeübertragungsfläche aufgetragen. Für ein Flächenelement dA^* gelten folgende Energiebilanzen mit $-\delta \dot{Q}_{\text{I}}^* = \delta \dot{Q}_{\text{II}}^* = \delta \dot{Q}^*$

$$\text{Primärseite: } -\delta \dot{Q}_{\text{I}}^* = -\dot{m}_{\text{I}} c_{\text{I}}^* \, dT_{\text{I}}^* \tag{12-3}$$

$$\text{Sekundärseite: } \delta \dot{Q}_{\text{II}}^* = \dot{m}_{\text{II}} c_{\text{II}}^* \, dT_{\text{II}}^* \tag{12-4}$$

$$\text{Gesamt-Apparat: } \delta \dot{Q}^* = k^* \, \Delta T^* \, dA^* \tag{12-5}$$

Mit diesen Energiebilanzen sowie einer Integration über die gesamte Fläche des Wärmeübertragers zwischen Eintritt (1) und Austritt (2) ergibt sich der Zusammenhang

$$\text{NTU}_{\text{I}} = \text{NTU}_{\text{I}}(P_{\text{I}}, R_{\text{I}}) \tag{12-6}$$

wobei durch Integration der treibenden (lokalen) Temperaturdifferenz ΔT^* entlang der gesamten Übertragungsfläche die mittlere logarithmische Temperaturdifferenz $\Delta_{\ln} T^*$ bestimmt wird, siehe Gl. (12-2). Gleichwertig zu Gl. (12-6) - und daraus ableitbar - gilt auch der Zusammenhang

$$\text{NTU}_{\text{II}} = \text{NTU}_{\text{II}}(P_{\text{II}}, R_{\text{II}}) \tag{12-7}$$

Diese beiden funktionalen Zusammenhänge können für verschiedene Typen von Wärmeübertragern konkret ermittelt und in Diagrammen dargestellt werden. Für den reinen Gleichstrom-Wärmeübertrager und den reinen Gegenstrom-Wärmeübertrager sind die sog. *Betriebscharakteristiken* in Bild 12.6 dargestellt.[1]

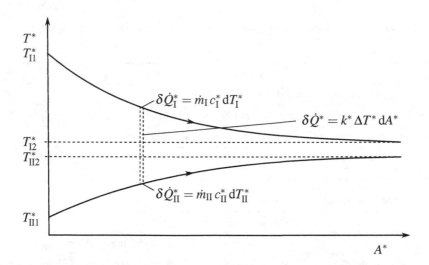

Bild 12.5: Temperaturverläufe in einem reinen Gleichstrom-Wärmeübertrager

---

[1] Details zur NTU-Methode sowie weitere Diagramme für typische Geometrien von Wärmeübertragern sind zu finden in: Verein Deutscher Ingenieure (2013): *VDI-Wärmeatlas*, 11. Auflage, Springer Vieweg Verlag, Berlin / Kapitel C1, Abschnitt 4

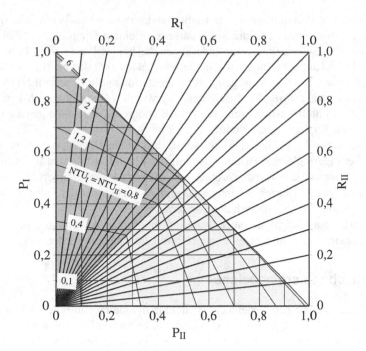

(a) Betriebscharakteristik eines reinen Gleichstrom-Wärmeübertragers

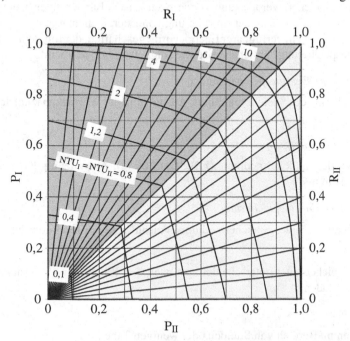

(b) Betriebscharakteristik eines reinen Gegenstrom-Wärmeübertragers

Bild 12.6: Betriebscharakteristiken von reinen Gleich- und Gegenstrom-Wärmeübertragern
dunkelgrau unterlegt: Primärseite I   hellgrau unterlegt: Sekundärseite II

Die dimensionslose Darstellung der Betriebscharakteristik eines Wärmeübertragers erfolgt üblicherweise für die Primär- und die Sekundärseite in einem Diagramm. Dabei sind auf den Achsen die dimensionslosen Temperaturänderungen der beiden Fluidströme P_I bzw. P_{II} jeweils zwischen 0 und 1 und auf dem Randmaßstab die Wärmekapazitätsstromverhältnisse R_I bzw. R_{II}, ebenfalls jeweils von 0 bis 1, aufgetragen. Als Parameter dient die Kennzahl NTU_I bzw. NTU_{II}.

Da die Betriebscharakteristik der Zusammenhang von drei Kennzahlen ist, kann jeweils eine Kennzahl daraus ermittelt werden, wenn die beiden anderen Kennzahlen gegeben sind, wie im Aufgabenteil (siehe Kap. 16) gezeigt wird.

Ein problematischer Aspekt dieser Methode ist, dass eindeutige Aussagen im Vergleich von zwei Wärmeübertragern gleicher Bauart (also mit derselben Betriebscharakteristik) im Grunde voraussetzt, dass der mittlere Wärmedurchgangskoeffizient k^* unverändert bleibt. Dies ist aber bei einer Veränderung der Betriebsparameter $\dot{m}_I^*$ und $\dot{m}_{II}^*$ nicht mehr der Fall, weil die jeweiligen Wärmeübergangskoeffizienten α_i^* sich dann ändern.

Ob diese Änderungen im Sinne einer weiterhin möglichen Anwendung der NTU-Methode vernachlässigbar sind, muss im Einzelfall geprüft und entschieden werden.

12.3 Thermische Energiespeicher

Unter einem thermischen Energiespeicher[1] versteht man einen technischen Apparat oder geologische Strukturen zur Speicherung von Energie, die in Form von Wärme in den Speicher fließen kann und diesem auch wieder in Form von Wärme entnommen werden kann. Diese Formulierung klingt etwas umständlich, trägt aber dem Umstand Rechnung, dass Wärme als Prozessgröße prinzipiell nicht gespeichert werden kann, sondern nur Zustandsänderungen in einem System bewirkt (die im konkreten Fall dann der Speicherung von Energie dienen).

Auf diese Weise wird ein verfügbarer Energievorrat geschaffen, der mit dem Begriff der „thermischen Energiespeicherung" üblicherweise wie folgt charakterisiert wird.

* *Sensible thermische Energiespeicherung:*

  Temperaturänderung des Speichermediums, Ausnutzung der Wärmekapazität des Speichermediums

* *Latente thermische Energiespeicherung:*

  Phasenwechsel des Speichermediums (z. B.: fest/flüssig), Ausnutzung der Schmelzenthalpie des Speichermediums

* *Thermochemische Energiepeicherung:*

  Chemische Reaktionen des Speichermediums, Ausnutzung der Reaktionsenthalpie des Speichermediums.

Bezüglich der Speicherdauer unterscheidet man nach den Kategorien (Speicherzyklus $\hat{=}$ Beladen/Speichern/Entladen):

* *Kurzzeitspeicher:*

  Speicherzyklen im Bereich von Stunden oder wenigen Tagen

---

[1] Siehe z. B.: Dincer, I.; Rosen, M. A. (2002): *Thermal Energy Storage-Systems and Applications*, John Wiley & Sons, New York

- *Langzeitspeicher:*

Speicherzyklen im Bereich von Wochen bis zu Jahren

Bezüglich der Temperaturbereiche unterscheidet man mit einer gewissen Willkür nach den Kategorien ($t_{Sp}^* \triangleq$ Speichertemperatur):

- *Niedertemperaturspeicher:*

$t_{Sp}^* < 100°C$

- *Mitteltemperaturspeicher:*

$100°C < t_{Sp}^* < 500°C$

- *Hochtemperaturspeicher:*

$t_{Sp}^* > 500°C$

Für viele thermische Energieanlagen, z.B. thermische Solaranlagen zur Heiz- und Brauchwassererwärmung, stellt der thermische Energiespeicher eine entscheidende Anlagenkomponente dar. Häufig begrenzt die nur unzureichende Speicherfähigkeit einer thermischen Anlage ihre Einsatzmöglichkeiten.

12.3.1 Auswahl- und Auslegungskriterien

Die wichtigsten Kriterien für die Auswahl und die Auslegung von Energiespeichern sind:

- die *Netto-Speicherkapazität*, definiert als die maximale Energie, die während eines Speicherzyklus (Beladen/Speichern/Entladen) vom Speicher aufgenommen werden kann. Die Brutto-Speicherkapazität berücksichtigt darüber hinaus noch die Verluste des Speichers an die Umgebung. Zum Beispiel gilt für einen sensiblen thermischen Energiespeicher mit jeweils homogener Temperaturverteilung (keine Temperaturschichtungen) zwischen der minimalen Temperatur T_0^* und der maximalen Temperatur $T_1^* = T_0^* + \Delta T^*$ (ΔT^* ist die sog. Temperaturspreizung) für die Brutto-Speicherkapazität Q_{max}^* in kJ:

$$Q_{max}^* = m^* c^* \Delta T^* \tag{12-8}$$

Dabei sind m^* die Speichermasse und c^* die als konstant unterstellte spezifische Wärmekapazität. Für eine klare Trennung zwischen Netto- und Brutto-Speicherkapazität muss dabei unterstellt werden, dass Verluste nur in der Speicherphase auftreten, nicht aber während des Be- und Entladevorganges.

- die *spezifische Energiedichte*, definiert als die auf die Masse (dann gilt q_M^*) oder auf das Volumen (dann gilt q_V^*) bezogene Speicherkapazität, jeweils in kJ/kg bzw. kJ/m^3.

Für die sensible thermische Energiespeicherung gilt damit wiederum (mit $m^* = \rho^* V^*$, ρ^*: Dichte, V^*: Volumen):

$$q_M^* = c^* \Delta T^* \quad \text{und} \quad q_V^* = \rho^* c^* \Delta T^* \tag{12-9}$$

als spezifische (Brutto-) Energiedichte.

- die *Be-* und *Entladeleistung*, definiert als der momentane Wärmestrom $\dot{Q}^* = dQ^*/d\tau^*$ der Beladung bzw. der Entladung. Beide Wärmeströme sind in ihrer aktiven Phase (Beladen bzw. Entladen) nicht konstant, sondern zeigen ein jeweils anlagenspezifisches Zeitprofil $\dot{Q}^*(\tau^*)$. In der Regel ist $\dot{Q}^*(\tau^*)$ sowohl für die Beladung als auch für die Entladung eine mit der Zeit monoton fallende Funktion.

- die *Speicherdauer*, definiert als die Dauer eines Speicherzyklus, bestehend aus Beladen, Speichern und Entladen.

- der *Nutzungsgrad* η_S, definiert als Verhältnis der während eines Speicherzyklus in Form von Wärme abgeführten und zugeführten Energie, also als

$$\eta_S \equiv \frac{Q^*_{ab}}{Q^*_{zu}} = \frac{Q^*_{zu} - Q^*_{Verl}}{Q^*_{zu}} = 1 - \frac{Q^*_{Verl}}{Q^*_{zu}} \tag{12-10}$$

Mit den thermischen Speicherverlusten Q^*_{Verl} sind die Abweichungen von einer optimalen Betriebsweise unmittelbar als Abweichungen vom Zahlenwert $\eta_S = 1$ erkennbar. Für den Betrieb des Speichers wird zusätzlich ein *Ladegrad* $\eta_L \equiv Q^*/Q^*_{max}$ definiert, der angibt, wieviel der Speicherkapazität jeweils genutzt wird.

- *Ökonomische Kennwerte*, wie Investitions- und Wartungskosten sowie Lebensdauer und Amortisationszeiten, enthalten z.B. in sog. Jahresgesamtkosten nach der Richtlinie VDI 2067 (Wirtschaftlichkeit gebäudetechnischer Anlagen).

Alle genannten Kriterien werden von keinem technisch realisierbaren thermischen Energiespeicher gleichzeitig optimal erfüllt, so dass stets eine anforderungs- und anlagenspezifische Auswahl getroffen werden muss.

Aus physikalisch/technischer Sicht spielen dabei zwei Gesichtspunkte eine entscheidende Rolle:

1. die Auswahl des Speichermaterials und damit die Entscheidung über die Speicherart (sensibel/latent/thermochemisch),

2. der technische Aufbau des Speichers, der entscheidend den Wärmeübergang während der Be- und Entladephase beeinflusst und damit die Be- und Entladeleistungs-Zeitprofile sowie den Lade- und Nutzungsgrad bestimmt.

12.3.2 Bauformen und Speichermedien

Typische Speichermedien und Speicheraufbauten sind:

- *Für die sensible Energiespeicherung:*

Flüssigkeiten, vorzugsweise Wasser und Feststoffe oftmals als Schüttungen (z. B. Kiesschüttungen). Die Wärmeübertragung bei der Be- und Entladung erfolgt bei Flüssigkeiten durch getrennte Kreisläufe, bei Feststoffschüttungen i. A. durch Direktkontakt zwischen dem durchströmenden Fluid (vorzugsweise Luft oder Wasser) und dem Speichermaterial. Die Baugrößen reichen dabei von kleinen Tanks in privat genutzten Solaranlagen bis zu Aquifer-Speichern von mehreren tausend Kubikmetern in Nahwärme-Versorgungsnetzen. Noch größere Dimensionen treten bei geothermischen Untergrundspeichern auf.

- *Für die latente Energiespeicherung:*

Paraffine, anorganische Salzhydrate und Eis. Die Wirkungsweise beruht hauptsächlich auf der Bindung und Freisetzung der Phasenänderungsenergie beim Schmelzen bzw. Erstarren des Speichermaterials. Während dies (für einen Reinstoff) bei konstanter Temperatur geschieht, wird häufig trotzdem eine gewisse Temperaturspreizung ΔT^* realisiert, weil eine Unterkühlung des Feststoffes bzw. eine Überhitzung der Flüssigkeit (jeweils bezogen auf die Schmelztemperatur) vorgesehen wird.

Da die häufig verwendeten Latent-Energiespeichermaterialien sehr niedrige Wärmeleitfähigkeiten besitzen, müssen im Energiespeicher große Übertragungsflächen vorgesehen werden. Dies kann z.B. durch eine enge Anordnung von Rohrbündeln (gefüllt mit Latent-Energiespeichermaterial) erreicht werden. Während in der festen Phase ein Wärmeübergang nur durch Wärmeleitung im Speichermaterial möglich ist, wird dieser in der flüssigen (oder teilweise flüssigen) Phase durch natürliche Konvektionsströmungen unterstützt und oftmals erheblich verbessert.

- *Für die thermochemische Energiespeicherung:*

Salzhydrate, Säuren und Metalloxide. Die Wirkungsweise beruht hauptsächlich auf der Bindung und Freisetzung chemischer Reaktionsenergie bei einer endothermen chemischen Reaktion bzw. der zugehörigen exothermen Rückreaktion. Dies können z. B. Hydratisierungs- und Oxidationsreaktionen oder die Zersetzung und Kombination von Salzen sein. Fälschlicherweise werden bisweilen aber auch Energiespeicher auf der Basis von Ad- und Desorptionsvorgängen als thermo*chemische* Speicher bezeichnet. Ein entscheidender Vorteil ist, dass die Energie bei entsprechender Ausführung des Speichers bei Umgebungstemperatur gespeichert werden kann und damit keine thermischen Verluste auftreten.

Wegen des naturgemäß komplexen Aufbaus solcher Anlagen und dem vergleichsweise hohen Preis der Speichermaterialien haben sich solche Speicher jedoch nur für Spezialanwendungen durchsetzen können.

Tab. 12.3 gibt die wichtigen Kenngrößen von Energiespeichermaterialien aus den drei Kategorien der sensiblen, latenten und thermochemischen Energiespeicherung an. Die Angaben zu den spezifischen Energiedichten beziehen sich dabei auf eine Temperaturspreizung von $\Delta T^* = 20\,$K. Neben der Dichte ρ^*, der spezifischen Wärmekapazität c^*, der Wärmeleitfähigkeit λ^*, der Schmelz-

Tabelle 12.3: Kenngrößen typischer thermischer Energiespeichermaterialien bei einer Temperaturspreizung von $\Delta T^* = 20\,$K. Daten aus: Khartchenko, N. V. (1995): *Thermochemische Solaranlagen*, Springer-Verlag, Berlin / Kap. 6: Energiespeicher

	Sensibel		Latent		Thermochem.
	Wasser	Gestein	Glaubersalz	Paraffin	NH_4Br
ρ^* in kg/m^3	1000	1600	1330	770	2900
c_p^* in m^2/s^{2}K	4190	840	3300	2500	—
λ^* in W/m K	0,6	0,45	1,85	0,5	—
Δh^* in kJ/kg	334	—	250	210	1910
q_M^* in kJ/kg	84	17	317	259	1910
q_V^* in MJ/m^3	84	27	422	199	5540

bzw. Reaktionsenthalpie Δh^* sind auch die spezifischen Energiedichten q_M^* und q_V^* gemäß (12-9) gezeigt.

Als entscheidende Aussage ist dieser Tabelle zu entnehmen, dass die spezifischen Energie-dichten von der sensiblen über die latente zur thermochemischen Energiespeicherung jeweils um einen Faktor $5 \dots 10$ zunehmen, also fast jeweils um eine Größenordnung ansteigen. Dies wirkt sich unmittelbar auf die Baugrößen (bei vergleichbaren Speicherkapazitäten) aus.

Beim Einsatz von Latent-Energiespeichermaterialien wird häufig der zusätzliche Effekt der sensiblen Energiespeicherung durch Vorgabe einer gewissen Temperaturspreizung genutzt. Oft-mals macht es Sinn, gezielt verschiedene Materialien oder Speichertechniken zu kombinieren, um die verschiedenen Effekte der thermischen Energiespeicherung zusammen zu nutzen. Man spricht dann von *Hybridenergiespeichern*.

Häufig wird durch den gezielten Einsatz von Zusatzstoffen (sog. Inhibitoren) bei Latent-Energiespeichermaterialien versucht, die Unterkühlung des Materials zu verhindern. Diese Un-terkühlung ist ein sog. metastabiler Zustand, bei dem das Material unterhalb der eigentlichen Schmelz- bzw. Erstarrungstemperatur in flüssiger Form vorliegt. Erst wenn der Kristallisations-(Erstarrungs-) Vorgang durch einen entsprechenden Auslösemechanismus in Gang gesetzt wird, kommt es zum Phasenwechsel mit Energiefreisetzung und als Folge davon zur Materialerwär-mung.

Neuere Entwicklungen versuchen, diese Unterkühlung nicht zu vermeiden, sondern gezielt zu nutzen, um damit die als latente Wärme vorhandene Energie auf dem Temperaturniveau der Umgebung ohne thermische Verluste zu speichern. Durch geeignete Auslösemechanismen kann der Phasenwechsel dann bei Bedarf ausgelöst werden.

ILLUSTRIERENDES BEISPIEL 12.1: Wärmerohr

Das sog. *Wärmerohr* (engl.: heat pipe) ist äußerlich ein unscheinbares beidseitig geschlossenes Rohr. Es ermöglicht wegen seines besonderen Aufbaus im Inneren einen höchst effektiven Energietransport zwischen seinen beiden Enden und wirkt deshalb wie ein Stab mit einer ungewöhnlich großen Wär-meleitfähigkeit. Dieses Rohr stellt deshalb einen hochwirksamen Wärmeübertrager zwischen zwei Fluiden unterschiedlicher Temperatur dar, wenn es mit einem Ende in ein warmes und mit dem ande-ren Ende in ein kaltes Fluid eintaucht. Was geschieht nun im Innern eines solchen Wärmerohres?

Dies soll zunächst beschrieben und anschließend anhand von Bild 12.7 erläutert werden. Das Wär-merohr ist mit einem Arbeitsfluid so gefüllt, dass dieses gleichzeitig in flüssiger und in gasförmiger Phase vorliegt. Das Wärmerohr nimmt auf einer Seite einen Wärmestrom aus einem Fluid 1 auf, indem Arbeitsfluid im Rohr verdampft, und gibt diesen Wärmestrom auf der anderen Seite an ein Fluid 2 wieder ab, indem das Arbeitsfluid dort kondensiert. Das Arbeitsfluid zirkuliert im Inneren des Wärmerohres ohne Mitwirkung einer Pumpe.

Im Wärmerohr macht man sich die Physik des Phasenwechsels flüssig↔gasförmig zunutze, der stets mit hohen spezifischen Energieumsätzen verbunden ist (Aufnahme bzw. Freisetzung der Ver-dampfungsenthalpie des eingesetzten Arbeitsfluides). Wegen der geringen Temperaturdifferenzen, die dabei insgesamt auftreten, weisen Wärmerohre stets sehr hohe Werte eines *Wärmedurchgangskoeffi-zienten* auf, wenn dieser analog zum Wärmedurchgangskoeffizienten zwischen zwei Fluiden mit der Temperaturdifferenz ΔT^*, die durch eine Wand getrennt sind, definiert wird (vgl. Kap. 5.4).

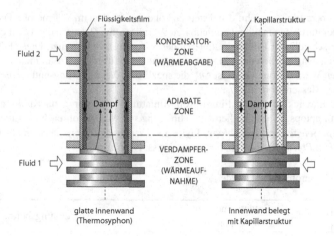

Bild 12.7: Wärmerohr – Bauformen

Mit Blick auf den Zirkulationsmechanismus des Arbeitsfluides im Wärmerohr sind zwei verschiedene Bauformen zu unterscheiden, die in Bild 12.7 gezeigt sind.

- Zirkulation durch Schwerkrafteinwirkung: Hierbei muss die Kondensatorseite des Wärmerohres stets oberhalb der Verdampferseite liegen. Das flüssige Arbeitsmittel fließt dann in Form eines Wandfilmes in die Verdampferzone zurück, während das gasförmige Arbeitsmittel im Gegenstrom in Richtung Kondensator strömt. Diese Bauform nennt man *Thermosyphon* (gelegentlich auch *Gravitations-Wärmerohr*).

- Zirkulation durch Kapillarwirkung in einer wandnahen porösen Schicht (engl.: wick): Hierbei ist die Innenwand des Wärmerohres mit einem porösen Material belegt, in dem sich das flüssige Arbeitsmittel von der Kondensator- zur Verdampferseite bewegt. Die treibende Kraft hierfür ist eine Druckdifferenz im porösen Material längs der Rohrinnenwand. Diese Druckdifferenz entsteht, weil die Druckverhältnisse in den Kapillaren auf der Verdampfer- und auf der Kondensatorseite unterschiedlich sind. Unterschiedliche Krümmungen der Flüssigkeitsoberfläche in den Kapillaren führen zu unterschiedlichen Kapillardrücken auf beiden Seiten des Wärmerohres und damit zu der treibenden Kapillardruckdifferenz. Diese Bauform nennt man *Kapillar-Wärmerohr*.

Beiden Bauformen gemeinsam ist die grundsätzliche Aufteilung in drei Zonen: Verdampferzone, adiabate Zone und Kondensatorzone. Zur Verbesserung des Wärmeüberganges zwischen dem energieabgebenden bzw. energieaufnehmenden Fluid und dem Wärmerohr werden auf der Verdampfer- und Kondensatorseite häufig Rippen angebracht, wie dies in der Skizze angedeutet ist. Beide Bauformen können auch unter einem Winkel gegenüber der Vertikalen betrieben werden. Beim Thermosyphon muss dieser Winkel stets kleiner als 90° sein, beim Kapillar-Wärmerohr unterliegt er keinen Einschränkungen.

Als Kapillarstruktur für den Flüssigkeitsrückfluss kommen an die Innenwand gepresste Gewebe (z. B. Drahtnetze), in die Rohrwand gefräste Rückflusskanäle oder auch im Rohrinneren entsprechend angeordnete Kapillarmaterialien zum Einsatz.

Wärmerohre können je nach verwendetem Arbeitsfluid in sehr unterschiedlichen Temperaturbereichen eingesetzt werden, wie Tab. 12.4 zeigt. Für ein bestimmtes Arbeitsfluid ergibt sich aufgrund der generellen Wirkungsweise von Wärmerohren jeweils ein bestimmter Temperaturbereich für die Anwendungen. Die Verhältnisse im Inneren des Wärmerohres werden dabei entscheidend durch die jeweilige Dampfdruckkurve des Arbeitsfluides bestimmt. Diese gibt als Funktion $p_S^*(T_S^*)$ die jeweils zugehörigen Werte von Druck und Temperatur im Zweiphasen-Gleichgewicht Flüssigkeit/Dampf an.

Ein höheres Temperaturniveau führt dabei stets zu höheren Drücken im Wärmerohr. Die bei einem bestimmten Temperaturniveau maximal erreichbaren Wärmeströme $\dot{Q}^*$ durch das Wärmerohr sind durch eine Reihe unterschiedlicher Effekte im Inneren des Wärmerohres begrenzt. Diese Effekte beschränken hauptsächlich den zirkulierenden Massenstrom und damit über den Zusammenhang $\dot{Q}^* = \Delta h_V^* \, \dot{m}^*$ den übertragenen Wärmestrom. Dabei ist Δh_V^* die spezifische Verdampfungsenthalpie in kJ/kg und $\dot{m}^*$ der zirkulierende Massenstrom in kg/s.

Eine aktuelle Entwicklung ist der Einsatz von Miniatur-Wärmerohren zur Kühlung elektronischer Bauteile z.B. in Laptops. Eine detaillierte Beschreibung von Wärmerohren findet man in: Faghri, A. (1995): *Heat Pipe Science and Technology*, Taylor and Francis, Philadelphia, sowie Dunn, P. D.; Raey, D. A. (1994): *Heat Pipes*, 4th Edition, Pergamon Press, New York.

Tabelle 12.4: Wärmerohr-Arbeitsfluide

Arbeitsfluid	Siedetemperatur bei $p^* = 1\,\text{bar}$ in °C	Anwendungsbereich in °C
Stickstoff	-196	$-203\ldots-160$
Ammoniak	-33	$-60\ldots100$
Methanol	64	$10\ldots130$
Wasser	$100\ \cdot$	$30\ldots200$
Quecksilber	361	$250\ldots650$
Natrium	892	$600\ldots1200$
Silber	2212	$1800\ldots2300$

ILLUSTRIERENDES BEISPIEL 12.2: Wärmepumpe

Eine *Wärmepumpe* (engl.: heat pump) nutzt innere Energie der Umgebung, um diese auf einem erhöhten Temperaturniveau für Heizzwecke zur Verfügung zu stellen. Dem Fourier-Ansatz, (5-5) in Kap. 5.2, der einen Wärmestrom mit dem zugehörigen Temperaturfeld verknüpft, ist aber zu entnehmen, dass ein Wärmestrom stets in Richtung abnehmender Temperatur fließt, da andernfalls der Zweite Hauptsatz der Thermodynamik verletzt wäre. Es tritt nun die Frage auf, wie Umgebungsenergie zu Heizzwecken unter Berücksichtigung aller relevanten physikalischen Gesetzmäßigkeiten genutzt werden kann.

Um das Prinzip einer Wärmepumpe verstehen zu können, muss man sich zunächst vergegenwärtigen, dass Energien nicht nur durch ihre Quantität, sondern auch durch ihre Qualität charakterisiert sind. Als Qualitätsmaß einer Energie dient dabei die Exergie-/Anergie-Aufteilung, die in Kapitel 3.4 eingeführt worden war. Eine Energie ist nach diesem Konzept umso höherwertiger, je größer der Exergieanteil ist, der auch ein Maß für die sog. Arbeitsfähigkeit einer Energie darstellt.

Vor diesem Hintergrund sind nun im Zusammenhang mit Wärmepumpen zwei Aspekte von Bedeutung:

- Innere Energie (der Umgebung, des geheizten Raums, ...) kann einen Exergieteil (d. h. eine Arbeitsfähigkeit) besitzen. Dieser ist entscheidend von der Temperaturdifferenz zur Umgebungstemperatur t_U^* abhängig. Nur wenn $\Delta t^* = t^* - t_U^*$ von Null verschieden ist, liegt ein von Null verschiedener Exergieteil vor.

- Exergie kann niemals erzeugt, wohl aber vernichtet werden. Man kann Exergie in ein System übertragen (zusammen mit der zugehörigen Energie), aber man kann sie nicht erzeugen. Wenn die Exergie in einem bestimmten Prozess durch Vernichtung abnimmt, spricht man von Exergieverlust und davon, dass die Energie entwertet wird.

Mit einer Wärmepumpe soll nun Energie aus der Umgebung (kein Exergieteil) in den zu heizenden Raum gelangen, dessen innere Energie einen von Null verschiedenen, wenn auch geringen Exergieteil besitzt, weil für den Raum $t^* > t_U^*$ gilt. Im Zuge dieses Übertragungsprozesses muss die Umgebungsenergie „mit Exergie angereichert werden", damit die in den Raum gelangende Energie dann mindestens den Exergieteil besitzt, den die innere Energie des Raums (mit und wegen $t^* > t_U^*$) bereits aufweist. Dies klingt sehr abstrakt, ist aber der physikalische Hintergrund für den technischen Prozess, der jetzt anschließend beschrieben werden soll.

Der technische Prozess, der in einer Wärmepumpe realisiert ist, kann nach den vorherigen Ausführungen als „Exergieanreicherungsprozess" bezeichnet werden und läuft in einer häufig gewählten Ausführung als sog. *Kompressions-Wärmepumpenprozess* in folgenden vier Teilprozessen ab, die ein Arbeitsfluid (Kältemittel) in einem geschlossenen Kreislauf durchläuft, s. dazu Bild 12.8.

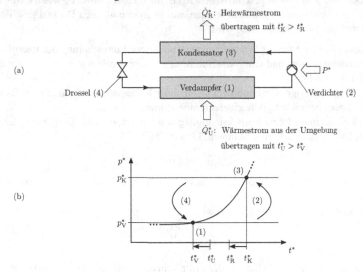

Bild 12.8: Wärmepumpen-Teilprozesse (1) bis (4)
(a) Prinzipielles Schaltschema einer Kompressions-Wärmepumpe
(b) Dampfdruckkurve des Arbeitsmittels; Kennzeichnung der vier Teilprozesse

- Über z. B. im Erdreich verlegte Rohre gelangt Energie in Form von Wärme an ein Arbeitsmittel, das durch diese Rohre strömt. Wenn das Erdreich eine bestimmte niedrige Temperatur t_U^* im Sinne einer Umgebungstemperatur besitzt, muss das Arbeitsmittel noch kälter sein, damit es einen Wärmestrom vom Erdreich in das Arbeitsmittel gibt. Das Arbeitsmittel würde sich aber bereits kurz nach dem Eintritt in die im Erdreich verlegten Rohre so stark erwärmen, dass keine ausreichende treibende Temperaturdifferenz für einen weiteren Wärmeübergang vorhanden wäre. Der "Trick" besteht nun darin, die Energie nicht über eine Temperaturerhöhung (sensibel), sondern über einen Phasenwechsel flüssig $\rightarrow$ gasförmig (latent) zu speichern. Bei diesem Verdampfungsvorgang bleibt die Temperatur t_V^* konstant. Das Rohrsystem fungiert damit als Verdampfer. In Bild 12.8(b) ist dieser Zweiphasen-Gleichgewichtszustand als ein Punkt auf der Dampfdruckkurve im p^*, t^*-Diagramm bei der Temperatur t_V^* eingetragen. Im darüber eingezeichneten Anlagenschema entspricht dies dem Bauteil „Verdampfer". Hier gelangt die Energie aus der Umgebung in das Arbeitsmittel, die aufgenommene Energie hat aber keinen (nennenswerten) Exergieteil, weil die Temperatur noch sehr nahe an der Umgebungstemperatur liegt.

- Das jetzt gasförmige Arbeitsmedium wird im zweiten Teilprozess verdichtet. Dabei steigen der Druck und die Temperatur an. Die Temperaturerhöhung ist genau das, was man für die Heizung des Raums benötigt, die Energie muss jetzt nur noch aus dem (warmen) Arbeitsmittel an den Raum übertragen werden. Für die Verdichtung ist eine Antriebsleistung P^* im Verdichter erforderlich, die als mechanische Leistung vollständig aus Exergie besteht und als solche weitgehend in das

Arbeitsmittel übergeht. Dabei erhöht sich die Temperatur des Arbeitsmittels auf t_K^*. Dies kann als Exergieanreicherung der zuvor aus der Umgebung an den Verdampfer übertragenen Energie interpretiert werden.

- In einem Kondensator kann jetzt der Phasenwechsel gasförmig $\to$ flüssig bei der konstanten Temperatur $t_K^* > t_R^*$ erfolgen, so dass eine treibende Temperaturdifferenz für eine Wärmeübertragung in den Raum mit der Temperatur t_R^* vorhanden ist, s. Bild 12.8(a). Die Energie wird jetzt auf dem erhöhten Temperaturniveau $t_K^* > t_U^*$ übertragen; sie besitzt damit wie die im warmen Raum gespeicherte Energie einen Exergieteil (der in Schritt (2) zugeführt worden war).

- Da das Arbeitsmittel in einem geschlossenen Kreislauf umläuft, muss es wieder auf das niedrige Druckniveau des Verdampfers gebracht werden, was in einer einfachen Drossel geschieht, die vom flüssigen Arbeitsmedium durchlaufen wird.

Der entscheidende Vorgang bei der Wärmepumpe ist die Exergieanreicherung der Energie, die aus der Umgebung entnommen wird und damit anschließend zu Heizzwecken auf einem Temperaturniveau $t_K^* > t_U^*$ genutzt werden kann.

Hinweis: Ein ganz analoger Gesamtprozess ist in einer Kältemaschine (z. B. dem häuslichen Kühlschrank) realisiert, es liegen lediglich andere Temperaturniveaus vor.

Eine Energiebilanz muss (ohne Berücksichtigung von Verlusten an die Umgebung) bzgl. der Wärmepumpe drei Energieströme berücksichtigen. Dies ergibt

$$|\dot{Q}_R^*| = \dot{Q}_U^* + P^* \qquad (12\text{-}11)$$

Der Heizwärmestrom $\dot{Q}_R^*$ ist also die Summe aus dem Wärmestrom $\dot{Q}_U^*$ aus der Umgebung und der zusätzlich erforderlichen Verdichterleistung P^*.

Als sog. *Leistungszahl* der Wärmepumpe wird

$$\varepsilon_{WP} = \frac{|\dot{Q}_R^*|}{P^*} \qquad (12\text{-}12)$$

eingeführt. Sie besagt, ein Wievielfaches der erforderlichen (und zu bezahlenden) Antriebsleistung für Heizzwecke zur Verfügung steht. Realistische Werte sind $2 < \varepsilon_{WP} < 4$, d. h. mit $\varepsilon_{WP} = 3$ kann das Dreifache der eingesetzten Antriebsenergie für Heizzwecke genutzt werden. Das klingt zunächst sehr attraktiv, es muss aber bedacht werden, dass P^* als mechanische Leistung zu 100 % aus Exergie besteht und damit die höchstwertigste und teuerste Energieform darstellt.

Für einen realistischen Vergleich mit anderen Formen der Raumheizung müssen die jeweils erforderlichen Primärenergien betrachtet werden. Unterstellt man für die Stromerzeugung in einem Kraftwerk einen Wirkungsgrad von $\eta = 40\,\%$, so ergibt der Vergleich von drei Heizvarianten für die Bereitstellung eines Heizwärmestroms $\dot{Q}_R^* = 1$ kW folgenden Primärenergie-Einsatz:

- *Elektrische Radiatorheizung*: Hierbei wird 1 kW elektrische Leistung dissipiert und in Form von Wärme abgegeben. Zur Bereitstellung dieser elektrischen Leistung ist im Kraftwerk der Einsatz von 1 kW/η = 2,5 kW aus Primärenergie erforderlich ($\eta = 40\,\%$).

- *Heizkessel*: Hierbei wird 1 kW aus der Verbrennung von Primärenergieträgern gewonnen. Mit moderner Brennwerttechnologie kann dabei ein Wärmestrom gleicher Größe genutzt werden, der Primärenergieeinsatz beträgt also 1 kW.

- *Wärmepumpe*: Mit einer Leistungszahl $\varepsilon_{WP} = 2$ bis 4 wird für die Bereitstellung von 1 kW Heizwärmestrom eine elektrische Antriebsleistung von 0,5 kW bis 0,25 kW benötigt. Diese wird im Kraftwerk mit dem Wirkungsgrad $\eta = 40\,\%$ unter Einsatz von 1,25 kW bis 0,625 kW aus Primärenergie gewonnen.

Aus energiepolitisch/ökologischer Sicht scheidet damit die elektrische Radiatorheizung von vorne herein aus. Ob sich eine Wärmepumpe gegenüber moderner Heizkesseltechnologie lohnt, muss im Einzelfall entschieden werden. Bei dieser Entscheidung sind aber auch weitere Faktoren zu berücksichtigen, wie die Investitions- und Wartungskosten und nicht zuletzt die Zuverlässigkeit der Systeme.

ILLUSTRIERENDES BEISPIEL 12.3: Größe verschiedener Energiespeicher

In Kap. 12.3 waren verschiedene thermische Energiespeicher beschrieben worden. Um deren Kapazität zu charakterisieren und einzuordnen, werden in diesem Kapitel vier Energiespeicher sehr unterschiedlicher Bauart beschrieben. Die letzten beiden sind dabei keine Speicher im „klassischem Sinne", sondern nutzen Kraftwerksleistungen auf unterschiedliche Weise zur Beladung des eigentlichen Speichers.

- Thermischer Energiespeicher:
  Für ein Einfamilienhaus soll die im Winter benötigte Energie aus einem Kies-Wasser-Speicher entnommen werden, der im Sommer über Solar-Kollektoren thermisch aufgeladen worden ist. Mit folgenden Annahmen kann die Mindestgröße abgeschätzt werden, die der Speicher besitzen muss, damit er theoretisch den Energiebedarf abdecken kann. In einer praktischen Ausführung müsste er dann noch deutlich größer ausgelegt werden, da u.a. zunächst nicht berücksichtigte Verluste auftreten und der Speicher nicht vollständig entladen werden kann. Annahmen sind:
  - Heizenergiebedarf: $100\,\text{kWh}/\text{Tag}$ für 150 Tage $\widehat{=}\ 15\,000\,\text{kWh}$,
  - Speicherfähigkeit von Kies-Wasser: $0{,}5\,\text{kWh}/\text{m}^3\,\text{K}$,
  - Speichertemperaturen: $20\,°\text{C}$ bis $90\,°\text{C}$.

  Daraus ergibt sich, dass $430\,\text{m}^3$ Speichermaterial erforderlich sind, um bei einer Temperaturspreizung von $70\,°\text{C}$ die thermische Energie von $15\,000\,\text{kWh}$ zu speichern. Die tatsächliche Größe müsste dann deutlich über $500\,\text{m}^3$ liegen. Der umbaute Raum beträgt bei der hier (in den obigen Werten) unterstellten Wohnfläche von $150\,\text{m}^2$ weniger als $450\,\text{m}^3$. Der Speicher müsste also mindestens so groß sein wie das Haus!

  Diese Zahlenwerte zeigen, dass der Heizenergiebedarf durch eine extrem gute Wärmedämmung auf etwa ein Zehntel gesenkt werden müsste, um auf eine akzeptable Speichergröße zu kommen. Dann wäre der Speicher nicht so groß wie das Haus, sondern würde nur noch ein Zehntel des Hausvolumens erfordern. Dass dies prinzipiell möglich ist, zeigen sog. „Niedrigenergiehäuser".

- Elektrischer Energiespeicher:
  Das große Problem von Windkraftanlagen ist der stark schwankende Energieertrag. Dies könnte durch eine Energiespeicherung direkt an der Windkraftanlage wesentlich entschärft werden. Ob dies möglich ist, kann folgende Abschätzung zeigen. Die von einer Windkraftanlage mit einer Tagesdurchschnittsleistung von $3\,\text{MW}$ an einem Tag bereitgestellte Energie soll vor Ort gespeichert werden. Es handelt sich dann um $72\,\text{MWh}$ elektrischer Energie, die es zu speichern gilt. Wiederum im Sinne einer Abschätzung soll nicht ein realer Speicher betrachtet werden, sondern es soll angegeben werden, wie groß ein Speicher sein müsste, damit er theoretisch in der Lage wäre, die gestellte Aufgabe zu erfüllen. Wenn dies mit einem Batteriespeicher geschehen soll, ist die Angabe erforderlich, wie groß die Energiedichte eines solchen Batteriespeichers ist. Je nach Batterieausführung liegen solche Werte zwischen $0{,}2\,\text{MJ}/\text{kg}$ und $2\,\text{MJ}/\text{kg}$. Mit einem mittleren Wert von $1\,\text{MJ}/\text{kg}$ gilt dann Folgendes: Die zu speichernden $72\,\text{MWh}$ entsprechen $72 \cdot 3600\,\text{MJ} = 260\,000\,\text{MJ}$. Bei der Speicherdichte von $1\,\text{MJ}/\text{kg}$ sind also $260\,\text{t}$ Speichermaterial als theoretischer Mindestwert erforderlich. Diese Masse entspricht dem Startgewicht von drei Flugzeugen des Typs Airbus A320!

- Pumpspeicher-„Kraftwerk" (Köppchenwerk am Hengsteysee, Herdecke in Westfalen):
  In einem Pumpspeicher-„Kraftwerk" wird mit Hilfe einer elektrisch betriebenen Pumpe zu Zeiten mit geringem Strombedarf (meist nachts) Wasser aus einem Stausee in ein höher gelegenes Becken gepumpt und damit Energie in Form von erhöhter potenzieller Energie gespeichert. Zu Zeiten hohen Strombedarfs fließt das Wasser dann wieder in den Stausee und treibt dabei eine Turbine an, die über einen elektrischen Generator Strom erzeugt. Es handelt sich insgesamt um ein sog. „Spitzenlast-Kraftwerk", obwohl die Bezeichnung als „Kraftwerk" eigentlich irreführend ist. Im Köppchenwerk in Herdecke wird Wasser in ein $160\,\text{m}$ höher gelegenes Becken mit einem Fassungsvermögen von

etwa 1,5 Millionen m^3 gefördert. Dies geschieht mit einer Francis-Pumpturbine, d. h. dieselbe Maschine kann wahlweise als Pumpe oder als Turbine betrieben werden. Im Turbinenbetrieb kann von der Anlage eine Leistung von 153 MW für etwa vier Stunden bereitgestellt werden, so dass letztlich etwa 600 MWh gespeichert werden können. Eine besondere Eigenschaft dieses „Kraftwerks" ist die kurze Ansprechzeit. Innerhalb von 70 Sekunden kann die Turbine ihre Volllast erreichen und ist damit besonders geeignet, Schwankungen in der elektrischen Energieversorgung auszugleichen. Setzt man als Wirkungsgrad der Energiespeicherung

$$\eta = \frac{\text{im Turbinenbetrieb gewonnene elektrische Energie}}{\text{im Pumpenbetrieb aufgewandte elektrische Energie}} \tag{12-13}$$

so erreicht das Köppchenwerk Werte von etwa $\eta = 0,8$, d. h. etwa 20 % der Energie können nicht zurückgewonnen werden.

- Druckluftspeicher-„Kraftwerk" (Kraftwerk Huntorf bei Elsfleth in Niedersachsen):
  In einem Druckluftspeicher-„Kraftwerk" wird mit Hilfe eines elektrisch betriebenen Verdichters zu Zeiten mit geringem Strombedarf Luft in einen unterirdischen Hohlraum (eine sog. Kaverne) eingespeist, die dort unter hohem Druck und entsprechend hoher Temperatur gespeichert wird. Damit findet eine Speicherung in der erhöhten inneren Energie der Luft statt. Zu Zeiten hohen Strombedarfs wird die Luft wieder entnommen und kann prinzipiell eine Turbine zur Stromerzeugung antreiben. Hierbei tritt aber folgende Problematik auf: Im Zuge der Verdichtung zur Einspeisung in die Kaverne erhitzt sich die Luft sehr stark. Wird sie anschließend längere Zeit gespeichert, geht ein Teil der erhöhten inneren Energie in Form von Wärme (an die Umgebung) verloren. Wird die Luft anschließend wieder entspannt, so kühlt sie sich jetzt sehr stark ab und kann zur Vereisung der Turbine führen. Um dies zu vermeiden, wird die komprimierte Luft in einen Gasturbinenprozess integriert. Innerhalb dieses Kreisprozesses ersetzt der Druckluftspeicher den andernfalls erforderlichen Verdichter. Dieser müsste sonst von der Turbine angetrieben werden. Damit entsteht dann ein kombiniertes Druckluftspeicher-Gasturbinenkraftwerk. Im Druckluftspeicher-„Kraftwerk" Huntorf wird Luft in zwei Kavernen im Salzgestein auf einer Tiefe zwischen 650 m und 800 m und einem Gesamtvolumen von ca. 310 000 m^3 eingespeist. Als Enddruck wird dabei ein Druck $p = 72$ bar nach etwa acht Stunden erreicht. Damit kann für etwa zwei Stunden das Gasturbinenkraftwerk mit einer abgegebenen elektrischen Leistung von 321 MW betrieben werden. Würde dieses Gasturbinenkraftwerk klassisch arbeiten, also die Verdichtungsleistung aus der Turbine beziehen, könnte bei gleichem Brennstoffeinsatz (Erdgas) nur eine Betriebsdauer von etwa 40 Minuten bei weiterhin abgegebener Leistung von 321 MW erreicht werden. Daraus folgt, dass über den Druckluftspeicher in einem Zyklus etwa 321 MW·1,33 h = 427 MWh Energie gespeichert werden kann. Für ein solches Druckluftspeicher-„Kraftwerk" ist es sehr viel schwieriger, einen aussagekräftigen Wirkungsgrad der Energiespeicherung anzugeben, weil darin die Speicherverluste durch den Wärmestrom an die Umgebung berücksichtigt werden müssten. Durch genau diesen Effekt ist davon auszugehen, dass eine Energiespeicherung über komprimierte Luft deutlich weniger effektiv ist als die Speicherung in Pumpspeicher-„Kraftwerken".

13 Messung von Temperaturen und Wärmeströmen

Im Fachgebiet der Wärmeübertragung werden die beiden folgenden zentralen Fragen behandelt:

- Welche Wärmeströme treten als Folge eines bestimmten Temperaturfeldes bzw. zwischen zwei Körpern unterschiedlicher Temperatur auf?

- Welche Temperaturfelder bzw. Oberflächentemperaturen stellen sich als Folge bestimmter Wärmeströme ein?

Damit kommt aus experimenteller Sicht der Messung von *Temperaturen* und *Wärmeströmen* eine entscheidende Bedeutung zu. Wie sich zeigen wird, werden Wärmestrommessungen ihrerseits wiederum auf Temperaturmessungen zurückgeführt, so dass die letztlich entscheidende Messgröße bei der experimentellen Behandlung von Wärmeübertragungsproblemen die Temperatur ist. Deren messtechnische Bestimmung wird deshalb zunächst ausführlich behandelt. Auf Wärmestrommessungen wird danach in Kap. 13.2 kurz eingegangen.

13.1 Temperaturmessungen

Bei der Temperaturmessung handelt es sich um eine Methode zur Bestimmung der Zustandsgröße Temperatur eines zu untersuchenden thermodynamischen Systems. Man unterscheidet dabei grundsätzlich nach

- *Berührungsbehafteten Messmethoden:*

  Diese basieren auf dem thermodynamischen Gleichgewicht zwischen dem Messgerät (z. B. Thermoelement) und dem thermodynamischen System. Über die thermometrische Eigenschaft des Thermometers kann dabei auf die (dem System und dem Thermometer gemeinsame) Temperatur geschlossen werden.

- *Berührungsfreien Messmethoden:*

  Diese basieren in der Regel auf den Strahlungseigenschaften des zu untersuchenden thermodynamischen Systems.

13.1.1 Berührungsbehaftete Messmethoden

Die Basis für alle *berührungsbehafteten Temperatur-Messmethoden* ist das thermodynamische Gleichgewicht zwischen dem Messgerät bzw. Messfühler (dem Thermometer) und dem thermodynamischen System. Als Thermometer ist dabei jedes Gerät geeignet, das „klein gegenüber dem thermodynamischen System" ist (d. h., dieses bei der Einstellung des thermodynamischen Gleichgewichtes vernachlässigbar gering beeinflusst) und eine sog. thermometrische Eigenschaft besitzt. Diese ist gekennzeichnet durch ihre

- hinreichend starke, kontinuierliche und monotone Temperaturabhängigkeit,

- strikte Reproduzierbarkeit,

© Springer Fachmedien Wiesbaden GmbH, ein Teil von Springer Nature 2019
H. Herwig und A. Moschallski, *Wärmeübertragung*,
https://doi.org/10.1007/978-3-658-26401-7_13

• weitgehende Unabhängigkeit von anderen pyhsikalischen Größen.

Thermometrische Materialeigenschaften sind:

• die Volumenausdehnung von Flüssigkeiten oder Gasen als Funktion der Temperatur (Ausdehnungsthermometer),

• die Temperaturabhängigkeit des elektrischen Widerstandes von Metallen oder Halbleitern (Widerstandsthermometer),

• die temperaturabhängige elektrische Spannung in Metallpaarungen (Thermoelement).

Darüber hinaus werden viele andere spezielle Effekte als thermometrische Eigenschaften genutzt.

Zwei wichtige Beispiele für berührungsbehaftete Temperaturmessungen sind:

• *Widerstandsthermometer Pt 100*

Es handelt sich um ein elektrisches Widerstandthermometer. Es basiert auf der Temperaturabhängigkeit des elektrischen Widerstandes von Metallen und Halbleitern (sog. Thermistoren) als thermometrische Eigenschaft. Bei den Metallen erweist sich dabei Platin als besonders geeignet, weil es einen nahezu linearen Zusammenhang zwischen dem elektrischen Widerstand und der Temperatur aufweist und sich darüber hinaus als sehr langzeitstabil und in den verschiedensten Medien einsetzbar erweist. Deshalb hat sich das Platin-Widerstandsthermometer in der Praxis durchgesetzt. Der sog. Pt 100-Messfühler gilt als genormter Standard-Fühler. Er weist bei 0°C einen elektrischen Widerstand von $100\,\Omega$ auf. Für ihn gilt unabhängig von der Größe und der Bauart im Temperaturbereich $0°C < t^* < 850°C$ die Widerstands/Temperaturbeziehung (R^* in Ω, t^* in °C; $\{R^*\}$, $\{t^*\}$ als Zahlenwerte von R^* und t^*.

$$\{R^*\} = 100\,(1 + 3{,}908 \cdot 10^{-3}\{t^*\} + 0{,}580195 \cdot 10^{-6}\{t^*\}^2) \tag{13-1}$$

Hier, wie bei Widerstandsthermometern generell, ist zu beachten, dass zur Widerstandsmessung ein Messstrom durch den Messfühler erforderlich ist, der zu einer messwertverfälschenden Temperaturerhöhung führt und deshalb sehr klein gehalten werden muss. Pt 100 Widerstandsthermometer gibt es in sehr unterschiedlichen Bauformen, wobei üblicherweise ein dünner gewickelter Platindraht in einem Schutzrohr angebracht ist. Die Durchmesser dieser Schutzrohre liegen im mm-Bereich.

Speziell für Temperaturmessungen an überströmten Oberflächen gibt es flache Pt 100 - Oberflächen-Temperatursensoren, die aus einem in eine elastische Folie eingeschweißten Platin-Messwiderstand bestehen und direkt auf die zu vermessende Oberfläche appliziert werden.

• *Thermoelement*

Unter einem Thermoelement versteht man eine Messanordnung, deren prinzipieller Aufbau in Bild 13.1 skizziert ist. Zwei Metalldrähte aus unterschiedlichem Material A und B sind an der Messstelle elektrisch leitend miteinander in Kontakt. Die anderen beiden Enden werden durch ein drittes Metall C mit einem Spannungsmesser (Voltmeter) verbunden, wobei die Kontaktstellen A/C und B/C z. B. in einem Thermostaten auf der konstanten Referenztemperatur t_0^* gehalten werden.

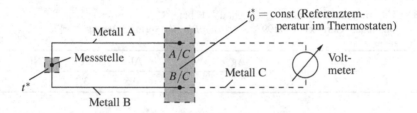

Bild 13.1: Prinzipieller Aufbau einer Thermoelement-Messanordnung

Es handelt sich um eine Anordnung zur Temperaturmessung, die auf der Wirkung thermoelektrischer Effekte in Metallen beruht. Diese kommen zustande, weil es eine Wechselwirkung zwischen elektrischen Feldern (charakterisiert durch das elektrische Potential) und thermischen Feldern (charakterisiert durch die Temperatur) gibt, bei der eine Reihe von sog. Kopplungseffekten auftreten. Zum Beispiel fließt in einem geschlossenen Stromkreis aus verschiedenen Metallen ein elektrischer Strom, wenn die beiden Kontaktstellen unterschiedliche Temperaturen aufweisen. Wird dieser Stromkreis an einer der beiden Kontaktstellen unterbrochen, so liegt dort dann eine elektrische Spannung vor, die zur Temperaturmessung genutzt werden kann. Diese wird als *Thermospannung* bezeichnet, ihr Auftreten als *Seebeck-Effekt*. Für ein bestimmtes Thermoelement hängt sie nur von den beiden Temperaturen t^* und t_0^* ab und kann deshalb unmittelbar zur Temperaturbestimmung herangezogen werden. Mit $t_0^* = $ const folgt für die Thermospannung

$$\frac{\mathrm{d}\hat{U}^*}{\mathrm{d}t^*} = \varepsilon_A^*(t^*) - \varepsilon_B^*(t^*) \tag{13-2}$$

bzw. mit $\varepsilon_A^* = $ const und $\varepsilon_B^* = $ const

$$\hat{U}^* = (\varepsilon_A^* - \varepsilon_B^*)(t^* - t_0^*) \tag{13-3}$$

Dabei sind ε_A^* und ε_B^* die sog. *Thermokraft-Koeffizienten*, die angeben, welche elektrischen Spannungen aufgrund von Temperaturgradienten (Kopplungseffekt) auftreten. Diese Koeffizienten sind materialspezifische Größen und können einer sog. thermoelektrischen Spannungsreihe entnommen werden. Ihre Temperaturabhängigkeit ist so schwach, dass sie in erster Näherung wie in (13-3) als Konstanten angesehen werden können.

Da in (13-3) nur Differenzen der Thermokraft-Koeffizienten benötigt werden und $\varepsilon_A^* - \varepsilon_B^* = (\varepsilon_A^* - \varepsilon_C^*) + (\varepsilon_C^* - \varepsilon_B^*)$ gilt, kann der Koeffizient für ein bestimmtes Metall willkürlich zu Null gesetzt werden. Alle anderen Werte gelten dann als Differenz zu diesem Wert. Tab. 13.1 zeigt einige Zahlenwerte, wobei der Thermokraft-Koeffizient für Pb (Blei) willkürlich gleich Null gesetzt wurde. Die Differenzen $\Delta\varepsilon^*$ liegen in der Größenordnung von 10^{-5} V/K, so dass Temperaturdifferenzen von 100 K auf Thermospannungen im mV-Bereich führen. Zur genauen Messung von $\hat{U}^*$ müssen Voltmeter eingesetzt werden, die im μV (10^{-6} V)-Bereich messen können.

Für besonders geeignete Materialpaarungen werden die auftretenden Thermospannungen (abhängig von der Temperatur der Messlötstelle bei konstanter Temperatur der Vergleichslötstelle) von Normenorganisationen in sog. Grundwertetabellen festgehalten. Tab. 13.2 zeigt einige Werte nach der Norm DIN 43 710.

Tabelle 13.1: Thermokraft-Koeffizient $\varepsilon^* - \varepsilon_{Pb}^*$ in $\mu V/K$ bei $0°C$
Daten aus: Gerthsen, C. (1997): *Gerthsen Physik*, Springer-Verlag, Berlin

Sb	Fe	Zn	Cu	Ag	Pb	Al	Pt	Ni	Bi
35	16	3	2,8	2,7	—	−0,5	−3,1	−19	-70

Tabelle 13.2: Grundwerte und zulässige Abweichungen in mV
Daten aus: DIN 43 710

Materialpaarung	0°C	50°C	100°C	200°C
Kupfer-Konstantan (Cu-CuNi)	0	2,05 (±0,13)	4,25 (±0,14)	9,2 (±0,16)
Nickelchrom-Nickel (NiCr-Ni)	0	2,022 (±0,12)	4,095 (±0,12)	8,137 (±0,13)
Platinrhodium-Platin (PtRh10-Pt)	0	0,299 (±0,018)	0,645 (±0,022)	1,440 (±0,025)

Die zulässigen Abweichungen $((\pm\dots)$ in der Tabelle) sind zum Teil erheblich. Höhere Genauigkeitsanforderungen lassen sich durch engere Toleranzen bei der Herstellung und eine individuelle Kalibrierung der Thermoelemente realisieren.

13.1.2 Berührungsfreie Messmethoden

Berührungsfreie Temperaturmessungen nutzen in der Regel die Wärmestrahlungseigenschaften der Körper aus, deren Temperatur bestimmt werden soll. Es handelt sich dann um sog. optische Verfahren im Infrarotbereich der elektromagnetischen Strahlung, vorzugsweise im Wellenlängenbereich $1\,\mu m < \lambda^* < 15\,\mu m$ s. dazu auch Kap. 9.1 und Bild 9.1. Die Basis für diese Art der Temperaturmessung ist für sog. *thermische Sensoren* die Temperaturabhängigkeit der Strahlungsintensität (Plancksches Strahlungsgesetz, (vgl. (9-3) und Bild 9.3), bei sog. *Quantendetektoren* ist die maximale Photonenzahl entscheidend. Die Temperaturabhängigkeit der Strahlungsintensität ist jedoch nur für den Schwarzen Strahler eindeutig und bekannt. Für alle anderen realen Strahler müssen die Abweichungen von diesem idealen Modellverhalten durch Emissionsgrade mehr oder weniger genau bekannt sein. Die Einschränkung „mehr oder weniger" bezieht sich auf die Tatsache, dass das Emissionsverhalten realer Strahler nicht einheitlich von demjenigen des Schwarzen Strahlers abweicht, sondern diese Abweichungen wellenlängen- und richtungsabhängig sind, s. dazu Tab. 9.3. Häufig kann dies jedoch nicht im Detail berücksichtigt werden, und man begnügt sich mit der Einführung eines einzigen Faktors zur Beschreibung dieser Abweichungen, dem sog. Emissionsgrad ε, der stets kleiner als Eins ist (*Grauer Strahler* s. (9-18) und Kap. 9.5.3).

Da das Intensitätsmaximum bei einer Wellenlänge $\hat{\lambda}^* = (2897{,}8/T^*)\,\mu m$ liegt (*Wiensches Verschiebungsgesetz* (9-5)), arbeiten Hochtemperatur-Infrarotmessgeräte für Temperaturen $T^* = 1000\,K \dots 3000\,K$ vorzugsweise bei Wellenlängen $\lambda^* \approx 3\,\mu m \dots 5\,\mu m$, Messgeräte für Temperaturen $T^* = 300\,K \dots 500\,K$ bei $\lambda^* \approx 8\,\mu m \dots 14\,\mu m$. Zusätzlich ist jedoch zu beachten, in welchem Wellenlängenbereich die jeweilige Körperoberfläche einen besonders hohen Emissionsgrad ε

aufweist.

Ein Infrarot-Thermografiesystem besteht aus einem Optikteil, einem Infrarot-Detektor und einem Signalverarbeitungssystem einschl. einer Ausgabeeinheit. Infrarot-Detektoren sind in der Regel Quanten- oder thermische Detektoren, wobei Quantendetektoren im Betrieb gekühlt werden müssen, um das Störsignal hinreichend zu unterdrücken. Generell gilt für alle Quantendetektoren, dass sie bei umso tieferen Temperaturen betrieben werden müssen, je langwelliger ihre empfindlichsten Wellenlängen sind. Eine typische Betriebstemperatur liegt bei $t^* \approx -196°C$, der Siedetemperatur von Stickstoff bei $p^* = 1\,\text{bar}$.

Der Vorteil der Infrarot-Thermografie besteht darin, dass damit Oberflächentemperaturen nicht nur als punktuelle Einzelwerte, sondern als flächenmäßige Verteilung bestimmt werden können. Diese sog. Pixelbilder (typische Auflösung: 320×240 Pixel) entstehen durch ein „Scanning-Verfahren" aus einem Einzeldetektor oder als „Focal-Plane-Array" (FPA) mit einer Detektoranzahl, die der Pixel-Zahl entspricht. Nachteilig wirken sich der hohe Aufwand sowie die Beschränkungen durch alle die Wärmestrahlung beeinflussenden Effekte (z. B. Messung durch Fenster oder in strahlungsabsorbierender Umgebung) sowie die hohe Empfindlichkeit gegenüber der Umgebungsstrahlung aus.

Als entscheidende Kriterien für die Auswahl eines Temperatur-Messsystems können gelten:

- der Messbereich in °C,

- die Auflösung und Genauigkeit,

- die Ansprechzeit (Zeitkonstante), evtl. die räumliche Auflösung,

- der Aufwand (Kosten).

13.1.3 Temperaturmessungen an Körperoberflächen

Bei der Bestimmung der Oberflächentemperatur angeströmter Objekte ist zu beachten, dass die Wandtemperatur in der Regel von der Temperatur der ungestörten Strömung abweicht. Dies gilt insbesondere auch an der Oberfläche eines Messfühlers, der in eine Strömung eingebracht wird. Zu Temperaturerhöhungen ΔT^* kommt es dabei durch zwei Effekte:

1. durch einen adiabaten (und reversiblen) Aufstau der Strömung. Wird die Strömung von der Geschwindigkeit u_∞^* bis auf den Wert Null aufgestaut (Staupunkt), so gilt für die damit verbundene Temperaturerhöhung

$$\Delta T_{\text{ad}}^* = T_\infty^* - T_0^* = \frac{u_\infty^{*2}}{2\,c_{\text{p}}^*} \tag{13-4}$$

Für ideale Gase kann für die Temperaturerhöhung auch $\Delta T_{\text{ad}}^* = \text{Ma}^2\,\frac{\kappa-1}{2}\,T_\infty^*$ geschrieben werden, mit Ma als Mach-Zahl und dem Isentropenexponenten $\kappa = c_{\text{p}}^*/c_{\text{v}}^*$.

2. durch Dissipationseffekte in der Grenzschicht, die sich am Temperaturfühler ausbildet. Wird die Wand als adiabat unterstellt, so führt dies zu einer Temperaturerhöhung, die in der Größenordnung von ΔT_{ad}^* liegt und deshalb als

$$\Delta T_{\text{r}}^* = r\,\frac{u_\infty^{*2}}{2\,c_{\text{p}}^*} \tag{13-5}$$

angesetzt wird. Der sog. *Rückgewinnfaktor r* ist von der konkret vorliegenden Strömung und von der Prandtl-Zahl abhängig. Er liegt häufig in der Nähe von Eins.

Zum Beispiel gilt für Luft mit $c_p^* = 1014\,\mathrm{J/kg\,K}$ für $u_\infty^* = 20\,\mathrm{m/s}$: $\Delta T_{ad}^* \approx 0{,}2\,\mathrm{K}$; für $u_\infty^* = 100\,\mathrm{m/s}$ aber bereits $\Delta T_{ad}^* \approx 5\,\mathrm{K}$.

13.2 Wärmestrommessungen

Wärmeströme treten als leitungsbasierte Ströme gemäß dem Fourier-Ansatz (5-5) überall dort auf, wo Temperaturgradienten vorhanden sind. Im Zusammenhang mit Wärmestrahlung handelt es sich um strahlungsbasierte Ströme wie z. B. in (9-31) beim Strahlungsaustausch zwischen zwei Schwarzen Strahlern.

Da für Wärmeübergänge fast immer die Wärmeströme an Körperoberflächen als Übertragungsflächen interessieren, sollen hier im weiteren nur diese Wandwärmeströme unter dem Gesichtspunkt ihrer Messbarkeit am Beispiel der konvektiven Wärmeübertragung betrachtet werden.

13.2.1 Messprinzipien

Insgesamt können Wärmestromsensoren nach ihren Messprinzipien folgenden Kategorien zugeordnet werden:

- *Sensoren auf der Basis von zwei Temperaturmessungen*

  Das Grundprinzip ist die Bestimmung der Wärmestromdichte der Fourierschen Wärmeleitung.

  Für die Wärmestromdichte an einer Wand gilt gemäß (5-5)

$$\dot{q}_W^* = -\lambda_F^* \frac{\partial T^*}{\partial n^*}\bigg|_F = -\lambda_W^* \frac{\partial T^*}{\partial n^*}\bigg|_W \tag{13-6}$$

Dabei ist $\dot{q}_W^*$ die Wärmestromdichte senkrecht zur Wand und n^* die von der Wand in das Fluid weisende Normalkoordinate. Die beiden Teile von (13-6) beschreiben die Wärmestromdichte an der Grenze zum Fluid ($-\lambda_F^*(\partial T^*/\partial n^*)_F$ mit λ_F^* als Wärmeleitfähigkeit des Fluides) bzw. die Wärmestromdichte an der Grenze zum Wandmaterial ($-\lambda_W^*(\partial T^*/\partial n^*)_W$ mit λ_W^* als Wärmeleitfähigkeit des Wandmaterials). Dabei ist zu beachten, dass n^* hier einheitlich von der Wand in das Fluid weist.

Um $\dot{q}_W^*$ zu erhalten, muss bei bekannter Wärmeleitfähigkeit also lediglich der Temperaturgradient $\partial T^*/\partial n^*$ bestimmt werden. Im Wandmaterial (dort liegt stets reine Wärmeleitung vor) kann der Gradient $\partial T^*/\partial n^*$ durch $\Delta T^*/\Delta n^*$ ersetzt werden, d. h., es müssen zwei Temperaturen in einem kleinen Abstand Δn^* senkrecht zur Oberfläche gemessen werden. Nur in seltenen Fällen gelingt es allerdings, zwei Messfühler so anzubringen, dass damit z. B. die Temperaturen an der Oberfläche und in einer geringen Wandtiefe von Δn^* bestimmt werden können.

Stattdessen „erweitert" man die Wand durch eine dünne Schicht, über die hinweg der Wärmestrom als $-\lambda_S^* \Delta T^*/s^*$ bestimmt wird. Diese zusätzliche Schicht der Dicke s^*, bestehend aus einem Material mit der Wärmeleitfähigkeit λ_S^*, dient als Wärmestromsensor. Er führt die Wärmestrommessung auf die Bestimmung der Temperaturdifferenz ΔT^* zurück, die zwischen den beiden Seiten der Schicht mit der Dicke s^* auftritt. Um die Verfälschung der ursprünglichen physikalischen Situation durch den Wärmestromsensor so gering wie möglich zu halten, muss sein Wärmewiderstand möglichst klein sein, da dieser im Bereich des Sensors zusätzlich und verfälschend auftritt. Dieser führt tendenziell zu einem „hot spot" auf der Oberfläche, an der die Wärmestromdichte bestimmt werden soll. Da diese Bedingung zu geringen Schichtdicken und insgesamt zu einer Miniaturisierung des Sensors führt, werden gleichzeitig die Zeitkonstanten klein, so dass diese Sensoren auch instationäre Vorgänge auflösen können. Konkrete Zahlenangaben sind nur für spezielle Ausführungen möglich.

- *Sensoren auf der Basis von einer Temperaturmessung*

Hierbei wird stets das instationäre Temperaturverhalten des Wandmaterials analysiert. Kann die Wärmeleitung z.B. als eindimensional angesehen werden, wird die instationäre Wärmeleitung zugrunde gelegt und dann der Wärmestrom unmittelbar aus dem Zeitverhalten der Temperatur ermittelt. Es muss also stets die Temperatur als Funktion der Zeit bestimmt werden. In diesem Zusammenhang kommt auch die Infrarot-Thermografie zum Einsatz (vgl. Kap. 13.1.2).

- *Sensoren auf der Basis der Energiebilanz über den Sensor*

Ist der Sensor z. B. als dünne elektrisch heizbare Folie ausgeführt, wird die elektrische Energie dieser „Widerstandsheizung" unmittelbar als Wärmestrom abgegeben. Damit sind Wärmeübergangsmessungen möglich, deren Ergebnisse anschließend der Bestimmung des Wärmestromes in einer veränderten physikalischen Situation zugrunde gelegt werden können.

Allen drei Messprinzipien ist gemeinsam, dass die Messung von Wärmeströmen auf die Bestimmung von Temperaturen an verschiedenen Orten bzw. zu verschiedenen Zeiten zurückgeführt wird.[1] Ein Beispiel dafür ist der speziell für Wärmeübergangsmessungen entwickelte Sensor, der in Kap. 6 im ILLUSTRIERENDEN BEISPIEL 6.3 beschrieben und bzgl. seiner Wirkungsweise erläutert worden ist.

ILLUSTRIERENDES BEISPIEL 13.1: Temperatur in der Sonne

Temperaturangaben in Wetterberichten beziehen sich stets auf die Temperaturen, die im Schatten gemessen werden. Da man sich aber durchaus auch in der Sonne aufhält, wäre es doch schön, eine weitere Temperaturangabe zu haben, die ein Maß dafür ist, wie warm es in der Sonne sein wird. Solche Angaben kommen aber in keinem Wetterbericht vor - warum eigentlich nicht?

Um diese Frage beantworten zu können, sollte man sich zunächst vergegenwärtigen, vgl. Kap. 13.1.1 und Kap. 13.1.2, was ein Thermometer ist: Es handelt sich um ein System, welches mit einem zweiten System (dessen Temperatur bestimmt werden soll) in thermischen Kontakt gebracht wird und das nach Erreichen des thermischen Gleichgewichts mit dem zweiten System einen Zahlenwert anzeigen kann, der einen bestimmten thermischen (Gleichgewichts-)Zustand eindeutig kennzeichnet.

Angewandt auf das klassische Quecksilber-Thermometer bedeutet dies: Das System (Thermometer) wird mit dem zweiten System (Umgebung) in thermischen Kontakt gebracht und zeigt nach hinreichend langer Kontaktzeit über die thermische Ausdehnung des Quecksilbers in einer Kapillare einen (international vereinbarten) Zahlenwert beispielsweise in °C an.

Diese Erläuterung der physikalischen Größe Temperatur erlaubt es jetzt, das Problem einer Temperaturmessung in der Sonne zu verstehen. Eine sinnvoll interpretierbare Temperaturangabe ist dann möglich, wenn sich beide Systeme, die Umgebung und das Thermometer, zumindest in guter Näherung im thermischen Gleichgewicht befinden. Dabei muss dann davon ausgegangen werden, dass die Umgebung für sich genommen, trotz ihres heterogenen Aufbaus, ebenfalls ein System ist, das

---

[1] Einen sehr guten Überblick über verschiedene konkrete Bauarten von Wärmestromsensoren findet man in: Diller, T.E. (1993): *Advances in Heat Flux Measurements*, Adv. in Heat Transfer, **23**, 279-355

einen thermischen Gleichgewichtszustand erreicht hat. Das bedeutet: Wenn das Thermometer nacheinander mit verschiedenen Teilbereichen der Umgebung in thermischen Kontakt und damit auch ins thermische Gleichgewicht gebracht wird, zeigt das Thermometer stets denselben Temperaturwert an.

Eine solche Situation liegt in guter Näherung vor, wenn die Umgebung „im Schatten" liegt, weil die dann zwischen den einzelnen Teilbereichen vorkommenden Wärmeübertragungsmechanismen für einen insgesamt geltenden thermischen Gleichgewichtszustand sorgen (der mit dem Thermometer eindeutig gemessen werden kann).

Wenn aber eine sonnenbeschienene Umgebung vorliegt, kommt durch die Sonnenstrahlung ein weiterer Wärmeübertragungsmechanismus hinzu und der thermische Austausch kann prinzipiell auf zwei verschiedenen Wegen erfolgen:

- *Leitungsbasiert*, d. h. durch direkten molekularen Kontakt mit angrenzenden weiteren Teilsystemen und/oder der restlichen Umgebung. Dieser leitungsbasierte Wärmeübergang kann zusätzlich durch eine meist Systemgrenzen-parallele Strömung oder einen Phasenwechsel in der Nähe der Systemgrenze unterstützt werden.

- *Strahlungsbasiert*, d. h. durch den Austausch elektromagnetischer Strahlung. Eine solche Wärmestrahlung wird von jedem Körper mit einer Temperatur oberhalb von $0\,K$ (absoluter Nullpunkt) abgegeben. Gleichzeitig werden die Körper von der Strahlung umgebender Körper getroffen, die sie je nach Oberflächenbeschaffenheit zu bestimmten Teilen absorbieren, reflektieren oder transmittieren.

Prinzipiell führt der thermische Austausch zwischen zwei Teilsystemen zur Annäherung an ein gemeinsames thermisches Gleichgewicht. Ursprünglich vorhandene Temperaturdifferenzen werden dabei abgebaut, so dass das Gesamtsystem (bestehend aus verschiedenen Teilbereichen bzw. Systemen) letztendlich einem gemeinsamen Gleichgewichtszustand mit einer gemeinsamen Temperatur zustrebt. Dies ist in Situationen, die durch geringe anfängliche Temperaturunterschiede zwischen Teilsystemen und einer leitungsbasierten Wärmeübertragung charakterisiert sind, in guter Näherung der Fall.

Wenn aber ein Teilsystem (der Umgebung) die Sonne ist, so kann der thermische Ausgleich zwischen der Sonne und den einzelnen Teilsystemen auf der Erde nicht im Sinne einer Angleichung der beteiligten Temperaturen erfolgen. Die Sonne besitzt eine Oberflächentemperatur von etwa $5800\,K$, während Teilbereiche der irdischen Umgebung Temperaturen von etwa $300\,K$ aufweisen. Deshalb bleibt ein thermisches Ungleichgewicht zwischen der Sonne und den einzelnen Teilbereichen auf der Erde bestehen. Welche Temperaturen sich dabei an den einzelnen Teilbereichen einstellen, hängt entscheidend von der Oberflächenbeschaffenheit der einzelnen Teilbereiche ab. Diese bestimmt den Anteil der absorbierten Solarstrahlung und damit auch die Temperatur des Teilbereichs, mit der eine zeitunabhängige Energiebilanz bezogen auf den Teilbereich erfüllt ist. In dem Maße, in dem die einzelnen Teilbereiche unterschiedliche strahlungsrelevante Oberflächeneigenschaften besitzen, werden auch die Temperaturen der Teilbereiche unterschiedlich sein.

Damit ist es nicht möglich, eine sinnvoll definierte (einheitliche) Temperatur „in der Sonne" anzugeben. Dies kann durch folgendes einfaches Experiment und seine Ergebnisse noch verdeutlicht werden.

Drei gleichartige Metallplättchen (Durchmesser 35 mm, Dicke 5 mm) sind jeweils mit einem Thermoelement versehen worden, mit dem die als homogen unterstellte Temperatur in diesen Plättchen bestimmt werden kann. Bild 13.2 zeigt die Anordnung auf einem Holzträger (gute Wärmedämmung nach unten) und gibt an, welche Oberflächenbeschaffenheit die drei Plättchen besitzen.

Die ganze Anordnung ist dann an einem sonnigen Tag der Sonnenstrahlung ausgesetzt worden. Tabelle 13.3 zeigt die Messergebnisse einer exemplarischen Messung (ein bestimmter Winkel zur Sonne, eine bestimmte Umgebung).

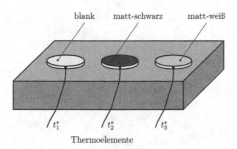

blank   matt-schwarz   matt-weiß

t_1^* t_2^* t_3^*

Thermoelemente

Bild 13.2: Anordnung der sonnenbeschienenen Metallplättchen mit unterschiedlichen Oberflächen

Wie erwartet, liegen die Temperaturen in der Sonne deutlich über der Temperatur im Schatten ($t^* = 18\,°\text{C}$). Sie sind aber auch für die unterschiedlichen Oberflächen deutlich verschieden, mit der höchsten Temperatur für die matt-schwarze Oberfläche (hoher Absorptionsgrad) und der niedrigsten Temperatur für die blanke Oberfläche (hoher Reflexionsgrad).

Der Vergleich der Temperaturen bei den schwarzen und weißen Oberflächen zeigt, dass der vor längerer Zeit erfolgte Wechsel von schwarzen zu hellbeigen Taxis eine sinnvolle Maßnahme war!

Tabelle 13.3: Temperaturwerte einer exemplarischen Messung mit der Anordnung aus Bild 13.2

blanke Oberfläche	$t_1^* = 32\,°\text{C}$
matt-schwarze Oberfläche	$t_2^* = 41\,°\text{C}$
matt-weiße Oberfläche	$t_3^* = 35\,°\text{C}$
Temperatur im Schatten	$t^* = 18\,°\text{C}$

14 Beispiele, Fragen und Antworten

Leserinnen und Leser, die systematisch und ohne Kapitel zu überschlagen bis hierhin vorgedrungen sind, sollten einiges über die verschiedenen Situationen der Wärmeübertragung erfahren haben. Sie dürften jetzt in der Lage sein, die zu Anfang des Buches mit den Beispielen 1.1 und 1.2 vorgestellten Wärmeübertragungsphänomene aus dem Alltag zu verstehen sowie einige darüber hinausgehende Fragen zu beantworten.

14.1 Die zwei Beispiele aus dem Alltag

Wir möchten mit einigen Stichwörtern zur Erklärung der einzelnen Aspekte beitragen. Dazu führen wir die beiden Beispiele aus Kap. 1.1 hier noch einmal auf und ergänzen sie in den Unterpunkten um eben diese Stichwörter.[1] Dies mag dazu beitragen, die genaue Erklärung mit Hilfe des inzwischen vorhandenen Wissens bzgl. der Wärmeübertragung zu finden.

Beispiel 1.1:

Der Energiehaushalt des menschlichen Körpers ist ein hervorragendes Beispiel dafür, wie im Prinzip alle Wärmeübertragungssituationen zusammenspielen, um unter den unterschiedlichsten Umgebungsbedingungen dafür zu sorgen, dass im Inneren unseres Körpers eine konstante Temperatur von etwa 36,5°C herrscht. Geringfügige Abweichungen von dieser Temperatur im Körperinneren sind möglich, Abweichungen um mehrere °C aber gefährlich bis tödlich. Offensichtlich gelingt es dem menschlichen Körper deshalb, in extrem unterschiedlichen Umgebungsbedingungen von −40°C bis +40°C und bei relativen Luftfeuchten von nahezu 0 % bis nahezu 100 % (wenn auch mit Hilfe von Kleidung bei niedrigeren Temperaturen), die Temperatur im Körperinneren einzustellen und zu halten!

Das menschliche „Temperaturgefühl" reagiert dabei sehr pauschal mit Empfindungen von (mehr oder weniger) „warm" oder „kalt", ohne dabei nach den sehr unterschiedlichen physikalischen Mechanismen unterscheiden zu können, die zu diesen Empfindungen führen. Erst bei genauerer Kenntnis der physikalischen Vorgänge ist zu verstehen,

- wieso die Körpertemperatur konstant gehalten werden kann, auch wenn die Umgebungstemperatur oberhalb der Körpertemperatur liegt,

  ⇒ *Verdunstungskühlung, Zweiphasen-Wärmeübergang* (s. ILLUSTRIERENDES BEISPIEL 7.2)

- warum wir glauben, bei starkem Wind wäre es deutlich kälter als bei Windstille (was nicht der Fall ist),

  ⇒ *gefühlte Temperatur* (s. ILLUSTRIERENDES BEISPIEL 6.3)

- wieso wir das Gefühl haben, in der Sauna wäre es nach einem Wasseraufguss nahezu unerträglich heiß (obwohl die Temperatur dabei gleich bleibt, oder sogar abnimmt),

  ⇒ *verstärkte Kondensation von Wasserdampf auf der Haut, Zweiphasen-Wärmeübergang, menschliches „Temperaturempfinden"*

- warum wir einen Raum als kalt und einen anderen Raum als angenehm warm empfinden, obwohl in beiden Räumen dieselbe Lufttemperatur herrscht.

  ⇒ *Strahlungsaustausch mit (kalten) Umgebungswänden*

---

[1] Weitere Alltagsphänomene, häufig mit Wärmeübertragungs-Aspekten finden sich in: Herwig, H. (2018): *Ach, so ist das? 50 Alltagsphänomene neugierig hinterfragt* Springer, Wiesbaden

© Springer Fachmedien Wiesbaden GmbH, ein Teil von Springer Nature 2019
H. Herwig und A. Moschallski, *Wärmeübertragung*,
https://doi.org/10.1007/978-3-658-26401-7_14

Beispiel 1.2:

Die Fußbodenheizung ist eine Möglichkeit, eine thermisch behagliche Situation in einem Wohnumfeld zu erzeugen. Dabei wird entweder warmes Wasser durch im Fußboden verlegte Rohrschlangen geleitet, oder stromdurchflossene Heizkabel sorgen für hohe Temperaturen im Fußboden-Unterbau. Aus Sicht der Wärmeübertragung sind beide Varianten sehr verschieden, auch wenn bei entsprechender Auslegung auf beiden Wegen dieselbe mittlere Raumtemperatur erreicht werden kann. Auch hierbei ist erst bei genauerer Kenntnis der physikalischen Vorgänge verständlich, warum

- bei der Warmwasservariante an keiner Stelle im Fußbodenbereich (z. B. unter einem dicken Teppich) eine bestimmte Temperatur überschritten werden kann, bei der elektrischen Variante aber aus thermodynamischer Sicht keine obere, nicht überschreitbare Temperatur existiert,

  $\Rightarrow$ *Warmwasservariante: am Rohr gilt $T_W^* = const$*

  $\Rightarrow$ *elektrische Variante: am Stromleiter gilt $\dot{q}_W^* = const$*

- bei der Warmwasservariante im Vergleich zur elektrischen Variante unter der Voraussetzung gleicher (anfänglicher) Heizleistung und gleicher Wärmekapazitäten des Heizsystems die gewünschte Raumtemperatur langsamer erreicht wird, beide aber nach dem Abschalten den Raum gleich schnell abkühlen lassen.

  $\Rightarrow$ *Aufheizung:*

  Warmwasservariante: $\dot{q}_W^*$ wird mit der Zeit kleiner; elektrische Variante: $\dot{q}_W^*$ bleibt konstant

  $\Rightarrow$ *Abkühlung:*

  der Abkühlungsvorgang erfolgt nicht über das (in beiden Fällen unterschiedliche) Heizsystem

14.2 Zehn mal „Warum ...?"

14.2.1 Fragen

Die nachfolgenden Fragen sollten mit dem bisher behandelten Stoff zur Wärmeübertragung weitgehend beantwortet werden können. In einigen Aspekten ist aber auch eine Weiterentwicklung der bisher gegebenen Erklärungen notwendig.

Die Antworten finden sich im anschließenden Kap. 14.2.2.

(F1) Warum sind die Begriffe *Wärmequelle*, *Wärmeverlust* und *Wärmemenge* aus thermodynamischer Sicht problematisch?

(F2) Warum ist die dimensionslose Darstellung eines Problems, bei dem viele dimensionslose Kennzahlen auftreten, gegenüber der zugehörigen dimensionsbehafteten Formulierung nicht wirklich von Vorteil?

(F3) Warum ist für eine beheizte Kugel in einer unendlichen Umgebung eine Wandwärmestromdichte $\dot{q}_W^* = const \neq 0$ möglich, nicht aber für eine beheizte ebene Wand oder einen beheizten Kreiszylinder (beide ebenfalls in einer unendlichen Umgebung), wenn dabei ein stationäres (zeitlich unveränderliches Temperaturprofil) vorliegen soll?

(F4) Warum ist der konvektive Wärmeübergang an einer rechteckigen Platte abhängig von der Anströmrichtung (schmale oder breite Vorderkante), bei einer quadratischen Platte aber nicht?

(F5) Warum ist der konvektive Wärmeübergang in der Umgebung des Staupunktes eines angeströmten Körpers besonders gut (s. z.B. Bild 6.11 oder Bild 6.14), obwohl dort nur sehr geringe Geschwindigkeiten herrschen?

(F6) Warum gilt bei einer ausgebildeten laminaren Rohrströmung eine Nußelt-Zahl Nu, die unabhängig von der Reynolds-Zahl stets denselben Wert aufweist (s. (6-25)), während bei turbulenten Strömungen in diesen Situationen eine sehr starke Abhängigkeit von der Reynolds-Zahl vorliegt (s. (6-39) und Tab. 6.8)?

(F7) Warum verbessert sich der Wärmeübergang bei Kondensation, wenn eine ursprünglich horizontal angeordnete Fläche (auf der es zur Kondensation kommt) geneigt wird?

(F8) Warum ist bei der Kühlung einer thermisch ungleichmäßig beaufschlagten Fläche die Gefahr, dass lokal und momentan zu hohe Temperaturen entstehen (hot spots) beim Einsatz eines flüssigen Kühlmittels weniger kritisch zu sehen als bei der entsprechenden Kühlung mit einem Gas?

(F9) Warum ist eine Aussage im Wetterbericht „ ... wird eine Temperatur von 23°C, wobei die gefühlte Temperatur aber bei 27°C liegen wird" unsinnig?

(F10) Warum kann Wasser einen sehr hohen Emissionsgrad ($\varepsilon = 0{,}91$, gemäß Tab. 9.4) besitzen, obwohl doch die Alltagsbeobachtung zeigt, dass Wasser durchsichtig ist und damit Strahlung offensichtlich transmittiert (also weder nennenswert reflektiert noch absorbiert und deshalb auch nicht nennenswert emittiert)?

14.2.2 Antworten

(A1) Wie in Kap. 2.1 ausgeführt, handelt es sich bei *Wärme* um eine *Prozess*- und nicht etwa um eine *Zustandsgröße*. In diesem Sinne kann mit dem Begriff

- *Wärmequelle* nur gemeint sein, dass Energie in Form von Wärme an einer bestimmten Stelle (der „Quelle") freigesetzt wird,

- *Wärmeverlust* nur gemeint sein, dass innere Energie in Form von Wärme aus einem System fließt, was als „Verlust" gewertet wird,

- *Wärmemenge* nur gemeint sein, dass innere Energie in Form von Wärme in ein System übertragen worden ist und dort als bestimmbare (Energie-) Menge vorliegt.

(A2) Wie in Kap. 4 erläutert worden ist, besteht ein entscheidender Vorteil einer dimensionslosen Darstellung in der Allgemeingültigkeit dieser Ergebnisse. Dies bedeutet, dass alle konkreten Realisierungen eines Problems, die auf dieselben Zahlenwerte aller vorkommenden dimensionslosen Kennzahlen führen, identische Lösungen sind. Wenn eine solche Lösung für eine bestimmte dimensionsbehaftete Situation bekannt ist, gilt sie damit gleichzeitig auch für alle anderen dimensionsbehafteten Fälle mit denselben Zahlenwerten der Kennzahlen.
Eine damit verbundene Übertragung von Ergebnissen zwischen dimensionsbehafteten Fällen setzt also voraus, dass mindestens zwei dimensionsbehaftete Situationen (gleicher Kennzahlenwerte) existieren, die von Interesse sind. Dann macht es Sinn, wenn z.B. zwei Kennzahlen auftreten, Lösungen „vorab" für eine Reihe von Zahlenwerten zu ermitteln, weil danach bei Bedarf darauf zurückgegriffen werden kann (u.U. auch im Sinne einer Interpolation zwischen vorhandenen Werten).
Bei einem Problem mit sehr vielen Kennzahlen, wie z.B. den neun Kennzahlen bei Zweiphasen-Wärmeübergängen gemäß Tab. 7.1, ist die Wahrscheinlichkeit äußerst gering, dass ein vorab ermitteltes Ergebnis nachgefragt wird, bzw. dass zwei konkrete Fälle von Interesse sind, die auf dieselben Zahlenwerte aller neun Kennzahlen führen. Deshalb werden Lösungen im konkreten Einzelfall (dimensionsbehaftet oder dimensionslos) ermittelt.

Ihre Übertragbarkeit mit Hilfe dimensionsanalytischer Überlegungen bleibt weiterhin bestehen, nur wird es kaum eine zweite Situation geben, in der diese Lösungen von Interesse sind.

Davon unbenommen bleibt allerdings die Möglichkeit, auf der Basis dimensionsanalytischer Überlegungen Modell-Experimente in einem veränderten Maßstab zu konzipieren, wenn eine entsprechende Gleichheit der dimensionslosen Kennzahlen zwischen Modell und Original realisiert werden kann (s. dazu Kap. 4.5).

(A3) Zur Beantwortung dieser Frage kann man sich zunächst einmal die Temperaturverteilung zwischen zwei Koordinaten x_1^* und x_2^* bzw. r_1^* und r_2^* in Tab. 5.4 ansehen. Wenn man dabei die Koordinate x_1^* bzw. r_1^* festhält und gleichzeitig die Koordinate x_2^* bzw. r_2^* gegen Unendlich gehen lässt, entsteht die vermeintliche Temperaturverteilung einer stationären Wärmeübertragung in das unendlich große Umgebungsgebiet. Dabei zeigt sich nun Folgendes:

- Bei der ebenen Wand (beschrieben durch $x^* = x_1^*$) gilt für die Temperaturverteilung bei $x^* > x_1^*$ mit $T_{W2}^* = T_\infty^*$ und $x_2^* - x_1^* = \infty$:

$$T^* = T_{W1}^* - \frac{T_{W1}^* - T_\infty^*}{\infty} (x^* - x_1^*) \equiv T_{W1}^*$$

- Bei dem Kreiszylinder (beschrieben durch $R^* = r_1^*$) gilt für die Temperaturverteilung bei $r^* > r_1^*$ mit $T_{W2}^* = T_\infty^*$ und $r_2^*/r_1^* = \infty$:

$$T^* = T_{W1}^* - \frac{T_{W1}^* - T_\infty^*}{\infty} \ln\left(\frac{r^*}{r_1^*}\right) \equiv T_{W1}^*$$

- Bei der Kugel (beschrieben durch $R^* = r_1^*$) gilt für die Temperaturverteilung bei $r^* > r_1^*$ mit $T_{W2}^* = T_\infty^*$ und $r_1^*/r_2^* = 0$:

$$T^* = T_{W1}^* - (T_{W1}^* - T_\infty^*) \frac{r^* - r_1^*}{r^*}$$

Nur bei der Kugel ergibt sich eine Temperatur*verteilung*, die im anschließenden Umgebungsgebiet nicht überall $T^* = T_{W1}^*$ ist. Dabei ist $T^* \equiv T_{W1}^*$ Ausdruck dafür, dass keine stationäre Temperaturverteilung mit $\dot{q}_{W1}^* \neq 0$ existiert, weil $T^* \equiv T_{W1}^*$ eine insgesamt isotherme Situation beschreibt.

Der entscheidende physikalische Unterschied im Wärmeübergang von der Kugel in den umgebenden Raum zu derselben Situation beim Kreiszylinder und der ebenen Wand besteht darin, dass bei $\dot{q}_{W1}^* = $ const $\neq 0$ an der Kugel ein endlicher in beiden anderen Fällen aber ein unendlicher Gesamtwärmestrom auftritt.

Das unterschiedliche Verhalten bzgl. der stationären Wärmeleitung in das umgebende Fluid äußerst sich auch in der Nußelt-Zahl im Grenzfall Re→ 0, d. h. bei immer schwächer werdender Strömung. Es gilt für diesen Grenzfall $Nu_m = 0$ für den Kreiszylinder, aber $Nu_m = 2$ für die Kugel, was zum Ausdruck bringt, dass an der Kugel auch ohne Umströmung ein Wärmeübergang existiert, am Kreiszylinder aber nicht (Nähere Einzelheiten dazu in: Gersten, Herwig (1992): *Strömungsmechanik*, Vieweg Verlag, Braunschweig, Kap. 10.4).

(A4) Unabhängig von der thermischen Randbedingung nimmt die Wärmeübergangs-Intensität (ausgedrückt durch den Zahlenwert der örtlichen Nußelt-Zahl) mit wachsendem Abstand von der Vorderkante ab, wie z.B. in Bild 6.7 (links) deutlich zu erkennen ist. Eine quer-angeströmte Platte (breite Vorderkante) besitzt damit größere Flächenbereiche mit jeweils einer bestimmten hohen Nußelt-Zahl als die entsprechend längs angeströmte Platte (schmale Vorderkante), so dass der insgesamt auftretende Wärmeübergang für die unterschiedlichen Anströmungen verschieden ist.

Bei einer quadratischen Platte sind die geometrischen Verhältnisse bei einer um 90° verschiedenen Anströmrichtung gleich und somit kann es zu keinem Unterschied im Wärmeübergang kommen.

(A5) Bild 6.2 illustriert die generelle Wirkung einer wandparallelen Strömung auf den Wärmeübergang. Dabei wird deutlich, dass wandnahes Fluid Energie, die in Form von Wärme über die Wand übertragen wird, aufnehmen kann und anschließend konvektiv stromabwärts transportiert. Je höher die Strömungsgeschwindigkeiten sind, umso effektiver ist diese Entfernung „aufgeheizter" wandnaher Fluidteilchen und umso besser wird der Wärmeübergang. Dies kommt in der starken Abhängigkeit der Nußelt-Zahl von der Reynolds-Zahl zum Ausdruck, die bei laminaren Grenzschichten $\sim \mathrm{Re}^{1/2}$ und bei turbulenten Grenzschichten etwa $\sim \mathrm{Re}^{4/5}$ beträgt.

Im Staupunkt selbst ist die wandparallele Geschwindigkeit aber gleich null, in der Nähe des Staupunktes entsprechend gering. Bei der (qualitativen) Interpretation der Strömungswirkung ist zu beachten, dass im Staupunktbereich „thermisch unbelastetes" Fluid aus der Außenströmung an die Wand gelangt und dieses relativ viel thermische Energie speichern und dann wandparallel stromabwärts transportieren kann. Weiter entfernt vom Staupunkt liegen zwar größere wandnahe Geschwindigkeiten vor, das Fluid ist aber auch schon erwärmt. Insgesamt führt dies offensichtlich zu der Situation, dass die geringen wandnahen Geschwindigkeiten von „relativ kaltem" Fluid zum guten konvektiven Wärmeübergang in der Umgebung des Staupunktes führen.

(A6) In Kap. 6.1 waren zwei Mechanismen identifiziert worden, die zu einem verbesserten Wärmeübergang im Sinne einer dann größeren Nußelt-Zahl führen:

- Eine erhöhte Wärmeleitfähigkeit, die den Quertransport der an der Wand übertragenen inneren Energie mit kleineren Temperaturgradienten ermöglicht ($\dot{q}^* = -\lambda^* \mathrm{grad} T^*$) und damit zu geringeren Temperaturdifferenzen und so zu einem verbesserten Wärmeübergang führt (Kap. 6.1.1).

- Ein verbesserter wandnaher konvektiver Transport innerer Energie aufgrund völligerer Geschwindigkeitsprofile an der Wand (Kap. 6.1.2). Die über die Wand übertragene innere Energie wird dann zu höheren Anteilen wandnah konvektiv entfernt, woraus geringere Temperaturabfälle senkrecht zur Wand resultieren ($\dot{q}^* \sim \mathrm{grad} T^*$), was insgesamt zu geringeren Temperaturdifferenzen und damit zu einem verbesserten Wärmeübergang führt.

Beide Mechanismen sind bei einer laminaren Rohrströmung nicht vorhanden: Die Strömungsprofile bleiben auch für steigende Reynolds-Zahlen von unveränderter Form (z.B. beim Kreisrohr parabolisch), die Wärmeleitfähigkeit ist als molekularer Stoffwert per se nicht von der Reynolds-Zahl abhängig.

Bei turbulenten Strömungen treten aber beide Mechanismen auf: Die Strömungsprofile werden mit steigender Reynolds-Zahl aufgrund des Zweischichtencharakters völliger. Für den Quertransport innerer Energie ist die *effektive* Wärmeleitfähigkeit λ_{eff}^* (s. (6-4)) maßgeblich, wobei der „scheinbare" turbulente Zusatzanteil λ_t^* stark mit der Reynolds-Zahl ansteigt. Beides zusammen erklärt den starken Anstieg der Nußelt-Zahl mit der Reynolds-Zahl für turbulente Rohrströmungen. Eine genauere Analyse ergibt, dass der entscheidende Mechanismus dabei der starke Anstieg der effektiven Wärmeleitfähigkeit λ_{eff}^* mit der Reynolds-Zahl ist.

(A7) Während der Kondensation bildet sich auf der Fläche ein Kondensatfilm, der als zunehmender Wärmewiderstand wirkt. Die bei der Kondensation freigesetzte Energie muss durch Wärmeleitung über den Film hinweg zur Wand gelangen und dort abgeführt werden, wenn der Kondensationsvorgang aufrecht erhalten werden soll. Mit der Zeit wächst die Filmdicke an, was zu einer abnehmenden Kondensationsrate führt.

Wenn die Platte nun geneigt wird, kann der Kondensatfilm ablaufen, was zu einem entsprechend dünnen verbleibenden Film führt. Dessen geringer Wärmewiderstand lässt eine entsprechend hohe Kondensationsrate zu.

(A8) Wenn ein einheitlicher Kühlmechanismus vorliegt, kann eine „kritische Stelle", ein sog. *hot spot* (dessen Lage vorher auch meist nicht bekannt ist), nicht gesondert behandelt, d. h. besonders gut gekühlt werden.

Bei der konvektiven Kühlung mit einer Flüssigkeit tritt aber folgende Situation auf. Wenn im hot spot die Verdampfungstemperatur der Flüssigkeit überschritten wird, kommt es dort lokal zum Blasensieden und damit lokal zu einem deutlich verbesserten Wärmeübergang. Dies führt zu einer momentan erheblich besseren Kühlung an der Stelle des hot spots und damit häufig zu seinem Verschwinden (und damit auch zum Verschwinden des lokalen Blasensiedens). In der Flüssigkeit existiert damit der Zusatzmechanismus einer verbesserten Kühlung, der automatisch dort in Gang kommt, wo er gebraucht wird! Ein solcher Mechanismus ist bei der Kühlung mit Gas nicht vorhanden.

(A9) Im ILLUSTRIERENDEN BEISPIEL 6.3 ist das Konzept der gefühlten Temperatur eingeführt worden. In diesem Zusammenhang ist zunächst zu beachten, dass wir über die „Thermorezeptoren" unserer Haut keine Temperaturen, sondern nur Temperaturgradienten und damit Wärmeströme registrieren können. Als „gefühlte Temperatur" wird diejenige fiktive Lufttemperatur bezeichnet, die bei Windstille zur selben Wärmestromdichte führen würde, wie sie real bei einer bestimmten Luftbewegung vorliegt. Die „gefühlte Temperatur" muss damit unterhalb der tatsächlichen Temperatur liegen, weil ohne Luftbewegung (ohne den verbesserten Wärmeübergang) die treibende Temperaturdifferenz größer sein muss.

Nur wenn die Lufttemperatur oberhalb der Hauttemperatur liegt, wäre eine gefühlte Temperatur oberhalb der tatsächlichen Temperatur möglich.

(A10) Die zitierte Alltagsbeobachtung bezieht sich auf das schmale Frequenzband des sichtbaren Lichtes ($\lambda^* = 0,4 .. 0,7 \mu m$, s. Bild 9.3). Dieser Wellenlängenbereich liegt deutlich außerhalb der Wellenlängen um $10 \mu m$, bei denen Oberflächen von etwa $300 K$ den höchsten strahlungsbedingten Energieumsatz aufweisen, s. wiederum Bild 9.3. Ein hoher Emissionsgrad von Wasser weist darauf hin, dass in diesem relativ langwelligen Temperaturstrahlungsbereich offensichtlich kaum Transmission vorliegt, weil Emission und Absorption entscheidende Mechanismen sind. Damit besitzt Wasser ähnlich wie Glas und die Erdatmosphäre die Eigenschaft eines selektiven Transmissionsverhaltens (s. Bild 9.8 für Glas).

Teil F

Aufgabenteil

Im Teil F dieses Buches wird zunächst das SMART-Konzept vorgestellt, das eine systematische Vorgehensweise bei der Behandlung und Lösung von Aufgaben darstellt. Das darauf aufbauende SMART-EVE-Konzept strukturiert die Problemstellung und führt die drei Teilbereiche Einstieg (E), Verständnis (V) und Ergebnisse (E) mit jeweils konkreten Fragestellungen ein.

Anschließend werden zu den meisten vorangegangenen Kapiteln jeweils drei Aufgaben vorgestellt, von denen immer die erste Aufgabe unter Verwendung des angegebenen SMART-EVE-Konzeptes ausführlich behandelt und gelöst wird. Für die übrigen Aufgaben werden ausführliche Lösungswege angegeben.

15 Das SMART-Konzept

Die Analyse und das Verständnis von Wärmeübertragungs-Problemen sind die Voraussetzungen, um wärmetechnische Komponenten und Anlagen zu entwerfen, zu bauen und anschließend erfolgreich zu betreiben. Dies umfasst viele Einzelaspekte, die als solche den Umfang von Aufgaben haben können, mit denen auf den Einsatz im späteren Berufsleben vorbereitet werden soll.

Nachfolgend wird gezeigt, wie Wärmeübertragungs-Probleme in Aufgaben formuliert und Lösungen in einer systematischen Art und Weise gefunden werden können.

15.1 Das SMART-Konzept

Wenn die nachfolgende Systematik bei der Lösung von Aufgaben den Namen SMART-Konzept erhält, so gibt es dafür zwei Gründe:

- Es suggeriert die positive Bedeutung des englischen Wortes SMART, das typischerweise mit geschickt, elegant und klug übersetzt wird.

- Es handelt sich um ein Akronym, also ein Kurzwort, das aus den Anfangsbuchstaben mehrerer Wörter zusammengesetzt ist.

  Im Sinne eines solchen Akronyms steht SMART für

- S: systematisch

- M: methodisches

- A: Aufgaben-

- R: Rechen-

- T: Tool

Es sei den Autoren bitte nachgesehen, dass sie hier aus vielleicht nachvollziehbaren Gründen vom Anglizismus „Tool" Gebrauch gemacht haben. Dieses Aufgaben-Rechen-Tool ist aber nicht nur ein Werkzeug (englisch: tool), sondern so anspruchsvoll, wie sein eigenes Akronym ART besagt (art: englisch für Kunst, Geschicklichkeit).

15.1.1 Vorbemerkung

SMART wird im Folgenden bewusst als *Konzept* und nicht als *Rezept* eingeführt. Aufgaben nach einem bestimmten „Rezept" lösen zu wollen, ist kein sinnvolles Ansinnen, weil dieses weder generell gelingen wird, noch in den Fällen, in denen es gelingen mag, dem eigentlichen Anliegen gerecht wird. Dies besteht darin, eine Wärmeübertragungs-Situation zu verstehen, weil nur dann ein bestimmtes Ergebnis eingeordnet, beurteilt und u.U. auch als ungeeignet verworfen werden kann.

© Springer Fachmedien Wiesbaden GmbH, ein Teil von Springer Nature 2019
H. Herwig und A. Moschallski, *Wärmeübertragung*,
https://doi.org/10.1007/978-3-658-26401-7_15

Das physikalische Verständnis bezüglich eines vorliegenden Problems ist damit der Schlüssel, um zu konkreten Lösungsschritten zu gelangen. Bezüglich dieses Schlüssels sollten folgende Besonderheiten von Wärmeübertragungs-Problemen bzw. der daraus formulierten Aufgabenstellungen bedacht werden:

- Sieht man sich fertige Lösungen (sog. Musterlösungen) von Aufgaben zur Wärmeübertragung an, so ist oftmals der erste Eindruck: Zu einer solchen Lösung zu gelangen, kann eigentlich nicht schwer sein, weil nur wenige und meist ganz einfache mathematische Beziehungen erforderlich waren, um einige gesuchte Zahlenwerte zu bestimmen.

- Diese in der Tat einfachen, häufig nur algebraischen Gleichungen sind Teil eines bestimmten oftmals sehr einfachen physikalisch/mathematischen Modells, mit dem ein bestimmter technischer Prozess (modellhaft) beschrieben werden soll. Aber: Die Auswahl des geeigneten Modells ist der wichtige und oftmals keineswegs triviale Teil der Lösung. Die mit diesem entscheidenden Auswahlprozess verbundenen Schwierigkeiten kann man einer Musterlösung allerdings nicht mehr ansehen. Diese enthält oftmals nur noch ein oder zwei mathematisch einfache Gleichungen und verführt zu dem voreiligen Schluss: „Es kann ja wohl nicht schwierig sein, darauf zu kommen" oder „ja, so hätte ich es wohl auch gemacht". Tatsächlich sind die besagten ein oder zwei Gleichungen aber das Resultat einer sorgfältigen physikalischen Analyse des Problems.

Diese Überlegungen finden sich im nachfolgenden Abschnitt wieder, in dem der grundsätzliche Weg beschrieben wird, auf dem man von einer Aufgabenstellung zur gewünschten Lösung gelangt.

15.1.2 Aufgabenstellung und Lösung

In Bild 15.1 zum programmatischen Ablauf bei der Lösung eines Wärmeübertragungs-Problems sind die wesentlichen Elemente dargestellt, die eine zugehörige Aufgabenstellung und ihre Lösung ausmachen. Ausgangspunkt ist in der Regel ein technischer Prozess, der als solcher ausgelegt, modifiziert oder betrieben werden soll. Die *Aufgabenstellung* besteht darin, diesen Prozess zu beschreiben und die konkreten Fragen zu formulieren, die bzgl. des technischen Prozesses beantwortet werden sollen.

Die *Lösung* stellt sich sehr viel komplexer dar. Sie umfasst den größten Teil des in Bild 15.1 gezeigten programmatischen Ablaufes bei der Lösung eines Wärmeübertragungs-Problems innerhalb eines technischen Prozesses. Die wesentlichen Elemente sind:

- Das Verstehen des technischen Prozesses einschließlich der konkreten Fragestellung,

- die Auswahl eines geeigneten physikalisch/mathematischen Modells zur Beschreibung des technischen Prozesses,

- die Lösung der mathematischen Gleichungen, bzw. die Bestimmung konkreter Zahlenwerte im Sinne der gesuchten Problemlösung,

- eine Kontrolle, ob die richtigen Dimensionen vorliegen und ob das Ergebnis insgesamt plausibel ist.

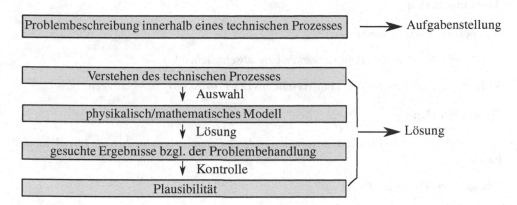

Bild 15.1: Programmatischer Ablauf bei der Lösung eines thermodynamischen Problems innerhalb eines technischen Prozesses

Damit kann das SMART-Konzept in groben Zügen wie folgt beschrieben werden:

Ausgehend von einem technischen Prozess, seiner physikalischen Beschreibung und der Formulierung konkreter Fragen gilt es, die Physik des Problems zu verstehen und ein geeignetes physikalisch/mathematisches Modell auszuwählen, mit dessen Hilfe die gestellten Fragen plausibel beantwortet werden können.

Wie man dabei konkret vorgehen sollte, wird im folgenden Abschnitt erläutert.

15.2 SMART-EVE: Ein Konzept in drei Schritten

In einem technischen Prozess ist eine bestimmte physikalische Situation verwirklicht, die zunächst so gut wie möglich verstanden sein muss, bevor sich daraus ergebende Fragen beantwortet werden können.

Nach einem Einstieg (E) in die zugrunde liegende Problematik, geht es um das Verständnis (V), was dann unmittelbar zu den gewünschten Ergebnissen (E) führen soll.

Auch hier wieder bietet es sich an, dies mit dem Akronym EVE zu charakterisieren, so dass die weitere Vorgehensweise jetzt das SMART-EVE-Konzept genannt wird. Diese drei Schritte EVE sind im Folgenden jeweils mit Fragen unterlegt, mit denen man sich einer konkreten Aufgabe nähern sollte. Die Fragen werden nicht immer „zielführend" sein und sollten deshalb nur in den Fällen zur Basis weiterer Überlegungen genommen werden, in denen es sich offensichtlich um sinnvolle Fragestellungen zur konkreten Aufgabe handelt.

Einstieg (E):

- *Welche physikalische Situation liegt der Aufgabe zugrunde? Wie und mit welchen vereinfachenden (idealisierenden) Annahmen kann diese anschaulich beschrieben werden? Welche Wahl der Systemgrenze ist der Aufgabenstellung angemessen?*

- *Wie lässt sich die physikalische Situation anschaulich darstellen?*

- *Was ist gegeben, was ist gesucht?*

Verständnis (V):

- *Was bestimmt den Prozessverlauf?*

- *Was würde den Prozessverlauf verstärken bzw. abschwächen?*

- *Welche Grenzfälle gibt es, die zum Verständnis des Prozessverlaufes beitragen?*

Ergebnisse (E):

- *Welche Gleichungen (Bilanzen, Bestimmungsgleichungen,...) beschreiben die Physik modellhaft?*

- *Wie sieht die konkrete Lösung aus?*

- *Sind die Ergebnisse plausibel?*

16 Ausgewählte Übungsaufgaben zu einzelnen Kapiteln

In diesem Abschnitt wird zu den Buchkapiteln 4, 5, 6, 7, 9 und 12 zunächst für jeweils eine typische Aufgabe die ausführliche Lösung nach dem zuvor beschriebenen SMART-EVE-Konzept vorgestellt.

Dieses zeigt, wie viele Vorüberlegungen zwischen dem Lesen der Aufgabenstellung und der konkreten Berechnung erforderlich sind. Die vielen Vorüberlegungen und eine zusätzliche „Plausibilitätsprüfung" in Bezug auf die Lösung werden in der hier gezeigten Ausführlichkeit in einer Klausursituation nicht möglich sein, es muss aber dringend davor gewarnt werden, deshalb ganz darauf zu verzichten.

Zusätzlich werden zu den genannten Buchkapiteln jeweils zwei weitere Aufgabenstellungen angegeben. Diese zusätzlichen Aufgaben sollten möglichst selbstständig nach dem SMART-EVE-Konzept bearbeitet werden. Zur Überprüfung der dabei erzielten Ergebnisse sind ausführliche Lösungswege angegeben. Allerdings werden dabei die in SMART-EVE formulierten Fragen nicht thematisiert.

Für alle angegebenen Gleichungen gilt, dass die Zahlenwerte immer in (abgeleiteten) SI-Einheiten eingesetzt werden. In den Gleichungen sind die gerundeten Zahlenwerte angegeben, die Ergebnisse werden aber stets mit den exakten Zahlenwerten berechnet.

16.1 Aufgaben zu Kapitel 4: Dimensionsanalytische Überlegungen

Bei der folgenden Aufgabe zu Kapitel 4, Dimensionsanalytische Überlegungen, wird die Lösung sehr ausführlich nach dem vorgestellten SMART-EVE-Konzept behandelt. Anschließend sind zwei weitere Aufgaben mit jeweils ausführlichen Lösungswegen angegeben.

16.1.1 Aufgabe 4.1

Mit Hilfe von Ähnlichkeitsuntersuchungen soll der stationäre konvektive Wärmeübergang eines mit Trichlorethylen (C_2HCl_3) der Temperatur $t_T^* = 20\,°C$ quer angeströmten, beheizten Kreiszylinders (Durchmesser D_T^*, Länge L_T^*) bestimmt werden. Dazu werden vorab Experimente mit Wasser an einem Kreiszylinder mit dem zwölffachen Durchmesser, $D_W^* = 12 \cdot D_T^*$, durchgeführt. Bei Vernachlässigung von Dissipationseffekten soll vollständige physikalische Ähnlichkeit für beide Fälle unterstellt werden.

Für Trichlorethylen betragen die relevanten Stoffwerte bei $t_T^* = 20\,°C$: kinematische Viskosität $v_T^* = 0,391 \cdot 10^{-6}\,m^2/s$, Wärmeleitfähigkeit $\lambda_T^* = 0,128\,W/m\,K$ und Prandtl-Zahl $Pr_T = 4,27$.

a) *Welche dimensionslosen Kennzahlen bestimmen diesen Wärmeübergang?*

b) *Welche Wassertemperatur t_W^* muss bei den Experimenten eingestellt werden?*

c) *Der mittlere Wärmeübergangskoeffizient des von Trichlorethylen überströmten Kreiszylinders wird in einem Geschwindigkeitsbereich zwischen $0,5\,m/s \leq u_T^* \leq 4\,m/s$ benötigt. In welchem Geschwindigkeitsbereich müssen die Experimente mit Wasser ausgeführt werden?*

© Springer Fachmedien Wiesbaden GmbH, ein Teil von Springer Nature 2019
H. Herwig und A. Moschallski, *Wärmeübertragung*,
https://doi.org/10.1007/978-3-658-26401-7_16

d) *Bei Modellversuchen mit Wasser wird für bestimmte Randbedingungen ein mittlerer Wärmeübergangskoeffizient am Kreiszylinder von $\alpha_W^* = 100 \, W/m^2 K$ bestimmt. Wie groß wäre der mittlere Wärmeübergangskoeffizient an dem mit Trichlorethylen überströmten Kreiszylinder?*

e) *Könnten die Experimente genauso gut mit Luft als Fluid durchgeführt werden? Welche qualitativen Änderungen für α_i^* und u_i^* ergeben sich dann im Vergleich zum gewünschten Fall mit dem Fluid Trichlorethylen?*

16.1.2 Lösung zu Aufgabe 4.1 nach dem SMART-EVE-Konzept

Einstieg (E):

* *Welche physikalische Situation liegt der Aufgabe zugrunde? Wie und mit welchen vereinfachenden (idealisierenden) Annahmen kann diese anschaulich beschrieben werden? Welche Wahl der Systemgrenze ist in der Aufgabenstellung angemessen?*

Es handelt sich bei dieser Problemstellung um einen von innen beheizten Kreiszylinder, der im stationären Fall die Energie in Form von Wärme über die Zylinderaußenwand an das den Zylinder umströmende Fluid abgibt. Der Wärmeübergang ist bestimmt durch die treibende Temperaturdifferenz zwischen der Zylinderaußenwand und dem ankommenden Fluid, der Oberfläche des Zylinders und dem Wärmeübergangskoeffizienten, der wiederum von den Stoffeigenschaften des Fluides und der Anströmgeschwindigkeit abhängt.

Auf der Basis von experimentellen Untersuchungen mit Wasser als umströmendem Fluid soll unter Nutzung der physikalischen Ähnlichkeit der stationäre konvektive Wärmeübergang bei der Queranströmung des beheizten Kreiszylinders mit Trichlorethylen bestimmt werden. Mit Gleichsetzen der charakteristischen Kennzahlen für beide Fluide sowie mit den Geometrie-, Prozess- und Stoffdaten für Wasser und Trichlorethylen kann auf die entsprechenden physikalischen Größen des jeweils anderen Fluides geschlossen werden.

Folgende Idealisierungen werden angenommen:

- Es soll von einer über den Umfang des Kreiszylinders gemittelten Wandtemperatur ausgegangen werden (thermische Randbedingung: $T_W^* = \text{const}$).

- Die Beheizung des Kreiszylinders soll nicht dazu führen, dass ein Phasenwechsel des Fluides auftritt.

- Wärmeleitungseffekte in axialer Richtung des Kreiszylinders treten nicht auf.

- 3D-Effekte in der Nähe der Stirnflächen des Kreiszylinders werden nicht berücksichtigt.

- Strahlungseffekte zwischen Kreiszylinder und Umgebung sollen unberücksichtigt bleiben.

- Dissipationseffekte sollen vernachlässigt werden, so dass der Einfluss der Eckert-Zahl (als Maß für die Dissipation) entfällt.

Als Systemgrenze wird die Zylinderaußenwand betrachtet, an der der konvektive Wärmeübergang stattfindet.

* *Wie lässt sich die physikalische Situation anschaulich darstellen?*

In der folgenden Skizze sind für die beiden Fluide jeweils der beheizte Kreiszylinder mit den relevanten Prozessgrößen schematisch dargestellt.

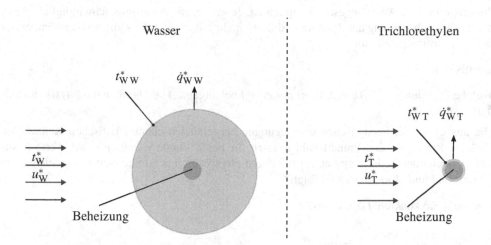

- *Was ist gegeben, was ist gesucht?*

Gegeben sind der konkrete physikalische Vorgang, die Geometriedaten sowie die Stoffdaten der beiden Fluide Wasser (aus Tab. G.2) und Trichlorethylen. Gesucht sind die den Prozess charakterisierenden Kennzahlen sowie die bei den Versuchen mit Wasser einzustellende Anströmtemperatur und der einzustellende Geschwindigkeitsbereich der Anströmung. Außerdem sind gesucht: der Wärmeübergangskoeffizient für Trichlorethylen und die qualitativen Änderungen, wenn als überströmendes Fluid Luft anstelle von Wasser genutzt würde.

Verständnis (V):

- *Was bestimmt den Prozessverlauf?*

Die Bedingung für vollständige Ähnlichkeit ist durch die Gleichheit der jeweiligen charakteristischen Kennzahlen gegeben, in denen die Geometrie-, Prozess- und Stoffdaten für beide Fälle auftreten. Wird beispielsweise das Durchmesserverhältnis für die Untersuchungen mit Wasser anstelle der Versuche mit Trichlorethylen geändert, so müssen Prozess- und/oder Stoffdaten so angepasst werden, dass die Gleichheit der jeweiligen Kennzahlen erhalten bleibt.

- *Was würde den Prozessverlauf verstärken bzw. abschwächen?*

Die Stärke des Wärmeüberganges ist in beiden Fällen abhängig von der treibenden Temperaturdifferenz (bzw. der Intensität der Beheizung) und der Intensität der Strömung, d. h. der Anströmgeschwindigkeit u_W^* bzw. u_T^*.

- *Welche Grenzfälle gibt es, die zum Verständnis des Prozessverlaufes beitragen?*

Wenn keine Beheizung des Kreiszylinders stattfindet, stellt sich kein Wärmeübergang zwischen Zylinder und Fluid ein. Eine Erhöhung der Heizleistung kann dazu führen, dass lokal an der Zylinderwand ein Phasenwechsel des Fluides von flüssig zu gasförmig stattfindet, was wegen der dann vollständig anderen Physik vermieden werden muss, wenn eine Übertragung der Ergebnisse vorgenommen werden soll.

Wenn die Anströmgeschwindigkeit gegen Null geht, verringert sich die „Kühlwirkung" und die Zylinderwandtemperatur steigt an. Es liegt dann zwar immer noch eine Bewegung des Fluides infolge der Dichtedifferenz vor (natürliche Konvektion), die aber weit geringer als die ursprüngliche Anströmgeschwindigkeit ist. Je größer die Anströmgeschwindigkeit, desto besser die Kühlwirkung am Zylinder und desto mehr nähert sich die Zylinderwandtemperatur der Anströmtemperatur an.

Ergebnis (E):

- *Welche Gleichungen (Bilanzen, Bestimmungsgleichungen,...) beschreiben die Physik modellhaft?*

Die aus dimensionsanalytischen Überlegungen hergeleiteten charakteristischen Kennzahlen Nußelt-, Reynolds- und Prandtl-Zahl müssen für beide Fluide jeweils gleiche Werte besitzen, was aus der Bedingung der vollständigen physikalischen Ähnlichkeit (Untersuchungen im Original und Modellmaßstab) folgt.

- *Wie sieht die konkrete Lösung aus?*

a) *Welche dimensionslosen Kennzahlen bestimmen diesen Wärmeübergang?*

Die Nußelt-Zahl charakterisiert den konvektiven Wärmeübergang, die Reynolds-Zahl die erzwungene Überströmung und die Prandtl-Zahl die Stoffwerte. Der funktionale Zusammenhang lautet Nu = Nu(Re, Pr).

Als charakteristische Länge in der Nußelt- und Reynolds-Zahl kann entweder der Durchmesser des Kreiszylinders D_i^* oder die halbe Überströmlänge $L_i^* = \pi D_i^*/2$ gewählt werden. Unter der Voraussetzung, dass Effekte an den Stirnflächen des Kreiszylinders vernachlässigt werden können, handelt es sich um ein zweidimensionales Problem. Wenn nur der Durchmesser des Zylinders verändert wird, ändert sich die Nußelt-Zahl bei gleich bleibenden Werten für Re und Pr nicht.

Wenn dagegen die Länge des Kreiszylinders als charakteristische Länge unterstellt würde, ergäbe sich bei einer Verdoppelung der Zylinderlänge eine Verdoppelung der Nußelt-Zahl. Eine solche Wahl wäre für ein zweidimensionales Problem aber unangemessen.

b) *Welche Wassertemperatur t_W^* muss bei den Experimenten eingestellt werden?*

Die Forderung nach der vollständigen physikalischen Ähnlichkeit in Bezug auf den Wärmeübergang am quer angeströmten Kreiszylinder ergibt, dass alle für das Problem charakteristischen Kennzahlen jeweils gleiche Werte besitzen. Da die Stoffwerte temperaturabhängig sind und die Prandtl-Zahl nur Stoffwerte berücksichtigt, muss gelten

$$Pr_W = Pr_T = 4{,}27$$

Aus der Stoffwertetabelle für Wasser, siehe Tab. G.2, folgt mit einer linearen Interpolation zwischen den Prandtl-Zahlen Pr(40 °C) = 4,327 und Pr(45 °C) = 3,908 eine Temperatur von

$$t_W^* = 40{,}68\,°C$$

bei der die Versuche mit Wasser durchgeführt werden müssen.

c) *Der mittlere Wärmeübergangskoeffizient des von Trichlorethylen überströmten Kreiszylinders wird in einem Geschwindigkeitsbereich zwischen 0,5 m/s $\leq u_T^* \leq$ 4 m/s benötigt. In welchem Geschwindigkeitsbereich müssen die Experimente mit Wasser ausgeführt werden?*

Die Re-Zahl charakterisiert die Strömung, so dass gelten muss

$$\text{Re}_\text{W} = \text{Re}_\text{T}$$

$$\frac{u_\text{W}^* D_\text{W}^*}{\nu_\text{W}^*} = \frac{u_\text{T}^* D_\text{T}^*}{\nu_\text{T}^*}$$

Damit ergibt sich

$$u_\text{W}^* = u_\text{T}^* \frac{D_\text{T}^*}{D_\text{W}^*} \frac{\nu_\text{W}^*}{\nu_\text{T}^*}$$

Für die Temperatur $t_\text{W}^* = 40{,}68\,°\text{C}$ ergibt sich aus der Stoffwertetabelle für Wasser eine linear interpolierte kinematische Viskosität von $\nu_\text{W}^*(40{,}68\,°\text{C}) = 0{,}650 \cdot 10^{-6}\,\text{m}^2/\text{s}$ und damit ein Wertebereich für die bei den Versuchen einzustellenden Geschwindigkeiten

$$u_\text{W}^* = (0{,}5 \cdot \frac{1}{12} \cdot \frac{0{,}650 \cdot 10^{-6}}{0{,}391 \cdot 10^{-6}})\,\text{m/s} \ldots (4 \cdot \frac{1}{12} \cdot \frac{0{,}650 \cdot 10^{-6}}{0{,}391 \cdot 10^{-6}})\,\text{m/s}$$

$$u_\text{W}^* = 0{,}069\,\text{m/s} \ldots 0{,}554\,\text{m/s}$$

d) *Bei Modellversuchen mit Wasser wird für bestimmte Randbedingungen ein mittlerer Wärmeübergangskoeffizient am Kreiszylinder von $\alpha_\text{W}^* = 100\ W/m^2\,K$ bestimmt. Wie groß wäre der mittlere Wärmeübergangskoeffizient an dem mit Trichlorethylen überströmten Kreiszylinder?*

Bei vollständiger physikalischer Ähnlichkeit muss auch die den Wärmeübergang charakterisierende Kennzahl gleich sein. Also gilt

$$\text{Nu}_\text{T} = \text{Nu}_\text{W}$$

$$\frac{\alpha_\text{T}^* D_\text{T}^*}{\lambda_\text{T}^*} = \frac{\alpha_\text{W}^* D_\text{W}^*}{\lambda_\text{W}^*}$$

$$\alpha_\text{T}^* = \alpha_\text{W}^* \frac{D_\text{W}^*}{D_\text{T}^*} \frac{\lambda_\text{T}^*}{\lambda_\text{W}^*}$$

$$\alpha_\text{T}^* = (100 \cdot \frac{12}{1} \cdot \frac{0{,}128}{0{,}632})\,\text{W/m}^2\text{K}$$

$$\alpha_\text{T}^* = 243\,\text{W/m}^2\text{K}$$

wobei sich aus der Stoffwertetabelle für Wasser die Wärmeleitfähigkeit durch lineare Interpolation zu $\lambda_\text{W}^*(40{,}68\,°\text{C}) = 0{,}632\,\text{W/m K}$ ergibt.

e) *Könnten die Experimente genauso gut mit Luft als Fluid durchgeführt werden? Welche qualitativen Änderungen für α_i^* und u_i^* ergeben sich dann im Vergleich zum gewünschten Fall mit dem Fluid Trichlorethylen?*

- eine vollständige physikalische Ähnlichkeit kann nicht erreicht werden, weil bei Gasen $Pr \approx 1$ gilt und nur eine schwache Temperaturabhängigkeit der Prandtl-Zahl vorliegt,

- die Luftgeschwindigkeit würde ansteigen, da $v_L^* > v_T^*$ vorliegt und v_i^* in der Reynolds-Zahl im Nenner auftritt,

- der Wärmeübergangskoeffizient würde sinken, da $\lambda_L^* < \lambda_T^*$ gilt und λ_i^* in der Nußelt-Zahl im Nenner vorkommt.

- *Sind die Ergebnisse plausibel?*

  - Zu a): Charakteristische Kennzahlen

  Die charakteristischen Kennzahlen Nußelt-, Reynolds- und Prandtl-Zahl resultieren aus dimensionsanalytischen Überlegungen zur erzwungenen Konvektion, siehe Kap. 4.3 und Tab. 4.2.

  - Zu b): Wassertemperatur

  Die bei den Untersuchungen zur Ähnlichkeit einzustellende Wassertemperatur ist höher als die bei den Untersuchungen mit Trichlorethylen, da nur dann beide Prandtl-Zahlen gleich sind.

  - Zu c): Geschwindigkeitsbereich für Wasser

  Der Geschwindigkeitsbereich für Wasser ist bei den Untersuchungen wegen der geometrischen Bedingungen fast um eine Größenordnung geringer als mit Trichlorethylen.

  - Zu d): Wärmeübergangskoeffizient für Trichlorethylen

  Der mittlere Wärmeübergangskoeffizient eines von Trichlorethylen, verglichen mit dem eines von Wasser überströmten Kreiszylinders ist vom Durchmesserverhältnis (D_W^*/D_T^*) und Verhältnis der Wärmeleitfähigkeiten (λ_T^*/λ_W^*) abhängig. Bei der vorliegenden Problemstellung dominiert das angegebene Durchmesserverhältnis deutlich gegenüber dem Verhältnis der Wärmeleitfähigkeiten, so dass der mittlere Wärmeübergangskoeffizient für Trichlorethylen deutlich größer als der von Wasser ist.

  - Zu e): Luft als Anströmfluid

  Die Plausibilität ist bereits in der konkreten Lösung dargestellt.

16.1.3 Aufgabe 4.2

Ein sehr langer Kreiszylinder (Durchmesser D^*) wird von einem Fluid mit der Geschwindigkeit u_∞^* und der Temperatur T_∞^* quer angeströmt. Der Kreiszylinder gibt an seiner Oberfläche stationär eine konstante Wandwärmestromdichte $\dot{q}_W^*$ an das Fluid ab. Um sich der Frage zu nähern, welche mittlere Temperatur T_{Wm}^* sich an der Oberfläche des Kreiszylinders einstellt, soll auf dieses physikalische Problem die Dimensionsanalyse angewandt werden.

a) *Welche Einflussgrößen sind bei dieser Problemstellung relevant?*

b) *Wie viele Kennzahlen hat dieses Problem?*

c) *Wie sieht ein Satz dimensionsloser Kennzahlen aus?*

16.1.4 Lösung zu Aufgabe 4.2

a) *Welche Einflussgrößen sind bei dieser Problemstellung relevant?*

Nach dem Fünf-Punkte-Plan, siehe Tab. 4.1, folgen die Einflussgrößen

(1) Zielvariable: Wandtemperatur T_W^*

(2) Geometrievariable: Durchmesser D^*

(3) Prozessvariablen: Temperatur der Anströmung T_∞^*, Geschwindigkeit der Anströmung u_∞^*, Wandwärmestromdichte $\dot{q}_W^*$

(4) Stoffwerte: Wärmeleitfähigkeit des Fluides λ_∞^*, Dichte des Fluides ρ_∞^*, spezifische Wärmekapazität des Fluides c_∞^*, (dynamische) Viskosität des Fluides η_∞^*

(5) Konstante: -

Es ergeben sich zunächst 9 Einflussgrößen, die nachfolgend mit den Basiseinheiten K, m, s, kg angegeben sind.

- T_W^* in K

- D^* in m

- T_∞^* in K

- u_∞^* in m/s

- $\dot{q}_W^*$ in W/m^2 = J/s m^2 = N m/s m^2 = kg m^2/s^{3}m^2 = kg/s^3

- λ_∞^* in W/m K = J/s m K = N m/s m K = kg m/s^{3}K = kg m/s^{3}K

- ρ_∞^* in kg/m^3

- c_∞^* in J/kg K = N m/kg K = kg m^2/s^{2}kg K = m^2/s^{2}K

- η_∞^* in kg/m s

Da der Energietransport in Form von Wärme immer von der treibenden Temperaturdifferenz gemäß

$$\dot{q}_W^* = f(T_W^* - T_\infty^*)$$

abhängt, können die beiden Einflussgrößen T_W^* und T_∞^* zu einer Einflussgröße $\Delta T^* = T_W^* - T_\infty^*$ zusammengefasst werden, so dass nur noch 8 Einflussgrößen dieses physikalische Problem beschreiben.

b) *Wie viele Kennzahlen hat dieses Problem?*

Daraus folgt die Anzahl der unabhängig voneinander vorliegenden Kennzahlen zu

Anzahl der Kennzahlen $z =$ Anzahl der Einflussgrößen $n -$ Anzahl der Basiseinheiten m

Anzahl der Kennzahlen $z = 8 - 4 = 4$

c) *Wie sieht ein Satz dimensionsloser Kennzahlen aus?*

Die Dimensionsanalyse liefert eindeutig nur die Anzahl der Kennzahlen, aber nicht die konkrete Form. Zur Ermittlung der einzelnen Kennzahlen müssen jeweils mindestens zwei der beteiligten Einflussgrößen so in Form von Potenzprodukten (oder Quotienten) kombiniert werden, dass die Einheiten wegfallen. Jede Einflussgröße muss mindestens einmal in einer der ermittelten Kennzahlen vorkommen. Zusätzlich muss sichergestellt sein, dass die Kennzahlen voneinander unabhängig sind.

Nachfolgend ist ein Kennzahlen-Satz (von vielen möglichen Kennzahlen-Sätzen) dargestellt. Vielfach sind Kennzahlen mit den Namen von Forschern versehen, die sich in den jeweiligen Themengebieten verdient gemacht haben, z.B. Reynolds, Nußelt, Eckert, Prandtl, ... Diese Benennungen sind nachfolgend jeweils zusätzlich aufgeführt. Zu beachten ist, dass aus Sicht der Dimensionsanalyse eine Kennzahl gleichwertig mit ihrem Kehrwert ist.

$$K_1 = \frac{\eta^*}{\rho^* u_\infty^* D^*} = 1/\text{Re}$$

$$K_2 = \frac{\Delta T^* \lambda^*}{\dot{q}_W^* D^*} = 1/\text{Nu}$$

$$K_3 = \frac{u_\infty^{*2}}{c_\infty^* \Delta T^*} = \text{Ec}$$

$$K_4 = \frac{\eta^* c_\infty^*}{\lambda^*} = \text{Pr}$$

Anmerkung: Die Kennzahlen $K_x = \frac{\eta^{*2}}{\rho^{*2} u_\infty^{*2} D^{*2}} = 1/\text{Re}^2$ oder $K_y = \frac{\rho^* u_\infty^* D^*}{\eta^*} = \text{Re}$ wären auch Kennzahlen, würden aber jeweils die Kennzahl K_1 gleichwertig ersetzen, da sie im Sinne von $K_x = K_1^2$ und $K_y = 1/K_1$ unmittelbar von K_1 abhängig sind.

16.1.5 Aufgabe 4.3

Es sollen mit Hilfe der Dimensionsanalyse Aussagen zum Wärmeübergang bei der Erwärmung von flüssigem Toluol im Vergleich zu Wasser in einem von außen beheizten Rührbehälter mit der charakteristischen Länge L^* getroffen werden.

Die Anfangstemperaturen der beiden Fluide seien $t_{W0}^* = t_{T0}^* = 20\,°\text{C}$, die Wandtemperatur des Rührbehälters in beiden Fällen $t_{WW}^* = t_{WT}^* = \text{const}$. Die Anfangstemperatur kann auch als Bezugstemperatur für die Stoffwerte genutzt werden.

Die Stoffwerte von Toluol bei $t_{T0}^* = 20\,°\text{C}$ betragen: Dichte $\rho_T^* = 865\,\text{kg/m}^3$, (dynamische) Viskosität $\eta_T^* = 565 \cdot 10^{-6}\,\text{kg/m s}$, Wärmeleitfähigkeit $\lambda_T^* = 0{,}14\,\text{W/m K}$, spezifische Wärmekapazität $c_T^* = 1{,}72\,\text{kJ/kg K}$.

a) *Welches Verhältnis der Wandwärmestromdichten $\dot{q}_{WT}^*/\dot{q}_{WW}^*$ ergibt sich für die beiden Fluide?*

b) *Wie groß ist für die beiden Fluide das Verhältnis der Drehzahlen des Rührers n_T^*/n_W^*?*

c) *Wie lange dauert der Vorgang der Erwärmung des Toluols im Vergleich zur Erwärmung des Wassers, τ_T^*/τ_W^*?*

16.1.6 Lösung zu Aufgabe 4.3

Nach dem Fünf-Punkte-Plan, siehe Tab. 4.1, folgen die Einflussgrößen

(1) Zielvariable: Wandwärmestromdichte $\dot{q}_W^*$

(2) Geometrievariable: charakteristische Länge L^*

(3) Prozessvariablen: Wandtemperatur $T_{WW}^* = T_{WT}^*$, Fluidtemperatur zu Beginn $T_{W0}^* = T_{T0}^*$, Zeit τ^*, Drehzahl n^*

(4) Stoffwerte: Wärmeleitfähigkeit λ_F^*, Dichte ρ_F^*, spezifische Wärmekapazität c_F^*, (dynamische) Viskosität η_F^*

(5) Konstante: -

Es ergeben sich zunächst $n = 10$ Einflussgrößen mit den Basiseinheiten K, m, s, kg.

- $\dot{q}_W^*$ in W/m^2 = J/s m^2 = Nm/s m^2 = kg m^2/s^{3}m^2 = kg/s^3

- L^* in m

- T_W^* in K

- T_F^* in K

- τ^* in s

- n^* in 1/s

- λ_F^* in W/m K = J/s m K = Nm/s m K = kg m/s^{3}K = kg m/s^{3}K

- ρ_F^* in kg/m^3

- c_F^* in J/kg K = Nm/kg K = kg m^2/s^{2}kg K = m^2/s^{2}K

- η_F^* in kg/m s

Da immer nur die treibende Temperaturdifferenz $\Delta T^* = T_{WW}^* - T_{W0}^*$ bzw. $\Delta T^* = T_{WT}^* - T_{T0}^*$ und nicht die einzelnen Temperaturen für diese Problemstellung relevant sind, reduziert sich die Anzahl der Einflussgrößen auf $n = 9$.
Damit folgt die Anzahl der Kennzahlen mit $m = 4$ Basiseinheiten zu

$$\text{Anzahl der Kennzahlen } z = n - m = 9 - 4 = 5$$

Für die dimensionslose Darstellung werden die bekannten Kennzahlen und für die Fluide der Index „F" genutzt.

• Nußelt-Zahl als charakteristische Kennzahl für den konvektiven Wärmeübergang

$$\text{Nu} = \frac{\dot{q}_{WF}^* L^*}{(T_{WF}^* - T_F^*)\lambda_F^*}$$

- Reynolds-Zahl als charakteristische Kennzahl für die erzwungene Strömung

$$Re = \frac{n^* L^* L^* \rho_F^*}{\eta_F^*}$$

- Eckert-Zahl als charakteristische Kennzahl für die Dissipationseffekte

$$Ec = \frac{n^{*2} L^{*2}}{c_F^* \Delta T^*}$$

- Fourier-Zahl als charakteristische Kennzahl für instationäre Vorgänge mit der Temperaturleitfähigkeit $a_F^* = \lambda_F^* / \rho_F^* c_F^*$

$$Fo = \frac{\tau^* a_F^*}{L^{*2}} = \frac{\tau^* \lambda_F^*}{\rho_F^* c_F^* L^{*2}}$$

- Prandtl-Zahl als charakteristische Kennzahl für die Stoffwerte

$$Pr = \frac{\eta_F^* c_F^*}{\lambda_F^*}$$

Die Stoffwerte von Wasser können Tab. G.2 entnommen werden: $\rho_W^* = 998{,}21\,\text{kg/m}^3$, $\eta_W^* = 1001{,}6 \cdot 10^{-6}\,\text{kg/m}\,\text{s}$, $\lambda_W^* = 0{,}5985\,\text{W/m}\,\text{K}$, $c_W^* = 4{,}185\,\text{kJ/kg}\,\text{K}$.

Bei vollkommener physikalischer Ähnlichkeit des Problems müssen für beide Fluide die jeweiligen Kennzahlen gleiche Zahlenwerte besitzen.

a) *Welches Verhältnis der Wandwärmestromdichten $\dot{q}_{WT}^* / \dot{q}_{WW}^*$ ergibt sich für die beiden Fluide?*

Zur Bestimmung der (dimensionslosen) Wandwärmestromdichten muss gelten

$$Nu_T = Nu_W$$

$$\frac{\dot{q}_{WT}^*}{\dot{q}_{WW}^*} = \frac{\lambda_T^*}{\lambda_W^*} \frac{L_W^*}{L_T^*} \frac{(T_{WT}^* - T_{T0}^*)}{(T_{WW}^* - T_{W0}^*)}$$

$$\frac{\dot{q}_{WT}^*}{\dot{q}_{WW}^*} = \frac{0{,}14}{0{,}5985} \cdot 1 \cdot 1$$

$$\frac{\dot{q}_{WT}^*}{\dot{q}_{WW}^*} = 0{,}234$$

b) *Wie groß ist für die beiden Fluide das Verhältnis der Drehzahlen des Rührers n_T^* / n_W^*?*

Zur Bestimmung der (dimensionslosen) Drehzahl des Rührers muss gelten

$$Re_T = Re_W$$

$$\frac{n_T^*}{n_W^*} = \frac{L_W^{*2}}{L_T^{*2}} \frac{\rho_W^*}{\rho_T^*} \frac{\eta_T^*}{\eta_W^*}$$

$$\frac{n_T^*}{n_W^*} = 1 \cdot \frac{998{,}21}{865} \cdot \frac{565 \cdot 10^{-6}}{1001{,}6 \cdot 10^{-6}}$$

$$\frac{n_T^*}{n_W^*} = 0{,}651$$

c) *Wie lange dauert der Vorgang der Erwärmung des Toluols im Vergleich zur Erwärmung des Wassers, τ_T^* / τ_W^* ?*

Zur Bestimmung der (dimensionslosen) Dauer des Vorganges muss gelten

$$\mathrm{Fo}_T = \mathrm{Fo}_W$$

$$\frac{\tau_T^*}{\tau_W^*} = \frac{L_T^{*2}}{L_W^{*2}} \frac{\rho_T^*}{\rho_W^*} \frac{\lambda_W^*}{\lambda_T^*} \frac{c_T^*}{c_W^*}$$

$$\frac{\tau_T^*}{\tau_W^*} = 1 \cdot \frac{865}{998,21} \cdot \frac{0,5985}{0,14} \cdot \frac{1,72}{4,185}$$

$$\frac{\tau_T^*}{\tau_W^*} = 1,523$$

16.2 Aufgaben zu Kapitel 5: Wärmeleitung

Bei der folgenden Aufgabe zu Kapitel 5, Wärmeleitung, wird die Lösung sehr ausführlich nach dem vorgestellten SMART-EVE-Konzept behandelt. Anschließend sind zwei weitere Aufgaben mit jeweils ausführlichen Lösungswegen angegeben.

16.2.1 Aufgabe 5.1

In einem Kupferrohr (Länge $L^* = 1\,\mathrm{m}$, Innendurchmesser $D_i^* = 8\,\mathrm{mm}$, Wandstärke $s^* = 1,5\,\mathrm{mm}$, Wärmeleitfähigkeit $\lambda_{Cu}^* = 384\,\mathrm{W/m\,K}$) strömt stationär ein Fluid mit einer zwischen Ein- und Austritt gemittelten Temperatur von $t_{Fm}^* = 60\,°\mathrm{C}$. Das Kupferrohr befindet sich in ruhender Umgebungsluft von $t_L^* = 20\,°\mathrm{C}$. Der Wärmeübergangskoeffizient auf der Innenseite beträgt $\alpha_i^* = 1500\,\mathrm{W/m^2\,K}$, auf der Außenseite $\alpha_a^* = 4\,\mathrm{W/m^2\,K}$.

a) *Wie kann der Temperaturverlauf längs der radialen Koordinate zwischen Fluid und Luft erklärt und dargestellt werden?*

b) *Wie groß ist der übertragene Wärmestrom, wenn das Kupferrohr nicht wärmegedämmt ist?*

c) *Welcher Wärmestrom wird übertragen, wenn das Kupferrohr mit einer $s_{D1}^* = 5\,\mathrm{mm}$, $s_{D2}^* = 10\,\mathrm{mm}$, $s_{D3}^* = 15\,\mathrm{mm}$ und $s_{D4}^* = 20\,\mathrm{mm}$ dicken Dämmschicht ($\lambda_D^* = 0,04\,\mathrm{W/m\,K}$) versehen wird?*

d) *Wie dick muss die Wärmedämmung ($\lambda_D^* = 0,04\,\mathrm{W/m\,K}$) mindestens gewählt werden, um eine Reduzierung des Wärmestromes gegenüber b) zu erreichen?*

e) *Wie groß dürfte die Wärmeleitfähigkeit des Wärmedämmmaterials höchstens sein, um bei einer vorgegebenen Dämmstärke von $s_{D1}^* = 5\,\mathrm{mm}$ eine Dämmwirkung zu erreichen?*

16.2.2 Lösung zu Aufgabe 5.1 nach dem SMART-EVE-Konzept

Einstieg (E):

- *Welche physikalische Situation liegt der Aufgabe zugrunde? Wie und mit welchen vereinfachenden (idealisierenden) Annahmen kann diese anschaulich beschrieben werden? Welche Wahl der Systemgrenze ist in der Aufgabenstellung angemessen?*

Bei der vorliegenden Aufgabe handelt es sich um ein Kupferrohr, das von einem warmen Fluid durchströmt wird und zwischen Ein- und Austritt über die Oberfläche einen Energiestrom in Form von Wärme an die Umgebung abgibt. Dieser Energiestrom entspricht dem Produkt aus Fluid-Massenstrom, spezifischer Wärmekapazität des Fluids und der Temperaturdifferenz des Fluids zwischen Aus- und Eintritt. Die angegebene mittlere Temperatur des Fluids entsteht sowohl durch eine Mittelung in Strömungsrichtung zwischen den beiden Querschnitten (Ein- und Austritt) als auch in den beiden Querschnitten (→ kalorische Mitteltemperatur, siehe (6-1)).

Die Besonderheit der vorliegenden physikalischen Situation ist der große Wärmewiderstand auf der Außenseite $(1/\alpha_a^* A_a^*)$ des Kupferrohres im Vergleich zum deutlich geringeren Wärmewiderstand auf der Innenseite $(1/\alpha_i^* A_i^*)$ des Kupferrohres und dem deutlich geringeren Wärmeleitwiderstand im Kupferrohr $(s_{Cu}^*/A_m^* \lambda_{Cu}^*)$. Der hohe Wärmewiderstand auf der Außenseite ist auf die dort vorliegende natürliche Konvektion zurückzuführen. Damit bestimmt der äußere Wärmeübergang den übertragenen Wärmestrom maßgeblich.

Wird das Kupferrohr mit unterschiedlichen Dämmschichtdicken versehen, so verringert sich in jedem Fall die Oberflächentemperatur auf der Außenseite der Dämmung (= Systemgrenze). Man würde vermutlich zunächst daraus folgern, dass sich gleichzeitig auch der über die Systemgrenze transportierte Energiestrom verringert. Auf der anderen Seite vergrößert sich aber auch infolge der Dämmschicht die Oberfläche, über die der Energietransport an die Umgebung stattfindet. Dieser Energietransport wird von dem Produkt aus Wärmeübergangskoeffizient, treibender Temperaturdifferenz (zwischen Oberfläche und Umgebung) und der Oberfläche selbst bestimmt. Welcher (bei konstantem Wärmeübergangskoeffizient auf der Außenseite) der beiden zuletzt genannten Faktoren bei einer Aufbringung einer zusätzlichen Wärmedämmschicht dominiert, kann nur für den konkreten Fall berechnet werden.

Prinzipiell kann ein geringerer Energiestrom über die Systemgrenze auch durch ein Dämmmaterial mit einer kleineren Wärmeleitfähigkeit erzielt werden, wie aus dem Fourier-Ansatz unmittelbar gefolgert werden kann, siehe (5-5).

Folgende Idealisierungen werden angenommen:

– Mit der Abkühlung des Fluids ist gleichzeitig auch eine geringfügige Erhöhung der Dichte und damit eine leichte Verzögerung in Strömungsrichtung verbunden. Dieser Effekt soll hier als vernachlässigbar betrachtet werden.

– Reibungseffekte im Kupferrohr führen zu einer Verringerung des Fluiddruckes in Strömungsrichtung und damit zu einer geringfügigen Änderung der Dichte des Fluids. Dieser Effekt soll hier vernachlässigt werden.

– Das Fluid und auch das Kupferrohr kühlen sich über die Länge in axialer Richtung ab, da in radialer Richtung ein Energietransport in Form von Wärme an die Umgebung erfolgt. Damit entsteht ein axialer Temperaturgradient und als Folge ein axialer Wärmestrom. Die axialen Wärmeleitungseffekte sind im Vergleich zu den radialen Wärmeleitungseffekten im Allgemeinen sehr gering und werden vernachlässigt.

– Der Wärmeübergangskoeffizient auf der Außenseite α_a^* wird als konstant unterstellt, auch wenn ab Aufgabenteil c) eine Wärmedämmung des Kupferrohres vorgesehen ist. Bei einer erzwungenen Queranströmung eines Rohres (Kreiszylinders) durch z. B. Zugluft ergäbe sich ein Wärmeübergang infolge erzwungener Konvektion, bei dem sich der Wärmeübergangskoeffizient mit dem Außendurchmesser des (gedämmten) Rohres verändern würde, siehe Kapitel 6.6.2. Bei der Umströmung des Rohres, die nur durch Dichtedifferenzen (bzw. Temperaturdifferenzen) der Luft in der Nähe der Rohroberfläche zustande kommt, liegt ein Wärmeübergangskoeffizient vor, der von der treibenden Temperaturdifferenz abhängt. Dieser Wärmeübergang wird als natürliche Konvektion bezeichnet, siehe Kapitel 6.5.

Die Systemgrenze für die Bestimmung der jeweiligen Wärmeströme sollte wie in der Skizze dargestellt gewählt werden, da die für den Wärmedurchgang relevante (mittlere) Fluidtemperatur und die Umgebungstemperatur bekannt sind.

• *Wie lässt sich die physikalische Situation anschaulich darstellen?*

Die nachfolgende Skizze zeigt die prinzipiellen Temperaturverläufe in radialer Richtung des Kupferrohres inkl. Dämmschicht in den beiden Querschnitten 1 und 2. Die mittlere, in der Aufgabenstellung angegebene Fluidtemperatur entspricht dem arithmetischen Mittel der kalorischen Mitteltemperaturen in den beiden Querschnitten, $t_{Fm}^* = (t_{km1}^* + t_{km2}^*)/2$.

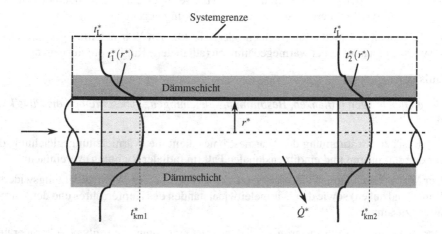

• *Was ist gegeben, was ist gesucht?*

Gegeben sind Prozess-, Geometrie- und Stoffdaten für das nicht wärmegedämmte Kupferrohr sowie Daten für unterschiedliche Wärmedämmungen (Wärmedämmschichten und Material). Gesucht sind die Wärmeströme, die im nicht wärmegedämmten Fall und bei unterschiedlichen Ausführungen der Wärmedämmung auftreten.

Verständnis (V):

• *Was bestimmt den Prozessverlauf?*

Da alle anderen Einflussgrößen bei der gegebenen physikalischen Situation als konstant angenommen werden, bestimmt bei einer konstanten Wärmeleitfähigkeit des Wärmedämmmaterials nur die Dicke der Wärmedämmung den nach außen gerichteten Wärmestrom. Es stellt

sich aber heraus, dass bei den angegebenen Bedingungen der Wärmestrom bei geringen Wärmedämmschichten größer ist als bei einem Verzicht auf eine Wärmedämmung. Erst ab einer
„kritischen" Wärmedämmschicht wird der Energietransport in Form von Wärme geringer aus-
fallen.

- *Was würde den Prozessverlauf verstärken bzw. abschwächen?*

Eine Verringerung der Wärmeleitfähigkeit des Dämmmaterials würde ab einem bestimmten
Wert bei jeder Dämmschicht eine Verringerung des Wärmestromes gegenüber dem ungedämmten Kupferrohr bedeuten. Ebenfalls würde auch oberhalb eines bestimmten äußeren Wärmeübergangskoeffizienten jede aufgebrachte Dämmschicht (mit $\lambda_D^* = 0{,}03\,\mathrm{W/m\,K}$) immer zu
einer Verringerung des Wärmestromes im Vergleich zum ungedämmten Kupferrohr führen.

Im vorliegenden Fall ergeben zusätzliche Berechnungen mit den in der konkreten Lösung
angegebenen Gleichungen immer eine Verringerung des Wärmestromes gegenüber dem ungedämmten Rohr, also eine Dämmwirkung, wenn für die Wärmeleitfähigkeit des Dämmma-
terials $\lambda_{D\,\mathrm{mod}}^* < 0{,}022\,\mathrm{W/m\,K}$ und für den äußeren Wärmeübergangskoeffizienten $\alpha_{a\,\mathrm{mod}}^* >$
$5{,}4\,\mathrm{W/m^2\,K}$ gilt.

- *Welche Grenzfälle gibt es, die zum Verständnis des Prozessverlaufes beitragen?*

Für das ungedämmte Rohr ergibt sich ein Energiestrom in Form von Wärme über die Rohrwand, der sich bei den gegebenen Bedingungen bei geringer Dämmschicht erhöht. Erst ab einer
kritischen Dämmschicht ergibt sich eine Dämmwirkung gegenüber dem reinen Kupferrohr.

Bei sehr großen Wärmedämmschichten oder sehr kleinen Wärmeleitfähigkeiten kann näherungsweise von einem ideal wärmegedämmten (adiabaten) Kupferrohr ausgegangen werden.

Ergebnis (E):

- *Welche Gleichungen (Bilanzen, Bestimmungsgleichungen,...) beschreiben die Physik modellhaft?*

  - Als Basis zur Bestimmung des Wärmestromes dient die Wärmeleitungsgleichung, die sich
    für den stationären und eindimensionalen Fall (in radialer Richtung) vereinfacht.

  - Der Wärmedurchgangswiderstand setzt sich aus den beiden Wärmeübergangswiderständen
    (innen und außen) sowie den Wärmeleitwiderständen des Kupferrohres und der Wärmedäm-
    mung zusammen.

  - Der zu ermittelnde Wärmestrom wird über den Quotienten von treibender Temperaturdiffe-
    renz und Wärmedurchgangswiderstand bestimmt.

- *Wie sieht die konkrete Lösung aus?*

  a) *Wie kann der Temperaturverlauf längs der radialen Koordinate zwischen Fluzid und Luft
  erklärt und dargestellt werden?*

  Wegen des guten, durch den vergleichsweise hohen Wert des Wärmeübergangskoeffizienten α_i^* gekennzeichneten innenseitigen Wärmeüberganges ist die Temperaturdifferenz
  zwischen der Fluidtemperatur und der Rohrinnenwandtemperatur gering. Ebenfalls ist
  auch die Temperaturdifferenz zwischen Rohrinnenwand und Rohraußenwand wegen der

guten Wärmeleitfähigkeit des Rohres (λ_{Cu}^*) und der geringen Wandstärke gering. Der Temperaturgradient in radialer Richtung des Rohres ist an der Innenwand wegen der kleineren Fläche größer als an der Außenwand. Zwischen Rohraußenwand und Umgebungsluft liegt wegen des schlechten äußeren Wärmeübergangskoeffizienten α_a^* die größte Temperaturdifferenz vor.

In der folgenden Abbildung sind die mittlere Temperatur des Fluids im Rohr (gestrichelte Linie) und der reale Temperaturverlauf des Fluids im Rohr (durchgezogene Linie) sowie der Temperaturverlauf in der Rohrwand und in der umgebenden Luft qualitativ dargestellt.

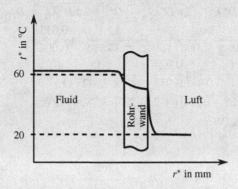

b) *Wie groß ist der übertragene Wärmestrom, wenn das Kupferrohr nicht wärmegedämmt ist?*

Für den Wärmestrom gilt

$$\dot{Q}^* = \frac{(t_{Fm}^* - t_L^*)}{R_k^*}$$

mit dem mittleren Wärmedurchgangswiderstand

$$R_k^* = \frac{1}{\alpha_i^* A_i^*} + \frac{1}{2\pi L^* \lambda_{Cu}^*} \ln \frac{D_a^*}{D_i^*} + \frac{1}{\alpha_a^* A_a^*}$$

$$R_k^* = \frac{1}{\alpha_i^* \pi D_i^* L^*} + \frac{1}{2\pi L^* \lambda_{Cu}^*} \ln \frac{D_a^*}{D_i^*} + \frac{1}{\alpha_a^* \pi D_a^* L^*}$$

$$R_k^* = \frac{1}{1500 \cdot \pi \cdot 0,008 \cdot 1} + \frac{1}{2 \cdot \pi \cdot 1 \cdot 384} \ln \frac{0,011}{0,008} + \frac{1}{4 \cdot \pi \cdot 0,011 \cdot 1}$$

$$R_k^* = (0,0265 + 0,0001 + 7,2343) \, \text{K/W}$$

$$R_k^* = 7,26 \, \text{K/W}$$

Damit ergibt sich der Wärmestrom zu

$$\dot{Q}^* = \left(\frac{60 - 20}{7,26}\right) \text{W}$$

$$\dot{Q}^* = 5,5 \, \text{W}$$

c) *Welcher Wärmestrom wird übertragen, wenn das Kupferrohr mit einer $s_{D1}^* = 5\,mm$, $s_{D2}^* = 10\,mm$, $s_{D3}^* = 15\,mm$ und $s_{D4}^* = 20\,mm$ dicken Dämmschicht ($\lambda_D^* = 0{,}04\,W/m\,K$) versehen wird?*

Mit dem beispielhaft um die Dämmschicht $s_{D1}^* = 5\,mm$ modifizierten Wärmedurchgangswiderstand

$$R_{kD1}^* = \frac{1}{\alpha_i^* A_i^*} + \frac{1}{2\pi L^* \lambda_{Cu}^*} \ln\frac{D_a^*}{D_i^*} + \frac{1}{2\pi L^* \lambda_D^*} \ln\frac{D_{aD1}^*}{D_{iD1}^*} + \frac{1}{\alpha_a^* A_{aD1}^*}$$

$$R_{kD1}^* = \frac{1}{\alpha_i^* \pi D_i^* L^*} + \frac{1}{2\pi L^* \lambda_{Cu}^*} \ln\frac{D_a^*}{D_i^*} + \frac{1}{2\pi L^* \lambda_D^*} \ln\frac{D_{aD1}^*}{D_{iD1}^*} + \frac{1}{\alpha_a^* \pi D_{aD1}^* L^*}$$

$$R_{kD1}^* = \left(\frac{1}{1500 \cdot \pi \cdot 0{,}008 \cdot 1} + \frac{1}{2\cdot\pi\cdot 1\cdot 384} \ln\frac{0{,}011}{0{,}008} + \right.$$

$$\left. + \frac{1}{2\cdot\pi\cdot 1\cdot 0{,}04} \ln\frac{0{,}021}{0{,}011} + \frac{1}{4\cdot\pi\cdot 0{,}021\cdot 1} \right) K/W$$

$$R_{kD1}^* = (0{,}0265 + 0{,}0001 + 2{,}5728 + 3{,}7894)\,K/W$$

$$R_{kD1}^* = 6{,}39\,K/W$$

folgt

$$\dot{Q}_{D1}^* = \left(\frac{60-20}{6{,}39} \right) W$$

$$\dot{Q}_{D1}^* = 6{,}26\,W$$

Analog ergibt sich mit den anderen Dämmschichten

$$\dot{Q}_{D2}^* = 5{,}96\,W$$

$$\dot{Q}_{D3}^* = 5{,}55\,W$$

$$\dot{Q}_{D4}^* = 5{,}20\,W$$

d) *Wie dick muss die Wärmedämmung ($\lambda_D^* = 0{,}04\,W/m\,K$) mindestens gewählt werden, um eine Reduzierung des Wärmestromes gegenüber b) zu erreichen?*

Um eine Dämmwirkung gegenüber b) zu erreichen, muss mit der Mindestdämmstärke mindestens der in b) ermittelte Wärmedurchgangswiderstand erreicht werden. Für den Grenzfall ergibt sich

$$R_{kDmin}^* = R_k^* = 7{,}26\,K/W$$

$$R_{kDmin}^* = \frac{1}{\alpha_i^* A_i^*} + \frac{1}{2\pi L^* \lambda_{Cu}^*} \ln\frac{D_a^*}{D_i^*} + \frac{1}{2\pi L^* \lambda_D^*} \ln\frac{D_{aDmin}^*}{D_{iDmin}^*} + \frac{1}{\alpha_a^* A_{aDmin}^*}$$

$$R_{kDmin}^* = \frac{1}{\alpha_i^* \pi D_i^* L^*} + \frac{1}{2\pi L^* \lambda_{Cu}^*} \ln\frac{D_a^*}{D_i^*} + \frac{1}{2\pi L^* \lambda_D^*} \ln\frac{D_{aDmin}^*}{D_{iDmin}^*} + \frac{1}{\alpha_a^* \pi D_{aDmin}^* L^*}$$

$$7{,}26\,K/W = \left(\frac{1}{1500 \cdot \pi \cdot 0{,}008 \cdot 1} + \frac{1}{2\cdot\pi\cdot 1\cdot 384} \ln\frac{0{,}011}{0{,}008} + \right.$$

$$\left. + \frac{1}{2\cdot\pi\cdot 1\cdot 0{,}04} \ln\frac{D_{aDmin}^*}{0{,}011} + \frac{1}{4\cdot\pi\cdot D_{aDmin}^* \cdot 1} \right) K/W$$

Die Lösung für $D^*_{a\,Dmin}$ muss iterativ bestimmt werden.
Es ergibt sich $D^*_{a\,Dmin} = 0,042\,18\,\text{m} = 42,18\,\text{mm}$ und damit

$$s^*_{Dmin} = \frac{D^*_{a\,Dmin} - D^*_a}{2}$$

$$s^*_{Dmin} = (\frac{0,04218 - 0,011}{2})\,\text{m}$$

$$s^*_{Dmin} = 0,015\,59\,\text{m} = 15,59\,\text{mm}$$

d. h., diese Dämmschicht muss mindestens aufgebracht werden, um eine Dämmwirkung zu erzielen.

e) *Wie groß dürfte die Wärmeleitfähigkeit des Wärmedämmmaterials höchstens sein, um bei einer vorgegebenen Dämmstärke von $s^*_{D1} = 5$ mm eine Dämmwirkung zu erreichen?*

Mit der modifizierten Wärmeleitfähigkeit des Dämmmaterials (Index „D*") ergibt sich der Wärmedurchgangswiderstand für den Grenzfall

$$R^*_{k\,D*} = \frac{1}{\alpha^*_i A^*_i} + \frac{1}{2\pi L^* \lambda^*_{Cu}} \ln\frac{D^*_a}{D^*_i} + \frac{1}{2\pi L^* \lambda^*_{D*}} \ln\frac{D^*_{a\,D1}}{D^*_{i\,D1}} + \frac{1}{\alpha^*_a A^*_{a\,D1}}$$

$$R^*_{k\,D*} = \frac{1}{\alpha^*_i \pi D^*_i L^*} + \frac{1}{2\pi L^* \lambda^*_{Cu}} \ln\frac{D^*_a}{D^*_i} + \frac{1}{2\pi L^* \lambda^*_{D*}} \ln\frac{D^*_{a\,D1}}{D^*_{i\,D1}} + \frac{1}{\alpha^*_a \pi D^*_{a\,D1} L^*}$$

$$7,26\,\text{K/W} = (\frac{1}{1500 \cdot \pi \cdot 0,008 \cdot 1} + \frac{1}{2 \cdot \pi \cdot 1 \cdot 384} \ln\frac{0,011}{0,008} +$$

$$+ \frac{1}{2 \cdot \pi \cdot 1 \cdot \lambda^*_{D*}} \ln\frac{0,021}{0,011} + \frac{1}{4 \cdot \pi \cdot 0,021 \cdot 1})\,\text{K/W}$$

und damit eine Wärmeleitfähigkeit von

$$\lambda^*_{D*} = 0,03\,\text{W/m\,K}$$

die höchstens vorliegen darf, um eine Wärmedämmwirkung zu erzielen.

• *Sind die Ergebnisse plausibel?*

– Zu a): Temperaturverlauf

Die Plausibilität ist bereits in der konkreten Lösung dargestellt.

– Zu b): Übertragener Wärmestrom ohne Wärmedämmung

Der an die Umgebung übertragene Wärmestrom ist aufgrund der kleinen Rohroberfläche und des kleinen Wärmeübergangskoeffizienten auf der Außenseite vergleichsweise gering und realistisch.

– Zu c): Übertragener Wärmestrom mit unterschiedlichen Wärmedämmschichten

Der an die Umgebung übertragene Wärmestrom steigt ausgehend vom zunächst ungedämmten Kupferrohr zunächst an, sinkt danach und erreicht erst ab einer Mindestdämmschicht eine Wärmedämmwirkung. Dieses Phänomen kann aus prinzipiellen Gründen nur bei bestimmten Randbedingungen wie geringen äußeren Wärmeübergangskoeffizienten auftreten.

– Zu d): Kritische Wärmedämmschicht

Die kritische Wärmedämmschicht, ab der eine Dämmwirkung gegenüber dem ungedämmten Kupferrohr auftritt, ist bei den vorliegenden Randbedingungen als realistisch anzusehen.

– Zu e): Kritische Wärmeleitfähigkeit des Wärmedämmmaterials

Die kritische Wärmeleitfähigkeit des Wärmedämmmaterials, ab der eine Dämmwirkung gegenüber dem ungedämmten Kupferrohr auftritt, ist bei den vorliegenden Randbedingungen ebenfalls als realistisch anzusehen.

16.2.3 Aufgabe 5.2

Ein Aluminiumwürfel mit der Kantenlänge $L_{\mathrm{Alu}}^* = 1\,\mathrm{cm}$ und der Anfangstemperatur $t_{\mathrm{Alu0}}^* = 20\,°\mathrm{C}$ (Dichte $\rho_{\mathrm{Alu}}^* = 2700\,\mathrm{kg/m^3}$, spezifische Wärmekapazität $c_{\mathrm{Alu}}^* = 900\,\mathrm{J/kg\,K}$ und Wärmeleitfähigkeit $\lambda_{\mathrm{Alu}}^* = 238\,\mathrm{W/m\,K}$) wird von einem Luftstrom der Temperatur $t_\infty^* = 120\,°\mathrm{C}$ kontinuierlich erwärmt. Nach einer Zeit von $\tau_1^* = 20\,\mathrm{s}$ hat sich der Aluminiumwürfel auf $t_{\mathrm{Alu1}}^* = 63\,°\mathrm{C}$ und nach einer Zeit von $\tau_2^* = 40\,\mathrm{s}$ auf $t_{\mathrm{Alu2}}^* = 88\,°\mathrm{C}$ erwärmt.

a) *Welche Modellvorstellung kann zur Berechnung des mittleren Wärmeübergangskoeffizienten auf Basis des gemessenen Temperatur-/Zeitverlaufes angesetzt werden?*

b) *Wie groß sind die mittleren Wärmeübergangskoeffizienten und die mittleren Wandwärmestromdichten für die beiden angegebenen Zeiten?*

c) *Wie lässt sich der Verlauf des Wärmeübergangskoeffizienten und der Wandwärmestromdichte als Funktion der Zeit qualitatitv in einem Diagramm darstellen?*

d) *Welche Werte ergeben sich für die Kennzahlen Biot-Zahl und mittlere Nußelt-Zahl bei diesem Versuch?*

16.2.4 Lösung zu Aufgabe 5.2

a) *Welche Modellvorstellung kann zur Berechnung des mittleren Wärmeübergangskoeffizienten auf Basis des gemessenen Temperatur-/Zeitverlaufes angesetzt werden?*

Die Modellvorstellung „method of lumped capacitance" bedeutet eine Erwärmung des Körpers mit der Zeit ohne Temperaturgradienten im Körper. Die durch den konvektiven Wärmeübergang (gekennzeichnet durch den mittleren Wärmeübergangskoeffizienten α_{m}^*) an der Körperoberfläche eingetragene Energie wird durch die sehr gute Wärmeleitung unmittelbar in den Körper (gekennzeichnet durch λ_{Alu}^*) geleitet. Im Allgemeinen kann diese Modellvorstellung für $\mathrm{Bi} = \frac{\alpha_{\mathrm{m}}^* x^*}{\lambda_{\mathrm{Alu}}^*} < 0{,}1$ mit der charakteristischen Länge x^* (hier $x^* = L_{\mathrm{Alu}}^*$) eingesetzt werden.

Da im Vorwege der Wärmeübergangskoeffizient nicht bekannt ist, kann aber zunächst mit dem Kriterium Bi < 0,1 Folgendes abgeschätzt werden

$$\alpha_m^* < \frac{0{,}1\,\lambda_{Alu}^*}{L_{Alu}^*} = 2380\,\mathrm{W/m^2\,K}$$

Diese Bedingung ist bei einer Anströmung mit Gasen i.d.R. erfüllt.

b) *Wie groß sind die mittleren Wärmeübergangskoeffizienten und die mittleren Wandwärmestromdichten für die beiden angegebenen Zeiten?*

Die Bilanz am Aluminium-Würfel bei Vernachlässigung von Strahlung lautet

$$m_{Alu}^* c_{Alu}^* \frac{dT^*}{d\tau^*} = \alpha_m^* A_{Alu}^* (T_\infty^* - T^*(\tau^*))$$

Mit $m_{Alu}^* = V_{Alu}^* \rho_{Alu}^*$ folgt

$$\frac{dT^*}{T_\infty^* - T^*(\tau^*)} = \frac{\alpha_m^* A_{Alu}^*}{V_{Alu}^* \rho_{Alu}^* c_{Alu}^*}\, d\tau^*$$

Die Integration liefert mit $A_{Alu}^*/V_{Alu}^* = 6/L_{Alu}^*$ und der Anfangstemperatur T_0^*

$$\ln \frac{T_\infty^* - T_0^*}{T_\infty^* - T^*(\tau^*)} = \frac{\alpha_m^* 6}{L_{Alu}^* \rho_{Alu}^* c_{Alu}^*} \tau^*$$

Umgestellt nach dem Wärmeübergangskoeffizienten und mit den Temperaturen in °C (nur Temperaturdifferenzen sind relevant) folgt

$$\alpha_m^* = \ln \frac{t_\infty^* - t_0^*}{t_\infty^* - t^*(\tau^*)} \frac{L_{Alu}^* \rho_{Alu}^* c_{Alu}^*}{6\,\tau^*}$$

$$\alpha_{m1}^* = (\ln(\frac{120-20}{120-63}) \cdot \frac{0{,}01 \cdot 2700 \cdot 900}{6 \cdot 20})\,\mathrm{W/m^2\,K}$$

$$\alpha_{m1}^* = 113{,}8\,\mathrm{W/m^2\,K}$$

$$\alpha_{m2}^* = (\ln(\frac{120-20}{120-88}) \cdot \frac{0{,}01 \cdot 2700 \cdot 900}{6 \cdot 40})\,\mathrm{W/m^2\,K}$$

$$\alpha_{m2}^* = 115{,}4\,\mathrm{W/m^2\,K}$$

Theoretisch sollte bei der hier vorliegenden erzwungenen Konvektion $\alpha_{m1}^* = \alpha_{m2}^*$ gelten. Messunsicherheiten führen aber offensichtlich zu den geringen Unterschieden.

Die Wandwärmestromdichten sind damit

$$\dot{q}_{W1}^* = \alpha_{m1}^* (t^*(\tau_1^*) - t_\infty^*)$$

$$\dot{q}_{W1}^* = (113{,}8 \cdot (120-63))\,\mathrm{W/m^2}$$

$$\dot{q}_{W1}^* = 6486{,}6\,\mathrm{W/m^2}$$

$$\dot{q}_{W2}^* = \alpha_{m2}^* (t^*(\tau_2^*) - t_\infty^*)$$

$$\dot{q}_{W2}^* = (115{,}4 \cdot (120-88))\,\mathrm{W/m^2}$$

$$\dot{q}_{W2}^* = 3692{,}8\,\mathrm{W/m^2}$$

c) *Wie lässt sich der Verlauf des Wärmeübergangskoeffizienten und der Wandwärmestrom-dichte als Funktion der Zeit qualitatitv in einem Diagramm darstellen?*

Bei einer erzwungenen Strömung ändert sich der mittlere Wärmeübergangskoeffizient nicht mit der Zeit. Die mit der Zeit sinkende treibende Temperaturdifferenz führt zu kleineren Wandwärmestromdichten in der Weise, dass gilt

$$\alpha_m^* = \frac{\dot{q}_W^*}{\Delta T^*} = \text{const} \rightarrow \dot{q}_W^* \propto \Delta T^*$$

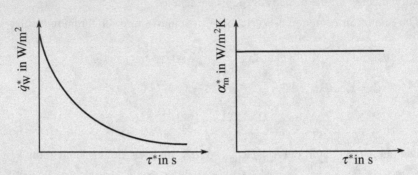

d) *Welche Werte ergeben sich für die Kennzahlen Biot-Zahl und mittlere Nußelt-Zahl bei diesem Versuch?*

Aus den beiden Versuchen ergibt sich ein gemittelter Wärmeübergangskoeffizient von $\alpha_m^* = 114{,}6\,\text{W/m}^2\,\text{K}$. Daraus folgt

$$\text{Bi} = \frac{\alpha_m^* L^*}{\lambda_{\text{Alu}}^*}$$

$$\text{Bi} = \frac{114{,}6 \cdot 0{,}01}{238}$$

$$\text{Bi} = 0{,}0048 (\ll 0{,}1!)$$

$$\text{Nu} = \text{Bi}\,\frac{\lambda_{\text{Alu}}^*}{\lambda_\infty^*} = \frac{\alpha_m^* L^*}{\lambda_\infty^*}$$

$$\text{Nu} = 0{,}0048 \cdot \frac{238}{0{,}03275}$$

$$\text{Nu} = 35 \text{ (typischer Wert für Gasströmungen)}$$

mit der Wärmeleitfähigkeit der Luft $\lambda_\infty^* = 0{,}03275\,\text{W/m K}$ bei $t_\infty^* = 120\,°\text{C}$ aus Tab. G.1.

16.2.5 Aufgabe 5.3

Ein Strandbesucher springt mit unbekleideten Füßen ($t_{\text{F0}}^* = 32\,°\text{C}$) in Sand ($t_{\text{S0}}^* = 5\,°\text{C}$) und bleibt dann stehen. Die Temperatur der Füße und des Sandes sollen vor dem Sprung und beim Auftreffen auf den Sand (Index „0") jeweils als homogen betrachtet werden. Der Einfluss der Blutzirkulation im Fuß soll vernachlässigt werden.

Die Stoffwerte für die Füße und den Sand sind bekannt.

	Füße	Sand
Temperaturleitfähigkeit a_i^* in m²/s	$12{,}5 \cdot 10^{-6}$	$0{,}2 \cdot 10^{-6}$
Wärmeleitfähigkeit λ_i^* in W/m K	0,2	0,27

a) *Welches Modell bzw. welche Modelle können für das Temperatur-Zeitverhalten in den Füßen und im Sand angesetzt werden?*

b) *Welche Kontakttemperatur stellt sich zwischen Füßen und Sand ein?*

c) *Wie ändert sich die Kontakttemperatur mit der Zeit?*

d) *Wie groß sind die Temperaturen im Fuß in einer Hauttiefe von $x_F^* = 4$ mm nach $\tau_1^* = 2$ s, nach $\tau_2^* = 8$ s, nach $\tau_3^* = 32$ s?*

e) *Welche Wärmestromdichten $\dot{q}_{Wi}^*$ werden zu den in d) genannten Zeiten übertragen?*

16.2.6 Lösung zu Aufgabe 5.3

a) *Welches Modell bzw. welche Modelle können für das Temperatur-Zeitverhalten in den Füßen und im Sand angesetzt werden?*

Es kann für die Füße und für den Sand jeweils das Modell der halbunendlichen Wand angesetzt werden, das aus der Wärmeleitungsgleichung für definierte Randbedingungen hergeleitet werden kann. Dabei wird vorausgesetzt, dass an einer Seite des Körpers plötzlich ein Temperatursprung erfolgt und dieser Temperatursprung mit der Zeit in den Körper „eindringt", Bi→ ∞. Es wird also nur an einer Seite des Körpers Energie übertragen und dann im Körper gespeichert bzw. dem Körper entnommen. Es handelt sich dabei um eine eindimensionale Modellierung.

Beim Kontakt zwischen Füßen und Sand entsteht eine Kontakttemperatur, die sich so einstellt, dass dort die zum jeweiligen Zeitpunkt vorliegenden Wandwärmestromdichten identisch sind. Die Bestimmung der jeweiligen Wandwärmestromdichten erfolgt mit dem Fourier-Ansatz (5-5).

b) *Welche Kontakttemperatur stellt sich zwischen Füßen und Sand ein?*

An der Kontaktfläche $x_S^* = x_F^* = 0$ sind die Wandwärmestromdichten (unter Berücksichtigung des Vorzeichens, gemäß Fourier-Ansatz (5-5)) gleich, so dass gilt

$$-\lambda_F^* \frac{dt_F^*}{dx_F^*}\bigg|_{x_F^*=0} = \lambda_S^* \frac{dt_S^*}{dx_S^*}\bigg|_{x_S^*=0}$$

Aus (5-25) ergibt sich allgemein für die Temperatur im Körper (in °C) an einem Ort x^* zur Zeit τ^*

$$t^*(\tau^*) = t_0^* + (t_\infty^* - t_0^*)\,\mathrm{erfc}\left(\frac{x^*}{2\sqrt{a^* \tau^*}}\right)$$

und mit $\eta = \frac{x^*}{2\sqrt{a^*\tau^*}}$ sowie $\frac{d}{d\eta}\text{erfc}(\eta) = \frac{-2\exp(-\eta^2)}{\sqrt{\pi}}$ für den Temperaturgradienten im Körper an einem Ort x^* zur Zeit τ^*

$$\frac{dt^*}{dx^*} = (t^*_\infty - t^*_0)\left(\frac{-2\exp(-(\frac{x^*}{2\sqrt{a^*\tau^*}})^2)}{\sqrt{\pi}}\right)\frac{1}{2\sqrt{a^*\tau^*}}$$

An der Stirnfläche $x^* = 0$ vereinfacht sich die Gleichung zu

$$\left.\frac{dt^*}{dx^*}\right|_{x^*=0} = \frac{t^*_0 - t^*_\infty}{\sqrt{\pi a^*\tau^*}}$$

Angewandt auf den vorliegenden Fall folgt

$$\left.\frac{dt^*_F}{dx^*_F}\right|_{x^*_F=0} = \frac{t^*_{F0} - t^*_K}{\sqrt{\pi a^*_F\tau^*}}$$

$$\left.\frac{dt^*_S}{dx^*_S}\right|_{x^*_S=0} = \frac{t^*_K - t^*_{S0}}{\sqrt{\pi a^*_S\tau^*}}$$

Mit dem Fourier Ansatz folgt dann

$$\frac{t^*_{F0} - t^*_K}{t^*_K - t^*_{S0}} = \frac{\lambda^*_S}{\lambda^*_F}\frac{\sqrt{a^*_F}}{\sqrt{a^*_S}}$$

und damit für die Kontakttemperatur

$$t^*_K = \frac{t^*_{F0} + t^*_{S0}\frac{\lambda^*_S}{\lambda^*_F}\frac{\sqrt{a^*_F}}{\sqrt{a^*_S}}}{1 + \frac{\lambda^*_S}{\lambda^*_F}\frac{\sqrt{a^*_F}}{\sqrt{a^*_S}}}$$

$$t^*_K = \left(\frac{32 + 5\cdot\frac{0,27}{0,2}\frac{\sqrt{12,5\cdot10^{-6}}}{\sqrt{0,2\cdot10^{-6}}}}{1 + \frac{0,27}{0,2}\frac{\sqrt{12,5\cdot10^{-6}}}{\sqrt{0,2\cdot10^{-6}}}}\right)°C$$

$$t^*_K = 7,3°C$$

c) *Wie ändert sich die Kontakttemperatur mit der Zeit?*

   Die Kontakttemperatur t^*_K ändert sich gemäß der in b) hergeleiteten Bestimmungsgleichung nicht mit der Zeit, da diese nicht als Parameter vorkommt.

d) *Wie groß sind die Temperaturen im Fuß in einer Hauttiefe von $x^*_F = 4$ mm nach $\tau^*_1 = 2$ s, nach $\tau^*_2 = 8$ s, nach $\tau^*_3 = 32$ s?*

   Die Lösung der Wärmeleitungsgleichung ergibt für den Fuß

$$\frac{t^*_F - t^*_{F0}}{t^*_K - t^*_{F0}} = 1 - \text{erf}(\eta_F) = \text{erfc}(\eta_F) = \text{erfc}\left(\frac{x^*_F}{2\sqrt{a^*_F\tau^*}}\right)$$

$$t^*_F = t^*_{F0} + (t^*_K - t^*_{F0})\text{erfc}\left(\frac{x^*_F}{2\sqrt{a^*_F\tau^*}}\right)$$

Für die drei Zeiten sowie unter Nutzung der Daten für erfc(η_F) gemäß Tab. 5.7 ergeben sich folgende Temperaturen

Zeit τ^* in s	η_F	erfc	$t_F^*(x_F^* = 0,004\,\text{m}, \tau^*)$ in °C
2	0,4	0,5716	17,89
8	0,2	0,7773	12,81
32	0,1	0,8875	10,09

e) *Welche Wärmestromdichten $\dot{q}_{Wi}^*$ werden zu den in d) genannten Zeiten übertragen?*

Die Wandwärmestromdichten an der Kontaktfläche ergeben sich zu den unterschiedlichen Zeiten mit

$$\dot{q}_F^*(x_F^* = 0\,\text{mm}, \tau^*) = -\lambda_F^* \frac{dt_F^*}{dx_F^*}\Big|_{x_F^*=0} = -\lambda_F^* \frac{t_{F0}^* - t_K^*}{\sqrt{\pi\, a_F^*\, \tau^*}}$$

zu

Zeit τ^* in s	$\dot{q}_F^*(x_F^* = 0\,\text{m}, \tau^*)$ in W/m^2
2	-557,1
8	-278,6
32	-139,3

Mit wachsender Zeit werden die dem Fuß entzogenen Wärmestromdichten (vom Betrag) immer kleiner, da sich der Fuß mit der Zeit abkühlt und damit der Temperaturgradient an der Kontaktstelle geringer wird.

16.3 Aufgaben zu Kapitel 6: Konvektiver Wärmeübergang

Bei der folgenden Aufgabe zu Kapitel 6, Konvektiver Wärmeübergang, wird die Lösung sehr ausführlich nach dem vorgestellten SMART-EVE-Konzept behandelt. Anschließend sind zwei weitere Aufgaben mit jeweils ausführlichen Lösungswegen angegeben.

16.3.1 Aufgabe 6.1

Zur Messung von Luftgeschwindigkeiten in einem Windkanal kommt ein Hitzdraht-Anemometer-System zum Einsatz. Der Hitzdraht mit den Abmessungen $D_{HD}^* = 5\,\mu\text{m}$ und $L_{HD}^* = 4\,\text{mm}$ ist dabei zwischen zwei Haltespitzen gespannt und quer zur Strömungsrichtung angeordnet. Durch Anlegen einer Versorgungsspannung wird der Hitzdraht von einem elektrischen Strom durchflossen und erreicht dabei eine Temperatur $t_{HD}^* = 200\,°\text{C} = \text{const}$. Der Widerstand des Hitzdrahtes bei dieser Temperatur beträgt $R_{HD}^* = 5,5\,\Omega$.

Um die Temperatur des Hitzdrahtes bei einer Anströmung durch Luft konstant zu halten, muss die angelegte Spannung nachgeregelt werden.

Strahlungseffekte können vernachlässigt werden.

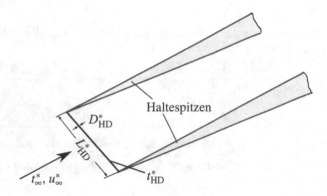

In der Literatur finden sich folgende Beziehungen für den Wärmeübergang an einem Kreiszylinder. Als charakteristische Länge für die Geometrie dient der Hitzdrahtdurchmesser D_{HD}^*. Für die Stoffwerte gilt $t_B^* = (t_{HD}^* + t_\infty^*)/2$ als Bezugstemperatur.

- natürliche Konvektion („nK") am horizontalen Kreiszylinder:

$$\mathrm{Nu_{m,nK}} = \left[0,6 + 0,387 \left(\frac{\mathrm{Gr\,Pr}}{\left[1 + \left(0,559/\mathrm{Pr} \right)^{9/16} \right]^{16/9}} \right)^{1/6} \right]^2$$

- erzwungene Konvektion („eK") am quer angeströmten, horizontalen Kreiszylinder:

$$\mathrm{Nu_{m,eK}} = (0,43 + 0,5\,\mathrm{Re}^{0,5})\,\mathrm{Pr}^{0,38}$$

a) *Zunächst ist der Windkanal ausgeschaltet. Am Hitzdraht liegt eine natürliche Konvektion bei einer Umgebungstemperatur $t_\infty^* = 40\,^\circ C$ vor.*

a1) *Wie groß sind die mittlere Nußelt-Zahl $\mathrm{Nu}_{m,nK}$ und der mittlere Wärmeübergangskoeffizient $\alpha_{m,nK}^*$?*

a2) *Wie groß sind die am Hitzdraht vorliegende Heizleistung $\dot{Q}_{HD,nK}^*$, die dort angelegte elektrische Spannung $U_{HD,nK}^*$ und der fließende Strom $I_{HD,nK}^*$?*

b) *Nun wird der Windkanal eingeschaltet und es liegt am Hitzdraht eine erzwungene Konvektion bei einer Anströmtemperatur $t_\infty^* = 40\,^\circ C$ vor. Am Hitzdraht wird eine Spannung von $U_{HD,eK}^* = 0,6\,V$ gemessen.*

b1) *Warum muss bei der erzwungenen Konvektion eine höhere Spannung angelegt werden als bei der natürlichen Konvektion?*

b2) *Wie groß sind die am Hitzdraht vorliegende Heizleistung $\dot{Q}_{HD,eK}^*$, die mittlere Nußelt-Zahl $\mathrm{Nu}_{m,eK}$ und der mittlere Wärmeübergangskoeffizient $\alpha_{m,eK}^*$?*

b3) *Wie groß ist die Anströmgeschwindigkeit der Luft u_∞^*?*

b4) *Wie lautet die zur Kalibrierung des Hitzdraht-Anemometers erforderliche Funktion der Form $U_{HD,eK}^* = f(u_\infty^*, t_{HD}^*, t_\infty^*)$? Stoffwerte und Geometriewerte können dabei in zwei Konstanten K_1^* und K_2^* zusammengefasst werden.*

16.3.2 Lösung zu Aufgabe 6.1 nach dem SMART-EVE-Konzept

Einstieg (E):

- *Welche physikalische Situation liegt der Aufgabe zugrunde? Wie und mit welchen vereinfachenden (idealisierenden) Annahmen kann diese anschaulich beschrieben werden? Welche Wahl der Systemgrenze ist in der Aufgabenstellung angemessen?*

Es wird ein Strömungsmessverfahren thematisiert, das als Messprinzip den Zusammenhang zwischen Konvektion und Wärmeübergang an einem überströmten beheizten Draht ausnutzt. Durch das Anlegen einer Spannung am Hitzdraht, der einen elektrischen Widerstand darstellt, wird eine (im vorliegenden Fall konstante) treibende Temperaturdifferenz zwischen Hitzdraht und umgebender Luft erzielt, die zu einem Wärmeübergang führt. Die elektrische Leistung dissipiert und wird in Form von Wärme an die umgebende Luft übertragen. Je besser die Kühlwirkung der Luft, desto mehr elektrische Leistung muss bereitgestellt werden, um eine konstante Hitzdrahttemperatur zu realisieren. Mit wachsender Luftgeschwindigkeit kann mehr Energie aufgenommen und mit der Luft wegtransportiert werden.

Bei der erzwungenen Konvektion ist der Zusammenhang zwischen dem Wärmeübergang, charakterisiert durch die Nußelt-Zahl, und der Strömung, charakterisiert durch die Reynolds-Zahl, stets unterlinear. Im vorliegenden Fall gilt $Nu \propto Re^{0,5}$.

Bei der natürlichen Konvektion tritt die Luftgeschwindigkeit nicht explizit in den Bestimmungsgleichung für den Wärmeübergang $Nu = Nu(Gr, Pr)$ auf. In der Grashof-Zahl tritt dafür eine treibende Temperaturdifferenz auf, die Auftriebseffekte und damit eine Strömung charakterisiert.

Folgende Idealisierungen werden angenommen:

- Es wird eine stationäre Situation unterstellt.
- Der konvektive Wärmeübergang an die Haltespitzen wird vernachlässigt.
- Im Hitzdraht liegt eine homogene Temperatur und damit ein konstanter elektrischer Widerstand vor.

Die Systemgrenze ist in der Skizze eingezeichnet.

- *Wie lässt sich die physikalische Situation anschaulich darstellen?*

Die nachfolgende Skizze zeigt schematisch die Temperatur in radialer Richtung, beginnend im Hitzdraht bis zur Umgebung in hinreichender Entfernung.

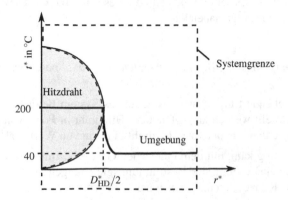

• *Was ist gegeben, was ist gesucht?*

Die geometrischen Daten und der Widerstand des Hitzdrahtes sowie die treibende Temperatur-differenz zwischen Hitzdraht und umgebender (strömender) Luft sind gegeben. Gesucht sind sowohl für die natürliche Konvektion als auch für die erzwungene Konvektion der am Hitzdraht übertragene Wärmestrom und die einzustellende Spannung. Für die erzwungene Konvektion ist zusätzlich für eine vorgegebene Spannung am Hitzdraht die Anströmgeschwindigkeit gesucht.

Verständnis (V):

• *Was bestimmt den Prozessverlauf?*

Im Fall der natürlichen Konvektion sind alle Prozessgrößen (und auch Geometriegrößen) konstant. Die vorgegebene treibende Temperaturdifferenz zwischen Hitzdraht und umgebender Luft bestimmt die erforderliche Heizleistung und damit auch den Wärmeübergang.

Im Fall der erzwungenen Konvektion führt eine Erhöhung der Anströmgeschwindigkeit zu einer Verbesserung des Energietransportes vom Hitzdraht zur Luft, so dass mehr elektrische Leistung für den Hitzdraht bereitgestellt werden muss, um die Bedingung einer konstanten Hitzdrahttemperatur zu erfüllen.

• *Was würde den Prozessverlauf verstärken bzw. abschwächen?*

Statt der geforderten Hitzdrahttemperatur von $t^*_{HD} = 200\,°C$ könnten höhere oder niedrigere Temperaturen gefordert sein. Bei sehr hohen Temperaturen würde eine Verfälschung der Ergebnisse durch den Einfluss der Wärmestrahlung auftreten. Bei sehr niedrigen Temperaturen würden nur geringe elektrische Ströme auftreten und Messunsicherheiten stärker ins Gewicht fallen.

• *Welche Grenzfälle gibt es, die zum Verständnis des Prozessverlaufes beitragen?*

Je kleiner die treibende Temperaturdifferenz, desto geringer ist bei gleichbleibender Anström-geschwindigkeit auch der Wärmeübergang und damit auch die an den Hitzdraht übertragene elektrische Leistung. Liegt keine treibende Temperaturdifferenz vor, so ergibt sich kein Wärmeübergang und damit auch keine Übertragung von elektrischer Leistung an den Hitzdraht.

Je höher die treibende Temperaturdifferenz, desto größer kann die Anströmgeschwindigkeit sein.

Es muss allerdings beachtet werden, dass eine hohe Anströmgeschwindigkeit zu einer hohen mechanischen Belastung des sehr dünnen Hitzdrahtes führt und dieses wiederum eine Zerstörung des Hitzdrahtes zur Folge haben kann.

Ergebnis (E):

• *Welche Gleichungen (Bilanzen, Bestimmungsgleichungen,...) beschreiben die Physik modellhaft?*

Hitzdraht und umgebende Luft können als adiabates System betrachtet werden, für das die Energiebilanz aufgestellt werden kann: Die dem Hitzdraht in Form von elektrischer Energie zugeführte Leistung entspricht der vom Hitzdraht in Form von Wärme abgegebenen Leistung.

Die elektrische Leistung kann mit dem Ohmschen Gesetz bestimmt werden. Für die in Form von Wärme abgegebene Leistung sind Bestimmungsgleichungen für die natürliche Konvektion und die erzwungene Konvektion in dimensionsloser Form angegeben.

- *Wie sieht die konkrete Lösung aus?*

a) *Zunächst ist der Windkanal ausgeschaltet. Am Hitzdraht liegt eine natürliche Konvektion bei einer Umgebungstemperatur $t_\infty^* = 40\,^\circ C$ vor.*

a1) *Wie groß sind die mittlere Nußelt-Zahl $\mathrm{Nu_{m,nK}}$ und der mittlere Wärmeübergangskoeffizient $\alpha_{m,nK}^*$?*

Mit den Stoffwerten aus Tab. G.1 bei der Umgebungstemperatur $t_\infty^* = 40\,^\circ C$ für den isobaren thermischen Ausdehnungskoeffizienten $\beta_\infty^* = 3{,}2 \cdot 10^{-3}\,1/K$ und bei der mittleren Temperatur zwischen Hitzdraht und Umgebung $t_B^* = (t_{HD}^* + t_\infty^*)/2 = (200 + 40)/2 = 120\,^\circ C$ für die Wärmeleitfähigkeit $\lambda^* = 0{,}03275\,\mathrm{W/m\,K}$, für die kinematische Viskosität $\nu^* = 25{,}75 \cdot 10^{-6}\,\mathrm{m^2/s}$ und de Pr-Zahl $\mathrm{Pr} = 0{,}7060$ ergibt sich für die Grashof-Zahl

$$\mathrm{Gr} = \left(\frac{g^* \beta_\infty^* (T_{HD}^* - T_\infty^*) D_{HD}^{*3}}{\nu^{*2}} \right)$$

$$\mathrm{Gr} = \left(\frac{9{,}81 \cdot 3{,}2 \cdot 10^{-3} \cdot (473{,}15 - 313{,}15) \cdot (5 \cdot 10^{-6})^3}{(25{,}75 \cdot 10^{-6})^2} \right)$$

$$\mathrm{Gr} = 9{,}47 \cdot 10^{-7}$$

und damit für die Nußelt-Zahl

$$\mathrm{Nu_{m,nK}} = \left[0{,}6 + 0{,}387 \left(\frac{\mathrm{Gr\,Pr}}{\left[1 + \left(0{,}559/\mathrm{Pr} \right)^{9/16} \right]^{16/9}} \right)^{1/6} \right]^2$$

$$\mathrm{Nu_{m,nK}} = \left[0{,}6 + 0{,}387 \left(\frac{9{,}47 \cdot 10^{-7} \cdot 0{,}7060}{\left[1 + \left(0{,}559/0{,}7060 \right)^{9/16} \right]^{16/9}} \right)^{1/6} \right]^2$$

$$\mathrm{Nu_{m,nK}} = 0{,}40$$

sowie für den mittleren Wärmeübergangskoeffizienten

$$\alpha_{m,nK} = \frac{\mathrm{Nu_{m,nK}}\,\lambda^*}{D_{HD}^*}$$

$$\alpha_{m,nK} = \left(\frac{0{,}40 \cdot 0{,}03275}{5 \cdot 10^{-6}} \right) \mathrm{W/m^2\,K}$$

$$\alpha_{m,nK} = 2599{,}9\,\mathrm{W/m^2 K}$$

a2) *Wie groß sind die am Hitzdraht vorliegende Heizleistung $\dot{Q}_{HD,nK}^*$, die dort angelegte elektrische Spannung $U_{HD,nK}^*$ und der fließende Strom $I_{HD,nK}^*$?*

Der vom Hitzdraht übertragene Wärmestrom (ohne Berücksichtigung der Strahlung) ist

$$\dot{Q}^*_{\mathrm{HD,nK}} = \alpha_{\mathrm{m,nK}}\, \pi\, D^*_{\mathrm{HD}}\, L^*_{\mathrm{HD}}(t^*_{\mathrm{HD}} - t^*_\infty)$$

$$\dot{Q}^*_{\mathrm{HD,nK}} = \left(2599{,}9 \cdot \pi \cdot 5 \cdot 10^{-6} \cdot 4 \cdot 10^{-3}\,(200 - 40)\right)\mathrm{W}$$

$$\dot{Q}^*_{\mathrm{HD,nK}} = 0{,}026\,\mathrm{W}$$

Die Energiebilanz am Hitzdraht lautet mit Verwendung des Ohmschen Gesetzes

$$\dot{Q}^*_{\mathrm{HD,nK}} = P^*_{\mathrm{HD,nK}} = U^*_{\mathrm{HD,nK}}\, I^*_{\mathrm{HD,nK}} = R^*_{\mathrm{HD}}\, I^{*2}_{\mathrm{HD,nK}} = \frac{U^{*2}_{\mathrm{HD,nK}}}{R^*_{\mathrm{HD}}}$$

Daraus ergeben sich

$$I^*_{\mathrm{HD,nK}} = \sqrt{\frac{\dot{Q}^*_{\mathrm{HD,nK}}}{R^*_{\mathrm{HD}}}} = \sqrt{\frac{0{,}026}{5{,}5}}\,\mathrm{A}$$

$$I^*_{\mathrm{HD,nK}} = 0{,}069\,\mathrm{A}$$

$$U^*_{\mathrm{HD,nK}} = \frac{\dot{Q}^*_{\mathrm{HD,nK}}}{I^*_{\mathrm{HD,nK}}} = \left(\frac{0{,}026}{0{,}069}\right)\mathrm{V}$$

$$U^*_{\mathrm{HD,nK}} = 0{,}379\,\mathrm{V}$$

b) *Nun wird der Windkanal eingeschaltet und es liegt am Hitzdraht eine erzwungene Konvektion bei einer Anströmtemperatur $t^*_\infty = 40\,^\circ C$ vor. Am Hitzdraht wird eine Spannung von $U^*_{HD,eK} = 0{,}6\,V$ gemessen.*

b1) *Warum muss bei der erzwungenen Konvektion eine höhere Spannung angelegt werden als bei der natürlichen Konvektion?*

Wenn eine gleiche treibende Temperaturdifferenz unterstellt wird, bleibt die Hitzdraht-Temperatur gleich und damit auch der Hitzdraht-Widerstand. Der Wärmeübergang bei einer erzwungenen Strömung ist dagegen stets größer als bei einer natürlichen Konvektion. Es wird dann ein höherer Wärmestrom vom Hitzdraht abgeführt, der durch eine erhöhte elektrische Leistung des Hitzdrahtes bereitgestellt werden muss. Gemäß $P^*_{\mathrm{HD}} = U^{*2}_{\mathrm{HD}}/R^*_{\mathrm{HD}}$ steigt damit bei einer erzwungenen Strömung auch die angelegte Spannung.

b2) *Wie groß sind die am Hitzdraht vorliegende Heizleistung $\dot{Q}^*_{HD,eK}$, die mittlere Nußelt-Zahl $Nu_{m,eK}$ und der mittlere Wärmeübergangskoeffizient $\alpha^*_{m,eK}$?*

Mit

$$\dot{Q}^*_{\mathrm{HD,eK}} = P^*_{\mathrm{HD,eK}} = U^*_{\mathrm{HD,eK}}\, I^*_{\mathrm{HD,eK}} = R^*_{\mathrm{HD}}\, I^{*2}_{\mathrm{HD,eK}} = \frac{U^{*2}_{\mathrm{HD,eK}}}{R^*_{\mathrm{HD}}}$$

$$\dot{Q}^*_{\mathrm{HD,eK}} = \left(\frac{0{,}6^2}{5{,}5}\right)\mathrm{W}$$

$$\dot{Q}^*_{\mathrm{HD,eK}} = 0{,}065\,\mathrm{W}$$

folgt der mittlere Wärmeübergangskoeffizient

$$\alpha_{m,eK} = \frac{\dot{Q}^*_{HD,eK}}{\pi D^*_{HD} L^*_{HD}(t^*_{HD} - t^*_\infty)}$$

$$\alpha_{m,eK} = (\frac{0{,}065}{\pi \cdot 5 \cdot 10^{-6} \cdot 4 \cdot 10^{-3}(200 - 40)}) \, \text{W/m}^2 \, \text{K}$$

$$\alpha_{m,eK} = 6511 \, \text{W/m}^2 \, \text{K}$$

und die mittlere Nußelt-Zahl

$$Nu_{m,eK} = \frac{6511 \cdot 5 \cdot 10^{-6}}{0{,}03275}$$

$$Nu_{m,eK} = 0{,}99$$

b3) *Wie groß ist die Anströmgeschwindigkeit der Luft* u^*_∞?

Aus der Korrelation für die erzwungene Konvektion am quer angeströmten Kreiszylinder

$$Nu_{m,eK} = (0{,}43 + 0{,}5 \, Re^{0{,}5}) \, Pr^{0{,}38}$$

folgt

$$Re = \left[2 \left(\frac{Nu_{m,eK}}{Pr^{0{,}38}} - 0{,}43 \right) \right]^2$$

$$Re = \left[2 \left(\frac{0{,}99}{0{,}7060^{0{,}38}} - 0{,}43 \right) \right]^2$$

$$Re = 2$$

Damit ergibt sich die Anströmgeschwindigkeit

$$u^*_\infty = \frac{Re \, \nu^*}{D^*_{HD}}$$

$$u^*_\infty = (\frac{2 \cdot 25{,}75 \cdot 10^{-6}}{5 \cdot 10^{-6}}) \, \text{m/s}$$

$$u^*_\infty = 10{,}2 \, \text{m/s}$$

b4) *Wie lautet die zur Kalibrierung des Hitzdraht-Anemometers erforderliche Funktion der Form* $U^*_{HD,eK} = f(u^*_\infty, t^*_{HD}, t^*_\infty)$? *Stoffwerte und Geometriewerte können dabei in zwei*

Konstanten K_1^* und K_2^* zusammengefasst werden.

$$\frac{U_{\mathrm{HD,eK}}^{*2}}{R_{\mathrm{HD}}^*} = \dot{Q}_{\mathrm{HD,eK}}^* = \alpha_{\mathrm{m,eK}}\, \pi D_{\mathrm{HD}}^* L_{\mathrm{HD}}^* (t_{\mathrm{HD}}^* - t_\infty^*)$$

$$\frac{U_{\mathrm{HD,eK}}^{*2}}{R_{\mathrm{HD}}^*} = \frac{\mathrm{Nu}_{\mathrm{m,eK}}\, \lambda_\infty^*}{D_{\mathrm{HD}}^*}\, \pi D_{\mathrm{HD}}^* L_{\mathrm{HD}}^* (t_{\mathrm{HD}}^* - t_\infty^*)$$

$$\frac{U_{\mathrm{HD,eK}}^{*2}}{R_{\mathrm{HD}}^*} = \frac{(0,43 + 0,5\left[\frac{u_\infty^* D_{\mathrm{HD}}^*}{v_\infty^*}\right]^{0,5})\,\mathrm{Pr}^{0,38}\, \lambda_\infty^*}{D_{\mathrm{HD}}^*}\, \pi D_{\mathrm{HD}}^* L_{\mathrm{HD}}^* (t_{\mathrm{HD}}^* - t_\infty^*)$$

$$U_{\mathrm{HD,eK}}^* = \sqrt{R_{\mathrm{HD}}^*\, \frac{(0,43 + 0,5\left[\frac{u_\infty^* D_{\mathrm{HD}}^*}{v_\infty^*}\right]^{0,5})\,\mathrm{Pr}^{0,38}\, \lambda_\infty^*}{D_{\mathrm{HD}}^*}\, \pi D_{\mathrm{HD}}^* L_{\mathrm{HD}}^* (t_{\mathrm{HD}}^* - t_\infty^*)}$$

$$U_{\mathrm{HD,eK}}^* = \sqrt{(K_1^* + K_2^*\, u_\infty^{*0,5})(t_{\mathrm{HD}}^* - t_\infty^*)}$$

- **Sind die Ergebnisse plausibel?**

  – Zu a1): Mittlere Nußelt-Zahl und mittlerer Wärmeübergangskoeffizient für natürliche Konvektion

  Aufgrund der für den Wärmeübergang relevanten sehr geringen charakteristischen Länge D_{HD}^* ergibt sich bei der natürlichen Konvektion eine sehr kleine Grashof-Zahl und daraus resultierend eine geringe Nußelt-Zahl. Der aus der Nußelt-Zahl ermittelte Wärmeübergangskoeffizient ist sehr groß. Dies ist eine Folge des geringen Drahtdurchmessers, einem Wert, der typisch für die Verhältnisse in Mikrosystemen ist.

  – Zu a2): Heizleistung, elektrische Spannung und Strom am Hitzdraht für natürliche Konvektion

  Die Heizleistung und die daraus mit dem Ohmschen Gesetz ermittelten Größen Spannung und Strom sind wegen der sehr kleinen Abmessungen des Hitzdrahtes gering.

  – Zu b1): Elektrische Spannung am Hitzdraht für erzwungene Konvektion

  Die Plausibilität ist bereits in der konkreten Lösung dargestellt.

  – Zu b2): Heizleistung, mittlere Nußelt-Zahl und mittlerer Wärmeübergangskoeffizient für erzwungene Konvektion

  Die Heizleistung, mittlere Nußelt-Zahl und mittlerer Wärmeübergangskoeffizient für die erzwungene Konvektion sind erwartungsgemäß größer als bei der natürlichen Konvektion, hier etwa um den Faktor 2,5.

  – Zu b3): Anströmgeschwindigkeit der Luft

  Der ermittelte Wert ist typisch für Laborversuche im Windkanal.

  – Zu b4): Kalibrierfunktion

  Der vom Hitzdraht abgegebene Wärmestrom ist proportional zum Quadrat der angelegten Spannung und proportional zur Nußelt-Zahl. Die Nußelt-Zahl ist abhängig von der Wurzel der Reynolds-Zahl, so dass die angelegte Spannung am Hitzdraht von der vierten Wurzel der Geschwindigkeit abhängt, was die Gleichung zeigt. Zusätzlich muss ein Einfluss der Temperaturdifferenz vorliegen, was ebenfalls der Fall ist.

16.3.3 Aufgabe 6.2

Eine ebene Platte der Breite $B^* = 1\,\mathrm{m}$ wird von Luft der Temperatur $t_\infty^* = 30\,°\mathrm{C}$ und mit der Geschwindigkeit $u_\infty^* = 60\,\mathrm{m/s}$ entlang der Koordinate x^* überströmt. Die Platte habe auf ihrer gesamten Länge eine konstante Oberflächentemperatur $t_W^* = 70\,°\mathrm{C}$. Dies wird durch unabhängig voneinander geregelte Heizelemente H1 ... Hi der jeweiligen Länge L_H^* unter der Platte näherungsweise erreicht. Die Bezugstemperatur für die Stoffwerte beträgt $t_B^* = (t_W^* + t_\infty^*)/2$.

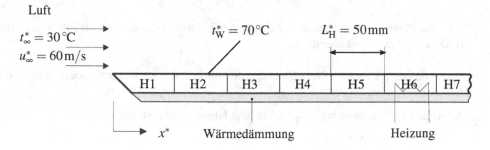

a) Wo befindet sich der Umschlagspunkt der Strömung, wenn $Re_{krit} = 5 \cdot 10^5$ gilt? Gemäß dieser Vorstellung wird der Transitionsbereich durch einen Umschlagspunkt ersetzt.

b) Wie groß sind die mittlere Nußeltzahl und der mittlere Wärmeübergangskoeffizient für den Bereich $x^* = 0$ bis $50\,\mathrm{mm}$?

c) Wie hoch muss die Leistung des ersten Heizelementes sein?

d) Wie hoch muss die Leistung des sechsten Heizelementes sein? Für die Berechnung kann der laminare Anlaufbereich vernachlässigt werden.

e) Wo befindet sich der Umschlagspunkt der Strömung, wenn bei sonst gleichen Bedingungen die Platte mit Wasser überströmt würde? Wie groß wären die mittlere Nußelt-Zahl, der mittlere Wärmeübergangskoeffizient und die erforderliche Heizleistung für den Bereich $x^* = 0$ bis $50\,\mathrm{mm}$?

16.3.4 Lösung zu Aufgabe 6.2

a) Wo befindet sich der Umschlagspunkt der Strömung, wenn $Re_{krit} = 5 \cdot 10^5$ gilt? Gemäß dieser Vorstellung wird der Transitionsbereich durch einen Umschlagspunkt ersetzt.

Für die Berechnungen sind die Stoffwerte für Luft aus Tab. G.1 bei der Bezugstemperatur $t_B^* = (t_W^* + t_\infty^*)/2 = 50\,°\mathrm{C}$ zu entnehmen. Es ergeben sich: $\lambda_L^* = 27{,}88 \cdot 10^{-3}\,\mathrm{W/m\,K}$, $\nu_L^* = 18{,}265 \cdot 10^{-6}\,\mathrm{m^2/s}$, $c_{pL}^* = 1007\,\mathrm{J/kg\,K}$ und $Pr = 0{,}711$.

Der Umschlagspunkt charakterisiert den Übergang von einer laminaren zur turbulenten Überströmung. Aus der Beziehung für die kritische Reynolds-Zahl folgt

$$\mathrm{Re}_{\mathrm{krit}} = \frac{u_\infty^* x_{\mathrm{krit}}^*}{v_{\mathrm{L}}^*}$$

$$x_{\mathrm{krit}}^* = \mathrm{Re}_{\mathrm{krit}} \frac{v_{\mathrm{L}}^*}{u_\infty^*}$$

$$x_{\mathrm{krit}}^* = (5 \cdot 10^5 \frac{18{,}265 \cdot 10^{-6}}{60}) \,\mathrm{m}$$

$$x_{\mathrm{krit}}^* = 0{,}15 \,\mathrm{m}$$

d. h., die Platte wird im Bereich der ersten drei Heizelemente laminar und ab dem vierten Heizelement turbulent überströmt.

b) *Wie groß sind die mittlere Nußeltzahl und der mittlere Wärmeübergangskoeffizient für den Bereich x* = 0 bis 50 mm?*

Am ersten Heizelement bis $x_1^* = 0{,}05\,\mathrm{m}$ liegt laminare Überströmung vor.

(6-16) stellt die selbstähnliche Formulierung des lokalen Wärmeüberganges bezogen auf eine beliebige Länge, Index „L", dar

$$\frac{\mathrm{Nu}_{\mathrm{L}}}{\sqrt{\mathrm{Re}_{\mathrm{L}}}} = \frac{A_j - B_j \cdot \mathrm{Pr} \cdot \mathrm{Ec}/x^r}{\sqrt{2x}}$$

mit der dimensionslosen Länge $x = x^*/L^*$ sowie für $\mathrm{Pr} = 0{,}7$ und $T_{\mathrm{W}}^* = \mathrm{const}$ folgen $r = 0$, $A_j = 0{,}4139$, $B_j = 0{,}2471$ sowie

$$\mathrm{Ec} = \frac{u_\infty^{*2}}{c_{\mathrm{pL}}^* (T_\infty^* - T_{\mathrm{W}}^*)} = \frac{60^2}{1007\,(70-30)}$$

$$\mathrm{Ec} = 0{,}09$$

$$\mathrm{Re}_{\mathrm{L}} = \frac{u_\infty^* x_1^*}{v_{\mathrm{L}}^*} = \frac{60 \cdot 0{,}05}{18{,}265 \cdot 10^{-6}}$$

$$\mathrm{Re}_{\mathrm{L}} = 164249$$

Mit der Konstanten $K = A_j - B_j \mathrm{Pr}\,\mathrm{Ec}/x^r = 0{,}4139 - 0{,}2471 \cdot 0{,}7 \cdot 0{,}09/1^0 = 0{,}398$ ergibt sich die auf die Länge L^* bezogene lokale Nußelt-Zahl mit der dimensionsbehafteten Koordinate x^*

$$\mathrm{Nu}_{\mathrm{L}} = \sqrt{\mathrm{Re}_{\mathrm{L}}} \, \frac{K}{\sqrt{2\frac{x^*}{L^*}}}$$

Zur Ermittlung der mittleren Nußelt-Zahl für die laminare Überströmung des ersten Heizelementes ($x^* = 0$ bis $L_1^* = 0,05$ m) muss über x^* integriert werden. Es ergibt sich

$$\mathrm{Nu_{m1}} = \frac{1}{L^*} \int_0^{L^*} \mathrm{Nu_L} dx^* = \frac{1}{L^*} \int_0^{L^*} \sqrt{\mathrm{Re_L}} \frac{K}{\sqrt{\frac{2}{L^*}}} x^{*-1/2} dx^*$$

$$\mathrm{Nu_{m1}} = \frac{1}{L^*} \sqrt{\mathrm{Re_L}} \frac{K}{\sqrt{\frac{2}{L^*}}} L^{*1/2} \cdot 2 = \sqrt{\mathrm{Re_L}} \frac{K}{\sqrt{2}} \cdot 2 = 2 \cdot \mathrm{Nu_L}$$

Für die mittlere Nußelt-Zahl zwischen $x^* = 0$ bis $L_1^* = 0,05$ m ergibt sich damit ein doppelt so großer Wert wie für die lokale Nußelt-Zahl bei $x^* = L_1^*$, also bei der dimensionslosen Koordinate $x = 1$.

Eingesetzt folgt

$$\mathrm{Nu_{m1}} = 2 \cdot \mathrm{Nu_L}$$

$$\mathrm{Nu_{m1}} = 2 \cdot \sqrt{164249} \frac{0,398}{\sqrt{2\frac{0,05}{0,05}}}$$

$$\mathrm{Nu_{m1}} = 228,1$$

Der mittlere Wärmeübergangskoeffizient für das erste Heizelement ist damit

$$\alpha_{m1}^* = \frac{\mathrm{Nu_{m1}} \lambda_L^*}{L_H^*}$$

$$\alpha_{m1}^* = \left(\frac{228,1 \cdot 0,02788}{0,05} \right) \mathrm{W/m^2\,K}$$

$$\alpha_{m1}^* = 127,2\,\mathrm{W/m^2 K}$$

c) *Wie hoch muss die Leistung des ersten Heizelementes sein?*

Der am ersten Heizelement vorliegende Wärmestrom ist

$$\dot{Q}_1^* = \alpha_{m1}^* B^* L^* (T_W^* - T_\infty^*)$$

$$\dot{Q}_1^* = (127,2 \cdot 1 \cdot 0,05 (70 - 30))\,\mathrm{W}$$

$$\dot{Q}_1^* = 254,4\,\mathrm{W}$$

d) *Wie hoch muss die Leistung des sechsten Heizelementes sein? Für die Berechnung kann der laminare Anlaufbereich vernachlässigt werden.*

Vorgehensweise:

- Berechnung der mittleren Nußelt-Zahl und des Wandwärmestromes für die Heizelemente von 1...5, d. h. bis $L_5^* = 0,25$ m
- Berechnung der mittleren Nußelt-Zahl und des Wandwärmestromes für die Heizelemente von 1...6, d. h. bis $L_6^* = 0,3$ m
- Differenz der beiden Wandwärmeströme

Es wird vorausgesetzt, dass eine rein turbulente Überströmung der Platte (ohne laminarem Anteil zu Beginn) vorliegt.

Bei turbulenter Überströmung einer ebenen Platte von $x^* = 0$ bis $x^* = L_5^*$ gilt für die mittlere Nußelt-Zahl

$$Nu_{m1\text{-}5} = 0{,}037 \, Re_{L5}^{4/5} Pr^{1/3}$$

$$Nu_{m1\text{-}5} = 0{,}037 \cdot \left(\frac{60 \cdot 0{,}25}{18{,}265 \cdot 10^{-6}} \right)^{4/5} 0{,}711^{1/3} = 1780$$

für den mittleren Wärmeübergangskoeffizienten

$$\alpha_{m1\text{-}5}^* = \frac{Nu_{m1\text{-}5} \, \lambda_L^*}{L_5^*}$$

$$\alpha_{m1\text{-}5}^* = \left(\frac{1780 \cdot 0{,}02788}{0{,}25} \right) W/m^2 K = 198{,}5 \, W/m^2 K$$

für die Heizleistung

$$\dot{Q}_{W1\text{-}5}^* = \alpha_{m1\text{-}5}^* B^* L_5^* (T_W^* - T_\infty^*)$$

$$\dot{Q}_{W1\text{-}5}^* = (198{,}5 \cdot 1 \cdot 0{,}25 \, (70 - 30)) \, W = 1985{,}0 \, W$$

Analog gilt für die Heizelemente 1...6 bis $L_6^* = 0{,}3 \, \text{m}$ für die mittlere Nußelt-Zahl

$$Nu_{m1\text{-}6} = 0{,}037 \, Re_{L6}^{4/5} Pr^{1/3}$$

$$Nu_{m1\text{-}6} = 0{,}037 \cdot \left(\frac{60 \cdot 0{,}3}{18{,}265 \cdot 10^{-6}} \right)^{4/5} 0{,}711^{1/3} = 2059$$

für den mittleren Wärmeübergangskoeffizienten

$$\alpha_{m1\text{-}6}^* = \frac{Nu_{m1\text{-}6} \, \lambda_L^*}{L_6^*}$$

$$\alpha_{m1\text{-}6}^* = \frac{2059 \cdot 0{,}02788}{0{,}3} = 191{,}4 \, W/m^2 K$$

für die Heizleistung

$$\dot{Q}_{W1\text{-}6}^* = \alpha_{m1\text{-}6}^* B^* L_6^* (T_W^* - T_\infty^*)$$

$$\dot{Q}_{W1\text{-}6}^* = (191{,}4 \cdot 1 \cdot 0{,}3 \, (90 - 50)) \, W = 2296{,}8 \, W$$

Für die Heizleistung im sechsten Heizelement ergibt sich damit

$$\Delta \dot{Q}^* = \dot{Q}_{W1\text{-}6}^* - \dot{Q}_{W1\text{-}5}^*$$

$$\Delta \dot{Q}^* = 2296{,}8 - 1985{,}0$$

$$\Delta \dot{Q}^* = 311{,}8 \, W$$

e) *Wo befindet sich der Umschlagspunkt der Strömung, wenn bei sonst gleichen Bedingungen die Platte mit Wasser überströmt würde? Wie groß wären die mittlere Nußelt-Zahl, der mittlere Wärmeübergangskoeffizient und die erforderliche Heizleistung für den Bereich $x^* = 0$ bis 50 mm?*

Die Stoffwerte für Wasser können bei der Bezugstemperatur $t_B^* = (t_W^* + t_\infty^*)/2 = 50\,°C$ Tab. G.2 entnommen werden. Es ergeben sich: $\lambda_W^* = 643{,}6 \cdot 10^{-3}\,\text{W/m K}$, $v_W^* = 0{,}553 \cdot 10^{-6}\,\text{m}^2/\text{s}$ und $\text{Pr} = 3{,}551$.

Aus der Beziehung für die kritische Reynolds-Zahl folgt

$$\text{Re}_{\text{krit}} = \frac{u_\infty^* x_{\text{krit}}^*}{v_W^*}$$

$$x_{\text{krit}}^* = \text{Re}_{\text{krit}} \frac{v_W^*}{u_\infty^*}$$

$$x_{\text{krit}}^* = (5 \cdot 10^5 \frac{0{,}553 \cdot 10^{-6}}{60})\,\text{m}$$

$$x_{\text{krit}}^* = 0{,}0046\,\text{m}$$

Der Umschlag von laminarer zu turbulenter Überströmung der Platte erfolgt nach weniger als 10 % der Länge des ersten Heizelementes, so dass mit guter Näherung bereits ab $x^* = 0$ von einer vollständigen turbulenten Überströmung ausgegangen werden kann.

Im ersten Heizelement ergeben sich für die mittlere Nußelt-Zahl

$$\text{Nu}_{\text{m1}} = 0{,}037\,\text{Re}_W^{4/5}\,\text{Pr}^{1/3}$$

$$\text{Nu}_{\text{m1}} = 0{,}037 \left(\frac{u_\infty^* L^*}{v_W^*} \right)^{4/5} \text{Pr}^{1/3}$$

$$\text{Nu}_{\text{m1}} = 0{,}037 \cdot \left(\frac{60 \cdot 0{,}05}{0{,}553 \cdot 10^{-6}} \right)^{4/5} \cdot 3{,}551^{1/3}$$

$$\text{Nu}_{\text{m1}} = 13\,777{,}4$$

für den mittleren Wärmeübergangskoeffizienten

$$\alpha_{\text{m1}}^* = \frac{\text{Nu}_{\text{m1}}\,\lambda_W^*}{L_1^*}$$

$$\alpha_{\text{m1}}^* = (\frac{13777{,}4 \cdot 0{,}6436}{0{,}05})\,\text{W/m}^2\,\text{K}$$

$$\alpha_{\text{m1}}^* = 177\,343{,}3\,\text{W/m}^2\,\text{K}$$

für die Heizleistung

$$\dot{Q}_{\text{W1}}^* = \alpha_{\text{m1}}^* B^* L_1^* (t_W^* - t_\infty^*)$$

$$\dot{Q}_{\text{W1}}^* = (177\,343{,}3 \cdot 1 \cdot 0{,}05\,(70 - 30))\,\text{W}$$

$$\dot{Q}_{\text{W1}}^* = 354\,686{,}5\,\text{W}$$

Die Überströmung der Platte mit Wasser und einer Geschwindigkeit $u_\infty^* = 60\,\text{m/s}$ führt zu der sehr hohen Reynolds-Zahl $\text{Re}_W \approx 5{,}42 \cdot 10^6$ und damit auch zu einem sehr hohen Wärmeübergangskoeffizienten am Plattenanfang. Zusammen mit der treibenden Temperaturdifferenz $t_W^* - t_\infty^* = 40\,\text{K}$ führt dies zu der enormen Heizleistung $\dot{Q}_{W1}^* \approx 355\,\text{kW}$ im ersten Heizelement. Anschaulich ausgedrückt: Um bei dem sehr hohen Massenstrom und der vergleichsweise hohen Wärmeleitfähigkeit des Wassers $\Delta t^* = t_W^* - t_\infty^* = 40\,\text{K} = \text{const}$ zu erreichen, muss eine sehr hohe Heizleistung bereitgestellt werden.

16.3.5 Aufgabe 6.3

Für einen geplanten Versuchsstand sollen Vorab-Untersuchungen zum Wärmeübergang bei einer ausgebildeten stationären Rohrströmung mit dem Arbeitsfluid CO_2 sowohl in flüssiger als auch in gasförmiger Phase durchgeführt werden. Ziel ist es, im Vorwege zu bestimmen, welche relevanten Messdaten erwartet werden können. Der Versuchsstand ist für folgende Situationen ausgelegt:

- Geometrie: Rohrdurchmesser außen $D_a^* = 8\,\text{mm}$, Rohrdurchmesser innen $D_i^* = 6\,\text{mm}$, Rohrlänge $L^* = 800\,\text{mm}$

- Prozessdaten:

  - kalorische Mitteltemperatur am Eintritt $t_{km1}^* = 20\,°\text{C}$

  - mittlere Geschwindigkeit am Eintritt $u_{m1}^* = 0{,}18\,\text{m/s}$

  - Heizleistung $\dot{Q}^* = 50\,\text{W} = \text{const}$

- Stoffdaten bei $20\,°\text{C}$:

	flüssige Phase CO_2 ($20°C$, $70\,\text{bar}$)	gasförmige Phase CO_2 ($20°C$, $15\,\text{bar}$)
Sättigungszustand	$t_S^* = 28{,}7\,°\text{C}$ $p_S^* = 70\,\text{bar}$	$t_S^* = -28{,}5\,°\text{C}$ $p_S^* = 15\,\text{bar}$
Dichte ρ_i^* in kg/m^3	810	30
dynamische Viskosität η_i^* in $\text{kg/m\,s}$	$74{,}5 \cdot 10^{-6}$	$14{,}9 \cdot 10^{-6}$
spez. Wärmekapazität c_i^* in $\text{J/kg\,K}$	3300	977
Wärmeleitfähigkeit λ_i^* in $\text{W/m\,K}$	0,099	0,017
Prandtl-Zahl Pr_i	2,7	0,85

a) *Wie groß sind für die flüssige Phase und die gasförmige Phase bei den gegebenen Auslegungsdaten*

   a1) *die kalorischen Mitteltemperaturen im Austrittsquerschnitt,*

   a2) *die Nußelt-Zahlen und die Wärmeübergangskoeffizienten,*

   a3) *die Wandtemperaturen im Eintritts- und Austrittsquerschnitt?*

b) *Nun wird für den Fall der flüssigen Phase bei sonst gleichen Bedingungen die Heizleistung erhöht, allerdings soll an keiner Stelle im Rohr Dampf entstehen.*

   b1) *Welche Annahmen müssen für die Berechnungen getroffen werden?*

b2) *Wie hoch ist dann die kalorische Mitteltemperatur im Austrittsquerschnitt?*

b3) *Welche Heizleistung $\dot{Q}^*_{max}$ darf maximal übertragen werden?*

16.3.6 Lösung zu Aufgabe 6.3

a) *Wie groß sind für die flüssige Phase und die gasförmige Phase bei den gegebenen Auslegungsdaten*

a1) *die kalorischen Mitteltemperaturen im Austrittsquerschnitt,*

– Flüssige Phase:

Die Gesamtbilanz mit dem Massenstrom

$$\dot{m}^*_F = u^*_{m1}\, \rho^*_F\, \pi D^{*2}_i /4$$

$$\dot{m}^*_F = (0{,}18 \cdot 810 \cdot \pi \cdot 0{,}006^2/4)\,\text{kg/s} = 0{,}0041\,\text{kg/s}$$

ergibt

$$\dot{Q}^*_F = \dot{m}^*_F\, c^*_F (t^*_{Fkm2} - t^*_{Fkm1})$$

Es folgt die kalorische Mitteltemperatur im Austrittsquerschnitt

$$t^*_{Fkm2} = \frac{\dot{Q}^*_F}{\dot{m}^*_F\, c^*_F} + t^*_{Fkm1}$$

$$t^*_{Fkm2} = \left(\frac{50}{0{,}0041 \cdot 3300} + 20\right)\,°\text{C}$$

$$t^*_{Fkm2} = 23{,}68\,°\text{C}$$

– Gasförmige Phase:

Die Gesamtbilanz mit dem Massenstrom

$$\dot{m}^*_G = u^*_{m1}\, \rho^*_G\, \pi D^{*2}_i /4$$

$$\dot{m}^*_G = (0{,}18 \cdot 30 \cdot \pi \cdot 0{,}006^2/4)\,\text{kg/s} = 0{,}000\,153\,\text{kg/s}$$

ergibt

$$\dot{Q}^*_G = \dot{m}^*_G\, c^*_G (t^*_{Gkm2} - t^*_{Gkm1})$$

Es folgt die kalorische Mitteltemperatur im Austrittsquerschnitt

$$t^*_{Gkm2} = \frac{\dot{Q}^*_F}{\dot{m}^*_G\, c^*_G} + t^*_{Gkm1}$$

$$t^*_{Gkm2} = \left(\frac{50}{0{,}000153 \cdot 977} + 20\right)\,°\text{C}$$

$$t^*_{Gkm2} = 355{,}2\,°\text{C}$$

a2) *die Nußelt-Zahlen und die Wärmeübergangskoeffizienten,*

– Flüssige Phase:

$$\text{Re}_F = \frac{\rho_F^* u_F^* D_i^*}{\eta_F^*} = \frac{810 \cdot 0{,}18 \cdot 0{,}006}{74{,}5 \cdot 10^{-6}} = 11742$$

Da $\text{Re}_F > \text{Re}_{krit} \approx 2300$ gilt, ergibt sich eine turbulente Durchströmung.

Für $0{,}6 \leq \text{Pr} \leq 1000$, $10^4 \leq \text{Re}_D = \frac{\rho^* u_m^* D_i^*}{\eta^*} \leq 10^6$ gilt nach (6-40)

$$\text{Nu}_F = \frac{\dot{q}_F^* D_i^*}{\lambda_F^* (T_{FW}^* - T_{Fkm}^*)} = \frac{\text{Re}_F \,\text{Pr}_F \,(\zeta_F/8)}{1 + 12{,}7 \sqrt{\zeta_F/8} \,(\text{Pr}_F^{2/3} - 1)}$$

mit $\zeta_F = (1{,}8 \log_{10} \text{Re}_F - 1{,}5)^{-2} = 0{,}02947$

Mit der Wandwärmestromdichte

$$\dot{q}_W^* = \frac{\dot{Q}^*}{\pi D_i^* L^*}$$

$$\dot{q}_W^* = (\frac{50}{\pi \cdot 0{,}006 \cdot 0{,}8}) \,\text{W/m}^2$$

$$\dot{q}_W^* = 3315{,}7 \,\text{W/m}^2$$

ergibt sich die Nußelt-Zahl zu

$$\text{Nu}_F = \frac{\dot{q}_W^* D_i^*}{\lambda_F^* (T_{FW}^* - T_{Fkm}^*)} = \frac{\alpha_F^* D_i^*}{\lambda_F^*}$$

$$\text{Nu}_F = \frac{\text{Re}_F \,\text{Pr}_F \,(\zeta/8)}{1 + 12{,}7 \sqrt{\zeta_F/8} \,(\text{Pr}_F^{2/3} - 1)}$$

$$\text{Nu}_F = \frac{11742 \cdot 2{,}7 (0{,}02947/8)}{1 + 12{,}7 \sqrt{0{,}02947/8} \,(2{,}7^{2/3} - 1)}$$

$$\text{Nu}_F = 67{,}7$$

und der Wärmeübergangskoeffizient zu

$$\alpha_F^* = (\frac{67{,}7 \cdot 0{,}099}{0{,}006}) \,\text{W/m}^2\,\text{K}$$

$$\alpha_F^* = 1117{,}9 \,\text{W/m}^2\,\text{K}$$

– Gasförmige Phase:

$$\text{Re}_G = \frac{\rho_G^* u_G^* D_i^*}{\eta_G^*} = \frac{30 \cdot 0{,}18 \cdot 0{,}006}{14{,}9 \cdot 10^{-6}} = 2175$$

Da $Re_F < Re_{krit} \approx 2300$ gilt, ergibt sich eine laminare Durchströmung. Mit der Randbedingung $\dot{q}_W^* = $ const folgt aus Tab. 6.5

$$Nu_G = 4{,}36 = \frac{\dot{q}_G^* D_i^*}{\lambda_G^* (T_{GW}^* - T_{Gkm}^*)}$$

$$\alpha_G^* = (\frac{4{,}36 \cdot 0{,}017}{0{,}006}) \, \text{W/m}^2 \, \text{K}$$

$$\alpha_G^* = 12{,}4 \, \text{W/m}^2 \, \text{K}$$

a3) *die Wandtemperaturen im Eintritts- und Austrittsquerschnitt?*

 – Flüssige Phase:

$$t_{FW1}^* = \frac{\dot{q}_F^*}{\alpha_F^*} + t_{Fkm1}^*$$

$$t_{FW1}^* = (\frac{3315{,}7}{1117{,}9} + 20) \, ^\circ\text{C}$$

$$t_{FW1}^* = 22{,}97 \, ^\circ\text{C}$$

$$t_{FW2}^* = \frac{\dot{q}_F^*}{\alpha_F^*} + t_{Fkm2}^*$$

$$t_{FW2}^* = (\frac{3315{,}7}{1117{,}9} + 23{,}68) \, ^\circ\text{C}$$

$$t_{FW2}^* = 26{,}65 \, ^\circ\text{C}$$

 – Gasförmige Phase:

$$t_{GW1}^* = \frac{\dot{q}_G^*}{\alpha_G^*} + t_{Gkm1}^*$$

$$t_{GW1}^* = (\frac{3315{,}7}{12{,}4} + 20) \, ^\circ\text{C}$$

$$t_{GW1}^* = 288{,}4 \, ^\circ\text{C}$$

$$t_{GW2}^* = \frac{\dot{q}_G^*}{\alpha_G^*} + t_{Gkm2}^*$$

$$t_{GW2}^* = (\frac{3315{,}7}{12{,}4} + 355{,}2) \, ^\circ\text{C}$$

$$t_{GW2}^* = 623{,}6 \, ^\circ\text{C}$$

b) *Nun wird für den Fall der flüssigen Phase bei sonst gleichen Bedingungen die Heizleistung erhöht, allerdings soll an keiner Stelle im Rohr Dampf entstehen.*

b1) *Welche Annahmen müssen für die Berechnungen getroffen werden?*

 Folgende Annahmen sind zu treffen

 – Druckdifferenzen in der Rohrleitung sind vernachlässigbar, so dass der Druck von 70 bar auch im Austrittsquerschnitt vorliegt.

– am Austritt liegt ein trocken gesättigter Zustand vor, d. h. $t_s^* = 28{,}7\,°C$. Diese Temperatur darf maximal an der Wand erreicht werden.

b2) *Wie hoch ist dann die kalorische Mitteltemperatur im Austrittsquerschnitt?*

Im Austrittsquerschnitt darf an der Wand maximal die Sättigungstemperatur $t_{W2max}^* = t_s^* = 28{,}7\,°C$ auftreten. Daraus ergibt sich mit der Gesamtbilanz sowie unter Nutzung des Wärmeübergangskoeffizienten

$$\dot{Q}_{Wmax}^* = \dot{m}_F^* c_F^* (t_{Fkm2max}^* - t_{Fkm1}^*) = \alpha_F^* \, \pi D_i^* L^* \, (t_{W2max}^* - t_{Fkm2max}^*)$$

Aufgelöst nach der kalorischen Mitteltemperatur im Austrittsquerschnitt ergibt sich

$$t_{Fkm2max}^* = \frac{t_{Fkm1}^* + \frac{\alpha_F^* \pi D_i^* L^*}{\dot{m}_F^* c_F^*} t_{W2max}^*}{1 + \frac{\alpha_F^* \pi D_i^* L^*}{\dot{m}_F^* c_F^*}}$$

$$t_{Fkm2max}^* = \left(\frac{20 + \frac{1117{,}9 \cdot \pi \cdot 0{,}006 \cdot 0{,}8}{0{,}0041 \cdot 3300 \cdot 28{,}7}}{1 + \frac{1117{,}9 \cdot \pi \cdot 0{,}006 \cdot 0{,}8}{0{,}0041 \cdot 3300}}\right)°C$$

$$t_{Fkm2max}^* = 24{,}84\,°C$$

b3) *Welche Heizleistung $\dot{Q}_{max}^*$ darf maximal übertragen werden?*

Die Wandwärmestromdichte ergibt sich zu

$$\dot{q}_{Wmax}^* = \alpha_F^* (t_{W2max}^* - t_{Fkm2max}^*)$$
$$\dot{q}_{Wmax}^* = (1117{,}9 \cdot (28{,}7 - 24{,}84))\,W/m^2$$
$$\dot{q}_{Wmax}^* = 4330\,W/m^2$$

und der Wandwärmestrom zu

$$\dot{Q}_{Wmax}^* = \dot{q}_{Wmax}^* \, \pi D_i^* L^*$$
$$\dot{Q}_{Wmax}^* = (4330 \cdot \pi \cdot 0{,}006 \cdot 0{,}8)\,W$$
$$\dot{Q}_{Wmax}^* = 65{,}3\,W$$

16.4 Aufgaben zu Kapitel 7: Zweiphasen-Wärmeübergang

Bei der folgenden Aufgabe zu Kapitel 7, Zweiphasen-Wärmeübergang, wird die Lösung sehr ausführlich nach dem vorgestellten SMART-EVE-Konzept behandelt. Anschließend sind zwei weitere Aufgaben mit jeweils ausführlichen Lösungswegen angegeben.

16.4.1 Aufgabe 7.1

Über die quadratische, horizontal angeordnete Bodenfläche eines Wärmerohres (H_B^* x $H_B^* = 0{,}05$ m x $0{,}05$ m) wird der Energiestrom $\dot{Q}_{zu}^* = 75$ W stationär zugeführt, wobei Wasser bei Sättigung im Rohr ($t_S^* = 90\,°C$, $p_S^* = 0,7\,bar$) verdampft. Der Dampf steigt nach oben, kondensiert an der senkrechten Kühlfläche und gibt dabei den Energiestrom $|\dot{Q}_{ab}^*| = \dot{Q}_{zu}^*$ an einen Strömungskanal (SK) ab, siehe Skizze. Das Kondensat läuft zurück zum Ort der Energieaufnahme, wo es erneut verdampft. Aufgrund der guten Wärmeleitfähigkeit und der geringen Dicke der Rohrwand aus Kupfer, kann der Wärmeleitwiderstand der Wand vernachlässigt werden. Energieströme werden nur über die Boden- und Kühlfläche übertragen. Die quadratische Kühlfläche (H_{SK}^* x $H_{SK}^* = 0,04\,m$ x $0,04\,m$) wird durch das im Strömungskanal fließende Wasser auf einer konstanten Wandtemperatur gehalten.

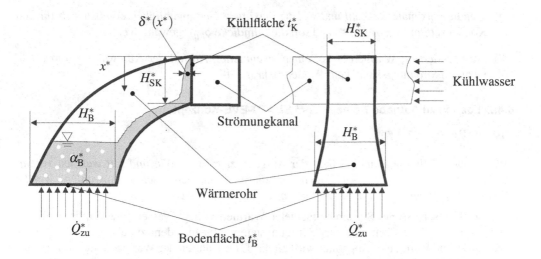

An der Kühlfläche kann ein laminarer Kondensatfilm unterstellt werden.

Für das Blasensieden von Wasser in der gezeigten Anordnung kann folgende empirische Beziehung für den Wärmeübergangskoeffizienten α_B^* angesetzt werden

$$|\alpha_B^*| = 1,95\,|\dot{q}_B^*|^{[0,72]}\,|p_B^*|^{[0,24]}$$

Es handelt sich hierbei um eine sog. Zahlenwertgleichung, die nur die Beträge der einzelnen Größen miteinander verknüpft. Es muss dann jeweils angegeben werden, welche Einheiten die einzelnen Größen besitzen. In diesem Sinne gilt hier: $|\alpha_B^*|$ in $W/m^2\,K$, $|\dot{q}_B^*|$ in W/m^2 und $|p_B^*|$ in bar. Der Gültigkeitsbereich beträgt $0,5\,bar < p_B^* < 20\,bar$ und $10^4\,W/m^2 < \dot{q}_B^* < 10^6\,W/m^2$.

Die Stoffwerte betragen bei $t_S^* = 90\,°C$: Grenzflächenspannung $\sigma_f^* = 60,82 \cdot 10^{-3}\,N/m$, spezifische Verdampfungsenthalpie $\Delta h_V^* = 2283,2\,kJ/kg$, Dichte der flüssigen Phase $\rho_f^* = 965,16\,kg/m^3$, Dichte der gasförmigen Phase $\rho_g^* = 0,4235\,kg/m^3$, (dynamische) Viskosität der flüssigen Phase $\eta_f^* = 314,4 \cdot 10^{-6}\,kg/m\,s$, Wärmeleitfähigkeit der flüssigen Phase $\lambda_f^* = 0,673\,W/m\,K$.

a) *Welche Wassermasse wird pro Zeiteinheit verdampft?*

b) *Welcher Wärmeübergangskoeffizient α_B^* ergibt sich an der Bodenfläche?*

c) *Wie groß ist die Temperatur der Bodenfläche t_B^*?*

d) *Welche kritische Wandwärmestromdichte ergibt sich? Warum ist die Kenntnis dieser Größe wichtig?*

e) *Wie hängt die Wandwärmestromdichte von der x^*-Koordinate entlang der Kühlfläche ab?*

f) *Wie groß ist die lokale Wandwärmestromdichte $\dot{q}_W^*$ bei $x^* = H_{SK}^*$ im Verhältnis zu der über die Höhe gemittelten Wandwärmestromdichte $\dot{q}_{Wm}^*$?*

g) *Wie groß ist die Temperatur der Kühlfläche t_K^*, an der die Kondensation erfolgt?*

h) *Wie groß ist der mittlere Wärmeübergangskoeffizient des Kondensatfilms?*

i) *Wie dick ist der Kondensatfilm maximal?*

j) *Welche maximale Re-Zahl und welche maximale Geschwindigkeit ergeben sich für den Kondensatfilm? Als Bezugslänge soll die Filmdicke δ_{Film}^* gewählt werden.*

k) *Was passiert im Wärmerohr bei einem eventuellen Ausfall der Kühlwasserpumpe, d.h. wenn im Strömungskanal kein Wasser mehr fließt?*

16.4.2 Lösung zu Aufgabe 7.1 nach dem SMART-EVE-Konzept

Einstieg (E):

• *Welche physikalische Situation liegt der Aufgabe zugrunde? Wie und mit welchen verein-fachenden (idealisierenden) Annahmen kann diese anschaulich beschrieben werden? Welche Wahl der Systemgrenze ist in der Aufgabenstellung angemessen?*

In dem als geschlossenes System betrachteten Wärmerohr liegt Wasser im Zweiphasengleich-gewicht flüssig - gasförmig bei der Sättigungstemperatur und dem zugehörigen Sättigungs-druck vor. Die Sättigungstemperatur wird an die Temperaturen der Wärmequelle (warme Sei-te, Bodenfläche) und der Wärmesenke (kalte Seite, Kühlfläche) so angepasst, dass auf beiden Seiten „treibende Temperaturdifferenzen" für die entsprechenden Wärmeübergänge entstehen. Über die Bodenfläche wird ein Wärmestrom übertragen, der unter den gegebenen stationären Bedingungen über die Kühlfläche an das Kühlwasser im Strömungskanal übertragen wird. An beiden Flächen muss jeweils eine positive Temperaturdifferenz vorliegen, um den Wärme-strom von der Bodenfläche an das Wasser ($t_B^* - t_S^* > 0$) bzw. vom Wasser an die Kühlfläche ($t_S^* - t_K^* > 0$) übertragen zu können.

Von der Bodenfläche steigen die durch den Siedevorgang entstehenden Blasen (infolge der Dichtedifferenz) auf. Der damit in den Dampfraum gelangende Wasserdampf kondensiert wie-der an der Kühlfläche. Der transportierte Dampf- (= Kondensat-)Massenstrom hängt von der übertragenen Heizleistung (= Kühlleistung) und der spezifischen Verdampfungsenthalpie ab. An der Kühlfläche entsteht ein Kondensatfilm, der aufgrund der Gravitationskraft in Rich-tung der Bodenfläche abfließt. Der Kondensatfilm wird in Strömungsrichtung dicker. An der Grenzfläche zwischen Kondensatfilm und Dampf kondensiert Dampf, solange eine minimal erforderliche Temperaturdifferenz vorliegt.

Folgende Idealisierungen werden angenommen:

– Das Wärmerohr kann mit Ausnahme der Bodenfläche und der Kühlfläche als adiabat be-trachtet werden.

– Die Temperatur der Bodenfläche und der Kühlfläche seien jeweils konstant.

– Es wird ein laminarer Kondensatfilm an der Kühlfläche unterstellt.

– Im Kondensatfilm wird aufgrund der sehr geringen Geschwindigkeit reine Wärmeleitung (quer zur Strömungsrichtung) unterstellt.

– Der Wärmeleitwiderstand in der Wand des Wärmerohres wird vernachlässigt. Es wird eine sehr hohe Wärmeleitfähigkeit des Wandmaterials und/oder eine sehr geringe Wandstärke unterstellt.

Als Systemgrenze für die Gesamtbilanz wird das Wärmerohr inklusive Wärmequelle (Beheizung) und Wärmesenke (Strömungskanal) betrachtet. Für die Betrachtungen zum Blasensieden bieten sich als Systemgrenze für die Energiebilanz die Beheizung über die Bodenfläche und das Wasser (in beiden Phasen), für den Kondensationsvorgang das Wasser (wiederum in beiden Phasen) und die Kühlfläche an.

• *Wie lässt sich die physikalische Situation anschaulich darstellen?*

In der folgenden einfachen Skizze ist das Wärmerohr schematisch mit den relevanten Größen dargestellt.

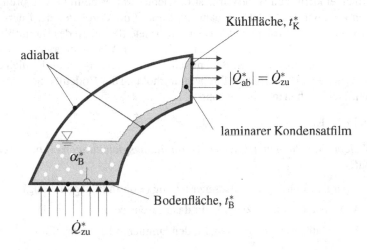

• *Was ist gegeben, was ist gesucht?*

Gegeben sind die Geometriedaten des Wärmerohres, die Prozessdaten sowie die Stoffdaten des Wassers in der flüssigen und gasförmigen Phase. Gesucht sind für das Blasensieden der Wärmeübergangskoeffizient, die Temperatur der Bodenfläche und die maximal zulässige Wandwärmestromdichte. Für die laminare Filmkondensation sind lokale und mittlere Wärmeübergangskoeffizienten, die Temperatur der Kühlfläche und charakteristische Größen des Kondensatfilms gesucht.

Verständnis (V):

• *Was bestimmt den Prozessverlauf?*

Die entscheidende Größe für den Prozess ist die flächenbezogene Heizleistung, die den im Wärmerohr umlaufenden Massenstrom, die Wärmeübergänge bei beiden Phasenwechseln und die jeweiligen Oberflächentemperaturen festlegt. Zudem beeinflussen die im Wärmerohr eingesetzte Fluidmasse und die Stoffwerte des Fluides, insbesondere die Dampfdruckkurve und die Phasenwechselenthalpie den Prozess.

Voraussetzung ist in jedem Fall, dass eine Wärmesenke, d. h. genügend Kühlwasser im Strömungskanal, zur Verfügung steht. Das Kühlwasser muss in Abhängigkeit von den Wärmeleiteigenschaften des Kühlkanals (Wärmeleitfähigkeit und Dicke) und dem Wärmeübergang zwischen Kühlwand und Kühlwasser ggf. deutlich kälter sein als die Kühlfläche.

• *Was würde den Prozessverlauf verstärken bzw. abschwächen?*

Je kleiner die Heizleistung pro Fläche, desto weniger Wasser verdampft bzw. kondensiert. Bei einer zu großen Heizleistung reicht möglicherweise die Fluidmasse nicht aus, um mit dem Phasenwechsel die gesamte Energie aufzunehmen bzw. abzugeben.

• *Welche Grenzfälle gibt es, die zum Verständnis des Prozessverlaufes beitragen?*

Bei sehr kleinen Wandwärmestromdichten ergibt sich im Wärmerohr nur ein sehr geringer umlaufender Massenstrom, der wechselweise verdampft und wieder kondensiert.

Ab einer kritischen Wandwärmestromdichte kann es beim Verdampfungsvorgang zum Filmsieden kommen. Es bildet sich dann ein Dampffilm, durch den der Energietransport in Form von Wärmeleitung erfolgen muss. Da die Wärmeleitfähigkeit des Dampffilmes wesentlich schlechter als die der Flüssigkeit ist, steigt die für den Wärmeübergang notwendige treibende Temperaturdifferenz zwischen Bodenfläche und Siedetemperatur deutlich an und es kann zu einer plötzlichen und deutlichen Temperaturerhöhung der Bodenfläche kommen, sodass ggf. die Bodenfläche Schaden nehmen kann.

Ergebnis (E):

• *Welche Gleichungen (Bilanzen, Bestimmungsgleichungen,...) beschreiben die Physik modellhaft?*

  – Energieerhaltung und Massenerhaltung (Kontinuitätsgleichung)

  – Wärmeübergangsbeziehung für das Blasensieden

  – Wärmeübergangsbeziehung für den laminaren Kondensatfilm

• *Wie sieht die konkrete Lösung aus?*

a) *Welche Wassermasse wird pro Zeiteinheit verdampft?*

  Mit der Energiebilanz folgt der Kondensat-Massenstrom zu

$$\dot{m}_K^* = \frac{|\dot{Q}_K^*|}{\Delta h_V^*}$$

$$\dot{m}_K^* = \left(\frac{75}{2283 \cdot 10^3}\right) \text{kg/s}$$

$$\dot{m}_K^* = 33 \cdot 10^{-6} \text{kg/s} = 0{,}033 \text{g/s}$$

b) *Welcher Wärmeübergangskoeffizient α_B^* ergibt sich an der Bodenfläche?*

Mit der der angegebenen Beziehung für α_B^* und $p_B^* = p_S^*$

$$|\alpha_B^*| = 1{,}95 \, |\dot{q}_B^*|^{[0,72]} \, |p_S^*|^{[0,24]}$$

sowie der Wandwärmestromdichte (am Boden)

$$\dot{q}_B^* = \frac{\dot{Q}_{zu}^*}{A_B^*}$$

$$\dot{q}_B^* = \left(\frac{75}{0{,}05 \cdot 0{,}05}\right) W/m^2$$

$$\dot{q}_B^* = 30\,000 \, W/m^2$$

ergibt sich mit $|\dot{q}_B^*|^{[0,72]}$ in W/m^2 und $|p_S^*|^{[0,24]}$ in bar

$$\alpha_B^* = (1{,}95 \cdot 30000^{0,72} \cdot 0{,}7^{0,24}) \, W/m^2 \, K$$

$$\alpha_B^* = 2995 \, W/m^2 \, K$$

c) *Wie groß ist die Temperatur der Bodenfläche t_B^*?*

Zur Übertragung des Wärmestromes von der Wand (Bodenfläche) an die siedende Flüssigkeit ist eine treibende Temperaturdifferenz erforderlich. Es gilt

$$\dot{q}_B^* = \alpha_B^* (t_B^* - t_S^*)$$

$$t_B^* = \frac{\dot{q}_B^*}{\alpha_B^*} + t_S^*$$

$$t_B^* = \left(\frac{30000}{2995} + 90\right) °C$$

$$t_B^* = 100{,}0 °C$$

d) *Welche kritische Wandwärmestromdichte ergibt sich? Warum ist die Kenntnis dieser Größe wichtig?*

Mit den angegebenen Stoffwerten für $t_S^* = 90\,°C$ im Sättigungszustand ergibt sich die sog. kritische Wandwärmestromdichte nach (7-13) zu

$$\dot{q}_{Wkrit}^* = 0{,}15 \rho_g^{*1/2} \Delta h_V^* \left[g^* (\rho_f^* - \rho_g^*)\sigma^*\right]^{1/4}$$

$$\dot{q}_{Wkrit}^* = (0{,}15 \cdot 0{,}4235^{1/2} \cdot 2283{,}2 \cdot 10^3 \left[9{,}81\,(965{,}16 - 0{,}4235)\,60{,}82 \cdot 10^{-3}\right]^{1/4}) \, W/m^2$$

$$\dot{q}_{Wkrit}^* = 1{,}0917 \cdot 10^6 \, W/m^2 = 1091{,}7 \, kW/m^2$$

Bei $\dot{q}_{Wkrit}^*$ liegt der sog. *burnout point* vor, der den Übergang vom Blasensieden zum Filmsieden kennzeichnet. Wegen der schon zuvor beschriebenen Gefährdung der Heizfläche beim Übergang zum Filmsieden muss dieser Wechsel unbedingt vermieden werden, d. h., $\dot{q}_W^*$ sollte stets deutlich kleiner als $\dot{q}_{Wkrit}^*$ sein.

e) *Wie hängt die Wandwärmestromdichte von der x^*-Koordinate entlang der Kühlfläche ab?*

Bei der laminaren Filmkondensation gilt nach (7-3)

$$\text{Nu}_x \equiv \frac{\dot{q}_W^* \, x^*}{\lambda_f^* (T_S^* - T_W^*)} = 0{,}707 \left[\frac{\rho_f^* (\rho_f^* - \rho_g^*) \, g^* \, \Delta h_V^* \, x^{*3}}{\eta_f^* \, \lambda_f^* (T_S^* - T_W^*)} \right]^{1/4} \propto x^{*3/4}$$

und damit

$$\dot{q}_W^*(x^*) \propto x^{*-1/4}$$

d.h., die Wandwärmestromdichte sinkt mit steigenden Werten von x^*.

f) *Wie groß ist die lokale Wandwärmestromdichte $\dot{q}_W^*$ bei $x^* = H_{SK}^*$ im Verhältnis zu der über die Höhe gemittelten Wandwärmestromdichte $\dot{q}_{Wm}^*$?*

Mit (7-4)

$$\text{Nu}_m = \frac{4}{3} \text{Nu}_L$$

und der Bezugslänge $L^* = H_{SK}^*$ ergibt sich

$$\dot{q}_{Wm}^* = \frac{4}{3} \dot{q}_W^*(L^*) = \frac{4}{3} \dot{q}_W^*(H_{SK}^*)$$

und damit

$$\frac{\dot{q}_W^*(H_{SK}^*)}{\dot{q}_{Wm}^*} = \frac{3}{4} = 0{,}75$$

g) *Wie groß ist die Temperatur der Kühlfläche t_K^*, an der die Kondensation erfolgt?*

Die Energiebilanz für den stationären Fall ergibt

$$|\dot{Q}_K^*| = \dot{Q}_{zu}^*$$

$$|\dot{Q}_K^*| = \alpha_{Km}^* H_{SK}^* H_{SK}^* (t_S^* - t_K^*) = \frac{4}{3} \alpha_K^*(H_{SK}^*) H_{SK}^* H_{SK}^* (t_S^* - t_K^*)$$

$$|\dot{Q}_K^*| = \frac{4}{3} \lambda_f^* \, 0{,}707 \left[\frac{\rho_f^* (\rho_f^* - \rho_g^*) \, g^* \, \Delta h_V^* \, H_{SK}^{*3}}{\eta_f^* \, \lambda_f^* (t_S^* - t_K^*)} \right]^{1/4} \frac{1}{H_{SK}^*} H_{SK}^* H_{SK}^* (t_S^* - t_K^*)$$

$$t_S^* - t_K^* = \left[\frac{3 \, |\dot{Q}_K^*|}{4 \, \lambda_f^* \, 0{,}707 \left(\frac{\rho_f^* (\rho_f^* - \rho_g^*) \, g^* \, \Delta h_V^*}{\eta_f^* \, \lambda_f^*} \right)^{1/4} H_{SK}^{*7/4}} \right]^{4/3}$$

$$t_S^* - t_K^* = \left(\left[\frac{3 \cdot 75}{4 \cdot 0{,}673 \cdot 0{,}707 \left(\frac{965{,}16 \, (965{,}16 - 0{,}4235) \, 9{,}81 \cdot 2283{,}2 \cdot 10^3}{314{,}4 \cdot 10^{-6} \cdot 0{,}673} \right)^{1/4} 0{,}04^{7/4}} \right]^{4/3} \right) \text{K}$$

$$t_S^* - t_K^* = 2{,}3 \, \text{K}$$

$$t_K^* = (90 - 2{,}3) \,^\circ\text{C}$$

$$t_K^* = 87{,}7 \,^\circ\text{C}$$

h) *Wie groß ist der mittlere Wärmeübergangskoeffizient des Kondensatfilms?*

Der über die Höhe H_{SK}^* gemittelte Wärmeübergangskoeffizient ist analog zu (7-4)

$$\alpha_{Km}^* = \frac{4}{3}\,\alpha_K^*(H_{SK}^*)$$

$$\alpha_{Km}^* = \frac{4}{3}\,\lambda_f^*\,0{,}707\left[\frac{\rho_f^*\,(\rho_f^* - \rho_g^*)\,g^*\,\Delta h_V^*\,H_{SK}^{*3}}{\eta_f^*\,\lambda_f^*\,(t_S^* - t_K^*)}\right]^{1/4}\frac{1}{H_{SK}^*}$$

$$\alpha_{Km}^* = \left(\frac{4}{3}\cdot 0{,}673\cdot 0{,}707\cdot\right.$$

$$\left.\left[\frac{965{,}16\,(965{,}16 - 0{,}4235)\,9{,}81\cdot 2283{,}2\cdot 10^3\cdot 0{,}04^3}{314{,}4\cdot 10^{-6}\cdot 0{,}673\,(90 - 87{,}7)}\right]^{1/4}\frac{1}{0{,}04}\right)\,W/m^2\,K$$

$$\alpha_{Km}^* = 20410{,}7\,W/m^2\,K$$

i) *Wie dick ist der Kondensatfilm maximal?*

Im Kondensatfilm herrscht eine sehr geringe Geschwindigkeit, so dass näherungsweise im Kondensatfilm quer zur Strömungsrichtung reine Wärmeleitung unterstellt werden kann. Damit gilt mit n^* als Koordinate senkrecht zur Kühlfläche

$$\dot{q}_W^* = -\lambda^*\,\frac{dT^*}{dn^*} = \lambda^*\,\frac{\Delta T^*}{\delta_{Film}^*}$$

Eingesetzt in $\alpha_K^* = \dot{q}_W^*/\Delta T^*$ ergibt sich die maximale Dicke des Kondensatfilms am unteren Ende der Kühlfläche zu

$$\delta_{Film}^*(H_{SK}^*) = \frac{\lambda_f^*}{\alpha_K^*(H_{SK}^*)} = \frac{\lambda_f^*}{\alpha_{Km}^*\,\frac{3}{4}}$$

$$\delta_{Film}^*(H_{SK}^*) = \left(\frac{0{,}673}{20410{,}7\cdot\frac{3}{4}}\right)\,m$$

$$\delta_{Film}^*(H_{SK}^*) = 4{,}4\cdot 10^{-5}\,m = 0{,}044\,mm$$

j) *Welche maximale Re-Zahl und welche maximale Geschwindigkeit ergeben sich für den Kondensatfilm? Als Bezugslänge soll die Filmdicke δ_{Film}^* gewählt werden.*

Die maximale Re-Zahl und die maximale Geschwindigkeit des Kondensatfilms werden am unteren Ende des Strömungskanals erreicht.

$$Re_{Film} = \frac{\rho_f^*\,u_{Film}^*\,\delta_{Film}^*(H_{SK}^*)}{\eta_f^*}$$

Mit der Energiebilanz aus a)

$$\dot{m}_K^* = \rho_f^*\,u_{Film}^*\,\delta_{Film}^*(H_{SK}^*)\,H_{SK}^* = \frac{|\dot{Q}_K^*|}{\Delta h_V^*}$$

folgt

$$Re_{Film} = \frac{\dot{m}_K^*}{\eta_f^* H_{SK}^*}$$

$$Re_{Film} = \frac{0{,}033 \cdot 10^{-3}}{314{,}4 \cdot 10^{-6} \cdot 0{,}04}$$

$$Re_{Film} = 2{,}61$$

$$u_{Film}^* = \frac{Re_{Film}\,\eta_f^*}{\rho_f^*\,\delta_{Film}^*(H_{SK}^*)}$$

$$u_{Film}^* = \left(\frac{2{,}61 \cdot 314{,}4 \cdot 10^{-6}}{965{,}16 \cdot 4{,}4 \cdot 10^{-5}}\right)\text{m/s}$$

$$u_{Film}^* = 0{,}0193\,\text{m/s}$$

k) *Was passiert im Wärmerohr bei einem eventuellen Ausfall der Kühlwasserpumpe, d. h. wenn im Strömungskanal kein Wasser mehr fließt?*

Die Temperatur steigt aufgrund der Energiezufuhr, das Wasser verdampft vollständig und überhitzt. Der Druck steigt an, bis es zur Zerstörung des Wärmerohres kommt. Also: „Not-Aus" vorsehen!

- *Sind die Ergebnisse plausibel?*

  - Zu a): Verdampfter Massenstrom

    Aufgrund der geringen übertragenen thermischen Leistung ist die verdampfende (und kondensierende) Masse, die dem umlaufenden Massenstrom im Wärmerohr entspricht, gering.

  - Zu b): Wärmeübergangskoeffizient beim Blasensieden

    Der Wärmeübergangskoeffizient beim Blasensieden ist im Wesentlichen von der Wandwärmestromdichte abhängig und in der Regel deutlich größer als beim konvektiven Wärmeübergang.

  - Zu c): Temperatur der Bodenfläche

    Die Temperatur der Bodenfläche und damit die treibende Temperaturdifferenz hängt vom Quotienten Wandwärmestromdichte zu Wärmeübergangskoeffizient ab. Beim Phasenwechsel ist dieses Verhältnis (anders als bei der erzwungenen Konvektion) nicht konstant. Eine Überhitzung der Bodenfläche gegenüber dem gesättigten Dampf von $t_B^* - t_S^* = 10\,\text{K}$ ist als realistisch anzusehen.

  - Zu d): Kritische Wandwärmestromdichte

    Die kritische Wandwärmestromdichte ist im Wesentlichen durch die spezifische Verdampfungsenthalpie bestimmt, die bei Wasser beim vorliegenden Druck hoch ist.

  - Zu e): Wandwärmestromdichte als Funktion der Koordinate bei der Filmkondensation

    Aus der Gleichung für den Wärmeübergang bei laminarer Filmkondensation kann einfach auf den Zusammenhang geschlossen werden. Je größer die x^*-Koordinate, desto dicker der

Kondensatfilm und desto größer ist der Wärmeleitwiderstand der Flüssigkeit, der den Wärmestrom bei gleichbleibender Temperaturdifferenz zwischen Kühlfläche und Fluid verringert.

- Zu f): Lokale Wandwärmestromdichte bezogen auf die über die Höhe gemittelte Wandwärmestromdichte

Da mit wachsender Koordinate in Richtung der Erdbeschleunigung der Kondensatfilm anwächst und damit auch die Wandwärmestromdichte kleiner wird, ergibt sich für das gesuchte Verhältnis immer ein Wert kleiner eins.

- Zu g) und h): Temperatur an der Kühlfläche und Wärmeübergangskoeffizient der laminaren Filmkondensation

Da der Wärmeübergangskoeffizient bei der laminaren Filmkondensation deutlich größer ist als beim Blasensieden, die Fläche aber nur etwas kleiner ist, ergibt sich bei der Kondensation eine deutlich geringere Temperaturdifferenz zwischen der Sättigungstemperatur des Wassers und der Temperatur der Kühlfläche.

- Zu i) und j): Kondensatfilmdicke, Reynolds-Zahl des Kondensatfilms und Geschwindigkeit des Kondensatfilms

Da der umlaufende Massenstrom dem Kondensat-Massenstrom entspricht und dieser sehr gering ist, sind Kondensatfilmdicke, Reynolds-Zahl des Kondensatfilms und Geschwindigkeit des Kondensatfilms ebenfalls sehr gering. Die ermittelte Reynolds-Zahl zeigt, dass eine sog. „schleichende Strömung" vorliegt. Da im Kondensatfilm reine Wärmeleitung unterstellt wird und beim Phasenwechsel ein sehr großer Wärmeübergangskoeffizient vorliegt, ergibt sich ein sehr dünner Kondensatfilm.

- Zu k): Ausfall der Kühlwasserpumpe

Die Plausibilität ist bereits im Lösungsteil dargestellt.

16.4.3 Aufgabe 7.2

In einem mit einem verschiebbaren Kolben ausgestatteten, senkrecht angeordneten Zylinder mit dem Durchmesser $D_Z^* = 20\,cm$ befindet sich (ausschließlich) Wasser gerade im Siedezustand bei einer Temperatur $t_S^* = 151,84\,°C = const$ und einem Druck $p_S^* = 5\,bar = const$. Zu Beginn beträgt die Höhe des flüssigen Wassers im Behälter $H_0^* = 3\,cm$. Es wird nun ein Wärmestrom $\dot{Q}_{zu}^*$ am Behälterboden übertragen, mit dem Ziel, das Wasser gerade vollständig innerhalb einer bestimmten Zeit zu verdampfen. Der Behälter kann mit Ausnahme des Behälterbodens als adiabat betrachtet werden.

Es sind folgende Stoffwerte gegeben

- Spezifische Verdampfungsenthalpie: $\Delta h_V^*(5\,bar) = 2107\,kJ/kg$

- spezifisches Volumen der Flüssigkeit: $v'^*(5\,bar) = 0,001\,0928\,m^3/kg$

- spezifisches Volumen des gesättigten Dampfes: $v''^*(5\,bar) = 0,3747\,m^3/kg$

- Wärmeleitfähigkeit der Flüssigkeit: $\lambda'^*(5\,bar) = 0,684\,W/m\,K$

- Wärmeleitfähigkeit des gesättigten Dampfes: $\lambda''^*(5\,bar) = 0,032\,W/m\,K$

- Grenzflächenspannung: $\sigma^* = 52 \cdot 10^{-3}\,N/m$

a) Welche Energiemenge muss insgesamt übertragen werden, um das Wasser vollständig zu verdampfen?

b) Wie groß sind für den Fall, dass im Behälter gerade noch Blasensieden mit der Beziehung

$$|\alpha_B^*| = 1{,}95\,|\dot{q}_B^*|^{[0,72]}\,|p_S^*|^{[0,24]}$$

mit $|\alpha_B^*|$ in W/m² K, $|\dot{q}_B^*|$ in W/m² und $|p_B^*|$ in bar unterstellt wird,

• die übertragbare Wärmestromdichte,

• der Wärmeübergangskoeffizient,

• die Zeit bis zur vollständigen Verdampfung,

• die Temperatur am Behälterboden?

c) Welcher Siedemechanismus tritt auf, wenn die in b) berechnete kritische Wärmestromdichte um 10 % überschritten wird? Wie groß wären die Temperaturen am Behälterboden, wenn Dampffilmdicken von $\delta_{Film1}^* = 0{,}1$ mm bzw. $\delta_{Film2}^* = 0{,}01$ mm vorliegen würden?

16.4.4 Lösung zu Aufgabe 7.2

a) Welche Energiemenge muss insgesamt übertragen werden, um das Wasser vollständig zu verdampfen?

Die zur vollständigen Verdampfung erforderliche Energie ergibt sich aus der Energiebilanz mit

$$Q_V^* = m_W^*\,\Delta h_V^*$$

$$Q_V^* = \frac{V_W^*}{v'^*}\,\Delta h_V^*$$

$$Q_V^* = \frac{\pi D_Z^{*2} H_0^*}{4\,v'^*}\,\Delta h_V^*$$

$$Q_V^* = \left(\frac{\pi \cdot 0{,}2^2 \cdot 0{,}03}{4 \cdot 0{,}0010928} \cdot 2107 \cdot 10^3\right)\mathrm{J}$$

$$Q_V^* = 1{,}8172 \cdot 10^6\,\mathrm{J} = 1817{,}2\,\mathrm{kJ}$$

b) Wie groß sind für den Fall, dass im Behälter gerade noch Blasensieden mit der Beziehung

$$|\alpha_B^*| = 1{,}95\,|\dot{q}_B^*|^{[0,72]}\,|p_S^*|^{[0,24]}$$

mit $|\alpha_B^*|$ in W/m² K, $|\dot{q}_B^*|$ in W/m² und $|p_B^*|$ in bar unterstellt wird,

• die übertragbare Wärmestromdichte,

Blasensieden liegt maximal bis zur kritischen Wandwärmestromdichte vor. Es gilt für diesen kritischen Zustand

$$\dot{q}^*_{\mathrm{Wkrit}} = 0{,}15\Delta h^*_{\mathrm{V}} \sqrt{\rho''^*} [g^* \sigma^* (\rho'^* - \rho''^*)]^{\frac{1}{4}}$$

$$\dot{q}^*_{\mathrm{Wkrit}} = 0{,}15\Delta h^*_{\mathrm{V}} \sqrt{1/v''^*} [g^* \sigma^* (1/v'^* - 1/v''^*)]^{\frac{1}{4}}$$

$$\dot{q}^*_{\mathrm{Wkrit}} = (0{,}15 \cdot 2107 \cdot 10^3 \sqrt{1/0{,}3747} [9{,}81 \cdot 52 \cdot 10^{-3}(1/0{,}0010928 - 1/0{,}3747)]^{\frac{1}{4}}) \, \mathrm{W/m^2}$$

$$\dot{q}^*_{\mathrm{Wkrit}} = 2\,398\,169\,\mathrm{W/m^2} = 2398{,}169\,\mathrm{kW/m^2}$$

- *der Wärmeübergangskoeffizient,*

Bei der kritischen Wandwärmestromdichte $\dot{q}^*_{\mathrm{Wkrit}}$ liegt der maximale Wärmeübergangskoeffizient beim Blasensieden vor. Es gilt mit $p^*_{\mathrm{B}} = p^*_{\mathrm{S}}$

$$|\alpha^*_{\mathrm{B}}| = 1{,}95 \, |\dot{q}^*_{\mathrm{Wkrit}}|^{[0{,}72]} \, |p^*_{\mathrm{B}}|^{[0{,}24]}$$

$$|\alpha^*_{\mathrm{B}}| = (1{,}95 \cdot 2398169^{0{,}72} \cdot 5^{0{,}24}) \, \mathrm{W/m^2\,K}$$

$$|\alpha^*_{\mathrm{B}}| = 112538 \, \mathrm{W/m^2\,K}$$

- *die Zeit bis zur vollständigen Verdampfung,*

Wird beim gesamten Verdampfungsvorgang Blasensieden unterstellt, so kann maximal die kritische Wandwärmestromdichte übertragen werden. Damit ergibt sich die erforderliche Zeit zur vollständigen Verdampfung zu

$$\tau^*_{\mathrm{min}} = \frac{Q^*_{\mathrm{V}}}{\dot{q}^*_{\mathrm{Wkrit}} \, \pi D^{*2}_{\mathrm{Z}}/4}$$

$$\tau^*_{\mathrm{min}} = \left(\frac{1817200}{2398169 \cdot \pi \cdot 0{,}2^2/4}\right) \mathrm{s}$$

$$\tau^*_{\mathrm{min}} = 24{,}12\,\mathrm{s}$$

- *die Temperatur am Behälterboden?*

Die Temperatur am Boden beträgt (bei der kritischen Wärmestromdichte)

$$t^*_{\mathrm{Bmax}} = t^*_{\mathrm{S}} + \frac{\dot{q}^*_{\mathrm{B}}}{\alpha^*_{\mathrm{B}}}$$

$$t^*_{\mathrm{Bmax}} = \left(151{,}84 + \frac{2398169}{112538}\right) {}^\circ\mathrm{C}$$

$$t^*_{\mathrm{Bmax}} = 173{,}15\,{}^\circ\mathrm{C}$$

c) *Welcher Siedemechanismus tritt auf, wenn die in b) berechnete kritische Wärmestromdichte um 10 % überschritten wird? Wie groß wären die Temperaturen am Behälterboden, wenn Dampffilmdicken von $\delta^*_{Film1} = 0{,}1$ mm bzw. $\delta^*_{Film2} = 0{,}01$ mm vorliegen würden?*

Bei Überschreiten der kritischen Wandwärmestromdichte tritt Filmsieden auf. Der Dampffilm wirkt als Wärmeleitwiderstand und führt zu einer erheblich höheren Temperatur am

Behälterboden. Im Film gilt der Fourier-Ansatz. Das Verhältnis von Filmdicke zur Wärmeleitfähigkeit des Dampfes beeinflusst den Siedevorgang maßgeblich.

Es ergibt sich

$$t^*_{BFilm} = t^*_S + \dot{q}^*_{Film} \frac{\delta^*_{Film}}{\lambda''^*} = t^*_S + 1{,}1\,\dot{q}^*_{Wkrit} \frac{\delta^*_{Film}}{\lambda''^*}$$

$$t^*_{BFilm1} = (151{,}84 + 1{,}1 \cdot 2398169 \frac{0{,}0001}{0{,}032})\,^\circ C = 8395{,}5\,^\circ C$$

$$t^*_{BFilm2} = (151{,}84 + 1{,}1 \cdot 2398169 \frac{0{,}00001}{0{,}032})\,^\circ C = 976{,}2\,^\circ C$$

Der enorme Anstieg der Temperatur im Behälterboden schon bei sehr geringen Filmdicken führt zur Zerstörung der Wand. Da $\dot{q}^*_W$ aufgeprägt wird und der Film einen hohen Wärmewiderstand darstellt, ergibt sich zwangsläufig ein extrem hoher Wert für ΔT^* und damit auch für die Wandtemperatur.

16.4.5 Aufgabe 7.3

Auf einen stark gefrorenen Erdboden mit einer Temperatur $t^*_{Erd,\infty} < 0\,^\circ C$ fällt Regen bei einer Umgebungstemperatur von $t^*_{L,\infty} = 4\,^\circ C$. Es entsteht eine Eisschicht auf dem Erdboden der Dicke $s^*_{Eis} = 12\,mm = const$, die von einem dünnen Wasserfilm der Dicke $s^*_{WF} = 2\,mm$ bedeckt ist. An der Phasengrenzfläche Wasserfilm-Eis beträgt die Temperatur $t^*_{WF\text{-}Eis} = 0\,^\circ C$.

Der Wärmeübergang erfolgt von der Umgebung an den Wasserfilm konvektiv mit einem Wärmeübergangskoeffizienten $\alpha^* = 18\,W/m^2\,K$. Im Wasserfilm kann reine eindimensionale Wärmeleitung vorausgesetzt werden.

An der Grenzfläche Eis-Erdboden liegt die Wärmestromdichte $\dot{q}^*_{Eis\text{-}Erd}$ vor. Die Wärmeleitung im Erdboden wird nicht betrachtet.

Für die Berechnungen soll ein momentan stationärer Zustand unterstellt werden. Strahlungseffekte können unberücksichtigt bleiben.

Die Stoffdaten für Eis können bei einer Bezugstemperatur von $t^*_{Eis} = 0\,^\circ C$ verwandt werden. Es ergeben sich für die Wärmeleitfähigkeit $\lambda^*_{Eis} = 2{,}1\,W/m\,K$ und die spezifische Schmelzenthalpie $r^*_{Eis} = 333\,kJ/kg$.

Die Stoffdaten für den Wasserfilm können bei einer Bezugstemperatur von $t^*_{WF} = 2\,^\circ C$ eingesetzt werden.

a) *Zunächst soll angenommen werden, dass die Eisschichtdicke sich nicht verändert.*

a1) *Wie lassen sich die Verläufe von Temperatur und Wärmestromdichte qualitativ zwischen der Luft $t^*_{L\infty}$ und der Grenzfläche Eis-Erdboden erklären?*

a2) *Welche Wärmestromdichte liegt an der Phasengrenze Luft-Wasserfilm $\dot{q}^*_{Luft-WF}$ vor?*

a3) *Wie groß ist die Temperatur an der Phasengrenzfläche Eis-Erdboden $t^*_{Eis-Erd}$?*

b) *Nun soll angenommen werden, dass die an der Grenzfläche Eis-Erdboden vorliegende Wärmestromdichte $\dot{q}^*_{Eis-Erd}$ dreimal so groß ist wie zuvor, der Wärmeübergang aus der*

Luft aber unverändert bleibt. Die Situation kann als momentan stationär betrachtet wer-
den. Die sensible Energiespeicherung im Eis kann bei diesen Berechnungen vernachlässigt
werden.

b1) *Wieviel Eis kann sich pro m² Fläche und Zeiteinheit bilden?*

b2) *Was geschieht, wenn in der beschriebenen Situation plötzlich $\dot{q}^*_{Eis-Erd} = 0$ gilt, also eine*
adiabate Randbedingung herrscht?

16.4.6 Lösung zu Aufgabe 7.3

a) *Zunächst soll angenommen werden, dass die Eisschichtdicke sich nicht verändert.*

a1) *Wie lassen sich die Verläufe von Temperatur und Wärmestromdichte qualitativ zwischen*
der Luft $t^*_{L\infty}$ und der Grenzfläche Eis-Erdboden erklären?

Die Wärmestromdichte ist in den beteiligten Schichten für diesen momentan stationären
Fall konstant. Die Temperatur verringert sich in allen Schichten, da eine treibende Temperaturdifferenz Voraussetzung für den Energietransport in Form von Wärme ist. Von
der Luft an das Wasser ergibt sich ein konvektiver Wärmeübergang (mit einem Wärmeübergangskoeffizienten), im Wasserfilm und im Eis jeweils ein Wärmeübergang infolge reiner Wärmeleitung. Der Temperaturgradient im Wasserfilm ist im Vergleich zum
Temperaturgradienten im Eis aufgrund der geringeren Wärmeleitfähigkeit gemäß dem
Fourier-Ansatz (5-5) größer.

a2) *Welche Wärmestromdichte liegt an der Phasengrenze Luft-Wasserfilm $\dot{q}^*_{Luft-WF}$ vor?*

Da es sich um einen stationären Prozess handelt, ist die Wärmestromdichte in allen beteiligten Schichten gleich. Es bietet sich an, die Wärmestromdichte zwischen der Luft
und der Grenzfläche Wasserfilm-Eis zu bestimmen, da an diesen Stellen die jeweiligen
Temperaturen bekannt sind. Es gilt

$$\dot{q}^*_W = k^* (t^*_{L,\infty} - t^*_{WF\text{-}Eis})$$

mit dem Wärmedurchgangskoeffizienten k^* zwischen der Luft und der Grenzfläche
Wasserfilm-Eis, der den konvektiven Wärmeübergang von der Luft an den Wasserfilm und die Wärmeleitung im Wasserfilm (mit der Wärmeleitfähigkeit von Wasser
$\lambda^*_W(2\,°C) = 0{,}5649\,W/m\,K$, siehe Tab. G.2) berücksichtigt

$$\frac{1}{k^*} = \frac{1}{\alpha^*} + \frac{s^*_{WF}}{\lambda^*_{WF}}$$

$$\frac{1}{k^*} = \left(\frac{1}{18} + \frac{0{,}002}{0{,}5649}\right) m^2\,K/W$$

$$\frac{1}{k^*} = 0{,}0591\,m^2\,K/W$$

$$k^* = 16{,}92\,W/m^2\,K$$

Daraus folgt die Wärmestromdichte, die auch zwischen der Luft und dem Wasserfilm vorliegt, zu

$$\dot{q}_W^* = (16{,}92 \cdot (4-0)) \, \text{W/m}^2$$

$$\dot{q}_W^* = \dot{q}_{\text{Luft-WF}}^* = 67{,}69 \, \text{W/m}^2$$

a3) *Wie groß ist die Temperatur an der Phasengrenzfläche Eis-Erdboden* $t_{Eis-Erd}^*$?

In der Eisschicht liegt reine Wärmeleitung vor. Es gilt

$$\dot{q}_W^* = \frac{\lambda_{\text{Eis}}^*}{s_{\text{Eis}}^*} (t_{\text{WF-Eis}}^* - t_{\text{Eis-Erd}}^*)$$

$$t_{\text{Eis-Erd}}^* = -\dot{q}_W^* \, \frac{s_{\text{Eis}}^*}{\lambda_{\text{Eis}}^*} + t_{\text{WF-Eis}}^*$$

$$t_{\text{Eis-Erd}}^* = \left(-67{,}69 \cdot \frac{0{,}012}{2{,}1} + 0\right) {}^\circ\text{C}$$

$$t_{\text{Eis-Erd}}^* = -0{,}39 \, {}^\circ\text{C}$$

b) *Nun soll angenommen werden, dass die an der Grenzfläche Eis-Erdboden vorliegende Wärmestromdichte* $\dot{q}_{Eis-Erd}^*$ *dreimal so groß ist wie zuvor, der Wärmeübergang aus der Luft aber unverändert bleibt. Die Situation kann als momentan stationär betrachtet werden. Die sensible Energiespeicherung im Eis kann bei diesen Berechnungen vernachlässigt werden.*

b1) *Wieviel Eis kann sich pro m² Fläche und Zeiteinheit bilden?*

Die Differenz der Wärmestromdichten zwischen der Phasengrenze Luft-Wasserfilm und der Phasengrenze Eis-Erdboden dient dazu, flüssiges Wasser gefrieren zu lassen. Es ergibt sich also

$$\dot{q}_{\text{Eis-Erd}}^* A^* - \dot{q}_{\text{Luft-WF}}^* A^* = \frac{\text{d}m^*}{\text{d}\tau^*} r_{\text{Eis}}^*$$

$$\frac{\text{d}m^*}{\text{d}\tau^* A^*} = \frac{\dot{q}_{\text{Eis-Erd}}^* - \dot{q}_{\text{Luft-WF}}^*}{r_{\text{Eis}}^*}$$

$$\frac{\text{d}m^*}{\text{d}\tau^* A^*} = 2 \, \frac{\dot{q}_{\text{Luft-WF}}^*}{r_{\text{Eis}}^*}$$

$$\frac{\text{d}m^*}{\text{d}\tau^* A^*} = \left(2 \cdot \frac{67{,}69}{333 \cdot 10^3}\right) \text{kg/m}^2 \, \text{s}$$

$$\frac{\text{d}m^*}{\text{d}\tau^* A^*} = 0{,}407 \cdot 10^{-3} \, \text{kg/m}^2 \, \text{s}$$

b2) *Was geschieht, wenn in der beschriebenen Situation plötzlich* $\dot{q}_{Eis-Erd}^* = 0$ *gilt, also eine adiabate Randbedingung herrscht?*

Da nun die beim Gefrieren des Wassers freigesetzte und die aus der Luft übertragene Energie nicht mehr in den Erdboden transportiert werden kann, aber weiterhin das (warme) Wasser auf dem Eis vorhanden ist, kommt es zum Schmelzen des Eises. Die „Schmelzrate" ist bei dieser Bedingung und einem momentan stationären Zustand halb so groß wie die zuvor vorliegende Eisbildungsrate.

16.5 Aufgaben zu Kapitel 9: Wärmeübergang durch Strahlung

Bei der folgenden Aufgabe zu Kapitel 9, Wärmeübergang durch Strahlung, wird die Lösung sehr ausführlich nach dem vorgestellten SMART-EVE-Konzept behandelt. Anschließend sind zwei weitere Aufgaben mit jeweils ausführlichen Lösungswegen angegeben.

16.5.1 Aufgabe 9.1

Die Oberfläche einer ebenen Straße der Breite $B_S^* = 12\,\mathrm{m}$ (Bezugslänge) wird von Wind mit einer Geschwindigkeit $u_\infty^* = 3\,\mathrm{m/s}$ quer überströmt und mit einer Gesamtstrahlungsdichte $\dot{q}_{ges}^*$ (Sonne und Umgebung) beaufschlagt. Von der Straßenoberfläche wird eine Wärmestromdichte in Form von Wärmeleitung $\dot{q}_L^* = 200\,\mathrm{W/m^2}$ kontinuierlich in den Boden abgegeben. Es stellt sich eine mittlere Straßenoberflächentemperatur $t_S^* = 50\,°\mathrm{C}$ ein. Hinweise:

- Der Emissionsgrad der Straßenoberfläche beträgt $\varepsilon_S = 0{,}95$, der Emissionsgrad der Umgebung sei $\varepsilon_U = 1$.

- Die Straßenoberfläche kann als Grauer Lambert-Strahler beschrieben werden.

- Die Umgebungstemperatur beträgt $t_U^* = 10\,°\mathrm{C}$.

- Die Bezugstemperatur für die Stoffe ist $t_B^* = (t_S^* + t_U^*)/2$.

    a) *Wie groß ist der über die Straßenbreite gemittelte Wärmeübergangskoeffizient?*

    b) *Welche Gesamtstrahlungsdichte $\dot{q}_{ges}^*$ trifft auf die Straßenoberfläche?*

    c) *Wie groß müsste der Emissionsgrad der Straße sein, damit sich bei der in b) berechneten Gesamtstrahlungsdichte eine Oberflächentemperatur von $t_{S\,mod}^* = 40\,°C$ einstellt?*

    d) *Was geschieht aus Sicht der Wärmeübertragung, wenn bei gleicher Gesamtstrahlungsdichte kein Wind über die Straße weht?*

16.5.2 Lösung zu Aufgabe 9.1 nach dem SMART-EVE-Konzept

Einstieg (E):

- *Welche physikalische Situation liegt der Aufgabe zugrunde? Wie und mit welchen vereinfachenden (idealisierenden) Annahmen kann diese anschaulich beschrieben werden? Welche Wahl der Systemgrenze ist in der Aufgabenstellung angemessen?*

Eine Straße wird mit einer Gesamtstrahlungsdichte, die im Wesentlichen von der Sonne stammt, beaufschlagt. Ein großer Teil davon wird absorbiert (mit dem Absorptionsgrad α_S = Emissionsgrad der Straße ε_S), ein geringer Teil $(1-\alpha_S)$ von der Straße in die Umgebung reflektiert. Im stationären Fall muss die absorbierte Energie in Form von Abstrahlung an die Umgebung (mit dem Emissionsgrad der Straße), erzwungener Konvektion (durch die überströmende Luft) und Wärmeleitung (in den Boden) wieder abgegeben werden.

Folgende Idealisierungen werden vorgenommen:

- Es wird unterstellt, dass in den Boden kontinuierlich eine konstante Energiemenge in Form von Wärmeleitung abgegeben werden kann. Die Energiespeicherfähigkeit der Straße und des Bodens spielen im stationären Fall keine Rolle.

- Die Strahlungseigenschaften der Straße sind die eines Grauen Lambert-Strahlers, allerdings wird die Temperaturabhängigkeit des Absorptionsgrades der Straßenoberfläche vernachlässigt.

- Es wird von einer idealen turbulenten Überströmung der Straße (ohne laminare Anlaufstrecke) ausgegangen.

Die Straßenoberfläche wird als Systemgrenze für die Energiebilanz betrachtet.

- *Wie lässt sich die physikalische Situation anschaulich darstellen?*

Die nachfolgende Skizze zeigt die relevanten Geometrie- und Prozessdaten sowie die an der Straßenoberfläche vorliegenden Wärmestromdichten.

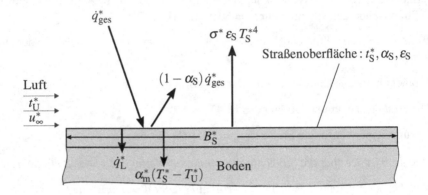

- *Was ist gegeben, was ist gesucht?*

Gegeben sind die Geometriedaten und Strahlungsgrößen (Absorptionsgrad = Emissionsgrad) der Straße, die Prozessdaten Überströmgeschwindigkeit der Luft, Straßenoberflächentemperatur und Umgebungstemperatur sowie eine Wärmestromdichte für die Energie, die in Form von Wärmeleitung in den Boden übertragen wird. Gesucht sind bei diesen Bedingungen der mittlere Wärmeübergangskoeffizient für den konvektiven Wärmeübergang und die auf die Straßenoberfläche wirkende Gesamtstrahlungsdichte $\dot{q}_{ges}^*$. Weiterhin soll der erforderliche Emissionsgrad der Straßenoberfläche bestimmt werden, wenn eine geringere Straßenoberflächentemperatur erzielt werden soll. Zuletzt sollen noch die Auswirkungen beschrieben werden, wenn anstelle einer erzwungenen Konvektion nur eine natürliche Konvektion vorliegen würde.

Verständnis (V):

- *Was bestimmt den Prozessverlauf?*

Der Absorptionsgrad (= Emissionsgrad) und die Oberflächentemperatur der Straße, der mittlere Wärmeübergangskoeffizient sowie die Wärmestromdichte der Wärmeleitung in den Boden bestimmen den Prozess. Im vorliegenden Fall dominiert die abgegebene Wärmestromdichte infolge Strahlung gegenüber dem konvektiven Wärmeübergang und dem Wärmeübergang durch Wärmeleitung.

- *Was würde den Prozessverlauf verstärken bzw. abschwächen?*

Bei einer vorgegebenen Gesamtstrahlungsdichte sinkt die Oberflächentemperatur mit sinkendem Absorptionsgrad der Straße. Es wird dann weniger Strahlung von der Straße absorbiert und so muss auch für eine stationäre Situation weniger Energie von der Straße abgegeben werden, was mit einer Absenkung der Oberflächentemperatur der Straße verbunden ist.

Bei geringerer Gesamtstrahlungsdichte wird ebenfalls weniger Strahlung von der Straßenoberfläche absorbiert und so kommt es ebenfalls zu einer Absenkung der Oberflächentemperatur der Straße.

Eine Erhöhung der Konvektion (höhere Überströmgeschwindigkeit) oder eine Erhöhung der Wärmeleitung in den Boden bei sonst gleichen Bedingungen führt zu einer Verringerung der Oberflächentemperatur der Straße.

- *Welche Grenzfälle gibt es, die zum Verständnis des Prozessverlaufes beitragen?*

Trifft keine Strahlung auf die Straßenoberfläche, so kann sich die Straßenoberfläche nicht erwärmen. Es gibt dann weder Strahlungswärmeübergang noch einen Wärmeübergang durch erzwungene Konvektion noch durch Wärmeleitung. Die auf die Straßenoberfläche wirkende Gesamtstrahlungsdichte kann auf der anderen Seite maximal der sog. Solarkonstanten $E_0^* = 1367\,\mathrm{W/m^2}$ entsprechen.

Je kleiner der Absorptionsgrad (= Emissionsgrad) der Straßenoberfläche ist, desto weniger Strahlung wird absorbiert und umso weniger Energie muss in Form von Strahlung, Konvektion und Leitung abgeführt werden. Dann sinkt auch die Oberflächentemperatur der Straße.

Ergebnis (E):

- *Welche Gleichungen (Bilanzen, Bestimmungsgleichungen,...) beschreiben die Physik modellhaft?*

  - An der Straßenoberfläche kann die Energiebilanz (für den stationären Fall) aufgestellt werden.

  - Für die Strahlung gilt das Stefan-Boltzmann-Gesetz.

  - Es wird das Modell des Grauen Lambert-Strahlers unterstellt, das besagt, dass gilt: Emissionsgrad = Absorptionsgrad.

  - Für den konvektiven Wärmeübergang kann die Nußelt-Beziehung für die turbulent überströmte ebene Platte verwendet werden.

- *Wie sieht die konkrete Lösung aus?*

a) *Wie groß ist der über die Straßenbreite gemittelte Wärmeübergangskoeffizient?*

Die Stoffwerte der Luft bei der Bezugstemperatur $t_B^* = (t_S^* + t_U^*)/2 = ((50 + 10)/2)\,^\circ\mathrm{C} = 30\,^\circ\mathrm{C}$ betragen gemäß Tab. G.1: $\lambda_\infty^* = 0{,}02643\,\mathrm{W/m\,K}$, $v_\infty^* = 16{,}3 \cdot 10^{-6}\,\mathrm{m^2/s}$, $\mathrm{Pr}_\infty = 0{,}7134$

Die Reynolds-Zahl ergibt sich mit der Breite der Straße als Bezugsgröße $L^* = B_S^*$ zu

$$\mathrm{Re}_L = \frac{u_\infty^* B_S^*}{v_\infty^*}$$

$$\mathrm{Re}_L = \frac{3 \cdot 12}{16{,}3 \cdot 10^{-6}}$$

$$\mathrm{Re}_L = 2208589$$

und ist damit größer als der Bereich der kritischen Re-Zahl $Re_{krit} \approx 3{,}5 \cdot 10^5 ... 10^6$, so dass eine turbulente Überströmung der Straße vorliegt.

Der mittlere konvektive Wärmeübergang für eine turbulent überströmte ebene Fläche ist nach (6-35)

$$Nu_m = 0{,}037 \, Re_L^{4/5} \, Pr^{1/3}$$

$$Nu_m = 0{,}037 \cdot 2208589^{0{,}8} \cdot 0{,}7134^{1/3}$$

$$Nu_m = 3932$$

Der mittlere Wärmeübergangskoeffizient ergibt sich zu

$$\alpha_m^* = \frac{Nu_m \, \lambda_\infty^*}{B_S^*}$$

$$\alpha_m^* = \left(\frac{3932 \cdot 0{,}02643}{12}\right) W/m^2 \, K$$

$$\alpha_m^* = 8{,}66 \, W/m^2 \, K$$

b) *Welche Gesamtstrahlungsdichte $\dot{q}_{ges}^*$ trifft auf die Straßenoberfläche?*

Die Energiebilanz an der Straßenoberfläche lautet mit der Annahme, dass das Kirchhoffsche Strahlungsgesetz Absorptionsgrad $\alpha_S =$ Emissionsgrad $\varepsilon_S = 0{,}95$ gilt

$$\alpha_S \, \dot{q}_{ges}^* = \varepsilon_S \, \sigma^* \, T_S^{*4} + \alpha_m^* \, (T_S^* - T_U^*) + \dot{q}_L^*$$

Aufgelöst folgt

$$\dot{q}_{ges}^* = \frac{1}{\alpha_S} \left[\varepsilon_S \, \sigma^* \, T_S^{*4} + \alpha_m^* \, (T_S^* - T_U^*) + \dot{q}_L^* \right]$$

$$\dot{q}_{ges}^* = \left(\frac{1}{0{,}95} \left[0{,}95 \cdot 5{,}6696 \cdot 10^{-8} \cdot 323{,}15^4 + 8{,}66 \, (323{,}15 - 283{,}15) + 200 \right] \right) W/m^2$$

$$\dot{q}_{ges}^* = 1193{,}4 \, W/m^2$$

c) *Wie groß müsste der Emissionsgrad der Straße sein, damit sich bei der in b) berechneten Gesamtstrahlungsdichte eine Oberflächentemperatur von $t_{S\,mod}^* = 40\,^\circ C$ einstellt?*

Genau genommen verändert sich mit der neuen Oberflächentemperatur auch die Bezugstemperatur für die Stoffwerte. Die Berücksichtigung dieses Aspektes würde zu geringfügig anderen Kennzahlen (Re, Pr, Nu) und damit auch zu einem etwas anderen Wärmeübergangskoeffizienten führen. Dieses soll nachfolgend vernachlässigt werden. Die in b) aufgestellte Energiebilanz wird umgestellt zu

$$\varepsilon_{S\,mod} = \alpha_{S\,mod} = \frac{\alpha_m^* \, (T_{S\,mod}^* - T_U^*) + \dot{q}_L^*}{\dot{q}_{ges}^* - \sigma^* \, T_{S\,mod}^{*4}}$$

$$\varepsilon_{S\,mod} = \frac{8{,}66 \, (313{,}15 - 283{,}15) + 200}{1193{,}4 - 5{,}6696 \cdot 10^{-8} \cdot 313{,}15^4}$$

$$\varepsilon_{S\,mod} = 0{,}71$$

d) **Was geschieht aus Sicht der Wärmeübertragung, wenn bei gleicher Gesamtstrahlungsdichte kein Wind über die Straße weht?**

Wenn kein Wind über die Straße weht, ergibt sich dort eine natürliche Konvektion mit kleineren Wärmeübergangskoeffizienten als bei der in b) unterstellten erzwungenen Konvektion. Die von der Straße absorbierte Wärmestromdichte muss dann vermehrt über Strahlung abgegeben werden, d. h., die Temperatur der Straßenoberfläche steigt. Mit Erhöhung der Temperatur der Straßenoberfläche wird zwar die für den konvektiven Wärmeübergang relevante treibende Temperaturdifferenz größer, aber der Wärmeübergangskoeffizient sinkt beim Übergang von der erzwungenen zur natürlichen Konvektion so stark, dass insgesamt die konvektive Wärmestromdichte sinkt.

- *Sind die Ergebnisse plausibel?*

  – Zu a): Mittlerer Wärmeübergangskoeffizient

  Der über die Straßenbreite gemittelte Wärmeübergangskoeffizient von $\alpha_m^* = 8{,}66\,\mathrm{W/m^2\,K}$ ist aufgrund der moderaten Überströmgeschwindigkeit der Luft als realistisch anzusehen.

  – Zu b): Auftreffende Gesamtstrahlungsdichte

  Die auf die Straße treffende Gesamtstrahlungsdichte beträgt $\dot{q}_{ges}^* = 1193{,}4\,\mathrm{W/m^2}$ und liegt damit (nicht allzu weit) unterhalb der maximal möglichen Strahlungsdichte der Sonne von $\dot{q}_{max}^* \approx 1400\,\mathrm{W/m^2}$. Damit die berechnete Gesamtstrahlungsdichte auftreten kann, muss ein wolkenloser, klarer Tag vorliegen.

  – Zu c): Emissionsgrad für verringerte Oberflächentemperatur der Straße

  Der Absorptionsgrad (= Emissionsgrad) der Straße muss verringert werden, damit weniger Strahlung von der Straßenoberfläche absorbiert werden kann. Für die Erzielung eines stationären Zustandes muss dann allerdings auch weniger Energie in Form von Strahlung, die von der vierten Potenz der Temperatur und dem Emissionsgrad abhängt, abgegeben werden. Ein Emissionsgrad = Absorptionsgrad = 0,71 ist realistisch.

  – Zu d): Auswirkungen einer natürlichen Konvektion anstelle einer erzwungenen Konvektion

  Die Plausibilität ist bereits in der konkreten Lösung dargestellt.

16.5.3 Aufgabe 9.2

Ein Sonnenkollektor besteht aus einem Spezialglas und einer Absorberplatte (Absorptionsgrad $\alpha_A = 1$) mit integrierten Kühlmittelrohren, durch die der nutzbare Energiestrom pro Fläche $\dot{q}_{Nutz}^*$ abgeführt wird. Die Absorberplatte und die Kühlmittelrohre sind nach außen wärmegedämmt.

Der Zwischenraum zwischen Spezialglas und Absorberplatte kann als evakuiert betrachtet werden. An der Außenseite des Spezialglases liegt ein konvektiver Wärmeübergang mit dem Wärmeübergangskoeffizienten $\alpha_K^* = 12\,\mathrm{W/m^2\,K}$ vor.

Bei dem Spezialglas handelt es sich um einen selektiven Transmitter, d. h., Absorptionsgrad und Transmissionsgrad hängen von der Wellenlänge der einfallenden Strahlung ab. Für kurzwellige Strahlung, Index „k", beträgt der Absorptionsgrad $\alpha_{Glas,k} = 0{,}07$ und der Transmissionsgrad $\tau_{Glas,k} = 0{,}86$. Für langwellige Strahlung, Index „l", ist der Absorptionsgrad $\alpha_{Glas,l} = 0{,}92$ und der Transmissionsgrad $\tau_{Glas,l} = 0{,}04$. Der Emissionsgrad des Spezialglases sei $\varepsilon_{Glas,l} = 0{,}81$.

Im stationären Betrieb trifft auf den Sonnenkollektor eine Strahlungs-Wärmestromdichte der Sonne von $\dot{q}_S^* = 875 \, \text{W/m}^2$ und der Umgebung von $\dot{q}_U^* = 75 \, \text{W/m}^2$. Die Temperatur der Absorberplatte beträgt $t_A^* = 62 \, °\text{C}$.

Die Umgebung kann als Schwarzer Strahler mit $\varepsilon_U = 1$ angesehen werden. Die Umgebungstemperatur beträgt $t_U^* = 18 \, °\text{C}$.

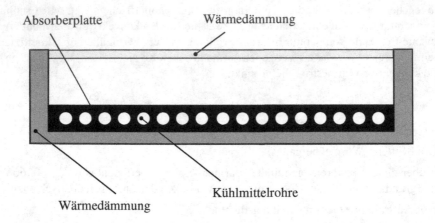

a) *Wie groß ist die Temperatur des Spezialglases?*

b) *Welcher Energiestrom pro Fläche $\dot{q}_{Nutz}^*$ ist nutzbar?*

c) *Wie hoch wäre der nutzbare Energiestrom pro Fläche $\dot{q}_{Nutz,ohne}^*$, wenn auf das Spezialglas verzichtet würde und sich bei sonst gleichen Bedingungen die Temperatur der Absorberplatte auf $t_{A,ohne}^* = 42 \, °\text{C}$ verändert?*

16.5.4 Lösung zu Aufgabe 9.2

a) *Wie groß ist die Temperatur des Spezialglases?*

In der folgenden Skizze sind die am Spezialglas auftretenden Wärmestromdichten eingetragen.

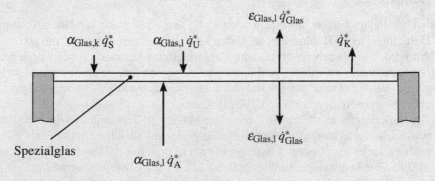

Es wird von einer homogenen Temperatur des Spezialglases ausgegangen, da es als sehr dünn angesehen wird. Die Energiebilanz für das Spezialglas liefert

Aufgenommene Wärmestromdichten = Abgegebene Wärmestromdichten

$$\alpha_{\text{Glas,k}}\,\dot{q}_S^* + \alpha_{\text{Glas,l}}\,\dot{q}_U^* + \alpha_{\text{Glas,l}}\,\varepsilon_A\,\dot{q}_A^* = 2\,\varepsilon_{\text{Glas,l}}\,\dot{q}_{\text{Glas}}^* + \dot{q}_K^*$$

mit $\dot{q}_A^* = \sigma^*\,T_A^{*4} = (5{,}6696 \cdot 10^{-8} \cdot 335{,}15^4)\,\text{W/m}^2 = 715{,}3\,\text{W/m}^2$ und $\dot{q}_{\text{Glas}}^* = \sigma^*\,T_{\text{Glas}}^{*4}$

und $\dot{q}_K^* = \alpha_K^*\,(T_{\text{Glas}}^* - T_U^*)$

Eingesetzt und nach T_{Glas}^* aufgelöst ergibt sich

$$T_{\text{Glas}}^* = \left(\frac{\alpha_{\text{Glas,k}}\,\dot{q}_S^* + \alpha_{\text{Glas,l}}\,\dot{q}_U^* + \alpha_{\text{Glas,l}}\,\varepsilon_A\,\dot{q}_A^* + \alpha_K^*\,(T_{\text{Glas}}^* - T_U^*)}{2\,\sigma^*\,\varepsilon_{\text{Glas,l}}} \right)^{1/4}$$

$$T_{\text{Glas}}^* = \left(\left(\frac{0{,}07 \cdot 875 + 0{,}92 \cdot 75 + 0{,}92 \cdot 1 \cdot 715{,}3 + 12\,(T_{\text{Glas}}^* - 291{,}15)}{2 \cdot 5{,}6696 \cdot 10^{-8} \cdot 0{,}81} \right)^{1/4} \right)\,\text{K}$$

Die Lösung der Gleichung ergibt

$$T_{\text{Glas}}^* = 297{,}16\,\text{K} \rightarrow t_{\text{Glas}}^* = 24{,}01\,^\circ\text{C}$$

b) *Welcher Energiestrom pro Fläche $\dot{q}_{Nutz}^*$ ist nutzbar?*

In der folgenden Skizze sind die an der Absorberplatte auftretenden Wärmestromdichten eingetragen.

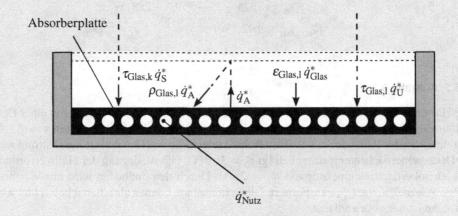

Die Bilanz an der Absorberplatte mit $\alpha_A = \varepsilon_A = 1$ lautet

$$\varepsilon_A\,\dot{q}_A^* + \dot{q}_{\text{Nutz}}^* = \alpha_A\,\tau_{\text{Glas,k}}\,\dot{q}_S^* + \alpha_A\,\tau_{\text{Glas,l}}\,\dot{q}_U^* + \alpha_A\,\varepsilon_{\text{Glas,l}}\,\dot{q}_{\text{Glas}}^* + \alpha_A\,\rho_{\text{Glas,l}}\,\dot{q}_A^*$$

Der Reflexionsgrad ist

$$\rho_{\text{Glas,l}} = 1 - \alpha_{\text{Glas,l}} - \tau_{\text{Glas,l}}$$

$$\rho_{\text{Glas,l}} = 1 - 0{,}92 - 0{,}04 = 0{,}04$$

Der vom Glas emittierte Energiestrom beträgt

$$\dot{q}^*_{\text{Glas}} = \sigma^* T^{*4}_{\text{Glas}}$$

$$\dot{q}^*_{\text{Glas}} = (5{,}6696 \cdot 10^{-8} \cdot 297{,}16^4)\,\text{W}/\text{m}^2$$

$$\dot{q}^*_{\text{Glas}} = 442{,}1\,\text{W}/\text{m}^2$$

Umgestellt ergibt sich

$$\dot{q}^*_{\text{Nutz}} = \tau_{\text{Glas,k}}\,\dot{q}^*_{\text{S}} + \tau_{\text{Glas,l}}\,\dot{q}^*_{\text{U}} + \dot{q}^*_{\text{Glas}}\,\varepsilon_{\text{Glas,l}} + \dot{q}^*_{\text{A}}\,\rho_{\text{Glas,l}} - \dot{q}^*_{\text{A}}$$

$$\dot{q}^*_{\text{Nutz}} = (0{,}86 \cdot 875 + 0{,}04 \cdot 75 + 442{,}1 \cdot 0{,}81 + 715{,}3 \cdot 0{,}04 - 715{,}3)\,\text{W}/\text{m}^2$$

$$\dot{q}^*_{\text{Nutz}} = 426{,}9\,\text{W}/\text{m}^2$$

c) *Wie hoch wäre der nutzbare Energiestrom pro Fläche* $\dot{q}^*_{Nutz,ohne}$, *wenn auf das Spezialglas verzichtet würde und sich bei sonst gleichen Bedingungen die Temperatur der Absorberplatte auf* $t^*_{A,ohne} = 42\,°C$ *verändert?*

Die Energiebilanz vereinfacht sich im Vergleich zu b) bei Verzicht auf das Spezialglas zu

$$\dot{q}^*_{\text{Nutz,ohne}} = \dot{q}^*_{\text{S}} + \dot{q}^*_{\text{U}} - \dot{q}^*_{\text{A,ohne}} - \dot{q}^*_{\text{K,ohne}}$$

mit $\dot{q}^*_{\text{A,ohne}} = \sigma^* T^{*4}_{\text{A,ohne}} = (5{,}6696 \cdot 10^{-8} \cdot 315{,}15^4)\,\text{W}/\text{m}^2 = 559{,}3\,\text{W}/\text{m}^2$ und $\dot{q}^*_{\text{K,ohne}} = \alpha^*_{\text{K}}\,(T^*_{\text{A,ohne}} - T^*_{\text{U}}) = (12 \cdot (315{,}15 - 291{,}15))\,\text{W}/\text{m}^2 = 288\,\text{W}/\text{m}^2$. Es ergibt sich

$$\dot{q}^*_{\text{Nutz,ohne}} = (875 + 75 - 559{,}3 - 288)\,\text{W}/\text{m}^2$$

$$\dot{q}^*_{\text{Nutz,ohne}} = 102{,}7\,\text{W}/\text{m}^2$$

16.5.5 Aufgabe 9.3

Eine Halle mit einer Grundfläche von 10 m x 10 m und einer Höhe von 4,5 m ist mit einer Deckenstrahlungsheizung ausgestattet, um in der Halle eine mittlere Hallenlufttemperatur von $t^*_{\text{H}} = 26\,°C$ zu erzielen. In der Hallendecke sind dazu Rohre verlegt, die von Heizwasser durchströmt werden. Die Deckenoberflächentemperatur beträgt $t^*_{\text{D}} = 30{,}5\,°C$. Die Auslegung der Halle erfordert eine Fußbodenoberflächentemperatur von $t^*_{\text{FB}} = 28\,°C$. Durch den Fußboden wird ein Wärmestrom infolge Wärmeleitung, $\dot{Q}^*_{\text{L}}$, transportiert. Die Seitenwände können als adiabat betrachtet werden, die Decke ist nach oben adiabat.

Neben dem Wärmeübergang durch Strahlung tritt in der Halle auch ein Wärmeübergang durch Konvektion zwischen allen Oberflächen und der Hallenluft auf, der durch einen mittleren Wärmeübergangskoeffizienten $\alpha^*_{\text{K}} = 10\,\text{W}/\text{m}^2\,\text{K}$ gekennzeichnet ist. Zusätzlich wird die Halle mit Frischluft versorgt, die die Halle als Abluft mit der Hallenlufttemperatur verlässt.

Hinweise:

- Die Sichtfaktoren zwischen Decke und Fußboden betragen $F_{\text{D,FB}} = F_{\text{FB,D}} = 0{,}4$.

- Die Emissionsgrade aller Oberflächen können näherungsweise zu eins gesetzt werden, $\varepsilon_{\text{D}} = \varepsilon_{\text{FB}} = \varepsilon_{\text{SW}} = 1$.

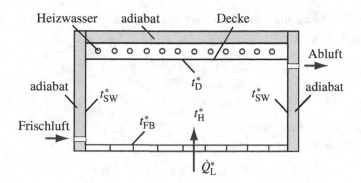

a) Wie hoch sind die konvektiv übertragenen Wärmeströme von der Hallendecke an die Hallenluft und vom Fußboden an die Hallenluft?

b) Wie groß sind die Sichtfaktoren für die beteiligten Flächenkombinationen?

c) Wie groß ist die Temperatur der Seitenwände?

d) Welcher Strahlungswärmestrom wird von der Decke emittiert?

e) Wie groß ist die insgesamt von der Deckenheizung aufzubringende Heizleistung?

f) Wie groß ist der Wärmestrom durch den Fußboden?

g) Welcher Energiestrom wird mit der Abluft aus der Halle transportiert?

16.5.6 Lösung zu Aufgabe 9.3

a) Wie hoch sind die konvektiv übertragenen Wärmeströme von der Hallendecke an die Hallenluft und vom Fußboden an die Hallenluft?

Der konvektiv übertragene Wärmestrom von der Decke an die Hallenluft beträgt

$$\dot{Q}^*_{\mathrm{K,D-H}} = \alpha^*_{\mathrm{K}} A^*_{\mathrm{D}} \left(t^*_{\mathrm{D}} - t^*_{\mathrm{H}} \right)$$
$$\dot{Q}^*_{\mathrm{K,D-H}} = (10 \cdot 10 \cdot 10 \,(30{,}5 - 26))\,\mathrm{W}$$
$$\dot{Q}^*_{\mathrm{K,D-H}} = 4500\,\mathrm{W}$$

Der konvektiv übertragene Wärmestrom vom Fußboden an die Hallenluft beträgt

$$\dot{Q}^*_{\mathrm{K,FB-H}} = \alpha^*_{\mathrm{K}} A^*_{\mathrm{FB}} \left(t^*_{\mathrm{FB}} - t^*_{\mathrm{H}} \right)$$
$$\dot{Q}^*_{\mathrm{K,FB-H}} = (10 \cdot 10 \cdot 10 \,(28 - 26))\,\mathrm{W}$$
$$\dot{Q}^*_{\mathrm{K,FB-H}} = 2000\,\mathrm{W}$$

b) *Wie groß sind die Sichtfaktoren für die beteiligten Flächenkombinationen?*

Für die Decke gilt

$$\sum F_{\text{D-i}} = F_{\text{D-FB}} + F_{\text{D-SW}} = 1$$

$$F_{\text{D-SW}} = 1 - F_{\text{D-FB}} = 1 - 0,4$$

$$F_{\text{D-SW}} = 0,6$$

Analog gilt für den Fußboden

$$\sum F_{\text{FB-i}} = F_{\text{FB-D}} + F_{\text{FB-SW}} = 1$$

$$F_{\text{FB-SW}} = 1 - F_{\text{FB-D}} = 1 - 0,4$$

$$F_{\text{FB-SW}} = 0,6$$

Zwischen Seitenwand und Decke gilt die Reziprozitätsbeziehung

$$F_{\text{SW-D}} A_{\text{SW}}^* = F_{\text{D-SW}} A_{\text{D}}^*$$

mit $A_{\text{SW}}^* = (4 \cdot 10 \cdot 4{,}5)\,\text{m}^2 = 180\,\text{m}^2$ und $A_{\text{D}}^* = (10 \cdot 10)\,\text{m}^2 = 100\,\text{m}^2$

$$F_{\text{SW-D}} = 0,333$$

Da Decken- und Fußbodenfläche sowie die entsprechenden Sichtfaktoren gleich sind, ergibt sich aus $F_{\text{SW-FB}} A_{\text{SW}}^* = F_{\text{FB-SW}} A_{\text{FB}}^*$

$$F_{\text{SW-FB}} = 0,333$$

$$F_{\text{SW-SW}} = 0,333$$

c) *Wie groß ist die Temperatur der Seitenwände?*

Die Bilanz an den adiabaten Seitenwänden ergibt, dass der konvektiv übertragene Wärmestrom (von der Seitenwand an die Hallenuft) dem strahlungsbasierten Wärmestrom (zwischen Seitenwand und Decke sowie Seitenwand und Fußboden) entspricht

$$|\dot{Q}_{\text{K,SW-H}}^*| = |\dot{Q}_{\text{S,SW}}^*| = |\dot{Q}_{\text{S,SW-D}}^*| + |\dot{Q}_{\text{S,SW-FB}}^*|$$

Damit ergibt sich

$$\alpha_{\text{K}}^* A_{\text{SW}}^* (T_{\text{SW}}^* - T_{\text{H}}^*) = \sigma^* A_{\text{SW}}^* \left(F_{\text{SW-D}}(T_{\text{D}}^{*4} - T_{\text{SW}}^{*4}) + F_{\text{SW-FB}}(T_{\text{FB}}^{*4} - T_{\text{SW}}^{*4}) \right)$$

Es folgt mit $F_{\text{SW-D}} = F_{\text{SW-FB}}$

$$\alpha_{\text{K}}^* (T_{\text{SW}}^* - T_{\text{H}}^*) = \sigma^* F_{\text{SW-D}} \left(-2T_{\text{SW}}^{*4} + T_{\text{D}}^{*4} + T_{\text{FB}}^{*4} \right)$$

$$T_{\text{SW}}^* = T_{\text{H}}^* + \frac{\sigma^* F_{\text{SW-D}}}{\alpha_{\text{K}}^*} \left(-2T_{\text{SW}}^{*4} + T_{\text{D}}^{*4} + T_{\text{FB}}^{*4} \right)$$

$$T_{\text{SW}}^* = \left(299{,}15 + \frac{5{,}6696 \cdot 10^{-8} \cdot 0{,}333}{10} \left(-2T_{\text{SW}}^{*4} + 303{,}65^4 + 301{,}15^4 \right) \right) \text{K}$$

mit der unbekannten Temperatur T_{SW}^*. Mit einem Iterationsverfahren ergibt sich

$$T_{\text{SW}}^* = 300{,}10\,\text{K} \rightarrow t_{\text{SW}}^* = 26{,}95\,^\circ\text{C}$$

d) *Welcher Strahlungswärmestrom wird von der Decke emittiert?*

Für die Decke ergibt sich für den emittierten Strahlungswärmestrom

$$\dot{Q}_{S,D}^* = \dot{Q}_{S,D\text{-}SW}^* + \dot{Q}_{S,D\text{-}FB}^*$$

$$\dot{Q}_{S,D}^* = A_D^* \, \sigma^* \left(F_{D\text{-}SW}(T_D^{*4} - T_{SW}^{*4}) + F_{D\text{-}FB}(T_D^{*4} - T_{FB}^{*4}) \right)$$

$$\dot{Q}_{S,D}^* = \left(10 \cdot 10 \cdot 5{,}6696 \cdot 10^{-8} \left(0{,}6\,(303{,}65^4 - 300{,}10^4) + 0{,}4\,(303{,}65^4 - 301{,}15^4) \right) \right) \text{W}$$

$$\dot{Q}_{S,D}^* = 1956\,\text{W}$$

e) *Wie groß ist die insgesamt von der Deckenheizung aufzubringende Heizleistung?*

Die insgesamt von der Deckenheizung aufzubringende Heizleistung beträgt

$$\dot{Q}_{Heiz}^* = \dot{Q}_{S,D}^* + \dot{Q}_{K,D\text{-}H}^*$$
$$\dot{Q}_{Heiz}^* = (1956 + 4500)\,\text{W}$$
$$\dot{Q}_{Heiz}^* = 6456\,\text{W}$$

f) *Wie groß ist der Wärmestrom durch den Fußboden?*

Die zwischen Fußboden und Halle wirkenden Energieströme (durch Wärmestrahlung zwischen Fußboden und Seitenwänden, durch Wärmestrahlung zwischen Fußboden und Decke und durch Konvektion zwischen Fußboden und Hallenluft) werden zusammengefasst und müssen in Form eines Energiestromes durch den Fußboden $\dot{Q}_L^*$ (Index „L" für Leitung) kompensiert werden. Bei der Wärmestrahlung müssen jeweils die *Netto*-Energieströme berücksichtigt werden, die durch $T_i^{*4} - T_j^{*4}$ charakterisiert sind.

Am Fußboden ergibt sich die Energiebilanz zu

$$\dot{Q}_L^* = \dot{Q}_{S,FB\text{-}SW}^* + \dot{Q}_{S,FB\text{-}D}^* + \dot{Q}_{K,FB\text{-}H}^*$$

$$\dot{Q}_L^* = A_{FB}^* \, \sigma^* \left(F_{FB\text{-}SW}(T_{FB}^{*4} - T_{SW}^{*4}) + F_{FB\text{-}D}(T_{FB}^{*4} - T_D^{*4}) \right) + \dot{Q}_{K,FB\text{-}H}^*$$

$$\dot{Q}_L^* = \left(10 \cdot 10 \cdot 5{,}6696 \cdot 10^{-8} \cdot \right.$$

$$\left. \left(0{,}6\,(301{,}15^4 - 300{,}10^4) + 0{,}4\,(301{,}15^4 - 303{,}65^4) \right) + 2000 \right) \text{W}$$

$$\dot{Q}_L^* = 1761\,\text{W}$$

Dieser Wärmestrom muss im stationären Betrieb durch den Fußboden durch reine Wärmeleitung transportiert werden.

g) *Welcher Energiestrom wird mit der Abluft aus der Halle transportiert?*

Die Gesamtbilanz ergibt

$$\dot{Q}_{AB}^* = \dot{Q}_L^* + \dot{Q}_{Heiz}^*$$
$$\dot{Q}_{AB}^* = (1761 + 6456)\,\text{W}$$
$$\dot{Q}_{AB}^* = 8217\,\text{W}$$

d. h., mit der Abluft wird ein Energiestrom aus der Halle transportiert.

16.6 Aufgaben zu Kapitel 12: Wärmetechnische Apparate

Bei der folgenden Aufgabe zu Kapitel 12, Wärmetechnische Apparate, wird die Lösung sehr ausführlich nach dem vorgestellten SMART-EVE-Konzept behandelt. Anschließend sind zwei weitere Aufgaben mit jeweils ausführlichen Lösungswegen angegeben.

16.6.1 Aufgabe 12.1

Luft vom Zustand $p_\infty^* = 1\,\text{bar}$ und $t_\infty^* = 10\,^\circ\text{C}$ soll in einem Rohrbündel-Wärmeübertrager erwärmt werden. Dazu strömt die Luft den Rohrbündel-Wärmeübertrager mit der Geschwindigkeit $u_\infty^* = 6\,\text{m/s}$ quer an. Die Rohre werden innenseitig mit kondensierendem Dampf beaufschlagt, so dass die Temperatur der Rohrwände überall $t_W^* = 70\,^\circ\text{C}$ beträgt.

Der Wärmeübertrager besteht aus $N_L = 15$ Rohrreihen in Strömungsrichtung und $N_T = 5$ Rohrreihen quer zur Strömungsrichtung. Die Rohre sind aus Kupfer mit dem Außendurchmesser $D^* = 20\,\text{mm}$ und der Länge $L^* = 5\,\text{m}$ und fluchtend mit der Längsteilung $S_L^* = 30\,\text{mm}$ und der Querteilung $S_T^* = 30\,\text{mm}$ angeordnet.

- Die Stoffwerte können bei der mittleren Temperatur $t_B^* = (t_\infty^* + t_W^*)/2$ eingesetzt werden.

- Druckverluste und Strahlungseffekte können vernachlässigt werden.

  a) *Welche mittlere Nußelt-Zahl und welcher mittlere Wärmeübergangskoeffizient stellen sich auf der Luftseite des Rohrbündels ein?*

  b) *Wie groß ist die Lufttemperatur am Austritt des Wärmeübertragers?*

  c) *Welcher Wärmestrom wird insgesamt übertragen?*

  d) *Wie groß sind der insgesamt übertragene Wärmestrom und der Wärmedurchgangskoeffizient, wenn infolge einer Verschmutzung auf der Luftseite die Lufttemperatur am Austritt um $\Delta T_{II2}^* = 5\,\text{K}$ sinkt?*

16.6.2 Lösung zu Aufgabe 12.1 nach dem SMART-EVE-Konzept

Einstieg (E):

- *Welche physikalische Situation liegt der Aufgabe zugrunde? Wie und mit welchen vereinfachenden (idealisierenden) Annahmen kann diese anschaulich beschrieben werden? Welche Wahl der Systemgrenze ist in der Aufgabenstellung angemessen?*

Luft umströmt quer zur Strömungsrichtung angeordnete Rohre, die von einem phasenwechselnden Fluid durchströmt werden. Durch den Phasenwechsel von gasförmiger Phase in flüssige Phase (Primärseite „I") wird bei konstanter Temperatur Energie in Form von Wärme an die Luft übertragen, die sich erwärmt (Sekundärseite „II"). Durch die gute Wärmedämmung des Luftkanals nach außen kann davon ausgegangen werden, dass der gesamte von der Primärseite abgegebene Energiestrom von der Sekundärseite aufgenommen wird. Der Wärmedurchgangs-koeffizient für diesen Rohrbündel-Wärmeübertrager kann aufgrund des (sehr) hohen Wärme-übergangskoeffizienten auf der Primärseite I und der hohen Wärmeleitfähigkeit der Rohrwand (Kupfer) mit dem Wärmeübergangskoeffizienten auf der Sekundärseite II (Luft) gleichgesetzt werden.

Die fluchtend angeordneten Rohre verringern die Querschnittsfläche des Luftkanals, so dass sich die für die Wärmeübertragung relevante Geschwindigkeit auf u_{eff}^* erhöht. In jeder Rohr-reihe wird die Temperatur der Luft erhöht. Zwar ergibt sich für das gesamte Rohrbündel ein mittlerer Wärmeübergangskoeffizient, allerdings ist der übertragene Wärmestrom wegen der größten treibenden Temperaturdifferenz zwischen Luft und phasenwechselndem Fluid in der ersten Reihe am größten und sinkt mit Durchströmung des Wärmeübertragers.

In dem hier vorliegenden Fall eines phasenwechselnden Fluides in den Rohren spielt es keine Rolle, ob die Rohre parallel oder in Reihe durchströmt werden. Die Fluidtemperatur (und damit auch die Rohrwandtemperatur) bleibt gleich.

Als Systemgrenzen für die Energiebilanz können die Luft und die Rohrwände sowie die Luft im Eintritts- und Austrittsquerschnitt definiert werden. Der insgesamt konvektiv von den Rohr-wänden an die Luft übertragene Wärmestrom entspricht dem von der Luft zwischen Eintritt und Austritt des Wärmeübertragers aufgenommenen Energiestrom. In dieser Energiebilanz ist nur noch die Luftaustrittstemperatur unbekannt. Eine Systemgrenze kann nicht für das phasen-wechselnde Fluid eingeführt werden, weil davon nur bekannt ist, dass ein Phasenwechsel (mit konstanter Temperatur) vorliegt.

Die im letzten Teil thematisierte Verschmutzung der Rohrwand führt zu einem zusätzlichen Wärmeleitungswiderstand, der den Wärmedurchgangskoeffizienten verringert. Als Folge ver-ringert sich dann auch die Lufttemperatur im Austritt des Wärmeübertragers und der übertra-gene Wärmestrom.

Folgende Idealisierungen werden vorgenommen:

– Es wird unterstellt, dass der Rohrbündel-Wärmeübertrager nach außen ideal wärmegedämmt ist.

– Es wird angenommen, dass für die Umströmung des gesamten Rohrbündel-Wärmeübertragers (für $N_L > 10$) eine einzige Wärmeübergangsbeziehung charakteristisch ist.

– Es soll davon ausgegangen werden, dass sich die Luft in jeder Rohrreihe gleichmäßig er-wärmt und die Effekte am Rand des Luftkanals vernachlässigt werden können.

– Druckverluste bei der Umströmung des Rohrbündels sollen vernachlässigt werden.

– Der Wärmeleitwiderstand der Rohrwand ist aufgrund des Rohrmaterials Kupfer und der als gering anzusehenden Wandstärke zu vernachlässigen.

– Es wird unterstellt, dass in allen Rohren immer Phasenwechsel vorliegt und die Rohraußen-wandtemperatur gleich der Temperatur des phasenwechselnden Fluides ist.

– Die Verschmutzung der Außenrohre ist so gering, dass sie sich nicht auf den Rohrdurchmes-ser auswirkt.

• *Wie lässt sich die physikalische Situation anschaulich darstellen?*

Die nachfolgende Skizze zeigt die für den Rohrbündel-Wärmeübertrager mit $N_L = 15$ Rohr-reihen in Strömungsrichtung und $N_T = 5$ Rohrreihen quer zur Strömungsrichtung relevanten Geometrie- und Prozessdaten.

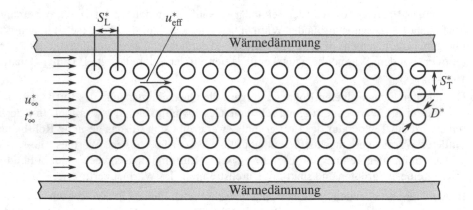

• *Was ist gegeben, was ist gesucht?*

Gegeben sind die geometrischen Daten des Rohrbündel-Wärmeübertragers, die Anströmge-schwindigkeit und die Anströmtemperatur der Luft sowie die Rohrwandtemperatur.

Gesucht sind die Lufttemperatur am Austritt des Rohrbündel-Wärmeübertragers und der ins-gesamt übertragene Wärmestrom. Zusätzlich ist für den Fall einer Verschmutzung der Rohr-Außenwand der übertragene Wärmestrom zu ermitteln.

Verständnis (V):

• *Was bestimmt den Prozessverlauf?*

Der im Rohrbündel-Wärmeübertrager insgesamt übertragene Wärmestrom hängt vom Wärme-durchgangskoeffizienten, der Übertragungsfläche und der mittleren treibenden Temperaturdif-ferenz ab.

Der Wärmedurchgangskoeffizient wird durch den konvektiven Wärmeübergang auf der In-nenseite der Rohre, der Wärmeleitung durch die Rohre und den konvektiven Wärmeübergang auf der Außenseite der Rohre bestimmt. Wegen des Phasenwechsels ist auf der Innenseite der Rohre (Primärseite) der Wärmeübergang im Allgemeinen sehr groß, so dass dort der Wär-meübergangswiderstand vernachlässigt werden kann. Für die Rohrwand kann der Wärmelei-tungswiderstand wegen der guten Wärmeleiteigenschaften (Kupfer) ebenfalls vernachlässigt werden, so dass für den Wärmedurchgangskoeffizienten nur der konvektive Wärmeübergangs-koeffizient auf der Sekundärseite relevant ist.

Der konvektive Wärmeübergang auf der Sekundärseite ist durch die geometrischen Daten des Rohrbündels (Rohrdurchmesser, Anordnung der Rohre) und die Anströmgeschwindigkeit, die zusammen die effektive Re-Zahl charakterisieren, bestimmt.

Der insgesamt an die Luft übertragene Energiestrom hängt bei vorgegebener Übertragungsflä-che in jeder Rohrreihe vom Wärmeübergangskoeffizienten und der treibenden Temperaturdif-ferenz zwischen Rohrwand ($\approx$ Phasenwechseltemperatur) und der Luft ab. In jeder Rohrrei-he (quer zur Strömungsrichtung) wird von der Luft (Sekundärseite) ein Energiestrom aufge-nommen, der vom phasenwechselnden Fluid (Primärseite) abgegeben wird, so dass mit jeder Rohrreihe die Lufttemperatur steigt und der an die Luft übertragene Wärmestrom sinkt. Zur Bestimmung des ingesamt übertragenen Wärmestromes wird die treibende mittlere (logarith-mische) Temperaturdifferenz benötigt, die von den Lufttemperaturen am Ein- und Austritt und der Rohrwandtemperatur abhängt.

Die Verschmutzungen auf der Rohraußenseite verringern den Wärmedurchgangskoeffizienten, weil der Wärmeleitwiderstand dieser Schmutzschicht zusätzlich berücksichtigt werden muss. Damit verringert sich auch der übertragene Wärmestrom.

- *Was würde den Prozessverlauf verstärken bzw. abschwächen?*

Sehr kleine Anströmgeschwindigkeiten gegen Null führen dazu, dass der Wärmeübergang nur noch durch natürliche Konvektion zustande kommen kann und sich damit der Wärmeübergang deutlich verschlechtert. Bei Erhöhung der Anströmgeschwindigkeit und/oder Verringerung des Rohrabstandes quer zur Strömungsrichtung erhöht sich dagegen der konvektive Wärmeübergang. Der Wärmeübergangskoeffizient und die treibende Temperaturdifferenz zwischen Rohrwand und Luft bestimmen den dort übertragenen Energiestrom, der allerdings mit jeder umströmten Rohrreihe wegen der abnehmenden treibenden Temperaturdifferenz zwischen Rohrwand und Luft geringer wird.

Mit Senkung der Lufteintrittstemperatur und Erhöhung der Rohrwandtemperatur erhöht sich auch die treibende Temperaturdifferenz und damit auch der insgesamt übertragene Wärmestrom.

Je dicker die Schmutzschicht, desto geringer wird der Wärmedurchgangskoeffizient und damit auch der übertragene Wärmestrom. Allerdings muss bei dickeren Schmutzschichten beachtet werden, dass sich der für den konvektiven Wärmeübergang auf der Sekundärseite relevante Durchmesser vergrößert. Dieses würde zu einer Erhöhung der effektiven Re-Zahl und damit auch zu einer Verbesserung des konvektiven Wärmeüberganges führen. Allerdings würden die durch die dickere Schmutzschicht deutlich höheren Wärmeleitwiderstände den übertragenen Energiestrom insgesamt verringern.

- *Welche Grenzfälle gibt es, die zum Verständnis des Prozessverlaufes beitragen?*

Je größer die treibende Temperaturdifferenz zwischen phasenwechselndem Fluid und der Luft, desto größer ist, bei sonst gleichen Bedingungen, der übertragene Wärmestrom. Da der Wärmeübergangskoeffizient beim Phasenwechsel im Allgemeinen sehr groß ist und eine sehr gute Wärmeleitung in der Rohrwand vorliegt, bestimmt allein der Wärmeübergangskoeffizient auf der Luftseite (Sekundärseite) bei gegebener Anzahl der Rohre (Übertragungsfläche) den übertragenen Wärmestrom.

Der konvektive Wärmeübergang auf der Luftseite kann neben der Erhöhung der Anströmgeschwindigkeit auch durch eine engere Anordnung der Rohre (quer zur Strömungsrichtung) verbessert werden. Allerdings steigen damit auch die Druckverluste auf der Luftseite, die durch höhere Gebläseleistung kompensiert werden müssen.

Ergebnis (E):

- *Welche Gleichungen (Bilanzen, Bestimmungsgleichungen,...) beschreiben die Physik modellhaft?*

  – Zur Bestimmung des konvektiven Wärmeübergangskoeffizienten (Luftseite) über den gesamten Rohrbündel-Wärmeübertrager liegen Gleichungen in Form der Nu-Zahl als Funktion der (effektiven) Re-Zahl und der Pr-Zahl vor.

  – Für die Energiebilanz kann auf der einen Seite der vom phasenwechselnden Fluid an die Luft (mit der mittleren (logarithmischen) Temperaturdifferenz) übertragene Energiestrom und auf der anderen Seite der von der Luft aufgenommene Energiestrom, charakterisiert durch die Temperaturerhöhung der Luft, angesetzt werden.

• *Wie sieht die konkrete Lösung aus?*

a) *Welche mittlere Nußelt-Zahl und welcher mittlere Wärmeübergangskoeffizient stellen sich auf der Luftseite des Rohrbündels ein?*

Zunächst werden die Stoffwerte für Luft der Tab. G.1 bei der Bezugstemperatur $t_B^* = (t_\infty^* + t_W^*)/2 = ((10+70)/2)\,°C = 40\,°C$ im Eintrittsquerschnitt entnommen. Die zu erwärmende Luft (Sekundärseite) wird im Eintrittsquerschnitt mit „II1" und im Austrittsquerschnitt mit „II2" bezeichnet.

Stoffwerte von Luft bei $t_{II1}^* = 40\,°C$: $v_{II1}^* = 17,26 \cdot 10^{-6}\,m^2/s$, $\lambda_{II1}^* = 27,16 \cdot 10^{-3}\,W/m\,K$, $\rho_{II1}^* = 1,112\,kg/m^3$, $c_{II1}^* = 1007\,J/kg\,K$, $Pr_{II1} = 0,7122$

Aus Tabelle 6.12 ergibt sich mit der effektiven Anströmgeschwindigkeit für die fluchtende Anordnung

$$u_{eff}^* = u_\infty^* \frac{S_T^*}{S_T^* - D^*}$$

$$u_{eff}^* = (6 \cdot \frac{0,03}{0,03 - 0,02})\,m/s$$

$$u_{eff}^* = 18\,m/s$$

die effektive Re-Zahl

$$Re_{Deff} = \frac{u_{eff}^* D^*}{v_{II1}^*}$$

$$Re_{Deff} = \frac{18 \cdot 0,02}{17,26 \cdot 10^{-6}}$$

$$Re_{Deff} = 20857,5$$

Für $100 < Re_{Deff} < 2 \cdot 10^5$ gilt für den mittleren Wärmeübergang eines querangeströmten Rohres in einem Rohrbündel mit fluchtender Anordnung der Rohre und $N_L > 10$

$$Nu_{IIm} = 0,27\,Re_{Deff}^{0,63}\,Pr^{0,36}$$

$$Nu_{IIm} = 0,27 \cdot 20857,5^{0,63} \cdot 0,7122^{0,36}$$

$$Nu_{IIm} = 125,7$$

Der mittlere Wärmeübergangskoeffizient ergibt sich zu

$$\alpha_{IIm}^* = \frac{Nu_m \lambda_{II1}^*}{D^*}$$

$$\alpha_{IIm}^* = (\frac{125,7 \cdot 27,16 \cdot 10^{-3}}{0,02})\,W/m^2\,K$$

$$\alpha_{IIm}^* = 170,7\,W/m^2\,K$$

b) *Wie groß ist die Lufttemperatur am Austritt des Wärmeübertragers?*

Die Energiebilanz für den Rohrbündel-Wärmeübertrager lautet

$$\dot{Q}^* = k^* A^* \Delta_{\ln} T^*$$

mit

- dem Wärmedurchgangskoeffizient für $A_i^* \approx A_a^* \approx A^*$

$$k^* = \frac{1}{\frac{1}{\alpha_I^*} + \frac{s_R^*}{\lambda_R^*} + \frac{1}{\alpha_{IIm}^*}} \approx \alpha_{IIm}^*$$

da der Wärmeübergangskoeffizient auf der Luftseite (α_{IIm}^*) wesentlich kleiner ist als auf der Seite des phasenwechselnden Fluides. Zusätzlich ist wegen der hohen Wärmeleitfähigkeit der Kupferrohre von sehr geringen Wärmeleitwiderständen s_R^*/λ_R^* auszugehen.

- der mittleren logarithmischen Temperaturdifferenz unter der Voraussetzung, dass gilt $t_{I1}^* = t_{I2}^* = t_W^*$, lautet

$$\Delta_{\ln} T^* = \frac{(t_W^* - t_{II1}^*) - (t_W^* - t_{II2}^*)}{\ln\left(\frac{(t_W^* - t_{II1}^*)}{(t_W^* - t_{II2}^*)}\right)}$$

- und der Oberfläche

$$A^* = \pi D^* L^* N_T N_L$$

Damit ergibt sich

$$\dot{Q}^* = \alpha_{IIm}^* \pi D^* L^* N_T N_L \frac{(t_W^* - t_{II1}^*) - (t_W^* - t_{II2}^*)}{\ln\left(\frac{t_W^* - t_{II1}^*}{t_W^* - t_{II2}^*}\right)}$$

Zusätzlich gilt für die Energiebilanz auf der Luftseite

$$\dot{Q}^* = \dot{m}_{II}^* c_{III}^* (t_{II2}^* - t_{II1}^*) = \rho_{III}^* u_\infty^* S_T^* N_T L^* c_{III}^* (t_{II2}^* - t_{II1}^*)$$

wobei für den Massenstrom die freie Querschnittsfläche zwischen den angeströmten Rohren $A_Q^* = S_T^* N_T L^*$ relevant ist.

Beide Wärmeströme gleichgesetzt ergibt

$$\alpha_{IIm}^* \pi D^* L^* N_T N_L \frac{(t_W^* - t_{II1}^*) - (t_W^* - t_{II2}^*)}{\ln\left(\frac{(t_W^* - t_{II1}^*)}{(t_W^* - t_{II2}^*)}\right)} = \rho_{III}^* u_\infty^* S_T^* N_T L^* c_{III}^* (t_{II2}^* - t_{II1}^*)$$

In dieser Gleichung kommt nur die Luftaustrittstemperatur t_{II2}^* als Unbekannte vor, die iterativ bestimmt werden kann. Es ergibt sich

$$t_{II2}^* = 43,0\,°C$$

c) *Welcher Wärmestrom wird insgesamt übertragen?*

$$\dot{Q}^* = \alpha_{\text{IIm}}^* \pi D^* L^* N_\text{T} N_\text{L} \Delta_{\ln} T^*$$

mit der mittleren logarithmischen Temperaturdifferenz

$$\Delta_{\ln} T^* = \frac{(t_\text{W}^* - t_{\text{II}1}^*) - (t_\text{W}^* - t_{\text{II}2}^*)}{\ln\left(\frac{(t_\text{W}^* - t_{\text{II}1}^*)}{(t_\text{W}^* - t_{\text{II}2}^*)}\right)}$$

$$\Delta_{\ln} T^* = \frac{(t_\text{W}^* - t_{\text{II}1}^*) - (t_\text{W}^* - t_{\text{II}2}^*)}{\ln\left(\frac{(t_\text{W}^* - t_{\text{II}1}^*)}{(t_\text{W}^* - t_{\text{II}2}^*)}\right)}$$

$$\Delta_{\ln} T^* = \left(\frac{(70 - 10) - (70 - 43,0)}{\ln\left(\frac{(70 - 10)}{(70 - 43,0)}\right)}\right) \text{K}$$

$$\Delta_{\ln} T^* = 41,3 \,\text{K}$$

Es ergibt sich

$$\dot{Q}^* = (170,7 \cdot \pi \cdot 0,02 \cdot 5 \cdot 5 \cdot 15 \cdot 41,3) \,\text{W}$$

$$\dot{Q}^* = 166\,257,6 \,\text{W}$$

oder

$$\dot{Q}^* = \rho_{\text{II}1}^* u_\infty^* S_\text{T}^* N_\text{T} L^* c_{\text{II}1}^* (t_{\text{II}2}^* - t_{\text{II}1}^*)$$

$$\dot{Q}^* = (1,112 \cdot 6 \cdot 0,03 \cdot 5 \cdot 5 \cdot 1007 (43,0 - 10)) \,\text{W}$$

$$\dot{Q}^* = 166\,287,9 \,\text{W}$$

Die geringen Unterschiede resultieren aus Rundungsfehlern.

d) *Wie groß sind der insgesamt übertragene Wärmestrom und der Wärmedurchgangskoeffizient, wenn infolge einer Verschmutzung auf der Luftseite die Lufttemperatur am Austritt um* $\Delta T_{\text{II}2}^* = 5 \,\text{K}$ *sinkt?*

Die Verschmutzung verringert den übertragenen Wärmestrom zu

$$\dot{Q}_{\text{mod}}^* = \rho_{\text{II}1}^* u_\infty^* S_\text{T}^* N_\text{T} L^* c_{\text{II}1}^* (t_{\text{II}2\text{mod}}^* - t_{\text{II}1}^*)$$

$$\dot{Q}_{\text{mod}}^* = (1,112 \cdot 6 \cdot 0,03 \cdot 5 \cdot 5 \cdot 1007 (38,0 - 10)) \,\text{W}$$

$$\dot{Q}_{\text{mod}}^* = 141\,092,8 \,\text{W}$$

Mit der modifizierten treibenden Temperaturdifferenz

$$\Delta_{\ln,\text{mod}} T^* = \frac{(t_\text{W}^* - t_{\text{II}1}^*) - (t_\text{W}^* - t_{\text{II}2\text{mod}}^*)}{\ln \frac{(t_\text{W}^* - t_{\text{II}1}^*)}{(t_\text{W}^* - t_{\text{II}2\text{mod}}^*)}}$$

$$\Delta_{\ln,\text{mod}} T^* = \left(\frac{(70 - 10) - (70 - 38,0)}{\ln\left(\frac{(70 - 10)}{(70 - 38,0)}\right)}\right) \text{K}$$

$$\Delta_{\ln,\text{mod}} T^* = 44,5 \,\text{K}$$

ergibt sich der modifizierte Wärmedurchgangskoeffizient zu

$$k_{\mathrm{mod}}^* = \frac{\dot{Q}_{\mathrm{mod}}^*}{A^* \, \Delta_{\mathrm{ln,mod}} T^*}$$

$$k_{\mathrm{mod}}^* = \frac{\dot{Q}_{\mathrm{mod}}^*}{\pi \, D^* \, L^* \, N_{\mathrm{T}} \, N_{\mathrm{L}} \, \Delta_{\mathrm{ln,mod}} T^*}$$

$$k_{\mathrm{mod}}^* = \left(\frac{141092{,}8}{\pi \cdot 0{,}02 \cdot 5 \cdot 5 \cdot 15 \cdot 44{,}5} \right) \mathrm{W/m^2\,K}$$

$$k_{\mathrm{mod}}^* = 134{,}4 \, \mathrm{W/m^2\,K}$$

- *Sind die Ergebnisse plausibel?*

  - Zu a): Nußelt-Zahl und Wärmeübergangskoeffizient

  Die Nu-Zahl und der Wärmeübergangskoeffizient auf der Luftseite befinden sich in der üblichen Größenordnung des konvektiven Wärmeüberganges für Gase.

  - Zu b): Lufttemperatur am Austritt

  Die Luftaustrittstemperatur muss zwischen der Lufteintrittstemperatur und der Rohrwandtemperatur liegen. Für die genaue Größe muss beachtet werden, dass die Anströmgeschwindigkeit den Wärmeübergangskoeffizienten bestimmt und sich aus beiden zusammen die Austrittstemperatur der Luft ergibt. So wird bei einer geringen Anströmgeschwindigkeit zwar der Wärmeübergangskoeffizient gering sein, aber es muss dann auch ein geringerer Luftmassentrom erwärmt werden. Bei einer großen Anströmgeschwindigkeit wird der Wärmeübergangskoeffizient größer, aber die Luft wird sich weniger erwärmen. Der insgesamt übertragene Wärmestrom ist aber immer größer, wenn bei sonst gleichen Bedingungen der Wärmeübergangskoeffizient (genau genommen der Wärmedurchgangskoeffizient) steigt.

  - Zu c): Übertragener Wärmestrom

  Der übertragene Wärmestrom kann über zwei unterschiedliche Bilanzen ermittelt werden und ist bei den gegebenen Bedingungen realistisch.

  - Zu d): Übertragener Wärmestrom bei Verschmutzung

  Der übertragene Wärmestrom wird mit zunehmender Schmutzschicht geringer, was auch durch die geringere Luftaustrittstemperatur (bei gleichem Luft-Massenstrom) deutlich wird. Die Schmutzschicht erhöht zwar die über den gesamten Wärmeübertrager mittlere (logarithmische) Temperaturdifferenz, verringert aber gleichzeitig stärker den Wärmedurchgangskoeffizienten, so dass das Produkt dieser beiden Größen sinkt.

16.6.3 Aufgabe 12.2

Ein nach außen adiabater Rohr-Ringspalt-Wärmeübertrager besteht aus zwei konzentrisch angeordneten
Kupferrohren A und B mit einer Länge $L^* = 420\,\text{mm}$. Die
Abmessungen betragen für das innere Rohr A: Innen-
durchmesser $D^*_{Ai} = 6\,\text{mm}$, Wandstärke $s^*_A = 0{,}5\,\text{mm}$ und
für das äußere Rohr B: Innendurchmesser $D^*_{Bi} = 18\,\text{mm}$,
Wandstärke $s^*_B = 0{,}5\,\text{mm}$.
Primärseitig steht ein Luft-Massenstrom $\dot{m}^*_I = 0{,}1\,\text{g/s}$ mit
einer Temperatur $t^*_{I1} = 80\,°\text{C}$ zur Verfügung, der einen
Wasser-Massenstrom $\dot{m}^*_{II} = 0{,}025\,\text{g/s}$ mit einer Temperatur $t^*_{III1} = 30\,°\text{C}$ stationär erwärmen soll.

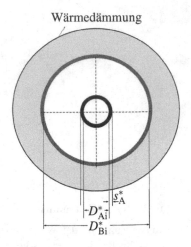

Hinweise:

- Die Stoffwerte können jeweils bei der Eintrittstemperatur der Fluide verwendet werden.

- Für den Wärmeübergang im Ringspalt kann bei laminarer Strömung

$$\text{Nu}_{RD} = \frac{\alpha^*_{RD}\, D^*_h}{\lambda^*_i} = 6{,}2$$

angesetzt werden.

- Als Bezugsfläche für den Wärmedurchgangskoeffizienten k^* kann die Außenfläche des Innenrohres verwandt werden.

- Druckverluste, Einlaufeffekte und Strahlungseffekte können vernachlässigt werden.

a) *Welche Strömungsführung „Gleichstrom" oder „Gegenstrom" sollte im Hinblick auf eine
gute Wärmeübertragung gewählt werden?*

b) *Welcher hydraulische Durchmesser ergibt sich für den Ringspalt?*

c) *Wie groß sind die Wärmeübergangskoeffizienten für beide Fluide sowohl für die Innenrohr-
Durchströmung als auch für die Ringspalt-Durchströmung?*

d) *Welches Fluid sollte aus Sicht der Wärmeübertragung aufgrund der Ergebnisse in c) durch
das Innenrohr und welches durch den Ringspalt strömen?*

e) *Welcher Wärmedurchgangskoeffizient k^* ergibt sich für die gewählte Anordnung?*

f) *Wie groß sind die Austrittstemperaturen t^*_{I2} und t^*_{II2} und der übertragene Wärmestrom $\dot{Q}^*$?
Nutzen Sie dazu ein geeignetes Diagramm.*

g) *Wie ändern sich qualitativ der Wärmedurchgangskoeffizient und der übertragene Wärmestrom, wenn der Luft-Massenstrom verdoppelt wird?*

16.6.4 Lösung zu Aufgabe 12.2

a) *Welche Strömungsführung „Gleichstrom" oder „Gegenstrom" sollte im Hinblick auf eine gute Wärmeübertragung gewählt werden?*

Im Hinblick auf die Wärmeübertragung sollten die beiden Fluide im „Gegenstrom" geführt werden, da bei dieser Strömungsführung die mittlere logarithmische Temperaturdifferenz bei sonst gleichen Bedingungen größer ist als beim „Gleichstrom".

b) *Welcher hydraulische Durchmesser ergibt sich für den Ringspalt?*

Der hydraulische Durchmesser einer Ringspaltströmung ergibt sich aus der Definition

$$D_h^* = \frac{4A_Q^*}{U^*}$$

$$D_h^* = 4\,\frac{\frac{\pi}{4}\,(D_{Bi}^{*2} - (D_{Ai}^* + 2s_A^*)^2)}{\pi\,(D_{Bi}^* + (D_A^* + 2s_A^*))}$$

$$D_h^* = D_{Bi}^* - (D_A^* + 2s_A^*)$$

$$D_h^* = (0{,}018 - (0{,}006 + 2 \cdot 0{,}0005))\,\text{m}$$

$$D_h^* = 0{,}011\,\text{m}$$

c) *Wie groß sind die Wärmeübergangskoeffizienten für beide Fluide sowohl für die Innenrohr-Durchströmung als auch für die Ringspalt-Durchströmung?*

Zunächst werden die Stoffwerte für Luft und Wasser den Tabellen G.1 und G.2 bei der jeweiligen Bezugstemperatur im Eintrittsquerschnitt entnommen.

- Luft bei $t_{I1}^* = 80\,°\text{C}$: $\nu_{I1}^* = 21{,}05 \cdot 10^{-6}\,\text{m}^2/\text{s}$, $\lambda_{I1}^* = 30{,}01 \cdot 10^{-3}\,\text{W/m K}$
- Wasser bei $t_{II1}^* = 30\,°\text{C}$: $\nu_{II1}^* = 797{,}35 \cdot 10^{-6}\,\text{m}^2/\text{s}$, $\lambda_{II1}^* = 615{,}5 \cdot 10^{-3}\,\text{W/m K}$

Zur Beurteilung der Strömungsform, laminar oder turbulent, werden die Re-Zahlen in den insgesamt vier Konfigurationen berechnet. Es gilt allgemein

$$\text{Re}_{i,j} = \frac{u_i^* D_j^*}{\nu_i^*}$$

$$\text{Re}_{i,j} = \frac{4\,\dot{m}_i^*}{\pi D_j^* \nu_i^*}$$

mit dem Index „*i*" für die beiden Fluide Luft oder Wasser und dem Index „*j*" für den Durchmesser „Ai" oder den hydraulischen Durchmesser „h".

Für die Nu-Zahl gilt (mit den gleichen Indizes) allgemein

$$\text{Nu}_{i,j} = \frac{\alpha_i^* D_j^*}{\lambda_i^*}$$

Für die laminare Durchströmung eines Ringspaltes gilt

$$\text{Nu}_{i,\text{RD}} = 6{,}2$$

und eines kreisrunden Rohres mit der Randbedingung $\dot{q}_W^* = $ const nach Tab. 6.5 gilt

$$Nu_{q,i,ID} = 4{,}66$$

Die Randbedingung $\dot{q}_W^* = $ const ist bei einer Gegenstrom-Strömungsführung näherungsweise erfüllt. In der folgenden Tabelle sind für die vier Konfigurationen die Re-Zahlen, die Nu-Zahlen und die Wärmeübergangskoeffizienten zusammengefasst.

	Innen-Durchströmung			Ringspalt-Durchströmung		
	$Re_{i,ID}$	$Nu_{i,ID}$	$\alpha_{i,ID}^*$	$Re_{i,RD}$	$Nu_{i,RD}$	$\alpha_{i,RD}^*$
Luft	1008,1	4,36	21,8	549,9	6,2	16,9
Wasser	6,7	4,36	447,3	3,6	6,2	346,9

d) *Welches Fluid sollte aus Sicht der Wärmeübertragung aufgrund der Ergebnisse in c) durch das Innenrohr und welches durch den Ringspalt strömen?*

Der für den Energietransport des gesamten Wärmeübertragers relevante Wärmedurchgangskoeffizient k^* ist immer geringer als der geringste Wärmeübergangskoeffizient $\alpha_{i,j}^*$. Deshalb sollte aus Sicht der Wärmeübertragung folgende Konfiguration gewählt werden:

- Innenrohr-Durchströmung: Luft mit $\alpha_{I,ID}^* = 21{,}8\,W/m^2K$

- Ringspalt-Durchströmung: Wasser mit $\alpha_{II,RD}^* = 346{,}9\,W/m^2K$

e) *Welcher Wärmedurchgangskoeffizient k^* ergibt sich für die gewählte Anordnung?*

Für den Wärmedurchgangskoeffizient gilt auf den Außendurchmesser des Innenrohres bezogen allgemein

$$k^* A_a^* = \frac{1}{\frac{1}{\alpha_i^* A_i^*} + \frac{s_R^*}{\lambda_R^* A_m^*} + \frac{1}{\alpha_a^* A_a^*}}$$

Die am Wärmeübergang beteiligten Flächen können aufgrund der geringen Wandstärke des Innenrohres als gleich angesehen werden, so dass vereinfacht gilt $A_i^* = A_m^* = A_a^*$.

$$k^* = \frac{1}{\frac{1}{\alpha_i^*} + \frac{s_R^*}{\lambda_R^*} + \frac{1}{\alpha_a^*}}$$

Aufgrund der geringen Wandstärke des Innenrohres kann der Wärmeleitwiderstand in der Wand des Innenrohres vernachlässigt werden. Darüber hinaus kann der Wärmeübergangswiderstand im Ringspalt im Vergleich zum Wärmeübergangswiderstand im Innenrohr ebenfalls vernachlässigt werden.

Es ergibt sich damit

$$k^* \approx \alpha_{I,ID}^* = 21{,}8\,W/m^2\,K$$

f) *Wie groß sind die Austrittstemperaturen t_{I2}^* und t_{II2}^* und der übertragene Wärmestrom $\dot{Q}^*$? Nutzen Sie dazu ein geeignetes Diagramm.*

Es ergeben sich mit der Bezugsfläche $A^* = A^*_{Aa} = \pi D^*_{Aa} L^*$ folgende Kennzahlen, siehe Kap. 12.2.1

$$R_I = \frac{\dot{m}^*_I c^*_I}{\dot{m}^*_{II} c^*_{II}}$$

$$R_I = \frac{0{,}1 \cdot 1010}{0{,}025 \cdot 4180}$$

$$R_I = 0{,}97$$

$$NTU_I = \frac{k^* A^*}{\dot{m}^*_I c^*_I}$$

$$NTU_I = \frac{21{,}8 \cdot \pi \cdot 0{,}007 \cdot 0{,}420}{0{,}0001 \cdot 1010}$$

$$NTU_I = 1{,}99$$

Im folgenden Diagramm für die Betriebscharakteristik eines Gegenstrom-Wärmeübertragers ist der Betriebspunkt eingetragen. Aus dem Diagramm können dann die Werte für $P_I = \frac{t^*_{I1} - t^*_{I2}}{t^*_{I1} - t^*_{II1}} \approx 0{,}67$ sowie $P_{II} \approx 0{,}65$ abgelesen werden.

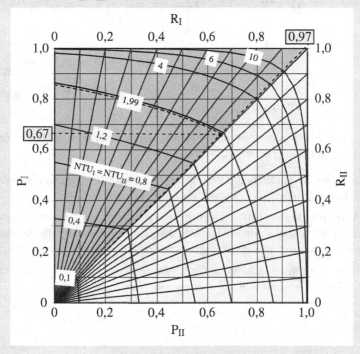

Für die Luft-Austrittstemperatur ergibt sich

$$t^*_{I2} = -P_I\left(t^*_{I1} - t^*_{II1}\right) + t^*_{I1}$$

$$t^*_{I2} = -(0{,}67 \cdot (80 - 30) + 80)\,°C$$

$$t^*_{I2} = 46{,}5\,°C$$

und aus der Energiebilanz auf der Luftseite der übertragene Wärmestrom zu

$$\dot{Q}^* = \dot{m}_I^* \, c_I^* (t_{I1}^* - t_{I2}^*)$$
$$\dot{Q}^* = (0{,}1 \cdot 10^{-3} \cdot 1010 \cdot (80 - 46{,}5)) \, \mathrm{W}$$
$$\dot{Q}^* = 3{,}38 \, \mathrm{W}$$

Die Austrittstemperatur auf der Wasserseite beträgt

$$t_{II2}^* = \frac{\dot{Q}^*}{\dot{m}_{II}^* \, c_{II}^*} + t_{II1}^*$$
$$t_{II2}^* = \left(\frac{3{,}38}{0{,}025 \cdot 10^{-3} \cdot 4180} + 30 \right) {}^{\circ}\mathrm{C}$$
$$t_{II2}^* = 62{,}3 \, {}^{\circ}\mathrm{C}$$

Der Wärmestrom kann alternativ auch über die mittlere logarithmische Temperaturdifferenz ermittelt werden zu

$$\dot{Q}^* = k^* A_a^* \frac{(t_{I1}^* - t_{II2}^*) - (t_{I2}^* - t_{II1}^*)}{\ln \frac{(t_{I1}^* - t_{II2}^*)}{(t_{I2}^* - t_{II1}^*)}}$$
$$\dot{Q}^* = k^* A_a^* \Delta_{\ln} T^*$$
$$\dot{Q}^* = \left(21{,}8 \cdot \pi \cdot 0{,}007 \cdot 0{,}42 \, \frac{(80 - 62{,}3) - (46{,}5 - 30)}{\ln \frac{(80 - 62{,}3)}{(46{,}5 - 30)}} \right) \mathrm{W}$$
$$\dot{Q}^* = 3{,}43 \, \mathrm{W}$$

Die Unterschiede in den Wärmeströmen ergeben sich aufgrund der ungenauen Ablesung von P_I aus dem Diagramm.

g) *Wie ändern sich qualitativ der Wärmedurchgangskoeffizient und der übertragene Wärmestrom, wenn der Luft-Massenstrom verdoppelt wird?*

Eine Verdoppelung des Luft-Massenstromes führt zu einer Verdoppelung der Re-Zahl. Die Strömung bleibt aber weiterhin laminar, d. h., der Wärmeübergangskoeffizient $\alpha_{I,ID}^*$ ändert sich nicht und damit ändert sich auch nicht der Wärmedurchgangskoeffizient k^*.

Allerdings vergrößert sich die mittlere logarithmische Temperaturdifferenz zwischen den beiden Fluiden, so dass sich der übertragene Wärmestrom erhöht.

16.6.5 Aufgabe 12.3

Ein nach außen adiabater Rohr-Ringspalt-Wärmeübertrager, der aus zwei konzentrisch ange-ordneten, sehr dünnen Rohren A und B mit den Durchmessern $D_A^* = 15\,\text{mm}$ und $D_B^* = 22\,\text{mm}$ besteht, soll bezüglich der Länge L^* ausgelegt werden.

Der Ringspalt wird primärseitig, Index „I", von einem Wasser-Massenstrom $\dot{m}_I^* = 0,0056\,\text{kg/s}$ durchflossen, der mit einer Temperatur $t_{I1}^* = 70\,°\text{C}$ eintritt. In das Innenrohr tritt sekundärseitig, Index „II", ein Luft-Massenstrom $\dot{m}_{II}^* = 0,21\,\text{kg/s}$ mit einer Temperatur $t_{II1}^* = 20\,°\text{C}$ ein. Es soll der Wärmestrom $\dot{Q}^* = 780\,\text{W}$ bei der Strömungsführung „Gleichstrom" übertragen werden.

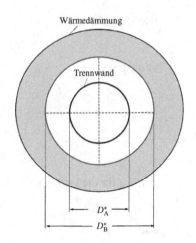

Hinweise:

- Die Stoffwerte können jeweils bei der Eintrittstemperatur der Fluide verwendet werden.

- Es handelt sich um eine stationäre Durchströmung. Druckverluste, Einlaufeffekte und Strahlungseffekte können vernachlässigt werden.

a) *Wie groß sind die Austrittstemperaturen der Luft und des Wassers?*

b) *Welcher hydraulische Durchmesser ergibt sich für den Ringspalt?*

c) *Wie groß ist der Wärmedurchgangskoeffizient k^*?*

d) *Welche Länge des Doppelrohres ist erforderlich, um den gewünschten Wärmestrom zu übertragen? Nutzen Sie dazu ein geeignetes Diagramm.*

e) *Wie hoch sind die Temperaturen der Trennwand am Eintritt und Austritt des Wärmeüber-tragers?*

16.6.6 Lösung zu Aufgabe 12.3

a) *Wie groß sind die Austrittstemperaturen der Luft und des Wassers?*

Zunächst werden die relevanten Stoffwerte für die beiden Fluide bei den jeweiligen Ein-trittstemperaturen aus den Tabellen G.2 und G.1 ermittelt.

	Luft ($t_{II1}^* = 20\,°\text{C}$)	Wasser ($t_{I1}^* = 70\,°\text{C}$)
spezifische Wärmekapazität c^* in J/kg K	1007	4188
dynamische Viskosität η^* in kg/m s	$18,24 \cdot 10^{-6}$	$403,9 \cdot 10^{-6}$
Wärmeleitfähigkeit λ^* in W/m K	0,02569	0,6631
Prandtl-Zahl Pr	0,7148	2,551

Die Bilanz ergibt

$$\dot{Q}^* = \dot{m}_{\mathrm{I}}^* c_{\mathrm{I}}^* \left(t_{\mathrm{I}1}^* - t_{\mathrm{I}2}^*\right)$$

und daraus

$$t_{\mathrm{I}2}^* = t_{\mathrm{I}1}^* - \frac{\dot{Q}^*}{\dot{m}_{\mathrm{I}}^* c_{\mathrm{I}}^*}$$

$$t_{\mathrm{I}2}^* = \left(70 - \frac{780}{0,0056 \cdot 4188}\right){}^{\circ}\mathrm{C}$$

$$t_{\mathrm{I}2}^* = 36,74\,{}^{\circ}\mathrm{C}$$

Analog für die Luftseite

$$\dot{Q}^* = \dot{m}_{\mathrm{II}}^* c_{\mathrm{II}}^* \left(t_{\mathrm{II}2}^* - t_{\mathrm{II}1}^*\right)$$

und daraus

$$t_{\mathrm{II}2}^* = t_{\mathrm{II}1}^* + \frac{\dot{Q}^*}{\dot{m}_{\mathrm{II}}^* c_{\mathrm{II}}^*}$$

$$t_{\mathrm{II}2}^* = \left(20 + \frac{780}{0,21 \cdot 1007}\right) = {}^{\circ}\mathrm{C}$$

$$t_{\mathrm{II}2}^* = 23,69\,{}^{\circ}\mathrm{C}$$

b) *Welcher hydraulische Durchmesser ergibt sich für den Ringspalt?*

Der hydraulische Durchmesser einer Ringspalt-Strömung ergibt sich aus der Definition

$$D_{\mathrm{h}}^* = \frac{4A_{\mathrm{Q}}^*}{U^*}$$

$$D_{\mathrm{h}}^* = 4\,\frac{\frac{\pi}{4}\left(D_{\mathrm{B}}^{*2} - D_{\mathrm{A}}^{*2}\right)}{\pi\left(D_{\mathrm{B}}^* + D_{\mathrm{A}}^*\right)} = D_{\mathrm{B}}^* - D_{\mathrm{A}}^*$$

$$D_{\mathrm{h}}^* = \left(0,022 - 0,015\right)\mathrm{m}$$

$$D_{\mathrm{h}}^* = 0,007\,\mathrm{m}$$

c) *Wie groß ist der Wärmedurchgangskoeffizient k^*?*

• Primärseite I, Wasser: Ringspalt-Strömung

Zur Beurteilung der Strömungsform dient die Reynolds-Zahl.

$$\mathrm{Re}_{\mathrm{I}} = \frac{\rho_{\mathrm{I}}^* u_{\mathrm{I}}^* D_{\mathrm{h}}^*}{\eta_{\mathrm{I}}^*}$$

$$\mathrm{Re}_{\mathrm{I}} = \frac{\rho_{\mathrm{I}}^* 4\,\dot{m}_{\mathrm{I}}^* D_{\mathrm{h}}^*}{\rho_{\mathrm{I}}^* \pi D_{\mathrm{h}}^{*2} \eta_{\mathrm{I}}^*}$$

$$\mathrm{Re}_{\mathrm{I}} = \frac{4\,\dot{m}_{\mathrm{I}}^*}{\pi D_{\mathrm{h}}^* \eta_{\mathrm{I}}^*}$$

$$\mathrm{Re}_{\mathrm{I}} = \frac{4 \cdot 0,0056}{\pi \cdot 0,007 \cdot 403,9 \cdot 10^{-6}}$$

$$\mathrm{Re}_{\mathrm{I}} = 2522 \rightarrow \text{turbulente Strömung}$$

Der Wärmeübergang ist durch

$$\mathrm{Nu_I} = \frac{\mathrm{Re_I}\,\mathrm{Pr_I}\,(\zeta_I/8)}{1 + 12{,}7\sqrt{\zeta_I/8}\,(\mathrm{Pr_I}^{2/3} - 1)}$$

$$\zeta_I = (1{,}8\log_{10}\mathrm{Re_I} - 1{,}5)^{-2}$$

$$\zeta_I = (1{,}8\log_{10}(2522) - 1{,}5)^{-2} = 0{,}0468$$

$$\mathrm{Nu_I} = 20{,}4$$

gekennzeichnet. Der Wärmeübergangskoeffizient ergibt sich zu

$$\alpha_I^* = \frac{\mathrm{Nu_I}\,\lambda_I^*}{D_h^*}$$

$$\alpha_I^* = (\frac{20{,}4\cdot 0{,}6631}{0{,}007})\,\mathrm{W/m^2\,K}$$

$$\alpha_I^* = 1934{,}9\,\mathrm{W/m^2\,K}$$

- Sekundärseite II, Luft: Innenrohr-Durchströmung

Zur Beurteilung der Strömungsform dient die Reynolds-Zahl.

$$\mathrm{Re_{II}} = \frac{\rho_{II}^*\,u_{II}^*\,D_A^*}{\eta_{II}^*}$$

$$\mathrm{Re_{II}} = \frac{\rho_{II}^*\,4\,\dot{m}_{II}^*\,D_h^*}{\rho_{II}^*\,\pi\,D_h^{*2}\,\eta_{II}^*}$$

$$\mathrm{Re_{II}} = \frac{4\,\dot{m}_{II}^*}{\pi\,D_A^*\,\eta_{II}^*}$$

$$\mathrm{Re_{II}} = \frac{4\cdot 0{,}21}{\pi\cdot 0{,}015\cdot 18{,}24\cdot 10^{-6}}$$

$$\mathrm{Re_{II}} = 977267 \;\rightarrow\; \text{turbulente Strömung}$$

Der Wärmeübergang ergibt sich analog zur Primärseite zu

$$\mathrm{Nu_{II}} = \frac{\mathrm{Re_{II}}\,\mathrm{Pr_{II}}\,(\zeta_{II}/8)}{1 + 12{,}7\sqrt{\zeta_{II}/8}\,(\mathrm{Pr_{II}}^{2/3} - 1)}$$

$$\zeta_{II} = (1{,}8\log_{10}\mathrm{Re_{II}} - 1{,}5)^{-2}$$

$$\zeta_{II} = (1{,}8\log_{10}(977267) - 1{,}5)^{-2} = 0{,}0116$$

$$\mathrm{Nu_{II}} = 1122{,}4$$

und der Wärmeübergangskoeffizient zu

$$\alpha_{II}^* = \frac{\mathrm{Nu_{II}}\,\lambda_{II}^*}{D_A^*}$$

$$\alpha_{II}^* = (\frac{1122{,}4\cdot 0{,}02569}{0{,}015})\,\mathrm{W/m^2\,K}$$

$$\alpha_{II}^* = 1922{,}3\,\mathrm{W/m^2\,K}$$

Für den Wärmedurchgangskoeffizienten gilt (bei sehr dünner Trennwand, ebener Wand)

$$k^* = \frac{1}{\frac{1}{\alpha_I^*} + \frac{1}{\alpha_{II}^*}}$$

also die Summe der beiden Wärmeübergangswiderstände. Es ergibt sich damit

$$k^* = (\frac{1}{\frac{1}{1934,9} + \frac{1}{1922,7}}) \, \text{W/m}^2 \, \text{K}$$

$$k^* = 964,3 \, \text{W/m}^2 \, \text{K}$$

d) *Welche Länge des Doppelrohres ist erforderlich, um den gewünschten Wärmestrom zu übertragen? Nutzen Sie dazu ein geeignetes Diagramm.*

Es ergeben sich folgende Kennzahlen

$$R_I = \frac{\dot{m}_I^* \, c_I^*}{\dot{m}_{II}^* \, c_{II}^*}$$

$$R_I = \frac{0,0056 \cdot 4188}{0,21 \cdot 1007}$$

$$R_I = 0,111$$

$$P_I = \frac{t_{I1}^* - t_{I2}^*}{t_{I1}^* - t_{II1}^*}$$

$$P_I = \frac{70 - 36,74}{70 - 20}$$

$$P_I = 0,665$$

Im folgenden Diagramm für die Betriebscharakteristik eines Gegenstrom-Wärmeübertragers ist der Betriebspunkt eingetragen.

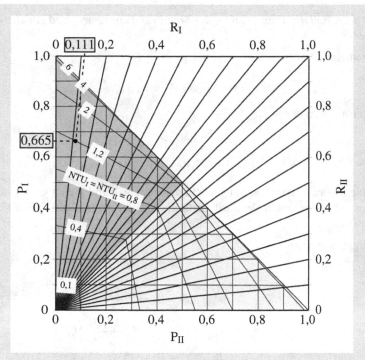

Aus dem Diagramm kann

$$\text{NTU}_I \approx 1{,}2 = \frac{k^* A^*}{\dot{m}_I^* c_I^*}$$

abgelesen werden. Damit ergibt sich

$$k^* A^* = \text{NTU}_I \dot{m}_I^* c_I^*$$
$$k^* A^* = (1{,}2 \cdot 0{,}0056 \cdot 4188))\,\text{W/K}$$
$$k^* A^* = 28{,}14\,\text{W/K}$$

sowie

$$A^* = \frac{\text{NTU}_I \dot{m}_I^* c_I^*}{k^*}$$
$$A^* = (\frac{1{,}2 \cdot 0{,}0056 \cdot 4188}{964{,}3})\,\text{m}^2$$
$$A^* = 0{,}0292\,\text{m}^2$$

Mit der Bezugsfläche $A^* = A_A^* = \pi D_A^* L^*$ ergibt sich

$$L^* = \frac{A^*}{\pi D_A^*}$$
$$L^* = (\frac{0{,}0292}{\pi \cdot 0{,}015})\,\text{m}$$
$$L^* = 0{,}619\,\text{m}$$

e) *Wie hoch sind die Temperaturen der Trennwand am Eintritt und Austritt des Wärmeüber-tragers?*

Allgemein gilt

$$\dot{q}^*_{\text{Wand}} = \alpha^* \left(t^*_{\text{Wand}} - t^*_{\text{Fluid}} \right)$$

Daraus folgt an der Stelle x^*

$$|\dot{q}^*_{\text{I}}(x^*)| = \dot{q}^*_{\text{II}}(x^*)$$

$$\alpha^*_{\text{I}}(x^*)\left(t^*_{\text{I}}(x^*) - t^*_{\text{Wand}}(x^*)\right) = \alpha^*_{\text{II}}(x^*)\left(t^*_{\text{Wand}}(x^*) - t^*_{\text{II}}(x^*)\right)$$

Da die beiden Wärmeübergangskoeffizienten annähernd gleich groß sind, folgt, dass die lokale Wandtemperatur dem arithmetischen Mittel der beiden lokalen Fluidtemperaturen entspricht.

Es ergibt sich also

• am Eintritt

$$t^*_{\text{Wand}}(x^* = 0) = \frac{t^*_{\text{I1}} + t^*_{\text{II1}}}{2}$$

$$t^*_{\text{Wand}}(x^* = 0) = \left(\frac{70 + 20}{2}\right){}^\circ\text{C}$$

$$t^*_{\text{Wand}}(x^* = 0) = 45\,{}^\circ\text{C}$$

• am Austritt

$$t^*_{\text{Wand}}(x^* = L^*) = \frac{t^*_{\text{I2}} + t^*_{\text{II2}}}{2}$$

$$t^*_{\text{Wand}}(x^* = L^*) = \left(\frac{36{,}74 + 23{,}69}{2}\right){}^\circ\text{C}$$

$$t^*_{\text{Wand}}(x^* = L^*) = 30{,}2\,{}^\circ\text{C}$$

Teil G

Materialien und Anwendungshilfen

Im Teil G dieses Buches sind Materialien und Anwendungshilfen wie Arbeitsblätter (G1) und Stoffwertetabellen (G2) für Luft und Wasser zusammengestellt. Zusätzlich enthält dieser Teil G eine Zusammenstellung von Standard-Werken zur Wärmeübertragung (G3) und eine Liste von Deutsch/Englisch Fachbegriffen (G4).

Der abschließende Index soll die Benutzung des vorliegenden Fachbuches zur Wärmeübertragung erleichtern.

© Springer Fachmedien Wiesbaden GmbH, ein Teil von Springer Nature 2019
H. Herwig und A. Moschallski, *Wärmeübertragung*,
https://doi.org/10.1007/978-3-658-26401-7

G1 Arbeitsblätter

Die nachfolgend zusammengestellten Arbeitsblätter sollen eine Hilfestellung bei der Lösung von häufig auftretenden „Standardproblemen" sein.

Zusätzlich zu den entscheidenden mathematischen Beziehungen werden jeweils alle Größen einzeln aufgeführt, benannt und mit der zugehörigen SI-Einheit belegt. Abschließend werden die Voraussetzungen aufgelistet, unter denen die jeweiligen Beziehungen zum Einsatz kommen dürfen.

Der Verweis auf die Kapitel, in denen die aufgeführten Beziehungen ausführlich behandelt werden, erlaubt es, den physikalischen Hintergrund der jeweils vorliegenden Situation zu vertiefen.

Diese Arbeitsblätter ersetzen nicht das Studium der jeweiligen Wärmeübergangssituation, sondern sind als Zusammenstellung wichtiger Beziehungen und damit als *zusätzliche* Hilfestellung gedacht.

Arbeitsblatt 5.1: Wärmeleitung in einer mehrschichtigen, ebenen Wand (Kap. 5.3)

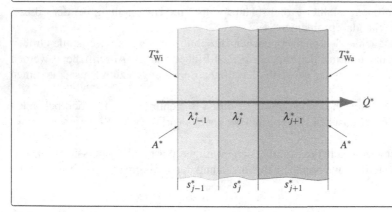

$$\dot{Q}^* = \dot{q}^* A^* = \frac{(T_{Wi}^* - T_{Wa}^*)}{R_{\lambda,RS}^*} = \text{const} \qquad \text{s. (5-7)}$$

$$R_{\lambda,\text{ges}}^* = R_{\lambda,RS}^* = \sum R_{\lambda,j}^* = \sum \frac{s_j^*}{\lambda_j^* A^*} \; ; \dot{q}^* = \frac{\dot{Q}^*}{A^*} = \text{const}$$

$\dot{Q}^*$:   Wärmestrom in W
$\dot{q}^*$:   Wärmestromdichte in W/m^2
A^*:   wärmeübertragende Fläche in m
T_{Wi}^*:   Innenwandtemperatur in K
T_{Wa}^*:   Außenwandtemperatur in K
$R_{\lambda,\text{ges}}^*$: gesamter Wärmeleitwiderstand in K/W

$R_{\lambda,RS}^*$: Wärmeleitwiderstand bei Reihenschaltung in K/W
λ_j^*:   Wärmeleitfähigkeit der Schicht j in W/m K
s_j^*:   Dicke der Schicht j in m

Voraussetzungen / Besondere Bedingungen:

- stationär und eindimensional
- keine Wärmesenken und -quellen
- konstante Wärmeleitfähigkeiten λ_j^*

Arbeitsblatt 5.2: Wärmeleitung in einer mehrschichtigen Hohlzylinder- und Hohlkugelwand (Kap. 5.3)

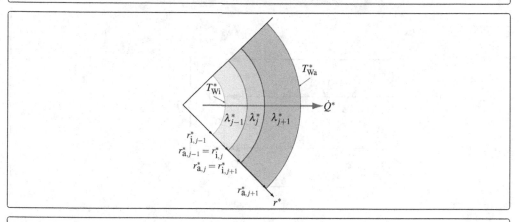

$$\dot{Q}^* = \dot{q}^*(r^*)A^*(r^*) = \frac{(T_{\text{Wi}}^* - T_{\text{Wa}}^*)}{R_{\lambda,\text{RS}}^*} = \text{const} \qquad \text{s. (5-7)}$$

Hohlzylinderwand (HZ): $\quad R_{\lambda,\text{ges}}^* = R_{\lambda,\text{RS}}^* = \sum R_{\lambda,j}^* = \sum \frac{1}{2\pi L^* \lambda_j^*} \ln \frac{r_{\text{a},j}^*}{r_{\text{i},j}^*}; \quad \dot{q}^*(r^*) = \frac{\dot{Q}^*}{2\pi L^* r^*}$

Hohlkugelwand (HK): $\quad R_{\lambda,\text{ges}}^* = R_{\lambda,\text{RS}}^* = \sum R_{\lambda,j}^* = \sum \frac{1}{4\pi \lambda_j^*} \left(\frac{1}{r_{\text{i},j}^*} - \frac{1}{r_{\text{a},j}^*} \right); \quad \dot{q}^*(r^*) = \frac{\dot{Q}^*}{4\pi r^{*2}}$

$\dot{Q}^*$: Wärmestrom in W	λ_j^*: Wärmeleitfähigkeit der Schicht j in W/m K
$\dot{q}^*(r^*)$: Wärmestromdichte in W/m^2	
$A^*(r^*)$: wärmeübertragende Fläche in m^2	L^*: Länge des Zylinders in m
T_{Wi}^*: Innenwandtemperatur in K	r^*: Radius in m
T_{Wa}^*: Außenwandtemperatur in K	$r_{\text{i},j}^*$: Innenradius der Schicht j in m
$R_{\lambda,\text{ges}}^*$: gesamter Wärmeleitwiderstand in K/W	$r_{\text{a},j}^*$: Außenradius der Schicht j in m
$R_{\lambda,\text{RS}}^*$: Wärmeleitwiderstand bei Reihenschaltung in K/W	

Voraussetzungen / Besondere Bedingungen:

- stationär und eindimensional
- keine Wärmesenken und -quellen
- konstante Wärmeleitfähigkeiten λ_j^*

Arbeitsblatt 5.3: Wärmeleitung in einer parallelschichtigen, ebenen Wand (Kap. 5.3)

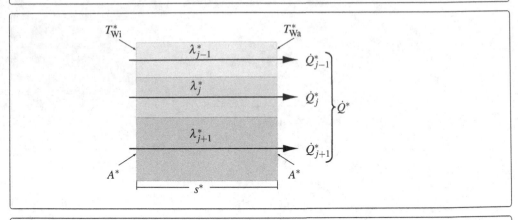

$$\dot{Q}^* = \dot{q}^* A^* = \frac{(T_{Wi}^* - T_{Wa}^*)}{R_{\lambda,PS}^*} = \text{const} \qquad \text{s. (5-7)}$$

$$R_{\lambda,ges}^* = R_{\lambda,PS}^* = \frac{1}{\sum \frac{1}{R_{\lambda,j}^*}} = \frac{1}{\sum \frac{\lambda_j^* A^*}{s^*}}; \quad \dot{q}^* = \frac{\dot{Q}^*}{A^*} = \text{const}$$

$\dot{Q}^*$:	Wärmestrom in W	$R_{\lambda,PS}^*$:	Wärmeleitwiderstand bei Parallelschaltung in K/W
$\dot{q}^*$:	Wärmestromdichte in W/m^2		
A^*:	wärmeübertragende Fläche in m^2	λ_j^*:	Wärmeleitfähigkeit der Schicht j in W/m K
T_{Wi}^*:	Innenwandtemperatur in K		
T_{Wa}^*:	Außenwandtemperatur in K	s^*:	Dicke der Schichten in m
$R_{\lambda,ges}^*$:	gesamter Wärmeleitwiderstand in K/W		

Voraussetzungen / Besondere Bedingungen:

- stationär und eindimensional
- keine Wärmesenken und -quellen
- konstante Wärmeleitfähigkeiten λ_j^*

Arbeitsblatt 5.4: Wärmeleitung in einer parallelschichtigen Hohlzylinder- und Hohlkugelwand (Kap. 5.3)

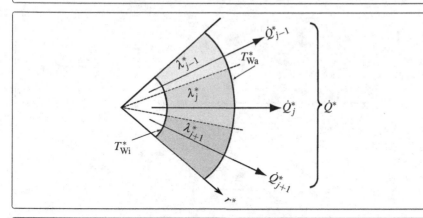

$$\dot{Q}^* = \dot{q}^* A^* = \frac{(T_{Wi}^* - T_{Wa}^*)}{R_{\lambda,PS}^*} = \text{const} \qquad \text{s. (5-7)}$$

Hohlzylinderwand (HZ): $\quad R_{\lambda,\text{ges}}^* = R_{\lambda,PS}^* = \dfrac{1}{\sum \frac{1}{R_{\lambda,j}^*}} = \dfrac{1}{\sum \frac{\ln \frac{r_a^*}{r_i^*}}{2\pi L^* \lambda_j^*}} ; \quad \dot{q}^* = \dfrac{\dot{Q}^*}{2\pi L^* r^*} = \dot{q}^*(r^*)$

Hohlkugelwand (HK): $\quad R_{\lambda,\text{ges}}^* = R_{\lambda,PS}^* = \dfrac{1}{\sum \frac{1}{R_{\lambda,j}^*}} = \dfrac{1}{\sum \frac{(\frac{1}{r_i^*} - \frac{1}{r_a^*})}{4\pi \lambda_j^*}} ; \quad \dot{q}^* = \dfrac{\dot{Q}^*}{4\pi r^{*2}} = \dot{q}^*(r^*)$

$\dot{Q}^*$: Wärmestrom in W	λ_j^*: Wärmeleitfähigkeit der Schicht j in W/m K
$\dot{q}^*$: Wärmestromdichte in W/m^2	L^*: Länge des Zylinders in m
A^*: wärmeübertragende Fläche in m^2	r^*: Radius in m
T_{Wi}^*: Innenwandtemperatur in K	r_i^*: Innenradius der Schicht j in m
T_{Wa}^*: Außenwandtemperatur in K	r_a^*: Außenradius der Schicht j in m
$R_{\lambda,\text{ges}}^*$: gesamter Wärmeleitwiderstand in K/W	
$R_{\lambda,PS}^*$: Wärmeleitwiderstand bei Parallelschaltung in K/W	

Voraussetzungen / Besondere Bedingungen:

- stationär und eindimensional
- keine Wärmesenken und -quellen
- konstante Wärmeleitfähigkeiten λ_j^*

Arbeitsblatt 5.5: Wärmeleitung in einer ebenen Wand mit linear temperaturabhängiger Wärmeleitfähigkeit (Kap. 5.3)

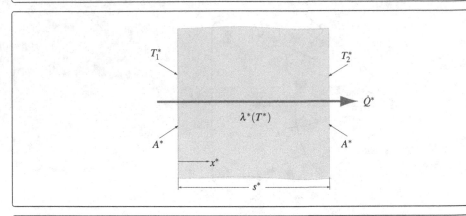

$$\text{z.B.:}\quad \lambda^*(T^*) = C_1^* \left(\frac{T^*}{T_{\text{Ref}}^*} \right)$$

$$\dot{Q}^* = \frac{C_1^* A^* \left(T_1^{*2} - T_2^{*2} \right)}{2 T_{\text{Ref}}^* s^*}$$

$$T^*(x^*) = \sqrt{T_1^{*2} - 2 \frac{\dot{Q}^* T_{\text{Ref}}^* x^*}{C_1^* A^*}}$$

$$\frac{dT^*}{dx^*} = \frac{-\dot{Q}^* T_{\text{Ref}}^*}{C_1^* A^* T^*} = \frac{-\dot{Q}^* T_{\text{Ref}}^*}{C_1^* A^* \sqrt{T_1^{*2} - 2 \frac{\dot{Q}^* T_{\text{Ref}}^* x^*}{C_1^* A^*}}}$$

$\lambda^*(T^*)$: temperaturabhängige Wärmeleitfähigkeit in W/m K
C_1^*: Konstante in W/m K
T_{Ref}^*: Referenztemperatur in K
$\dot{Q}^*$: Wärmestrom in W
A^*: wärmeübertragende Fläche in m^2
x^*: Koordinate in Richtung des Temperaturgefälles in m
s^*: Dicke der Schicht in m

T_1^*: Temperatur an der Oberfläche 1 in K
T_2^*: Temperatur an der Oberfläche 2 in K
$T^*(x^*)$: Temperatur als Funktion der Koordinate x^* in K
$\frac{dT^*}{dx^*}$: Temperaturgradient als Funktion der Koordinate x^* in K/m

Voraussetzungen / Besondere Bedingungen:

- stationär und eindimensional
- keine Wärmesenken und -quellen

Arbeitsblatt 5.6: Wärmedurchgang in einer mehrschichtigen, ebenen Wand (Kap. 5.4)

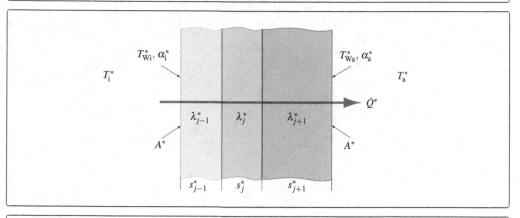

$$Q^* = \dot{q}^* A^* = \frac{1}{R_k^*} (T_i^* - T_a^*) = \text{const} \qquad\qquad \text{s. (5-14)}$$

$$R_k^* = \frac{1}{\alpha_i^* A^*} + \sum \frac{s_j^*}{\lambda_j^* A^*} + \frac{1}{\alpha_a^* A^*}; \qquad \dot{q}^* = \frac{\dot{Q}^*}{A^*} = \text{const}$$

$\dot{Q}^*$: Wärmestrom in W

$\dot{q}^*$: Wärmestromdichte in W/m^2

A^*: wärmeübertragende Fläche in m^2

T_i^*: Innentemperatur in K

T_a^*: Außentemperatur in K

T_{Wi}^*: Innenwandtemperatur in K

T_{Wa}^*: Außenwandtemperatur in K

R_k^*: Wärmedurchgangswiderstand in K/W

α_i^*: Wärmeübergangskoeffizient innen in W/m^2 K $(= \dot{q}''/(T_i^* - T_{Wi}^*))$

α_a^*: Wärmeübergangskoeffizient außen in W/m^2 K $(= \dot{q}^*/(T_{Wa}^* - T_a^*))$

λ_j^*: Wärmeleitfähigkeit der Schicht j in W/m K

s_j^*: Dicke der Schicht j in m

Voraussetzungen / Besondere Bedingungen:

- stationär und eindimensional
- keine Wärmesenken und -quellen
- konstante Wärmeleitfähigkeit

Arbeitsblatt 5.7: Wärmedurchgang in einer mehrschichtigen Hohlzylinder- und Hohlkugelwand (Kap. 5.4)

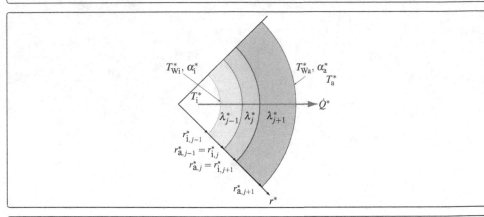

$$\dot{Q}^* = \dot{q}^*(r^*)A^*(r^*) = \frac{(T_i^* - T_a^*)}{R_k^*} = \text{const} \qquad \text{s. (5-14)}$$

Hohlzylinderwand (HZ): $\quad R_k^* = \dfrac{1}{\alpha_i^* 2\pi L^* r_i^*} + \sum \dfrac{1}{2\pi L^* \lambda_j^*} \ln \dfrac{r_{a,j}^*}{r_{i,j}^*} + \dfrac{1}{\alpha_a^* 2\pi L^* r_a^*}; \qquad \dot{q}^*(r^*) = \dfrac{\dot{Q}^*}{2\pi L^* r^*}$

Hohlkugelwand (HK): $\quad R_k^* = \dfrac{1}{\alpha_i^* 4\pi r_i^{*2}} + \sum \dfrac{1}{4\pi \lambda_j^*}\left(-\dfrac{1}{r_{a,j}^*} + \dfrac{1}{r_{i,j}^*}\right) + \dfrac{1}{\alpha_a^* 4\pi r_a^{*2}}; \qquad \dot{q}^*(r^*) = \dfrac{\dot{Q}^*}{4\pi r^{*2}}$

$\dot{Q}^*$: Wärmestrom in W	α_a^*: Wärmeübergangskoeffizient außen in
$\dot{q}^*(r^*)$: Wärmestromdichte in W/m^2	$\quad$ W/m^2 K $(= \dot{q}^*/(T_{Wa}^* - T_a^*))$
$A^*(r^*)$: wärmeübertragende Fläche in m^2	λ_j^*: Wärmeleitfähigkeit der Schicht j in
T_i^*: $\quad$ Innentemperatur in K	$\quad$ W/m K
T_a^*: $\quad$ Außentemperatur in K	L^*: $\quad$ Länge des Zylinders in m
T_{Wi}^*: $\quad$ Innenwandtemperatur in K	r^*: $\quad$ Radius in m
T_{Wa}^*: $\quad$ Außenwandtemperatur in K	r_i^*: $\quad$ Innenradius (min. Radius) in m
R_k^*: $\quad$ Wärmedurchgangswiderstand in K/W	r_a^*: $\quad$ Außenradius (max. Radius) in m
α_i^*: $\quad$ Wärmeübergangskoeffizient innen in	$r_{i,j}^*$: Innenradius der Schicht j in m
$\quad$ W/m^2 K $(= \dot{q}^*/(T_i^* - T_{Wi}^*))$	$r_{a,j}^*$: Außenradius der Schicht j in m

Voraussetzungen / Besondere Bedingungen:

- stationär und eindimensional
- keine Wärmesenken und -quellen
- konstante Wärmeleitfähigkeit

Arbeitsblatt 5.8: Instationäre eindimensionale Wärmeleitung in einem Körper (Kap. 5.5)

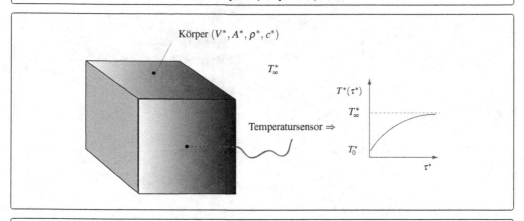

Körper (V^*, A^*, ρ^*, c^*)

T_∞^*

Temperatursensor $\Rightarrow$

$T^*(\tau^*)$

T_∞^*

T_0^*

τ^*

$$\frac{T_\infty^* - T^*(\tau^*)}{T_\infty^* - T_0^*} = \exp\left(\frac{-\alpha_m^* A^*}{c^* \rho^* V^*}\, \tau^*\right) \qquad \text{s. (5-19)}$$

$$T^*(\tau^*) = T_0^* + (T_\infty^* - T_0^*)\left[1 - \exp\left(\frac{-\alpha_m^* A^* \tau^*}{c^* \rho^* V^*}\right)\right]$$

$$\tau^* = \ln\left(\frac{T_\infty^* \quad T_0^*}{T_\infty^* - T^*(\tau^*)}\right)\frac{c^* \rho^* V^*}{\alpha_m^* A^*} \qquad \text{s. (5-20)}$$

$$\alpha_m^* = \ln\left(\frac{T_\infty^* - T_0^*}{T_\infty^* - T^*(\tau^*)}\right)\left(\frac{c^* \rho^* V^*}{A^* \tau^*}\right)$$

$T^*(\tau^*)$: Körpertemperatur zur Zeit τ^* in K	A^*: Körperoberfläche in m^2
T_∞^*: (konstante) Temperatur der Körperumgebung in K	V^*: Körpervolumen in m^3
	c^*: Wärmekapazität des Körpers in J/kg K
T_0^*: Körpertemperatur zur Zeit τ_0^*=0 in K	ρ^*: Dichte des Körpers in kg/m^3
τ^*: Zeit in s	
α_m^*: mittlerer Wärmeübergangskoeffizient in W/m^{2}K	

Voraussetzungen / Besondere Bedingungen:

- $\text{Bi} = \frac{\alpha_m^* L^*}{\lambda^*} \leq 0{,}1$, wobei L^* eine charakteristische Körperabmessung (z. B. Kantenlänge eines Würfels oder Durchmesser einer Kugel) und λ^* die Wärmeleitfähigkeit des Körpers darstellt
- keine Wärmesenken und -quellen
- konstante Stoffwerte

Arbeitsblatt 5.9: Instationäre, eindimensionale Wärmeleitung in einer halbunendlichen Wand (Kap. 5.6)

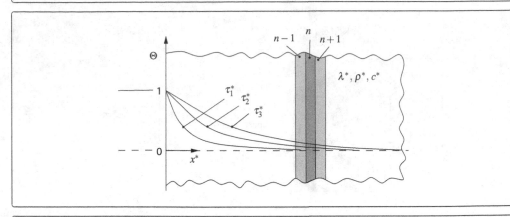

$$\Theta = \frac{T^* - T_0^*}{T_\infty^* - T_0^*} = \text{erfc}\left(\frac{x^*}{2\sqrt{a^*\,\tau^*}}\right) \qquad \text{s. (5-25)}$$

$$\frac{\mathrm{d}T^*}{\mathrm{d}x^*} = (T_\infty^* - T_0^*)\left(\frac{-2\exp(-(\frac{x^*}{2\sqrt{a^*\,\tau^*}})^2)}{\sqrt{\pi}}\right)\frac{1}{2\sqrt{a^*\,\tau^*}}$$

$$\dot{q}_W^*\big|_{x^*=0} = \lambda^* \frac{(T_\infty^* - T_0^*)}{\sqrt{\pi\,a^*\,\tau^*}}$$

T^*:	Wandtemperatur in K
T_∞^*:	Temperatur an der Stirnfläche der halb-unendlichen Wand zur Zeit $\tau_0^* = 0$ in K
T_0^*:	Wandtemperatur zur Zeit $\tau_0^* = 0$ in K
erfc:	komplementäre Fehlerfunktion, siehe Tab. 5.7
$\dot{q}_W^*\big|_{x^*=0}$:	Wandwärmestromdichte an der Stirnfläche in W/m^2

τ^*:	Zeit in s
x^*:	Koordinate in m
$a^* = \frac{\lambda^*}{\rho^* c^*}$:	Temperaturleitfähigkeit in m^2/s
λ^*:	Wärmeleitfähigkeit in W/m K
ρ^*:	Dichte in kg/m^3
c^*:	spezifische Wärmekapazität in J/kg K

Voraussetzungen / Besondere Bedingungen:

- keine Wärmesenken und -quellen
- konstante Stoffwerte

Arbeitsblatt 6.1: Laminare Plattenströmung (Kap. 6.3.1)

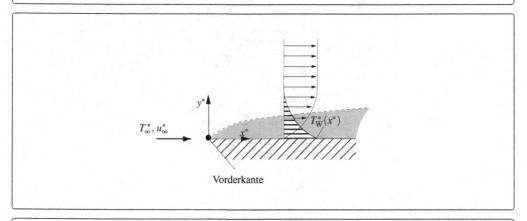

$$\frac{\mathrm{Nu_L}}{\sqrt{\mathrm{Re_L}}} = \frac{A_j - B_j \,\mathrm{Pr}\,\mathrm{Ec}/x^r}{\sqrt{2x}} \qquad \text{s. (6-16)}$$

$$\mathrm{Nu_L} = \frac{\dot{q}_W^*(x^*)\,L^*}{\lambda^*(T_W^*(x^*) - T_\infty^*)} \qquad \mathrm{Re_L} = \frac{\rho^* u_\infty^* L^*}{\eta^*} \qquad \mathrm{Pr} = \frac{\eta^* c_p^*}{\lambda^*} \qquad \mathrm{Ec} = \frac{u_\infty^{*2}}{c_p^*(T_W^*(L^*) - T_\infty^*)} \qquad x = \frac{x^*}{L^*}$$

Konstanten A_j, B_j und r je nach Randbedingung aus Tab. 6.3

$\mathrm{Nu_L}$: Nußelt-Zahl bei der Koordinate x^*	T_∞^*: Temperatur des ungestörten Fluides in K
$\dot{q}_W^*(x^*)$: Wandwärmestromdichte in W/m²	u_∞^*: Geschwindigkeit des ungestörten Fluides in m/s
L^*: Bezugslänge in m	ρ^*: Dichte des Fluides in kg/m³
x^*: Koordinate in m	η^*: dynamische Viskosität des Fluides in kg/m s
λ^*: Wärmeleitfähigkeit in W/m K	c_p^*: spezifische Wärmekapazität des Fluides in J/kg K
$T_W^*(x^*)$: Temperatur an der Wand bei der Koordinate x^* in K	

Voraussetzungen / Besondere Bedingungen:

- $\mathrm{Re_L} \leq \mathrm{Re_{krit}} \approx 3{,}5 \cdot 10^5 \dots 10^6$
- Stoffwerte bei der Anströmtemperatur des ungestörten Fluides, T_∞^*, s. Kap. 6.2.2

Arbeitsblatt 6.2: Turbulente Plattenströmung (Kap. 6.4.1)

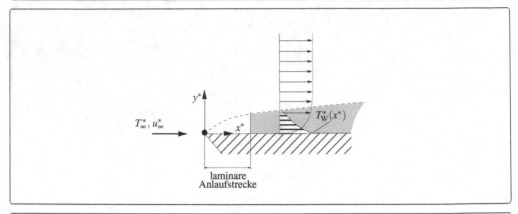

$$\mathrm{Nu}_x = 0{,}0296\,\mathrm{Re}_x^{4/5}\,\mathrm{Pr}^{1/3} \qquad\qquad \text{s. (6-34)}$$

$$\mathrm{Nu_m} = 0{,}037\,\mathrm{Re}_\mathrm{L}^{4/5}\,\mathrm{Pr}^{1/3} \qquad\qquad \text{s. (6-35)}$$

$$\mathrm{Nu}_x = \frac{\dot{q}_\mathrm{W}^*(x^*)\,x^*}{\lambda^*\,(T_\mathrm{W}^*(x^*) - T_\infty^*)} \qquad \mathrm{Nu_m} = \frac{1}{L^*}\int_0^{L^*} \mathrm{Nu_L}\,\mathrm{d}x^*$$

$$\mathrm{Re}_x = \frac{\rho^* u_\infty^* x^*}{\eta^*} \qquad \mathrm{Re_L} = \frac{\rho^* u_\infty^* L^*}{\eta^*} \qquad \mathrm{Pr} = \frac{\eta^* c_\mathrm{p}^*}{\lambda^*}$$

Nu_x: lokale Nußelt-Zahl bei x^*	T_∞^*: Temperatur des ungestörten Fluides in K
$\mathrm{Nu_m}$: mittlere Nußelt-Zahl zwischen $x^*{=}0$ und $x^* = L^*$	u_∞^*: Geschwindigkeit des ungestörten Fluides in m/s
$\dot{q}_\mathrm{W}^*(x^*)$: Wandwärmestromdichte in W/m^2	ρ^*: Dichte des Fluides in kg/m^3
L^*: Bezugslänge in m	η^*: dynamische Viskosität des Fluides in kg/m s
x^*: Koordinate in m	
λ^*: Wärmeleitfähigkeit in W/m K	c_p^*: spezifische Wärmekapazität des Fluides in J/kg K
$T_\mathrm{W}^*(x^*)$: Temperatur an der Wand bei der Koordinate x^* in K	

Voraussetzungen / Besondere Bedingungen:

- Vernachlässigung der laminaren Anlaufstrecke
- nicht-rationale Näherung für $\mathrm{Re_L} > \mathrm{Re_{krit}} \approx 3{,}5\cdot10^5 \dots 10^6$ sowie $0{,}6 < \mathrm{Pr} < 60$
- turbulente Strömung ohne Berücksichtigung eines laminaren Anlaufes
- Stoffwerte bei der Anströmtemperatur des ungestörten Fluides, T_∞^*, s. Kap. 6.2.2

Arbeitsblatt 6.3: Laminare Rohr-/Kanaleinlaufströmung (Kap. 6.3.2)

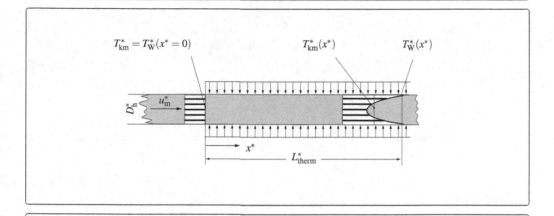

$$\mathrm{Nu_D} = C_1 \tilde{x}^{-1/3} = C_1 \left(\frac{x^*}{D_\mathrm{h}^* \mathrm{Re_D} \, \mathrm{Pr}} \right)^{-1/3} \qquad \text{für } \tilde{x} \to 0 \qquad \text{s. (6-31)}$$

$$C_1 = 2{,}0668/4^{1/3} \text{ für } \dot{q}_\mathrm{W}^* = \text{const}$$

$$C_1 = 1{,}7092/4^{1/3} \text{ für } T_\mathrm{W}^* = \text{const}$$

$$\mathrm{Nu_D} = \frac{\dot{q}_\mathrm{W}^*(x^*) \, D_\mathrm{h}^*}{\lambda^* (T_\mathrm{W}^*(x^*) - T_\mathrm{km}^*(x^*))} \qquad \tilde{x} = \frac{x^*}{D_\mathrm{h}^* \mathrm{Re_D} \, \mathrm{Pr}} \qquad \mathrm{Re_D} = \frac{\rho^* u_\mathrm{m}^* D_\mathrm{h}^*}{\eta^*} \qquad \mathrm{Pr} = \frac{\eta^* c_\mathrm{p}^*}{\lambda^*} \qquad D_\mathrm{h}^* = \frac{4A^*}{U^*}$$

$\mathrm{Nu_D}$:	lokale Nußelt-Zahl gebildet mit dem hydraulischen Durchmesser D_h^*	L_therm^*:	thermischen Einlauflänge in m
$\dot{q}_\mathrm{W}^*(x^*)$:	Wandwärmestromdichte in W/m²	U^*:	Rohr-/Kanalumfang in m
$T_\mathrm{W}^*(x^*)$:	Temperatur an der Wand bei der Koordinate x^* in K	u_m^*:	mittlere Geschwindigkeit in m/s
		λ^*:	Wärmeleitfähigkeit in W/m K
$T_\mathrm{km}^*(x^*)$:	kalorische Mitteltemperatur bei der Koordinate x^* in K	ρ^*:	Dichte des Fluides in kg/m³
		η^*:	dynamische Viskosität des Fluides in kg/m s
D_h^*:	hydraulischer Durchmesser in m	c_p^*:	spezifische Wärmekapazität des Fluides in J/kg K
A^*:	Rohr-/Kanalquerschnittsfläche in m²		

Voraussetzungen / Besondere Bedingungen:

- $\mathrm{Re_D} \leq \mathrm{Re_{krit}} \approx 2300$ (Rohr)
- Koordinate $x^* < L_\mathrm{therm}^* \approx 0{,}04 D_\mathrm{h}^* \mathrm{Re_D} \, \mathrm{Pr}$, s. (6-23) mit der thermischen Einlauflänge L_therm^*
- hydraulisch ausgebildete Strömung
- Stoffwerte bei der kalorischen Mitteltemperatur des Fluides zu Beginn der Wärmeübertragung $T_0^* = T_\mathrm{km}^*(x^* = 0)$, s. Kap. 6.2.2

Arbeitsblatt 6.4: Laminare ausgebildete Rohrströmung
(Kap. 6.3.2)

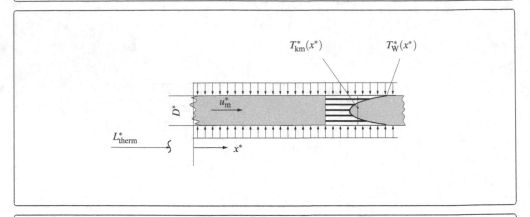

$$\mathrm{Nu_D} = 4{,}36 \quad \text{für} \quad \dot{q}_W^* = \text{const} \qquad \text{s. (6-25)}$$

$$\mathrm{Nu_D} = 3{,}66 \quad \text{für} \quad T_W^* = \text{const} \qquad \text{s. (6-25)}$$

$$\mathrm{Nu_D} = \frac{\dot{q}_W^*(x^*)\, D_h^*}{\lambda^* (T_W^*(x^*) - T_{km}^*(x^*))}$$

Weitere Geometrien in Tab. 6.5

$\mathrm{Nu_D}$:	Nußelt-Zahl gebildet mit dem Durchmesser D^*
$\dot{q}_W^*(x^*)$:	Wandwärmestromdichte in W/m²
$T_W^*(x^*)$:	Temperatur an der Wand bei der Koordinate x^* in K

$T_{km}^*(x^*)$: kalorische Mitteltemperatur bei der Koordinate x^* in K

D_h^*: hydraulischer Rohrdurchmesser in m

λ^*: Wärmeleitfähigkeit in W/m K

Voraussetzungen / Besondere Bedingungen:

- $\mathrm{Re_D} \leq \mathrm{Re_{krit}} \approx 2300$ (Rohr)
- Lauflänge $x^* \geq L_{therm}^* \approx 0{,}04\, D_h^* \mathrm{Re_D}\, \mathrm{Pr}$, s. (6-23) mit der thermischen Einlauflänge L_{therm}^*
- hydraulisch und thermisch ausgebildete Strömung
- Stoffwerte bei der kalorischen Mitteltemperatur des Fluides an der Stelle x^*, s. Kap. 6.2.2

Arbeitsblatt 6.5: Turbulente Rohr-/Kanaleinlaufströmung (Kap. 6.4.2)

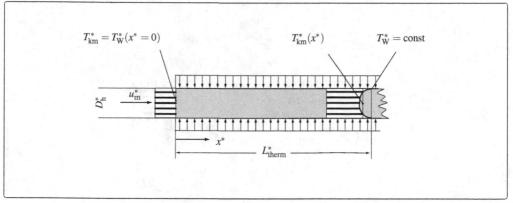

$$\frac{\mathrm{Nu_m}}{\mathrm{Nu_D}} = 1 + \frac{C}{x^*/D_h^*} \qquad \text{s. (6-42)}$$

$$\mathrm{Nu_m} = \frac{1}{L_{\mathrm{therm}}^*} \int\limits_0^{L_{\mathrm{therm}}^*} \mathrm{Nu_D}\, \mathrm{d}x^* \qquad (\mathrm{Nu_m} = \mathrm{Nu_D} \quad \text{für } x^*/D_h^* \to \infty)$$

$$\mathrm{Nu_m} = \frac{\dot{q}_{\mathrm{Wm}}^* D_h^*}{\lambda^* \Delta T^*} \qquad \dot{q}_{\mathrm{Wm}}^* = \frac{1}{L_{\mathrm{therm}}^*} \int\limits_0^{L_{\mathrm{therm}}^*} \dot{q}_{\mathrm{W}}^*\, \mathrm{d}x^*$$

Pr =	0,01	0,7	10
C =	9	2	0,7

$\mathrm{Nu_m}$:	mittlere Nußelt-Zahl im Einlaufbereich
$\mathrm{Nu_D}$:	Nußelt-Zahl bei x^*
$T_W^*(x^*)$:	Temperatur an der Wand bei der Koordinate x^* in K
$T_{\mathrm{km}}^*(x^*)$:	kalorische Mitteltemperatur bei der Koordinate x^* in K

ΔT^*:	mittlere Temperaturdifferenz bei der Einlauflänge in K
L_{therm}^*:	thermische Einlauflänge $\approx 30 D_h^*$ in m
D_h^*:	hydraulischer Durchmesser des Rohres/Kanales in m
x^*:	Koordinate in m
λ^*:	Wärmeleitfähigkeit in W/m K

Voraussetzungen / Besondere Bedingungen:

- $T_W^* = \text{const}$
- $\mathrm{Re_D} > \mathrm{Re_{krit}} \approx 2300$ (Rohr)
- hydraulisch ausgebildete Strömung
- Stoffwerte bei der kalorischen Mitteltemperatur des Fluides zu Beginn der Wärmeübertragung, $T_0^* = T_{\mathrm{km}}^*(x^* = 0)$, s. Kap. 6.2.2

Arbeitsblatt 6.6: Turbulente ausgebildete Rohr-/Kanalströmung (Kap. 6.4.2)

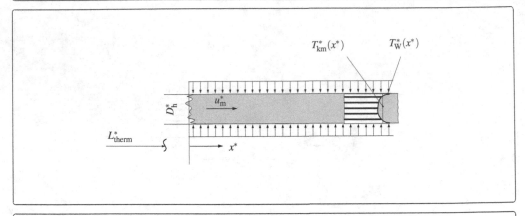

$$0,6 \leq \text{Pr} \leq 1000 \qquad 10^4 \leq \text{Re}_D \leq 10^6 :$$

$$\text{Nu}_D = \frac{\text{Re}_D \,\text{Pr}\,(\zeta/8)}{1 + 12,7\sqrt{\zeta/8}\,(\text{Pr}^{2/3} - 1)} \quad \text{mit} \quad \zeta = (1,8\log_{10}\text{Re}_D - 1,5)^{-2} \qquad \text{s. (6-40)}$$

$$\text{Pr} \approx 1 \qquad \text{Re}_D < 10^5 :$$

$$\text{Nu}_D = 0,022\,\text{Re}_D^{4/5}\,\text{Pr}^{1/2} \quad \text{für} \quad \dot{q}_W^* = \text{const} \qquad \text{s. (6-41)}$$

$$\text{Nu}_D = 0,021\,\text{Re}_D^{4/5}\,\text{Pr}^{1/2} \quad \text{für} \quad T_W^* = \text{const} \qquad \text{s. (6-41)}$$

$$\text{Nu}_D = \frac{\dot{q}_W^*(x^*)\,D_h^*}{\lambda^*\,(T_W^*(x^*) - T_{km}^*(x^*))} \qquad \text{Re}_D = \frac{\rho^*\,u_m^*\,D_h^*}{\eta^*} \qquad \text{Pr} = \frac{\eta^*\,c_p^*}{\lambda^*} \qquad D_h^* = \frac{4A^*}{U^*}$$

Nu_D:	Nußelt-Zahl gebildet mit dem hydraulischen Durchmesser D_h^*	A^*:	Rohr-/Kanalquerschnittsfläche in m^2
$\dot{q}_W^*(x^*)$:	Wandwärmestromdichte in W/m^2	U^*:	Rohr-/Kanalumfang in m
$T_W^*(x^*)$:	Temperatur an der Wand bei der Koordinate x^* in K	u_m^*:	mittlere Geschwindigkeit in m/s
		λ^*:	Wärmeleitfähigkeit in W/m K
$T_{km}^*(x^*)$:	kalorische Mitteltemperatur bei der Koordinate x^* in K	ρ^*:	Dichte des Fluides in kg/m^3
D_h^*:	hydraulischer Durchmesser des Rohres/Kanales in m	η^*:	dynamische Viskosität des Fluides in kg/m s

Voraussetzungen / Besondere Bedingungen:

- $\text{Re}_D \geq \text{Re}_{krit} \approx 2300$ (Rohr)
- Lauflänge $x^* > L_{therm}^* \approx 30\,D_h^*$
- hydraulisch und thermisch ausgebildete Strömung
- Stoffwerte bei der kalorischen Mitteltemperatur des Fluides zu Beginn der Wärmeübertragung, $T_0^* = T_{km}^*(x^* = 0)$, s. Kap. 6.2.2

Arbeitsblatt 6.7: Wärmeübergang bei natürlicher Konvektion an einer senkrechten Wand (Kap. 6.5)

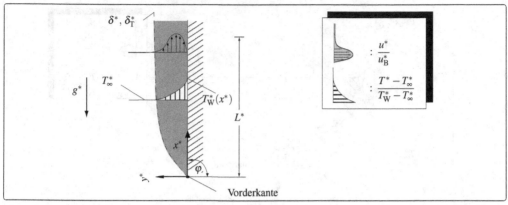

Vorderkante

$$\frac{\text{Nu}_L}{\text{Gr}_L^{1/4}} = \frac{A}{\sqrt{2}} x^{\frac{r-1}{4}} \qquad \text{s. (6-45)}$$

$$\text{Nu}_L = \frac{\dot{q}_W^*(x^*)L^*}{\lambda^*(T_W^*(x^*)-T_\infty^*)} \qquad \text{Gr}_L = \frac{\rho^{*2}g^*\beta_\infty^*\Delta T_B^* L^{*3}}{\eta^{*2}} \qquad \text{Pr} = \frac{\eta^* c_p^*}{\lambda^*} \qquad x = \frac{x^*}{L^*}$$

$$\Delta T_B^* = (T_W^*(L^*) - T_\infty^*) \qquad \text{Konstanten } A \text{ und } r \text{ je nach Randbedingung aus Tab. 6.10}$$

Nu_L: lokale Nußelt-Zahl bei x^*	T_∞^*: Temperatur des umgebenden Fluides in K
L^*: Bezugslänge in m	λ^*: Wärmeleitfähigkeit des Fluides in W/m K
x^*: Koordinate in m	ρ^*: Dichte des Fluides in kg/(m^3
$\dot{q}_W^*(x^*)$: Wandwärmestromdichte bei x^* in W/m K	η^*: Viskosität des Fluides in kg/m s
ΔT_B^*: Bezugstemperaturdifferenz in K	β_∞^*: isobarer thermischer Ausdehnungskoeffizient in 1/K
$T_W^*(x^*)$: Temperatur an der Wand bei x^* in K	c_p^*: Wärmekapazität des Fluides in J/kg K
$T_W^*(L^*)$: Temperatur an der Wand bei L^* in K	

Voraussetzungen / Besondere Bedingungen:

- laminare Strömung
- stationär und zweidimensional
- keine Wärmesenken und -quellen
- konstante Wärmeleitfähigkeit
- Stoffwerte bei der Temperatur des umgebenden Fluides, T_∞^*, s. Kap. 6.2.2

350

Arbeitsblatt 6.8: Wärmeübergang bei natürlicher Konvektion im Staupunktbereich eines ebenen Körpers (Kap. 6.5)

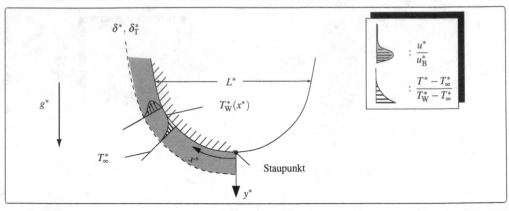

$$\frac{\mathrm{Nu_L}}{\mathrm{Gr_L}^{1/4}} = \frac{A}{\sqrt{2}}$$ s. (6-47)

$$\mathrm{Nu_L} = \frac{\dot{q}_W^*(x^*)\,L^*}{\lambda^*(T_W^*(x^*) - T_\infty^*)} \qquad \mathrm{Gr_L} = \frac{\rho^{*2} g^* \beta_\infty^* \Delta T_B^* L^{*3}}{\eta^{*2}} \qquad \mathrm{Pr} = \frac{\eta^* c_p^*}{\lambda^*}$$

$$\Delta T_B^* = (T_W^*(L^*) - T_\infty^*) \qquad \text{Konstante } A \text{ aus Tab. 6.11}$$

$\mathrm{Nu_L}$: Nußelt-Zahl bei x^*
L^*: charakteristische Länge in m
$\dot{q}_W^*(x^*)$: Wandwärmestromdichte bei x^* in W/m^2
ΔT_B^*: Bezugstemperaturdifferenz in K
$T_W^*(x^*)$: Temperatur an der Wand bei x^* in K
$T_W^*(L^*)$: Temperatur an der Wand bei L^* in K
T_∞^*: Temperatur des umgebenden Fluides in K

λ^*: Wärmeleitfähigkeit des Fluides in W/m K
ρ^*: Dichte des Fluides in kg/m^3
η^*: Viskosität des Fluides in kg/m s
β_∞^*: isobarer thermischer Ausdehnungskoeffizient in 1/K
c_p^*: Wärmekapazität des Fluides in J/kg K

Voraussetzungen / Besondere Bedingungen:

- laminare Strömung
- stationär und zweidimensional
- keine Wärmesenken und -quellen
- konstante Wärmeleitfähigkeit
- Stoffwerte bei der Temperatur des umgebenden Fluides, T_∞^*, s. Kap. 6.2.2

Arbeitsblatt 6.9: Querangeströmter Kreiszylinder (Kap. 6.6.1)

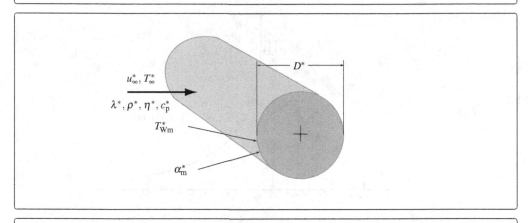

$$\mathrm{Nu_m} = 0{,}3 + \frac{0{,}62\,\mathrm{Re}_D^{1/2}\,\mathrm{Pr}^{1/3}}{\left[1+(0{,}4/\mathrm{Pr})^{2/3}\right]^{1/4}} \left[1+\left(\frac{\mathrm{Re}_D}{280000}\right)^{5/8}\right]^{4/5} \qquad \text{s. (6-49)}$$

$$\mathrm{Nu_m} = \frac{\dot{q}_{Wm}^* D^*}{\lambda^* \Delta T_m^*} = \frac{\alpha_m^* D^*}{\lambda^*} \qquad \mathrm{Re}_D = \frac{\rho^* u_\infty^* D^*}{\eta^*} \qquad \mathrm{Pr} = \frac{\eta^* c_p^*}{\lambda^*}$$

$$\Delta T_m^* = T_\infty^* - T_{Wm}^*$$

$\mathrm{Nu_m}$: mittlere Nußelt-Zahl
$\dot{q}_{Wm}^*$: mittlere Wandwärmestromdichte in W/m²
α_m^*: mittlerer Wärmeübergangskoeffizient in W/m² K
D^*: Durchmesser des Kreiszylinders in m
ΔT_m^*: mittlere Temperaturdifferenz zwischen Anströmung und Wand in K

T_{Wm}^*: mittlere Temperatur an der Wand in K
T_∞^*: Anströmtemperatur in K
u_∞^*: Anströmgeschwindigkeit in m/s
λ^*: Wärmeleitfähigkeit des Fluides in W/m K
ρ^*: Dichte des Fluides in kg/m³
η^*: Viskosität des Fluides in kg/m s
c_p^*: Wärmekapazität des Fluides in J/kg K

Voraussetzungen / Besondere Bedingungen:

- Gültigkeitsbereich: $0{,}7 \le \mathrm{Pr} \le 300$ und $10 \le \mathrm{Re}_D \le 10^5$
- stationär und zweidimensional
- keine Wärmesenken und -quellen
- konstante Wärmeleitfähigkeit
- Stoffwerte bei Anströmtemperatur, T_∞^*, s. Kap. 6.2.2

Arbeitsblatt 6.10: Rotationssymmetrischer Prallstrahl (Kap. 6.6.3)

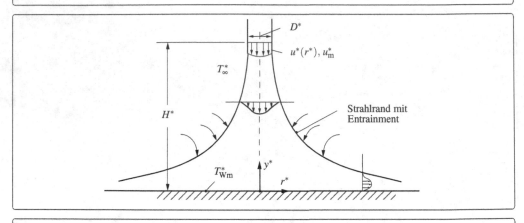

$$\mathrm{Nu_m} = \mathrm{Pr}^{0,4}\,\frac{1-\frac{1,1}{R}}{R+0,1(H-6)}\,f(\mathrm{Re_D}) \qquad\qquad \text{s. (6-56)}$$

$$\mathrm{Nu_m} = \frac{\dot{q}^*_{\mathrm{Wm}}\,D^*}{\lambda^*\,(T^*_{\mathrm{Wm}}-T^*_\infty)} = \frac{\alpha^*_{\mathrm{m}}\,D^*}{\lambda^*} \qquad \mathrm{Re_D} = \frac{\rho^*\,u^*_{\mathrm{m}}\,D^*}{\eta^*} \qquad \mathrm{Pr} = \frac{\eta^*\,c^*_{\mathrm{p}}}{\lambda^*} \qquad H = \frac{H^*}{D^*} \qquad R = \frac{r^*}{D^*}$$

$$f(\mathrm{Re_D}) = 2\,[\mathrm{Re_D}(1+0,005\,\mathrm{Re_D}^{0,55})]^{0,5}$$

$\mathrm{Nu_m}$: mittlere Nußelt-Zahl	D^*: Düsendurchmesser in m
$\dot{q}^*_{\mathrm{Wm}}$: mittlere Wandwärmestromdichte in W/m^2	H^*: Abstand Düsenaustritt/Platte in m
α^*_{m}: mittlerer Wärmeübergangskoeffizient in W/m^2 K	r^*: Koordinate in radialer Richtung in m
T^*_{Wm}: mittlere Temperatur an der Wand in K	λ^*: Wärmeleitfähigkeit des Fluides in W/m K
T^*_∞: Düsenaustrittstemperatur in K	ρ^*: Dichte des Fluides in kg/m^3
u^*_{m}: mittlere Düsenaustrittsgeschwindigkeit in m/s	η^*: Viskosität des Fluides in kg/m s
	c^*_{p}: Wärmekapazität des Fluides in J/kg K

Voraussetzungen / Besondere Bedingungen:

- Gültigkeitsbereich: $2,5 \leq R \leq 7,5$; $2 \leq H \leq 12$ und $2\,000 \leq \mathrm{Re_D} \leq 400\,000$
- stationär und zweidimensional (rotationssymmetrisch)
- keine Wärmesenken und -quellen
- konstante Wärmeleitfähigkeit
- Stoffwerte bei $T^*_{\mathrm{m}} = (T^*_{\mathrm{W}} + T^*_\infty)/2$

Arbeitsblatt 6.11: Prallstrahl aus einer Schlitzdüse (Kap. 6.6.3)

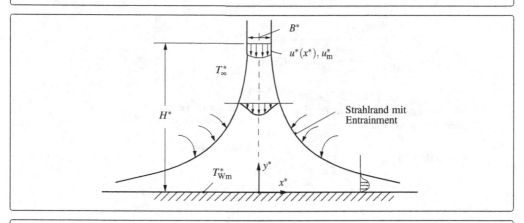

$$\mathrm{Nu_m} = \frac{1{,}53\,\mathrm{Re}_{2B}^{m}}{x+H+1{,}39}\,\mathrm{Pr}^{0{,}42} \qquad \text{s. (6-57)}$$

$$\mathrm{Nu_m} = \frac{\dot{q}^*_{\mathrm{Wm}}\,D^*}{\lambda^*\,(T^*_{\mathrm{Wm}} - T^*_\infty)} = \frac{\alpha^*_\mathrm{m}\,D^*}{\lambda^*} \qquad \mathrm{Re}_{2B} = \frac{\rho^*u^*_\mathrm{m}\,2B^*}{\eta^*} \qquad \mathrm{Pr} = \frac{\eta^*c^*_\mathrm{p}}{\lambda^*} \qquad H = \frac{H^*}{2B^*} \qquad x = \frac{x^*}{2B^*}$$

$$m = 0{,}695 - \frac{1}{x+H^{1{,}33}+3{,}06}$$

$\mathrm{Nu_m}$: mittlere Nußelt-Zahl

$\dot{q}^*_{\mathrm{Wm}}$: mittlere Wandwärmestromdichte in W/m^2

α^*_m: mittlerer Wärmeübergangskoeffizient in W/m^2 K

T^*_{Wm}: mittlere Temperatur an der Wand in K

T^*_∞: Düsenaustrittstemperatur in K

u^*_m: mittlere Düsenaustrittsgeschwindigkeit in m/s

B^*: Schlitzdüsenbreite in m

H^*: Abstand Düsenaustritt/Platte in m

x^*: Koordinate in Richtung der Schlitzdüsenbreite in m

λ^*: Wärmeleitfähigkeit des Fluides in W/m K

ρ^*: Dichte des Fluides in kg/m^3

η^*: Viskosität des Fluides in kg/m s

c^*_p: Wärmekapazität des Fluides in J/kg K

Voraussetzungen / Besondere Bedingungen:

- Gültigkeitsbereich: $2 \leq x \leq 25$; $2 \leq H \leq 10$ und $3\,000 \leq \mathrm{Re}_{2B} \leq 90\,000$
- stationär und zweidimensional
- keine Wärmesenken und -quellen
- konstante Wärmeleitfähigkeit
- Stoffwerte bei $T^*_\mathrm{m} = (T^*_\mathrm{W} + T^*_\infty)/2$

Arbeitsblatt 7.1: Laminare Filmkondensation (Kap. 7.3.1)

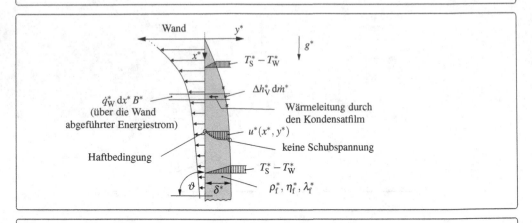

$$\text{Nu}_x = \frac{\dot{q}_W^* \, x^*}{\lambda_f^*(T_S^* - T_W^*)} = 0{,}707 \left[\frac{\rho_f^*(\rho_f^* - \rho_g^*) \, g^* \, \sin\vartheta \, \Delta h_V^* \, x^{*3}}{\eta_f^* \, \lambda_f^*(T_S^* - T_W^*)} \right]^{1/4} \qquad \text{s. (7-3)}$$

$$90° \geq \vartheta > 30°$$

$$\text{Nu}_m = \frac{\dot{q}_{Wm}^* \, L^*}{\lambda_f^*(T_S^* - T_W^*)} = \frac{4}{3}\text{Nu}_L \qquad \text{s. (7-4)}$$

$$\dot{q}_{Wm}^* = 1/L^* \int_0^{L^*} \dot{q}_W^* \, dx^* \qquad \text{Nu}_L \text{ nach (7-3) bei } x^* = L^*$$

Nu_x: lokale Nußelt-Zahl bei x^*
Nu_m: mittlere Nußelt-Zahl zwischen $x^* = 0$
(Kondensationsbeginn) und $x^* = L^*$
Nu_L: Nußelt-Zahl bei $x^* = L^*$
$\dot{q}_W^*$: Wandwärmestromdichte bei x^* in
W/m²
$\dot{q}_{Wm}^*$: mittlere Wandwärmestromdichte
zwischen $x^* = 0$ und $x^* = L^*$ in W/m²
x^*: Koordinate in m
B^*: Plattenbreite in m
L^*: Plattenlänge in m
T_S^*: Siedetemperatur des Dampfes in K

T_W^*: Wandtemperatur in K
g^*: Erdbeschleunigung in m/s²
ϑ: Winkel gegenüber der Horizontalen
λ_f^*: Wärmeleitfähigkeit der flüssigen Phase
(Kondensat) in W/m K
ρ_f^*: Dichte der flüssigen Phase (Kondensat)
in kg/m³
ρ_g^*: Dichte der gasförmigen Phase in kg/m³
Δh_V^*: spezifische Verdampfungsenthalpie in
J/kg K
η_f^*: dynamische Viskosität der flüssigen
Phase in kg/m s

Voraussetzungen / Besondere Bedingungen:

- laminare Filmkondensation
- gegenüber der Horizontalen um den Winkel $90° \geq \vartheta > 30°$ geneigte Wand
- Stoffwerte bei Siedetemperatur T_S^*

Arbeitsblatt 7.2: Laminares Filmsieden (Kap. 7.4.1)

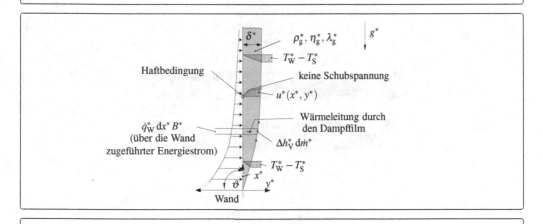

$$\mathrm{Nu}_x = \frac{\dot{q}_W^* x^*}{\lambda_g^* (T_W^* - T_S^*)} = 0{,}85 \cdot 0{,}707 \left[\frac{\rho_g^* (\rho_f^* - \rho_g^*) g^* \sin \vartheta \, \Delta h_V^* x^{*3}}{\eta_g^* \lambda_g^* (T_W^* - T_S^*)} \right]^{1/4} \qquad \text{s. (7-11)}$$

$$90° \geq \vartheta > 30°$$

$$\mathrm{Nu}_m = \frac{\dot{q}_{Wm}^* L^*}{\lambda_g^* (T_W^* - T_S^*)} = \frac{4}{3} \mathrm{Nu}_L \qquad \text{s. (7-12)}$$

$$\dot{q}_{Wm}^* = 1/L^* \int_0^{L^*} \dot{q}_W^* \, dx^* \qquad \mathrm{Nu}_L \text{ nach (7-11) bei } x^* = L^*$$

Nu_x: lokale Nußelt-Zahl bei x^*

Nu_m: mittlere Nußelt-Zahl zwischen $x^* = 0$ (Kondensationsbeginn) und $x^* = L^*$

Nu_L: Nußelt-Zahl bei $x^* = L^*$

$\dot{q}_W^*$: Wandwärmestromdichte bei der Laufkoordinate x^* in W/m^2

$\dot{q}_{Wm}^*$: mittlerer Wandwärmestromdichte zwischen $x^* = 0$ und $x^* = L^*$ in W/m^2

x^*: Koordinate in m

B^*: Plattenbreite in m

L^*: Plattenlänge in m

T_S^*: Siedetemperatur des Dampfes in K

T_W^*: Wandtemperatur in K

g^*: Erdbeschleunigung in m/s^2

ϑ: Winkel gegenüber der Horizontalen

λ_g^*: Wärmeleitfähigkeit der gasförmigen Phase in W/m K

ρ_f^*: Dichte der flüssigen Phase (Kondensat) in kg/m^3

ρ_g^*: Dichte der gasförmigen Phase in kg/m^3

Δh_V^*: spezifische Verdampfungsenthalpie in J/kg K

η_g^*: dynamische Viskosität der gasförmigen Phase in kg/m s

Voraussetzungen / Besondere Bedingungen:

- laminares Filmsieden
- gegenüber der Horizontalen um den Winkel $90° \geq \vartheta > 30°$ geneigte Wand
- Stoffwerte bei Siedetemperatur T_S^*

Arbeitsblatt 9.1: Strahlungsaustausch zwischen zwei Schwarzen Strahlern (Kap. 9.5.2)

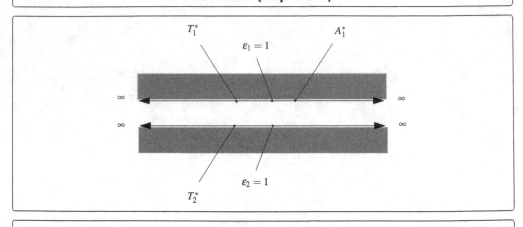

$$\dot{Q}_{12}^* = A_1^* F_{12} \sigma^* \left(T_2^{*4} - T_1^{*4} \right) \qquad \text{s. (9-31)}$$

$$\sigma^* = 5{,}6696 \cdot 10^{-8}\,\text{W/m}^2\,\text{K}^4$$

andere Flächenanordnungen mit zugehörigen Sichtfaktoren befinden sich in Tab. 9.6

$\dot{Q}_{12}^*$: Wärmestrom zwischen den beteiligten Flächen in W

F_{12}: Sichtfaktor nach Tab. 9.6

A_1^*: Wärmeübertragende Fläche in m^2

σ^*: Stefan-Boltzmann-Konstante in W/m^2 K^4

ε_1: Emissionsgrad der Oberfläche 1

ε_2: Emissionsgrad der Oberfläche 2

T_1^*: Oberflächentemperatur 1 in K

T_2^*: Oberflächentemperatur 2 in K

Voraussetzungen / Besondere Bedingungen:

• stationär

• zwei schwarze Flächen mit $\varepsilon_1 = \varepsilon_2 = 1$

Arbeitsblatt 9.2: Strahlungsaustausch zwischen zwei Grauen Strahlern (Kap. 9.5.3)

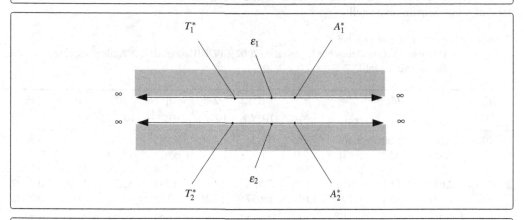

$$\dot{Q}_{12}^* = \varepsilon_{12} A_1^* \, \sigma^* \, (T_2^{*4} - T_1^{*4}) \qquad\qquad \text{s. (9-35)}$$

$$\sigma^* = 5{,}6696 \cdot 10^{-8} \, \text{W/m}^2 \, \text{K}^4$$

$$\frac{1}{\varepsilon_{12}} = \frac{1}{\varepsilon_1} + \frac{A_1^*}{A_2^*} \left(\frac{1}{\varepsilon_2} - 1 \right)$$

$\dot{Q}_{12}^*$: Wärmestrom zwischen den beteiligten Flächen in W	ε_{12}: Strahlungsaustauschzahl
A_1^*: Wärmeübertragende Fläche 1 in m^2	ε_1: Emissionsgrad der Oberfläche 1
A_2^*: Wärmeübertragende Fläche 2 in m^2	ε_2: Emissionsgrad der Oberfläche 2
σ^*: Stefan-Boltzmann-Konstante in W/m^2 K^4	T_1^*: Oberflächentemperatur 1 in K
	T_2^*: Oberflächentemperatur 2 in K

Voraussetzungen / Besondere Bedingungen:

- stationär
- gültig für zwei ebene parallele Platten mit den Flächen $A_1^* = A_2^*$ oder einen Hohlraum mit der Innenfläche A_2^*, der einen Körper der Oberfläche A_1^* umschließt

G2 Stoffwerte

In den folgenden Tabellen sind die wichtigsten Stoffwerte für Luft und Wasser zur Berechnung der Aufgaben zusammengestellt.

Tabelle G.1: Stoffwerte von Luft bei $p = 1$ bar
Daten aus Verein Deutscher Ingenieure (2002): *VDI-Wärmeatlas*, 9. Auflage, Springer-Verlag, Berlin / Kap. Dbb1

t^*	ρ^*	h^*	s^*	c_p^*	β^*	λ^*	η^*	v^*	a^*	Pr
°C	$\frac{kg}{m^3}$	$\frac{kJ}{kg}$	$\frac{kJ}{kg\,K}$	$\frac{kJ}{kg\,K}$	$10^{-3}\,\frac{1}{K}$	$10^{-3}\,\frac{W}{m\,K}$	$10^{-6}\,\frac{kg}{m\,s}$	$10^{-7}\,\frac{m^2}{s}$	$10^{-7}\,\frac{m^2}{s}$	-
-200	5,106	68,20	5,407	1,186	17,24	6,886	4,997	9,786	11,37	0,8606
-180	3,851	90,52	5,678	1,071	11,83	8,775	6,623	17,20	21,27	0,8086
-160	3,126	111,5	5,882	1,036	9,293	10,64	7,994	25,58	32,86	0,7784
-140	2,639	132,1	6,050	1,020	7,726	12,47	9,294	35,22	46,77	0,7602
-120	2,287	152,4	6,192	1,014	6,657	14,26	10,55	46,14	61,50	0,7502
-100	2,019	172,7	6,316	1,011	5,852	16,02	11,77	58,29	78,51	0,7423
-80	1,807	192,9	6,427	1,009	5,227	17,74	12,94	71,59	97,30	0,7357
-60	1,636	213,0	6,526	1,007	4,725	19,41	14,07	85,98	117,8	0,7301
-40	1,495	233,1	6,618	1,007	4,313	21,04	15,16	101,4	139,7	0,7258
-30	1,433	243,2	6,660	1,007	4,133	21,84	15,70	109,5	151,3	0,7236
-20	1,377	253,3	6,701	1,007	3,968	22,63	16,22	117,8	163,3	0,7215
-10	1,324	263,3	6,740	1,006	3,815	23,41	16,74	126,4	175,7	0,7196
0	1,275	273,4	6,778	1,006	3,674	24,18	17,24	135,2	188,3	0,7179
10	1,230	283,5	6,814	1,007	3,543	24,94	17,74	144,2	201,4	0,7163
20	1,188	293,5	6,849	1,007	3,421	25,69	18,24	153,5	214,7	0,7148
30	1,149	303,6	6,882	1,007	3,307	26,43	18,72	163,0	228,4	0,7134
40	1,112	313,7	6,915	1,007	3,200	27,16	19,20	172,6	242,4	0,7122
60	1,045	333,8	6,978	1,009	3,007	28,60	20,14	192,7	271,3	0,7100
80	0,9859	354,0	7,036	1,010	2,836	30,01	21,05	213,5	301,4	0,7083
100	0,9329	374,2	7,092	1,012	2,683	31,39	21,94	235,1	332,6	0,7070
120	0,8854	394,5	7,145	1,014	2,546	32,75	22,80	257,5	364,8	0,7060
140	0,8425	414,8	7,195	1,016	2,422	34,08	23,65	280,7	398,0	0,7054
160	0,8036	435,1	7,243	1,019	2,310	35,39	24,48	304,6	432,1	0,7050
180	0,7681	455,6	7,289	1,022	2,208	36,68	25,29	329,3	467,1	0,7049
200	0,7356	476,0	7,334	1,026	2,115	37,95	26,09	354,7	503,0	0,7051
250	0,6653	527,5	7,437	1,035	1,912	41,06	28,02	421,1	596,2	0,7063
300	0,6072	579,6	7,532	1,046	1,745	44,09	29,86	491,8	694,3	0,7083
350	0,5585	632,1	7,620	1,057	1,605	47,05	31,64	566,5	796,8	0,7109
400	0,5170	685,3	7,702	1,069	1,486	49,96	33,35	645,1	903,8	0,7137
450	0,4813	739,0	7,779	1,081	1,383	52,82	35,01	727,4	1015	0,7166
500	0,4502	793,4	7,852	1,093	1,293	55,64	36,62	813,5	1131	0,7194
550	0,4228	848,3	7,921	1,105	1,215	58,41	38,19	903,1	1251	0,7221
600	0,3986	903,9	7,986	1,116	1,145	61,14	39,71	996,3	1375	0,7247
650	0,3770	959,9	8,049	1,126	1,083	63,83	41,20	1093	1503	0,7271
700	0,3576	1016	8,108	1,137	1,027	66,46	42,66	1193	1635	0,7295

Tabelle G.2: Stoffwerte von Wasser bei $p = 1$ bar

Daten aus Verein Deutscher Ingenieure (2002): *VDI-Wärmeatlas*, 9. Auflage, Springer-Verlag, Berlin / Kap. Dba2

t^*	ρ^*	c_p^*	β^*	λ^*	η^*	ν^*	a^*	Pr
°C	$\frac{kg}{m^3}$	$\frac{kJ}{kg\,K}$	$10^{-3}\frac{1}{K}$	$10^{-3}\frac{W}{m\,K}$	$10^{-6}\frac{kg}{m\,s}$	$10^{-6}\frac{m^2}{s}$	$10^{-6}\frac{m^2}{s}$	-
-30	983,83	4,801	-1,4078	495,7	8653,0	8,795	0,1050	83,80
-25	989,60	4,542	-0,9607	511,5	5961,3	6,024	0,1138	52,94
-20	993,57	4,401	-0,6604	523,0	4361,9	4,390	0,1196	36,70
-15	996,33	4,321	-0,4488	532,9	3338,0	3,350	0,1238	27,06
-10	998,13	4,272	-0,2911	542,3	2644,2	2,649	0,1272	20,83
-9	998,40	4,265	-0,2641	544,2	2532,6	2,537	0,1278	19,85
-8	998,66	4,258	-0,2384	546,0	2428,2	2,432	0,1284	18,94
-7	998,88	4,252	-0,2139	547,9	2330,5	2,333	0,1290	18,08
-6	999,08	4,246	-0,1904	549,8	2238,8	2,241	0,1296	17,29
-5	999,26	4,241	-0,1679	551,6	2152,7	2,154	0,1302	16,55
-4	999,42	4,236	-0,1463	553,5	2071,7	2,073	0,1308	15,85
-3	999,55	4,231	-0,1255	555,4	1995,4	1,996	0,1313	15,20
-2	999,67	4,227	-0,1055	557,3	1923,5	1,924	0,1319	14,59
-1	999,77	4,223	-0,0863	559,2	1855,7	1,856	0,1324	14,01
0	999,84	4,219	-0,0677	561,1	1791,5	1,792	0,1330	13,47
1	999,90	4,216	-0,0497	563,0	1730,9	1,731	0,1335	12,96
2	999,94	4,213	-0,0324	564,9	1673,4	1,673	0,1341	12,48
3	999,97	4,210	-0,0156	566,8	1618,9	1,619	0,1346	12,03
4	999,97	4,207	0,0006	568,7	1567,2	1,567	0,1352	11,60
5	999,97	4,205	0,0163	570,6	1518,1	1,518	0,1357	11,19
6	999,94	4,203	0,0315	572,5	1471,4	1,472	0,1362	10,80
7	999,90	4,201	0,0463	574,4	1427,0	1,427	0,1367	10,44
8	999,85	4,199	0,0606	576,3	1384,7	1,385	0,1373	10,09
9	999,78	4,197	0,0746	578,2	1344,4	1,345	0,1378	9,759
10	999,70	4,195	0,0881	580,0	1305,9	1,306	0,1383	9,445
15	999,10	4,189	0,1509	589,4	1137,6	1,139	0,1408	8,085
20	998,21	4,185	0,2066	598,5	1001,6	1,003	0,1433	7,004
25	997,05	4,182	0,2569	607,2	890,08	0,893	0,1456	6,130
30	995,65	4,180	0,3029	615,5	797,35	0,801	0,1479	5,415
35	994,04	4,179	0,3453	623,3	719,32	0,724	0,1501	4,822
40	992,22	4,179	0,3849	630,6	652,98	0,658	0,1521	4,327
45	990,22	4,179	0,4222	637,4	596,07	0,602	0,1540	3,908
50	988,05	4,180	0,4574	643,6	546,85	0,553	0,1559	3,551
55	985,71	4,181	0,4910	649,3	503,98	0,511	0,1575	3,245
60	983,21	4,183	0,5231	654,4	466,40	0,474	0,1591	2,981
65	980,57	4,185	0,5541	659,0	433,27	0,442	0,1606	2,752
70	977,78	4,188	0,5841	663,1	403,90	0,413	0,1619	2,551
75	974,86	4,192	0,6132	666,8	377,75	0,387	0,1632	2,375
80	971,80	4,196	0,6417	670,0	354,35	0,365	0,1643	2,219
85	968,62	4,200	0,6695	672,8	333,35	0,344	0,1654	2,081
90	965,32	4,205	0,6970	675,3	314,41	0,326	0,1664	1,958
95	961,89	4,211	0,7241	677,4	297,29	0,309	0,1672	1,848
99,61	958,64	4,216	0,7489	679,0	282,92	0,295	0,1680	1,757

G3 Standard-Werke zur Wärmeübertragung

Fettdruck: von den Autoren dieses Buches besonders empfohlen

- **Baehr, H. D.; Stephan, K. (2006):** *Wärme- und Stoffübertragung*, 5. Aufl., Springer-Verlag, Berlin

- Bejan, A. (2004): *Convection Heat Transfer*, 3. Aufl., John Wiley & Sons, Inc., New York

- Elsner, N.; Fischer, S.; Huhn, J. (1993): *Grundlagen der Technischen Thermodynamik, Band 2: Wärmeübertragung*, 8. Aufl., Akademie-Verlag, Berlin

- Gersten, K.; Herwig, H. (1992): *Strömungsmechanik / Grundlagen der Impuls-, Wärme- und Stoffübertragung aus asymptotischer Sicht*, Vieweg Verlag, Braunschweig/Wiesbaden

- Ghiaasiaan, S. M. (2008): *Two-Phase Flow, Boiling and Condensation*, Cambridge University Press, Cambridge

- Herwig, H. (2000): *Wärmeübertragung A - Z / Systematische und ausführliche Erläuterungen wichtiger Größen und Konzepte*, Springer-Verlag, Berlin

- Holman, J. P. (2001): *Heat Transfer*, 9. Aufl., Mc Graw-Hill, Inc., New York

- **Incropera, F. P.; De Witt, D. P. (2007):** *Fundamentals of Heat and Mass Transfer*, 6. Aufl., John Wiley & Sons, New York

- Kays, W. M.; Crawford, M. E. (2004): *Convective Heat and Mass Transfer*, 4. Aufl., Mc Graw-Hill, Inc., New York

- Merker, G. P. (1987): *Konvektive Wärmeübertragung*, Springer-Verlag, Berlin

- Özisik, M. N. (1985): *Heat Transfer – A Basic Approach*, Mc Graw-Hill, New York

- Polifke, W.; Kopitz, J. (2005): *Wärmeübertragung*, Pearson Studium, München

- Verein Deutscher Ingenieure (2013): *VDI-Wärmeatlas*, 11. Auflage, Springer Vieweg Verlag, Berlin

- Wagner, W. (2004): *Wärmeübertragung*, 6. Auflage, Vogel Buchverlag, Würzburg

- **White, F. M. (1988):** *Heat and Mass Transfer*, Addison-Wesley Publ. Comp., Reading (Mass.)

G4 Fachbegriffe Deutsch ↔ Englisch

Im Folgenden sind wichtige Fachbegriffe aus dem Bereich der Wärmeübertragung mit ihrem englischen Pendant alphabetisch zusammengestellt. Soweit keine einheitliche Bezeichnung üblich ist (die im Deutschen und Englischen häufig unterschiedlich sind) werden auch diese Bezeichnungen mit aufgeführt. Auf eine Kennzeichnung dimensionsbehafteter Größen mit einem * wird hier verzichtet.

Deutsch	Englisch
Absorptionsgrad	absorptivity
Anergie	anergy
Ausstrahlung	radiosity
Behältersieden	pool boiling
Blasensieden	nucleate boiling
Dampfdruckkurve	vapor pressure curve
Dimensionsanalyse	dimensional analysis
Einstrahlung	irradiation
Einstrahlzahl	view factor
Emissionsgrad	emissivity
Energieentwertungszahl	energy loss number
Entropie	entropy
Entropieproduktion	entropy generation
Entropieübertragung	transfer of entropy
entropisches Potential	entropic potential
Energiebewertung	energy assessment
Energie	energy
Energiespeicher (thermisch)	heat storage
Exergieverlust	exergy loss
Filmkondensation	film condensation
Filmsieden	film boiling
Gasstrahlung	radiation of gases
gefühlte Temperatur	wind-chill temperature
gerichteter Gesamt-Absorptionsgrad	directional total absorptivity
gleichwertige Schichtdicke	mean beam length
Grauer Strahler	greybody, grey surface
Grenzschichten	boundary layers
hemisphärischer Gesamt-Absorptionsgrad	hemispherical total absorptivity
Hohlraumstrahlung	hohlraum radiation
hydraulischer Durchmesser	hydraulic diameter
Kennzahl	dimensionless group
Kondensation	condensation
konjugiertes Problem	conjugate problem
Kreisprozess	power cycle
kritische Wandwärmestromdichte	critical heat flux density
Kühlgrenztemperatur	adiabatic saturation temperature

Deutsch	Englisch
natürliche Konvektion	natural convection
opake Oberfläche	opaque surface
Randbedingung	boundary condition
Rayleigh-Streuung	Rayleigh scattering
Referenztemperatur	reference temperature
Reflexionsgrad	reflectivity
Schwarzer Strahler	blackbody, black surface
Sichtfaktor	view factor
Siedekrise	boiling crisis
Sieden	boiling
Solarkonstante	solar constant
Solarstrahlung	solar radiation
spezifische Ausstrahlung	specific radiosity
Stoffwertverhältnis-Methode	property ratio method
Strahlung	radiation
Strahlungsaustausch	radiation between surfaces
Strömungskondensation	convection boiling
Temperaturleitfähigkeit a^*	thermal diffusivity α
thermische Einlauflänge	thermal entrance length
Thermoelement	thermocouple
Thermosyphon	thermosyphon
Treibhauseffekt	green house effect
Tropfenkondensation	dropwise condensation
Umgebungstemperatur	ambient temperature
unterkühltes Sieden	subcooled boiling
Verdampfer	evaporator
Verdunstungskühlung	evaporation cooling
Wandüberhitzung	excess temperature
Wärme	heat
Wärmedämmung	insulation
Wärmedurchgangskoeffizient k^*	overall heat transfer coefficient U
Wärmeleitfähigkeit λ^*	thermal conductivity k
Wärmeleitung	heat conduction
Wärmeleitwiderstand	thermal conduction resistance
Wärmerohr	heat pipe
Wärmestrahlung	radiation of heat
Wärmestromdichte	heat flux density
Wärmeübergang, -übertragung	heat transfer
Wärmeübergangskoeffizient α^*	heat transfer coefficient h
Wärmeübertrager	heat exchanger
Wärmewiderstand	thermal resistance
Widerstandsthermometer	resistance thermometer
Widerstandszahl	heat loss coefficient
Zweiphasen-Wärmeübergang	two-phase heat transfer

Index

© Springer Fachmedien Wiesbaden GmbH, ein Teil von Springer Nature 2019
H. Herwig und A. Moschallski, *Wärmeübertragung*,
https://doi.org/10.1007/978-3-658-26401-7

Printed in the United States
By Bookmasters